『十四五』国家重点出版物出版规划

中国牡丹栽培

李嘉珏　侯小改　主编

中原农民出版社

·郑州·

图书在版编目（CIP）数据

中国牡丹栽培/李嘉珏，侯小改主编．—郑州：
中原农民出版社，2023.12
　ISBN 978-7-5542-2689-6

　Ⅰ．①中…　Ⅱ．①李…②侯…　Ⅲ．①牡丹－观赏园艺
Ⅳ．①S685.11

中国国家版本馆 CIP 数据核字（2023）第 100253 号

中国牡丹栽培
ZHONGGUO MUDAN ZAIPEI

出 版 人：刘宏伟
策划编辑：段敬杰
责任编辑：段敬杰　杨　玲
数字编辑：张俊娥
责任校对：张晓冰　尹春霞　李秋娟
责任印制：孙　瑞
美术编辑：杨　柳
装帧设计：薛　莲

出版发行：中原农民出版社
　　　　　地址：郑州市郑东新区祥盛街 27 号 7 层　　邮编：450016
　　　　　电话：0371-65788651（编辑部）　　0371-65788199（营销部）
经　　销：全国新华书店
印　　刷：河南美图印刷有限公司
开　　本：890 mm×1 240 mm　1/16
印　　张：43.5
字　　数：1100 千字
版　　次：2023 年 12 月第 1 版
印　　次：2023 年 12 月第 1 次印刷
定　　价：820.00 元

《中国牡丹栽培》编委会

内容
提要

　　本书为"中国牡丹"的第二卷，是有关中国牡丹栽培基础理论与实用技术的专著。全书分为上、下两篇，共11章。上篇4章为牡丹生物学，较详细地介绍了牡丹的形态解剖学特征、生长发育特性、生理生化基础，以及牡丹与微生物的互作关系等；下篇7章为牡丹的繁殖与栽培，系统介绍了牡丹的繁殖、观赏牡丹栽培、牡丹盆栽、牡丹设施栽培与花期调控、药用牡丹栽培、油用牡丹栽培、牡丹病虫草害防控。其中，观赏牡丹论述较详，除分中原、西北、西南、江南及东北几大区域，就栽培历史、品种起源、品种构成、生态习性与露地栽培技术等做了介绍外，还介绍了包括牡丹、芍药组间杂交品种（伊藤杂交品种）在内的国外牡丹的引种栽培、牡丹的盆栽与切花栽培、牡丹的设施栽培与周年开花技术等。此外，药用牡丹与油用牡丹的历史、种类与品种、繁殖与栽培等也有系统介绍。

　　本书内容丰富，资料翔实，图文并茂，科学性、系统性、实用性与新颖性兼备。可供大专院校、科研院所、园林绿化及观赏园艺、药学、作物栽培等专业师生及科研人员参考，也可供从事相关专业的生产经营人员使用。

编写说明

一、关于牡丹的含义

本书所用"牡丹"一词有双重含义：一是泛指，即它包含芍药科芍药属牡丹组所有的种类，其表述为 *Paeonia* section *Moutan* DC.；二是特指，它代表一个栽培种，即普通牡丹，其表述为 *Paeonia suffruticosa* Andrews。

应当指出：*Paeonia suffruticosa* Andrews 是由英国植物学家 H. C. 安德鲁斯 H. C. Andrews 于 1804 年给牡丹定的第一个拉丁学名。根据国际植物命名法规的相关规定，这是一个有效的发表。根据定名时所用模式图的界定，它是一个栽培种，并且只能代表中国中原一带的传统牡丹，以及由这些栽培牡丹在各地引种、驯化、栽培、发展演化形成的栽培类群。在牡丹大家族中，还有由紫斑牡丹 *Paeonia rockii*、杨山牡丹 *Paeonia ostii*、紫牡丹 *Paeonia delavayi*、黄牡丹 *Paeonia lutea* 等发展演化形成的其他栽培类群。

二、关于牡丹的分类

已知牡丹野生种有 9 个，栽培种有 1 个，中国和世界各地栽培的牡丹品种已有 2 000 多个。根据牡丹的形态特征、生态习性、生长发育特点、主要储藏物成分、利用部位及栽培方式等，对牡丹及其栽培品种进行分类，以方便对牡丹的研究和利用。

（一）牡丹的植物学系统分类

牡丹是芍药科芍药属牡丹组 *Paeonia* section *Moutan* DC. 落叶灌木。

在牡丹组下又区分为两个亚组：革质花盘亚组 Subsect. *Vaginatae* Stern 和肉质花盘亚组 Subsect. *Delavayanae* Stern。

1. 革质花盘亚组

包含 1 个栽培种，5 个野生种。

（1）牡丹 *Paeonia suffruticosa* Andrews；

（2）矮牡丹（稷山牡丹）*Paeonia jishanensis* T. Hong & W. Z. Zhao；

（3）卵叶牡丹 *Paeonia qiui* Y. L. Pei & D. Y. Hong；

（4）杨山牡丹 *Paeonia ostii* T. Hong & J. X. Zhang；

（5）紫斑牡丹 *Paeonia rockii* (S. G. Haw & A. Lauener) T. Hong & J. J. Li ex D. Y. Hong，及其亚种太白山紫斑牡丹 *Paeonia rockii* ssp. *atava*

(Brühl) D. Y. Hong & K. Y. Pan；

（6）四川牡丹 *Paeonia decomposita* Hand.-Mazz，及其亚种圆裂四川牡丹 *Paeonia decomposita* ssp. *rotundiloba* D. Y. Hong。

2. 肉质花盘亚组

包含 4 个野生种。

（1）大花黄牡丹 *Paeonia ludlowii* (Stern & G. Taylor) D. Y. Hong；

（2）紫牡丹 *Paeonia delavayi* Franch.；

（3）黄牡丹 *Paeonia lutea* Delavayex Franch；

（4）狭叶牡丹（保氏牡丹）*Paeonia potaninii* Kom.。

文献也有提到"滇牡丹"的，实际上应是"滇牡丹复合体"。这是将肉质花盘亚组中紫牡丹、黄牡丹、狭叶牡丹合在一起且不分种下类型的分类处理。

（二）牡丹栽培类群的分类

据初步统计，中国牡丹品种在 1 300 个以上，全世界已有牡丹品种 2 000 个以上。基于种的起源与相近的生物学生态学特性，我们将中国和世界各地的牡丹及与牡丹相关的品种划分为三大品种系统 8 个品种群。

1. 普通牡丹品种系统

指由牡丹组革质花盘亚组的种内、种间或品种间杂交形成的品种系列。有以下品种群：

中原牡丹品种群 *Paeonia suffruticosa* Central Group；

江南牡丹品种群 *Paeonia suffruticosa* Southern Yangze Group；

西南牡丹品种群 *Paeonia suffruticosa* Southwest Group；

西北牡丹品种群 *Paeonia rockii* Northwest Group；

凤丹牡丹品种群 *Paeonia ostii* Fengdan Group；

日本牡丹品种群 *Paeonia suffruticosa* Japanese Group。

在上述品种群中，西北牡丹品种群因起源于紫斑牡丹，也常被称为紫斑牡丹品种群。

2. 牡丹亚组间杂种品种系统

指由牡丹组内革质花盘亚组与肉质花盘亚组这两个亚组间远缘杂交形成的品种系列。1900 年前后，由法国莱蒙 Lemoinei 等育出的黄牡丹杂种群（肉质花盘亚组与中国中原牡丹的杂交后代）问世，被称为 Lemoinei 系列（*Paeonia×lemoinei* Rehd.）。以后美国育出了黄牡丹、紫牡丹与日本牡丹的杂交后代。近年来，我国也不断有类似品种育成。美国牡丹芍药协会 (American Peony Society, APS) 在国际牡丹品种登录表中，把肉质花盘亚组与中国牡丹品种、日本牡丹品种以及其他革质花盘亚组种或品种的杂交后代统归于黄牡丹杂种群 Lutea hybrid tree 中。我们认为，这类品种应统归于牡丹亚组间杂种品种群。

牡丹亚组间杂种品种群 *Paeonia* Intersubsectional hybrid group or *Paeonia* Lutea hybrid tree group。

3. 牡丹芍药组间杂种品种系统

指由牡丹组与芍药组组间远缘杂交形成的品种系列。因该类品种最早由日本的伊藤东一获得成功，亦常被称为伊藤杂交品种群 Iton group。

牡丹芍药组间杂种品种群 *Paeonia* Intersectional hybrid group or *Paeonia* Iton group。

为了行文的方便，上述品种群在书中通常以中原品种（或中原牡丹，下同）、西北品种、江南品种、西南品种、日本品种、法国品种、美国品种、伊藤品种（或组间杂交品种）等词及具体品种名称来表述。

凤丹牡丹作为杨山牡丹的栽培类型，本书大多用'凤丹'（或'凤丹白'）直接指代。其中西北品种亦多用紫斑牡丹品种叙述。

三、关于栽培技术体系

根据用途及栽培目的不同，本书将栽培牡丹区分为观赏牡丹、药用牡丹、油用牡丹三大类型，而以观赏牡丹栽培作为主要论述对象。在观赏牡丹栽培中，又以主要品种群的分布区（具有相近的生态环境）为单元加以介绍，按照适地适树、良种良法的要求，重视了品种适应性与适用性问题的探讨，并重视了各地实践经验的总结，以逐步建立各具特色的栽培技术体系。

四、关于名称的标示

1. 有关品种栽培种名称的书写规范

本书中品种命名与拉丁学名书写依据是国际生物科学联盟国际栽培植物命名法委员会通过的 *International Code of Nomenclature for Cultivated Plants (Eighth Edition)*，即《国际栽培植物命名法规（第八版）》。参考文献的中译本，由靳晓白、成仿云、张启翔翻译，2013年由中国林业出版社出版。其第二章品种、第三章名称写法的规范中对品种定义和名称写法均有明确界定，第十四条第一款规定："栽培品种地位是通过把栽培品种种加词放在单引号内来标示的，不能在一个名称内用双引号以及缩写 cv. 和 var. 来标示栽培品种种加词，这样用的要改正过来。"因而本书品种名称均用单引号标示。至于国外引进品种，其原有名称与中文译名在第一次应用时均同时标明外文名称和中文名称。国外品种有多个译名时，选用其中应用最广且为业内认可的名称，如美国品种'海黄'，原名为'High Noon'，意译为'正午'，但该品种由日本引进时根据日本读音和花朵为黄色而译成'海黄'，并很快流行开来。

2. 牡丹及其他物种的拉丁学名

考虑到本书国内读者居多，只在首次出现时采用中文名称＋拉丁学名表述，后文中出现同一物种的名字时，只用汉字表述。对列表示出的物种名称，采用汉字＋拉丁学名的形式。拉丁学名一般只列属名，不列命名人，个别重要种在属名后列种加词。

3. 科技名词

书中科技名词首次出现时，采用中文通用名＋英文全称＋英文缩写词表述，对出现频率高的科技名词，后文中再次出现时用英文缩写代替。对大家熟悉的外文名词，直接用缩略词，未写全称，如光饱和点、光补偿点等。对出现频率低的物种，用汉字表述，不再赘述外文名字。对一些化合物，用化学式不用英文的全称或缩略语，如乙醇用化学式 C_2H_6O，不用 Alcoholic 或 Ethanol；次氯酸钙 Calcium hypochlorite，用化学式 $Ca(ClO)_2$；尿素用 CH_4N_2O，不用 Urea 等。

4. 其他

为兼顾不同文化层次的读者，书中重要的拉丁学名、外文缩写词保留了与中文名称同时出现。对常见的植物、菌物拉丁学名及外文缩写词，未录入中文名称。

五、关于部分格式与内容的说明

1. 体例

按篇、章、节、一、（一）、1.、1）、（1）逐级编排。内容力求科学、严谨、权威、实用、通俗，使读者一目了然。

2. 单位、符号及数字

本书统一使用我国法定的计量单位名称和符号，如质量单位用 kg、

g、mg 等；光照度用 lx（光合作用、呼吸作用研究中的计量单位除外）；CO_2 质量浓度用 $mg \cdot m^{-3}$ 等；温度单位摄氏度用℃；长度单位米、厘米、毫米用 m、cm、mm 等。个别单位采用人们的习惯表述，如亩。文中量的数值及有统计意义的数值，一般采用阿拉伯数字。

3. 本书所引参考文献采用两种标示方法

（1）直接引用　正文中标明作者和相关文献出版年份，如：王雁等（2010）观察了黄牡丹大小孢子发生及雌雄配子体发育过程……也有着相对稳定的对应关系（表 1–7）。

（2）先引后注　综合介绍某作者的学术观点后，再注明作者及所引文献的出版年份，如：在杨山牡丹'凤丹'中，花后 23 天时，游离核的数目可达 300 ~ 600 个（董兆磊，2012），远远高于紫斑牡丹'玫瑰撒金'开花后 23 天时的 100 ~ 140 个（成仿云，1997）。

（3）文后详注　为方便读者延伸阅读，参考文献放在每章正文之后，按照先中文、后外文的顺序排列，且中文按汉语拼音字母排序，外文按英文字母排序。但需要说明的是，由于文献较多，本书所列仅为主要参考文献。另外，有些文献或著作引用地方较多，因而只在第一次出现时列出，再次引用时不再重复列出。

4. 本书插图

采用章、图序号的编排方式，如第一章内的第三幅图片，表示为"图 1–3"，并加注图题，对一题多图的图片，采用"A、B、C、D……"的方式编排，如"图 1–3"由 4 幅图构成，即分别在 4 幅图上标注 A、B、C、D，并在图题下注明 A、B、C、D 的示意。

5. 本书表格

表格编号，采用章、表序号的编排方式，如第一章的第三个表，表示为"表 1–3"。全书统一使用全线表。

6. 时间表述方式

因本著作为中文著作，书中多处出现年、翌年、次年、多年、几年、日、天等词汇，故著作正文中表示时间的单位年、月、日、天均使用汉字，在表格、公式中可使用 a、d 表示年、日。尽量与国际接轨，时、分、秒采用 h、min、s。

六、其他

1. 专业术语

一般不解释术语，但对难字难词、名物制度会有选择地笺释。

2. 比较生僻的古地名

一般在其后括注今名，以明古今变化。

3. 国家机构名称

对引文中出现的国家机构名称，一律使用原发文时的名称，但紧跟其后括注现名，如农业部（现农业农村部）。

前言

"中国牡丹"第二卷——《中国牡丹栽培》，经过多年努力，终于在2022年春节前完稿。这是一部关于中国牡丹栽培基础理论与利用方面的专著。

在这部专著编写期间，中国牡丹产业发展正在经历着一场深刻的历史性变革。今天，牡丹已不仅仅局限于一种为人们喜闻乐见的观赏花木，也不仅仅是可以作为药用的中药材——丹皮，它还作为一种具有较高营养保健价值的油料作物，出现在世人面前。

牡丹跻身于油料作物行列，在全国范围内掀起了一场声势浩大的发展高潮。这个高潮又推动了观赏牡丹的快速发展。因此，牡丹产业中的种植业发展就形成了观赏、药用、油用三大板块。三大板块中，观赏栽培由于年代久远、品种繁多、技术积累深厚，并且形成了包括园林观赏、苗木生产、盆花生产和即将兴起的切花生产为特色的产品格局，以及露地（大田）栽培与设施栽培相结合的栽培模式与技术特色，目前仍然居于主导地位。而油用牡丹栽培虽然历时较短，一些规律性认识和相关技术还有待继续总结和完善，但经过近年来的艰苦努力，也积累了一些经验。作为新兴产业，油用牡丹发展过程会有曲折起伏，但其前景无可限量，请拭目以待。

观赏牡丹在长期的发展过程中，形成了明显的区域（地域）特色。中国观赏牡丹栽培体系，一直以中原牡丹品种群为主线，但也伴随着西北、西南、江南以及东北地区牡丹的兴起，其中江南牡丹的发展仍然面临着诸多挑战，而东北牡丹的发展使得寒地牡丹异军突起，有声有色。中国牡丹早已走出国门，在日本和欧美等地取得发展，一些优良品种引回故土，带来了新的经验与气息。

以上就是《中国牡丹栽培》一书编写所面临的局面。我们在编写中注重理论和实践的紧密结合，对中国牡丹在国内外发展中取得的传统经验和新鲜经验进行总结，从而使得科学性、系统性、新颖性和实用性相结合成为本书的鲜明特色。

全书共上、下两篇，11 章。

上篇 4 章为牡丹生物学。分别介绍了牡丹的形态解剖学特征、牡丹的生长发育特性、牡丹的生理生化基础以及牡丹与微生物的互作关系。其中生长发育规律是重点所在，是适地适树栽培的理论基础。

下篇 7 章为牡丹的繁殖与栽培。分别介绍了牡丹的繁殖、观赏牡丹栽培、牡丹盆栽、牡丹设施栽培与花期调控、药用牡丹栽培、油用牡丹栽培、牡丹病虫草害防控。其中第六章按区域介绍了中原、西北、西南、江南、东北一带的牡丹发展简史、品种起源与品种构成、生态习性与露地栽培技术；国外牡丹，特别是组间远缘杂交品种（伊藤杂交品种）的引种栽培及牡丹切花栽培。

科学技术的发展永无止境。中国牡丹的发展正站在新的起跑线上，用现代农业与现代园艺业的理念来改造传统牡丹产业，使其在乡村振兴、美丽中国、美丽乡村、美丽城镇建设，以及满足人们日益增长的物质文化生活需要中发挥更大的作用。这一直是我们追求的目标，并且我们今后的任务还十分艰巨。

本书的编写得到了原洛阳市牡丹研究院（现洛阳市农林科学院牡丹研究所）、河南科技大学农学院暨牡丹学院、洛阳市神州牡丹园、洛阳国际牡丹园、菏泽市瑞璞牡丹产业科技发展有限公司、上海辰山植物园及湖南省森林植物园等单位的大力支持，谨致以衷心的谢意。

李嘉珏

2021 年 12 月 26 日于湖南株洲

目录

上篇　牡丹生物学

下篇　牡丹的繁殖与栽培

上篇

牡丹生物学

第一章

牡丹的形态解剖学特征

在牡丹的生长发育过程中，先后形成根、茎、叶、花、果实、种子六大器官。这些器官具有一定的形态结构，担负着一定的生理功能。根、茎、叶与营养物质的吸收、合成、运输和储藏有关，属于营养器官，其生长过程为营养生长；花、果实、种子与繁衍后代有关，属于生殖器官，其生长过程为生殖生长。

本章主要介绍牡丹营养器官和生殖器官的形态特征及其解剖结构。

第一节
根的形态与结构

一、根的形态

牡丹种子萌发后，胚根向下生长形成根，并在 2 年生时形成典型的直根系。其中肉质花盘亚组中的紫牡丹 *Paeonia delavayi*、黄牡丹 *P. lutea*、大花黄牡丹 *P. ludlowii* 等，主根迅速膨大增粗，呈胡萝卜状。从第三年起，侧根迅速生长，并且逐渐与主根无明显区别，形成须根系。

在牡丹野生居群中，根系的发育有两种情况：一种是专性实生繁殖的种类，如紫斑牡丹 *P. rockii*、四川牡丹 *P. decomposita* 和大花黄牡丹 *P. ludlowii* 等，没有地下茎和根出条，侧根数目少，分枝角度较小，根系向土壤深层生长，分布较深；另一种是兼性营养繁殖的种类，如矮牡丹 *P. jishanensis*、卵叶牡丹 *P. qiui*、紫牡丹 *P. delavayi*、黄牡丹 *P. lutea* 等，往往有地下茎向四周伸展，因而分枝角度大，根系多分布在土壤表层。在适宜条件下，地下茎容易长出子株，母株与周围的子株常形成庞大的无性系株丛。

栽培牡丹成年植株中，不定根是根系的重要组成部分。不定根从上胚轴形成的根颈部位产生，与来源于胚根的主根和侧根（二者合称定根）在形态构造与功能上并无区别。由营养繁殖形成的植株，其根系基本上由不定根组成。

在中国牡丹主要栽培类群中，紫斑牡丹根系形态变化不大，肉质粗根和细根区分明显，在黄土层中长可达 1 m 以上，甚至 3～4 m，须根较多；中原牡丹根系形态变化较大，在菏泽一带黄河下游冲积平原上，可分为 3 种类型：

1. 直根型

根条稀疏，直径在 0.7 cm 以上的粗根约 10 条，一般长 0.7～0.8 m（4 年生植株），如'墨魁'等。

2. 坡根型

根条稠密，粗根和细根（直径 0.35～0.7 cm）向四周生长，根长 0.6～0.7 m，如'璎珞宝珠'等。

3. 中间型

根条疏密适中，由多数粗细均匀、根皮光滑的"粗面条根"组成，根长 0.7～0.8 m，如'赵粉'等。

西南、江南一带的牡丹，则根系分布较浅。

盆栽牡丹的根系则往往随盆栽容器的变化而变化，其粗根减少而细根明显增多，甚至细根完全取代了原来较粗的根。

二、根的结构

（一）初生结构

牡丹根的初生结构由表皮、皮层和维管束组成。表皮是根系发育过程中的初生保护组织，由一层体积较小、排列紧密的砖形细胞构成，细胞壁明显加厚，无明显角质膜，厚 20～48 μm。表皮以内为皮层，约占初生根的 2/3。皮层由外皮层、中皮层和内皮层三部分组成。外皮层紧挨着表皮层，1～3 层细胞，排列紧密，体积较小，无细胞间隙；中皮层是皮层主要部分，细胞壁薄，体积大，排列疏松，在其靠近内皮层的几层细胞中有大量的储藏物质；内皮层是靠近维管柱的最内一层细胞，亦排列紧密，有些种类有清晰的凯氏带。

维管柱位于根中央，由一层中柱鞘包围着初生维管组织构成。初生维管组织包括初生韧皮部和初生木质部，初生韧皮部位于初生木质部辐射角之间的部位，与初生木质部相间排列，各自成束。其中初生韧皮部不甚明显，初生木质部发达。组成初生木质部辐射角顶端区域的导管口径较小，为原生木质部，靠近轴心部分的导管口径较大，为后生木质部。牡丹根初生生长符合双子叶植物的一般规律，其初生木质部的发育方式为外始式。在初生木质部与初生韧皮部之间，还分布有少量薄壁细胞。根中央为数个原生木质部的大导管占据，无髓。牡丹初生木质部的数目，或为 2 束，或为 3 束，在横切面上呈辐射状排列，其中具有两个辐射角的称为二原型根，具有三个辐射角的称为三原型根。但中原品种'二乔'有四原型根趋势（张益民等，1988）。牡丹根的初生结构基本相同，但不同种类间在中皮层厚度、形态与初生木质部细胞组成部分也表现出某些差异，如图 1-1、图 1-2 所示。

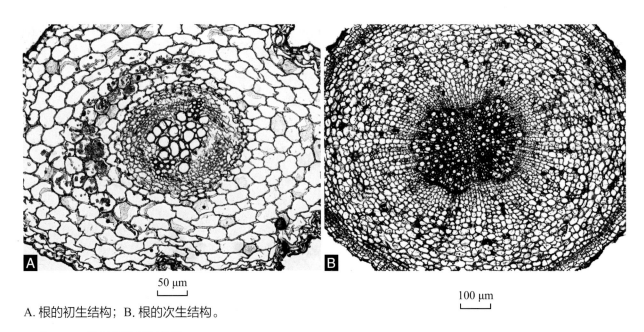

A. 根的初生结构；B. 根的次生结构。

● 图 1-1　**牡丹根的解剖构造**

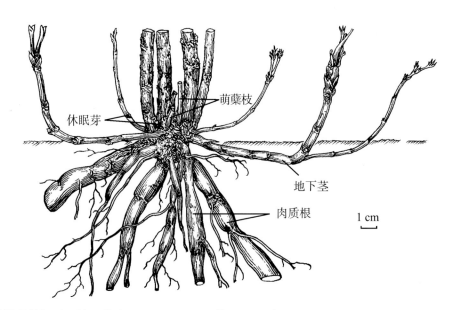

● 图 1-2　**紫牡丹的根系示地下茎**（R. P. Barykina，等，1978）

（二）次生结构

根据对紫斑牡丹根系的解剖观察，当根直径不超过 1 mm 时，根处于初生生长状态；当根直径 >1 mm，颜色变成土黄色时，次生维管组织和周皮几乎同时形成，根进入次生生长。

初生生长结束后，在初生韧皮部和初生木质部之间形成维管形成层，开始次生生长，产生的次生木质部和次生韧皮部合称次生维管组织，成为根部次生构造的主体。根不断加粗导致表皮破裂，于是由中柱鞘细胞脱分化恢复分生能力形成木栓形成层，并进行旺盛的平周分裂，产生的细胞层逐渐转化为木栓细胞，形成次生保护组织，即周皮。此时，作为次生保护组织的周皮则取代了表皮的作用。牡丹根的周皮由木栓层、木栓形成层组成，木栓形成层向外形成木栓层，向内形成少量薄壁组织，即栓内结构。'凤丹'牡丹根周皮加厚现象明显。

在牡丹根开始次生生长的早期阶段，根的结构由外向内依次为次生保护组织、初生韧皮部、次生韧皮部、维管形成层、次生木质部和初生木质部。随着次生生长的持续进行，次生保护组织逐年内移，直至皮层和初生韧皮部消失。之后，根的次生结构由外向内依次为次生保护组织、次生韧皮部、维管形成层、次生木质部和初生木质部。

牡丹根开始次生生长后，初生结构中呈辐射状分布的初生木质部发生明显变化。由于次生木质部的填充和挤压，初生木质部辐射角变得模糊，随后，次生木质部在根结构中所占比例不断增大，成为根结构中的主要组成部分。

与许多被子植物不同，牡丹根维管形成层向外产生的次生韧皮部要比向内产生的次生木质部多，以致在横切面上，次生韧皮部要占到 3/4 以上。次生木质部由导管、纤维及木射线组成。纤维数量因种类不同而有差异，常集中在近中央部位，向外逐渐减少，而导管数量增加。木射线在横切面上由 1 至多列径向排列的薄壁细胞组成。牡丹的次生韧皮部由大量的普通薄壁细胞和径向排列整齐的射线薄壁细胞构成，均含大量储藏物质，在显微结构上可明显分为内、外两区。在矮牡丹和黄牡丹根的次生构造中，中央有明显的髓，次生木质部与茎的结构相似。这可能与它们长期通过根状茎进行营养繁殖有关。

（李嘉珏）

第二节

茎（枝）的形态与结构

一、茎（枝）、芽的形态

（一）茎（枝）形态

牡丹组植物为木本茎，其株高在不同种间有较大差异。最高为大花黄牡丹，可以见到 3.0 ~ 3.5 m 的植株。一般所见矮牡丹及卵叶牡丹较矮，但矮牡丹也见有高达 1.8 m 者（山西永济，20 年生）。牡丹茎为合轴状分枝，但天然居群中，矮牡丹、紫斑牡丹大多数个体无分枝，仅少数 5 年生以上植株有 2 ~ 5 个分枝。栽培类群分枝明显增多，通过多次分枝，紫斑牡丹、杨山牡丹株丛冠幅直径可达 3 m 以上，开花 300 余朵或更多。

在中原牡丹群中，品种间枝条形态与分枝习性已有明显差异，大体有两种类型：

1. 单枝型

当年生枝节间稍长，翌春只有 1 ~ 2 个侧芽萌发成枝。这类品种一般植株较高，枝条较稀疏，如'姚黄''墨魁''似荷莲'等。多数牡丹品种具此分枝习性。

2. 丛枝型

当年生枝节间短，基部着生新芽数较多（3 ~ 5 个），发枝力强，且大多数芽翌年都能萌发，形成丛生状短枝。该类品种植株一般较矮，分枝较密，如'璎珞宝珠''蓝田玉''葛巾紫''脂红'等。在其他品种（群）中，丛枝型少见，但在亚组间远缘杂交品种中有簇生状枝出现。

牡丹组两个亚组间，树皮形态有明显区别：革质花盘亚组多为褐色、灰褐色，有纵纹；肉质花盘亚组为黄褐色，片状剥裂。

（二）芽的形态与着生数量

1. 芽的形态

芽由枝、叶、花的原始体以及生长点、萼片、鳞片构成，也可以说芽是幼态的茎、叶或花。牡丹芽外面有鳞片包被，故称鳞芽；具二次开花习性的种类，其早熟性芽没有或只有少数鳞片，被称为裸芽。

栽培品种芽的形状有圆形、卵圆形、长卵形、狭长卵形等变化。早春萌动后芽色多变。不少品种芽色与花色有明显相关性。芽色深浅随花色深浅而变化，但也有少数品种无此相关性。

2. 芽的着生数量

牡丹不同种或品种，其枝条上着生的芽数不同，如中原品种群的1年生花枝上一般着生7片叶，但仅在其下部3~4个节位上形成侧芽（腋芽），形成3个芽的为3芽枝，4个芽的为4芽枝。而杨山牡丹和紫斑牡丹植株基部萌生的萌蘖枝，则见有能着生12~15片叶、枝条下部6个以上节位着生侧芽、顶部形成顶芽的情况。而'海黄'基部萌蘖枝当年连续生长高度可达1.8~2.1 m，能形成更多侧芽。

另据姜卓（2007）调查，牡丹不同品种群间，枝条侧芽着生数量有较大差异，如表1-1所示。其中中原品种群以3芽枝占比较大（67.8%），次为4芽枝（22.0%），而5芽枝品种仅占10.2%；日本品种群中，6芽枝居多（占30.6%），次为5芽枝、4芽枝（分别占29.2%、21.0%），而7芽枝到10芽枝的品种也有；美国、法国品种多为牡丹亚组间品种，因调查较少，代表性不强。表中未列西北品种群。据调查，西北品种群5芽枝居多，往往在一个枝条上由上而下形成2花芽2叶芽1隐芽的结构，此外也有少数9芽枝品种。

依据当年生枝条上侧（腋）芽着生数量的差异，可将牡丹品种划分为三种类型：①类型Ⅰ。侧芽数量少，每枝3~4个。②类型Ⅱ。侧芽数量居中，每枝芽数 5～7 个。③类型Ⅲ。侧芽数量多，每段 8～10 个。在中原品种群中，90% 为类型Ⅰ，10% 为类型Ⅱ；日本品种中，73% 为类型Ⅱ，19% 为类型Ⅰ，8% 为类型Ⅲ；美国、法国品种以类型Ⅱ为主。牡丹枝条类型及其上芽的着生数量与花芽分化、连续两次开花等特性有着密切的关系。

● 表 1-1　不同牡丹品种群 1 年生（花）枝条上芽的着生情况比较

品种群	观察品种总数	枝条着生芽数							
		3	4	5	6	7	8	9	10
中原品种群	59	40（67.8%）	13（22.0%）	6（10.2%）	0	0	0	0	0
日本品种群	62	0	13（21.0%）	15（29.2%）	19（30.6%）	10（6.1%）	3（4.8%）	1（1.6%）	1（1.6%）
美国品种群	9	1（11.1%）	1（11.1%）	1（11.1%）	0	3（33.4%）	1（11.1%）	0	2（22.2%）
法国品种群	5	0	0	3（60.0%）	0	1（20.0%）	0	0	1（20.0%）

注：表中括号内数据为该类品种占观察品种总数的百分比。

二、茎（枝）的结构

（一）初生结构

牡丹茎（枝）的初生结构由表皮、皮层和维管柱三部分构成。表皮由一层排列紧密近方形的细胞构成。表皮细胞外壁角质化，具明显的角质层，内、外切向壁均增厚，分布有少数气孔，无腺毛结构。紧贴表皮的数层细胞较小，分化为厚角组织；皮层的主要部分由大型薄壁细胞组成，排列疏松，有明显的细胞间隙；皮层最内数层细胞体积较小，但排列不规则，没有内皮层；维管束间的薄壁细胞区为髓射线，外接皮层内连髓，在茎的横切面上呈辐射状排列；髓位于茎的中央，在茎的初生结构中占较大比例。髓由许多排列疏松的大型薄壁细胞构成。

牡丹当年生枝条一般在开花之前进行初生生长，产生初生结构；花后开始次生生长，产生次生结构。

（二）次生结构

牡丹茎的次生结构是在初生结构的基础上，由维管形成层和木栓形成层分裂产生。次生结构主要包括次生保护组织和次生维管组织。

牡丹1年生枝条或茎，维管形成层一般在第四节开始出现，产生次生结构。大多数种类维管形成层形成并产生一定次生维管组织后，周皮接着开始发生（少数品种中周皮与次生维管组织同时发生或更早）。维管形成层区较宽，旺盛活动时可达数十层细胞，向外产生次生韧皮部，向内形成次生木质部，后者所占比例高于前者。周皮发生部位较深，这样，从外向内，牡丹1年生茎由表皮、厚角组织、皮层、周皮、次生韧皮部、次生木质部和髓构成。随着次生生长的继续，次生木质部的量逐渐增加，木栓形成层发生部位向内推进，最后可在次生韧皮部中发生。随着周皮的产生，外部皮层细胞逐渐死亡、脱落，由处于茎表面的周皮执行保护功能。如图1-3、图1-4所示。

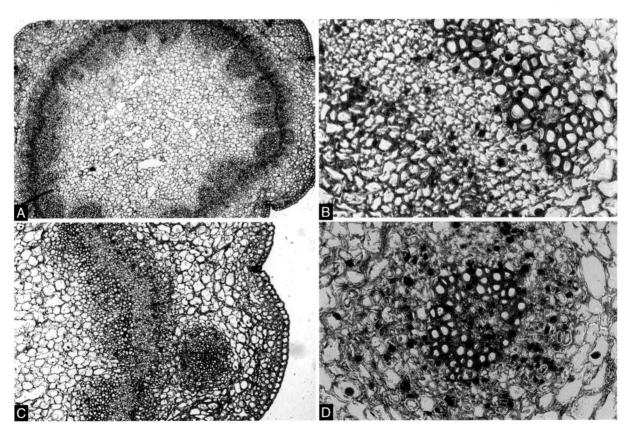

A.茎的横切，示次生结构（×50）；B.示茎维管形成层（×800）；C.牡丹茎中的三生维管束（右下）在横切面上的位置（×400）； D.三生维管束局部放大（×800）。

● 图1-3 **牡丹茎的横切**

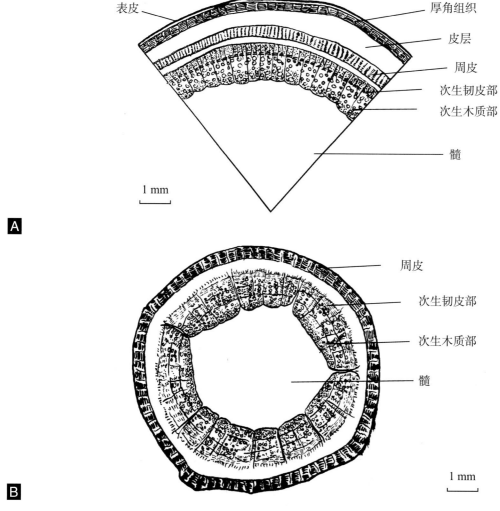

A. 1 年生茎；B. 3 年生茎。

● 图 1-4　**紫牡丹茎的横切**（R. P. Barykina，等，1978）

　　牡丹茎次生结构中存在三生维管束（图 1-3 C、D），这是一种异常结构。这种情况的发生是由于皮部或中柱鞘等部位细胞壁组织细胞又产生分生能力，转化为新的形成层，产生一些额外的维管束。这种异常结构被称为"三生结构或异常维管束"。

　　木质部由导管、管胞及木纤维细胞组成。据电子显微镜（以后简称电镜）观察，共发现 5 种类型导管（图 1-5）。

1. 环纹导管

具环状木质化增厚的次生壁，这些次生壁环互不连接，中部直径 7 ~ 11 μm。

2. 螺纹导管

具螺旋状增厚的次生壁，呈弹簧状，中部直径 8 ~ 12 μm。

3. 梯纹导管

具短横条状增厚的木质化次生壁，与未增厚的次生壁相间排列，形成近似梯形的纹饰，中部直径 15 ~ 20 μm。

4. 网纹导管

具网状增厚的木质化次生壁，中部直径 19 ~ 23 μm。

5. 孔纹导管

导管分子侧壁大部分木质化增厚，不增厚部分形成盘状孔，中部直径 20 ~ 25 μm。

牡丹 5 种导管的特征与一般双子叶植物导管发育和演化规律相吻合。

牡丹组植物的皮层及薄壁细胞中含有晶簇异细胞。随着茎的增粗，次生木质部成为次生结构的主体，以后随年龄增长而有着明显的年轮。在年轮中可以区分出早材和晚材。就牡丹次生木质部的组成而言，与其他双子叶植物一样，

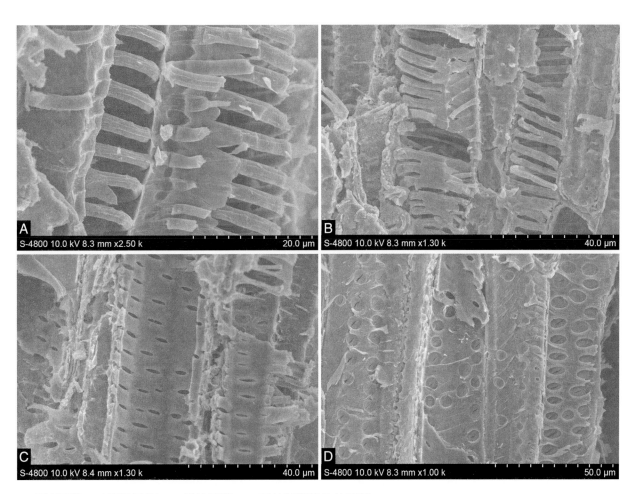

A. 环纹导管；B. 螺纹导管；C. 梯纹导管；D. 网纹导管及孔纹导管。

● 图 1-5　牡丹木质部的几种导管

由导管、管胞和纤维组成的纵向系统与射线组成的横向系统构成。茎的次生结构中明显保留着髓（属初生结构），并且在 1～3 年生的茎中，髓所占比例较大，从而给扦插繁殖造成了困难。

（侯小改，郭琪）

第三节
叶的形态与结构

在自然环境中，植物体是个开放系统，叶片往往是暴露于空气中面积最大的器官。因此，植物对生境的反应与适应通常更多地表现在叶的形态与结构上。

一、叶的形态

（一）野生种的叶片形态

牡丹组内的两个亚组间，叶形差异较大。革质花盘亚组中小叶为卵形、卵圆形至披针形，全缘或有浅裂，牡丹革质花盘亚组叶形的变化，如图1-6所示；肉质花盘亚组小叶呈羽状分裂，裂片披针形至窄披针形以至线状披针形。

牡丹同一枝条自下而上，叶片在叶型、大小和小叶数目上差异极大。一般以倒数第二、第三片复叶的形状、大小和小叶数目较具代表性。复叶为二回至三回羽状复叶，复叶上小叶数从矮牡丹、卵叶牡丹的9枚到紫斑牡丹、四川牡丹可多达70余枚。

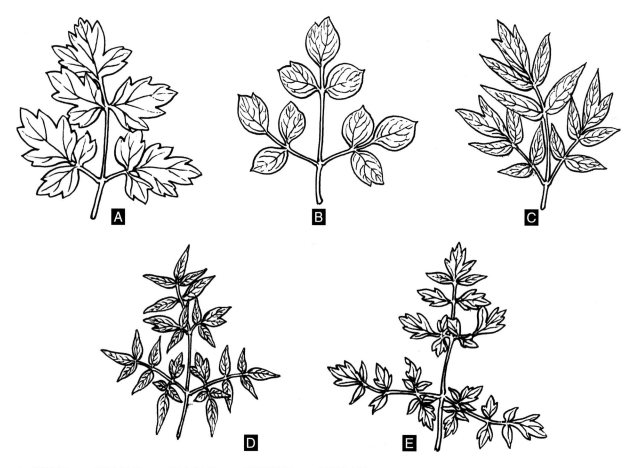

A. 矮牡丹；B. 卵叶牡丹；C. 杨山牡丹；D. 紫斑牡丹；E. 四川牡丹。

● 图 1-6　**牡丹革质花盘亚组叶形的变化**

（二）栽培品种的叶片形态

牡丹栽培品种当年生枝条中下部叶形大多为二回羽状复叶，中原品种群主要复叶大多为 9 枚小叶，西北品种群复叶的小叶在 15 枚以上，以 19～21 枚居多，少数为三回复叶。杨山牡丹'凤丹'系列品种以 15 枚为主，也有 9 枚、11 枚、13 枚的变化。为便于品种的记载和描述，根据复叶总长度、总宽度及小叶形状，王莲英等（1997）将中原牡丹群的叶型区分为 6 类。

1. 大型圆叶

复叶大形，总长 > 40 cm，总宽度 > 25 cm；小叶呈广卵形或卵叶，宽大肥厚圆钝，小叶边缘缺刻少，如'首案红''墨魁'等。

2. 大型长叶

复叶大小同上，小叶长卵形或椭圆形，质地薄软，侧小叶边缘缺刻少而尖，如‘冰凌罩红石’等。

3. 中型圆叶

复叶中等大小，总长 30 ~ 40 cm，总宽 20 ~ 25 cm，余同大型圆叶，如‘雨过天晴’‘粉面桃花’等。

4. 中型长叶

复叶大小同中型圆叶，小叶形状类似大型长叶，但边缘缺刻多而尖，如‘假葛巾紫’‘鲁粉’等。

5. 小型圆叶

复叶小型，总长度 20 ~ 30 cm，总宽不超过 20 cm，如‘蓝田玉’‘赤龙焕彩’等。

6. 小型长叶

复叶大小同小型圆叶，如‘璎珞宝珠’‘桃红献媚’等。

部分具有二次生长与开花习性的品种（如‘海黄’等），在其二次枝（夏梢）上产生大量莲座状叶。莲座状叶叶腋内如无芽，成为盲节；如有芽，则形成丛生芽，当年花芽分化，次年开花。‘海黄’基部萌蘖枝的二次生长（春梢加夏梢）高 1.8 ~ 2.1 m，叶片总数可达 40 多片（38.0 片 ± 5.98 片），为同期营养枝的 2 倍。

二、叶的结构

牡丹叶总体上属于复叶类型，由叶柄和叶片组成。

（一）叶柄

叶柄是连接叶片和茎的结构，是二者之间水分和营养物质交流运输的通道，同时也起着支持叶片的作用。叶柄的结构与茎相似，不同种或品种之间在形态上存在差异，如‘洛阳红’叶柄中维管束呈半圆形，而‘凤丹’叶柄为圆形，维管束也呈圆形，但二者结构基本相同（图 1-7）。与茎的结构相似，叶柄表皮细胞及靠近表皮的 1 ~ 3 层皮层细胞壁也显著增厚，尤其在棱和凹陷区域皮层组织更加发达，所占比例大。叶柄中维管束数量较少，排列较疏松，间距较大，其中央维管束往往较为发达，体积较大。绝大部分叶柄维管束中的木质部和韧皮部显著退化，木质部和韧皮部之间具有不发达的形成层。叶柄维管束结构整体上呈现向叶片中的叶脉过渡的趋势，结构不断简化。

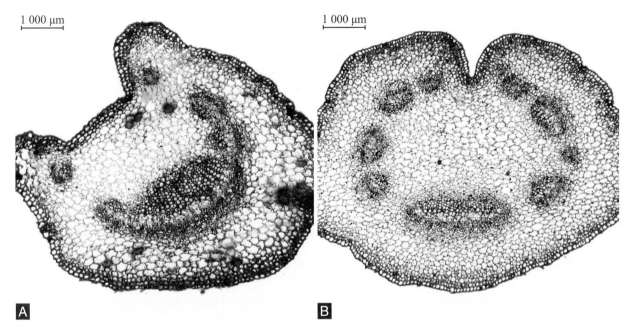

A.'洛阳红'叶柄横切；B.'凤丹'叶柄横切。

● 图 1-7　牡丹叶柄的横切

（二）叶片

牡丹叶片具有普通双子叶植物结构的基本特征，由表皮、叶肉和叶脉组成。在种和品种间叶片特征存在差异，但基本结构一致。

1. 表皮系统

1）表皮　表皮是指叶片最外一层细胞。覆盖在叶片上表面（近轴面）的为上表皮，而在下表面（远轴面）的为下表皮，二者均为生活细胞。上表皮细胞比下表皮细胞大 5~8 倍，均属初生保护组织。在横切面上，上表皮细胞形状规则，呈砖形排列，细胞壁增厚明显，外切向壁上具角质层，极少有气孔分布；下表皮体积较小，大小不均匀，排列不整齐，侧壁凹凸不平，可见气孔处形成的腔下室。

牡丹不同种或品种叶片表皮细胞的形状与气孔数量及其分布存在一定差异。主脉上表皮由一层细胞组成，下表皮均由两层细胞组成。洪德元（1989）观察了芍药属 18 个种表皮细胞及其相邻细胞周壁演化趋势，认为是由规则形向双重深波状进化。孙会忠等（2012）观察了牡丹组 5 个种表皮细胞及其相邻细胞周壁的特征，认为牡丹叶表皮细胞形状均为无规则形或多边形，垂周壁一般为浅波状、波状或近平直。

2）角质膜与蜡质碎屑　牡丹叶片上、下表皮的外切向壁均具较光滑的角质膜，上表皮角质膜明显较下表皮厚。紫斑牡丹及其栽培品种群、杨山牡丹、矮牡丹及中原品种群中的'洛阳红''蓝田玉''姚黄'等，其主脉上下表皮具角质齿状凸起，其他品种只有角质膜。牡丹上下表皮均有蜡质碎屑不均匀分布，凹凸不平。气孔保卫细胞外侧也有蜡质碎屑。但'凤丹'叶表皮上只有较厚的角质层，气孔处角质层留有缝隙。电镜观察表明，角质在表皮上的积累有三种类型：一是表面平坦，但其上有大量蜡质碎屑；二是角质膜突起呈"嵴"状，表面光滑；三是中间类型，角质膜突起呈"沟壑"状，表面有少量碎屑或碎屑集中在沟底。

3）气孔　牡丹叶片上的气孔全分布于下表皮（远轴面），类型稳定，多数属无规则形，只有大花黄牡丹属于放射状细胞型。据对6个中原品种的观察，其中以'首案红'气孔较大，单位面积上气孔数少。而'洛阳红'植株随节位升高，叶片气孔数量增加，叶尖有较叶基气孔数减少、长度增大的趋势，说明牡丹气孔数量及形态的变化与微生境的改变相适应（表1-2）。

● 表1-2　'洛阳红'不同节位叶下表皮气孔密度及其长度变化

项目	第一节				第二节				第三节			
	基部（1/4）	中部（2/4）	顶部（3/4）	平均	基部（1/4）	中部（2/4）	顶部（3/4）	平均	基部（1/4）	中部（2/4）	顶部（3/4）	平均
气孔平均密度/（个/mm²）	72	55	57	61	78	66	65	70	85	69	68	74
气孔平均长度/μm	27.8	27.6	29.5	28.3	27.3	29.5	30.5	29.1	29.0	27.5	31.0	29.2

4）表皮毛　中原牡丹大部分品种无表皮毛，但紫斑牡丹及其栽培品种不仅具上表皮毛，而且下表皮毛更多。表皮毛以叶脉上分布居多，且由基部向顶端逐步减少。大多数种类为单细胞表皮毛，少数种类具单细胞、双细胞表皮毛，如图1-8所示。

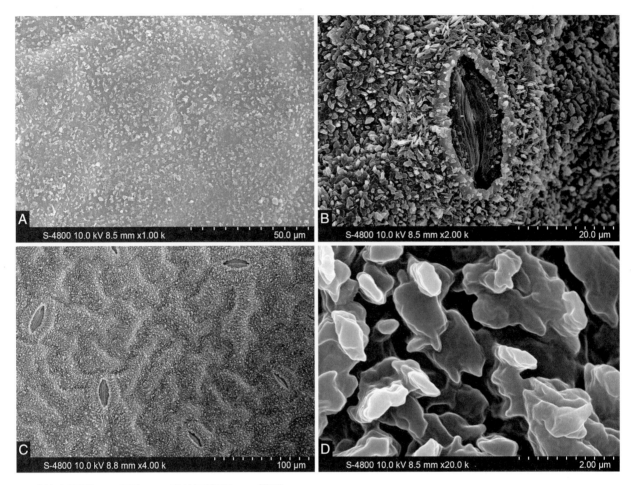

A. 叶片上表面；B. 气孔；C. 叶片下表面；D. 蜡质。

● 图 1-8　**牡丹叶片的表面形态**

2. 叶肉系统

牡丹叶肉组织发达，是光合作用的主要场所，由栅栏组织和海绵组织组成。栅栏组织由 1 ~ 2 层长柱状薄壁细胞组成，细胞内含有丰富的叶绿体。栅栏组织在整个叶片厚度中占 1/4 ~ 1/3，细胞长轴与表皮垂直，排列整齐紧密。在上表皮极个别有气孔分布的地方，其内侧对应部分的栅栏组织则留有缝隙。此外，有些种类栅栏组织除含柱状栅栏薄壁细胞外，还含有 2 ~ 5 个分枝的栅栏薄壁细胞和不规则的栅栏薄壁细胞。分枝状栅栏薄壁细胞在其他双子叶植物中未见报道。这种特殊形态扩大了叶肉细胞表面积，有利于光的吸收和利用，似是对荫蔽环境的一种积极适应。

叶片海绵组织位于栅栏组织和下表皮之间，其薄壁细胞体积较大，排列疏松，细胞形状不规则，许多细胞在一端或局部区域形成短臂状或乳突状结构，叶绿体含量明显减少。

牡丹组植物均在叶脉及叶内部位含有星状晶簇异细胞。牡丹叶片的解剖结构见图1-9、图1-10。

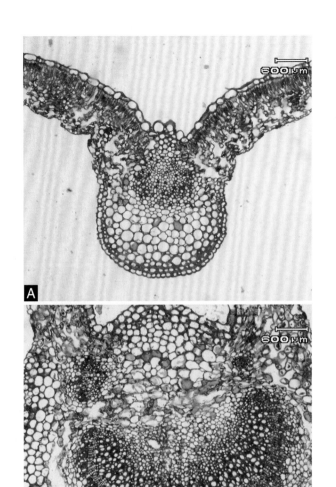

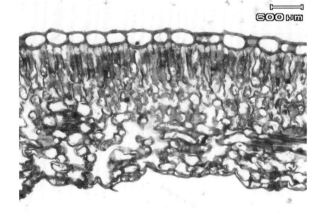

A. 叶片结构；B. 叶片中央大主脉；C. 叶肉结构。

● 图 1-9 **牡丹叶片的解剖结构**（R. P. Barykina，等，1978）

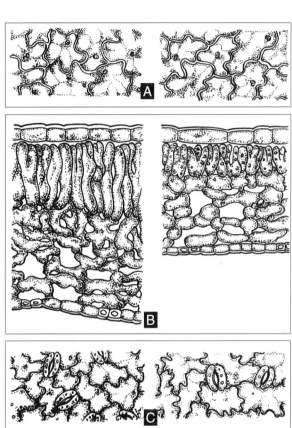

A. 上表皮；B. 叶片解剖结构；C. 下表皮与气孔。

● 图 1-10 **紫牡丹（左）与黄牡丹（右）叶片结构**

3. 输导系统——叶脉

牡丹叶片中输导组织由叶脉组成，叶脉分布于叶肉组织中。牡丹叶脉属网状脉，可分为主脉和各级侧脉。叶脉的主要组成部分是维管束，多数主脉由1~3束维管束组成。维管束的木质部位于近轴面，韧皮部位于远轴面，属于外韧维管束。但由于木质部与韧皮部中间的形成层活动能力微弱，形成的次生结构极为有限。叶脉维管束上下一般为基本组织。

据观察，牡丹叶片主脉下表皮均向外突起，

而上表皮可分为凸起和凹陷两类。主脉上表皮下面有 1~4 层厚角组织细胞，其内为若干层绿色的薄壁细胞，下表皮有的具 1~4 层厚角组织细胞（如紫斑牡丹、中原牡丹），其余大多不明显。主脉维管束均呈弧形；在发达的主脉维管束中（如黄牡丹与中原品种'一品朱衣'），可见有 1~3 层维管形成层细胞；主脉维管束与叶肉大多处于同一水平面上，但也有例外，如西南品种群中丽江牡丹品种主脉维管束位于叶肉水平面下。从主脉与叶片、主脉维管束与主脉的厚度的比值以及主脉维管束数目可以看出，野生种类较栽培品种比值大，输导能力较强。其输导能力的强弱顺序为紫斑牡丹＞黄牡丹＞杨山牡丹＞矮牡丹。

牡丹叶为弧形羽状网脉，二级侧脉呈弧状；三级脉明显且连合成网；四级脉走向紊乱，亦连合成网；五级或六级脉形成脉间区，但发育不甚完全。

（三）叶片结构与牡丹适应性

植物叶片形态与结构是其对环境条件长期适应的结果。在落叶植物中，叶片是较易因微生态环境变化而发生变化的器官。综合现有研究，可以对牡丹的适应性有以下几点认识：

1. 叶片结构与抗旱或耐湿特性

据观察，牡丹抗旱或耐湿特性在叶片结构上有以下反应。

1) 气孔密度与气孔面积大小　一般气孔的密度和大小与植物耐旱程度成反比。在相同生境下，气孔密度小，面积小，水分散失量小，抗旱性增强。干旱环境下，气孔多分布在叶片下表皮，气孔密度随生境水分、湿度减少而增加，气孔面积向小型化发展。

2) 角质层厚度　角质层具保水作用，在干旱胁迫下，角质层较厚的种类抗旱性较强。

3) 叶肉组织结构　旱生植物栅栏组织发达，排列紧密，细胞层数增加而体积减小；海绵组织相对减少，胞间隙减小。而在高湿环境下，栅栏组织退化，海绵组织发达，胞间隙变大。为减少光合损失，栅栏组织细胞下部连成一体，呈疏状结合，增加表面积，以利叶绿体分布。

4) 维管束数量与导管类型　维管束是输送水分和养分的通道，维管束数量增多，则输送水分、养分效率提高，抗旱能力增强。而木质部导管是输送水分通道，直径大、倾斜度小，则输水能力提高。其中环纹、螺纹导管在器官发生中出现较早，一般出现在原生木质部，其口径小，输水能力弱；而梯纹、孔纹导管直径较大，多出现在后生木质部，其次生壁坚固，直径较大，输水效率较高。

牡丹组各个种叶片解剖学特征见表1–3。

● 表1-3　**几种牡丹叶片的解剖学特征**

种类	角质膜厚度 / μm	叶片厚度 / μm	栅栏组织		栅栏组织与海绵组织比例	主脉维管束数量 / 个	气孔频度 / (个 / mm²)	备注
			形状	厚度 / μm				
大花黄牡丹	2.3	120.0	长柱状	43.0	0.56	1.0	180	孙会忠，2012
黄牡丹	3.0	125.0	长柱状	46.0	0.57	1.0	176	孙会忠，2012
狭叶牡丹	2.0	106.0	短柱状	37.0	0.55	1.0	208	孙会忠，2012
紫斑牡丹	3.2	116.0	长柱状	53.0	0.83	3.0	210	孙会忠，2012
四川牡丹	2.1	109.0	长柱状	38.0	0.53	1.0	166	孙会忠，2012
杨山牡丹	2.9	—	长柱状	39.6	0.30	1.0	122	黄永高等，2006

综合各个性状，可以认为牡丹组植物基本上属于中生植物。如果以角质层厚度2.9 μm作为中生植物的一个重要指标，则紫斑牡丹、黄牡丹的抗旱能力要更强一些。较厚的角质膜能防止水分的过度蒸腾，较强的折光性可有效降低强光伤害。而较发达的角质膜兼有机械支撑作用，可降低或减缓胁迫条件下的植物凋萎。

郑玲等（2013）比较了4个中原品种与2个国外品种的叶片解剖学特性和抗旱特性（表1–4），认为'脂红''洛阳红''赵粉'抗旱性较强，而'乌金耀辉''五大洲''海黄'相对较弱，差异明显。

李宗艳等（2011）比较了引种滇西北的中原品种（'乌龙捧盛''青龙卧墨池'和'首案红'）与西南品种中的丽江品种（'丽江紫''丽江粉''香玉板'）的耐湿能力，认为中原品种具旱生植物的特性，而丽江品种耐湿能力较强。在相

● 表 1-4　4个中原品种与2个国外品种叶片解剖学特征比较

序号	品种名称	每视野气孔密度 / 个	角质膜厚度 / μm	叶柄维管束数量 / 个	导管直径 / μm	端臂倾斜 / (°)	环纹、梯纹比 / %
1	'脂红'	10.6	5.01	8	0.028	55.8	20.8
2	'洛阳红'	13.3	4.68	8	0.031	58.2	23.5
3	'赵粉'	11.2	4.91	8	0.031	59.7	22.2
4	'乌金耀辉'	14.8	4.12	6	0.023	63.9	29.6
5	'五大洲'	14.2	3.26	5	0.026	68.5	30.2
6	'海黄'	15.1	3.86	5	0.027	65.8	36.9

注：1.1～4为中原品种，5～6为国外品种。2.以40倍物镜视野为一个统计单元。

同生境条件下，品种耐湿能力与气孔密度、面积、栅栏组织与海绵组织比值呈正相关。丽江品种气孔密度大是当地品种对高湿环境适应性的表现。此外，还有栅栏组织退化、胞间隙大、栅栏组织与海绵组织比值大等特点。其中'丽江紫'气孔密度最大，'丽江粉'具稍发达的栅栏组织，细胞长柱状，海绵组织疏松，栅栏组织与海绵组织比值最小。

2. 叶片结构与抗寒性

唐立红（2010）研究了赤峰引种的3个紫斑牡丹的叶片结构（表1-5）与其抗寒性的关系，认为叶片气孔密度小、角质层较厚的品种抗寒性较强。而叶片结构紧密度（CTR）与抗寒性呈正相关，与海绵组织厚度的指数（SR）呈负相关。在叶片组织随生境条件与生理状况变化过程中，叶片结构紧密度具有相对的稳定性，反映了植物抗寒性状的遗传差异，是抗寒性鉴定指标之一。3个品种中，'玫瑰红'抗寒性最强，'玉瓣绣球'次之，'青春'较弱，与生理生化分析结果一致。

3. 栽培品种叶片结构具有阳生叶的特征

牡丹从野生到栽培，其叶片结构也在发生着变化。牡丹部分野生种栅栏组织厚度与叶片厚度、海绵组织厚度与叶片厚度的比值较小，属高山阴生型叶。

● 表 1-5　**3 个紫斑牡丹品种叶片表皮特征与组织结构特征比较**

品种名称	每视野气孔数量 / 个	角质膜厚度 / μm	上表皮厚度 / μm	下表皮厚度 / μm	表皮总厚度 / μm	叶片厚度 / μm	栅栏组织厚度 / μm	海绵组织厚度 / μm	CTR/%	SR/%
'玫瑰红'	7.8	6.31	33.24	25.09	58.33	302.90	109.57	104.95	36.17	34.65
'玉瓣绣球'	9.2	5.20	32.09	22.10	54.19	329.62	142.37	131.65	43.19	39.94
'青春'	10.1	4.83	26.48	21.77	48.25	263.03	77.50	118.75	29.46	45.15

注：1. 表中气孔密度均以 40 倍物镜视野范围为一个统计单元；2.CTR 为栅栏组织厚度占叶片厚度的百分数，SR 为海绵组织厚度占叶片厚度的百分数；3. 各组数据均为 10 个样品的平均值。

而栽培品种则比值较大，表现出由阴生型叶向阳生型叶过渡的趋势。

4. 年生长期内，牡丹叶片结构随微生境的变化而发生改变

据对紫斑牡丹野生种及中原品种'洛阳红'的观察，植株生育期间由下向上相继长成叶片的形态解剖特征并非前一节位叶片的简单重复，而是随着节位上升，栅栏组织厚度与叶片厚度、海绵组织厚度与叶片厚度的比值逐渐增加，到第九节位后有下降趋势。与此相应，气孔密度也有变化，见表 1-2。这可能与各节位叶重比及光合能力强弱有关，也是牡丹对微生境的适应。

（李嘉珏，孙会忠）

第四节
花的形态与结构

一、花的形态与花瓣的类型

（一）花的形态

牡丹革质花盘亚组的种类单花顶生，肉质花盘亚组的种类每一个花枝上可着花 3～4 朵，顶生和腋生。大多数种类花梗（柄）粗壮，结构与茎相似，也包括表皮、皮层和维管柱三部分，但次生结构不发达。花梗顶端的花托膨大呈盘状。花梗中的维管束在花托基部开始扩大间距，呈鱼骨状分布于花托中。在花托上，由外向内依次着生苞片、花萼、花瓣、雄蕊和雌蕊。从组成上看，牡丹花属于完全花；牡丹花同时具有雄蕊和雌蕊，为两性花。萼片 3～5 枚，绿色，宽卵形，大小不等，一轮排列，但栽培品种形状常有变异，或有不同程度的彩瓣化，形成外彩瓣。

花瓣在革质花盘亚组种类中常为 10～11 枚，2 轮排列。大多数栽培品种花瓣数量大为增多，按花瓣起源有无性花瓣和有性花瓣之分，色彩也有诸多变化。

雄蕊多数，离生，离心发育。花药为花丝长度的 2 倍，横断面呈典型的蝴蝶状。在栽培条件下雄蕊常常花瓣化，成为牡丹花重瓣化的重要原因之一。

雌蕊由 1～5 枚（肉质花盘亚组）或 5 枚及 5 枚以上（革质花盘亚组）离

生心皮组成。每枚心皮卷合形成一个单室瓶状子房，边缘胎座，胚珠多数，沿心皮腹缝线排成2列。心皮表面光滑或密被绒毛，花柱短，柱头扁平，向外翻卷。栽培品种中，心皮常因退化或瓣化而失去生殖功能。心皮瓣化形成的花瓣常被称为内彩瓣。此外，在部分品种中，由于心皮数量骤增且异形化发育，从而形成台阁花的结构。

牡丹花中心雌蕊群外围有一圈革质或肉质膜状结构，被称为花盘或房衣，革质花盘往往将雌蕊群的子房紧紧包被起来，而肉质花盘仅包被子房的基部。

雌蕊受精后，心皮发育成蓇葖果。花着生状况及结构见图1-11、图1-12。

A.'凤丹'牡丹；B.紫斑牡丹（以上一枝一花）；C.大花黄牡丹；D.黄牡丹（以上一枝多花）。

● 图 1-11　牡丹花着生状况

A.花柄的结构（×100）；B.花托基部的维管束；C.牡丹花蕾顶面观；D.牡丹花蕾背面观；E.雄蕊分布横面观；F.雄蕊群侧面观；G.雄蕊群顶面观；H.成熟雄蕊；I.雌蕊群形态；J.子房外壁密被绒毛；K.离生心皮（子房）基部横切；L.雌蕊群为花盘（房衣）包被。

● 图 1-12　**牡丹花的结构（革质花盘亚组）**

（二）花盘（房衣）的形态与结构

芍药属牡丹组植物的花盘（房衣），是类群划分的重要依据。从起源上看，花盘是附生于心皮背面的一部分组织结构。作为心皮附属物，二者由一个共同的原基分化而来。心皮可能来源于叶片，而花盘可能来源于叶鞘。

芍药属牡丹组的花盘总是相互联合，包裹心皮形成杯状或盘状。花盘在各心皮间隔处有较深的裂痕，成圈的花盘可能是由每个心皮的花盘之间发生次生愈合而形成。成熟的革质花盘与肉质花盘形成特征与解剖结构明显不同，革质花盘发达，包裹心皮大部分，较薄，横切面上维管束多，分布密集；肉质花盘较不发达，仅包裹心皮基部。但二者有着共同的起源，革质花盘由肉质花盘演化而来，是随着植物向冷旱气候区扩散过程中逐渐适应而形成的。从其来源、结构、功能以及与子房的关系看，将花盘的称谓改为"房衣"，更为科学合理。

在栽培品种台阁花的上方花中，房衣总是和各自的心皮伴生而互不相连，但与心皮基部组织相连，且随心皮的异形化发育而形成多种形态结构。

（三）花瓣的类型

牡丹的花瓣按其起源不同，可以区分为以下类型。

1. 无性花瓣

牡丹的无性花瓣可区分为以下两类。

1）自然无性花瓣　自然无性花瓣可分为两种：一种花瓣为倒卵状矩圆形，顶端近全缘或有一凸尖，少有二裂花瓣，肉质花盘亚组的种类属于此类型；另一种近宽椭圆形，多数花瓣顶端有一凹陷，花瓣基部较宽，革质花盘亚组的种类属这一类型。

自然无性花瓣发育过程可分为原瓣期、幼瓣期、发育期和成熟期4个时期。花瓣发育成熟时，肉质花盘亚组的种类花瓣多呈螺旋状排列，革质花盘亚组的种类排列成近两轮，每轮花瓣5枚，少数为6枚。

2）新增无性花瓣　在中原品种和西北品种中，在自然无性花瓣内侧有大量新增无性花瓣，这类花瓣成簇存在，每簇内花瓣大小不一致，明显外大内小，形态狭长，顶端边缘多缺刻状，内层花瓣有的形成花瓣雄蕊复合结构。这类花瓣的出现与人工栽培密切相关，是一种次生结构。栽培品种的千层类系列花型是由新增无性花瓣的产生而形成的。

2. 有性花瓣

牡丹的有性花瓣可分为以下3类。

1）雄蕊瓣化花瓣　该类花瓣成簇、成团存在，多为6簇，但其中一簇较小。簇团中花瓣由内向外逐渐减小。花瓣狭长，基部较窄，顶裂片多，其中最内层花瓣和最外层的一些花瓣有小柄。有些雄蕊仅花丝一侧或两侧瓣化。雄蕊瓣化一般为离心式瓣化。瓣化起始于雄蕊原基的圆柱状阶段，瓣化开始是上部扁化伸展而成花瓣。瓣化从内层雄蕊原基开始，逐渐过渡到外层雄蕊。除离心式瓣化外，在中原、西北一带发现有些品种为向心式瓣化。

2）心皮瓣化花瓣　心皮瓣化形成的有性花瓣。瓣基宽度一般介于正常花瓣与雄蕊瓣化花瓣之间，顶端裂片较多，常带有房衣残留物。这些残留物呈小裂片、小突起或类花瓣状。心皮瓣化是从中脉一侧开始，然后心皮两边扩展形成花瓣，因而两侧常不对称。

3）筒状花瓣　心皮瓣化花瓣中有一类较特殊的花瓣——筒状花瓣，这类花瓣出现在部分台阁化程度较高的台阁型花的上方花中，占上方花瓣总数的5%～10%。它具有筒状结构，基部细，向上变粗呈喇叭形或钟形，筒内壁上有时具一顶部游离的芒状物。筒状花瓣的着色与正常花瓣正好相反，说明其形成过程中存在一个向背面反向结合的情况。据解剖学观察，筒状花瓣是心皮和花盘组织原细胞共同瓣化并联合发育而形成的。

二、花药和花粉的发育与构造

（一）花药的发育和花粉囊的组成

花药形成之初，柱状雄蕊原基上部特定部位表皮下，部分细胞分化为孢原细胞，孢原细胞进行平周分裂，向外形成初生周缘细胞，构成初生周缘层，向内产生初生造孢细胞，组成造孢组织。初生周缘层平周分裂形成次生周缘层，其细胞再进行平周分裂，并分别发育为药室内壁和中层。与此同时，内部初生造孢细胞也进行不同方向的分裂，其外一层细胞垂周分裂一次后，逐渐分化为绒毡层。绒毡层细胞通常一层，为多核细胞。在绒毡层分化的同时，内部初生造孢细胞不经分裂直接转变为次生造孢细胞，并很快转变为花粉母细胞，开始了减数分裂。这样，由外向内依次由表皮、药室内壁（1层）、中层（3～4层）和绒毡层（1～2层）组成的壁层呈同心圆排列，包围中央的花粉母细胞，构成一个花粉囊。

花药由4个花粉囊组成，绒毡层属分泌类型（腺质）。中层3～4层，其发育不均衡，使花粉囊在形态结构上表现出不对称性，即朝着花药开裂方向，花药壁逐渐变薄，这是长期适应散粉需要的结果。花药成熟时，仍有 1~2 层，甚至 3 层中层宿存，它们与药室内壁同步进行次生壁条状加厚，转变成了纤维层。成熟的花药由表皮层（外被角质层）、2~4 层纤维层（最外一层来源于药室内壁，其余来自中层）包被着花药腔内的花粉组成。花药壁的功能具有阶段性，先是以储藏营养物质为主，后与散粉有关。

（二）小孢子发生

花药发育过程中，次生造孢细胞直接转变为花粉母细胞。花粉母细胞已形成的形态学标志是减数分裂的启动和细胞外胼胝质壁的出现。被子植物的花粉母细胞外面都要积累胼胝质，形成一层特殊壁。当减数分裂进入中期时，花粉母细胞的初始细胞壁消失，细胞间的联系亦消失，细胞彼此分离，单个花粉母细胞处于由胼胝质形成的"孤立"环境中完成减数分裂。其减数分裂过程与一般植物相同。在第一次分裂结束后随即开始第二次分裂，最后同时胞质分裂，形成 4 个单倍体的小孢子，共同位于一个胼胝质壁内构成四分体，其中，小孢子排列呈四面体形。

（三）花粉的发育

牡丹花粉成熟时含 2 个细胞，即一个生殖细胞和一个营养细胞，因此为二细胞型花粉。从单核小孢子发育为二细胞型花粉成熟花粉粒，经历了单核小孢子早期、单核小孢子晚期、花粉第一次有丝分裂期、二细胞型花粉早期和二细胞型花粉晚期（成熟期）5 个连续的发育时期。花粉的大小与发育时间成正比，表现为直线增大的趋势。在牡丹花粉发育过程中，花粉细胞二型性表现很明显。

芍药属植物花粉多为长球形，少数近球形，赤道面观为椭圆形，个别种近圆形，极面观为三裂圆形。极轴长度为 34.8~62.6 μm，赤道轴长度为 27.8~45.4 μm。极轴与赤道轴之比为 1.3~1.4。具三拟孔沟，具沟膜。在电镜下外壁表面纹饰有以下类型：

1. 小穴状纹饰

如卵叶牡丹。

2. 穴状纹饰

如矮牡丹、四川牡丹。

3. 穴网状纹饰

如大花黄牡丹、狭叶牡丹。

4. 网状纹饰

如紫斑牡丹文县居群。

5. 细网状纹饰

如紫牡丹、四川牡丹。

6. 粗网状纹饰

如紫斑牡丹。

7. 皱波状纹饰

如紫牡丹。

8. 皱波—网状纹饰

如杨山牡丹保康居群。

9. 皱波—粗网状纹饰

如紫斑牡丹临洮居群。

芍药属花粉形态较为特殊，从孢粉学角度支持塔赫他间 Takhtajan（1980）将芍药属提升到"目"的水平。

据成仿云（1996）观察，西北品种'玫瑰撒金'从萌芽到开花约需70天。其花药发育早期进程较缓慢，后期较快。3月中下旬是栽培管理的关键时期，决定着雄蕊原基的发育方向（分化花药或瓣化）。花药从开始发育（3月上旬）到成熟散粉约需50天，其中花药壁层分化和花粉母细胞形成需20天，花粉母细胞减数分裂形成小孢子发育需20天，二细胞型花粉阶段仅需10天。

据魏乐（2000）在甘肃榆中原和平牡丹园的观察，在相同生境条件下，牡丹组内不同种间，花药及小孢子发育节律存在显著差异，其中中原牡丹小孢子发育最快，紫斑牡丹次之，而杨山牡丹（'凤丹'）最慢。与此相应，其花芽和花的发育也是中原牡丹最快，杨山牡丹较慢，明显反映了三者遗传性的差异。从品种一级看，情况复杂一些，如中原品种'山花烂漫'，西北品种'书生捧墨''金波荡漾'发育节律最快，次为中原品种'赵粉'，西北品种'红莲'和'冰山雪莲'，而杨山牡丹品种'凤丹'发育最慢。

牡丹花粉细胞二型性现象十分明显，异常花粉在单核晚期即开始有种种细胞形态学表现。二型性产生的根本原因是极性，它在减数分裂期间即已被预定。据观察，败育花粉在牡丹不同品种中占有一定的比例，但其与结实率并不呈正相关（表1-6）。

● 表1-6 **部分牡丹品种花粉败育率和种子结实率的比较**

指标	西北牡丹				中原牡丹		杨山牡丹
品种与花型	'红莲'单瓣型	'雪莲'单瓣型	'书生捧墨'单瓣型	'金波荡漾'绣球型	'山花烂漫'荷花型	'赵粉'皇冠型	'凤丹'单瓣型
每心皮平均种子数/粒	6.5	3.5	10.0	0.6	2.0	2.0	10.0
花粉败育率/%	49.0	18.0	19.0	38.0	14.0	18.0	43.0
结实率/%	27.1				15.4		50.0

三、心皮、胚珠和胚囊的发育及其结构

（一）心皮的发育与结构

牡丹的雌蕊原基是前一年秋天与雄蕊原基一起形成的。在革质花盘亚组种类中，它通常由5个球形突起的心皮原基组成，位于花托中央凹陷处，形成后即休眠，翌年随芽体萌动而开始缓慢发育。初期形态呈猪耳状，继而高度生长加快，上部变细并向背面弯曲，而两侧内曲，腹线靠近，形态上像婴儿的帽子，此时已具备雌蕊的雏形，随着腹缝接触，心皮两侧从中部开始愈合，半月后花柱以下全部愈合，腹缝线处留一浅沟，由下向上分化为子房、花柱和柱头，构成雌蕊。

不同种和品种间，成熟心皮形态和结构存在一定差异。

1. 心皮光滑或被毛

肉质花盘亚组及革质花盘亚组中的四川牡丹心皮光滑无毛，仅在背缝线和腹缝线沟内具极稀疏微毛；革质花盘亚组其他种类，如紫斑牡丹、杨山牡丹、

卵叶牡丹、矮牡丹以及牡丹的心皮均密被柔毛，由表皮细胞发育而来。

2. 柱头卷曲程度

基本上分为两类：一类柱头卷曲程度较低，通常形不成圆环状（肉质花盘亚组的种类）；另一类柱头卷曲呈圆环状，且柱头脉纹清晰（革质花盘亚组的种类）。

3. 授粉面及乳突分布

牡丹组植物柱头授粉面均较原始简单，仅为心皮腹缝线在柱头部位形成一条宽约 1 mm 的狭长带，表面有明显的乳突发育。从形态上可区分为三类：一类是授粉面相对较广，乳突分布均匀，密度中等，如紫斑牡丹与黄牡丹；第二类柱头授粉面相对较宽，但上下两区段乳突分布存在差异，上段乳突密度较高，而下段乳突密度较低，如大花黄牡丹、狭叶牡丹、四川牡丹与卵叶牡丹；第三类是授粉面更集中分布于柱头上部，乳突均匀分布，密度稍高于第一类，如紫斑牡丹、杨山牡丹与牡丹。

4. 花柱的分化

牡丹组花柱较为原始，大部分种类花柱较短或花柱与柱头分化不明显，且授粉面也位于花柱以上部分。

除以上几点外，心皮腹缝线愈合程度及子房壁内维管组织外侧机械组织的发达程度在各个种间也存在一定差异（赵敏桂，廉永善，2002）。

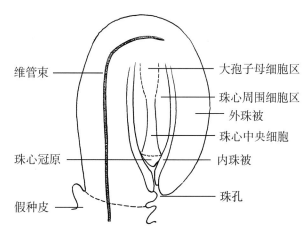

● 图1-13　**牡丹胚珠的基本结构**

（二）胚珠的发育与结构

胚珠主要由珠心及包被在外的珠被构成，它是在雌蕊的心皮中发育起来的。珠心又称大孢子囊，其内产生大孢子，并进一步发育成胚珠，即雌配子体。胚珠包被在子房中，在受精后发育形成种子（图1-13、图1-14）。

在心皮两侧边缘相遇形成腹合线的同时，在腹合线两侧即原来心皮的近边缘部位产生胚珠原基，它是由胎座分生组织亚表皮以内的第三层细胞平周分裂并向外逐渐突出的结果，而胎座表皮

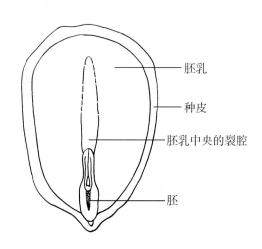

● 图1-14　**牡丹种子结构**

和亚表皮细胞只进行垂周分裂。胚珠原基在腹缝线两侧均匀排列成两列。胚珠高度生长比宽度快，成为柱状结构，顶端向内侧弯曲，在大孢子发生之前形成倒生胚珠，其内珠被较薄，外珠被较厚，二者共同参与珠孔形成。珠心属厚珠心类型，顶端具有一个由表皮和亚表皮细胞起源的珠心冠原。珠心的内部构成基本上可分为细胞径向排列的中央细胞区、合点端的大孢子母细胞区和周围的薄壁细胞区。

牡丹不同种类及品种间，胚珠结构与胚珠数量方面存在差异。中原牡丹品种及凤丹牡丹品种内外珠被分别形成珠孔，上下两个串联，各具相对独立的珠孔室，可称为串联式珠孔；珠心较短，通常仅达到珠被长度的一半；西北牡丹品种的内珠被仅稍短于外珠被，共同参与形成S形珠孔。就胚珠数而言，据随机抽样（20个品种）观察，西北牡丹品种每个心皮胚珠数在16～23个，平均19个，一般不少于15个；中原牡丹品种在10～14个，平均13个，通常不超过15个；凤丹牡丹品种在16～22个，平均20个。

（三）大孢子发生和胚囊的发育

大孢子是在胚珠合点端的大孢子母细胞区内发生的。大孢子母细胞多数，且数目随着大孢子发生过程而变化。减数分裂一开始，就有部分大孢子母细胞退化。减数分裂过程高度不同步，直到四核胚囊形成后，才没有新的大孢子母细胞进入减数分裂状态。四分体中大孢子排列为直线形，一般合点端一个发育为功能大孢子。牡丹胚囊发育为蓼形，每个胚珠中有1～4个胚囊形成（紫斑牡丹为1～3个）。开花后胚珠和胚囊进一步发育，当假种皮大量分泌黏液和助细胞退化以及次生核形成时，标志着胚珠和胚成熟，进入了受精状态。成熟胚囊由1个卵细胞、2个助细胞、1个中央细胞和3个反足细胞构成。多数大孢子母细胞和胚囊的存在，为发育过程中存在的竞争和选择提供了一种机制，从而保证了有性生殖过程的正常进行。

雌雄蕊内大小孢子发生和雌雄配子体发育和成熟的进程不同。雌蕊发育过程中，由于子房的形成，使胚珠和胚囊发育进程开始明显落后于雄蕊内花药和花粉的发育。结果到开花时，花粉已经成熟并开始散粉，但胚珠和胚囊尚未完全成熟；而当胚珠和胚囊成熟，达到授粉生理状态时，花粉已经散尽，雄蕊干枯。从发育过程和结构上可以看出牡丹是雌雄蕊异熟、异花授粉植物。

王雁等（2010）观察了黄牡丹大小孢子发生及雌雄配子体发育过程，认为其间存在一定的时序性相关，并且这个过程与花蕾的发育及形态特征也有着相对稳定的对应关系（表1-7）。这对于多倍体育种提高多倍体诱导效率有重要参考价值。

● 表 1-7　黄牡丹大小孢子发生及雌雄配子体发育与花蕾中雌雄蕊发育的对应关系

开花直径 / cm	花药颜色	雄蕊发育时期	雌蕊发育时期
$D \leq 0.5$	淡绿色	小孢子母细胞，减数分裂期	孢原细胞
$0.5 < D \leq 1.0$	淡绿—淡黄	四分体，小孢子，单核花粉	大孢子母细胞
$1.0 < D \leq 2.0$	黄色	单核花粉，单核靠边期，二细胞型花粉	大孢子母细胞减数分裂期
$2.0 < D \leq 3.0$	黄色	二细胞型花粉，二细胞型花粉晚期	功能大孢子，单核胚囊，二核胚囊，四核胚囊
$3.0 < D \leq 4.0$	黄色	二细胞型花粉晚期，成熟花粉	单核胚囊，二核胚囊，四核胚囊，八核胚囊
$4.0 < D \leq 5.0$	黄色	二细胞型花粉晚期，成熟花粉	成熟胚囊，卵细胞，次生极核形成

四、开花、传粉和受精

牡丹开花过程中，其雌、雄异熟是保证异花授粉的机制之一，但它们又不是完全隔离的。自交完全可能，不过育性大为减弱。柱头的授粉面为宽约1 mm的狭长带，表面有明显的乳突发育，成熟时分泌以糖为主的黏液状物质。

花粉落到柱头上后立即萌发，形成一条花粉管，随后生殖细胞分裂形成两个精细胞。花粉管在2～3 h内便进入胚珠。假种皮高度发达的腺表皮细胞分泌的大量黏液为花粉管生长提供了营养和介质环境。假种皮一侧正对着珠孔形成的"纵沟"，有助于花粉管准确地进入胚珠。花粉管通过珠孔、珠心冠原进入退化的助细胞，释放出二精子完成双受精。这一过程发生在花后3～6天。

牡丹受精作用与一般被子植物相同，二极核一般在受精前融合成次生核，它与精核融合的速度明显快于卵核与精核的融合。初生胚乳核形成后立即开始分裂，合子形成后要经过一定时间的休眠才开始发育。合子内雌、雄性核仁的最终融合是受精作用结束的标志。多胚囊胚珠中，一般仅有发育最早的一个胚囊受精，少数情况下两个胚囊可同时受精。开花后完成了形态分化而未进入受精生理状态的胚预定要停止发育，并导致胚珠败育。而开花后反足细胞增大、增殖，并在形成多核细胞后再退化，同时向合点端延伸，形成特殊的反足细胞"吸器"，保证胚囊的营养供应。

在牡丹种子发育和果实成熟过程中，形成假种皮，它是胚珠分化期在珠柄的基部开始发育的。开花受精之前，其表皮由一层排列整齐具有腺细胞功能的细胞组织组成。假种皮分泌的大量黏液充满子房腔，使发育中的胚珠和种子浸润其中。种子将成熟时，假种皮停止分泌黏液，在种子基部形成一种肥大的垫状结构。

（侯小改，李嘉珏）

第五节

果实和种子的形态与结构

一、果实和种子的形态

牡丹开花、传粉受精后，心皮与胚珠发育形成果实和种子。

牡丹的果实为聚合蓇葖果（以下简称聚合果），在不同种类和品种中，聚合果中的蓇葖果数量不同。在革质花盘亚组中，聚合果一般由5个蓇葖果组成，但栽培品种，如'凤丹'的聚合果上也见有6~10个蓇葖果。有些日本品种心皮数量增多，一个聚合果上往往有十几个蓇葖果。在肉质花盘亚组中，大花黄牡丹的果实以1个蓇葖果为主，少数有2个；而紫牡丹、黄牡丹、狭叶牡丹等的聚合果则有2~5个蓇葖果的变化。

蓇葖果成熟时沿着心皮腹缝线开裂，露出两列黑色、棕黑色或深褐色的椭圆形或卵状球形的种子（图1-15）。每个心皮中，种子数量及大小既与遗传性及生殖能力有关，也与开花过程中授粉状况以及发育过程中的营养状况有关。杨山牡丹和紫斑牡丹品种的生殖能力均较强，一般结实率高，每个心皮中种子多的可达10~12粒，种子直径0.8~1.0 cm。

A. 聚合蓇葖果；B. 果皮沿腹缝线开裂露出种子。

● 图 1-15 **凤丹牡丹的果实与种子**

牡丹种子较大，但不同种类间差别明显（表 1-8）。最大的是大花黄牡丹的种子，千粒质量 912.50 g，高的可达 1 000 g 以上；最小的是四川牡丹，千粒质量 218.06 g。种子按大小分级如表 1-9 所示（李晓青，2011）。除遗传因素影响种子大小外，栽培条件和分布生境的差异对牡丹种子形态大小也有明显影响。此外，在相同条件下，种子形态、大小又与蓇葖果内种子数量有关。一些结实率高的品种，蓇葖果内种子互相挤压而呈多边形或近菱形。

● 表 1-8 **牡丹原种种子形态特征**

种类	种子大小 / mm			千粒质量 / g	种皮颜色
	长	宽	厚		
大花黄牡丹	15.14±0.19	11.91±0.17	8.75±0.31	912.50	深褐色（N186A）
紫牡丹	10.86±0.12	8.41±0.16	6.67±0.37	398.46	棕色（N186B）

种类	种子大小 / mm			千粒质量 / g	种皮颜色
	长	宽	厚		
狭叶牡丹	12.30±0.27	9.71±0.40	7.15±0.35	539.81	红棕色（N186C）
黄牡丹	11.98±0.12	9.62±0.44	7.39±0.04	470.42	红棕色（N186C）
矮牡丹	9.95±0.48	7.62±0.04	6.17±0.05	274.62	深褐色（N186A）
卵叶牡丹	9.14±0.15	7.52±0.14	6.36±0.04	234.53	深褐色（N186A）
四川牡丹	9.14±0.16	7.35±0.28	6.27±0.23	218.06	深褐色（N186A）
杨山牡丹	9.88±0.05	8.27±0.07	7.32±0.04	387.10	黑色（202A）
紫斑牡丹	10.66±0.11	7.39±0.09	6.22±0.20	278.39	深褐色（N186A）

● 表 1-9　**牡丹种子大小分级**

种子大小	粒径范围 / mm	种类
大粒种子	9.73～11.93	大花黄牡丹
中粒种子	8.66～9.72	狭叶牡丹、黄牡丹
小粒种子	7.59～8.65	四川牡丹、卵叶牡丹、矮牡丹、紫斑牡丹、杨山牡丹、紫牡丹

二、种子的结构与发育特点

（一）牡丹种子的结构

牡丹种子由种皮、胚和胚乳三部分构成，属于典型的有胚乳种子。种皮较厚，坚硬革质，外被蜡质，其内为多层排列整齐的厚壁细胞，再内为两层柱状细胞；

其一端有明显的种脐，附近一侧有一种孔。胚乳占种子的绝大部分（在'凤丹'种子中，胚和胚乳的比例约为1∶200），呈半透明状，是脂质性的，正中央有一明显的裂隙。胚较小，高度约为种子的1/3，位于胚乳（种子）中央的一端，其圆锥状的胚根伸出胚乳，顶端伸进种孔之中；子叶2片，呈卵圆形，它们伸入在胚乳中央的裂隙之中，内部的原形成层束十分明显；两片子叶中间有一小的胚芽，胚轴粗短，子叶的宽度明显大于胚轴的直径，但厚度较小。

（二）胚和胚乳的发育

1. 胚的发育

胚的发育始于合子。合子需通过一定休眠期后才开始发育。其发育过程可划分为原胚、器官分化与生长、成熟三个阶段。合子的首次分裂只出现成膜体，而无细胞板和细胞壁产生，结果形成了类似裸子植物中的游离核胚时期，而与其他被子植物不同。杨山牡丹（'凤丹'）开花后23天时，游离核胚中游离核的数目可达300~600个（董兆磊，2012），远远高于紫斑牡丹（'玫瑰撒金'）开花后23天时的100~140个（成仿云，1999）。但是牡丹游离核胚的细胞化并不导致胚的直接形成，又与裸子植物不同，表明其自身的特殊性。游离核胚细胞化后，表面少数细胞脱分化形成了"胚原基"，进而沿着球形胚—心形胚—鱼雷形胚—成熟胚的途径发育。尽管有多数"胚原基"发生，但一般只有一个能够进入心形胚时期并继续发育，其余均在球形胚时期退化消失。这样，在成熟种子中一般只能见到一个胚。

2. 胚乳的发育

牡丹胚乳的发育属核型。其发育过程经过游离核阶段、细胞化阶段、生长与成熟阶段3个连续的发育时期。胚乳发育略早于胚，二者的游离核增殖和细胞化过程基本上是同步的，但最后胚乳成熟明显在胚之前。在生长与成熟阶段，胚乳内的营养物质主要由外珠被形成的"退化区"供给，而胚内营养物质主要来源于珠心冠原和少数宿存的珠心细胞。游离核胚乳和胚细胞化的方向相反，但过程相同。西北牡丹品种胚乳在开花85天左右达到成熟状态。

修宇等（2018）研究了凤丹牡丹胚乳发育过程中的油脂合成和转录组模式（基因调控网格）。从6个胚乳发育时期（S0~S5）中共检测到124 117个转录本。根据差异表达基因的种类和数量将胚乳发育分为三个时期：胚乳细胞有丝分裂期（S0～S1）、甘油三酯合成期（S1～S4）和成熟期（S5）。植物激素信号传导、DNA 复制、细胞分裂与分化、转录因子和种子休眠通路中的差异表达基因调控了胚乳发育进程。此外，199 个差异表达基因参与了糖酵解、磷酸戊糖通路、三羧酸循环、脂肪酸生物合成、甘油三酯组装以及其他通路。通过油脂合成的全基因网络通路分析，发现了调控油脂合成的关键转录因子基因（*WRI1*）和其他若干个重要基因，如 *ACCase*、*FATA*、*LPCAT*、*FADs* 以及 *DGAT* 等。

（李嘉珏，侯小改）

主要参考文献

[1] 黄永高，金飚，贾妮，等. 芍药和牡丹部分品种茎叶器官的解剖学观察比较 [J]. 江苏农业学报，2006, 22(4): 447–451.

[2] 李嘉珏. 中国牡丹与芍药 [M]. 北京 : 中国林业出版社，1999.

[3] 李宗艳，肖娟，蒙进芳，等. 丽江牡丹和中原牡丹叶片结构微形态比较 [J]. 浙江农林大学学报，2011, 28(1): 115–120.

[4] 孙会忠，侯小改，刘改秀，等. 5 种野生牡丹叶片的解剖学特征 [J]. 福建农林大学学报（自然科学版），2012, 41(1): 24–28.

[5] 孙会忠，侯小改，刘素云，等. 牡丹（*Paeonia suffruticosa*）导管的形态多样性 [J]. 中国农业通报，2009, 25(20): 125–127.

[6] 唐立红. 不同品种紫斑牡丹叶片结构与抗寒性关系的初步研究 [J]. 北方园艺，2010(23): 95–97.

[7] 王雁，李艳华，彭镇华. 黄牡丹的大小孢子发生及雌雄配子体发育 [J]. 东北林业大学学报，2010, 38(5): 62–65.

[8] 赵敏桂. 芍药属植物花部器官发育和转化的研究 [D]. 兰州 : 西北师范大学，2002.

[9] 郑玲，程彦伟. 六个洛阳牡丹品种解剖结构与抗旱性关系研究 [J]. 北方园艺，2013(1): 65–67.

[10] HONG D Y. Studies on the Genus Paeonia (2)—The Characters of leaf Epidermis and their Systematic Singnificance[J]. Chinese Journal of Botany, 1989, 1(2): 145–153.

[11] XIU Y, WU G D, TANG W S, et al. Oil biosynthesis and transcriptome profiles in developing endosperm and oil characteristic analyses in *Paeonia ostii* var. *lishizhenii*.[J]. Journal of Plant Physiology, 2018, 228: 121–133.

第二章

牡丹的生长发育特性

生长发育是植物生命活动的外在表现。通常生长是指植物体积和质量的增长，发育是指其生活史中细胞、组织和器官的分化。在各种物质代谢基础上，整个过程表现为植株生根、发芽、长叶、生长、开花、结实、衰老、更新、死亡。牡丹作为多年生植物，还有着年周期与生命周期的变化，生长发育受一系列内外因素的调控。

本章阐述了牡丹生命周期中各器官生长发育的基本规律，介绍了牡丹的繁殖特性，以及生物量（源库关系）和物候学（花期预报）的研究进展。

第一节
生命周期与年周期

一、生命周期

牡丹一生所经历的生长、开花、结实、衰老、更新和死亡的全部过程，称为牡丹的生命周期，也称为大发育周期或生物学年龄时期，包括从胚胎、幼年、青年、成年、老年直至死亡的全过程。就种子繁殖来说，该生命周期始于牡丹有性生殖双受精过程中的精、卵融合所形成的胚，终止于成年植株的死亡；而营养繁殖植株则是从开始繁殖起，直到成年植株死亡。整个过程表现出阶段性生长发育的特点。

（一）实生树的生命周期

牡丹实生树生命周期可以划分为以下几个阶段：

1. 胚胎期

从受精形成合子到胚具有萌发能力并以种子形态存在，到种子萌发为止。

2. 幼年期

从种子发芽起到 1~3 年株龄，一般指到植株具有开花潜能为止，又叫童期。

处于幼年阶段的牡丹植株生长较为缓慢，1年生苗高常不足10 cm，具1～3片小叶，根长10 cm左右。

3. 青年期

从具有开花能力起到开花、结实性状稳定时止。进入青年阶段后，牡丹植株的生长发育迅速加快，一般3～4年开始开花，枝繁叶茂，株形优美，进入快速生长的最佳时期。

4. 成年期

生长、开花、结实性状稳定，能实现高产、稳产。此阶段植株根深叶茂，性状完全成熟。

5. 老年期

开花结果多年后，营养生长明显减缓，开花结实量逐年下降，更新复壮能力减弱，最后衰老死亡。

牡丹生命周期中不同发育阶段的划分会因种、品种及栽培条件的不同而存在较大差异。一般在正常环境条件下，只要栽培条件适当，植株生长四五十年乃至百年仍可正常开花，甚至可达数百年，如紫斑牡丹即是如此，常见株龄50～60年，亦有百年树仍花繁叶茂。为了延长牡丹的观赏期，栽培实践中对老龄牡丹采取一些复壮措施是必要的，如关注和培植基部根颈部分的隐芽或不定芽，促进根蘖苗的形成，可使老龄植株重新"幼化"。

牡丹的幼年期较长，野生紫斑牡丹通常要7～8年；栽培种幼年期缩短，如杨山牡丹'凤丹'为3年，紫斑牡丹为4～5年。之后，再经过2～3年青年期而步入成年期。'凤丹'在第七年或第八年进入稳产阶段，此时总生物量及生物量在生殖器官中的分配达到最高（汪成忠，2016）。

牡丹成年期持续时间的长短与土壤肥力状况、管理水平以及种和品种遗传性状等密切相关。

（二）营养繁殖苗的生命周期

与实生树相比，采用嫁接、分株等方法繁殖的植株没有胚胎阶段，其生长恢复阶段（类似青年期）也为时较短，因而其生命周期一般仅划分为成年期与衰老期。

二、年周期

（一）牡丹的年周期及其阶段划分

牡丹的年周期是指一年当中牡丹植株随着外部环境（主要是气候因素）的周期变化，而在形态、生理上产生与之相适应的规律性变化。年周期是生命周期的重要组成部分。

牡丹年周期一般分为生长期和相对休眠期两个时期。生长期是指从春季开始萌芽生长，到秋季落叶前的时期。此时，成年植株的生长包括营养生长和生殖生长两个方面。牡丹落叶后到翌年萌芽前，为适应冬季低温等不利的自然环境条件而处于休眠状态，这一时期为休眠期。严格地说，介于生长期和休眠期之间，又各有一个过渡阶段。这样，牡丹年周期可以划分为以下 4 个分期：

1. 萌动期

这一阶段是从休眠期转入生长期的过渡阶段，以芽的萌动、芽鳞片绽开为标志。当日均气温稳定通过 4 ℃后，芽膨大待萌发，树液开始流动，休眠解除。此时，植株抗冻能力大大降低。

2. 生长期

即从萌芽生长到落叶的整个时期，是牡丹年周期中最长的一个时期。植株处在光合同化期，依次完成营养生长和生殖生长的各个阶段。

3. 落叶期

这一阶段的标志是叶片开始脱落。叶片自然脱落说明植株已做好越冬的准备。过早或过迟落叶，对牡丹越冬和翌年生长都有不利影响。

4. 休眠期

从植株正常落叶到翌年树液出现流动现象前。这一阶段生长活动虽然停止，但树体内生命活动并未停止。

牡丹在生长发育的年周期变化过程中，又以相对休眠期的春化阶段和生长期的光照阶段最为重要。当牡丹的生境温度低于 10 ℃时，植株发育才能完成春化作用，属于冬性木本植物。牡丹花芽在长日照下形成，开花在中长日照下进行。光照的调控是观赏牡丹促成栽培的技术核心。初期光照不足，植株只进行营养生长，不显蕾；后期光照不足，不但影响开花质量，对开放时间也有显著的影响。

不同区域、不同品种的牡丹发育周期有些差异，但"春发枝、夏打盹、秋长根、冬休眠"是对牡丹生长习性和发育规律的形象概括。研究了解牡丹的年周期变化特征，对开展牡丹栽培、花期调控、生理生化等研究具有重要的指导意义。

（二）年周期与物候期变化

牡丹的年周期与物候期密切相关。牡丹每年随气候变化而发生相应的形态和生理机能上的规律性变化，这种与气候变化相适应的植物器官的动态变化时期，一般称为生物气候学时期，简称物候期。而外部形态的变化，如萌芽、抽枝、展叶、开花、结果、落叶、休眠等现象和过程，可以通过定期物候观察加以掌握。掌握牡丹物候期变化规律，对其栽培管理等农事活动有着重要意义。

在年周期内，牡丹只有按照一定顺序经过各个物候期，才能完成正常的生长发育过程。牡丹的物候期是由种、品种的遗传特性所决定的，并因环境条件的影响而具有一定的变化幅度。气候因素，特别是气温变化，对物候变化有着深刻影响。而气温变化不仅表现在不同年份间，还受所处的地理位置、海拔以及地形部位等因素的制约；不同的土壤和株体管理措施，不仅可以影响牡丹的生理活动，也会影响牡丹的物候变化。

（李嘉珏）

第二节
根系的生长发育

一、年生长周期与生命周期

（一）年生长周期

牡丹根系没有自然休眠，一年当中只要环境条件适宜，可以不间断地生长。但在不同时期，其生长强度有所不同。

在年生长周期中，根系生长一方面受到温度、湿度等环境因素的影响，另一方面由于根系与地上部分进行营养物质交换，还会受到地上器官生长节律的制约，从而表现出高峰、低峰交替出现的情况。冬季根系生长最慢或被迫休眠，与地温最低时期一致；夏季生长最慢，与土壤最干时期或温度最高时期一致。据观察，当春季土壤温度达到 $3 \sim 4 ℃$ 时，根开始生长。牡丹根系一年内有 3 次生长高峰：第一次在春季萌芽后至开花期前；第二次在开花后到花芽分化开始前；第三次则在夏末秋初至入冬前，这次根系生长高峰历时较长。

牡丹根系生长所需温度比地上部分萌芽所要求的温度低，因而春季根系生长要比地上部分生长开始得早。在生长季节，根系生长昼夜之间存在动态变化。牡丹枝芽冬季进入休眠，但根系活动并未完全停止。

生产上土壤施肥多在根系生长高峰期进行，因此时根伤易愈合，并能较快发出新根。

（二）生命周期

和整个植株生命周期同步。牡丹根系也要经历发生、生长发育、衰老死亡的生命周期变化。而根系的自疏和更新，则贯穿于其整个生命活动过程。即便是一个小的须根系统，也有着小周期的规律变化。根系生长发育状况很大程度上受土壤环境状况和地上部分生长态势的影响，当其生长达到当地土壤环境下允许的最大幅度后，便会开始发生向心更新；随着树龄增大、土壤中有害物质积累及其毒害作用等原因，根系逐渐趋向衰老死亡。

二、牡丹根系生长发育的特点

（一）根系生长的向性和可塑性

根系生长的向地性是树木根系的共性。树木只要发根，都具备向下生长的特性，这是地心引力的作用。然而，根系还有其他向性活动，如趋肥性、趋水性、趋气性等。牡丹喜肥，如果地表土壤肥沃，根系就聚集在表层，很少向下生长。所以施肥不宜过浅，要重视深施基肥。遇大量降水或灌溉后，深层土壤湿度大，毛细根就向地表发展。

牡丹的根系深浅分布具有可塑性。如紫斑牡丹栽培种在黄土地上，根系可以深达 6 m。但在南方地区，地下水位高，土壤黏重，湿度大，其根系就基本分布在浅层，呈水平状分布。

（二）对土壤通气性的要求

影响牡丹根系生长势强弱及生长量大小的因素有树体有机营养状况，土壤环境中的温度、湿度、养分及通气状况等。其中，湿度与通气状况在土壤中形成互补，二者都受到土壤孔隙度的影响。通气状况良好同时又湿润的土壤环境，最有利于牡丹根系生长。多次试验表明：70% 左右的土壤最大持水量是牡丹根系生长最合适的含水量。土壤过湿，土壤中含氧量少，根系呼吸作用受阻，造成根系生长停止乃至腐烂死亡，往往是江南地区栽培的牡丹生长不良的重要原因。

（三）与土壤微生物的互作

牡丹根系与土壤微生物间存在互作关系。土壤微生物的活动分解有机物，其中水溶性小分子有机碳易被植物根系吸收，有利于生长。此外，有些丛枝菌根 Arbuscular Mycorrhiza（AM）真菌可以和牡丹根系共生，通过物质交换形成互惠互利关系，也有利于促进牡丹的生长。

三、根颈及其特点

根颈位于根与茎的交界处，是树体生理活动相对活跃的器官。实生植株根颈由下胚轴发育而成，为真根颈；而茎源根系与根蘖根系没有真根颈，其相应部分称为假根颈。根颈不属于茎，也不属于根，具有独特的习性。这里处于地上部分与地下部分交界处，是植物营养物质交换的通道。它秋季进入休眠期最迟，而春季结束休眠期最早，因而对环境变化相当敏感。根颈易受日灼、冻害，深埋又易窒息。

江南地区栽培的牡丹根颈部位易受根腐病危害，需注意保护。

（李嘉珏，侯小改）

第三节

枝芽的生长发育

茎枝是植物体位于地上部分的主要营养器官。植物的茎枝起源于芽，同时在生长过程中又形成了大量的芽。枝芽的特性可以决定树体枝干系统以及树形。芽抽枝，枝生芽，二者关系极为密切。了解牡丹的枝芽特性，对其树体调节与整形修剪有着重要意义。

一、芽的类型与特性

（一）芽的类型

依据芽在枝条或植株上发生的位置不同，可分为定芽（顶芽、腋芽）和不定芽；依据芽的性质不同可分为叶芽、花芽和混合芽；依据芽的活动情况可分为休眠芽和活动芽；依据鳞片有无可分为鳞芽和裸芽。

1. 定芽（顶芽、腋芽）和不定芽

着生位置固定的芽称为定芽，如着生在枝或茎顶端的芽称为顶芽。着生在叶腋处的芽称为腋芽或侧芽。从枝的节间、愈伤组织或从根以及叶上发生的芽称为不定芽。

2. 叶芽、花芽和混合芽

萌发后只长枝和叶的芽称为叶芽。萌发后形成花或花序的芽称为花芽。萌

发后既开花又长枝叶的芽为混合芽,牡丹的花芽即为混合芽。

3. 休眠芽和活动芽

芽形成后不萌发的芽称为休眠芽,其可能在休眠过后活动,也可能始终处于休眠状态。始终处于休眠状态的芽也称为隐芽或潜伏芽。芽形成后随即萌发的芽为活动芽。

牡丹植株基部(根颈部)常因多次萌生枝条而形成不少隐芽。有地下横走茎的种类形成地下芽。

在'凤丹'植株上偶见有叠生芽。叠生芽处在同一叶腋,并能同时萌发。

牡丹幼年植株未开花前主要形成叶芽。成年植株枝条顶部发育的芽大多为花芽或混合芽。基部1年生萌蘖枝上的芽多为叶芽,但其顶端叶芽能很快分化为花芽。枝条基部的芽常不萌发而成为隐芽。根颈部隐芽(俗称"土芽")可抽生萌蘖枝。

(二)芽的特性

1. 芽鳞痕与盲节

在春季萌发前,雏梢已在芽中形成,萌芽和抽枝主要是节间延长和叶片扩大。由于芽鳞体积不变并随枝条延长而脱落,以致在新梢基部留下一圈芽鳞痕,可据此判断枝龄。有些种类,如紫斑牡丹,这一部位往往稍有突起。在营养枝中上部几片叶腋中无芽着生,被称为盲节。

2. 芽的休眠特性

牡丹鳞芽入冬后进入深休眠状态,并需达到一定的低温期和低温值(需冷量)时,才能解除休眠,恢复正常的生理功能。不同品种、同一植株不同部位的芽体,甚至同一花芽的不同部位,如花原基与叶原基之间,打破休眠所需的低温期和低温值都有所不同。如早花品种比晚花品种解除休眠早,顶花芽较腋花芽解除休眠早,花原基比叶原基解除休眠早,甚至花原基并不进入休眠,这是秋季开花时花朵能开得很大而叶片却很小的重要原因。花芽一经解除休眠,即便仍处于0~3℃的低温环境中,也会萌发生长。低温处理是解除牡丹深休眠状态的根本措施。一般0~5℃条件下,经历30天左右即可解除休眠。牡丹休眠期长短与对低温的要求因品种而异。植物生长调节剂(如GA_3 100~800 mg·L^{-1})对解除休眠有一定的辅助作用。

芽的萌发与种子萌发机制和过程基本相同，只不过是萌发初期水分和养分的来源不同。

3. 芽的异质性

芽的异质性是指牡丹枝条上不同部位的芽形成期间，由于营养状况、激素水平及环境条件的变化，产生了质量上的差异。一般处于枝条顶部的芽外形更加充实饱满，更容易分化成花芽，并抽枝开花，而靠近枝条下部的芽体积往往偏小，饱满度也不及顶芽或靠上部位的腋芽，从而形成潜伏芽（隐芽）。

4. 早熟性芽和晚熟性芽

根据牡丹芽的生长和休眠特性，可分为早熟性芽和晚熟性芽。在自然状态下，芽在当年形成并在当年萌发生长形成2次梢或3次梢，这类芽为早熟性芽。而当年形成后不能萌发，需经过冬季低温打破休眠才能在第二年萌动生长的芽为晚熟性芽。革质花盘亚组的种类和品种大多为晚熟性芽，而肉质花盘亚组中的黄牡丹、紫牡丹及部分亚组间杂种，如'海黄'等，既有早熟性芽，也有晚熟性芽。

需要注意的是，牡丹的秋发与秋季二次开花和由早熟性芽形成的二次开花习性有着本质上的不同。

5. 芽的潜伏力

牡丹枝条基部着生的芽，由于分化程度低，以及其上位芽的抑制作用而呈潜伏状态，当株体受到外界刺激，这类芽可以萌发成新梢的能力即为芽的潜伏力。芽的潜伏力可以用潜伏芽的寿命来表示。芽的潜伏力与牡丹种或品种的遗传特性有关，更与环境条件关系密切。潜伏芽的数量与寿命长短将影响到树体的更新和复壮。杨山牡丹和紫斑牡丹都是芽的潜伏力较强的树种，有利于老树的更新复壮。

6. 萌芽力与成枝力

枝条上芽的萌发能力称萌芽力。花芽抽生花枝的能力叫成枝力。牡丹不同品种间萌芽力与成枝力表现出明显差异。如中原品种中存在三种情况：一是花枝下部着生6个芽，其中上面的3个芽可萌发成枝并开花，如'湖蓝'；二是花枝下部仅着生3个芽，其中上面的2个抽生成枝并开花，下面的1个芽不萌发，如'豆绿'；三是每一枝条上只有最上部的一个花芽能抽生成枝并开花，如'赵粉'。

杨山牡丹'凤丹'属成枝力较强的品种，一般枝上部顶芽和两个侧芽当年可萌发成花枝。

二、芽的生命周期

牡丹植株的生命周期是由若干生长阶段的芽组成的，而芽的生命周期又是由其年周期组成的。芽由于发生与着生部位不同、生长与休眠特性不同，而有不同的生命周期。

牡丹实生苗从种子萌发起，芽就开始了其生命周期，胚芽顶端分生组织的生长分化是其生命周期的第一年。在第一个生长季形成了顶芽，然后开始芽的生长阶段交替。顶芽部分叶原基腋内形成腋芽原基。由于实生苗幼龄期的顶芽均为叶芽，其顶端优势强，抑制了腋芽的生长与分化，使其不能萌发抽枝，一般要到 3~4 年后实生苗腋芽才能正常生长，形成分枝。

牡丹嫁接苗从其成活开始，即开始了芽的生命周期。

（一）晚熟性芽的生命周期

牡丹的晚熟性芽为越冬芽（休眠芽），包括顶芽和腋芽，也有部分萌蘖芽。

1.腋芽的发育与生命周期

牡丹成年植株以腋芽开花为主。越冬腋芽有两种起源方式：一类是在母代芽叶原基腋内产生，另一类则是由具有二次生长特性的种类在二级枝条的叶腋内形成。

1）由母代芽形成的子代腋芽　牡丹母代越冬芽多为混合芽。每个混合芽内除有顶端分生组织外，在下部几个叶原基腋内有发育程度不同的腋芽原始体。就每一个腋芽完整的生命周期而言，需经历 3 个年周期（山东省菏泽市一带实际为 25 个月，约 750 天）。

（1）第一个年周期　这个周期是从母代芽产生子一代腋芽原基开始，到产生 1~2 个芽鳞原基为止。一般历时约 5 个月。这一年腋芽原基体积很小，生长缓慢，结构简单，常被忽略。

（2）第二个年周期　在该年周期中，随母代芽萌发子代腋芽原基发育成腋芽，腋芽原基继续发育。如果营养积累和成花激素都适宜，能完成由营养生长向生殖生长的转化，就要在产生芽鳞原基、叶原基后，顶端生长点依次形成苞片原基、花萼、花瓣以及雄蕊、雌蕊原基，形成混合芽，从而奠定下年开花结实的基础。

（3）第三个年周期　这一年主要是花丝、花药、柱头及子房等花器官进一步分化完成，大小孢子减数分裂及花粉粒、胚囊的形成，继之开花传粉至果实（种子）成熟，生命周期结束。

腋芽原基在第二个年周期中形成腋芽后没有继续进行花芽的分化，即在形成芽鳞原基、叶片原基后终止分化，形成叶芽，只有两个年周期。

2）二次枝叶腋内形成的腋芽　　二次开花植株二次花枝叶腋内的腋芽，应属第三代芽。这些腋芽虽为当年形成，但在二次枝停止生长后快速分化，越冬前已发育到雌雄蕊形成阶段，第二年春季抽枝开花，生命周期为2年。二次枝条上形成较晚或处于枝条下位的鳞芽则只能形成叶芽，第二年也可随花芽一起萌发，生命周期也是2年。

2. 顶芽的发育与生命周期

牡丹顶芽的形成也有两种方式：一类由营养枝顶端形成，其顶端分生组织先分化鳞片形成鳞芽，然后分化叶原基和花器官原基，形成混合芽。经越冬休眠后，翌春开花，生命周期为2年；另一类是具有二次生长特性的种类，有部分二次枝顶端分化出新的鳞芽，并形成混合芽，经冬季休眠后翌年春季开花，生命周期2年。这类花芽形成较晚，大多发育不良，开花质量较差。

（二）早熟性芽的生命周期

具二次开花习性种类的早熟性芽在生长期内萌发，形成两种类型枝条：一类是营养枝，当年不能开花；另一类则形成花芽并抽枝开花，成为二次花枝。营养枝顶芽当年形成、当年萌发，并在二次萌发枝上形成新一代的顶芽和腋芽，秋季落叶期完成其生命周期，历时不到7个月。二次萌发枝上形成的鳞芽继续分化形成混合芽，经越冬休眠后在下一个生长季开花，生命周期为2年。

亚组间杂种'海黄'基部萌蘖枝顶端分生组织直接分化叶片或少数鳞片，形成不完整的鳞芽，入夏后较早进入二次生长，到7月下旬出现花蕾，陆续开花。这类枝条的顶芽生命周期约7个月。

三、枝条的类型与生长特点

（一）枝条类型

牡丹不同种或品种枝条因生长习性不同可分为两类：一类是一年当中枝条

只有一次生长过程，生长结束后形成顶芽，或形成果实，如革质花盘亚组的种类和品种，以及肉质花盘亚组中的大花黄牡丹。另一类是连续生长型，即一年当中枝条有 2～3 次生长和开花，如肉质花盘亚组中的紫牡丹、黄牡丹和部分亚组间杂交品种。

根据枝条的生长年限、生长势和功能不同，牡丹的枝条可分为以下类型：

1. 新梢与春梢、夏梢和秋梢

一般由芽萌发当年形成的带叶枝梢称为新梢。新梢落叶后称为 1 年生枝。有连续生长二次开花习性的种类，其新梢发生按季节不同，可分为春梢、夏梢和秋梢。以初春萌芽生长到春末夏初停止生长（封顶或开花）的新梢枝段叫春梢，未曾开花的春梢封顶后又继续延伸生长形成的新梢枝段为夏梢，由未开花的夏梢顶端延伸生长形成的新梢枝段则为秋梢。

2. 副梢

有些品种的春梢在春季开花的同时侧芽萌发形成的新梢叫副梢或二次枝，不过按发生季节仍属春梢。这些枝条封顶后又继续延伸生长，形成夏梢。目前仅在各地引种的紫牡丹及亚组间杂交品种'海黄'上观察到上述发枝现象。

3. 花果枝

由花芽（混合芽）形成的枝条称为花果枝。观赏牡丹部分品种只能开花不能结实，因而叫作花枝。花枝又分为顶芽花枝和腋芽花枝。牡丹成年植株主要为腋芽花枝。而油用牡丹开花均可结实，可以称为结果枝。

4. 营养枝与徒长枝

由叶芽形成的只长叶不开花结果的枝条为营养枝。其中直立旺长，节间较长，落叶较晚的枝条又叫徒长枝。

5. 其他

牡丹部分种类具地下横走根状茎，其上萌发的枝条称为根出茎（条）。黄牡丹、狭叶牡丹根出茎多，个别植株每年可达 20～30 条根。

由植株基部隐芽（或称"土芽"）萌发形成的枝条叫萌蘖枝。萌蘖枝常常具有徒长枝的特点。刚萌发出土的萌蘖枝多为营养枝，但有些隐芽已在地下分化出花芽，因而出土当年就能开花。

（二）生长特点

1. 顶端优势

指枝条顶部分生组织或茎尖生长点，抑制其以下的侧芽生长发育的现象。表现在同一枝条上顶芽或位置高的上位侧芽比其下部芽充实饱满，萌发力、成枝力强。牡丹枝条顶端优势明显，其原因可能与生长素与细胞分裂素的分布状况有关。

2. 花果枝的退梢现象

牡丹当年生花枝只有基部 3～4（5）个有芽的部位能够木质化，中部以上无芽（或仅有裸芽）的部分于秋冬季节枯死。因而当年实际生长量仅为当年生长量的 1/3，甚至 1/4，即花谚所说的"牡丹长一尺退八寸"。

表 2-1 是在洛阳生长的几个品种群成年植株枝条年生长量与实际留存量的比较（王晓晖等，2017）。实际上，在品种群内不同品种间也存在差异。总的来看，大多数品种当年枝条生长量与实际留存量呈正相关。但也有例外，如日本品种'八千代椿'年生长量、留存量与留存率依次为 24.46 cm、11.56 cm、43.69%，而'长寿乐'依次为 38.82 cm、11.06 cm、28.49%。牡丹枝条木质化部分的长度是决定植株高度的重要因素，而枝条上留存的芽数及节间长度又决定着留存部分的长度。

● 表 2-1　**牡丹不同品种群成年植株枝条年生长量与实际留存量的比较**

品种群	枝条年生长量 / cm			实际留存量 / cm			留存量占生长量的比例 / %	观测品种数 / 个
	最大值	最小值	平均	最大值	最小值	平均		
中原品种群	37.36	19.00	26.79	10.10	2.70	6.51	24.18	40
西北品种群	43.06	23.30	33.52	23.34	8.44	12.51	37.17	25
日本品种群	39.44	21.04	32.24	14.24	6.36	10.82	33.67	25
欧美品种群	45.84	30.10	39.69	14.02	3.16	8.45	20.79	5

（李嘉珏，杨海静）

第四节

花的发育与开花授粉特性

花是变态的枝条，花器官（包括花萼、花瓣、雄蕊和雌蕊）则是变态的叶。花器官是植物生殖过程中重要的功能器官。花器官发育状况（正常、变异或败育）对整个牡丹生产活动有着重要的影响。

一、牡丹的花芽分化

（一）花芽分化的概念

在牡丹的生命周期中，最明显的变化是从以营养生长为主到以生殖生长为主的转变，其转折点就是花芽分化。

所谓花芽分化是指成花诱导后，植物茎尖分生组织不再产生叶原基和腋芽原基，而是分化成花原基形成花或花序的过程。成花过程一般可分为三个阶段：首先是成花诱导，即在适宜的环境刺激和成花激素诱导下植物从营养生长到生殖生长的转变，其间包含着信号传导；其次是成花启动，即在完成成花诱导后，处于成花决定态的分生组织分化成形态上可辨认的花原基的过程；最后是花的发育，或者说是花器官的形成。从花原基最初形成到各花器官形成完成叫形态分化。而成花诱导阶段生长点内进行着由营养生长向生殖生长状态转变的一系列生理生化变化叫生理分化。

花芽分化是牡丹生命周期中一个关键的生命过程，是完成开花的前提条件。了解并掌握牡丹花芽分化的过程及基本规律，搞好田间管理，对保证观赏牡丹正常开花及油用牡丹籽粒的稳产、高产、优质具有重要意义。

（二）花芽分化的类型

据观察，牡丹的花芽分化有以下三种类型：

1. 夏秋分化型

该类型1年内只有1次花芽分化且分化过程历时较长，形成的花芽（混合芽）需经过越冬休眠满足其对低温的需求后才能开花。这种类型是牡丹组植物花芽分化的基本类型。革质花盘亚组的种类（含种和品种）属之，肉质花盘亚组中大花黄牡丹亦属该类型。

2. 当年分化型

当年新梢早熟性芽萌发后，边生长边分化花器官并当年开花的类型，如牡丹亚组间杂交品种'海黄'的萌蘖枝（徒长枝）或二次生长形成的夏梢、秋梢开花，即属此类。

3. 混合型或多次分化型

同一植株上既有夏秋分化型（晚熟性芽），也有当年分化型（早熟性芽）的花芽分化类型，前者形成春花，后者形成夏花或秋花。肉质花盘亚组中的紫牡丹、黄牡丹及部分牡丹亚组间杂交品种属于此类。

（三）花芽分化的分期

夏秋分化型花芽分化过程通常分为以下几个时期：

1. 生理分化期

生理分化期是指芽内生长点由叶芽生理状态向分化花芽的生理状态转化的过程，是花芽能否分化的重要时期，也可以说是花芽分化临界期。此时植株体内各种营养物质的积累、内源激素比例的调节，都是为花芽形成所做的前期准备。

2. 形态分化期

形态分化期是花芽分化存在形态变化发育的时期。依据花朵不同器官原基的形成可划分为五个分期：分化初期（芽尖顶端隆起呈半球形）、萼片形成期、花瓣形成期、雄蕊形成期、雌蕊形成期。

3. 性器官形成期

牡丹植株经过冬季一定时期低温条件后，形成花器并进一步分化完善，到翌年春天，随气温升高而继续分化，到开花前性细胞形成才全部完成。

牡丹不同种类或品种间，花芽分化规律大体相同，但各分期的具体时间或时间长短会存在不同的差异。从谢花后到花芽形态分化初期，间隔 40 ~ 60 天。这个时期的变化，肉眼难以判断，只能依据历年解剖观察，确定花芽形态分化初期后，再对其生理分化期的时间进行推断。

整体而言，牡丹开花后在果实发育过程中新的花芽即开始分化。单瓣花结构相对简单，分化所需时间较短，一般单瓣、半重瓣品种 90 ~ 105 天即可完成；重瓣品种花芽分化时间较长，需 120 天以上才能完成分化过程，如'璎珞宝珠'的花芽分化（图 2–1）。如需完成雄雌蕊的瓣化过程则历时更长。

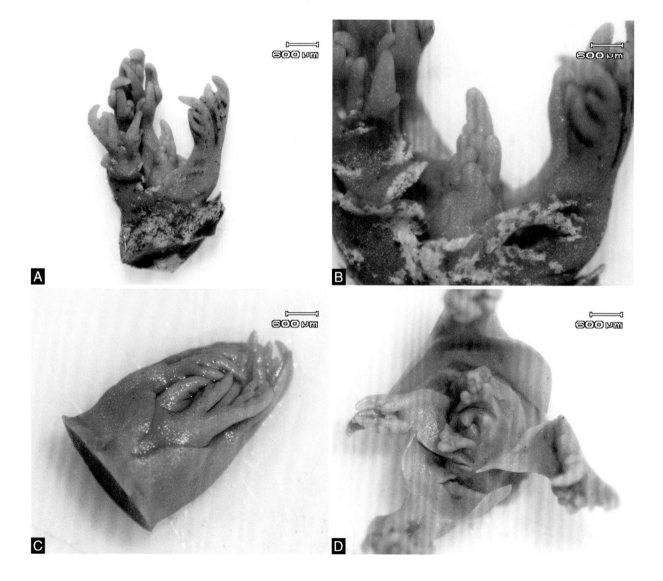

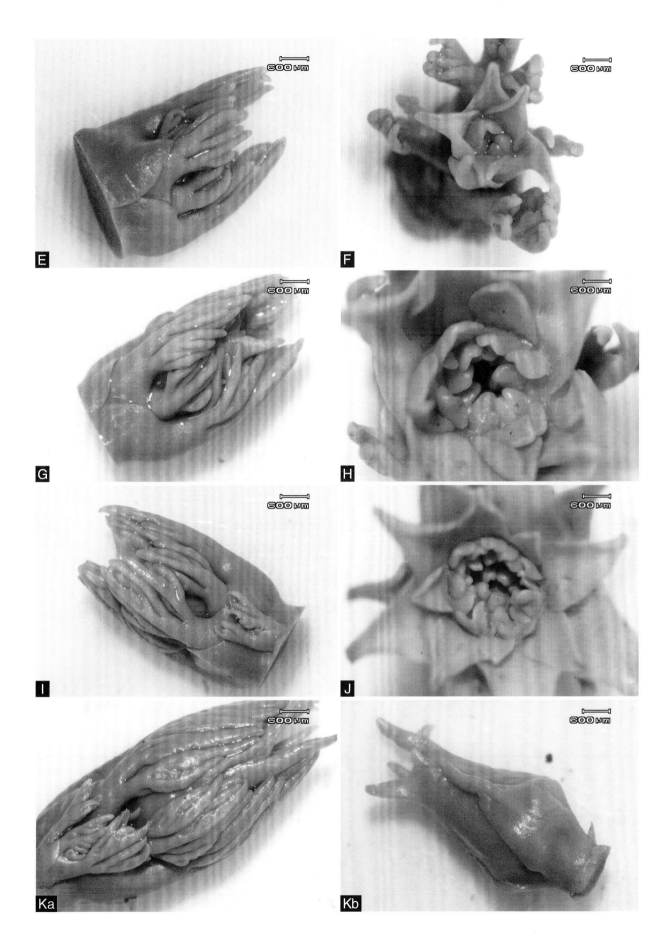

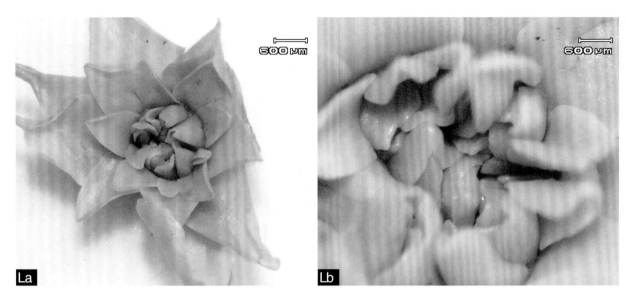

A、B. 6月1日；C、D. 7月1日；E、F. 8月1日；G、H. 9月1日；I、J. 10月1日；Ka、Kb、La、Lb. 11月1日。
其中 A、C、E、G、I、Ka、Kb 是花芽剥除芽鳞后的外部形态；B、D、F、H、J、La、Lb 是花芽内部形态。

● 图 2-1 '璎珞宝珠'不同时期的花芽分化状态

二、花芽分化的进程与特点

1. 夏秋分化型的花芽分化进程

营养枝上的顶芽或花果枝开花后形成的上位腋芽，在当年夏秋进行花芽分化。其花芽分化进程有以下特点：

1）生理分化与形态分化依次有序进行，但分化速率受到品种及环境条件的制约 牡丹花期过后，花枝上位腋芽及营养枝顶芽即开始花芽分化前的准备，进入生理分化期。形态分化在花后 40～60 天开始。具体启动时间在不同品种及地区间差异较大。如以苞片原基的出现作为营养生长向生殖生长转变的形态标志，则中原品种群（花期 4 月）大部分出现在 6 月中下旬。此时，顶端分生组织顶端开始下陷，标志着苞片原基开始分化。在凹陷部位边缘，苞片原基内侧产生 5 个萼片原基。萼片原基内侧继续分化花瓣原基。此时，花托盘凹陷已呈深杯状。当花托盘凹陷并扩大到一定程度后，在凹陷部深约 2/3 的地方产生 5 条棱状突起，排列成近五边形。以这些突起为基础逐渐形成 5 个雄蕊原基群，并继续向外分化到花托盘边缘。5 个棱状突起向内的位置又产生 5 个突起，即为心皮原基。植株进入休眠后，花芽分化并未完全停止，仍在缓慢推进。总的来看，花芽分化前期进展缓慢，芽体大小变化不大。这一阶段正值夏季高温，如此时洛阳地区日均气温在 27～32℃。到 8 月下旬，气温明显下降，花芽分化进程加快，芽体迅速增大。夏季高温可能是前期延缓花芽分化进程的重要原因。单瓣及半重瓣品种的花芽分化过程较为简单，分化期一般为 3 ~ 5 个月，入冬前基本结束；重瓣品种的花芽分化期一般要持续 7 ~ 8 个月。北京地区受气温影响，通常在 11 月花芽分化停止。解剖镜观察可清晰看到花芽内的叶片、花瓣、雄蕊、雌蕊的数目，如图 2–2 所示。

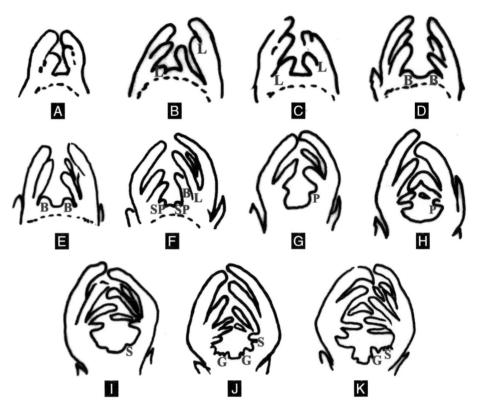

A. 鳞片（S、L）分化期，顶端分生组织平而窄；B. 叶片原基（L）分化期；C. 苞片原基分化前期，生长点变平增宽；D. 苞片原基（B）分化开始，顶端生长点开始凹陷；E. 苞片原基（B）继续分化，凹陷加深；F. 萼片原基（SP）分化，花托盘开始形成；G. 花瓣原基（P）分化期，花托盘呈深杯状；H. 花瓣原基分化，花托盘变宽；I. 雄蕊原基（S）在花托盘下部开始形成；J. 雌蕊原基（G）在花托盘基部开始分化，雌蕊发育超过第一轮雄蕊原基；K. 雌蕊、雄蕊继续分化。

● 图 2-2　'凤丹'花芽分化过程模拟图

　　牡丹花芽分化过程与典型被子植物花的分化过程基本相同，整体上由花器外部组成向内部组成依次分化。牡丹花芽为混合芽，是在分化鳞片原基、叶片原基后，才开始按花器官结构，依次分化苞片原基、萼片原基、花瓣原基、雄蕊原基与雌蕊原基（图 2-3）。

　　不同品种（或花型）之间花芽分化最大的不同，主要体现在花器各组成

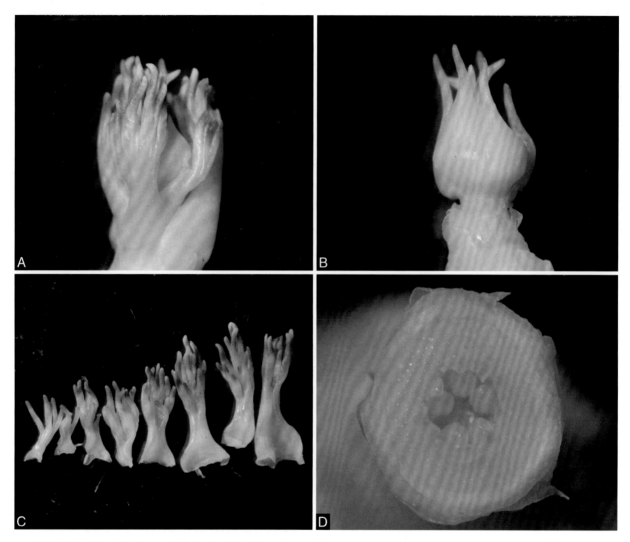

A. 剥去鳞片后的混合芽；B. 剥去叶片后的花蕾；C. 混合芽剥下的幼叶；D. 花蕾基部横切放大，示花部。

● 图 2-3　'凤丹' 11 月中旬花芽（混合芽）的形态

部分的数量上，其中萼片数量最为稳定，均为 1 轮；其次为雌蕊，绝大多数 1 轮，少数 2 轮。数量变化较大的是花瓣和雄蕊。

　　2）不同分化方向形成不同的花型　根据花芽分化过程的解剖学观察，不同花型的品种花芽分化具有相似的规律，但也存在某些不同的特点。

　　千层类和楼子类花型的花芽分化存在不同。千层类品种的花瓣原基由外向内逐层增加，雄蕊分化较少，后期有少量瓣化；楼子类品种外层花瓣分化较少且数量稳定，雄蕊由内向外逐层增加，后期瓣化较为普遍，程度不一。

　　雄蕊原基的瓣化开始于雄蕊原基伸长之后。瓣化开始后，圆柱形的原基上部扁平化，并伸展成花瓣；雌蕊原基的瓣化则是组成雌蕊的心皮在腹缝线处开裂，并扩展形成花瓣。雄蕊的瓣化方向主要是离心式，也有向心式。对于离心式瓣化，是位于中心位置的雄蕊原基先瓣化，生长速度快，瓣化彻底，离中心位置稍远区域的雄蕊瓣化晚，瓣化程度低，形态较为细碎，与原雄蕊形态差异较小，有些最后甚至仍然保留着一圈正常发育的雄蕊。由于中心位置的雄蕊瓣化彻底，生长速度快，瓣化花瓣展开充分，所以形态上明显高起，出现"起楼"现象。

3）台阁品种的花芽分化　台阁品种是在同一个花原基上分化出上下重叠的两朵花器官，每朵花器官的分化顺序与单花相同。下方花先分化，在下方花的雌蕊原基出现并继续瓣化的同时，向内分化上方花的花瓣、雄蕊、雌蕊以及雌雄蕊的瓣化花瓣。

据观察，芍药属植物台阁花中，上方花的花萼、花瓣和雄蕊等各类器官，均与其心皮有着密切的联系。在转化发育初始阶段的器官常常带有明显的心皮的标记性状和形态结构印迹，不对称发育和解剖结构，特别是"类子房"结构的出现都显示了这种联系。此外，在上方花的花萼、花瓣和雄蕊等各类器官的基部都能看到心皮的附属器官——房衣的变态物的存在。而下方花中心部位心皮原基的不断分化与增多，也为上方花各类器官的转化形成提供了前提条件。虽然目前我们还没有弄清上方花中心皮原基不断增加并转化发育的机制，但事实支持这样一个观点，即芍药属植物台阁花中上方花的形成，是（下方花）心皮原基骤增且同源异形化发育的结果（廉永善等，2004）。

4）花芽分化的可逆性　据观察，入秋后根据芽体大小可判断牡丹花芽是否形成。凡芽体（直径）>0.6 cm者多已分化成花芽。一般认为花芽分化具有不可逆性。但如果植株早期落叶，生长不良，根系营养储备不足，则越冬前芽体大小虽已达到上述标准，仍然难以继续发育成花。

同一枝条上最上面的芽先分化，包括顶芽或当年生花枝的上位腋芽，都易形成花芽，即"顶端优势"效应明显。

同一植株不同枝条，由于着生位置不同，生长势强弱不同，营养状况不同，对花芽分化进程产生的影响不同，导致形成不同分化水平的花芽，花期同一植株上出现多花型现象。

此外，不同地区、不同品种的花芽分化进程表现出一些差异（表2-2，表2-3）。不同品种群间也有差异，在同一栽植地，日本品种花芽分化晚于中原品种。

● 表 2-2　'葛巾紫'（楼子台阁型）的花芽分化进程（1981—1982 年，洛阳）

（日 / 月）

进程	花芽分化初期	苞片原基出现	萼片原基出现	花瓣原基出现	雄蕊原基、雄蕊变瓣、雌蕊变瓣	上方花瓣原基出现	上方花雄蕊原基及花瓣出现	上方花雌蕊原基出现	上方花雌蕊变瓣	下方花雄蕊瓣化
日 / 月	21/5	11/6	8/7	25/8	16/9	21/9	13/10	19/10	29/10	10/3

● 表 2-3　牡丹不同品种花芽分化进程比较

（日 / 月）

品种与花型	花芽分化初期	苞片原基出现	萼片原基出现	花瓣原基出现	雄蕊原基出现	雌蕊原基出现	雄蕊瓣化初期	雌蕊瓣化初期	备注
'凤丹白'（单瓣型）	4/6	18/7	28/7	13/8	29/8	18/9			洛阳（1981—1983 年）
'盘中取果'（单瓣型）	21/5	8/7	8/7	15/7	21/8	4/9			
'洛阳红'（蔷薇型）	11/5	11/6	11/7	21/8	21/9	8/10	10/3	16/2	
'似荷莲'（荷花型）	16/6	22/6	7/7	18/7	18/8	17/9	7/11		北京（1981—1983 年）
'二乔'（蔷薇型）	22/6	4/7	26/7	18/8	10/10	2/10			
'赵粉'（皇冠型）	14/6	22/6	12/7	26/7	16/9	21/9	初 /1		
'胜丹炉'（皇冠型）					6/9	20/9	10/10	20/11	
'锦袍红'顶芽	18/4*	18/6	8/7	28/7	8/9	8/9	—	—	北京（2006 年）
'锦袍红'腋芽	28/4*	8/7	18/7	28/7	8/9	8/9	—	—	

注：品种括号内为花型简称，* 为叶原基分化期。

夏秋分化型是牡丹组植物主要的花芽分化类型。牡丹作为多年生落叶木本植物，其成花过程较为复杂。在生命周期中需要度过较长的营养生长阶段后才能进入成花状态，而一旦完成了第一次成花，以后每年都基本在相同的季节开花，其营养生长与生殖生长共存，果实发育与翌年开花的花芽诱导及发端共存。

5）花芽分化梯度与开花

（1）不同品种群的花芽分化梯度 牡丹不同品种（群）间，当年生花枝上不仅侧芽的着生数量不同，而且这些侧芽分化为花芽的数量也差异很大，从而形成不同的花芽分化梯度。

通常可按枝条上侧芽的着生数量将品种分为芽少（3～4芽/枝）、芽中多（5～7芽/枝）和芽多（8～10芽/枝）三类，并按芽在枝上的位置区分为上、中、下三部分，然后按以下标准对各品种花芽分化梯度进行区分：①分化梯度小，枝条不同部位的花芽分化率均为100%；②分化梯度中，上位芽分化率为100%，中位芽50%，下位芽20%；③分化梯度大，上位芽分化率100%，中位芽＜50%，下位芽均为叶芽。

据中国科学院植物研究所刘政安团队（2007）的观察，不同品种群花芽分化梯度类型划分结果如表2-4所示。

● 表2-4 **不同品种群花芽分化梯度类型**

品种群	观察品种总数	花芽分化梯度					
		小		中		大	
		品种数	占比/%	品种数	占比/%	品种数	占比/%
中原品种群	59	4	7	27	46	28	47
西北品种群	62	7	11	32	52	23	37
美国品种群	9	6	67	2	22	1	11
法国品种群	5	2	40	2	40	1	20

在中原品种中,'乌龙捧盛''洛阳红'枝条属芽少类型（3~4芽/枝）,但前者花芽分化梯度小,从上到下分化率均为100%,后者分化梯度大,由上到下依次为100%、67%;'清香白玉翠'与'葡菊照水'枝条属芽中多类型（5芽/枝）（图2-4）,前者分化梯度小,花芽分化率均为100%,后者分化梯度大,由上而下分化率依次为100%、17%。

A.'清香白玉翠'花芽分化梯度小（5个芽均为花芽）;B.'葡菊照水'花芽分化梯度大（左边3个为花芽,右边2个为叶芽）。

● 图2-4　'清香白玉翠'与'葡菊照水'的花芽分化梯度

花芽分化梯度的形成与品种遗传特性、芽的异质性、内源激素含量等有关。据对'海黄'萌动中后期不同芽位 GA$_3$、IAA、ABA、ZR 等内源激素含量的测定,其含量均有增加,并以上部一、二位芽增加明显;而 ABA 则由上向下增加,且下部芽 ABA/ZR 增幅较大,这与下部芽持续保持休眠状态有关。

（2）花芽分化与开花　牡丹枝条上的芽着生数、花芽分化数、花芽分化梯度与翌年自然花期开花数量、开花次数有一定的对应关系,但不完全成正比。牡丹枝条上由侧芽分化的花芽自上而下开花率逐渐降低,由上而下一位芽开花率100%,二位芽81%,三位芽70%,四位芽降到8%,五位芽及其以下芽很少萌动（图2-5）。这

● 图2-5　牡丹九芽枝上芽的分布与自然开花示意图

说明枝条上位芽开花率较高，中下位芽的开花率很低或基本不开花。

从总体上看，牡丹花（果）枝上侧芽数多，花芽分化梯度小，花芽萌动数量多的品种多具丰花特性。而花芽分化数量多，春季开花数量不多的品种如‘如花似玉’等，在1～4月，采用同株促成连续二次开花，开花率可达75%以上，且花朵质量高，有较高观赏价值。

2. 多次分化型的花芽分化进程

牡丹野生种如黄牡丹、紫牡丹，牡丹亚组间远缘杂交品种如‘海黄’等其早熟性芽一年内有两次或三次生长，有多次花芽分化。从春季萌芽抽枝开始，其物候需经历抽枝生长与第一次开花、两次生长、早熟性花芽分化及两次开花、混合芽分化与越冬等阶段。

早熟性芽的花芽分化时间为7月初至8月中旬，花芽为裸芽，由二次生长枝条顶端分生组织分化形成。其特点是边生长边分化，速度快，历时约20天，且不具休眠性，分化完成后即开花，形成二次花期；另一个特点是花芽分化进程差异很大，能同时观察到处于不同分化阶段的花芽状态。夏季高温对早熟芽的花芽分化没有明显的影响。

晚熟性越冬芽分化时间从9月开始，大部分鳞芽在越冬前已形成雄、雌蕊原基，但花芽分化程度较低，部分花芽分化可延续到下一年。由于个体间花芽发育不整齐，往往使春季花期变长。

三、牡丹花发育的基因调控

花器官形成要经历一系列受基因严格控制的发育步骤：第一，通过激活花分生组织属性基因，特化花分生组织发育命运；第二，通过激活花器官属性基因，使花器官按图式发育模式形成各轮花器官原基；第三，激活特化组成各种花器官的细胞和组织类型的下游辅助因子，完成花器官的形态构建。上述每一步骤都包含着精心设计的正负调节因子的网络，从而在各级水平上将花的形态发育调控联结起来。

（一）花器官发育的 ABCDE 基因控制模式

在对主要模式植物拟南芥和金鱼草同源异型突变体的分离和研究中，人们克隆了调控各类花器官形成的花器官特征决定基因（亦称同源异型基因），并发现同源异型突变体器官的错位发育是由同源异型基因控制的。在上述研究基础上，有学者提出了基因控制花器官发生的 ABC 模型。根据这个模型，萼片、花瓣、雄蕊、雌蕊 4 轮花器官的特征受到 A、B、C 三组基因的控制：A 组基因单独表达决定萼片的形成，A 组基因与 B 组基因同时表达决定花瓣的形成，B 组基因与 C 组基因同时表达决定雄蕊的形成，而 C 组基因的表达决定心皮的发育。在这个模型中，A 和 B 重叠，B 和 C 重叠，但 A 和 C 不重叠。如果 C 组基因突变，则 A 组基因在整个花中表达；如果 3 组基因中有 1 组缺乏，会导致花器官错位发育；如果 3 组都缺乏，则所有花器官都表现为叶片的特征。

随后的研究中矮牵牛突变体中克隆 *FBP11* 基因被认为是胚珠发育的主控基因。胚珠亦因此被认为是花的第五轮器官。其控制基因被命名为 D 功能基因，经典 ABC 模型发展为 ABCD 模型。此后，人们又发现一类既能发挥 B 功能也能发挥 C 功能的基因，命名为 E 功能基因。该模型又进一步发展为 ABCDE 模型（Theissen 等，2001）。由于有研究发现拟南芥的同源异型蛋白（*AP1*、*AP3*、*PI*、*AG*）在体外能形成聚合体，启发人们从蛋白质角度思考花的发育，提出了花器官特征的四因子模型。该模型假设 4 种花的同源异型基因（或其基因产物）的不同组合决定不同器官的特征，从而将花器官特征决定和 MADS-box 蛋白结合到一起。

由于近年来发现 E 功能基因在 5 轮器官特征决定中都有功能，从而将上述模型作了进一步修正，即 5 轮花器官受到 A、B、C、D、E 五组基因的控制，A 和 E 决定萼片的形成，A、B、E 同时决定花瓣的形成，B、C、E 同时决定雄蕊的形成，C 和 E 决定心皮的发育，C、D、E 决定胚珠的发育。

（二）牡丹花器官发育的分子调控机制

1. 控制牡丹花发育的基因

大量研究表明，尽管模式植物拟南芥和金鱼草亲缘关系很远，还有其他植物与模式植物形态差异较大，但都显示花发育有着相似的基因调控模式，而且控制相似表型的基因在 DNA 水平上是同源的。在拟南芥中，已发现 5 个不同的同源异型基因控制花器官的发育，A 组基因有 *AP1*、*AP2*，B 组基因有 *AP3*、*PI*，C 组有 *AG*。上述基因除 *AP2* 外，所编码的蛋白质均为 MIKC 成员，属于

MADS-box 蛋白，是同源异型基因编码的一类转录因子。拟南芥控制花器官发育的基因已陆续在牡丹中发现。任磊等（2011）从'赵粉'牡丹花器官中获得了 7 个花器官发育相关基因，分别命名为 *PsAP1*、*PsAP2*、*PsPI*、*PsMADS1*、*PsMADS9*、*PsAG* 和 *PsMADS5*。除 *PsAP2* 外，其余基因均含有 MADS 结构域和植物特有的 K 结构域，属于 MADS-box 基因家族。不同的基因在不同器官中有不同的表达模式，具有一定的组织特异性，如 *PsAP1* 主要在花瓣、萼片和心皮中表达，*PsAP2* 在各个器官中均有表达，*PsPI* 主要在花瓣和雄蕊中表达，*PsAG* 主要在雄蕊和心皮中表达，等等。研究者成功构建了上述基因的正义和反义表达载体，并对 *PsAP1*、*PsAG* 进行转基因研究，初步推断前者对花期调控有重要作用，后者参与花的发育。

任磊等（2011）还在'玉板白'牡丹花瓣中获得了 *PsAP2* 基因。该基因属于 *AP2/EREBP* 家族的 *AP2* 亚族，其编码产物为转录因子，其进化具种属特性。在牡丹 4 轮花器官中以心皮中的表达量最高，其次为花瓣、萼片，雄蕊中最低。此后，高燕等（2013）在'凤丹'花蕾中也克隆到 *PsAP2*。研究表明，*PsAP2* 与其他组织中已知的 *AP2* 具有很高的同源性，与拟南芥的 *AP2* 基因结构完全相同。亚细胞定位发现其定位于细胞核中。该基因可能为牡丹花器官决定的 A 类基因。*PsAP2* 中含有 *miR172* 的互补序列，表明 *miR172* 可能参与了 *PsAP2* 的表达过程。

刘传娇等（2015）克隆了'洛阳红'中的泛素延伸蛋白的编码基因 *PsUBI*。该基因在牡丹的根、茎、叶及花、雄蕊、心皮中均恒定表达。以其作为内参基因，探讨了控制花器官发育基因 *PsAG* 的表达情况，结果表明，*PsAG* 的表达模式与其作用位点相吻合。

2. 牡丹花器官发育的分子调控机制

牡丹野生种花朵结构简单，与模式植物类似，但栽培品种则复杂多变，可以形成多种花型。根据现有研究结果，推测有以下几种调控机制。

（1）花调控基因的过量表达与表达抑制机制　调控花器官发育基因由于受到各种环境因素及内部因素的影响，表现为过量表达，或者基因表达受到抑制，形态上表现为花器官的次生发育强化，或器官退化（如雄蕊减少），从而导致花器官在数量上、形态上的较大变化。这些变化往往通过原基分裂、原基融合或次生原基的形成而产生。在牡丹千层类花型形成过程中，调控花瓣发育的 A 类、B 类基因过量表达，初生花瓣原基上产生次生原基，使得花瓣自然增加。相反，如果相应的功能基因表达受到抑制，则会出现器官数量减少和器官变小的现象。

（2）同源异型遗传机制　同源异型是指同一有机体的某一结构被另一不同结构部分或完全取代的现象。多数同源异型突变体均在相邻的两轮花器官中发生同源异型转变。这是一种通过对现有结构在空间上重排即可产生变异的机制。

（3）基因过量表达机制和同源异型遗传机制的共同作用　这在牡丹台阁品种花芽分化过程中表现尤为明显。千层台阁亚类的品种主要是花瓣调控基因的过量表达；而楼子台阁亚类的品种则主要是调控雄蕊、雌蕊的同源基因异型表达，使得上方花中的雄蕊、雌蕊被花瓣部分或全部取代。

四、开花过程与特点

（一）牡丹的开花过程

花芽萌发后，到开花需 50 余天，整个过程以花蕾发育状况为主可划分为 9 个阶段。牡丹萌芽开花过程如图 2-6 所示。

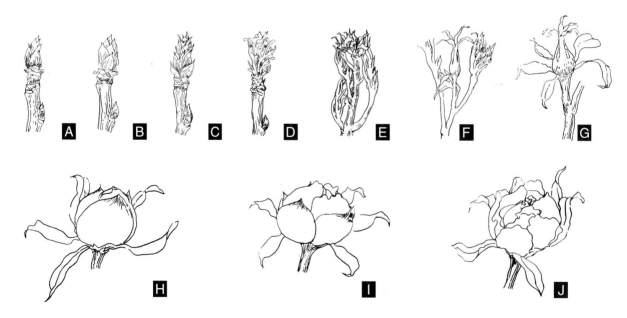

A. 越冬鳞（花）芽；B. 萌动期；C. 显蕾期；D. 翘蕾期；E. 立蕾期；F. 小风铃期；G. 大风铃期；H. 圆桃期；I. 平桃期；J. 破绽期。

● 图 2-6　**牡丹萌芽开花过程**

1. 萌动期

混合芽开始膨大，芽鳞变红并开始松动。

2. 显蕾期

芽鳞开裂，显出幼叶和顶蕾。

3. 翘蕾期

顶蕾凸起，高出幼叶尖端。

4. 立蕾期

花蕾高出叶片 5～6 cm，此时叶序已很明显，但叶片尚未展开。

5. 风铃期

立蕾后 1 周，花蕾外苞片向外伸张，形如古建筑飞檐下的风铃。花蕾大小为 2.0 cm×1.0 cm。此为小风铃期，此期对低温敏感，若遇 0℃以下低温，易遭冻害而不开花；小风铃期过后 1 周，花蕾外苞片完全张开，花蕾开始增大，此时可称为大风铃期。

6. 圆桃期

大风铃期后 7～10 天，花蕾迅速增大，形似棉桃，但顶端仍尖。

7. 平桃期

圆桃期后 4～5 天，花蕾顶部钝圆，开始发暄。

8. 破绽期

平桃期后 3～4 天，花蕾破绽露色，即花蕾"松口"，此时为剪切花最佳时期。

9. 开花期

花蕾破绽后 1～2 天，花瓣微微张开为初花期，随后进入盛花期、谢花期，完成开花过程。

（二）牡丹开花的特点

1. 花期集中

以'凤丹'为例，其品种内虽已经开始出现花期差异，但早花、晚花之间总体上相差不过 7～10 天，特早、特晚花比例不大，因而花期相当集中。

2. 大小年现象

据观察，'凤丹'开花数量和结实量年际之间存在差异，有大小年现象发生。其原因一是花期气候不正常，影响授粉；二是栽培管理不善，导致树体营养代谢失衡，进而影响花芽形成与分化，从而产生大小年现象。

五、授粉及其影响因素

（一）花器构造与传粉特点

芍药属牡丹组植物为两性花，花器构造并不复杂。雌蕊的花柱很短或柱头分化不明显，柱头往往向外呈耳状弯曲 90°~360°，从而使授粉面积增大。柱头授粉面为 1 mm 左右的狭长带，表面有明显的乳突发育，在进入盛花期时，大量分泌黏液。

牡丹是虫媒花。但据观察，在没有昆虫传粉的情况下，风也起到一定作用。牡丹开花时，主要传粉昆虫以甲虫类和蜂类为主，蝇类为辅。牡丹花朵没有蜜腺，主要以花粉作为昆虫传粉的报酬。去除花瓣的花朵坐果率显著下降。

牡丹为异花授粉植物，在长期的进化过程中，雄雌蕊成熟状态形成了一定的适应机制。牡丹一般为雄蕊先熟。不过按雌雄蕊成熟期的先后，牡丹品种可分为两种类型。第一类为雄蕊先熟型，即花开后雄蕊随即散粉，而雌蕊成熟滞后。这里又有两种情况：一是花药散粉后次日柱头分泌黏液；二是花粉散落后 1~3 天，柱头才分泌黏液。大部分品种属后者。第二类是雌雄蕊同熟型，即雄蕊散粉的同时，柱头也开始分泌黏液。总的来看，二者隔离并不完全，仍然具备自交的可能性。

马菡泽（2016）采用亲本分析法研究了'凤丹'牡丹花粉流的传播。结果显示，其异交率为 0.817 3~0.842 1。其交配系统属于异交类型。采用最大似然法进行亲本推断和有效花粉流传播距离估计，其 4 龄种群有效花粉平均传播距离为 6.27 m，最远 17.56 m；6 龄种群则分别为 4.7 m 和 14.5 m。二者差异与种群开花密度有关，6 龄种群开花密度〔（2.85±1.03）朵/株〕大于 4 龄种群〔（1.43±0.63）朵/株〕，低密度种群自交率显著高于高密度种群。

（二）授粉效率的影响因素

牡丹开花后，雄蕊、雌蕊依次成熟，完成授粉受精过程。之后，胚珠发育成种子，心皮形成果实。据观察，牡丹不同种或品种间，无论是自然授粉状态，还是人工辅助授粉，结实率都有较大差异。影响授粉效率的因素有以下几个方面：

1. 遗传特性

牡丹不同种类和品种心皮着生胚珠数不同。栽培品种中，如中原品种每心皮着生胚珠 10～14 粒，平均 13 粒；西北品种为 16～23 粒，平均 19 粒；凤丹品种为 16～22 粒，平均 20 粒。具体结实率也因种和品种不同，以及授粉方式不同而异，并且年度间也有差别。据 2000 年在甘肃榆中的调查，在自然状态下，西北品种'书生捧墨'结实率为 50%，'红莲'结实率为 34.2%，'冰山雪莲'结实率为 18.4%；凤丹品种'凤丹白'结实率为 50%。另据在河南栾川的观察，西北品种紫斑牡丹（兰州引种，混杂品种）结实率平均为 30.2%，最高为 45.2%；凤丹品种'凤丹'结实率为 48.2%，最高为 63.8%。袁涛等（2014）认为河南栾川引种栽培的牡丹胚珠败育率高，紫斑牡丹、卵叶牡丹平均为 54.5%，凤丹牡丹平均为 51.8%。

其他地区野生种胚珠败育率更高。罗毅波等（1998）发现，矮牡丹一般只有 1/4 的胚珠能发育成种子；裴颜龙等（1993）认为，矮牡丹胚珠败育率可达 90%，紫斑牡丹为 50%。

矮牡丹结实率低，还可能与其小孢子母细胞发育过程异常形成较多无生活力花粉有关。开花数量少，花粉生活力低，居群间传粉能力不足，以及胚珠败育率高，导致矮牡丹繁育效率低下。

2. 营养状况

牡丹授粉受精过程需要消耗一定的营养物质，植株营养状况会影响到花器官及雌雄配子体的发育，从而影响授粉效率。

3. 环境条件

牡丹授粉效率与开花期间天气状况关系密切。天气晴朗，空气湿润，自然授粉效率高；而开花期间受到低温或降水的干扰，昆虫活动能力减弱，雨水能稀释柱头分泌的黏液等，就会大大降低授粉效率。如果花期遭遇晚霜危害，则会导致开花不良，甚至颗粒无收。此外，有些授粉昆虫啃食心皮、胚珠，使花器官受损，影响结实。川西南、滇西北一带紫牡丹、黄牡丹、狭叶牡丹虫害严重，结实率很低。

在适宜的天气条件下，实施人工辅助授粉或花期养蜂，可以较大幅度提高授粉效率。

4. 花粉源

作为异花授粉植物，不同花粉源对牡丹授粉效率乃至种子产量、籽油品质都有着重要影响。张延龙等（2020）根据授粉品种选配原则（如花期一致、花粉萌发率高、花粉量大等），分别选取了15个花粉源对凤丹牡丹和紫斑牡丹进行授粉试验。结果发现，不同花粉源使两种牡丹的坐果率和结实率产生了显著差异，坐果率最低分别为44%和53%，最高分别为87%和97%；凤丹牡丹结实率普遍高于紫斑牡丹结实率，这与凤丹牡丹本身结实率高有关。此外，果实直径和百粒质量也产生了明显变化。进一步的分析表明，不同花粉源对牡丹籽油中3种不饱和脂肪酸含量也产生了较为显著的影响。其中α-亚麻酸含量范围分别为23～38 g/100 g粗提油（凤丹牡丹）和26～42 g/100 g粗提油（紫斑牡丹）。

从15个花粉源中筛选出'粉玉生辉''紫蝶迎春''翡翠荷花''大红宝珠'4个能对脂肪酸代谢产生显著影响的花粉源，用作紫斑牡丹的授粉试验，发现前2个花粉源授粉后的种子含有α-亚麻酸比例较高，分别为47.56%和49.89%，后两种花粉源授粉后的种子α-亚麻酸含量相对较低（<43%）。经对牡丹脂质代谢相关基因表达响应的分析发现：授予不同花粉源的紫斑牡丹种子中，与脂肪酸去饱和相关基因的表达产生了显著差异，而且这种差异与上述α-亚麻酸的变化相一致。

以上研究表明，牡丹中存在花粉直感现象，即不同品种授粉后，花粉当年内能直接影响其受精形成的果实或种子发生变异的现象。选择合适的授粉品种对提高油用牡丹产籽量、出油率以及油的品质有着重要意义。

六、牡丹开花时间控制的遗传途径

植物开花时间受许多因素的影响。这些因素既有外部环境因素，也有植物本身的内在因素。外部环境因素包括光照（光质、光照度和日照长度）、温度以及各种胁迫因素，如干旱、营养缺乏、病虫害、高温或低温逆境等；内在因素包括自主途径因子和植物激素等。从植物发育生物学的观点看，植物开花时间的调控是植物长期进化中所形成的一种适应内在生理生化变化和外界环境条件变化的优势选择。

（一）植物开花时间的遗传调控途径

有关开花时间的调控，研究较多的是模式植物拟南芥。通过对大量拟南芥不同花期突变体的分离鉴定及相关研究，发现拟南芥中存在着 4 种比较肯定的开花时间调控的遗传途径，即由环境因子调节的光周期途径与光质途径，以及春化途径；不依赖外源信号的自主途径和赤霉素途径。

1. 光周期途径与光质途径

光是一个复杂的环境信号，光质、光照度和光周期通过不同发育机制影响着植物的发育过程。其中存在着光周期途径与光质途径，这是两个既有联系又不完全相同的途径。就光周期途径而言，不同波长的光被其受体接收后，由光信号传导分子将光信号传递到内源控时器——生物钟，生物钟基因将所检测的日照长度信号传给主要信号分子 CO，进而诱导其靶基因 *FT* 表达，从而实现日照长度对开花时间的调控。其中 CO 在生物钟和开花时间之间起着纽带作用。而有关开花时间的光质调控途径则被称为光质途径。光在植物由营养生长转向生殖发育过程中的作用与 2 种光受体有关，即光敏色素和隐花色素。目前已发现 5 种光敏色素 PHYA、PHYB、PHYC、PHYD 和 PHYE 和两种隐花色素 CRY1、CRY2。隐花色素可以感受蓝光和紫外光 A；光敏色素可以感受红光和远红外光，并在钝化态和活化态之间转化，从而使光信号在不同发育时期和器官的不同细胞中调节着不同的反应。光敏色素中 PHYA 主要调控对光的反应。

2. 春化途径

除日照长度外，较长时间的寒冷也是保证植物在春季开花的重要因素。这一开花所需的低温过程被称为春化作用，其涉及开花时间调控的途径称为春化途径。由茎端分生组织接受春化作用信号。春化途径中，目前发现低温春化诱导起主要作用的转录因子是 *VIN3*、*VRN1*、*VRN2* 等。

3. 自主途径

植物要达到一定生理年龄才能开花，被称为自主途径。自主途径曾被区分为：①开花抑制途径，该途径中有关基因的功能是在植物发育到一定大小或年龄之前抑制开花，如 *TFL1*、*CLF*、*EMF* 等；②自主促进途径，其有关基因随植物的发育，起着拮抗上述抑制开花基因的作用，如 *LD*、*FCA*、*FVE*、*FPA* 等。

4.赤霉素途径

一些涉及赤霉素生物合成的开花时间调控途径称为赤霉素途径。赤霉素可诱导长日植物在非诱导条件下开花，并在长日植物中符合"成花素"的特征。相关研究表明，赤霉素主要作为信号分子参与成花途径中相关基因表达的上调。赤霉素借助转录因子GAMYB促进 *LEY* 的表达，并诱导在 *LFY* 上游起作用的 *SOC1* 基因（整合因子基因）的表达。赤霉素还涉及开花时间的长日照、春化、自主与赤霉素调节途径的整合。

上述途径在开花整合因子的作用下调控着开花的时间进程。其中，基因 *LFY*、*FT*、*FLC* 和 *SOC1/AGL20* 在不同开花时间信号传导级联反应基因和花分生组织属性基因中起着联结作用，并将所有相关信息转变成花分生组织属性基因表达的诱导因子，从而启动花分生组织的形成。上述基因亦被称为开花途径整合基因。*FT*、*SOC1*、*LFY* 三个整合基因是各个途径中的联结点。研究表明，*FT* 蛋白符合开花素的定义，它是一个小分子质量的蛋白质，完全可以从光周期诱导的叶中移动到苗端，是在苗端分生组织中刺激开花的基因。

（二）牡丹开花时间调控的相关基因

近年来，对牡丹花期调控相关研究表明，在牡丹开花时间调控中，也存在与模式植物拟南芥等类似的遗传途径，克隆了一批与开花有关的基因并研究了其结构与功能。

周华（2015）在反转录组测序基础上比较了牡丹一次开花品种'洛阳红'与二次开花品种'海黄'成花诱导期基因表达情况，筛选得到与开花时间决定相关的差异表达基因：*PsGA20OX*、*PsGID1*、*PsCO*、*PsGI*、*PsFRI*、*PsVIN3*、*PsSOC1* 和 *PsFT*。对 8 个差异表达基因进行了周年表达模式分析，并在此基础上提出牡丹秋季二次开花基因调控假设，认为'海黄'秋季二次开花是由光周期途径、春化途径和 GA 途径共同调控的。在二次开花成花诱导和花芽分化过程中，*PsVIN3*、*PsCO* 和 *PsGA20OX* 基因显著积累，这些基因通过促成花整合子 *PsFT* 大量表达，从而诱导'海黄'秋季开花。用 *PsFT* 转化拟南芥后，发现转化植株开花期较野生型极显著提前。证明该基因确实具有调控花期的功能。

在紫牡丹中也成功克隆到 *PsFT*、*PsCO* 和 *PsSOC1* 基因，并认为这些基因在牡丹长日照开花途径中发挥着重要作用（石丰瑞，2013；朱富勇，2014）。

PsSOC1 是重要的开花调控转录因子。除紫牡丹外，还在紫斑牡丹中分别克隆了 6 个同源基因 *PrSOC1*、*PdSOC1*、*PsSOC1*、*PsSOC1-1*、*PsSOC1-2* 和 *PsSOC1-3*。将 *PsSOC1* 转入烟草和拟南芥后，均可促进植株生长，并使其提前开花。表明该基因具有调控牡丹营养生长和花期的作用。*PsSOC1* 在牡丹开花转换阶段发挥着重要作用，但不参与花器官的形成。

PsSOC1 在花芽萌发与开花过程中受赤霉素、低温和光周期的影响，其中赤霉素途径可能是关键途径。其在花芽完成休眠开始萌发阶段呈现高表达，说明 *PsSOC1* 可通过促进休眠解除而发挥调控牡丹花期的作用。另外，*PsSOC1* 在萌发后正常开花的花芽中表达量下降，在未经完全解除休眠而败育的花芽中继续高表达，从而促进叶片过分生长而引起花芽败育。*PsSVP* 在萌发后的花芽中表达趋势与 *PsSOC1* 类似，其表达受赤霉素调控，能促进营养生长并使花芽败育。*PrSOC1* 在不同牡丹品种的花芽中表达量没有显著差异，具有很高的保守性，它可能是参与牡丹成花的重要基因。

任秀霞等（2015）发现，'秋发 1 号'牡丹可在秋季开花，但成花质量不如春花。这可能与秋季短日照诱导的 *PsCRY2* 表达量降低有关。近来从'洛阳红'花芽中克隆了 *FUL1* 的同源基因 *PsFUL1*。该基因属于 MADS 家族中的 AI/FUL 亚家族。其在'洛阳红'花芽、花瓣中表达量最高，次为萼片、叶片，根中最少。在不同花期的品种的不同开花时段，其表达量差异极为显著。表明该基因对牡丹成花转变过程及花期早晚有重要的调控作用（任伟强等，2017）。

（李嘉珏，侯小改）

第五节
果实和种子的发育

一、果实和种子的发育过程

凤丹牡丹花期由 3 月底至 4 月中上旬，从授粉受精、心皮开始发育到 8 月果实成熟，整个过程持续 4 个多月。其间，形态、结构和生理代谢都发生了重大变化。

（一）形态和色泽的变化

牡丹的果实为聚合蓇葖果。其果实肥大，单个蓇葖果多为长圆形，稍弯，果实由直立转下垂。果皮初期呈绿色，随着籽粒发育，由绿色变为黄绿色，密被褐黄色长毛；种子在果皮腹缝线内两侧对称排列，椭圆形或近球形，种皮光滑。随着籽粒发育，种皮颜色逐渐由乳白色 → 黄色 → 褐色 → 黑色变化，种脐明显，椭圆形。随着种子成熟，果皮开裂，种子自然脱落。

（二）体积和质量的变化

果实发育首先是体积和鲜重的增长。在河南洛阳，牡丹果实体积一般在花后 64 天趋于稳定，77 天达到最大；而果实鲜重则在花后 110 天达最大值。

然后，果实体积和鲜重均有所下降。在果实成熟前，果皮含水量相对稳定，同期叶片含水率维持在 70% 左右，而籽粒含水率则从 82.77%（花后 26 天）降到 42.51%（花后 114 天）。籽粒成熟前，果实、果皮、籽粒干重持续增加，但果皮干重减少早于籽粒，应是果皮中营养物质向籽粒转移的结果。果皮和籽粒开始脱水（籽粒脱水早于种皮），种子趋于成熟。

种子和果实生长同步，初期种子体积快速增长。一般在花后 60 天时，'凤丹'种子大小已基本成形（单粒种子纵径 11.26 mm，横径 9.45 mm）。此后，种子体积略有减小，90 天后又略有增加。

另据观察，'凤丹'种子不同发育阶段鲜重和干重的变化有显著的差异。由于干物质的积累和水分的吸收，种子的鲜重在花后 60 天内迅速增加，平均单粒鲜重从 0.019 g 增长到 0.511 g。随后增速有所降低，在 60～110 天种子鲜重缓慢增长。111～130 天随着种子成熟度的提高，含水率逐渐降低，种子鲜重也随之降低。但种子的干重从花后 20～110 天一直呈增长的趋势，由初期平均单粒重 0.01 g 增长到 0.34 g。但在 111～130 天又有所降低，平均单粒干重从 0.33 g 降到 0.28 g。

（三）主要营养成分的变化

在牡丹种子发育过程中，主要营养成分，如可溶性糖、淀粉、蛋白质和粗脂肪含量等都有明显变化。

籽粒发育初期，可溶性糖含量较高，中后期呈下降趋势；而淀粉含量明显大幅下降，92 天后才有所增加并趋于稳定。

蛋白质含量随种子体积迅速增大而大幅降低（由花后 26 天的 20.32% 降至花后 36 天时的 5.17%），之后又快速积累，种子成熟时仍占 16.95%。

粗脂肪含量一直呈上升趋势。由花后 56 天的 8.37% 增长到 21.55%（花后 92 天），以后基本稳定。

可溶性糖与粗脂肪积累间呈极显著负相关。

根据以上分析，牡丹种子发育初期输入的同化产物是可溶性糖，先转化为蛋白质以用于种子的形态建成。花后 1 个多月才转入脂肪的快速积累期，同时，淀粉、蛋白质含量又有所增加。

（四）种子含油率及脂肪酸组分的变化

1. 种子含油率的变化

牡丹种子脂肪含量高，属油脂类种子。'凤丹'种子发育过程中，含油率由初期的缓慢积累（花后 40 天含油率仅 1.63%）到快速积累（花后 97 天增长到 24.62%），然后再缓慢下降（成熟期 21.78%）。

2. 种子脂肪酸组分及其含量变化

'凤丹'种子发育过程中，籽油中脂肪酸组分及其相对含量有着明显变化（表 2–5）。'凤丹'种子中共检测出 11 种脂肪酸。不同发育阶段脂肪酸组成基本相同，但各组分的相对含量有所不同。其中，脂肪酸主要成分为亚麻酸、亚油酸、油酸、棕榈酸、硬脂酸 5 种，其他脂肪酸含量低于 1%。5 种主要脂肪酸中，亚麻酸含量最高，其余依次为亚油酸、油酸、棕榈酸和硬脂酸。

● 表 2–5　'凤丹'种子发育过程中脂肪酸组成及其含量（相对含量 %）的变化

脂肪酸组成		发育时间 / d								
		60	70	80	90	97	100	105	110	115
14：0	$C_{14}H_{28}O_2$ 豆蔻酸	—	—	—	0.09	—	0.07	—	0.11	0.05
16：0	$C_{16}H_{32}O_2$ 棕榈酸	6.654	5.763	5.584	5.48	5.348	5.33	4.709	5.14	5.57
16：1	$C_{16}H_{30}O_2$ 棕榈一烯酸	0.110	0.086	0.089	0.06	0.073	0.09	0.12	0.09	0.11
17：0	$C_{17}H_{34}O_2$ 十七烷酸	0.100	0.085	0.079	0.05	0.085	0.05	0.061	0.05	0.06
17：1	$C_{17}H_{32}O_2$ 十七碳一烯酸	0.071	0.057	0.067	0.06	0.064	0.06	0.043	0.07	0.05
18：0	$C_{18}H_{36}O_2$ 硬脂酸	1.361	1.387	1.39	1.84	1.879	2.07	1.594	1.89	1.66
18：1	$C_{18}H_{34}O_2$ 油酸	15.144	16.050	18.707	18.71	20.994	21.17	22.895	22.31	21.81
18：2	$C_{18}H_{32}O_2$ 亚油酸	27.755	26.184	25.497	28.08	24.641	27.24	27.356	25.43	30.56

续表

脂肪酸组成		发育时间 / d								
		60	70	80	90	97	100	105	110	115
18：3	$C_{18}H_{30}O_2$ 亚麻酸	47.452	49.413	47.771	45.04	46.225	43.38	42.778	44.32	39.47
20：0	$C_{20}H_{40}O_2$ 花生酸	0.149	0.128	0.106	0.12	0.114	0.12	0.113	0.13	0.12
20：1	$C_{20}H_{38}O_2$ 花生 – 烯酸	0.202	0.220	0.207	0.22	0.248	0.21	0.192	0.26	0.27

注：各地牡丹种子脂肪酸成分分析中，往往有少量未知成分检出，因含量极低，故表中未列出。

种子发育过程中，不饱和脂肪酸含量一直呈缓慢增加的趋势，花后 60 天时，含量占 90.73%，种子成熟时（花后 115 天）占 92.27%；而饱和脂肪酸含量一直在降低，从花后 60 天时的 8.26% 减少到种子成熟时的 7.46%。

种子发育过程中脂肪酸各组分间的相关性分析表明，亚麻酸与豆蔻酸、十七烷酸的相对含量呈显著正相关，而与硬脂酸、油酸、亚油酸含量呈显著负相关。从花后 70 天开始，亚麻酸含量呈下降趋势，而硬脂酸、油酸等则呈增加趋势；亚油酸含量虽有降低、升高的曲折变化，但最后含量仍处于较高水平。总的来看，牡丹籽油中不同脂肪酸含量的显著变化，主要是饱和脂肪酸转变为不饱和脂肪酸。牡丹籽粒发育过程，是油脂积累与脂肪酸转化的过程（表 2-5，图 2-7）。

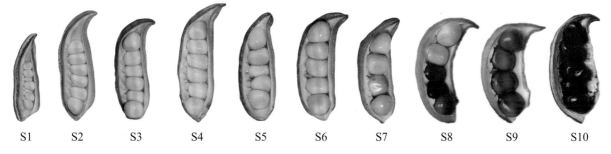

S1　　S2　　S3　　S4　　S5　　S6　　S7　　S8　　S9　　S10

● 图 2-7　'凤丹'种子发育过程的观察（从授粉后第十天起，每十天取样 1 次，直到第一百天种子成熟）

3. 种子脂肪代谢的特点

牡丹种子发育过程中，脂肪代谢表现出以下特点：

1）脂肪由糖类转化而来　伴随着种子的成熟，脂肪含量不断提高，糖类含量降低。

2）种子成熟初期形成大量游离脂肪酸　随着种子成熟，脂肪酸用于脂肪合成，种子的酸价逐渐降低，而碘价逐渐升高，表明牡丹种子中组成油脂的脂肪酸不饱和程度与数量提高。种子成熟过程中先形成饱和脂肪酸，然后在不饱和酶作用下，转化为不饱和脂肪酸。

3）牡丹组野生种种子总脂肪酸含量存在明显差异　最高的紫斑牡丹为271.82 mg·g^{-1}，最低的黄牡丹为150.08 mg·g^{-1}，并可划分为三个等级：紫斑牡丹、四川牡丹和卵叶牡丹含量高于普通牡丹，为Ⅰ级；狭叶牡丹、大花黄牡丹和杨山牡丹与普通牡丹相近，为Ⅱ级；矮牡丹、紫牡丹、黄牡丹低于普通牡丹，属于Ⅲ级（张庆雨，2018）。

4）牡丹组两个亚组间，不饱和脂肪酸合成途径有所不同　革质花盘亚组的种类以 α- 亚麻酸含量最高。如紫斑牡丹不饱和脂肪酸中，α- 亚麻酸要占54% 以上。其脂肪酸代谢过程中，"油酸 → 亚油酸 →α- 亚麻酸"代谢通路相对通畅，更多的脂肪酸合成了 α- 亚麻酸；而肉质花盘亚组的种类如狭叶牡丹等，则以油酸含量较高，更多的脂肪酸没有进一步去饱和生成 α- 亚麻酸，而以油酸的形式堆积下来。

二、种子发育阶段的划分

根据'凤丹'种子发育过程中体积增长、干鲜重量变化以及油脂积累的变化等，可以将种子发育过程划分为以下几个时期：

1. 籽粒形成期

花后 20 ~ 40 天。这一时期果实、种子着重于形态建成，因而体积增长较快，但干重、鲜重和含油率等增长缓慢。其中籽粒形成初期应是籽粒数目形成的关键时期。

2. 籽粒膨大期

花后 41 ~ 60 天。这一时期上述指标均呈快速增长态势。

3. 内含物积累期

花后 61 ~ 105 天，种子体积、鲜重增速变缓，但干重及含油率快速增长，是种子中油脂积累高峰期。此时种皮已由乳白色转变为暗黄色。

4. 籽粒成熟期

花后 106~115 天。种子各项生长发育指标有所下降，果实与种子成熟。

三、牡丹种子发育的分子调控

牡丹种子发育受一系列基因表达控制，从分子水平探索种子发育的过程和内在机制具有重要意义。

（一）与种子休眠相关的基因

脱落酸是影响植物休眠的关键激素之一。张萍（2014）采用 RT-PCR 方法和 RACE 技术从'凤丹'种子中克隆到 1 个与脱落酸信号途径相关的转录因子基因 *PobZIP1*，同时测定了不同发育时期种子中的脱落酸含量。*PobZIP1* cDNA 全长 957 bp，编码 318 个氨基酸，其编码的蛋白 C 末端含有 *bZIP* 转录因子的典型结构域。进一步的分析显示，*PobZIP1* 转录因子属于拟南芥 *bZIP* 转录因子的 A 亚族，与 *AtbZIP39/ABI5* 聚在一起。对 bZIP 蛋白的系统进化分析表明，牡丹 *PobZIP1* 与蔷薇科的苹果 *bZIP* 亲缘关系最近。该基因在'凤丹'根、茎、叶和花芽中均有表达，以花芽中最低，而根、茎、叶中相近。在种子发育过程中，其表达呈现先增加后降低的趋势，脱落酸含量则随着种子的发育迅速上升，达到最大值后缓慢下降并保持在较高水平。推测种子发育后期，较高含量的脱落酸和表达相对较高的 *PobZIP1* 可能是诱导种子休眠形成的原因。此外，通过测定'凤丹'种子成熟过程中脱落酸含量变化及 5 个脱落酸合成关键基因表达量的变化，发现在脱落酸合成过程中，*PoNCED1* 和 *PoZEP1* 共同发挥限速作用，*PoSDR1* 在种子发育后期诱导了脱落酸的大部分合成，其他发挥作用的还有 *PoCHY1*、*PoAAO1*（Xue 等，2015）。

（二）与种子中油脂合成及转化相关的基因

目前，提高植物油脂的含量主要有两条途径：一是对脂肪酸合成途径进行调控，即通过调节其合成过程中重要酶类的活性强弱来控制脂肪酸的积累；二是通过调控三酰甘油的组装过程来调节油脂的积累。

植物中脂肪酸的从头合成是在质体中完成的，由乙酰辅酶 A 羧化酶和脂肪酸合酶两个酶系统催化完成。其中，乙酰辅酶 A 羧化酶是脂肪酸合成途径中的一个限速酶。脂肪酸合成的下一步反应是脂肪酸合酶复合体的酶促反应，丙二酰 ACP（酰基载体蛋白）和不断延长的烯酰酰基载体蛋白反复发生缩合反应，每一循环碳链延伸两个碳原子单元，最终形成 16：0 酰基载体蛋白。酮脂酰酰基载体蛋白合酶通过催化缩合反应形成新的碳—碳键：酮脂酰酰基载体蛋白合酶Ⅲ以乙酰辅酶 A 为底物起始脂肪酸的生物合成；酮脂酰酰基载体蛋白合酶Ⅰ对 C4～C14 酰酰基载体蛋白的活性最大，不断延长酰基链，到达 16 个碳原子时停止；酮脂酰酰基载体蛋白合酶Ⅱ只接受更长链 C10～C16 酰酰基载体蛋白，进一步延长碳链生成 18：0 酰基载体蛋白。通常情况下，脂肪酸合成以 C16 或 C18 结束，这一反应通过硫酯酶催化酰基载体蛋白的酰基部分水解完成。植物中有两种脂酰酰基载体蛋白硫酯酶，分别为脂酰酰基载体蛋白硫酯酶 A 和脂酰酰基载体蛋白硫酯酶 B。硫酯酶具有底物特异性，脂酰酰基载体蛋白硫酯酶 A 对于 18：1 酰基载体蛋白活性最高，脂酰酰基载体蛋白硫酯酶 B 对短链的饱和脂酰酰基载体蛋白活性最高。

在油料种子中，新合成的脂肪酸一般以脂酰辅酶 A 的形式从质体中运出，参与甘油酯的合成。三酰甘油上酯化的脂肪酸在一系列脂肪酸脱饱和酶的作用下进一步脱饱和，脂肪酸脱饱和酶根据作用的底物不同可分为两类：可溶性的硬脂酰酰基载体蛋白脱饱和酶和膜结合的脂酰脂脱饱和酶。硬脂酰酰基载体蛋白脱饱和酶存在于植物质体的基质中，是脂肪酸脱饱和酶家族中唯一可溶性的酶。脂酰脂脱饱和酶都是完整的膜蛋白，主要包括脂肪酸脱饱和酶 2、脂肪酸脱饱和酶 3、脂肪酸脱饱和酶 4、脂肪酸脱饱和酶 5、脂肪酸脱饱和酶 6、脂肪酸脱饱和酶 7 和脂肪酸脱饱和酶 8，这些酶存在于植物细胞的叶绿体和内质网膜上，催化甘油酯中的脂肪酸脱饱和反应。韩平等（2019）研究发现，紫斑牡丹种子中酮脂酰酰基载体蛋白还原酶、脂酰酰基载体蛋白硫酯酶 B、硬脂酰酰基载体蛋白脱饱和酶和酮脂酰酰基载体蛋白合酶Ⅱ的协同表达促进了硬脂酸合成，且高积累 C18 不饱和脂肪酸源于硬脂酰酰基载体蛋白脱饱和酶、脂肪酸脱饱和酶 2、脂肪酸脱饱和酶 3 和脂肪酸脱饱和酶 8 的协同高表达。

三酰甘油是油用牡丹种子油脂的主要成分，利用胞质中的脂酰辅酶 A 池，在内质网上通过三种不同的酰基转移酶顺次酯化甘油骨架形成三酰甘油，此过程被称为肯尼迪途径。3 磷酸甘油会经过三次酰基化反应，第一次酰基化反应

由甘油 -3 磷酸酰基转移酶作用形成溶血磷脂酸；第二次酰基化反应由溶血磷脂酸酰基转移酶作用形成磷脂酸，然后经磷脂酸磷酸酯酶作用生成二酰甘油；第三次酰基化反应由二酰甘油酰基转移酶完成，将二酰甘油转化为三酰甘油，二酰甘油基转移酶是三酰甘油合成途径的限速酶。

三酰甘油含量决定于前体物质 3 磷酸甘油，甘油磷酸脱氢酶 1 是催化磷酸二羟丙酮转化为 3 磷酸甘油的关键酶，甘油磷酸脱氢酶 1 表达直接决定 3- 磷酸甘油和三酰甘油的水平（Remize 等，2001）。二酰甘油酰基转移酶是催化三酰甘油生物合成反应、调控种子含油量的关键酶，对于调控种子脂肪酸的组成具有重要作用。三酰甘油的生物合成直接决定于甘油磷酸脱氢酶 1 和二酰甘油酰基转移酶的表达（阮成江，2008；Remize 等，2001）。韩平等（2019）研究表明，紫斑牡丹发育前期种子中关键酶甘油磷酸脱氢酶 1、二酰甘油酰基转移酶 1 和二酰甘油酰基转移酶 2 的协同高表达，既促进合成了更多的前体 3 磷酸甘油，又促进了三酰甘油积累，从而促进了紫斑牡丹种子油脂合成积累。

此外，三酰甘油还可以通过两种不依赖脂酰辅酶 A 的途径合成：一是二酰甘油逆脂酰转移酶，将二酰甘油上的一个脂酰基转移到另一个二酰甘油上，生成三酰甘油；二是在磷脂二酰甘油转移酶的作用下，脂酰基直接从磷脂酰胆碱转移至二酰甘油，而不经过中间产物脂酰辅酶 A，直接合成三酰甘油。

高通量测序在牡丹种子脂肪酸代谢的分子机制研究中发挥了重要作用。中国科学院植物研究所首次对授粉后 30 天、60 天和 90 天的'凤丹'种子进行转录组测序，检测到了 2 182 个差异表达基因，其中有 3 个脂肪酸脱饱和酶基因，分别为硬脂酰酰基载体蛋白脱饱和酶、脂肪酸脱饱和酶 2、脂肪酸脱饱和酶 3。经实时荧光定量聚合酶链反应鉴定发现，脂肪酸脱饱和酶 3 的基因表达量明显高于硬酯酰酰基载体蛋白脱饱和酶和脂肪酸脱饱和酶 2，可能与牡丹种子 ALA 的积累有关。之后，张庆雨（2017）对紫斑牡丹、狭叶牡丹和黄牡丹授粉后 20 天、60 天和 80 天的种子进行了转录组测序，发现紫斑牡丹种子中高含量的 α- 亚麻酸与其高效的磷脂酰胆碱衍生途径有直接关系，此外紫斑牡丹较强的肯尼迪途径，以及脂肪酸从头合成途径也在其脂肪酸合成和组装过程中发挥了关键作用。并且在紫斑牡丹种子中克隆并鉴定了两个编码溶血磷脂酸酰基转移酶的基因，发现溶血磷脂酸酰基转移酶 1 的表达与授粉后 20 ~ 70 天的总脂肪酸含量变化趋势基本一致，而此时溶血磷脂酸酰基转移酶 4 的表达量也维持在较高的水平，表明溶血磷脂酸酰基转移酶 1 和溶血磷脂酸酰基转移酶 4 可能在牡丹种子发育早期的脂肪酸合成过程中发挥作用；同时在紫斑牡丹中克隆并鉴定了 5 个脂肪酸脱饱和酶基因。qRT-PCR 结果显示，硬脂酰酰基载体蛋白脱饱和酶、脂肪酸脱饱和酶 2 和脂肪酸脱饱和酶 3 是紫斑牡丹脂肪酸合成过程中的关键酶，而脂肪酸脱饱和酶 6 和脂肪酸脱饱和酶 7 在该过程中似乎并没有发挥显著的作用。证明了内质网上的磷脂酰胆碱衍生途径是牡丹多不饱和脂肪酸合成的主要代谢途径。

（李嘉珏，侯小改）

第六节

繁殖特性

一、牡丹组植物繁殖类型

1. 专性有性繁殖

这类牡丹有肉质花盘亚组的大花黄牡丹，革质花盘亚组中的紫斑牡丹、杨山牡丹和四川牡丹。这些种类只能采用种子繁殖，即实生繁殖。

2. 兼性营养繁殖

以营养繁殖为主，种子繁殖为辅，或二者并重。这类牡丹有肉质花盘亚组中的紫牡丹、黄牡丹、狭叶牡丹，革质花盘亚组中的矮牡丹和卵叶牡丹。

在长期生产实践中，依据牡丹的繁殖特性，逐步形成了实生繁殖育苗（播种育苗）和营养繁殖育苗（嫁接繁殖、分株繁殖、组织培养等）相结合的种苗繁育体系。

二、牡丹的有性繁殖特性

（一）种子的休眠特性

1. 种子的休眠

具有正常活力的种子处于适宜萌发的环境条件下而不能正常萌发，这种状态称为种子的休眠。种子休眠被认为是植物对逆境的适应和保护物种延续的一种策略。

芍药属牡丹组植物普遍存在典型的胚体休眠特性。这种休眠包括上胚轴（胚芽）和下胚轴（胚根）的休眠，而以上胚轴的休眠更为突出和典型。牡丹种子的休眠是由其本身的原因所引起，属于生理休眠。

2. 种子休眠的原因

种子休眠的原因一般来说可以归纳为两个方面：一是外因，即胚以外的各种组织，如种壳（含种皮、果皮等）的限制，包括种壳的机械阻碍，不透水性以及种壳中存在抑制萌发的物质；二是内因，即胚本身的因素，包括胚的形态发育没有完成，或生理上尚未成熟，缺乏必需的激素或存在抑制萌发的物质等。对芍药属牡丹组种类而言，两种原因兼而有之，如种皮障碍，种子采收后的后熟作用以及生长抑制物质的存在等。但在不同种类之间，以及野生种与栽培种之间有着明显差异。

1）种皮障碍　种皮的透水性与透气性是影响牡丹种子萌发的重要因素，但影响程度因种类不同而有差异，如用50℃温水浸种24 h，或浓硫酸浸泡2~3 min，或95%乙醇处理普通牡丹种子，均可软化种皮，促进萌发。'凤丹'种子种皮透水性很好，其风干种子常温下清水浸泡，第二天吸水量即明显增加，第六天趋于饱和（郑相穆等，1995）。研究结果表明，'凤丹'种皮能降低种子吸水速度，但不能影响最终吸水率；新鲜种子浸种56 h后吸水达到饱和。

种皮的透水性和机械阻碍不是种子休眠的主要原因（郭丽萍等，2016）。刚采收的紫斑牡丹种子浸水1天后，即见种子明显膨胀。紫斑牡丹种子的裂口都是由胚根萌动后形成的突起使种脐处破裂所致，此时，种皮的透水性和坚硬度不是其萌发的限制因素（周仁超等，2002）。但其种皮干燥后，吸水难度大大增加，而且野生种和栽培品种间差别很大，野生紫斑牡丹种子成熟后播种到萌发需要7个月时间。紫牡丹种子用常温水浸种96 h后，可有效解除种皮造成的萌发障碍（吴蕊，2011）。

2）种胚的成熟度　种子胚在形态上、生理上未完全成熟也影响牡丹种子的萌发，如'凤丹'种子采收后，其种胚并没有达到形态成熟，胚根、胚轴、子叶的分化不明显。层积15天后，子叶变大，但胚根、胚轴分化仍不明显；

45天后，种胚已分化出胚根、胚轴、子叶，部分种子胚根突破种皮；60天后，胚根迅速伸长，子叶膨大，长度约占胚乳的1/2。

种胚形态发育不完全是导致'凤丹'种子休眠的主要因素之一（郭丽萍等，2016）。将'凤丹'休眠种子的离体胚接种在不含任何激素的1/2 MS培养基上，结果只有少数形成愈伤组织，而绝大多数离体胚在培养基上并不生长。这说明'凤丹'种胚虽然已经在形态上基本分化完整，但仍处于幼胚阶段。

3）内源抑制物质　牡丹种子之所以难以萌发，也与种子中含有抑制物质有关。在'凤丹'种子中，这类物质主要含在种胚之中，少量分布于胚乳。在25～26℃温度下培养30天的'凤丹'种子（此时胚根已经伸长）的种胚提取物，能影响小白菜种子萌发，发现其抑制效应可达88.5%（郑相穆等，1995）。但最近的研究则认为'凤丹'的种皮和胚乳粗提液对小白菜种子的萌发和幼苗生长都有明显的抑制作用，而种胚浸提液则无显著影响，因而'凤丹'种子抑制物质主要存在于种皮和胚乳中。'凤丹'种子种皮和胚乳粗提物对自身种子萌发也有显著的抑制作用，并且后者作用大于前者。层积处理和水浸泡能有效分解抑制物质。

紫斑牡丹种子中也含有抑制物质，经胚培养试验，认为抑制上胚轴萌发的物质不在子叶，而可能在上胚轴或胚芽中。四川牡丹种皮和胚乳中含有抑制小白菜种子及幼苗生长的物质，其胚乳浸取液能直接抑制小白菜幼苗过氧化氢酶和过氧化物酶活性，间接影响超氧化物歧化酶活性（宋会兴等，2012）。此外，大花黄牡丹种子的外种皮、内种皮和胚均含有抑制小白菜种子萌发物质，这些物质可溶于水及甲醇，但不溶于乙醚及石油醚等。种皮抑制物质对大花黄牡丹的萌发有轻微影响，胚内抑制物质在胚根伸长后消失（张蕾，2008）。

植物种子中的抑制物质种类较多，在各类作物种子中，最重要的抑制物质是脱落酸（ABA）和酚类物质。遗传学和生理学研究表明，脱落酸与赤霉素（GA$_3$）两种激素相互拮抗调控种子休眠，它们在种子从休眠向萌发转换的生理过程中起到了重要的调控作用。脱落酸是种子休眠诱导的正调节因子和萌发的负调节因子，而赤霉素则具有释放休眠、促进萌发和拮抗脱落酸的作用。上述认识在牡丹种子萌动生根和发芽过程内源激素动态变化研究中得到证实，如王志芳等（2007）发现，黄牡丹种子胚根萌动和打破上胚轴休眠种子出苗两个时期，赤霉素含量上升，脱落酸含量下降。

马蓝鹏等（2015）观察了'凤丹'种子萌发生根过程中种皮及去皮组织（胚和胚乳）中内源激素赤霉素、脱落酸和吲哚丁酸（IBA）的变化，发现其种子萌发生根过程中，赤霉素含量逐渐升高，脱落酸含量逐渐降低，二者表现出一种拮抗关系。牡丹种子萌发初期吸胀过程中种皮赤霉素含量升高，去皮组织中脱落酸含量下降，对打破下胚轴休眠起到关键作用。并推测牡丹种皮和去皮组织结构中存在着激素产生和转移的交互作用机制。吲哚丁酸在牡丹种子中天然存在，其含量在主根伸长阶段迅速升高，表明其在根系伸长过程中具有重要作用。

有学者研究了大花黄牡丹种子萌动生根过程中内源激素的动态变化，认为低温层积过程中根长达到 6 cm 时才能打破上胚轴休眠，而根长影响上胚轴休眠解除的根本原因是上胚轴中 GA_3/ABA 比值的差异。

（二）种子的萌发特性

1. 种子萌发过程的阶段性

牡丹种子在温度、空气和水分适宜时下胚轴休眠解除，胚根生长，但此时胚芽（上胚轴）仍处于休眠状态，若不变换条件则一直保持胚根生长，并长出许多侧根，只有经过一定的低温期和一定的低温值后，上胚轴才能解除休眠而发芽出土。由此可见，打破牡丹种子两段休眠所需的程序（时间进程）和温度条件截然不同，从而使得牡丹种子萌发过程表现出明显的阶段性。

'凤丹'种子采收以后，需经过约40天完成后熟生理过程。种子完成后熟并充分吸水膨胀，胚根伸长，突破种皮，这一阶段需要25℃左右的温度，时间约30天。在这一阶段，种子内两片子叶增大，胚乳中的养分缓慢分解，通过子叶运至胚根，但此时胚芽尚未萌动。此后，生根的种子经过约60天的低温（5℃），解除上胚轴休眠，胚芽才能萌发。'凤丹'种子相继经历了种子后熟阶段、暖温生根阶段和低温春化阶段的变化，秋季温度适宜时下胚轴伸长，长出胚根，经过冬季低温后上胚轴休眠解除，春季开始升温后，胚芽萌发出土。

紫斑牡丹表现出大体相同的规律，但其种子萌发的阶段性往往表现出更长的时间进程，有着比凤丹牡丹更为严格的上胚轴休眠特性。

种子胚根生长需要一定的积温，胚芽的生长发育又需经历较长时间的低温，这种休眠特性是其在系统发育过程中对环境条件的一种适应。

2. 温度和植物激素对牡丹种子萌发的影响

研究温度和植物激素或生长调节物质对牡丹种子萌发过程的影响，是为了更好地掌握解除牡丹种子休眠的方法。

1）温度和激素对牡丹种子生根的影响　牡丹种子萌动生根，除水分条件外，对温度和内源激素也有一定要求。

成仿云等（2008）用清水（常温水、35℃水、50℃水）及不同浓度赤霉素溶液浸泡'凤丹'种子1天后，在室温中沙藏，100天后调查，发现常温水及35℃、50℃温水处理对'凤丹'种子生根影响不大，均在沙藏52天后开始生根，100天生根率达到84%以上。赤霉素处理使种子生根提前5天，仅就生根质量而言，则以赤霉素100 mg·L⁻¹和赤霉素200 mg·L⁻¹处理最好，生根率达90%以上，主根长≥40 mm百分率在70%以上。赤霉素处理使牡丹种子生根时间提前，生根速度加快，从而提前完成生根过程，但会降低主根长≥40 mm的百分率，以及≥10 mm侧根数量。

低浓度赤霉素可以提高生根率，而较高浓度的赤霉素则产生抑制作用。但不同牡丹种间存在差异，'凤丹'用赤霉素200 mg·L⁻¹处理后生根率达到最高，而紫斑牡丹则需要赤霉素300 mg·L⁻¹，但赤霉素浓度大于300 mg·L⁻¹时，二者生根率均低于对照（王小芳，2008）。

野生矮牡丹、四川牡丹、紫斑牡丹、黄牡丹的休眠及萌发特性与栽培牡丹有显著差异，萌发生根需半年以上，萌发温度以10～15℃为宜，超过20℃则明显不利于生根及上胚轴的生长（景新明等，1999）。对不同种源紫斑牡丹种子的进一步观察，认为适于紫斑牡丹种子生根的温度为15～20℃，25℃时生根率明显降低。野生种种子生根对25℃的适应性随纬度升高而减弱。其生根所需最佳赤霉素处理浓度较高（400～450 mg·L⁻¹，24 h），而栽培品种种子处理浓度只需赤霉素300～350 mg·L⁻¹，24 h（仇云云等，2017）。

低于10℃和高于25℃培养的大黄花牡丹种子均不能发根，15℃对下胚轴解除休眠效果最佳，15～20℃对解除上胚轴休眠效果最佳（马宏等，2012）。

紫牡丹新鲜种子采后不经低温处理有利于萌发生根，18℃恒温培养有利于萌芽。

2）低温和激素处理对牡丹种子胚芽生长的影响　牡丹种子萌动生根后，低温和赤霉素解除牡丹种子上胚轴休眠的效果不仅与低温处理时间和赤霉素浓度有关，也与处理时种子已生长的根长有关。低温或赤霉素处理时根长40~50 mm种子的发芽率和萌发速率均大于根长20~30 mm的种子。

对根长大于40 mm的'凤丹'种子进行处理，有以下结果：

（1）纯低温（3℃）处理对解除上胚轴休眠有效　低温处理时间越长，休眠解除越彻底，其发芽率、出苗整齐率持续增高，以低温28天处理效果最好。

（2）纯赤霉素处理同样可以解除上胚轴休眠，促进萌发　以200 mg·L^{-1}处理萌动期最短（27天），500 mg·L^{-1}处理发芽指数最大（0.25），发芽率则随赤霉素处理浓度增加而提高，但即使在500 mg·L^{-1}处理中发芽率最高也只有60%。在植物激素或生长调节物质中，除赤霉素外，6-苄基腺嘌呤（6-BA）、吲哚丁酸等处理均可在一定程度上代替低温促进根长大于40 mm的'凤丹'种子萌发，但不同浓度效果有较大差异。6-苄基腺嘌呤、吲哚丁酸最适浓度为100 mg·L^{-1}，随生长调节物质浓度升高，发芽率递减。经处理的幼苗根系生长与赤霉素处理、低温处理无明显差异。不同激素处理改变了上胚轴形态：6-苄基腺嘌呤、吲哚丁酸处理使其显著增粗，赤霉素处理使其迅速伸长。低温处理随时间延长，其形态变化不大（林松明，2007）。

（3）低温结合赤霉素处理效果更加明显　低温处理21天就能够满足'凤丹'种子解除休眠的需要，21~28天低温结合赤霉素100~200 mg·L^{-1}处理，'凤丹'种子发芽良好。而此时，较高赤霉素（500 mg·L^{-1}）处理则会产生不利影响。

紫斑牡丹主根长度超过40 mm时，低温（3℃±1℃）和赤霉素处理才能有效促进种子发芽，在此基础上，低温14天结合赤霉素100 mg·L^{-1}、200 mg·L^{-1}或500 mg·L^{-1}处理为促进发芽的最好组合。对于幼苗生长，则以低温14天结合赤霉素500 mg·L^{-1}为最佳组合（于玲等，2015）。仇云云等（2017）进一步研究表明，此时紫斑牡丹种子发芽最佳处理组合因种源而异，湖北、河南、甘肃3个种源最佳处理组合依次为：低温20天结合赤霉素300 mg·L^{-1}；低温20天结合赤霉素200 mg·L^{-1}；低温40天结合赤霉素300 mg·L^{-1}。

对黄牡丹来说，其胚根生长到3 cm以后，不经过低温和药剂处理也能发芽，说明其打破上胚轴休眠对低温要求较宽，5~10℃均可。不过用赤霉素100~300 mg·L^{-1}和乙烯利100 mg·L^{-1}混合液处理效果更好，60天内出苗率达到93%以上（王志芳，2007）。紫牡丹种子生根后，经8~10周低温处理可有效解除上胚轴休眠，赤霉素100 mg·L^{-1}浸种4 h可使上胚轴萌发期由8~10周缩短到 2 周，但幼苗易发生徒长。

四川牡丹种子解除休眠需要严格的低温处理时间，单独的赤霉素处理对其没有作用。低温 ≥ 90 天，四川牡丹发芽率可以达到 60% 以上；而低温时间 ≤ 60 天时，发芽率几乎为零。

3）低温和赤霉素处理对牡丹幼苗生长的影响　低温和赤霉素处理不仅对已生根的牡丹种子萌发有促进作用，而且对幼苗生长也会产生影响。低温处理是对幼苗生长最好的作用方式：能促进叶片伸长，叶面积增大，根系总长度增加，生物量增长也较明显。'凤丹'幼苗生长在一定范围内与赤霉素处理呈负相关，而与低温相结合时，又随赤霉素浓度的提高而改善，说明低温处理改变了幼苗对赤霉素的响应能力。但在满足解除种子休眠的低温需要量后，低温时间过长或赤霉素浓度过高均不利于幼苗生长。21 天和 28 天低温结合赤霉素 100 mg·L^{-1} 和 200 mg·L^{-1} 处理，最有利于'凤丹'种子发芽和幼苗生长。

（三）种子的寿命与储藏特性

种子寿命是指种子在一定条件下保持生活力的最长期限。在自然条件下，牡丹种子的生活力随时间延长而明显下降，寿命一般为 3 年。

关于牡丹种子的储藏特性，景新明等（1995）曾做过观察。对不同储藏时间的种子采用 TTC 法染色以判断其生活力，结果表明：新采收的牡丹种子中有 88% 的胚和胚乳均着色良好，其余种子也都基本着色，表明生活力极强。在常温 10 ~ 15℃条件下储藏了 1 年的种子，与新鲜种子相比，已有约 1/4 的种子生活力下降，少部分丧失活性，但多数种子仍保持较高的或还有相当的生活力。而在 10 ~ 15℃条件下储藏 4 年的牡丹种子和水煮的死亡种子（对照）一样，胚完全不着色，胚乳也不着色，仅个别种子胚乳周边稍有着色，或切面有黑红色，表明其生活力已大幅下降，大多难以萌发出苗。但在 –20℃储藏，第四年保持生活力的种子仍占到 57%，不过这些种子仍有相当数量难以萌发出苗。根据上述结果判断，牡丹种子具有正统种子的储藏特性，不属于顽拗型种子。但需注意，牡丹种子衰变较快，即使在低温条件下储藏，其生活力也难以保持很长时间，繁殖用的种子应以新鲜种子随采随播为宜。

牡丹种子的生活力不仅与储藏温度有关，而且与种子本身含水量有关。如大花黄牡丹种子在自然风干 8 天，含水量降至 11.02% 时，开始有部分种子丧失活力。自然风干 13 天，含水量降至 6.38% 时，所有种子均丧失活力。胚严重失水，由乳白色变成淡黄色（张蕾，2007）。而黄牡丹种子自然风干 4 天，含水量为 29.5% 时，种子活力开始下降；自然风干 8 天，含水量降至 14.1% 时，所有种子丧失活力。胚的情况同大花黄牡丹（龚洵，1999）。

'凤丹'种子储藏时适宜的含水量为 ≤ 12%。

三、牡丹的无性繁殖特性

（一）野生牡丹的无性繁殖

前已述及，芍药属牡丹组的种类中，有部分兼性营养繁殖的种类，可以通过以下方式进行营养繁殖：

1. 根状茎繁殖

根状茎从植株根颈部产生，向四周横向生长。在一定距离（一般 1 m 左右）伸出地表，形成新的株丛。肉质花盘亚组中的紫牡丹、黄牡丹、狭叶牡丹根状茎上的不定根常呈纺锤状加粗，不同部位的隐芽均可萌发形成新枝。如果地上部分受损，或是采挖根系，都可促使根状茎上的隐芽萌发。据在云南丽江、陕西延安、山西永济、河南济源等地的调查，黄牡丹常形成十几株甚至几十株成片生长的无性群体，而矮牡丹则多由一个母株与周围几株或十几株子株形成一个庞大的无性系株丛。

2. 根出条繁殖

根出条是指植株从根上产生不定芽伸出地面形成的新枝。根出条通常随不定芽生长就近伸出地面，有时也在土层中横向伸展一段距离后再出土。其类似于根状茎，但可从起源上加以辨别。断根有刺激根出条形成的作用。

（二）栽培品种的无性繁殖

1. 枝条的生根能力

在现有各类栽培品种中，除极少数种类，如延安万花山的'白玉仙''明星'等原始品种或自然杂交类型，还保留地下茎及根出条繁殖特性外，绝大多数品种，如无人为干预，均不具备自行无性（营养）繁殖的能力。但如采用环剥、压条、激素处理等方法，则可在一定条件下促进 1~2 年生枝条发生不定根，形成新的植株。

据解剖学观察，牡丹枝条皮层有根原始体，并多着生于芽（节）的周围，数量因品种与枝龄的不同存在差异，部分扦插成活的植株，其发生不定根的部位均在芽的周围，节间很少。此外，牡丹嫩枝在非离体状态下，受到创伤刺激或外源激素作用后，形成愈伤组织，其中个别薄壁细胞脱分化形成分生组织结节，进一步分化为维管组织结节，它们单向极性生长时形成根原基。因此，牡丹兼有愈伤组织生根和皮部生根两种生根方式。

牡丹枝条潜在的生根能力较弱，大部分品种扦插成活率很低。

2. 根蘖特性

牡丹具有根蘖特性，可从根颈部隐芽不断萌发新枝，这是牡丹丛生型灌木特性的表现，也是牡丹地上部分自然更新的一种重要方式，是大部分牡丹品种可以进行分株繁殖的生物学基础。

牡丹种子萌动后先向下扎根，生长到一定程度才向上生长枝叶。经多年生长后，由上胚轴发育而来的根颈部积累了一定数量的隐芽。这些隐芽成为今后根蘖丛生的基础。而嫁接苗的根蘖则主要来源于接穗枝入土部分形成的潜伏芽。

根颈部隐芽在适宜条件下萌发生长成为根蘖以后，其基部随后形成自己独立的根系，支持地上部分的生长。而地上根蘖枝的光合营养也优先供应其自身根系的生长。母株主干基部的隐芽萌发根蘖，成长为一个个相对独立的个体。这些个体壮大了株丛，也在不断削弱原来母株的生存空间。这些萌蘖枝为植株的分株繁殖提供了可能。此外，根蘖植物都有较强的根冠对应性。一般每个大的枝干都有相对应的地下根系支撑。同级别的大枝干根系间关联度不明显，而大枝干与其基部的次生根蘖间则关系较为密切。

不同品种群间，同一品种群内不同品种间，根蘖能力存在明显差异。品种群间根蘖能力大小依次为中原品种群、西北品种群和凤丹品种群。但不论萌蘖能力强弱，当植株地上茎从基部清除（平茬）后，根颈部隐芽活性被激发而成为活动芽，出土后形成萌蘖枝。据观察，活动芽从形成到出土开花一般需3年，只不过有些活动芽在地下潜伏1~2年才破土而出，这时，嫩枝顶部花芽已经形成，故而出土后即迅速开花。萌蘖枝基部培土后易形成自生根系，与原母株分离后即成为新的植株。

（李嘉珏，牛童非）

第七节
生物量研究

一、生物量的概念

生物量是植物在其生命过程中单位面积所生产的干物质的积累量。生物量反映生态系统生产力的大小，是研究生态系统物质循环和能量流动的基础。我们研究和了解'凤丹'生物量及养分循环，是为建立高产、稳产、持续发展的'凤丹'人工林生态系统提供科学的理论依据。

汪成忠等（2016）等在铜陵凤凰山科技园于1月（休眠期）、4月（花期）、7月下旬（果熟期）和11月（落叶期），选择不同年龄的'凤丹'各5株作为样本进行试验，研究了'凤丹'的生物量（表2-6），其结果如表2-7至表2-11所示。

● 表2-6　'凤丹'植株不同生长期基本情况

生育周期 /a	地径 /cm	株高 /cm	冠幅 /（cm×cm）
幼龄期 / 2	0.64 ± 0.11	15.26 ± 1.53	12×14
始果期 / 4	1.19 ± 0.15	67.93 ± 1.22	43×49
盛果期 / 8	2.01 ± 0.23	81.28 ± 3.74	62×75

二、'凤丹'生物量年周期变化

在年周期中，'凤丹'的总生物量从休眠期开始逐渐增加，至果熟期达到最大，随后因落籽、落叶而下降（表2-7）。

● 表2-7 '凤丹'不同发育阶段总生物量变化

（g/株）

生育周期	休眠期	花期	果熟期	落叶期
幼龄期 / 2a	14.73±0.25C	31.99±0.69C	41.87±0.74C	36.94±0.68C
始果期 / 4a	58.74±0.60B	111.96±1.01B	291.08±0.78B	117.64±0.66B
盛果期 / 8a	170.59±0.76A	231.02±1.20A	391.19±0.73A	226.23±0.72A

注：不同大写字母表示在 $p < 0.01$ 水平上有显著差异。

三、不同生育期生物量及生物量分配规律

经测定，'凤丹'各部器官生物量见表2-8。

● 表2-8 不同生育期'凤丹'各部器官生物量

（g/株）

生育期	根	茎	叶	果实	总生物量
幼龄期 / 2a	10.67±0.07C	3.11±0.86C	28.09±0.71C	—	41.87±0.74C
始果期 / 4a	61.75±0.49B	14.04±0.25B	96.41±0.43A	7.74±0.18B	179.94±0.81B
盛果期 / 8a	216.66±0.70A	102.48±0.35A	45.23±±0.42B	26.81±0.25A	391.19±0.73A

注：不同大写字母表示在 $p < 0.01$ 水平上有显著差异。

从表2-8可以看出，'凤丹'总生物量和各部器官生物量均是随着年龄的增长而增加，油用牡丹种子生物量为实际的经济生物量，也是随着年龄的增长而增加。叶片、果实（含种子和果壳）为当年积累的生物量，而根和茎是多年

积累的生物量。

由表 2-9 还可以看出：

1. 幼龄期

叶片生物量分配最高，为 67.09%；茎生物量分配最低，为 7.43%。

2. 始果期

叶片生物量分配最高，为 53.58%；茎生物量分配较低，为 7.81%；种子生物量分配为 2.43%。

3. 盛果期

根生物量分配最高，为 55.38%，果壳生物量分配为 2.98%；种子生物量分配为 3.88%。

从幼龄期到盛果期，根、茎、种子和果壳生物量分配逐渐增加，而叶生物量分配逐渐降低。种子生物量分配从始果期的 2.43% 到盛果期的 3.88%，这与'凤丹'从营养生长逐渐过渡到生殖生长的规律相符。

'凤丹'通过光合作用产生有机物，分别输送到各个器官，不同生育期的光合产物在各器官的分配比例（生物量分配）不一致（表 2-9）。

● 表 2-9　不同生育期'凤丹'生物量分配比例

生育期 /a	根 /%	茎 /%	叶 /%	果壳 /%	种子 /%
幼龄期 /2	25.48	7.43	67.09	—	—
始果期 /4	34.31	7.81	53.58	1.87	2.43
盛果期 /8	55.38	26.20	11.56	2.98	3.88

四、遮阳条件下'凤丹'生物量及分配

适当遮阳对'凤丹'生长有利。对 4 年龄植株进行遮阳处理，于 6 月初开始遮阳，直到果实采收时对'凤丹'进行破坏性取样测定，各器官生物量和生物量分配见表 2-10。

由表 2-10 可以看出，遮阳影响'凤丹'各器官生物量及分配比例。随着

● 表2-10　**遮阳条件下'凤丹'各器官生物量及分配比例**

处理	根		茎		叶		果实	
	生物量/g	分配比例/%	生物量/g	分配比例/%	生物量/g	分配比例/%	生物量/g	分配比例/%
对照	34.80	58.69	14.32	24.15	8.18	13.80	1.99	3.36
一层遮阳网约遮阳60%	26.29	45.94	12.42	21.70	9.73	17.00	8.79	15.36
二层遮阳网约遮阳90%	26.09	64.76	7.22	17.92	5.60	13.90	1.38	3.42

遮阳程度加大，根、茎的生物量及其所占比重均有不同程度的下降。果实生物量在遮阳60%的条件下达8.79 g，占总生物量的15.36%，为对照的4.57倍。说明在'凤丹'栽培过程中，进行适当遮阳，可以达到提高产量的目的。但过度遮阳，影响生物量的增产，也就是常说的减产。

五、'凤丹'收获指数

年周期中，'凤丹'果实与种子收获指数如表2-11所示。'凤丹'4年龄与8年龄植株同化总量（生物量净增加＝果熟期－休眠期）分别为161.21 g和220.63 g，储藏在果实的干重为7.74 g和26.81 g，其中储藏在种子中的为4.37 g和15.16 g。以种子为收获对象，则收获指数为2.71%和6.87%。株龄越高，收获指数越高。

● 表2-11　**'凤丹'果实与种子收获指数**

生育期	同化总量/g	转移到种子中的生物量/g	种子收获指数/%	转移到果实中的生物量/g	果实收获指数/%
幼龄期/2a	28.15±0.46	—	—	—	—
始果期/4a	161.21±1.03	4.37±0.18	2.71±0.10	7.74±0.31	4.80±0.17
盛果期/8a	220.63±0.90	15.16±0.25	6.87±0.09	26.81±0.44	12.15±0.16

六、'凤丹'的源库关系

源库关系对牡丹质量起重要作用，是牡丹高产理论研究中的热点问题。对于多年生木本植物，源库关系的研究相对滞后，这是因为该类植物单株体积大，树形和枝条多样，源和库的强度难以准确量化。所谓源、库强度是指源、库的大小与活性的乘积。一般认为"叶 / 果"是衡量植物源库关系协调性的最主要指标，用叶面积指数来表征源的大小，但其准确性尚待商榷。越来越多的研究表明，叶片生物量或比叶面积更能反映源的大小。此外，源活性一般以光合末端产物即碳水化合物来衡量，通常以可溶性碳水化合物含量来表征。库指消耗或积累同化物的接纳器官，库活性指对库器官代谢活性的调节。

本研究分析了不同生育时期'凤丹'各器官的可溶性糖含量变化（图2–8），采用生物量与可溶性糖含量之乘积估算'凤丹'在花期和果熟期的源强度、库强度和源库比（表2–12）。从表2–12可以看出，对于同一年龄的'凤丹'，从花期到果熟期，源强度、库强度和源库比都呈增大趋势，这与花期'凤丹'的源结构（叶片）尚未充分发育而果熟期的所有叶片都发育成熟有关。

源库关系的准确量化需要根据植物本身特性来确定源、库结构和大小（容

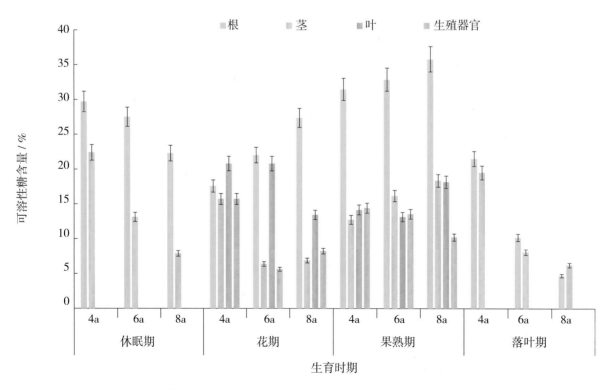

● 图2-8　'凤丹'不同生育期可溶性糖含量变化

● 表2-12 '凤丹'源库关系分析

株龄	源强度		库强度		源库比	
	花期	果熟期	花期	果熟期	花期	果熟期
4a	2.06±0.03c	30.35±0.66b	0.30±0.01b	0.61±0.04c	6.89±0.19b	51.64±2.88a
6a	4.22±0.05a	43.43±0.33a	0.21±0.01c	1.21±0.07b	20.21±1.01a	37.06±2.14b
8a	3.28±0.02b	16.20±0.10c	0.62±0.03a	1.54±0.08a	5.42±0.24b	10.79±0.57c

注：表中小写字母代表 $p < 0.05$ 水平的显著性差异。

量）。对于多年生木本植物，除了繁殖器官是主要的库结构外，根、茎等器官也是重要的库结构，而且随着发育阶段的不同，根、茎等器官可以同时承担库和源结构的功能。在'凤丹'年周期早中期，其植株的生长发育主要依赖于根和茎中储藏的营养物质，此时它们发挥源结构的功能。此后，随着叶片的生长发育，根、茎的源结构功能逐渐减弱直至完全行使库结构功能。可溶性糖是作为纽带联系植物源和库的主要碳水化合物。'凤丹'根、茎的源库功能的动态变化过程可以体现在其可溶性糖含量变化上。4年生和6年生植株在休眠期至花期根和茎的可溶性糖含量呈下降趋势（由29.7%、22.4%分别降至17.59%、6.38%），表明它们此时在共同行使源功能，为芽的萌动、幼叶和花的发育提供营养物质，因为花期时植株仅有部分叶片发育完全，源的强度还不能满足花发育和幼叶及嫩枝生长发育的需要。8年生'凤丹'在休眠期至花期，根部可溶性糖含量变化不大，但茎的可溶性糖含量下降较多，暗示此时主要是茎在充当源的角色。从花期至果熟期，所有株龄的根、茎与生殖器官一样，其中的可溶性糖含量都显著提高，此时完全行使库结构功能。果熟期至落叶期，'凤丹'的根和茎的可溶性糖含量则呈下降趋势，此时根和茎的可溶性糖含量下降与源结构叶片的衰老有关。落叶之后根和茎中的可溶性糖将是翌年早期生长发育的物质基础。上述结果提示，如果在落叶期前采取适当措施，如增施肥料以减缓叶片的衰老过程和延长绿叶期，可以达到为翌年的早期生长发育培源的目的，促进翌年花的发育，增加开花数量，从而提高产量。但需要注意，若施肥过晚，造成植株贪青，则会降低越冬期的耐寒性。

（汪成忠）

第八节

物候学特征

物候学是研究自然界植物的季节性现象同环境的周期性变化之间相互关系的科学。物候期是指植物的生长、发育、活动等规律与生物的变化对气候的反应，响应这种反应的时期叫物候期。所以，物候特征是生物多样性的重要组成部分。物候期一般以一年为观测周期，科学、成熟的物候期观测和数据具有以下几个方面的规律：物候期的进行有着一定的顺序性，每一个物候期只有在前一物候期通过的基础上才能进行，同时又为下一个物候期奠定基础；所有物候期的变化，都是受一定外界环境条件综合影响的结果，而温度是影响物候期的主导因素之一。另外，在一定条件下，物候期在一年中一定条件下具有重演性（如二次开花、二次生长）等特点。

一、牡丹的物候期

牡丹是一种多年生木本灌木，无论是营养体的形态建成，还是生殖生长的发育过程，都受地理生境条件和气候的深刻影响。因此，在牡丹的实际栽培及推广过程中，只有真正了解和掌握其物候期的特征，才能有的放矢，有针对性地开展牡丹的栽培、育种、驯化、催花等工作。

从 20 世纪 50 年代以来，我国牡丹主要栽培地区对牡丹的物候进行过不少观察。根据观察结果可以总结出牡丹物候期的一般性规律：由于分布区经纬度、海拔、气候特征的不同，牡丹生长发育过程中的同一物候现象出现的时间存在较大差异；同一牡丹栽培地区，受气候波动的影响，各种物候现象出现日期也存在较大变幅，尤以春季鳞芽萌动和秋季枝叶变色期变幅最大，而始花期变幅相对较小，但洛阳等地也有17天的变幅；不同主栽地区虽然存在一定的差异，但具有相似的规律，即牡丹的总生长期由南向北逐渐缩短，如表2-13、表2-14所示。

● 表2-13　河南洛阳牡丹物候特征

地点及物候期		观测年数 / a	平均日期（日/月）	最早日期（日/月）	最晚日期（日/月）	多年变幅 / d	观测年代 / a
河南洛阳	芽萌动期	14	10/2	22/1	7/3	38	1962—1982
	萌芽期	16	20/2	7/2	10/3	31	
	展叶始期	16	15/3	6/3	25/3	19	
	展叶盛期	16	22/3	13/3	30/3	17	
	初花期	15	13/4	6/4	23/4	17	
	开花盛期	15	18/4	9/4	26/4	17	
	谢花期	15	25/4	16/4	4/5	18	
	种子成熟期	12	7/8	25/7	20/8	26	
	种子脱落期	8	15/8	10/8	27/8	17	
	叶初变色期	15	18/9	1/9	5/10	34	
	叶初落期	13	10/10	30/9	30/10	30	
	叶全变色期	13	22/10	28/9	20/11	53	

● 表2-14　**安徽铜陵牡丹物候特征**

地点及物候期		观测年数 / a	平均日期（日 / 月）	最早日期（日 / 月）	最晚日期（日 / 月）	多年变幅 / d	观测年代 / a
安徽铜陵	芽萌动期	5	25/2	8/2	19/3	39	1976—1982
	现蕾期	5	23/3	10/3	7/4	38	
	展叶始期	5	27/3	15/3	7/4	23	
	展叶盛期	5	4/4	25/3	11/4	17	
	花蕾膨大期	5	10/4	7/4	12/4	5	
	始花期	5	12/4	11/4	13/4	2	
	盛花期	5	20/4	19/4	21/4	2	
	谢花期	5	1/5	26/4	10/5	14	
	叶落尽期	5	4/10	14/9	28/10	14	

二、开花物候及其影响因素

（一）牡丹的开花物候

在各种物候现象的观测中，植物的始花期往往是最主要的考查指标之一，因为始花期观测比较准确，有利于植物物候预测，进而对其生产实践具有指导意义。

全国多地按照统一标准观测到的牡丹始花期及其变动幅度见表2-15。从表2-15中可以看出，随着纬度和经度的变化，牡丹的花期一般由南向北、从东向西推进；各地牡丹的始花期变幅程度不同，如河南洛阳最大变幅可达17天，陕西杨凌和安徽铜陵的变幅最小，均为2天；根据各地对不同品种开花物候的观察，同一地区不同品种的开花物候也有较大差别，因而有早、中、晚花（按品种始花期早晚不同划分）的区分。

● 表 2-15　**全国多地牡丹开花物候（始花期）比较**

观测地点	观测年数 / a	平均日期 （日 / 月）	最早日期 （日 / 月）	最晚日期 （日 / 月）	多年变幅 / d	观测年代 / a
辽宁盖县	5	15/5	12/5	19/5	11	1979—1984
北京市区	8	25/4	18/4	3/5	14	1931—1982
陕西杨凌	4	16/4	15/4	17/4	2	1982—1984
河南洛阳	15	13/4	6/4	23/4	17	1962—1982
江苏盐城	9	20/4	17/4	1/5	14	1966—1980
安徽铜陵	5	12/4	11/4	13/4	2	1978—1982
安徽芜湖	4	14/4	8/4	20/4	12	1981—1984

以洛阳牡丹为例，一般 2 月 4 ~ 5 日鳞芽开始萌动，2 月 10 日芽尖裂嘴（萌芽），
2 月 15 日花蕾、叶形初步显露，2 月 20 日叶长达 2.0 ~ 2.5 cm，3 月 5 日花枝长
8 ~ 10 cm；在正常稳定气温下，'洛阳红'最早于 4 月 6 日开花，4 月 8 ~ 9 日'朱
砂垒''赵粉'等品种开花，4 月 11 日'二乔''白雪塔'开花，4 月 15 ~ 16 日
开花者达 80 余个品种。4 月 17 日开始进入盛花期。

（二）牡丹不同品种的开花物候特征

不同的牡丹品种，其物候感受所呈现的开花发育时期也不尽相同。在洛阳
地区，西北牡丹、中原牡丹和江南牡丹各物候期存在较为明显的差异。西北牡
丹始花期变幅最小，但花期相对集中；而中原牡丹始花期变幅最大，花期相对
较长。这些结果说明同一牡丹栽培地区，不同品种群对于响应相同的物候条件
变化也有明显差异（表 2-16）。

● 表2-16　**洛阳地区不同牡丹品种群始花期比较**

品种群名称	平均日期（日/月）	最早日期（日/月）	最晚日期（日/月）	变幅/d
西北牡丹	15/4	13/4	18/4	5
中原牡丹	17/4	10/4	25/4	15
江南牡丹	5/4	1/4	10/4	10

（三）开花物候的影响因素

1. 气温

温度影响整个开花过程，同一地区牡丹花期早晚与春季气温变化关系密切。因春暖或春寒，花期早晚可相差5～7天，甚至十几天或更多，如甘肃临夏1981年春暖，5月10日早花品种开花；1984年春寒，早花初花期延至5月17日。又如河南洛阳盛花期一般从4月17日开始，但1980年春寒却延至4月25日，1990—1991年又有类似情况。在开花期间如果升温过快，也会缩短开花持续时间，如1997年春暖，甘肃兰州原和平牡丹园花期由正常年份的5月10日提前到5月5日，其间又遇5月7～9日的连续高温，使得全园80%以上花朵集中开放，至5月15日，花朵所剩无几，群体花期由通常的20天缩短到10天左右。值得注意的是，虽然因气候变化导致牡丹开花早晚出现了一定差别，但牡丹始花期所要求的温度是比较一致的，为16～18℃，低于16℃则不开放。另外，自然条件下，牡丹必须积累一定的有效积温才能开花，虽然温度高低能加快或推迟花期的到来，若积温不够，即使达到开花温度，也不能马上开花，但高温（20℃以上）可加速积温的积累，促使牡丹提前开花。因此，在2～3月，外界气温低，要及时做好防寒措施，使其保持一定的有效积温，以促进牡丹正常开花。

2. 降水

北方春季降水不多，降水量对花期早晚影响不大。但花期的降水过程及降水强度、空气湿度对开花有一定影响。初花期如遇阴天、小雨，有助于牡丹开花且花色鲜艳；如遇较大降水，花朵受到侵袭，导致提前败落。所以，整体上来说，开花前期小雨对牡丹开花有利，中后期则取决于降水量大小，降水量越大，对花期的负面影响也越大。

3. 海拔

海拔直接关系到气温、光照及湿度的变化，进而影响到牡丹的花期。一般随海拔增加花期延迟。以甘肃兰州地区为例，市区（海拔 1 550 m）盛花期在 5 月上旬，近郊的榆中和平村（海拔 1 750 m）的盛花期在 5 月中旬，其南皋兰山（海拔 2 100 m）盛花期在 5 月下旬。甘肃临夏（海拔 1 900 m）在 5 月下旬已经谢花（1984 年），而邻近的和政（海拔 2 100 m）才始花。四川彭州市区与丹景山花期也相差 10 余天。甘肃各地因海拔相差悬殊，牡丹花期可从 4 月下旬延续到 6 月初。

三、牡丹花期预测

牡丹既是一种观赏价值高的园林植物，同时也是一种重要的经济作物，所以牡丹花期调控与人们的经济、文化活动有着非常密切的关系，因而做好花期预测有着重要的实践意义。

（一）积温法预测

牡丹花期与温度关系密切，其中积温与花期的关系受到关注。以山东泰安地区 3 月中旬至 4 月上旬 >0℃的积温及相应的日照时数，建立了牡丹花期预测模型：

$$\bar{y}=31.916-6.160\times10^{-2}X_1-3.066\times10^{-2}X_2 \qquad （1）$$

式中 $\bar{y}$ 为预报花期，X_1 代表 3 月中旬至 4 月上旬 >0℃积温，X_2 为同期日照总时数。

有学者以'洛阳红'为对象分析了多年 2～4 月开花物候与旬平均气温、有效积温的关系，并模拟了 2 月 10 日以后牡丹各物候期与其有效积温的幂函数曲线模型：

$$r=0.0082X^{2.5443}+\delta_i；r=0.9784>0.5487=r_{0.01} \qquad （2）$$

陈琪等（2013）以洛阳邙山早花品种'迎日红'为研究对象，搜集了

1983—2010 年间的花期资料及相应的气象资料，应用 SPSS 18 软件从气温、地温、光照及湿度诸因子中，筛选出与牡丹盛花期有显著相关性的三个指标：日最高气温通过 0℃的积温、10 cm 土层和 15 cm 土层厚度处地温稳定通过 4℃的平均温度与牡丹盛花期有显著相关性。以上述 3 个温度指标为自变量，采用逐步回归法构建了牡丹盛花期预测模型：　　　　　　　　　　　　　（3）

$$Y = 98.51740 - 0.28709X_{N11} + 2.16558X_{N38} - 0.03539X_{N41}$$

式中 X_{N11}、X_{N38}、X_{N41} 分别代表 N11、N38、N41 因子，即日最高气温稳定通过 0℃的积温、首日至 4 月 10 日期间 10 cm 土层厚度处温度稳定通过 4℃的平均温度、首日至 4 月 10 日期间 15 cm 土层厚度处温度稳定通过 4℃的积温。

通过回代检验，预测花期与实际花期间最大误差为 ±2 天。

魏秀兰等（2001）对菏泽牡丹花期的长期预报作过探索。研究认为，影响花期的气候因子主要是温度，关键时段是 2 月下旬至 3 月。据对 1964—1998 年共 35 年的资料分析，山东菏泽牡丹（以曹州牡丹园为代表）平均始花日期为 4 月 23 日，最早为 4 月 16 日，最晚为 4 月 30 日，标准差为 3.7 天，年际花期离散度大。经周期分析，菏泽牡丹 4 年周期明显。对气象因子的统计分析表明，从上年 7 月至当年 1 月，温度、降水与光照等气象要素对牡丹花期无明显影响，而 2 月至 4 月中旬的温度与花期关系密切。温度偏低，花期推迟，反之则花期提前。而同期光照、雨量无明显影响。

经对菏泽牡丹开花前期的环流形势的分析，发现这一时期北半球 500 hPa 高度均存在一组优势相关区，表明影响开花前期的环流异常信号出现在极地（北纬 60°以北高纬度地区）和低纬太平洋上空，尤以欧洲北部最为显著。

用相关区内相关系数最显著的点的高度值作为相关因子（共 42 个），用逐步回归法筛选得到 11 个，再用最优子集法进一步筛选得出最优子集预报方程，经试用预报效果较好。

（二）利用植物物候相关性进行预测

各种物候现象每年周而复始地递变，有其特定的规律性；各种植物在相同气候条件下生长发育，其物候期的出现具有相关性。加之各种物候现象前后联系，也可用以预测。

王咏梅等（2017）以洛阳王城公园早花品种'朱砂垒'及春季开花植物为

对象，分析了'朱砂垒'自身各物候期的相关性及其与春花植物初花期的相关性，并对相关性显著的项目进行多元线性回归分析，建立牡丹花期预测模型，并加以比较。结果表明：'朱砂垒'各物候期中的发芽期、立蕾期、风铃期与初花期相关性极显著。其预测模型为：

$$Y=58.649+0.149X_1+0.142X_2+0.274X_3 \tag{4}$$

春花植物中樱桃、玉兰及早樱的初花期与'朱砂垒'初花期相关性显著，建立牡丹花期预测数学模型为：

$$Y=-532.075+12.693X_1-4.707X_2+0.621X_3 \tag{5}$$

依据以上两个数学模型可以初步对牡丹初花期进行较准确的预测。

（李嘉珏，张改娜）

主要参考文献

[1] 陈琪，彭正峰，梁国辉，等.洛阳高山种植区牡丹花期预测模型构建与检验 [J]. 河南农业科学，2013, 42(2): 109–112.

[2] 成仿云，李嘉珏，陈德忠.中国野生牡丹自然繁殖特性研究 [J]. 园艺学报，1997, 24(2): 180–184.

[3] 成仿云，杜秀娟.低温与赤霉素处理对'凤丹'牡丹种子萌发和幼苗生长的影响 [J]. 园艺学报，2008, 35(4): 553–558.

[4] 仇云云，陈涛，崔健，等.赤霉素及温度处理对不同种源紫斑牡丹种子生根和发芽的影响 [J]. 西北植物学报，2017, 37(3): 552–560.

[5] 崔波，王若澜，郝平安，等.牡丹 DGAT 基因的克隆及表达分析 [J]. 西北植物学报，2018, 38(3): 416–424.

[6] 黄弄璋，成仿云，刘玉英，等.中原牡丹的生物学特性和物候期研究 [M]. 中国观赏园艺研究进展.北京：中国林业出版社，2016: 245–251.

[7] 黄学林.植物发育生物学 [M]. 北京：科学出版社，2012.

[8] 刘晓华，张英杰，陈丽娜，等.观赏植物成花基因研究进展 [M]. 中国观赏园艺研究进展.北京：中国林业出版社，2011: 105–109.

[9] 姜卓，刘政安，王亮生，等.牡丹花芽分化类型与促成连续二次开花 [J]. 园艺学报，2007, 34(3): 683–687.

[10] 景新明，郑光华，裴颜龙，等.野生紫斑牡丹和四川牡丹种子萌发特性及与其致濒的关系 [J]. 生物多样性，1995, 3(2): 84–87.

[11] 景新明，郑光华.4 种野生牡丹种子休眠和萌发特性及与其致濒的关系 [J]. 植物生理学报，1999, 25(3): 214–221.

[12] 韩平，阮成江，丁健，等.紫斑牡丹种子发育期油脂合成积累的源汇基因协同表达 [J]. 分子植物育种，2019, 17(3): 713–718.

[13] 廉永善，赵敏桂，陈怡平，等.牡丹和芍药台阁花中上方花的来源 [J]. 兰州大学学报（自

然科学版），2004, 40(6): 72–77.

[14] 马雪情，刘春洋，黄少峻，等.牡丹籽粒发育特性与营养成分动态变化的研究 [J].中国粮油学报，2016, 31(5): 71–75, 80.

[15] 马蓝鹏，袁军辉，何松林，等.凤丹种子萌发生根过程中 3 种内源激素的变化 [J].河南科学，2015(3): 374–379.

[16] 汪成忠，马菡泽，宋志平，等.'凤丹'生物量分配的季节动态及其受株龄和遮荫的影响 [J].植物科学学报，2017, 35(6): 884–893.

[17] 王二强，郭亚珍，卢林，等.洛阳地区紫斑牡丹茎叶生长规律及物候期研究 [J].河南农业科学，2013, 42(8): 112–114.

[18] 王荣.牡丹花芽分化及二次开花特性的研究 [D].北京：北京林业大学，2007.

[19] 王占营，王晓晖，刘红凡，等.江南牡丹引种洛阳生物学特性及物候期研究 [J].安徽农业科学，2014, 42(33): 11651–11653.

[20] 王宗正，章月仙.牡丹花芽的形态发生及其生命周期的观察 [J].山东农业大学学报 (自然科学版)，1987 (3): 12–19.

[21] 位伟强，刘伟，段亚宾，等.牡丹开花调控转录因子基因 *PsFUL1* 的克隆与表达分析 [J].植物生理学报，2017, 53(4): 536–544.

[22] 张延龙，牛立新，张庆雨，等.中国牡丹种质资源 [M].北京：中国林业出版社，2020.

[23] 周华.基于转录组比较的牡丹开花时间基因发掘 [D].北京：北京林业大学，2015.

[24] KOERSELMAN W, MEULEMAN A F M. The vegetation N:P ratios: A new tool to detect the nature of nutrient limitation[J]. Journal of Applied Ecology, 1996, 33(6): 1441–1450.

第三章

牡丹的生理生化基础

　　高等植物的生命活动可以概括为形态建成、物质与能量代谢、信息传递与信号转导 3 个方面；而从生理学层面则包括细胞生理、代谢生理、生长发育生理、逆境生理、信息生理和分子生理 6 个方面。

　　本章介绍了牡丹代谢生理中的光合生理、水分生理与营养生理，牡丹生长发育生理中的衰老生理，以及牡丹逆境生理的若干研究进展。

第一节

光合生理

地球生命赖以生存的能量来自太阳，光合作用是植物接收光能的唯一生物学途径，植物干物质的 90%～95% 来自光合作用，作物产量形成主要依靠叶片的光合作用。绿色植物吸收日光的能量，同化二氧化碳和水，制造有机物质并释放氧气的过程，称为光合作用。

光合作用是农业和林业生产的核心，各种农（林）业生产的耕作制度和栽培措施，都是为了更大限度地进行光合作用。由此可见，光合作用调节是农业生产技术的核心。如何提高光能利用率以获得更多的光合产物，也是牡丹生产中的一个根本性问题。

一、牡丹光合作用的日变化和季节变化

光合作用是非常复杂的生理过程，植物叶片光合速率与自身因素和环境因子密切相关。影响牡丹光合特性的主要生态因子会在一天中呈现日变化规律，并且随着季节的变化和相应的植物年周期变化而表现出季节性差异。

（一）牡丹净光合速率的日变化

在自然条件下，植物光合作用的日变化曲线大体上有两种类型：一种为单峰型，中午光合速率最高；另一种为双峰型，上午和下午各有一个高峰。

牡丹净光合速率（net photosynthesis rate，P_n）日变化曲线在不同季节规律不同，有两种类型，即单峰型和双峰型。如中原牡丹品种'佛门袈裟'春季（4月下旬）叶片净光合速率日变化曲线是单峰型，峰值出现在11:00，为12.0 μmol·$(m^2·s)^{-1}$；6月下旬出现双峰曲线，第一个峰值出现在10:00，为10.5 μmol·$(m^2·s)^{-1}$，第二个峰值出现在16:00。催花复壮栽培牡丹的光合特性表现出相同的特点。

毕玉伟等（2011）在5月下旬（初夏）和7月下旬（盛夏）分别对'凤丹'净光合速率进行了测定。结果表明，在中午温度、光照较好的情况下，初夏和盛夏'凤丹'叶片的净光合速率日变化均有明显的高峰和低谷。其中，5月下旬的两个峰值都明显高于7月下旬，而低谷值相近。5月下旬10:00～11:00出现第一个高峰，峰值为6.16 μmol·$(m^2·s)^{-1}$；12:00～13:00出现最低谷，在此时间段气温与光照达到最大，在强光作用下气孔闭合，净光合速率急剧下降，出现光合午休现象。而7月下旬8:00～9:00达到最高，峰值为5.77 μmol·$(m^2·s)^{-1}$，峰值比5月下旬提前了2小时，可能是因为盛夏光照强烈且气温较高。张志浩等（2018）对'凤丹'光合特性的研究，也得出了相似的结果，只是在峰值出现的时间和大小上有区别，这可能与所用'凤丹'苗龄不同、测定时间不同等有关。

许多研究表明，炎夏牡丹净光合速率日变化曲线为双峰型，有明显的光合午休现象，表观量子效率、羧化效率、光系统Ⅱ和最大光化学效率在中午都明显下降，说明在晴朗的夏季中午，牡丹光系统Ⅱ反应中心可逆失活，功能下调，发生了光抑制现象（何秀丽，2005；侯小改等，2006；张桂荣，2007；吕淑芳等，2009）。

（二）牡丹净光合速率的季节变化

在植物生长期，随着叶片的成长，净光合速率不断提高，当叶片伸展至叶面积和叶厚度最大时，达到最大值。牡丹光合特性具有很强的季节变化规律。4～6月，环境条件如光照、温度、空气湿度等都适合牡丹生长。这一时期牡丹植株的光合能力维持在较高水平，是光合产物积累的重要时期。7～8月高温强光使牡丹在光合过程中出现光抑制，光合能力降低。9～10月随气候条件改善，光合能力有所上升，之后随叶片衰老而下降。牡丹的净光合速率季节变化基本呈单峰曲线，其峰值出现在5月下旬。4月中旬至5月中旬是光合作用最旺盛时期，6月维持相对稳定的较高水平，7~8月则急剧降低。但李娟等（2019）的研究与此结果略有不同，其峰值出现在7月，这可能与观测地气候条件有关。如果植株生长正常，叶片生理功能在秋季仍保持正常工作状态，则牡丹净光合速率有可能再出现一个小高峰，其年变化规律呈双峰曲线。

牡丹叶片净光合速率的年变化与叶绿素含量变化密切相关（何秀丽，2005）。对大田5年生'胡红''乌龙捧盛'生长期叶绿素含量进行测定，测得其含量为1 μmol·（m²·s）⁻¹。从4月初到6月，叶绿素含量不断增加，'胡红''乌龙捧盛'分别在6月初和6月下旬达到最高值，之后逐步下降，其中'乌龙捧盛'下降相对较慢。净光合速率的变化与叶绿素含量的变化基本同步，但在品种间存在差异。

（三）牡丹的光饱和点和光补偿点

植物叶片的光合特性既受自身遗传因素影响，也与光照等环境因素有关。光响应曲线反映植物光合速率随光照强度增减的变化规律。在光照强度较弱时，净光合速率随光照强度的增加而急剧增加，当光照强度增大到一定程度后，增加缓慢，在达到饱和光照强度后，即便继续增加光照强度，也不再增大，这种现象称为光饱和现象。光合速率开始达到最大值时的光照强度称为光饱和点，光饱和点反映了植物利用强光的能力。光补偿点是指植物光合作用吸收的二氧化碳与呼吸作用释放的二氧化碳数量达到平衡状态时的光照强度。植物光合能力的强弱，在一定程度上取决于遗传特性，而光饱和点和光补偿点的高低可以衡量植物对强光或弱光的利用能力。

对'凤丹'的光饱和点和光补偿点的研究表明，5月下旬'凤丹'叶片的光饱和点为79 110.00 lx，光补偿点为1 421.66 lx，而7月下旬'凤丹'叶片的光饱和点为106 716.67 lx，光补偿点为1 067.22 lx。杨玉珍等（2018）的研究结果与此类似，春季'凤丹'叶片的光饱和点为50 475.00 lx，光补偿点为2 005.00 lx，而7月下旬'凤丹'叶片的光饱和点为75 307.22 lx，光补偿点为3 004.44 lx。

可见'凤丹'在不同的季节里，其净光合速率是不一样的，夏季由于光照强度相对较高，春季相对夏季光照强度较弱，净光合速率较低。'凤丹'在春夏两季均表现为光补偿点低、光饱和点高的特性。光补偿点低说明'凤丹'利用弱光的能力强，能很快适应这种光环境并且有利于营养物质的积累；光饱和点高说明'凤丹'能够适应多种光照环境。由此可见，'凤丹'是一种较耐阴的阳生植物。

一个物种或品种光合能力的强弱，在一定程度上取决于物种的遗传特性，而光饱和点和光补偿点的高低可以衡量植物对强光或弱光的利用能力。据侯小改（2007）对4个中原牡丹品种光合特性的研究表明，在一些光合生理指标上品种间存在差异，有的品种光能利用效率高，对弱光利用能力强，具有较高的羧化再生速率。因而在选择油用牡丹优良品种时，某些光合生理指标，如较高的净光合速率、表观量子效率、羧化效率及较低的光补偿点等，也可考虑作为预选的指标。

多个研究表明，牡丹光饱和点在 38 722.22 ~ 83 333.33 lx，光补偿点在 1 067.22 ~ 6 055.56 lx，最适光照强度在 44 444.44 ~ 55 555.56 lx，在此区间净光合速率既可快速提高，又有较多的光合产物积累。此外，牡丹的二氧化碳光饱和点在 83 333.33 ~ 105 555.56 lx，二氧化碳光补偿点在 3 444.44 ~ 4 500.00 lx（陈向明，2001；张秀新，2005；侯小改，2006；朱素英，2007；张桂荣，2007；杨玉珍，2018）。不同研究者得出的结论差异较大，可能与测定方法、品种特性等有关。

二、不同光环境条件下的牡丹光合特性

（一）不同光环境条件对牡丹光合特性的影响

牡丹对不同光环境的适应性不同。有3种光环境条件：①强光，100%全自然光；②中光，60%自然光；③低光，5%自然光。对其进行比较，发现在3种光环境下牡丹叶片温度差异显著（$p<0.01$）。将长期暗适应的植株瞬间转移到强光下时，其净光合速率、气孔导度等明显下降，叶温的调节能力也发生变化。转移到3种光环境下的植株在适应1个月后，生理指标均有所改变，强光环境下植株叶片净光合速率、气孔导度等明显低于中、低光环境下的植株。可见，当温度 >25℃时，牡丹对强光环境难以适应。当植株长期（>2个月）处于强光环境下时，叶片净光合速率、蒸腾速率及气孔导度等明显下降；而长期处于低光环境的植株瞬间转移到强光环境下时，其净光合速率、气孔导度等几乎消失，表明其对低光环境有暗适应能力，但在强光环境下具有休眠机制。

（二）适度遮阴的作用

1. 光合午休现象的危害

夏季中午气温过高且光照强烈时，牡丹净光合速率下降，出现光合午休现象。净光合速率下降的程度随土壤含水量的降低而加剧，此时由于土壤水分亏缺，植物体内失水，气孔导度降低致叶片萎蔫，使叶片对二氧化碳吸收减少。而午间出现高温、强光、二氧化碳质量浓度降低时会产生光抑制现象，过剩的光能在植物体内产生有害的活性氧，抑制光饱和解偶联的电子传递活性，从而使光合碳代谢酶活性下降。此外，在有氧条件下光抑制还会引起各种膜蛋白及膜脂发生破坏。

光合午休现象是各种因子综合作用的结果。由光合午休造成的损失可达30%以上。因此，在生产上要采取适当措施，以避免或减轻光合午休现象的发生。

2. 适度遮阴的作用

夏季，在自然光条件下，限制牡丹叶片光合作用的重要因子是强光，适度遮阴可以明显改善和克服光合午休现象，有效提高净光合速率，从而促进植株的生长发育。

夏季，牡丹叶片净光合速率的日变化曲线在全光照和遮阴处理下均呈现双峰型。中午强光、高温时段蒸腾作用增强，水分大量散失，牡丹植株通过蒸腾作用降低叶片温度进行自我保护，防止灼伤，但会导致水分供应减少，气孔导度下降，叶肉组织得不到充足的二氧化碳供给，又不能及时转运已生成的光合产物，从而抑制光合作用，产生光合午休现象。经过适度遮阴处理（遮阳度 45%）会适当降低光照强度，减少高光强、高温对光合作用的抑制，提高净光合速率，使得牡丹的生长发育状况更好；但过度遮阴（遮阳度 75%）则会明显降低最大净光合速率和光饱和点。与全光照相比，最大净光合速率降低了28.3%，光饱和点降低了 55.5%。但在各个时段，几种遮阴处理相比，并非遮阳45%的净光合速率始终保持相对较高水平，这与长时间遮阴处理导致各处理适应各自光照条件有关（汤正辉等，2018）。

对紫斑牡丹的研究得到了相同的结论。在自然光照下，紫斑牡丹光合日变化呈双峰型曲线，有明显光合午休现象。而经大田遮阴处理后其净光合速率日变化曲线与春季自然光下趋势一致，为单峰曲线，光合有效辐射仅

735 μmol·（m²·s）⁻¹，接近饱和点，气温略下降（36℃）（郑国生等，2006）。分别用30%、70%、95%遮阳网处理后，其光合有效辐射从9:00～11:30逐步变大，光合有效辐射、净光合速率影响差异显著。高光照度不利于紫斑牡丹进行光合作用，30%遮阳网处理能够促进紫斑牡丹生长，70%遮阳网效果不大，90%遮阳网则极大地降低了紫斑牡丹叶片的光合和蒸腾水平（马剑平等，2018）。

周曙光等（2010），郑国生等（2006），周梅等（2008），对'凤丹'牡丹的研究结果表明：全光照不适宜'凤丹'的生长。'凤丹'幼苗夏季经遮阴处理后，其光补偿点和光饱和点与对照处理相比有显著下降，说明'凤丹'幼苗对遮阴环境的适应能力较强。最大光化学效率在非胁迫条件下数值变化很小，且不受物种限制。在中午强光照下，遮光处理的'凤丹'最大光化学效率值明显比全光照处理高，'凤丹'光反应中心光系统Ⅱ、最大光化学效率和潜在活性随遮阴而上升，说明全光照处理的植株受光抑制程度较重，因此适度遮阴有利于'凤丹'的生长发育。通过选择合适的间作树种采用林下间作方式来调节和改善'凤丹'的生长条件，将是进一步的研究方向（毛世忠等，2016；崔秋芳等，2016）。

（三）不同光质对牡丹光合色素含量及生长开花的影响

对设施栽培牡丹生长发育特性的研究表明，不同光质对牡丹光合特性的影响较大。应用LED复合光质进行补光处理，能显著提高设施栽培'洛阳红'叶片中叶绿素a、叶绿素b、可溶性糖、可溶性蛋白的含量，有效促进牡丹营养生长，提高开花品质。研究发现，对牡丹生长最有利的复合光是红蓝绿复合光，对牡丹开花最有利的复合光是红蓝黄复合光，对叶片色素积累最有利的复合光是红蓝黄绿紫复合光，对可溶性糖与可溶性蛋白积累最有利的复合光是红蓝黄复合光。光质对牡丹生长发育的影响具有相互协同、相互制约的关系，对牡丹生长最有利的复合光是红蓝黄绿紫复合光和红蓝黄复合光（郭丽丽等，2015）。

三、栽培条件对牡丹光合特性的影响

（一）盆栽和地栽牡丹光合特性的差异

对盆栽和地栽'洛阳红'光合日变化的研究表明，在叶片放大期，盆栽牡

丹的光饱和点和光补偿点分别为 51 277.78 lx 和 6 055.56 lx，表观量子效率为 0.017 3；地栽牡丹的光饱和点和光补偿点分别为 60 500.00 lx 和 2 500.00 lx，表观量子效率为 0.022 06；净光合速率日变化呈现单峰型曲线，峰值在 10:00 左右，且盆栽牡丹比地栽牡丹分别降低了 32.8% 和 39.3%。对于盆栽牡丹和地栽牡丹年周期变化研究表明，净光合速率在春季 4 月达到最大值，分别为 7.16 μmol·（m²·s）$^{-1}$ 和 10.02 μmol·（m²·s）$^{-1}$，9 月降至最低值；叶绿素含量也有不同程度的降低，大风铃期盆栽牡丹比地栽牡丹降低 15.6%，叶片放大期则降低了 20.4%。因此，盆栽牡丹较低的光合速率可能是其生长不良的主要原因之一（翟敏等，2008）。

（二）牡丹不同间作模式对光合特性的影响

对于不同经济林木间作模式下'凤丹'的光合特性研究表明，单作和与木瓜间作模式下的'凤丹'，净光合速率日变化曲线呈明显的双峰型。而与香椿和核桃间作的模式下呈单峰型，与核桃间作模式下的净光合速率的日均值最高。与木瓜间作模式下的净光合速率最小，与木瓜间作模式下气孔导度的日均值最低。与香椿间作模式下的气孔导度和蒸腾速率日均值均最高，而该模式下的水分利用效率最低。不同间作模式中影响'凤丹'净光合速率的因子各不相同，间作模式也不同程度地提高了'凤丹'叶片叶绿素的含量、最大荧光、最大光化学效率、光系统 II 实际光化学量子效率、光合电子传递速率、非光化学猝灭系数等。间作模式尤其是'凤丹'与香椿间作模式，在保证油用牡丹正常的光合生产力的同时，提高了土地和空间的利用效率，增加了单位土地上的生物产量，具有一定的推广价值（杨玉珍等，2018）。

（三）外源物质处理对牡丹光合特性的影响

适宜浓度的钙能增加牡丹叶片的气孔导度、蒸腾速率，改善二氧化碳的供应，提高叶片 1,5- 二磷酸核酮糖羟化酶活性和羧化效率，从而提高叶片的光合速率。含钙 160 mg·L^{-1} 的营养液处理，可显著提高保护地栽培条件下的牡丹植株的光合特性及其干物质积累量（陈向明，2001）。在多个试验中，钙浓度以 160 mg·L^{-1} 最好，该处理可显著提高午间高温时'凤丹'幼苗叶片净光合速率和叶绿素含量，增加气孔导度，此时'凤丹'叶片的表观量子效率和净光合速率最大，'凤丹'将光能转化为有机物的能力最强。净光合速率与叶绿素含量呈显著正相关，此外，净光合速率还与株高增长量、生物量增长量呈显著正相关。说明该浓度更具有提高光合速率的潜力（李敏等，2018）。

喷施适宜浓度的油菜素内酯能解除植物的光抑制现象，对植物的光合效率有明显的促进效果。油菜素内酯浓度以 0.05 mg·L^{-1} 最佳，该处理可显著提高净光合速率，促进炎夏'凤丹'叶片气孔张开，增加气孔导度，从而有利于吸收更多的二氧化碳，间接促进植株光合作用的增强；同时该处理提高了蒸腾速率和根系吸水能力，使叶温降低，对夏季高温条件下'凤丹'叶片起到良好的保护作用。油菜素内酯处理可能是通过调节非气孔因素，即调节蒸腾作用、降低叶片温度、提高叶肉细胞活性来影响'凤丹'光合电子传递及光合碳同化等光合过程，进而提高'凤丹'的光合作用能力（肖瑞雪等，2018）。

多种植物试验结果表明，适宜浓度的 6- 苄基腺嘌呤和赤霉素可以延缓叶片的衰老，提高光合速率。分别于 7 月 30 日和 8 月 10 日对'洛阳红'和'胡红'叶片喷施不同浓度的 6- 苄基腺嘌呤和赤霉素，发现均可在不同程度上提高牡丹叶片的净光合速率，延缓牡丹叶片衰老，其中浓度以 6- 苄基腺嘌呤、赤霉素各 300 mg·L^{-1} 的混合液效果最佳，且 7 月 30 日的喷施效果明显优于 8 月 10 日，这说明在叶片衰老前期喷施 6- 苄基腺嘌呤和赤霉素对延缓叶片衰老更加有效（李金航等，2014）。

（侯小改，郭琪）

第二节

水分生理

植物体含水量一般占组织鲜重的 70%~90%。但含水量不是恒定的，因植物的种类、器官、组织、年龄、环境条件的不同有较大差异。同一植物不同器官和不同组织的含水量差异也很大，如生命活动较旺盛的部位其水分含量较多。

一、水分在植物生命活动中的作用

1. 水是原生质的主要组分

植物细胞原生质的含水量在 80% 以上，才可使原生质呈溶胶状态，以保证代谢作用正常进行。

2. 水直接参与植物体内重要的代谢过程

水是植物体内重要生理生化反应的底物之一。水不仅是光合作用的直接原料，而且呼吸作用、有机物质的合成与分解等生化反应中都有水分子的参加。

3. 水是许多生化反应和物质吸收、运输的良好介质

植物体内绝大多数生理生化过程都是在水介质中进行的。植物体内的水分流动把整个植物体联系成为一个有机整体，在这个体系内有机物和无机离子以水溶状态到达需要的部位。

4. 其他

水能使植物保持固有的姿态；细胞分裂和延伸生长都需要足够的水；除上

述水分的生理作用外，水分在调节植株体温以及调节其生存的微环境方面也发挥着重要作用。因此，植物对水分的需求包括了生理需水和生态需水两个方面。

二、根系吸水及其影响因素

（一）根系吸水

根系是陆生植物吸水的主要器官，根系吸水的主要部位在根尖。根尖的根毛区吸水能力最大。原因是其输导组织发达，对水分的阻力较小；根毛增加了水分的吸收面积；根毛细胞壁由果胶质组成，黏性强，亲水性好，可以进入土壤吸水。由于根系主要靠根尖吸水，所以，移栽苗木时应避免损伤根尖，必要时宜采用带土移栽以保证快速返苗。

（二）影响根系吸水的因素

1. 根系自身因素

根系的有效性决定于根系密度以及根表面的透性。根系密度通常指每立方厘米土壤内根长的厘米数。根系密度越大，根系占土壤体积越大，吸收的水分就越多。根表面透性随着根龄和发育阶段及环境条件不同而差别较大。典型根系由新形成的尖端到完全成熟的次生根组成，次生根失去了表皮层和皮层，被一层栓化组织包围，这些不同结构的根段对水的透性大不相同，植物根系遭受严重土壤干旱时透性会大大下降，恢复供水后这种情况还可持续若干天。

2. 土壤条件

土壤水分含量、通气性、温度、pH 与 EC 值都影响根系对水分的吸收。

1）土壤水分状况 植物主要通过根系从土壤中吸取水分，所以土壤水分状况直接影响着根系吸水。土壤水有可利用水和不可利用水之分。植物从土壤中吸水实质上是根系和土壤颗粒彼此争夺水分。对植物而言，只有在超过永久萎蔫系数以上的土壤中的水分才是可利用水。植物可利用水的土壤水势范围为 $-0.05 \sim -0.3$ MPa。当土壤含水量下降时，土壤溶液水势亦下降，土壤溶液与根部之间的水势差减小，根部吸水减慢，引起植物体内含水量下降。土壤含水量达到永久萎蔫系数时，根部吸水几乎停止，不能维持叶细胞的膨压，叶片发生萎蔫，这对植物的生长发育不利。因此，要掌握土壤可利用水状况和作物需水规律，注意适时灌溉。

2）土壤通气状况　在通气良好的土壤中，根系吸水性强；土壤透气状况差，吸水受到抑制。土壤通气不良造成根系吸水困难的主要原因是：①根系环境内氧气缺乏，二氧化碳积累，呼吸作用受到抑制，影响根系吸水；②长时间缺氧条件下，根系进行无氧呼吸，产生并积累较多的乙醇，导致根系中毒受伤；③土壤处于还原状态，加之土壤微生物的活动，产生有毒物质，对根系生长和吸收都是不利的。比较而言，牡丹对土壤通气状况要求较高。牡丹也怕涝，在受涝情况下，也表现出缺水症状，其主要原因也是土壤通气不良，抑制根系吸水；或产生有毒物质，引起黑根、烂根。

3）土壤温度　低温导致原生质黏性增大，对水的阻力增加，水不易透过细胞质，植物吸水减弱。水分子运动减慢，渗透作用降低。根系生长受到抑制，吸收面积减少。根系呼吸速率降低，离子吸收减弱，影响根系吸水。但高温也会导致酶钝化，影响根系活力，并加速根系木质化进程，根吸收面积减少，吸水速率下降。

4）土壤溶液浓度　土壤溶液浓度过高，其水势降低。若土壤溶液水势低于根系水势，植物不吸水，反而丧失水分。土壤溶液浓度较低，水势较高。土壤溶液渗透势不低于 -0.1 MPa，对根吸水影响不大。但当施用化肥过多或过于集中时，可使根部土壤溶液浓度急速升高，阻碍了根系吸水，引起"烧苗"。盐碱地土壤溶液浓度太高，植株吸水困难，形成生理干旱。如果水的含盐量超过 0.2%，就不能用于灌溉。

三、蒸腾作用

（一）蒸腾作用的概念及其生理意义

水分从植物体内散失到大气中的方式有两种：一种是以液态逸出体外，如吐水；另一种是以气态逸出体外，即蒸腾作用，这是植物失水的主要方式。蒸腾作用指植物体内的水分以气态方式从植物的表面向外界散失的过程。陆生植物吸收的水分只有约 1% 用来作为植物体的构成部分，绝大部分都通过地上部分散失到大气中。蒸腾作用在植物生命活动中具有重要的生理意义。

1. 输导作用

蒸腾作用及由其引起的蒸腾拉力是植物对水分吸收和运输的主要动力；蒸腾作用带动的上升液流，有助于根部从土壤中吸收的无机离子和有机物，以及根部合成的有机物转运到植株各部位，以满足生命活动的需要。

2. 降温作用

蒸腾作用能够降低叶片的温度。太阳光照射到叶片上时，大部分光能转变为热能，如果叶片没有降温的本领，叶温过高，叶片会被灼伤。而在蒸腾过程中，液态水变为水蒸气时需要吸收热量（1 g 水变成水蒸气需要吸收的能量，在 20℃时是 2 444.9 J，30℃时是 2 430.2 J），从而使叶片温度降低。

3. 其他作用

在条件适宜的情况下，蒸腾作用可以促进植物生长发育。但因其不可避免地引起植物体内水分大量散失，所以在水分不足时，便给植物造成伤害。适当地降低蒸腾速率，减少水分消耗，在生产实践上具有重要意义。

（二）蒸腾作用的部位及其影响因素

幼小植株暴露在空气中的全部表面都能蒸腾。木本植物长大后茎枝上形成的皮孔可以蒸腾，通过皮孔的蒸腾称为皮孔蒸腾。但是皮孔蒸腾量微小，约占全部蒸腾量的 0.1%。植物的蒸腾作用绝大部分是在叶片上进行的。

叶片的蒸腾作用有两种方式：一是通过角质层的蒸腾称为角质蒸腾；二是通过气孔的蒸腾称为气孔蒸腾。角质层本身不易使水通过，但角质层中间杂有吸水能力大的果胶质；角质层也有裂隙可使水分通过。角质蒸腾在叶片蒸腾中所占的比重与角质层厚薄有关，一般植物成熟叶片的角质蒸腾仅占总蒸腾量的 5%～10%。因此，气孔蒸腾是植物蒸腾作用的最主要形式。

（三）蒸腾作用的指标

衡量蒸腾作用的定量指标有：

1. 蒸腾速率

植物在一定时间内单位叶面积蒸腾的水量。一般用每小时每平方米叶面积蒸腾水量的质量表示，单位是 $g \cdot (m^2 \cdot h)^{-1}$。

2. 蒸腾比率

蒸腾比率也称蒸腾效率，是植物每消耗 1 kg 水所生产的干物质的克数，或者说，植物在一定时间内干物质的累积量与同期所消耗的水量之比。

3. 蒸腾系数

蒸腾系数也称水分利用效率或需水量，是植物合成 1 g 干物质所消耗的水的克数，它是蒸腾比率的倒数。植物在不同生育期的蒸腾系数是不同的，在旺盛生长期，由于干重增加快，所以蒸腾系数小，而在生长较慢，特别是温度较高时，蒸腾系数变大。

研究植物的蒸腾系数或需水量，对农业区划、作物布局及田间管理都有一定的指导意义。

（四）影响蒸腾作用的因素

1. 内部因素

影响蒸腾作用的内部因素包括气孔频度（1 cm^2 叶片的气孔数目）、气孔大小以及暴露于叶内空间的叶肉细胞湿润细胞壁面积（称为内表面）的大小等。凡是能减小内部阻力的因素，都会促进蒸腾速率的提高。

2. 环境因素

1）光照　光照对蒸腾起着决定性的促进作用。太阳光是供给蒸腾作用的主要能源，叶片吸收的辐射能，一少部分用于光合作用，大部分用于蒸腾作用。另外，光直接影响植物气孔的开闭。大多数植物的气孔，在黑暗条件下关闭，蒸腾减少；在有光条件下开放，蒸腾加强。

2）湿度　水从叶片向外扩散的速率，在很大程度上取决于细胞间隙的蒸气压与外界大气的蒸气压之差，大气的蒸气压愈大，蒸腾就越弱。

3）温度　牡丹在阳光照射下，叶表温度高于空气温度，当空气温度增高时，叶片气孔下室细胞间隙蒸气压的增大多于大气蒸气压的增大，所以叶内外的蒸气压差加大，有利于水分从叶内逸出，蒸腾加强。

4）风　微风能将气孔边的水蒸气吹走，边缘层变薄或消失，外部扩散阻力减小，蒸腾速度加快。刮风时枝叶扭曲摆动，使叶子细胞间隙被压缩，迫使水气和其他气体从气孔逸出。但在强光下，风可明显降低叶温，不利蒸腾。强风使保卫细胞迅速失水，导致气孔关闭，内部阻力加大，使蒸腾显著减弱。含水气很多的湿风和蒸气压很低的干风,对蒸腾的影响不同,前者降低蒸腾,而后者则促进蒸腾。

5)土壤 植物地上蒸腾与根系的吸水有密切的关系。因此,凡是影响根系吸水的各种土壤条件,如土壤温度、土壤通气度、土壤溶液浓度等,均可间接影响蒸腾作用。

(五)牡丹蒸腾作用的日变化及其季节变化

牡丹叶片蒸腾速率日变化有一定规律,但这种变化也随季节变化而有所不同。一般随叶片生长出现高峰,又随叶片的衰老而逐渐降低。

1. 蒸腾速率日变化

据对'凤丹'的观察,春季,其蒸腾速率日变化呈双峰型,分别在11:00和15:00出现波峰,蒸腾速率分别为349.27 g·$(m^2·h)^{-1}$和353.81 g·$(m^2·h)^{-1}$;波谷出现在12:00,这与此时气孔部分闭合有关。夏季,'凤丹'蒸腾速率日变化出现3个峰值,第一个峰值在9:00,为全天中的最大值415.37 g·$(m^2·h)^{-1}$;第二个峰值在13:00,为410.83 g·$(m^2·h)^{-1}$;第三个峰值在16:00,为257.90 g·$(m^2·h)^{-1}$;波谷分别在12:00与14:00。

2. 牡丹蒸腾速率的变化直接受到土壤水分的制约

适宜牡丹生长发育的土壤含水量为土壤相对含水量的70%~85%,过高或过低的土壤含水量都有可能对植株产生伤害。据对'凤丹'的观察,无论在土壤供水过于充足,还是土壤供水不足引起水分胁迫的情况下,蒸腾速率都会降低,其降低强度高于中原品种;而气孔阻力相对增大,但增大的强度又低于中原品种,这说明'凤丹'耐旱能力比中原品种低。

四、合理灌溉的生理基础

(一)植物的水分平衡

在正常情况下,植物一方面蒸腾失水,另一方面又不断地从土壤中吸收水分,这样就在植物生命活动中形成了吸水和失水的连续运动过程。植物吸水、用水、失水三者的和谐动态关系被称为水分平衡。

植物对水分的吸收和散失是相互联系的矛盾统一过程。只有吸水和失水维持动态平衡时，植物才能进行旺盛的生命活动。

维持植物水分平衡的办法，一般从两方面着手，即增加吸水和减少蒸腾。通常应以前者为主，因为任何降低蒸腾作用的办法都不免降低植物的光合作用，从而影响植物的生长发育和产量形成。但是在特殊情况下，减少蒸腾的失水也还是可取的方法。如移栽苗木时，剪去一部分枝叶、遮阴覆盖、在傍晚及阴天时进行移栽，或施用化学药剂促使气孔关闭以减少蒸腾等。

增加供水的方法除灌溉外，还有蓄水（防止渗漏和径流）、保墒（防止蒸发）、除草（防止无益消耗）、经济用水（适时适量）等。发展节水灌溉技术如采用喷灌、滴灌、渗灌等，既有利于节约供水，又有利于减少蒸腾、防止蒸发。

在牡丹生产过程中进行灌溉，是以牡丹的水分代谢为生物学基础的。应依据牡丹需水规律，保障其各生育期的水分动态平衡。

（二）牡丹的需水规律

1. 一般作物的需水规律

一般而言，不同种类作物的需水量是不同的，光合效率高的、较耐旱的作物需水量相对较低。同一作物在不同生育期对水分的需要量也有很大差别。此外，其需水量还受到环境条件的制约。作物需水量并不等于灌水量，因为灌水不仅要满足作物的生理需水，还要满足其生态需水，同时需考虑到土壤蒸发、水分流失和向土壤深层渗透与径流等因素。在农业生产上灌水量常常是需水量的 2~3 倍。

在作物水分管理上要注意掌握两个要点：一是水分临界期，二是最大需水期。在作物年生活周期中对水分缺乏最敏感、最易受害的时期称水分临界期。在临界期内，水分供应充足与否对当年产量形成具有极为明显的影响，此时，作物不但对缺水最敏感，而且还由于生长较快，水分利用效率也较高，应特别注意这一时期的水分供应。最大需水期则是作物生活周期中需水最多的时期。最大需水期水分供应充足，能延长叶片寿命，提高光合速率，促进光合产物的运输。

2. 对牡丹需水规律的观察

在牡丹年生命周期中，对水分需求的变化与其物候变化密切相关。牡丹从萌芽生长、开花结实到为翌年开花所做的各项准备工作，都有一定的水分需求。

一般 4~6 月，即春季到春夏之交，环境条件如光照、温度、空气湿度都适合牡丹生长，而且光合效率也维持在较高水平。在花蕾迅速膨大生长期、花蕾破绽到开花期、果实发育和花芽分化前期，适宜的水分供应都很关键，牡丹光合产物产量最高时期一般在 5 月中下旬，也是一年中供水获得效益最高的时期。6 月下旬至 8 月上旬是一年中气温最高时期，此时牡丹各项生理活动降低，进入半休眠状态，但白天高温、强光下水分蒸发量大，如果水分供应不足，会发生叶片灼伤，叶绿素分解，或形成永久萎蔫难以恢复，有些品种叶片干枯坏死，会发生早期落叶现象。据张衷华等（2014）观察，在高温干旱期，水分供应不足时牡丹叶片温度是光合作用的主要限制因子。叶面温度达 32℃时，气孔导度和光合速率被逆转；叶温达 33℃时，出现生理性损伤。

从 8 月下旬到 9 月中下旬，气温明显下降，夏季休眠解除，牡丹进入年内另一个生理活动小高峰期，根系生长，花芽继续分化，适宜的水分条件有利于光合产物的积累、储备，对提高翌年开花质量作用明显。

3. 土壤相对含水量对牡丹光合及生理特性的影响

不同土壤相对含水量对盆栽牡丹‘朱砂垒’光合特性的影响研究表明，随着土壤水分胁迫程度的增加，净光合速率、蒸腾速率、气孔导度逐渐下降，表观量子效率、羧化效率、光饱和点降低；光补偿点及二氧化碳补偿点升高。干旱胁迫下，净光合速率的下降是气孔因素与非气孔因素双重作用的结果：轻度干旱胁迫下，即土壤相对含水量为 40%~55% 条件下，气孔限制是净光合速率下降的主要原因，而严重干旱胁迫下即土壤相对含水量为 20% 时，非气孔限制是光合速率下降的主要原因。牡丹光合作用的最适土壤相对含水量为 70% 左右。

随着土壤相对含水量的降低，叶片相对水分亏缺加大。土壤相对含水量为 85% 和 70% 时，叶片相对水分亏缺差异不显著；土壤相对含水量由 70% 下降到 20% 时，叶片相对水分亏缺差异显著或极显著，说明在重度缺水情况下，牡丹叶片维持水分平衡的能力下降。

土壤水分亏缺引起色素含量降低，总叶绿素、叶绿素 a、叶绿素 b 含量下降；土壤相对含水量为 55%~85% 时，类胡萝卜素含量略有增加后逐渐下降，表明牡丹叶片的光合潜力受到显著抑制。水分亏缺引起叶片色素含量变化的因素有多种，如植物种类、处理时间及试验条件的不同等，特别是取样单位不同而引起的差异，即干旱后比叶重增加，相对含水量高的叶片其单位重量的叶面积小于相对含水量低的叶片。

随着土壤水分含量的急剧减少，牡丹叶片中过氧化物酶活性呈上升趋势，超氧化物歧化酶活性却明显下降，特别是从 40% 到 20% 下降明显。说明牡丹叶片细胞内活性氧酶促清除系统中的酶活性的变化对水分胁迫的反应不同。虽然牡丹叶片细胞部分保护酶活性上升，但超氧阴离子自由基、过氧化氢和丙二醛含量仍然上升。原因可能是水分严重亏缺情况下牡丹叶片部分保护酶活性的上升，并不意味着活性氧清除能力的同步上升，活性氧的清除需要整个防御系统的清除能力，部分来不及清除的过氧化氢发生累积，引起膜脂过氧化加剧，导致膜系统损伤。

对'凤丹'盆栽苗在不同的土壤相对含水量（100%、75%～80%、65%～70%、55%～60%、45%～50%）条件下生长 20 天后，观察其幼苗根颈加粗和生理特性变化的研究发现，土壤相对含水量为 75%～80% 条件下'凤丹'幼苗的叶面积、主根长显著增大，根颈粗增大了 17.95%，脯氨酸含量增加近1 倍，根系活力增大了 12.57%，丙二醛含量减少了 27.91%。随着土壤相对含水量降低，幼苗主根长度、根颈粗度、叶面积、地上部及地下部的干重和鲜重等指标呈下降趋势；叶绿素和可溶性糖含量下降，叶片游离脯氨酸和丙二醛含量上升。树荫下地块的土壤含水量较高，温度相对较低，空气相对湿度高，牡丹叶片气孔数目较少，气孔导度低，蒸腾速率低，光合作用较弱。

（三）合理灌溉的指标

目前牡丹栽培方式以大田栽培与盆栽为主，大田栽培又分为有灌溉栽培和无灌溉（旱作）栽培。在有灌溉条件时，通常采用以下几种方法来确定合理灌溉的指标：

1. 土壤含水量指标

农业生产上有时是根据土壤含水量来进行灌溉，即根据土壤墒情决定是否需要灌水。一般作物生长较好的土壤含水量为田间持水量的 60%～80%，但这个值不固定，常随许多因素的改变而变化。

2. 形态指标

我国农民善于从作物外形判断需水情况，这些外部性状称为灌溉形态指标。

1）生长速率下降　作物枝叶生长对水分亏缺甚为敏感，较轻度缺水时，光合作用还未受到影响，但这时生长就已严重受抑。

2）幼嫩叶的凋萎　当水分供应不足时，细胞膨压下降，因而叶片发生萎蔫。

3）茎叶颜色暗绿或变红　当缺水时植物生长缓慢，叶绿素浓度相对增加，叶色变深，茎叶变红，反映出牡丹受旱时糖类分解大于合成，细胞中积累较多的可溶性糖并转化成花青素所致。

灌溉形态指标易观察，但当牡丹在形态上表现出受旱或缺水症状时，其体内的生理生化过程早已受到水分亏缺的危害，这些形态只不过是生理生化过程改变的结果，要多次实践才能掌握好（需要实践经验积累）。

3. 生理指标

现在已经查明，叶片水势、细胞汁液浓度、渗透势和气孔开度都能反映出作物的水分状况，可作为灌溉生理指标。但具体到牡丹的应用上，主要还是根据土壤墒情和植株形态表现来做出判断。

（四）牡丹的蒸腾系数

蒸腾系数是衡量蒸腾作用程度的另一个重要指标，其不但可用于描述植物产量和耗水量之间的关系，更反映了植物在某一生长时期内的能量转换效率。蒸腾系数等于该时段净光合速率与蒸腾速率之比。据观察，牡丹的蒸腾系数因季节不同、生境不同以及牡丹种群与品种的生理生态习性不同而发生变化。

张志浩等（2018）在研究'凤丹'光合特性的同时，观察分析了其蒸腾系数，认为'凤丹'的叶片在夏季比春季的蒸腾系数高，且最高蒸腾系数均出现在9:00前；9:00后，两个季节的日变化趋势相反。春季11:00时，水分利用情况在一天中最差，在夏季则出现在13:00。

张衷华等（2014）研究了不同生境条件对牡丹光合速率及蒸腾系数的影响。在安徽铜陵，栽培于林缘的'凤丹'有最大的净光合速率，空旷地的'凤丹'蒸腾速率最高，而蒸腾系数由高到低依次为空旷地、林缘和坡地，三者差异显著。在甘肃兰州，'紫斑白'正处于种子成熟关键时期，此时，林窗生境的牡丹具有最大的净光合速率、最大的蒸腾速率和最大的蒸腾系数，而在林下生境，则上述指标均为最低。总的来看，无论是林缘地还是林窗生境，适度遮阴条件对'凤丹'或'紫斑白'都有较好的作用。

基于不同的种，蒸腾系数差别很大。据权红等（2013）在西藏对大花黄牡丹的观察，认为大花黄牡丹在环境中的蒸腾系数相对较低，8:30 和 9:30 这两个时段，大花黄牡丹的蒸腾系数值为负值，这是由于此时环境中空气相对湿度较高，而蒸腾速率表现为负值所致。蒸腾系数最明显的峰值出现在 10:30，说明大花黄牡丹喜欢生长在相对潮湿和水分充足的环境条件下，对水分的依赖性很强，抗旱能力较弱。

（五）无灌溉条件下牡丹对土壤水分的利用状况

牡丹的药用栽培与油用栽培和大部分观赏栽培是在无灌溉条件下进行的，掌握无灌溉条件下牡丹生长发育及其水分利用状况，对推广牡丹种植具有重要意义。

牡丹现有 9 个野生种，分布地域及生境差异较大。其中紫斑牡丹较耐干旱瘠薄，其形态结构也有一些旱生植物的特征。由太白山紫斑牡丹发展演化而来的西北品种群大部分品种也较耐旱，在甘肃省兰州市榆中县年均降水量 400 mm 的二阴山地无灌溉条件也能正常生长、开花结实。李盼根（2020）报道了他们在陕西铜川市耀州区黄土塬上紫斑牡丹作油用牡丹栽培时的水分利用状况，有一定参考价值。其要点如下：

1. 年龄差异

2018—2019 年，利用稳定氢氧同位素，测定了黄土塬上牡丹种植园中不同季节降水、土壤水、地下水和牡丹组织内稳定氢氧同位素分布规律，通过图解法与多源线性模型判断了不同龄级紫斑牡丹不同季节利用水分的来源。结果表明，不同龄级牡丹水分来源有差异。由于成年期紫斑牡丹根系更加发达，其用水策略比幼年期有着更强的自主选择性。在春季，幼年期（3～4 年生）植株和成年期（5～6 年生）植株都倾向于吸收浅层土壤水分，但成年植株较之幼年植株在相同土层的水分利用率更高。这种策略使得成年期植株在整个吸水土层能更持久地利用水分。夏季，幼年期与成年期植株在 0～10 cm 土层蒸腾系数大致相同，而 10 cm 以下土层，成年期植株蒸腾系数依次减少，40 cm 以上土层水分利用率为 64.7%；而幼年期植株却跳过 10～40 cm 土层，而利用 40 cm 以下的水分。秋季，牡丹进入生长季末期，两类牡丹均吸收各土层水分和地下水，而成年期植株主要吸收 40～60 cm 土层水分及地下水，且利用率高于幼年期植株。这与成年期植株根系平均最大深度 70 cm，而幼年期只有 30 cm 有关。但成年期植株根系主要分布于 0～40 cm 土层，这与其根系主要吸水土层（40 cm 以下）并不一致。

2. 土质差异

经过对比分析，发现水分贡献率越高的土层，含水量越低。试验期间，紫斑牡丹倾向于利用含水量相对较低土层的水分，是其耐旱特性的具体表现。

3. 结论

依据建立的数学模型，模拟了成年期与幼年期紫斑牡丹的耗水量，并与裸地条件下的耗水进行了对比，结果认为：不同立地条件下的地表蒸发具有很大差异，种植油用牡丹能更好地抑制地表蒸发。在生长期内，成年期牡丹的蒸腾量（210 mm）大于幼年期牡丹的蒸腾量（142 mm）。三种立地条件（指裸地、幼年期牡丹园与成年期牡丹园）下边界通量差异不大，而通过上边界通量的对比，得出该地区的水分条件（年均降水量 500～600 mm）能满足油用牡丹生长发育的需要。尽管成年期牡丹生长发育需要消耗更多的水分，但相较于幼年期牡丹仍能够更好地涵养水源。

（郭丽丽，宋程威）

第三节

营养生理

高等植物生长发育的营养来源除了在种子萌发和幼苗生长阶段可部分依赖来自母体种子储藏的物质外，其生长发育过程所需营养中的绝大部分均来自其自身地上部分的光合作用和根系自土壤溶液中吸收的碳元素和矿质营养元素。

一、植物生长发育的必需元素

（一）必需元素的种类和作用

据分析，植物体内含有的元素有 70 余种，但根据阿诺 Arnon 和斯土特 Stout 于 1939 年提出的植物必需元素的 3 个标准，即不可缺少性、不可替代性和直接功能性，采用溶液培养法等，确定以下 19 种元素为植物的必需元素，即碳、氧、氢、氮、磷、钾、钙、镁、硫、硅、铁、锰、硼、钠、锌、铜、钼、氯、镍。根据植物对必需元素需要量的大小，通常划分为两大类，即大量元素和微量元素。大量元素是平均含量占植物体干重 0.1% 以上的化学元素，共 10 种，即碳、氧、氢 3 种非矿质元素和氮、磷、钾、钙、镁、硫、硅 7 种矿质元素（但也有人将含量占干重 0.1% ~ 0.5% 的元素，如钙、镁、硫、硅列为中量元素）；微量元素是植物需要量极微，含量通常为植物体干重的 0.01% 以下的化学元素，如铁、锰、硼、钠、锌、铜、钼、氯、镍 9 种矿质元素。植物必需元素中，有

15 种直接或间接来自土壤矿质，故称为矿质元素。氮不是矿质元素，但氮也是植物从土壤中吸收的（生物固氮例外），因而常将其归并于矿质元素中一起讨论。植物对矿物质的吸收、运输和同化称为矿质营养。

不同种类植物体内的矿质元素含量不同，同一植物不同组织或器官的矿质元素含量也不相同，甚至生长在不同环境中的同种植物，或不同年龄的植株体内矿质元素含量也都会存在一定差异。

矿质元素还有有益元素和有害元素之分。有些非必需元素对某些植物的生长发育（或生长发育某些阶段）有积极影响，被称为有益元素，如钴、硒、钒及稀土元素等；有些元素少量或过量则对植物有不同的毒害作用，则被称为有害元素，如汞、铅、钨、铝等。

必需元素在植物体内的生理作用大体有以下几方面：①是细胞结构物质的组成部分，如碳、氢、氧、氮、磷、硫等；②作为酶、辅酶的成分或激活剂，参与调节酶的活性，如铁离子、钾离子、锰离子等；③起电化学作用，参与渗透调节、胶体的稳定、电荷的中和及作为能量转换过程中的电子载体等，如钾离子、氯离子、铁离子等；④作为重要的细胞信号转导信使，如钙离子、一氧化氮等。

（二）对碳元素重要作用的重新评估

在植物必需元素中，人们常将碳元素归于大量元素中，认为在水分充足条件下，只要补充氮、磷、钾及其他矿质元素即可，很少注意碳肥的重要性（仅温室等设施栽培中有所涉及）。现有植物生物学、植物生理学和营养学一般只讨论矿质营养。近年来，有学者在有机碳肥研究中提出一套以有机碳营养为中心的植物营养学和土壤肥料学新观点、新概念（李瑞波等，2014，2017）。这些学术观点在理论上和实践上都具有重要意义，其要点如下：

1. 在植物必需元素中，碳元素是需求量最大的基础元素

在植物组织中必需元素的相对含量，碳和氧分别占 45%，氢占 6%，而氮占 1.5%、磷占 0.2%、钾占 1.0%，三者合计只占到 2.7%，与碳不在一个数量级上。碳是构成有机物骨架的基础，如果加上在植物新陈代谢过程中消耗的碳营养，则植物对碳的需求要占到其对营养元素总需求的 50% 以上。由此得出：碳是植物必需元素中的基础元素。

2. 植物吸收碳有两条通道

自然界的碳以三种形式存在，即单质碳、无机碳和有机碳，其中能被植物吸收利用的只有两种：一是无机碳，包括二氧化碳和碳酸盐。碳酸盐遇水分解释放二氧化碳，二氧化碳经叶片吸收，光合作用中加了氧和氢，转化成糖类，成为植物碳养分；二是有机碳，有机碳种类很多，能被植物吸收的是其中水溶性的小分子有机碳。这样，植物吸收碳元素有两条通道：一是叶片对二氧化碳的吸收和转化；二是根系对土壤中小分子有机碳的直接吸收。植物通过光合作用固定空气中的碳，是植物碳营养的主通道，而根系吸收补碳则是次通道。作为光合作用的反应底物，二氧化碳的质量浓度直接影响净光合速率。由于空气中二氧化碳质量浓度低（平均0.033%），常常是限制光合作用的主要因子（光合作用所需二氧化碳最佳质量浓度为0.1%）。在自然状态下，空气中的碳不能完全满足植物的需求，因而土壤补碳不可或缺。

3. 在植物营养代谢中，有机碳起着核心的关键作用

在植物体内，两个通道吸收的有机碳在各个器官或组织中与其他无机营养元素结合，构建有机体。碳营养是植物合成糖类、蛋白质、脂类、酶及核酸等的基础物质。在土壤中，有机碳是土壤肥力的核心，它直接促进土壤微生物的繁殖和根系的发育，从而有利于土壤有机质的分解利用，有利于矿质营养元素的吸收，而根系作用的加强，也有利于叶片光合效率的提高及其产物的积累。这样，在土壤和植物之间，植物根系和叶片之间，形成了一个碳流循环和根养叶、叶养根的生理机制。这个碳流循环以及该循环带动的复杂的物质转换和积累是地球上一切生命的基础，也是农业生产活动必须遵循的规律。在植物营养代谢中，碳与氮、磷、钾等矿质元素之间的平衡是主平衡，而其他矿质元素之间的平衡是次平衡。忽视碳与矿质元素之间的主平衡，则矿质养分之间的平衡将毫无意义。在作物栽培实践中，必须建立以碳和微生物为阴，以无机养分（氮、磷、钾和微量元素）为阳，中间是水的平衡施肥和科学管理的模式，才能使农业生产走上可持续发展的道路。

本节有关牡丹营养生理部分，我们只介绍汪成忠等对'凤丹'碳营养动态变化的初步分析，其他部分仍按原有研究结果加以介绍。对于牡丹有机碳营养研究仍有待进一步深入。

二、牡丹矿质元素年变化规律

（一）牡丹矿质元素需求的年周期变化

1. 矿质元素一般分布规律

自春季芽萌动起，牡丹体内储存的养分迅速聚集到混合芽中，氮、磷、钾、铁等元素在芽中形成较高的浓度。盛花期除混合芽中储存的养分被用于开花和幼嫩营养器官的生长外，同时根系自土壤中大量吸收营养。随着新叶的展开，叶片中的养分含量达到较高水平，此时氮、磷、镁、锰达全年叶片养分含量的最高值。随叶片生长，养分逐渐稀释或转移再利用而降低。钾、铁、锰虽然在5月中旬的含量也较高，但其最高值出现在水热同季、营养需求旺盛的7月（欧国菁，1993）。

植物对土壤中矿质元素的吸收和富集取决于植物对矿质元素的需求量，同时也与土壤中该元素的含量和存在状态有关。矿质元素在植物各器官分布的差异一方面受各器官代谢水平和生理活性的影响，另一方面与元素本身的迁移、转化等特性有关。在牡丹叶片、发育枝及根中，每年的3月氮、磷、钾含量均达到最高水平，4月达到次高水平，这说明3月正是混合花芽萌发抽枝及开花前的准备期，需要大量的养分供应。4月盛花期，储藏于混合芽中的养分已被用于开花和幼嫩营养器官的生长，同时根系也自土壤中大量吸收营养，随着新叶的展开、嫩茎的生长，叶片、发育枝条中的养分含量达到展叶后的最高水平。钾在4月虽然也较高，但展叶后其最高水平则出现在7月。这可能与7月正是花芽分化的关键时期有关，说明花芽分化需要较大量的钾参与。而在根和老茎中，氮、磷、钾的次高水平则多出现在10月。这与牡丹的生长规律相吻合（魏冬峰等，2015）。

2. 不同品种矿质元素的分布特点

1）观赏品种'小胡红'　采用全株分解取样方法研究了8年生'小胡红'牡丹各器官矿质元素含量和累积分配特性，发现1株8年生'小胡红'含矿质营养元素总量为：氮4.29 g，五氧化二磷0.50 g，氧化钾1.46 g，钙7.82 g，镁0.97 g，锰8.21 mg，铜11.56 mg，铁149.25 mg。在叶片、发育枝及根中，3月氮、磷、钾含量均达到最高水平，4月达到次高水平。其中氮主要分配到叶片、花蕾和果实，磷、钾主要分配到果实和叶片，钙、镁主要分配到叶片和发育枝，锰、铜、铁主要分配到果实和叶片（魏冬峰等，2015）。

2）药用与油用品种'凤丹'

（1）药用'凤丹'不同生育期氮、磷、钾吸收动态 '凤丹'作药用栽培时，实生苗生长仅需 5 ~ 6 年。据对安徽铜陵凤凰山药用'凤丹'不同生育期氮、磷、钾吸收动态的观察（张丽萍等，2005），其地上部分快速生长期主要在 6 月以前。6 月 29 日测定，3 年生植株当年生嫩枝干物质积累达最大值，平均每株 26.4 g；6 月过后，地下部分根系增重明显，单株根系干重比 5 月增加近 30 g。由此可见，6 月及 6 月以前地上部分吸收氮、磷、钾较多，7 月以后地上部分除花芽分化仍在进行外，生长基本停止，而根系积累氮、磷、钾相对较多。

随着'凤丹'植株逐年长大，生物量增加，对营养元素的需求量随之增加。据观察，药用'凤丹'移栽 1 年苗地上部分生长量仅 7.6 g / 株（干重，下同），营养需求较小。移栽 2 年苗地上部分增长到 13.4 g / 株，幅度较大。但根部增加量更大，达 26.8 g / 株。此后，'凤丹'生物量有较大幅度增长，其根系生物量在 5 年龄时达到一个峰值，然后进入稳定增长期。药用'凤丹'以收获根皮为栽培目的，不需开花结实，其生长期对氮、磷、钾的需求以氮为主，占 64.2%，次为钾 24%、磷 7%。

（2）油用'凤丹'不同器官碳、氮、磷含量的季节变化 观察研究了安徽铜陵地区油用'凤丹'不同株龄不同器官碳、氮、磷含量的季节变化（汪成忠，2017），结果表明，'凤丹'各器官中碳含量的季节性变化趋势相似，且碳含量随株龄增大而增高（图 3–1A）；根和茎中氮含量随季节变化的趋势相似，都随株龄增大而上升，不同株龄植株的叶片的氮含量变化趋势一致，均在花期最高（图 3–1B）；磷元素含量及其变化在各器官及不同株龄之间存在差异（图 3–1C）。

年周期中各器官的碳氮比均表现为先升后降，株龄效应明显；碳磷比在各器官中变化趋势不一，根和茎的碳磷比表现为 6 年龄 >8 年龄 >4 年龄，不同株龄叶片的碳磷比仅在花期不同（4 年龄 <6 年龄 <8 年龄），繁殖器官的碳磷比表现为 4 年龄 <6 年龄 <8 年龄；年周期中，'凤丹'氮磷比逐渐下降，各器官的氮磷比都表现为 6 年龄 >4 年龄 >8 年龄（图 3–2）。

对研究区内花期、果熟期'凤丹'叶片氮、磷含量及其氮磷比进行经典

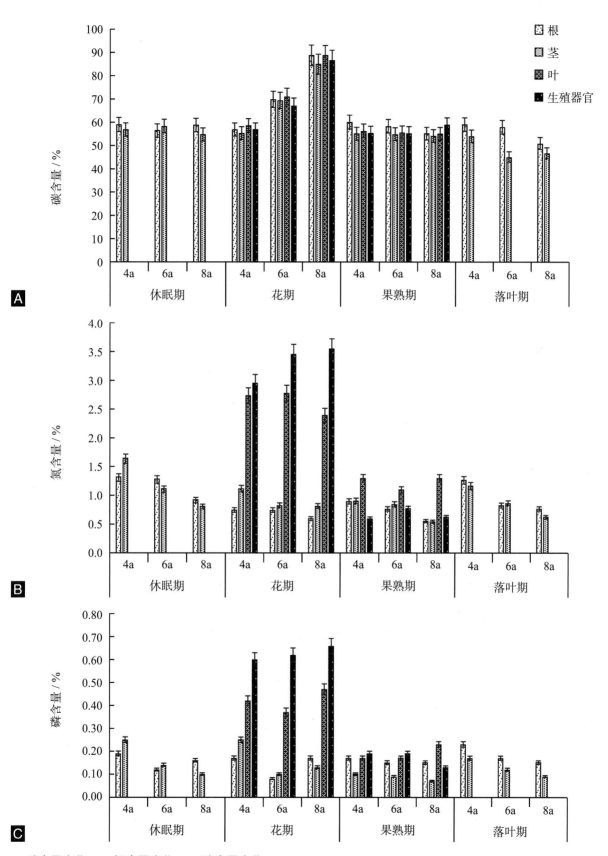

A. 碳含量变化；B. 氮含量变化；C. 磷含量变化。

● 图 3-1　油用'凤丹'不同株龄、不同器官碳、氮、磷含量季节变化动态

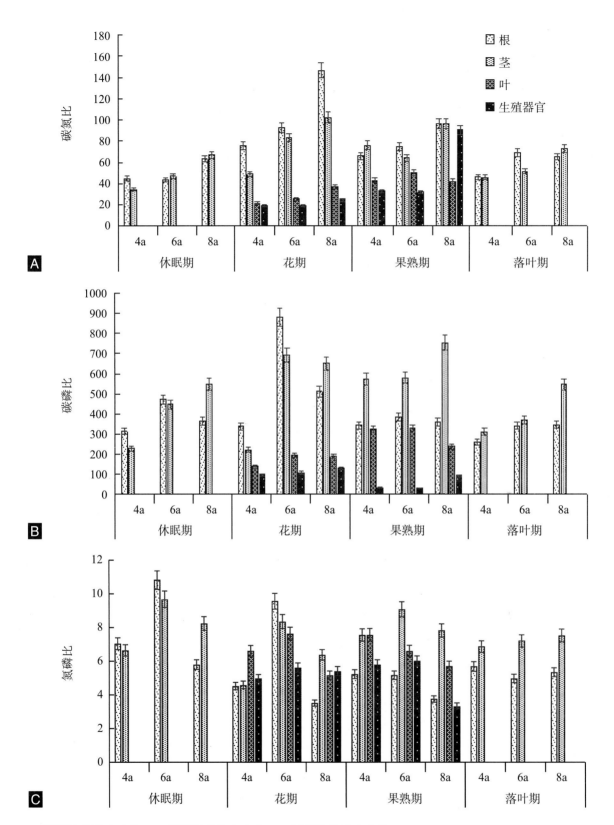

A. 碳氮比的动态变化；B. 碳磷比的动态变化；C. 氮磷比的动态变化。

● 图 3-2　油用'凤丹'不同株龄、不同器官碳氮比、碳磷比及氮磷比的季节变化

统计学分析，'凤丹'叶片氮元素浓度为 11.1 ~ 27.9 mg·g^{-1}、磷元素浓度为 1.72 ~ 2.50 mg·g^{-1}，其氮磷比为 1.84 ~ 2.51。

3. 叶片氮磷比用作判断营养状况的指标

植物体碳、氮、磷化学计量特征受到多种因素（如温度、纬度、降水、土壤肥力及土壤水分等）的影响（Sterner，2002）。一般认为，在自然条件下，碳不会限制植物的生长，氮和磷的变化则是生态系统生产力的主要限制因素，因而通过氮、磷化学计量分析可以了解植物的养分利用与限制状况（Koerselman 等，1996；Gusewell，2004；Reich 等，2004；Han 等，2005；Elser，2010）。尤其是植物叶片的氮磷比常作为判断植物生长限制因子的指标（Aerts & Char Pin，2000）。植物营养状况是受氮限制还是磷限制一般通过氮磷比来判断：当氮磷比 <14 时，为氮限制；氮:磷 >16 时，为磷限制；而氮磷比处于二者之间，为氮、磷共同限制或者二者都不限制（Koerselman，1996；张珂，2014；Tao Ye，2015）。据对铜陵地区 4 ~ 8 年龄'凤丹'蕾期、花期、果实成熟期及落叶期叶片中氮、磷含量及氮磷比动态变化的测定，结果表明，氮含量平均值为 18.20，磷含量平均值为 3.01，氮磷比平均值为 6.45，如表 3–1 所示。这表明抑制'凤丹'生长发育的是氮元素限制，在生产过程中可以通过在钾、磷养分供应相对平衡的基础上，适当增施氮肥，以有效提高'凤丹'产量。

● 表 3–1 **铜陵'凤丹'叶片氮、磷含量及氮磷比**

数值	最大值	最小值	均值
N /（mg·g^{-1}）	29.80	10.60	18.20
P /（mg·g^{-1}）	5.50	1.30	3.01
N∶P	8.52	2.71	6.45

姜天华等（2016）在山东泰安对 6 年龄'凤丹'进行氮素施肥试验，试验地基肥充足（腐熟有机肥），花期前后施用不同数量的氮肥（尿素），结果表明：施肥处理比对照各项生长及生理指标明显提高，其中以 24 g·m^{-2} 处理效果

最好，叶片氮素积累量、叶片氮素积累量向籽粒的转移量、转移率和贡献率均达最高。不仅籽粒产量高，而且籽粒中蛋白氮、氨基酸含量和不饱和脂肪酸含量也相对提高。另段祥光等（2018）在河南洛阳的试验表明：在适量配施钾、磷的基础上施用氮肥，对'凤丹'的光合特性与产量产生明显影响。在合适的氮素水平下（该试验条件下为 450 kg·hm^{-2}），'凤丹'净光合速率、气孔导度、蒸腾速率达最大值，分别比对照提高 37.47%、70.06%、32.85%，胞间二氧化碳质量浓度降至最小值，千粒质量（318.58 g）和单株籽粒产量（41.58 g）最高，较对照分别提高 26.17% 和 282.16%。适当施用氮肥既提高了产量又提高了品质。但需注意：过高的氮肥，效果会适得其反。

（二）牡丹植株不同器官在盆栽和地栽条件下营养元素年周期变化

栽培环境条件对牡丹矿质营养有着重要影响，特别是作为限根栽培的盆栽，其水分、营养代谢与地栽牡丹有着很大不同。经对'洛阳红'盆栽和地栽植株的对比分析，其不同部位（器官）大量元素年变化有以下特点（张新勇等，2012）。

1. 叶片

盆栽和地栽牡丹植株叶片中大量元素的年周期变化规律基本一致，氮、磷、钾总体呈下降趋势，而钙、镁呈上升趋势。

盆栽牡丹和地栽牡丹落叶期叶片氮含量分别是萌芽期的 36.5% 和 38.6%。

盆栽牡丹的叶片磷含量则普遍高于同期的地栽牡丹。

随着花蕾形成和生长，消耗了大量的钾，在大风铃期盆栽牡丹和地栽牡丹新叶中钾含量分别下降了 48.9% 和 57.1%，盆栽牡丹叶片钾含量在萌芽期和大风铃期与同期的地栽牡丹无明显差异，此后则普遍低于地栽牡丹。

叶片中钙含量随着叶龄的增加而迅速增加，从大风铃期到落叶期盆栽牡丹和地栽牡丹钙含量分别增加了 8.7 倍和 3.3 倍，呈现积累的特征。但盆栽牡丹的叶片钙含量普遍低于同期的地栽牡丹，其花期含量甚至只有地栽牡丹的 31.3%。

盆栽牡丹和地栽牡丹叶片镁含量低于其他元素，地栽牡丹叶片镁在花期含量最高，而盆栽的叶片钙在花芽分化期最高。

2. 当年新茎

盆栽牡丹和地栽牡丹新茎中氮含量随着新茎的生长不断下降，到花芽分化期降至最低，分别比大风铃期下降 50.8% 和 27.3%，到落叶期又迅速回升，分别上升了 101.6% 和 53.3%，表明花芽分化期以后氮开始往植株体内回流。

盆栽牡丹新茎磷含量下降趋势较地栽牡丹明显，且磷含量在花期以前明显高于地栽牡丹。

钾的变化趋势与磷相同。

钙在新茎中的年周期变化趋势与叶片大体相同，随物候期的变化迅速上升，尤其是地栽牡丹，花期新茎当中的钙含量是大风铃期的 2.13 倍，花芽分化期的 1.69 倍。而盆栽牡丹新茎当中的钙含量和增长幅度都低于同期的地栽牡丹，花期地栽牡丹新茎中钙含量是盆栽的 1.97 倍，花芽分化期是其 2.48 倍，在落叶期是其 2.56 倍，这种情况应与盆栽牡丹根系受限、吸收能力减弱有关。

生育前期镁含量都比较稳定，花期之后明显增加。与花期相比，花芽分化期盆栽牡丹新茎中镁含量增加了 85.2%，地栽牡丹增加了 69.3%。

3. 老茎

盆栽牡丹与地栽牡丹老茎中大量元素的年周期变化出现了较大的差异。两者氮、磷、钾虽然整体呈下降趋势，但地栽牡丹在落叶期都出现了回升，而盆栽牡丹则一直下降或变化不明显；两者钙、镁年周期变化则呈现相反的变化趋势。

盆栽牡丹老茎中氮含量随物候期的变化逐渐下降，地栽牡丹老茎中，氮在花芽分化期前迅速下降，到落叶期出现回升，上升幅度达 50%，说明牡丹生长前期从老茎中消耗了大量的氮。

地栽牡丹萌芽生长期老茎磷含量最高，到大风铃期下降 43.7%，说明这一时期同样消耗大量的磷。盆栽牡丹在大风铃期时磷含量最高，花期含量下降了 39.1%，然后继续缓慢下降。

钾在花期含量最高，花后开始下降，到花芽分化期盆栽和地栽分别下降了 22.5% 和 22.1%。地栽牡丹钾含量在落叶期出现回升，而盆栽却迅速下降，下降幅度达到 41.7%。

地栽牡丹萌芽期老茎中积累了较高的钙，大风铃期含量下降，降幅达 76.6%，花期含量变化不明显，花期以后迅速升高，落叶期钙含量为花期的 1.65 倍；而盆栽牡丹老茎中钙含量先上升，到花期达最高，之后迅速下降。落叶期地栽牡丹老茎中钙含量是盆栽牡丹的 2.04 倍。

盆栽牡丹镁处于缓慢下降趋势，地栽牡丹镁处于缓慢上升态势，但都不明显。

对'洛阳红'不同发育时期叶片和花芽中氮、磷、钾、铁、锰、锌和铜含量的变化情况及矿质元素间相关性分析发现，在盆栽和地栽两种栽培方式下，牡丹叶片和花芽中大量元素变化趋势基本一致，叶片中大量元素平均含量高低依次为氮＞钾＞磷，而花芽中依次为氮＞磷＞钾。微量元素铁、锰、锌、铜变化趋势则有一定差异。地栽牡丹叶片中微量元素平均含量排序为铁＞锰＞锌＞铜，而盆栽牡丹叶片中则为铁＞锌＞锰＞铜，两种栽培方式下花芽中微量元素平均含量排序变化一致。牡丹叶片中矿质元素间相关性差异较大，氮、磷之间的相关性均达到显著或以上水平，花芽中矿质元素间相关性也有一定差异，氮和磷、氮和钾之间的相关性均较好（郭丽丽等，2014）。

三、牡丹植株不同部位矿质营养元素分布规律

（一）同一元素在不同器官的含量分布特征

据对'大胡红'植株花期13种矿质元素在不同器官的含量分析（陈向明，2012），发现其分布有以下特点：

1. 氮、磷、钾、镁的分布

（1）氮含量　花＞花托＞叶＞新茎＞叶柄＞根＞老茎。

（2）磷含量　花托＞叶＞花＞新茎＞叶柄＞根＞老茎。

（3）钾含量　叶柄＞花＞新茎＞花托＞叶＞根＞老茎。

（4）镁含量　与磷的分布状态相同。

上述元素多分布在代谢旺盛的部位，可能与它们在植物体内以离子态存在、易移动、再利用能力强有关。

2. 钙、铁等的分布

（1）钙含量　根＞老茎＞花托＞新茎＞叶＞叶柄＞花。

（2）铁含量　老茎＞根＞新茎＞花托＞叶＞花＞叶柄。

（3）钠含量　根＞老茎＞花托＞花＞叶柄＞叶＞新茎。

由于钙、铁、钠在植物体内形成难溶解的稳定化合物，牡丹吸收后即被固定而不能转移，多分布在老龄器官中。

据方差分析，磷、钙、镁、钾、铜、锌、铁、钠、锰9种元素在器官中存在极显著差异，氮、硫、硼、氯不存在显著差异。其中钾的 F 值最高，氮的 F 值最小。此外，同一器官不同部位也存在差别，如上部叶所含养分高于下部叶。花期牡丹生长集中在地上部分花和叶，大量矿质元素移向生长中心。

（二）不同元素间的相关性

牡丹体内矿质元素分布存在相关性。其中钾和铁、氮和铜达极显著水平，而磷和镁、钙和钾、钙和铜、磷和铜、磷和氮、镁和硫、镁和硼、钾和钠、钾和铜、铜和铁、硫和氮达显著水平。就整株牡丹而言，磷与其他元素相关性最多。就不同部位而言，叶、花、花托中所含相关元素对最多，共有9对，新茎、老茎次之，叶、根最少。牡丹花期花和叶中存在较多元素对，与该部位代谢旺盛有关。

据对'洛阳红'不同生长期叶、新茎、老茎的氮、磷、钾、钙、镁、铁、锰、铜、锌元素含量，及同一部位年周期内各元素间的相关性分析也发现，元素含量在同一器官呈现一定的相关性。盆栽牡丹和地栽牡丹的叶片中相关元素对最多，氮与磷、铜，磷与锌，钙与铁，铜与锌的含量表现出显著或极显著正相关；其次为新茎，相关性一致的元素对有磷与钾（呈显著或极显著正相关）、磷与钙（显著负相关）。但盆栽牡丹钾与钙的含量呈显著负相关，而在地栽牡丹新茎中，钾与钙呈显著正相关，出现了差异。盆栽牡丹和地栽牡丹老茎中元素之间的相关性也出现了较大的差异（张丹丹等，2012）。

（三）开花前后牡丹体内营养成分变化

牡丹同其他植物一样，开花不仅需要氮、磷、钾、钙、镁、硫等大量元素，而且需要铁、锰、铜、锌等微量元素，因此，牡丹开花前后矿质元素的含量变化应作为牡丹施肥的重要依据。牡丹开花后根中的氮、磷、钙、硫的含量明显高于开花前，而钾、镁、锰、锌、铜的含量明显低于开花前。开花后枝条中的氮、磷、钾、钙、镁的含量均明显低于开花前，只有硫的含量明显高于开花前。氮、磷、镁在植物体内能够重复利用，并具有高度的移动性，导致枝条与根的差异不明显；而钙、硫、锰等吸收后即被固定，多分布于老龄器官中。

牡丹的开花过程是一个明显的能量消耗过程。从牡丹开花前后根、枝条的各种营养成分含量来看，根中多糖、葡萄糖、总糖、淀粉、粗脂肪的含量明显高于枝条，而枝条中二糖、粗纤维的含量明显高于根，充分证明牡丹根作为植株主要养分储存器官，为开花提供所需营养，当年生枝条仅为开花提供较少的养分，主要起运输通道的作用（高志民，2007）。此外，牡丹芽萌发后的最初几周内营养生长的好坏主要取决于树体内储藏营养元素的状况。因此，及时补充营养对于其生长发育非常重要。

（四）野生牡丹矿质元素分布特征

据对山西稷山、永济矮牡丹（上官铁梁等，2001；张红等，2004）和西藏大花黄牡丹（张蕾、袁涛，2007）的调查分析，发现同一物种不同分布区间植株体内和土壤中矿质元素含量差异不显著，但分布区内土壤及植物各器官间矿质元素含量及富集情况则有明显差异。

1. 分布区土壤及植株不同器官间矿质元素含量存在显著差异

稷山、永济两地矮牡丹植株体内及土壤中均以钾含量最多，次为镁和铁。土壤中含量大于 500 mg·kg^{-1} 时，植株各器官中含量也较大，再次为锰、锌、铜。非必需元素中，镉含量略高，而铬、铅、镍含量则处于自然背景值的中下水平。

稷山矮牡丹体内钾、镁、锰、镍、镉、铬、铅以叶中为高，铁、锌、铜分别以根、茎、叶中含量最高，锰、镍、镉、铬、锌、铜在根中含量也较高，大多数元素在叶柄中含量最低。

大花黄牡丹植株各器官及土壤中矿质元素含量差异最显著的是钙、钾、镁，3 种元素在土壤中的含量均明显高于植株各器官中的含量，其中钙含量最高，次为钾和镁。而其他元素存在植物体内含量高于土壤中含量的现象。表明植株体内营养元素含量与该元素在土壤中的含量水平并不存在一致性。大花黄牡丹体内，氮、钙、磷、锰、钾、镁以叶中最高，钠、铁、铜、锌以根中为高，大多数元素在老茎和当年生嫩茎中含量最低。

总的来看，新陈代谢旺盛的叶和根中矿质元素含量高，而茎和叶柄中含量较低。

2. 矿质元素在土壤与植株中的迁移富集

矮牡丹在地区间比较，以镉和镍的富集系数较大，其中永济矮牡丹镉的富集大于稷山牡丹，镍的富集小于稷山牡丹。这与土壤背景有关，永济土壤中镉含量小于稷山，而镍含量大体相似。在元素间比较，矮牡丹富集系数较大的元素有钾、镁、铁、锌、铜（富集系数 >0.35），次为镉（0.33），而铅、镍、铬、锰也有一定的富集性。至于各器官间，则锌和铜以茎的富集系数最大，其余元素以叶的富集系数最大。各部位元素富集状况基本表现为叶 > 根 > 茎 > 叶柄。

大花黄牡丹在不同分布区以氮、磷、铜的富集差异较大。与这些地区土壤含量有关。大花黄牡丹各器官间对不同元素的富集系数除铁以外，均未达显著水平。根对铁的富集系数最大，嫩枝最小。在不同元素间，富集系数较大的元素依次为铁、铜、锌、氮、钠，而对钙和镁的富集系数最小。

3. 矿质元素间存在相关性

对稷山矮牡丹进行分析得出：10 种矿质元素间，镉、铬、铜、锰、铁、镍、铅、锌之间呈显著相关，并以钾、镁之间相关系数较大。土壤与器官中元素含量呈显著相关。

四、不同产区土壤矿质营养状况对牡丹品质的影响

一个地区特产或著名产品的形成与其特殊的气候、土壤条件等密切相关。洛阳牡丹之所以名甲天下，铜陵凤丹从明代以来成为中药材的优质产品，都与当地土壤矿质元素含量密不可分。

1. 河南洛阳

根据河南省地质调查院在伊洛河流域洛阳城区及周围偃师、孟津、宜阳三市（县）部分地区（东经 112°18′27″ ~112°36′59″，北纬 34°34′40″ ~34°45′11″）560 km² 范围的调查与分析，得出以下几点结论：①调查发现，洛阳牡丹种植区镉、钼、铜、磷、锌、锰、钴、钙属该区土壤中高背景富集元素，其原因与该区上游大面积分布着中基性岩成土母质的地质背景有关；②优质牡丹产区中铜、锌、镉等明显高于一般及偏差牡丹园区的含量，硼、磷、氮也相对偏高，钙则明显偏低。土壤与牡丹花中的镉、铜、锌、磷等元素的相关性为正值，尤其是镉对花中铜、钼的相关系数达极显著，与锌、锰、钾的相关性也较好。这说明土壤中镉、铜、锌等能促进牡丹花对养分的吸收；③洛阳牡丹种植区中，铜、锰、钼、锌、钾处于富足或很富足水平，其中以有效锰含量最高，是很富足，磷、铁适度，氮、硼则处于相对缺乏的程度，铜、锌、硼有效量与牡丹优等品质关系密切（王志坤等，2008）。

总的来看，洛阳牡丹种植区内磷、钾、锰、铜、锌、钼等元素丰度高，有效量适度或富足，为牡丹生长发育提供了丰富的养分来源。调查发现，土壤重金属含量高，不会对牡丹生长产生不良影响，可将其作为对土壤污染修复的植物加以进一步研究。

2. 安徽铜陵

安徽铜陵是"药用凤丹之乡"，这里药材品质上乘，生产规模全国第一。铜陵凤丹又以该地凤凰山最为出名。2011 年安徽省地质调查院陶春军等以铜陵市新屋里为中心，对铜陵凤丹产区开展了调查，得出以下结论：①将铜陵凤丹道地产区土壤元素含量与全省土壤背景值进行比较，发现镉、铜、铅、钼、锌、汞、三氧化二铁、磷、氧化钾、氧化镁等元素及化合物含量明显高于全省平均值，有机质、硼低于全省平均值，而氮、镍含量与 pH 同全省平均值相近。②不同地质背景的土壤比较，石灰岩母质凤丹根际土壤中钼、铜、铅、锌、锰含量高于岩浆岩母质土壤，其他元素低于岩浆岩母质土壤；尾矿砂母质土壤中硫、铜、锰相对含量较高。③牡丹根皮（丹皮）中的钼、铬、氟、砷、硫、铜含量与土壤中相应全量值呈显著正相关，而钾则呈显著负相关，其他元素相关性不明显，而镁、汞、磷、锰、镉具负相关趋势。丹皮中的钼、铜、硫含量与土壤中相应元素的有效量呈显著正相关，其他元素相关性不明显，而磷元素有负相关趋势。

据赵晓菊等（2017）对铜陵凤凰山至丫山一带的'凤丹'栽培区土壤中铜含量与牡丹籽油中主要成分含量的相关分析，发现该区土壤铜含量变化在 18.98～298.82 mg·kg^{-1}（变异系数 83.06%），牡丹籽油中棕榈酸、硬脂酸、油酸、亚油酸、亚麻酸含量分别为 5.62%、1.89%、24.59%、29.76%、38.13%，变异系数为 5.66%～9.72%，以亚油酸变异系数最高。土壤和叶片中铜含量与籽油中亚油酸、不饱和脂肪酸含量存在明显负相关，而土壤和叶片中铜含量呈显著正相关。由此认为，以油用为栽培目的的'凤丹'，应避免土壤中铜含量过高，以免影响牡丹籽油品质。

（李嘉珏，郭丽丽，汪成忠）

第四节

逆境生理

在自然界,植物在复杂环境中生长和繁衍,其所需的物理、化学或生物因子经常会低于或超出植物的正常需要,从而影响植物的生长发育,甚至产生伤害或导致植物死亡。对植物生存与生长不利的环境因子称为逆境,亦称为环境胁迫或胁迫。

逆境的种类就其性质可划分为两大类,即非生物胁迫和生物胁迫。其中非生物胁迫包括物理胁迫和化学胁迫。具体而言,物理胁迫包括水分(旱害、涝害)、温度(低温、高温)、辐射(红外线、紫外线及或强或弱的可见光)、离子辐射(α射线、β射线、γ射线、X射线),以及机械、声、磁、电等的影响;化学胁迫包括各类大气、水体、土壤污染物、有机化学药品(除草剂、农药、化肥、杀虫剂等)、无机化学药品、盐碱、毒素物质,以及土壤EC、pH等;生物胁迫包括各种竞争、化感作用、共生现象缺乏、人类活动的影响,以及伴生生物的侵害。

在牡丹栽培中,各种不良环境是影响其产量和品质的直接因素之一,加强相关领域的研究和探索,揭示牡丹对逆境的反应及适生过程,了解逆境对牡丹生长发育的影响及其机制,对创造良好的作物生态环境、采取适当的栽培措施和培育抗性品种具有重要意义。

一、干旱胁迫

（一）干旱胁迫的概念

干旱是限制植物生长发育的重要环境因子。干旱胁迫主要是因为土壤水分供应不足及空气干燥，使植物叶片相对含水量及水势降低，使气孔开度降低，从而影响呼吸作用、光合作用和生长发育。在植物逆境生理上，干旱实际上是指破坏植物的水分平衡、对植物产生脱水效应的环境状态，由此对植物产生的伤害称为旱害。

干旱可分为以下三种类型：

1. 土壤干旱

是指土壤中可利用的水分不足或缺乏，植物根系吸收的水分满足不了叶片的蒸腾失水，植物组织处于缺水状态，不能维持正常的生理活动，使植物生长停止或导致植株干枯死亡。

2. 大气干旱

是指空气过度干燥，空气相对湿度过低（10%～20%），使蒸腾加快，破坏植物体内水分平衡，从而使植物受到伤害。干热风是大气干旱的典型例子。如果大气干旱持续过久，也会导致土壤干旱。

3. 生理干旱

是由于不利的环境条件抑制根系对水分的吸收，致使植物发生水分亏缺的现象。这时土壤中并不缺乏水分，只是因为土温过低、土壤溶液浓度过高或积累有毒物质等原因，妨碍根系吸水，造成植物体内水分平衡失调，从而使植物受到脱水危害。

上述三种现象中，以土壤干旱发生较为普遍。但适度干旱有利于牡丹延长花期，保持鲜艳花色，提高观赏价值。

（二）干旱胁迫对牡丹生理特性的影响

牡丹受到干旱胁迫后，叶片和嫩茎会出现萎蔫现象。如果萎蔫状态不能及时恢复，就会形成永久萎蔫，产生旱害。由于株体原生质严重脱水，会引起一系列代谢紊乱。

1. 对牡丹细胞膜透性和渗透调节系统的影响

细胞膜是植物细胞感受外界环境最重要的部位。当植物遭遇干旱胁迫时，其选择透性功能改变或者丧失，细胞内溶物外渗，电解质渗透量增加，相对电导率增大，细胞膜发生过氧化作用而受到破坏，从而引起丙二醛含量的增加。相关研究表明，随着胁迫程度的增加及胁迫时间的延长，各品种牡丹的细胞膜透性均出现持续上升趋势，较长时间的干旱胁迫会使细胞膜严重受损，丙二醛含量明显增加（阿日文，2015；彭民贵，2014）。

渗透调节是植物在逆境条件下细胞内溶质的主动积累并由此导致的细胞渗透势的下降，使植物在逆境条件下加强吸水，并维持一定的膨压。脯氨酸、可溶性糖、可溶性蛋白都是重要的渗透调节物质。不同水分胁迫条件下牡丹叶片中这些化合物均随干旱胁迫程度加重和时间延长而增加。牡丹通过自身调节，产生信号控制基因的表达和代谢变化，增加渗透调节物质的含量以适应干旱环境，提高细胞液浓度，降低其渗透势，以此来保持体内水分（Flexaas 等，2012）。

据对西南牡丹'太平红'的观察发现，干旱胁迫条件下，其叶片相对含水量下降，胁迫程度越重，下降幅度越大，但仍能保持较高相对含水量，表明其抗旱能力较强。此外，其叶片脯氨酸、可溶性糖及可溶性蛋白含量均随胁迫加剧而呈上升态势。李军等（2014）和彭民贵等（2014）的研究有类似结果，但可溶性蛋白含量为先升高后降低。而王岑涅（2011）的研究结果稍有不同，干旱胁迫下，牡丹叶片脯氨酸、可溶性糖、可溶性蛋白含量持续增加。李军等（2014）研究表明，相比于重度干旱胁迫，复水后供试牡丹的渗透调节物质含量均有所降低。用聚乙二醇模拟干旱胁迫的研究（彭民贵等，2014）发现，在相同胁迫时间内，牡丹叶片脯氨酸、可溶性糖含量均随聚乙二醇质量浓度的增大而增加；聚乙二醇质量浓度相同时，随胁迫时间的延长，其脯氨酸、可溶性糖含量均先增加后减少，8 天后达到最高。

2. 对牡丹抗氧化酶活性系统的影响

干旱胁迫通常会诱导植物细胞内活性氧的过度积累，最终导致氧化胁迫的产生。活性氧能够直接与蛋白质、核酸和脂类等物质结合，从而导致 DNA 损伤、植物体内酶失活及细胞渗透压改变等一系列的过氧化链式反应，危害细胞膜系统正常生理功能，甚至直接导致植物死亡。抗氧化酶主要有超氧化物歧化酶、过氧化氢酶、抗坏血酸过氧化物酶、谷胱甘肽还原酶等。

据研究，在干旱胁迫下牡丹叶片超氧化物歧化酶和过氧化氢酶活性均呈先升高后降低再升高的变化趋势（王岑涅，2011；李军，2014）。而朱丹（2013）的研究表明，超氧化物歧化酶、过氧化物酶为牡丹叶片清除体内活性氧的主要抗氧化酶，随着胁迫加剧，整体呈现先升高后降低趋势，过氧化氢酶活性则为降低趋势。但也有研究与上述试验结果不符，即随着胁迫程度的增加及胁迫时间的延长，供试牡丹叶片超氧化物歧化酶活性均呈下降趋势，且胁迫程度越大则降低幅度越大（阿日文，2015）。

3. 对光合作用的影响

干旱胁迫下，植物净光合速率下降，当水势降低到一定程度后，净光合速率趋近于 0（柯世省，2007）。干旱胁迫引起的水分亏缺造成气孔关闭，二氧化碳扩散阻力增加，也会导致叶绿体片层膜体系结构改变，光系统 Ⅱ 活性减弱甚至丧失，光合磷酸化解偶联，叶绿体合成速度减慢，光合酶活性降低等（Chen 等，2015）。

土壤水分状况对牡丹光合特性有重要影响。重度干旱胁迫下（20% 处理）最大净光合速率及日平均值近 2.7 $\mu mol \cdot (m^2 \cdot s)^{-1}$ 和 1.214 $\mu mol \cdot (m^2 \cdot s)^{-1}$，分别较 70% 处理降低 72% 和 81%，中度胁迫（40% 处理）也有明显下降。而 70% 的土壤相对含水量时，有最大的净光合速率值和日平均净光合速率值，分别为 10.1 $\mu mol \cdot (m^2 \cdot s)^{-1}$ 和 6.4 $\mu mol \cdot (m^2 \cdot s)^{-1}$。因而在牡丹生长期，维持 70% 左右的土壤相对含水量对提高牡丹的光能利用率、促进牡丹植株健康生长是非常重要的。在不同土壤水分处理条件下，牡丹光补偿点、光饱和点及二氧化碳补偿点发生了相应的变化。随着水分胁迫程度的增加，光合作用的有效光照范围变窄，光合能力减弱，同化产物积累减少。随着土壤干旱胁迫的加剧，牡丹的表观量子效率和胞间二氧化碳质量浓度呈现降低趋势，同时降低了表观量子效率及羧化效率（侯小改等，2006）。

干旱胁迫对牡丹光合生理的影响随干旱程度加重而增大。干旱首先影响了气孔导度，而净光合速率则在中度干旱条件下才出现响应，但光化学效率明显降低。牡丹叶片的叶绿素荧光动力学参数与净光合速率的下降在时序上保持对应关系。此时，光合器官没有受到影响，干旱胁迫进一步加剧后，对光合器官产生了伤害，光系统Ⅱ反应中心失活，导致植株光能转化效率下降，光合作用原初反应受到抑制，从而影响植株的正常生长（张峰等，2008）。

不同品种对干旱胁迫的反应存在差异。中原品种'胡红'在各个时期净光合速率均高于'洛阳红'，表现出更强的耐旱性。土壤相对含水量75%时气孔导度、净光合速率均达到最大值，说明该条件为牡丹最适生长环境。在中度、重度干旱胁迫下，净光合速率、蒸腾速率、气孔导度、胞间二氧化碳质量浓度降低，蒸腾系数升高，而轻度胁迫则相反（王岑涅，2011）。逐渐干旱和复水过程中随着干旱胁迫加剧，牡丹净光合速率、蒸腾速率、胞间二氧化碳质量浓度、蒸腾系数均呈逐渐下降趋势，蒸腾速率则随胁迫程度的增加而减小（李军等，2014）。大花黄牡丹和滇牡丹随着干旱天数的增加，土壤含水量逐渐降低，净光合速率、气孔导度、蒸腾速率都呈降低趋势，胞间二氧化碳质量浓度呈先升高后降低趋势，滇牡丹的净光合速率、气孔导度、蒸腾速率出现较大波动，与气孔限制值有关。干旱胁迫30天，土壤相对含水量达到35.17%左右，大花黄牡丹的蒸腾速率达到413.42 g·$(m^2 \cdot h)^{-1}$，显著高于滇牡丹。由此可见，大花黄牡丹适应干旱逆境的调节能力相对较强。此外，正常生境下滇牡丹的叶绿素a、叶绿素b和类胡萝卜素含量显著高于大花黄牡丹，随着干旱天数的增加，大花黄牡丹叶绿素a、叶绿素b含量呈降低趋势，类胡萝卜素含量呈增加趋势，而滇牡丹叶绿素a、叶绿素b和类胡萝卜素含量均呈下降趋势（郑雨等，2018）。随着胁迫程度的增加及胁迫时间的延长，牡丹叶片叶绿素含量呈下降趋势，且胁迫程度越大则降低幅度越大（阿日文，2015）。

除上述影响外，干旱胁迫还使植物体内合成代谢受阻，分解代谢加强，各种激素含量发生变化，细胞内DNA、RNA及蛋白质降解、脯氨酸积累等。而植物体内不同器官、不同组织间由于水势大小不同而导致水分重新分配，如幼叶向老叶夺取水分，促使老叶枯萎死亡；地上部分向根系夺水，致使根系死亡；幼叶或叶片向果实吸水，使果实发育受阻，等。

（三）牡丹抗旱的分子调控机制

对不同程度干旱及复水条件下两个水分敏感型牡丹'洛阳红'和'乌龙捧盛'进行了转录组测序，筛选出290个参与干旱胁迫应答且与品种和处理无关的差异表达基因，在290个响应干旱胁迫的差异基因中，注释到106个功能基因

（Guo 等，2018；李军，2014），开发了大量干旱胁迫相关的 SSR 位点并对其进行了验证（Guo 等，2018），为牡丹耐受干旱的分子机制研究奠定了基础。

石红梅等（2015）在前期工作的基础上，通过 cDNA 末端快速扩增法（RACE）、测序和序列拼接获得 *PsWRKY* 基因全长互补脱氧核糖核酸，推测其氨基酸与其他 *WRKY* 蛋白基因相同。近年来大量试验结果证明 *WRKY* 基因与植物抵御逆境胁迫相关。

DREB（dehydration responsive element binding protein）转录因子是一个干旱应答元件的结合蛋白，在植物对干旱胁迫的分子反应中起重要的调控作用（荣红颖等，2009；宗俊梅等，2011）。刘慧春等（2015）以'洛阳红'品种叶片提取的总 DNA 为模板，PCR 扩增获得 *DREB* 基因的 cDNA 序列，命名为 *PsDREB*。对于牡丹 *PseIF5A* 基因克隆与功能研究较多，重组菌株 pET32a-*PseIF5A* 由于诱导表达了 *PseIF5A* 的融合蛋白，*PseIF5A* 的大量积累明显提高了宿主大肠杆菌 BL21 对重金属、高 EC、高 pH、氧化等非生物胁迫的抗性（蒋昌华等，2015），表明牡丹 *PseIF5A* 能响应多种非生物胁迫。

近年来，北京林业大学王华芳团队以'凤丹''乌龙捧盛'和紫斑牡丹为试材进行抗逆基因分析（2020），发现 3 种牡丹均含有干旱信号感应和传递系统关键基因 *DREB2A*、*WRKY19* 和抗性生理反应响应基因 *XET*。其中，*DREB2A*、*WRKY19* 功能在模式植物及部分农作物、木本植物中得到证实，*XET* 在苜蓿和胡杨等植物中得到证实。在系统进化关系上，'凤丹' *PoDREB2A* 序列与其他牡丹及芍药相似，*PoWRKY19* 有别于其他材料，*PoXET* 序列与紫斑牡丹相似。上述 3 个基因的启动子对逆境信号的感知传递和响应有协同关系。*PoDREB2A*、*PoWRKY19*、*PoXET* 基因启动子序列长度分别为 2 342 bp、1 974 bp 和 2 025 bp，生物信息学分析表明均含有干旱、盐渍、低温和 ABA 信号响应元件。相关分析表明：*PoDREB2A* 启动子响应干旱驱动表达活动最强，*PoWRKY19* 响应氯化钠和干旱驱动表达活性强，*PoXET* 响应干旱和 ABA 驱动表达活性强。这些基因中的干旱响应元件 CANNTG 也是 4℃响应元件，依据 3 种牡丹抗旱相关基因表达调控生理反应，建立了 13 个抗性相关生理指标（包括水分生理指标、有机物合成代谢指标、氧化代谢指标）的抗性定量体系。

3 个种（品种）中'凤丹'叶片含水量、游离脯氨酸、可溶性糖、可溶性蛋白最高，气孔导度最低，丙二醛最低，而超氧化物歧化酶、过氧化物酶、过氧化氢酶与丙二醛含量最高，抗性最强。3 类抗性基因表达量与 13 个生理指标相关性分析表明，*PoDREB2A* 表达量最高，也以'凤丹'最为显著，*PoWRKY19* 与气孔导度、*PoXET* 与游离脯氨酸和可溶性蛋白积累显著相关。

（四）提高牡丹抗旱性的途径

我国西北及华北、东北一带，干旱、半干旱地区占有相当大的面积，在这些地区发展牡丹，在考虑温度条件能满足要求的前提下，降水量不足就成为主要的限制因素，需要采取一定的措施加以解决。

1. 重视抗旱品种的选择和选育

在'凤丹'和紫斑牡丹中，后者更具抗旱潜力。紫斑牡丹叶片角质层较厚，叶背有毛，都属较抗旱的性状。但紫斑牡丹品种间抗旱性强弱有差异，需要比较和筛选。

2. 借鉴发展旱作农业的经验和相应节水栽培措施

如采取集水、节水灌溉措施，发展地膜覆盖栽培，建设滴灌工程等。

3. 其他

进一步掌握牡丹需水规律，合理用水，合理施用磷、钾肥，适当控制氮肥，提高牡丹的抗旱性。

二、水涝胁迫

（一）水涝胁迫的概念

土壤水分过多对牡丹产生的伤害被称为涝害。但水分过多的危害并不在于水分本身，而是由于水分过多引起的缺氧，从而产生一系列危害。广义的涝害有两层含义：①湿害，即当土壤过湿，水分处于饱和状态，土壤含水量超过田间最大持水量时对牡丹的伤害；②涝害，这是指地面积水，淹没植株的一部分或全部，使其受到伤害。涝害会使牡丹生长不良，甚至死亡。

（二）水涝胁迫对牡丹生理活动的影响

牡丹为肉质根，不耐水涝，其生长最适宜的土壤相对含水量为 75% 左右，在这一基础上水分过多会导致叶绿素含量逐渐下降，叶片失绿、下垂，根系腐烂，滋生病虫害，水涝胁迫会导致牡丹叶片的净光合速率和气孔导度下降，胞间二氧化碳质量浓度升高，甚至引起光系统Ⅱ反应中心失活，电导率逐渐升高，丙二醛含量逐渐增加，超氧化物歧化酶、过氧化氢酶、抗坏血酸过氧化物酶活性变化，造成牡丹死亡（张锋等，2008）。外施钙可以缓解淹水胁迫对牡丹的伤害，减缓叶绿素含量的下降，减缓电导率和丙二醛的上升，增强保护酶的活性（潘兵青等，2018）。

据观察，水涝胁迫对牡丹株高生长量的抑制程度比当年生枝粗及叶面积生长量的抑制程度大，表明水涝胁迫程度最能表现在株高的生长量上面（阿日文等，2015）。在对'凤丹'的研究中，发现在水涝胁迫下，其根系大部分变为黑色，且呼吸根的数量持续减少，叶片卷曲且边缘干枯；同时'凤丹'的超氧化物歧化酶活性、过氧化物酶活性、乙醇脱氢酶活性、过氧化氢酶活性、丙酮酸脱羧酶活性，总体呈逐渐上升趋势（杜少博，2016）。

（三）不同牡丹品种抗涝性的比较

为发掘耐涝牡丹品种，建立牡丹的抗涝性评价体系，朱向涛等（2016）采用模拟方式对9个品种进行涝害胁迫，并测定相应生理指标。结果表明，涝害胁迫后，不同牡丹品种的相对电导率、丙二醛含量均增加；叶绿素和可溶性蛋白含量均降低；超氧化物歧化酶活性在大部分品种中呈现增加趋势，但在'百园红霞''银红娇艳'等品种中呈现降低的趋势；过氧化物酶和脯氨酸活性在不同品种中变化趋势不一。主成分分析将7个单项指标综合成3个独立指标，隶属函数分析将9个牡丹品种划分为3类：'洛阳红''香玉''银红娇艳'强耐涝，'白雪塔''肉芙蓉''俊艳红'中等耐涝，'百园红霞''明星'等不耐涝。分析结果与外部形态特征观察基本一致。

上海辰山植物园研究了水涝胁迫对8个牡丹品种的影响，发现品种间的抗性表现出极大的差异。水淹胁迫处理期间，牡丹不同品种发生了明显的形态变化：处理初期（2天）叶片表现正常，除'玫红'和'海黄'外，其他品种叶片在4天后开始出现萎蔫。随着水涝时间持续，萎蔫情况加重，'蓝田玉'和'乌龙捧盛'有锈色斑点出现，表现病害症状。处理8天后'海黄'开始出现胁迫症状，12天后7%的叶片萎蔫，但未表现病害症状。从形态观察看，'海黄'具有极强的耐涝性，'玫红''轻罗''时雨云''凤丹''四旋'次之，'蓝田玉'和'乌龙捧盛'的耐水淹能力最弱。生理指标分析表明：牡丹植株受到水涝胁迫后，细胞质膜透性增加，叶绿素含量下降，超氧化物歧化酶活性增强，丙二醛含量、可溶性糖含量和脯氨酸含量积累。对耐涝性生理指标进行综合评价时发现品种间耐涝性的差别很大，按耐涝能力由强到弱排列依次为：'海黄'>'时雨云'>'凤丹'>'玫红'>'轻罗'>'四旋'>'蓝田玉'>'乌龙捧盛'。

西北品种'冰山藏玉''粉容素妆''金城女郎'在涝害胁迫下，随着胁迫程度的增加，可溶性蛋白含量降低，可溶性糖含量和细胞膜透性上升；随着胁迫时间的延长，可溶性蛋白和可溶性糖含量出现先上升后下降的趋势，细胞膜透性则持续上升。半水淹环境下3个品种指标的变化幅度最大，受到的伤害也最大。在半水淹饱和水处理下，'冰山藏玉'指标的变化幅度最大，'金城女郎'最小。在35%水淹处理下，'金城女郎'变化幅度最大，'粉容素妆'最小。'冰山藏玉'及'粉容素妆'在35%水淹处理下指标变化幅度小于饱和水处理，'金城女郎'则正相反。抗涝性依次为'金城女郎'>'粉容素妆'>'冰山藏玉'（阿日文等，2015）。

三、高温胁迫

（一）高温胁迫的概念

高温引起的植物伤害称为高温胁迫，又叫热害。植物对高温胁迫的适应和抵抗能力称为抗热性或耐热性。高温胁迫主要发生在高温天气。而南北各地夏季高温有着不同的情况。中原一带夏季高温伴随着强光，但没有长时间的高湿，而江南一带，夏季高温常常伴随着高湿、强光，这样的生态环境对大部分牡丹品种来说是很难适应的。牡丹生长不耐炎热，牡丹品种群间以及同一品种群内不同品种间抗热性差异较大。杨山牡丹品种'凤丹白'应属于适应性较强的品种之一，而紫斑牡丹品种表现要差一些。

（二）牡丹对高温胁迫的反应

夏季高温环境下叶片会出现卷曲、萎蔫、焦枯等现象（刘超等，2014），但短期且适度的高温并不会对牡丹产生不良的影响（李永华等，2008）。牡丹具有一定的抗热性，当它刚开始受到高温胁迫时，能够通过增加电导率和游离脯氨酸含量、提高过氧化物酶活性来减轻高温胁迫带来的伤害（骆俊等，2011）。但随着胁迫时间的延长、胁迫温度的升高，高温胁迫的程度加深，牡丹叶片的膜脂过氧化程度加深，光系统Ⅱ和光系统Ⅰ均产生了光抑制现象（刘春英等，2012）。一般情况下，光系统Ⅰ较光系统Ⅱ稳定，基本不会发生光抑制现象（Murata等，2007），但刘超等（2014）研究认为高温引起了光系统Ⅱ的光抑制现象，导致光系统Ⅰ向下传递电子能力减弱，从而导致光系统Ⅰ产生光抑制。蛋白质含量、丙二醛含量、相对含水量、电导率及超氧化物歧化酶、脯氨酸、过氧化氢酶的活性等，可以作为牡丹耐热性鉴定指标（徐艳等，2007）。

中国科学院北京植物园进行了牡丹抗热性比较试验，供试品种有杨山牡丹'凤丹白'与中原牡丹中的'白鹤展翅''天香锦''古班同春''飞燕红装''彩铃'等共6个品种，在温室中经受了1997—1998年连续2年持续高温的考验。2年当中，30℃以上高温日数都在81天以上，最高达42.7℃。上述品种都受到不同程度的伤害，仅'凤丹白'枯枝率为零。上述品种转入大田后，'凤丹白''白鹤展翅''天香锦'3个品种恢复较好，表现出较高的抗热性（索自立等，2008）。

2008年，上海辰山植物园对地栽'凤丹白'等6个品种在上海湿热环境下的表现进行了观察。6月底上海地区梅雨期结束，进入持续高温天气。梅雨期的高湿环境条件对'凤丹白'等品种的直接伤害不大。进入高温天气后，品种间的差异就很突出了。随着高温天气的持续，两个牡丹亚组间杂交品种的叶片受阳光直射部分迅速受到伤害而枯焦，而江南品种及日本品种则表现良好。但进入8月，降水量增多，出现雨热同期，绝大多数品种叶片迅速枯焦，亚组间杂交品种上部叶片全部枯萎，江南品种及部分前期表现好的日本品种叶片也迅速从边缘开始枯焦，说明直接的高温对江南牡丹和大部分日本品种伤害小，而雨热同期高温高湿环境对大部分牡丹的伤害较大。品种间比较，'凤丹'较好，'时雨云''西施''呼红'次之，而亚组间杂交品种'海黄'和'盛宴'较差。

黄新（2006）的研究认为，净光合速率的变化、叶绿素含量的变化以及叶部热害症状的差异，可以考虑用作检验不同品种对南方湿热气候环境适应性的参考指标。安徽巢湖引种中原品种在长期强光、高温、高湿胁迫下，叶绿素含量严重下降，最终影响到牡丹的生长发育（表3-2）。

● 表 3-2　**高温胁迫对牡丹叶绿素含量和叶色的影响**

项目		品种			
		'飞燕红装'	'粉娥娇'	'乌龙捧盛'	'脂红'
叶绿素含量 / （mg·L⁻¹）	5月下旬	1.320	1.436	1.412	1.511
	8月上旬	0	0.634	0.956	0.844
叶绿素下降率 / %		100	55.85	32.29	44.14
叶色变化	8月上旬	叶片 1/2 枯焦	黄绿色，部分枯焦	绿色稍泛黄	黄绿色

　　表 3-2 是安徽巢湖几个引进中原品种叶片在 5 月下旬和 8 月上旬叶片叶绿素含量与叶色变化的比较。其中'乌龙捧盛'叶色改变较小，抗热性最强，而'飞燕红装'最差，抗性最弱。此外，将 8 月上旬 4 个品种的净光合速率日变化与 5 月下旬测定结果进行比较，可以发现在长期强光高温高湿环境胁迫下，牡丹叶片光合速率发生了较大改变，8 月下旬各品种净光合速率大幅降低，其中有两个还出现了负值。徐艳等（2007）研究了 5 个中原品种抗热性，认为其由大到小依次为：'肉芙蓉'＞'乌龙捧盛'＞'藏娇'＞'脂红'＞'鲁荷红'；骞光耀等（2017）分析了'洛阳红''凤丹白''映金红'在不同温度处理下的耐热性指标，发现在 40℃高温胁迫处理后，3 个品种叶片的细胞膜相对透性及脯氨酸、可溶性糖、丙二醛的含量均显著高于对照，而净光合速率、可溶性蛋白含量、超氧化物歧化酶活性显著低于对照。抗热性由大到小依次为：'凤丹白'＞'映金红'＞'洛阳红'。

　　植物生长调节物质可以通过提高牡丹幼苗抗氧化能力和渗透调节能力来诱导牡丹幼苗耐热性，缓解高温伤害。油菜素内酯能提高'凤丹'叶片的净光合速率，降低叶片的相对电导率，有效抑制丙二醛的积累，降低可溶性糖含量，提高可溶性蛋白含量，增强超氧化物歧化酶活性，减缓高温对'凤丹'细胞的伤害，并使细胞保持较完整的结构，抑制细胞膜的解体、叶绿体和线粒体的变形。适宜浓度的油菜素内酯处理可增强牡丹的耐热能力（任增斌等，2018）。适宜浓度的水杨酸显著增加高温胁迫下牡丹幼苗干质量，降低热害指数、电解质渗透率、丙二醛含量；提高超氧化物歧化酶活性，显著增加可溶性蛋白含量；在高温胁迫后期，显著增加游离脯氨酸和叶绿素含量。说明水杨酸可以通过提高牡丹幼苗抗氧化能力和渗透调节能力来诱导牡丹幼苗耐热性，缓解高温伤害（吴莎等，2018）。

四、低温胁迫

（一）低温胁迫的概念

牡丹在我国偏北的寒冷地区栽培，越冬期间面临着低温的胁迫。低温的危害有三种类型：一是冷害，二是冻害，三是冻旱（指在冷冻情况下的生理干旱）。通常将0℃以上的低温对植物造成的危害叫冷害，而0℃以下的危害叫冻害。我们通常说牡丹的寒害，常常是指冻害或冻旱。植物体在受到低温胁迫时，能够调节体内生理生化反应，以提高自身的抗寒适应性。抗寒性较强的种类或品种有以下性状：①从形态解剖结构上看，其叶片栅栏组织细胞的长径与短径的比值大，叶绿体含量多（金研铭，1997），叶片表皮气孔密度小，角质膜较厚，叶片结构紧密度偏高，而海绵组织与叶片厚度的比值偏低（唐立红，2010）；②从生理生化指标上看，其电导率较稳定，可溶性糖与可溶性蛋白含量相对较高，脯氨酸、丙二醛也有相应的变化，但这个变化往往存在一个临界期或临界值。

（二）牡丹对低温胁迫的反应

牡丹具有春季开花、冬季休眠的生长习性，因此，春季是低温胁迫的主要发生季节（单银丽等，2013）。过低的温度会抑制牡丹叶片光合作用，增加叶片活性氧水平及渗透调节物质的含量，其对光合机构的伤害与高温相比较弱（乔永旭，2015）。但低温并不总是对植物有害的。杜丹妮等（2016）研究发现，低温会通过调控相关基因的表达量来促进牡丹花青素苷的合成，使切花花色明度下降，红度和彩度增加。

油用牡丹种类中，杨山牡丹和紫斑牡丹越冬期间，对低温都有一定的适应能力，但从各地引种实践看，紫斑牡丹的抗寒性明显高于杨山牡丹。但在紫斑牡丹不同品种间，抗寒性仍然存在较大差异。紫斑牡丹品种从甘肃兰州等地引种到黑龙江哈尔滨等寒冷地区，能正常生长，开花结实，但还不能实现自然越冬。其物候期要延后 30 天（赵利群等，2009）。哈尔滨年平均温度 3.6℃，牡丹江为 5.9℃，引种情况比哈尔滨好些，紫斑牡丹在哈尔滨能不经防寒而越冬，但花量极少，花色不艳。经采用越冬防寒措施，成活率达 98%，开花量提高，花艳香浓（崔红莲等，2010）。但在这些地方发展油用牡丹仍需慎重。据观察，9 月 21 日前后是紫斑牡丹叶片各生理指标变化的节点，随温度降低，丙二醛、脯氨酸、可溶性糖含量均呈现明显增加趋势，其中脯氨酸在抗寒品种中成倍增加；可溶性糖在 9 月 21 日后急剧增加，抗性品种增加量较高（闫中园等，2009）。

张永侠等（2009）测定了紫斑牡丹枝条在越冬期间抗寒生理指标变化，表现为在 –25 ～ –20℃呈增加的趋势，以适应低温环境；在 –30 ～ –25℃降温时间段，'清风微波''珍珠白''书生捧墨'生理指标下降，而'喜庆'各项生理指标始终呈上升趋势，且高于其他品种，表明'喜庆'抗寒力最强，能抵抗 –30℃的低温。而其他品种只能耐 –25℃低温。岳桦等（2009）对 10 个紫斑牡丹品种越冬期间（11 月至翌年 3 月）枝条的抗性生理指标分析得出，供试品种抗寒性排序为：'紫冠玉珠'＞'大漠风云'＞'紫楼镶金'＞'红冠玉珠'＞'蓝玉三彩'＞'众姐妹'＞'和平红'＞'红裙玉带'＞'玉瓣绣球'＞'蓝天梦'。

低温锻炼可显著提高牡丹切花的抗冷性，使花枝能够更好地适应 30 ～ 150 天长期储藏的 –4 ～ –3℃冰温环境。经 4℃低温锻炼 3 天的牡丹切花与室温对照相比，低温锻炼处理使 3 个牡丹切花不同组织的过冷点和冰点显著降低，但花瓣和叶片的束缚水、可溶性蛋白、可溶性糖和脯氨酸含量均得到提高；冷锻炼后转入冰温储藏处理，进一步提高了牡丹切花花瓣和叶片的束缚水和可溶性蛋白含量（曹满等，2017）。

五、重金属胁迫

重金属元素包括必需元素和一些非必需元素，其含量超过牡丹承受范围就会产生胁迫作用。目前，牡丹在重金属胁迫方面研究最多的是铜胁迫（张夏燕等，2018）。重金属胁迫会抑制或破坏酶系统，诱导产生毒性症状，抑制植物生长发育（Jin 等，2015）。

'凤丹'对一定浓度的铜胁迫有较好的耐受性,其主要方式是将铜累积在根部,并控制铜向地上部运输,对被铜污染的土壤具有良好的修复效果(沈章军等,2005)。董春兰等(2013)对牡丹品种'肉芙蓉'的耐铜特性也进行了研究,发现其耐铜能力很可能来源于其砧木'凤丹'的耐铜性,在中低浓度铜胁迫下,绝大部分的铜积累在根系,地上部能够维持较低含量的铜,其体内大部分代谢仍能正常进行,从而使植株生长良好;同时发现一定浓度的铜能够促进根系对钾的吸收,减少根、茎、叶中锌的含量。

(侯小改,郭琪)

第五节

衰老生理

一、衰老的概念

衰老是牡丹生命周期的最后阶段，是成熟的细胞、组织、器官和整个植株自然地终止生命活动的一系列衰退过程。衰老不可避免，但认识衰老原因，推迟或延缓衰老则是可能的。

对于多年生落叶木本植物，衰老和死亡可以发生在不同水平上。在细胞水平上，某些细胞在细胞分化时衰老死亡，如导管分子、厚壁细胞等；在组织水平上，如植物的根、茎加粗生长开始后，表皮逐渐死亡而被周皮取代；在器官水平上，则有叶、花、果等的生命周期性（而种子却又孕育了新的生命）；在整株水平上，则随着大生命周期的变化，在步入老龄阶段后，逐渐衰老死亡。

从生命活动开始，生长发育与衰老死亡就相伴而生。无论哪种水平上的自然衰老，就其生态适应和内部生理活动而言，都具有积极的生物学意义。

二、关于衰老的理论分析

有关植物衰老发生的原因有多种假说，如DNA损伤假说、基因时空调控假说、自由基损伤假说、植物激素调节假说以及程序性细胞死亡理论等（李合生，2012）。而各种假说的作用机制与程序性细胞死亡理论间存在着各种联系。下面是较为流行的两种假说。

（一）自由基损伤假说

在各种有关衰老的理论分析中，自由基假说受到较多关注。该学说认为：衰老是由于植物体内产生过多的活性氧自由基，对生物大分子（如蛋白质、核酸、生物膜以及叶绿素等）产生破坏作用，从而使器官及植物体衰老、死亡。

活性氧是指化学性质极为活泼、氧化能力很强的含氧物的总称，如超氧化物阴离子自由基、羟基自由基、过氧化氢、脂质过氧化物等。自由基为游离存在的、化学特性极为活泼的带有不成对电子的分子、原子或离子。

正常情况下，植物体内多余的自由基可以通过自由基清除酶类，或一些能与自由基反应并产生稳定产物的非酶类自由基清除物质的协同作用，使自由基的产生与清除处于动态平衡状态，植物体内的自由基浓度处于较低水平，不会产生伤害。但当遇到不良环境条件或趋于衰老时，自由基产生和清除的代谢系统平衡被打破，清除自由基的酶活性和非酶物质水平下降，活性氧自由基的产生加速乙烯生成，从而加速衰老进程。

自由基清除酶包括超氧化物歧化酶、过氧化氢酶、过氧化物酶、谷胱甘肽过氧化物酶等；非酶类自由基清除物质有维生素 E、谷胱甘肽、维生素 C、类胡萝卜素、甘露醇、巯基乙醇等。

一般认为，超氧化物歧化酶和脂氧合酶与衰老密切相关。超氧化物歧化酶参与自由基的清除和膜的保护，脂氧合酶则催化膜脂中不饱和脂肪酸加氧而使膜受到损伤。衰老往往伴随着超氧化物歧化酶、过氧化物酶、过氧化氢酶活性降低而脂氧合酶活性升高，自由基增加，丙二醛含量上升，即膜脂过氧化加剧，衰老加速。

（二）植物激素调节假说

植物激素对衰老过程有重要的调节作用。最早被发现具有延缓衰老作用的内源激素是细胞分裂素（CTK）。之后逐步认识了其他激素的作用。

总体上看，细胞分裂素、生长素类和多胺具有延缓衰老的作用，而脱落酸、乙烯、茉莉酸和茉莉酸甲酯等则具有促进衰老的效应。许多研究表明，植物衰老进程是受到多种植物激素综合调控的，如低浓度吲哚乙酸可延缓衰老，但浓度升高到一定程度时则可诱导乙烯合成，促进衰老。此外，脱落酸对衰老的促进作用可被细胞分裂素所拮抗。而乙烯可能与脱落酸、细胞分裂素一起，调控程序性细胞死亡，进而调控衰老。

三、牡丹叶片衰老生理

植物衰老一般从器官衰老开始，然后引起植株衰老。在器官衰老中，根系衰老研究较少，而叶片衰老生理受到较多关注，人们常常以不同时期叶片衰老生理指标的变化来研究整个植株衰老过程，牡丹研究中也是如此。

归纳起来，叶片衰老过程中的生理变化有以下方面：①蛋白质合成能力减弱，分解加快，含量显著下降；②核酸中，RNA、DNA 均下降，不过 DNA 下降速度比 RNA 慢；③由于叶绿素含量迅速下降，导致净光合速率下降；④呼吸速率下降；⑤生物膜结构发生变化；⑥内源激素发生变化，一般是吲哚乙酸、赤霉素和细胞分裂素含量逐步下降，而脱落酸和乙烯含量逐步增加。

叶片的生长和衰老过程从牡丹 1 年生苗开始直到植株死亡，每年都有一个轮回。在牡丹年生长周期中，叶片功能的发挥至关重要，叶片过早衰老或早期落叶都是需要尽量避免的。

四、牡丹切花衰老生理

牡丹花朵是个复合器官，由萼片、花瓣、雄蕊、雌蕊组成。其中以花瓣寿命最短。切花的衰老通常是指从花瓣充分展开到出现萎蔫或脱落从而失去观赏价值的过程。在商品流通中，通常以花瓣寿命作为有效寿命的指标。切花从瓶插之日起到失去观赏价值的天数称为观赏寿命或瓶插寿命。对花瓣衰老及其调控的研究，可为制定延长切花寿命的技术措施提供理论依据。

牡丹切花从花朵开放到花瓣衰老凋谢是个复杂的生理代谢过程。

（一）水分代谢与衰老

牡丹花瓣中水分含量及变化直接影响整个开花进程。花开放过程中，水分的存在形成一定的膨压，促使花瓣细胞扩张，促进开花。如果水分不足，不仅会阻碍花蕾开放，还会影响开花率和开放程度。研究证实，牡丹花期天数与花瓣相对含水量呈极显著正向遗传相关（张红磊，2010）。但是，水分也是导致花朵衰败的一个重要因素，由于花茎输导组织堵塞引起花瓣组织内部缺水，会加速切花的凋萎。Conrade 等认为，切花吸水量与其寿命没有相关性，而与其持水量有关。牡丹花瓣大而且多，蒸腾作用旺盛，持水能力很弱。随着膜透性增大，水分及细胞溶质大量外渗，最终导致水分的丧失和花瓣的萎蔫。郭闻文等（2004）研究了 5 个品种切花瓶插寿命与水分平衡的关系，发现品种间水分平衡值存在差异，如'百花丛笑''朱红绝伦'及'雪莲'开花进程快，花瓣得以充分展开，瓶插寿命 5~6 天，其水分平衡值前期较高，之后下降；而'玉面桃花''天香湛露'瓶插寿命达 8 天。但其开花进程慢，未能表现出最长的观赏期。其前期水分平衡值较低。可见水分平衡值与瓶插寿命没有直接的关系，但其变化趋势与花朵开放进程密切相关。

水分平衡值反映切花瓶插过程中吸水和失水之间的平衡关系，切花只有在吸水与失水处于动态平衡状态时，才能保持其新鲜程度。据观察，牡丹切花瓶插初期吸水量与失水量都很大，但吸水量大于失水，水分平衡值保持正值，并在瓶插 1 天后达到最大。随着瓶插时间延长，吸水量与失水量渐趋减小，而吸水量降低的速度较失水快，直至水分平衡值出现负值，最终花瓣凋萎。相关分析表明，牡丹切花瓶插期水分平衡值降为零的时间与瓶插寿命呈显著的正相关（史国安等，2010）。

（二）糖代谢与衰老

切花花枝中各种营养成分含量变化对开花与衰老过程有着重要影响。碳水化合物特别是可溶性糖，作为呼吸基质为切花生命活动提供能量。切花瓶插时花冠中糖分含量与瓶插寿命直接相关。据对'洛阳红''胡红'切花的观察，随着花朵开放，花瓣迅速生长，总可溶性糖呈迅速增加趋势，其中己糖（包括葡萄糖和果糖）含量显著增加，并在花盛开时达最高水平。从露色期到盛开期，'洛阳红'与'胡红'花瓣中葡萄糖含量分别提高了 3.08 倍和 1.69 倍，果糖分别提高了 8.36 倍和 2.28 倍。而蔗糖则呈下降趋势。花朵开放过程中，水解蔗糖和可溶性糖含量的提高，可以降低花瓣细胞的渗透势，从而促进细胞吸水并为其扩张生长提供动力。进入盛开期后，花瓣逐渐萎蔫乃至凋谢，此时，以己糖为主的总碳水化合物含量下降，蔗糖含量迅速减少。己糖含量和蔗糖降解指数与花枝质量呈现极显著正相关。己糖的积累在牡丹花朵开放和衰老过程中起着重要作用。分析表明，牡丹可溶性糖代谢依赖于酸性转化酶、中性转化酶、蔗糖合成酶和蔗糖磷酸合成酶的共同作用（史国安等，1997）。

牡丹花瓣中可溶性碳水化合物除提供能源和代谢底物进行渗透调节外，还在花青素苷的生物合成和积累中发挥重要作用。张超等（2010，2014）用不同浓度的蔗糖、葡萄糖处理'洛阳红'牡丹切花，均可延缓切花开放。相较而言，葡萄糖处理效果更好，并以浓度为 90 g·L^{-1} 葡萄糖处理的切花瓶插寿命最长。糖处理减少或延迟了切花内源乙烯的释放，其中葡萄糖降低了乙烯释放峰值，蔗糖处理则使乙烯释放峰值推迟了 24 h。此外，从'洛阳红'中分离得到己糖信号感知和转导关键因子（HKX）的同源基因 *PsHKX1* 和 *PsHKX2*。进一步研究表明，这两个基因具备糖信号感知功能，在葡萄糖调控花青素苷合成过程中发挥着重要作用。而高树林等（2015）的葡萄糖处理明显促进了 *PsWD40-2*、*PsF3H1* 和 *PsF3'H1* 等基因在牡丹切花开放过程中的表达，并推测上述 3 个基因是响应葡萄糖调控的关键基因。

此外，转录组分析表明，葡萄糖处理能显著下调乙烯生物合成及信号转导相关基因，如 *ACS*、*ERF* 等的表达，并抑制 *DREB*、*CBF*、*NAC*、*WRKY* 和 *bHLH* 等胁迫相关转录因子基因的表达（Zhang 等，2014）。

除碳水化合物外，蛋白质也是切花体内的重要营养物质。有研究表明，切花衰老过程中，常伴随着可溶性蛋白的大量降解。因而蛋白质含量下降也被认为是衰老的一个重要指标。

（三）植物激素与衰老

牡丹切花中含有各类植物激素，切花开放与衰老过程的调节与激素代谢密切相关。

1. 乙烯和脱落酸是促进切花衰老的激素

1）乙烯　牡丹是乙烯敏感型花卉，不过不同品种间，内源乙烯的释放以及对外源乙烯的反应存在差异。根据切花开花与衰老过程中乙烯生成量的变化情况，切花品种有类似乙烯跃变型（'洛阳红''赵粉'等）与类似乙烯末期上升型（'胡红'等）之分。和跃变型果实类似，在乙烯峰出现前有呼吸峰出现。

（1）牡丹花枝各器官乙烯释放情况　据对'洛阳红'牡丹的观察（史国安等，2010），在牡丹花朵开放和衰老过程中，因前期吸水和后期失水，花枝和花朵的质量呈现先上升后下降的趋势，并在盛花期达到最大。在整个花枝质量变化过程中，花瓣质量占比始终最高，如'胡红'盛花期花瓣质量占花枝总质量达 56.36%。据测定，花枝各器官鲜样单位质量乙烯释放速率在盛开前期以雄蕊最高，并在初开期出现高峰，次为雌蕊和花托，花瓣最低；盛开期之后，各器官乙烯释放速率迅速升高，并以花托、雄蕊与花萼增加最为显著，而花瓣中乙烯释放呈现末期上升的特征。整个开花过程中，花茎未检测到乙烯释放，叶柄仅在始衰期有少量释放，叶片中乙烯释放呈下降趋势。比较而言，各器官乙烯释放速率，花托始终高于花瓣，且差距逐渐增大。但在花发育前期雌蕊、雄蕊释放速率高于花托，而开花后则相反。花瓣及雌雄蕊与花托之间存在一定的乙烯释放梯度，这个梯度随花朵开放与衰老而逐渐增大。至于乙烯释放总量，除茎和叶柄外，露色期以叶片为主，雄蕊次之，花瓣居中，雌蕊、花托、花萼最低；随花朵开放，花瓣乙烯释放总量迅速增加并达到最高。开花后花瓣乙烯所占比例略有下降，此时花托释放乙烯比例达到最高。在'胡红'花朵开放和衰老过程中，整个花枝的乙烯释放主要来源于花瓣，次为雄蕊和花托。

（2）牡丹花枝中 1- 氨基环丙烷 -1- 羧酸含量的变化　植物不同器官间乙烯生物合成的调节主要依赖于 1- 氨基环丙烷 -1- 羧酸的运转。牡丹花朵露色期花瓣中 1- 氨基环丙烷 -1- 羧酸含量极高，次为雄蕊和花托，再次为茎，叶片最低。此后，各部分 1- 氨基环丙烷 -1- 羧酸含量逐渐降低；到始衰期，花瓣和叶片中 1- 氨基环丙烷 -1- 羧酸含量再次升高。牡丹花朵各部位 1- 氨基环丙烷 -1- 羧酸含量占整朵花 1- 氨基环丙烷 -1- 羧酸总含量百分比从高到低依次为花瓣 > 雄蕊 > 茎> 花托 > 叶柄、雌蕊和花萼。可见，各器官间存在 1- 氨基环丙烷 -1- 羧酸含量的梯度变化。

各器官间乙烯释放速率与 1- 氨基环丙烷 -1- 羧酸含量的梯度差异与衰老密切相关。如'胡红'牡丹初开期雄蕊出现乙烯峰，同时带动 1- 氨基环丙烷 -1- 羧酸的运转与再分配，使盛花期后花瓣乙烯迅速升高，从而导致花瓣的衰老。牡丹花的衰老过程与以授粉诱导的花朵衰老过程有所不同，在兰花、香石竹、月季等的衰老过程中，首先是雌蕊乙烯释放量的急剧增加，同时雌蕊向花瓣中输送 1- 氨基环丙烷 -1- 羧酸，引起花瓣大量生成乙烯并衰老。之所以有如此不同，应与'胡红'牡丹大部分雌蕊瓣化有关。

（3）内源乙烯的分子调控　人们期望通过内源乙烯的调控达到延长花期的

目的，并为此进行了努力。已知 1- 氨基环丙烷 -1- 羧酸合酶及其氧化酶是乙烯生物合成中的 2 个关键酶。目前，已从牡丹花瓣中分离了 2 个乙烯合成酶基因 *PsACS1* 和 *PsACO1*，并发现 *PsACS1* 的表达随外源乙烯和 1- 甲基环丙基乙烯（1-MCP）处理分别得到显著诱导和抑制，将其导入拟南芥后验证了该基因确实具有促进乙烯合成的功能（Zhou 等，2013）。由于发现乙烯受体和转录因子基因 *PsETR1-1*、*PsEIN3-1* 与牡丹切花瓶插过程中对乙烯的敏感性及响应有密切关系（Zhou 等，2010），以同源克隆方式从牡丹花瓣中克隆了 3 个 *EIN3* 同源基因，其中 *PsEIN3* 的表达受到外源乙烯的诱导与 1- 甲基环丙基乙烯（1-MCP）的抑制，对牡丹切花的开放和衰老有着重要的调控作用（Wang 等，2013）。

内源乙烯生成的调控有生物合成与信号转导两条途径，其中阻断乙烯信号转导途径可能比阻断乙烯生物合成途径更为有效，而 *CTR1* 基因编码的蛋白就是信号转导途径中的负调控因子。高娟等（2010，2011）成功克隆到牡丹 *CTR1* 基因家族 3 个成员的基因片段，分别命名为 *PsCTR1*、*PsCTR2*、*PsCTR3*。进一步研究了外源乙烯和乙烯作用抑制剂 1- 甲基环丙基乙烯对'洛阳红'牡丹切花中上述 3 个基因表达的影响。结果表明，*PsCTR1* 和 *PsCTR2* 总体上呈现组成型表达，而 *PsCTR3* 随切花内源乙烯的增加表达增强，为乙烯诱导型表达。

2）脱落酸　在牡丹切花中，内源脱落酸含量表现为先降后升。蕾期脱落酸含量较高，此后逐渐降低，花朵盛开时达到最低值。当花朵表现出衰老现象时，脱落酸含量又开始升高。王晓庆等（2012）研究了脱落酸对'洛阳红'牡丹切花开放衰老进程及内源乙烯释放的影响，结果认为，脱落酸可以促进其开花进程，延长其最佳观赏期。外源脱落酸促进了切花早期内源乙烯的释放。而脱落酸抑制剂钨酸钠则抑制内源乙烯的释放，并推测脱落酸对'洛阳红'切花开放进程的促进作用是通过促进切花内源乙烯的释放达到的。在高等植物中，脱落酸以间接合成方式为主，9- 顺式环氧类胡萝卜素双加氧酶是整个合成反应的限速酶。王晓庆等（2012）应用 RT-PCR 和 RACE 技术克隆得到牡丹中 9- 顺式环氧类胡萝卜素双加氧酶的一条 cDNA 基因，命名为 *PsNCED1*。该基因与模式植物拟南芥中 *AtNCED3* 基因氨基酸序列一致性最高，而 *AtNCED3* 是拟南芥受到胁迫时被诱导表达合成脱落酸的最主要基因，并推测在牡丹中 *PsNCED1*

也有相同的作用机制。

3）乙烯、脱落酸与切花衰老　大量研究表明，导致切花衰老的内源激素主要是乙烯和脱落酸，但二者的作用各有不同。一般认为，花与果实衰老时大量生成乙烯，但这只是衰老伴生的同步现象，并不是衰老的启动因素，应将外源乙烯对衰老的促进作用与花果自身内源的生成能力区分开来。人们在研究牡丹切花时发现，牡丹花朵开放后，脱落酸快速积累，并早于乙烯的快速升高。脱落酸可能是促进牡丹切花衰老的主要激素，并可能是其衰老的启动激素。在芍药切花衰老过程中也观察到脱落酸快速升高并早于乙烯的情况（史国安等，2008）。

2. 牡丹激素代谢的若干特点

1）内源激素的平衡对花瓣发育起着重要的调节作用　在蕾期，吲哚乙酸、赤霉素、玉米素核苷（ZR）、脱落酸含量均处于较高水平。随着花瓣伸长生长加快，各种内源激素含量呈下降趋势，但下降速率各有不同。脱落酸含量呈现"V"形变化，开花过程中含量下降，初开后又显著升高，与其他激素变化明显不同。在比较花瓣内源激素中 IAA/ABA、GA_3/ABA、ZR/ABA 和（IAA+GA_3+ZR）/ABA 值的变化后，发现开花初期出现生长促进物质与生长抑制物质的比值大幅增高，随后迅速下降的现象；而在研究'盛丹炉'切花内源激素变化时，发现细胞分裂素与脱落酸比值变化趋势与切花衰老过程十分吻合。由此可见，牡丹花主要通过细胞分裂素、生长素、赤霉素与脱落酸之间的平衡关系来调控其发育过程（史国安等，2011；杨秋生等，1997）。

2）温度对内源激素含量的重要影响　温度变化对内源激素含量有着重要影响，如'盛丹炉'牡丹在不同温度条件下（常温 18℃±2℃和低温 4℃±2℃），切花衰老过程中内源激素含量有如下变化：①室温下乙烯释放只出现 1 次高峰，低温能有效抑制乙烯的释放；②在切花衰老过程中，脱落酸含量多次出现高峰，每次高峰过后都会加剧其衰老进程，低温下脱落酸含量更高；③低温下细胞分裂素含量比室温下含量高，维持高含量的时间更长；④吲哚乙酸含量变化出现 1 次高峰，低温冷藏下其含量较低，高峰出现的时间也晚；⑤赤霉素对延长牡丹切花寿命的效果不明显。

3）激素代谢与糖代谢间的互作关系　在植物生长发育过程中，植物激素与糖类形成一个复杂的调控网络，对整个生长发育产生重要影响。其中乙烯信号和糖信号的互作在切花衰老和机制研究中得到证实（高树林等，2015）。试验结果表明，葡萄糖处理明显减少牡丹切花内源乙烯的生成，而乙烯处理则促进内源乙烯的释放，牡丹花色和花青素苷含量与内源乙烯释放量呈负相关关系。而采取葡萄糖＋乙烯复合处理，则在不同程度上促进几乎所有与花青素苷合成相关基因的表达，表明葡萄糖通过信号转导途径阻碍了乙烯信号对花青素苷的负调节作用，从而增加了切花花瓣花青素苷的含量，使切花花色加深。

（四）膜脂过氧化代谢与衰老

牡丹切花开放与衰老过程中，伴随着自由基清除酶活性下降，活性氧自由基产生速率上升，膜脂过氧化水平加速等变化，自由基产生和清除的代谢系统被打破，从而加速乙烯等衰老激素的释放，加速衰老进程。

在'洛阳红'牡丹自然开花和衰老过程中，史国安等（1999）发现不仅有乙烯和乙烷的明显的跃变高峰（其中乙烷高峰早于乙烯），而且超氧化物歧化酶在盛花后迅速下降，活性氧自由基产生速率和丙二醛含量迅速上升。在'赵粉'牡丹和'砚池漾波'芍药切花开放过程中，中后期先后出现呼吸上升和乙烯释放高峰，花瓣总饱和脂肪酸含量增加，不饱和脂肪酸指数下降等变化，表明不饱和脂肪酸在膜脂过氧化作用中发生了一系列自由基反应，其含量下降，膜脂趋于饱和化（王荣花等，2003）。相关分析表明，这一时期，牡丹花瓣中可溶性蛋白含量、质膜透性、丙二醛含量、超氧化物歧化酶活性与超氧阴离子自由基之间呈显著相关关系（张圣旺等，2002）。

牡丹花瓣中富含多酚、类黄酮与花青素苷等。在花朵发育过程中，花瓣总酚呈下降趋势，开花前，牡丹花瓣提取液在卵黄脂蛋白过氧化体系中维持较高的抗氧化活性和自由基清除能力，但开花后，其抗氧化活性和自由基清除能力明显下降。牡丹花瓣中多酚含量与清除DPPH自由基活性间呈显著的正相关关系（史国安等，2009）。

此外，张圣旺等（2002）研究了不同钙浓度对牡丹花衰老过程的影响，认为适当施钙可以明显延缓可溶性蛋白降解，降低丙二醛、活性氧自由基含量及乙烯释放速率，提高超氧化物歧化酶活性和叶片光合作用，维持膜结构稳定性，从而延缓牡丹花瓣衰老。

（五）提高切花品质的措施

1. 加强切花采前管理

为了保证切花的长期供应和开花品质，首先需要按照切花生产标准严格选择和选育品种，并在不同地区（海拔）安排不同花期的切花品种种植与生产。注意切花采前肥水管理和病虫防治等。

2. 注意采后预处理与冷藏

为了保持切花采后的鲜度，需要有冷藏措施。鲜切花采后经预处理再冷藏效果更好。

切花保鲜储藏宜用气调加冷藏处理。牡丹切花在气温 2~3℃、空气相对湿度 90%~95%、空气流速 $0.3~0.5 \ m·s^{-1}$ 的储藏条件下，30 天后仍能保持良好的外观和内在品质（王志远，2001）。

五、牡丹植株衰老生理

（一）牡丹衰老的初步观察

对于牡丹植株的衰老现象，先民们已有所观察。明·薛凤翔《亳州牡丹史》中说，牡丹分株苗"八年曰艾 十二年曰耆 十五年曰老"，就是说牡丹植株从第八年开始老化，第十二年起就相当于人的六十岁以上，此时生命开始衰颓，第十五年就老了。

多年来，对牡丹的生命周期变化虽然有些推断并作了大致分期，但总体而言，对牡丹的衰老过程缺乏系统研究，直到 21 世纪初才开始涉及。据对菏泽百花园'洛阳红'5~30 年龄的植株生长状况及土壤环境的调查测定发现，牡丹的各项生长指标，如冠幅、新梢长、叶鲜重和干重、持水量、花芽数量、开花率、败育率，以及地下根（单位体积内）的数量、鲜重、干重等，均呈现一定的规律性变化：15 年龄内长势呈上升趋势，15 年龄后部分指标开始下降，20~30 年龄各项指标下降幅度明显增大，表明 20 年龄时，牡丹已开始步入衰老期。这说明现阶段由于地力肥沃度的改善，品种的改良，牡丹的旺盛生长期已经在延长了（郝青，2008）。

菏泽百花园的'洛阳红'为无性繁殖植株，而洛阳国家牡丹园的'凤丹'林是用实生苗营造的，其在就地生长开花 20 年龄后，植株发生明显分化，部分植株衰老死亡。在西北地区，据对紫斑牡丹的观察，自然生长的植株在 15 年龄后，转向以生殖生长为主，如不加以人工干预，则生长势明显衰退。

（二）植株衰老原因的初步分析

对菏泽百花园牡丹结合形态观察进行了生理指标测定和土壤分析，取得如下结果（郝青，2008）。

1. 一些与衰老相关的生理指标随株龄增加而发生明显变化

（1）可溶性蛋白含量　不同株龄叶片可溶性蛋白含量从 5 年龄到 15 年龄呈上升态势，15 年龄以后缓慢下降，20～25 年龄下降尤为明显。

（2）超氧化物歧化酶含量　超氧化物歧化酶是植物体内普遍存在的一种含金属的酶，它与脯氨酸、过氧化氢酶等协同作用，防御活性氧或其他过氧化物自由基对细胞膜系统的伤害，从而防止细胞的衰老。牡丹超氧化物歧化酶活性在 5～10 年龄呈上升趋势，10 年龄以后开始缓慢下降，而以 20～25 年龄期间下降幅度最大。

（3）丙二醛含量　丙二醛是由脂质中不饱和脂肪酸发生膜脂过氧化作用而产生的，它的生成与积累会对生物膜造成严重损伤。随着牡丹株龄增加，叶片中丙二醛含量总体上呈上升趋势，前期上升速度缓慢，25～30 年龄上升幅度较大。

生理指标的测定结果与前述形态观察结果相符，特别是 20 年龄后，叶片可溶性蛋白含量快速下降，超氧化物歧化酶活性显著降低，丙二醛含量明显增加等，均与衰老过程密切相关。

2. 牡丹植株的衰老与土壤中自毒物质的积累有关

在对菏泽百花园牡丹连作地块土壤及牡丹根系浸提液中的化感成分进行分析后，发现具有以下几个特点：

（1）有机物种类多，成分相当复杂　两类浸提液中共鉴定出烷烃、烯烃、芳香烃、醇、醚、酚醌、酸、醛、酮、酯、苯、胺等 12 类，计 234 种有机物，都是长链、脂溶性、弱极性的有机分子，且以烷烃、芳香烃和酯类为主。其中牡丹根际土壤提取物中相对含量最高的成分是环三硅氧烷（13.01%），次为 2-

（2- 甲基丙烯基）-1- 丁醇（12.42%）、4- 甲基十四烷（11.00%）。根系提取物中相对含量最高的成分是 5,6-Dihydroxyingol3,7,8,12-tetraacetate（30.84%），其次为顺 -9- 辛基癸烯酰胺（3.78%）、二十五烷（3.66%）。

（2）两类浸提取液中有 12 种有机分子相同　这些物质有可能是根系分泌物，如 3, 8- 二甲基十一烷、2- 甲基十三烷、十四烷、十六烷（鲸蜡烷）、正二十一烷、二十五烷、甲基环己基二甲氧基硅烷、3- 甲基癸烷、2- 乙基十二烷醇、1, 2- 二甲基苯、2, 4- 双（1, 1- 二甲基乙基）苯酚、邻苯二甲酸二异丁酯，这些化合物分属于 5 类有机物（烷烃、醇、苯、苯酚、酯），其中含量相对较高的成分是二十五烷（3.66%），次为 2, 4- 双（1, 1- 二甲基乙基）苯酚（1.19%），最少的成分是 3- 甲基癸烷（0.08%）。

（3）土壤中存在的自毒物质　土壤浸提液中约有 40 种有害物质，幼年植株根际土壤中不含，而老年植株根际土壤中相对含量较高。这些成分有可能是土壤中含有的对牡丹生长产生自毒作用的物质，主要是烷烃和酯类。

（4）与连作年限呈正相关并呈增加趋势的 24 种成分　将牡丹栽植地土壤化感成分与对照土壤比较，发现栽植牡丹使土壤中的下列 24 种成分增加：环三硅氧烷、十四烷、2,6,10- 三甲基癸烷、十七烷、5,8- 二乙基十二烷、9- 己基十七烷、癸烷、金刚烷、十甲基环五硅氧烷、2,6,10,15- 四甲基十七烷、2,6,10,14,18-Pentamethyl2, 6,10,14,18-eicosapentaene、4,6,8- 三 甲 基 壬烯、2- 乙基 -2- 甲基十三醇、2- 己基 -1- 辛醇、辛酸甲酯、乙酸，trifluoro-3,7-dimethyloctylester、十四烷酸甲酯、15- 甲基 - 十六酸甲酯、8- 十八酸甲酯、1- 乙基 -2- 甲基苯、1,2- 二甲基苯、2- 特丁基 -3,4,5,6- 氢吡啶、n- 庚基 -N- 甲基 -吡咯烷 -2- 甲酰胺、N，N- 二氟二甲胺，这些物质主要属于烷烃和酯类，该类成分的增加与牡丹连作年限呈正相关。25～30 年龄大龄牡丹植株土壤浸出液甚至能影响已萌动生根的种子上胚轴休眠的解除，可见其具有较强的抑制生长的作用。

除上述研究外，覃逸明等（2009）应用高效液相色谱法，在 4 年龄铜陵‘凤丹’根际土壤中，检测到 5 种以上酚、酸、醛类物质，其中丹皮酚含量最高 35.30 $\mu g \cdot g^{-1}$，其次为肉桂酸 21.78 $\mu g \cdot g^{-1}$，其余依次为香草醛 9.68 $\mu g \cdot g^{-1}$、香豆素 7.62 $\mu g \cdot g^{-1}$、阿魏酸 3.70 $\mu g \cdot g^{-1}$。这些成分同样也在 4 年龄‘凤丹’根皮中被检测到，但其含量远高出根际土壤，依次为丹皮酚 6 298.50 $\mu g \cdot g^{-1}$、肉桂酸 2 562.50 $\mu g \cdot g^{-1}$、阿魏酸 1 440.0 $\mu g \cdot g^{-1}$、香豆素 774.25 $\mu g \cdot g^{-1}$、香草

醛 743.50 μg·g^{-1}，而在对照土壤中，只检测出微量的香草醛 9.72 μg·g^{-1}、肉桂酸 7.30 μg·g^{-1}、丹皮酚 2.76 μg·g^{-1}。

上述 5 种化感物质作用于'凤丹'幼苗，部分种类在低或中低浓度时对根、茎生长有促进作用，而在中高或高浓度时表现出抑制作用，其中以根长度和地下生物量受到抑制最为明显，抑制作用最大的组分是高浓度的香豆素和高浓度的上述成分混合物，而低浓度的阿魏酸和中低浓度的香草醛对'凤丹'幼苗生长有一定的促进作用。

根际是植物和土壤进行物质和能量交换的场所，根际土壤是植物、土壤、微生物及其环境条件相互作用的产物。牡丹根际土壤能产生自毒作用的化感物质的积累，严重影响到根系的生长，限制了地上部分乃至整个植株的生长发育。植株的衰老表现往往从根系衰弱腐烂开始，这是我们经常看到的老龄牡丹植株的状况。

3. 影响牡丹植株衰老的其他因素

总的来看，牡丹植株的衰老过程是遗传因素（种类和品种）和栽培环境（气候、土壤、密度以及栽培管理措施等）共同作用的结果。据对各地古牡丹的调查，在各个栽培类群中，以甘肃中部紫斑牡丹的大树、古树数量最多，应该与紫斑牡丹树性强、寿命长的特性有关，也与紫斑牡丹以实生树为主，庭院栽培为主，孤立树或稀疏栽植等措施有关。

牡丹进入老龄期以后，树体庞大，冗余组织增多且占比较大，因而植物体内无效消耗增大；植株以生殖生长为主，花芽分化数量多，但单个花芽得到营养减少，往往导致芽体衰弱、分化不良。这些因素与其他生理代谢因素的结合，会加速植株衰老进程。

4. 延缓衰老的措施

国内 20 世纪 50 年代以后陆续种植的牡丹多已进入老年期，这些大树的更新复壮需要趁早列入议事日程。有关内容可参考本丛书第一卷《中国牡丹种质资源研究与利用》的有关章节，这里仅强调两点：

（1）在加强树体管理的基础上注意调节营养生长和生殖生长的关系　牡丹进入成年期以后即由以营养生长为主转为以生殖生长为主，植株普遍容易形成花芽。这时即应通过修剪控制开花数量，使其与树势保持平衡，并使营养枝占比达到 30% 以上，后期要采取回缩修剪以恢复树势。

（2）注意地下根系的恢复　只要土壤温度合适，牡丹根系就能很快恢复生长。强大的根系是树体健壮的保障。植株进入老年期后，要加强土壤管理。长势衰弱的植株要采取局部换土或全株换土的措施，视土壤污染情况，决定就地栽植或异地栽植。

（李嘉珏，侯小改）

主要参考文献

[1]　陈向明，郑国生，张圣旺 . 牡丹栽培品种的 RAPD 分析 [J]. 园艺学报，2001, 28(4): 370–372.

[2]　丰亚南 . 开花过程中牡丹碳水化合物的分配及牡丹花衰老生理的研究 [D]. 泰安：山东农业大学，2006.

[3]　高志民，王莲英 . 牡丹催花后复壮栽培根系生长及光合特性研究 [J]. 林业科学研究，2004, 17(4): 479–483.

[4]　郭丽丽，侯小改，李军，等 . 盆栽和地栽牡丹叶片与花芽中矿质元素含量的变化 [J]. 中国农学通报，2014, 30(25): 239–244.

[5]　郭丽丽，刘改秀，郭淇，等 . LED 复合光质对洛阳红形态和生理特性的影响 [J]. 核农学报，2015, 29(5): 995–1000.

[6]　郭闻文 . 牡丹切花采后衰老特征及内源乙烯代谢初探 [D]. 北京：北京林业大学，2004.

[7]　郝青，刘政安，舒庆艳，等 . 中国首例芍药牡丹远缘杂交种的发现及鉴定 [J]. 园艺学报，2008, 35(6): 853–858.

[8]　郝青 . 中国古牡丹资源调查及衰老相关研究 [D]. 北京：中国科学院研究生院，2008.

[9]　侯小改，段春燕，刘改秀，等 . 土壤含水量对牡丹光合特性的影响 [J]. 华北农学报，2006, 21(2): 91–94.

[10]　侯小改，段春燕，刘素云，等 . 不同土壤水分条件下牡丹的生理特性研究 [J]. 华北农学报，2007, 22(3): 80–83.

[11]　侯小改 . 4 个牡丹品种光合特性的比较研究 [J]. 河南农业大学学报，2007, 41(5): 527–530.

[12]　李合生 . 现代植物生理学：第 3 版 [M]. 北京：高等教育出版社，2012.

[13]　李军，孔祥生，李金航，等 . 逐渐干旱对牡丹生理指标的影响 [J]. 北方园艺，2014 (16): 50–53.

[14]　李盼根 . 黄土塬区典型点油用牡丹水分来源及通量模拟 [D]. 西安：长安大学，2020.

[15]　刘超，袁野，盖树鹏，等 . 强光高温交叉胁迫对牡丹叶片 PS Ⅱ 和 PS Ⅰ 之间能量传递的影

响 [J]. 园艺学报 , 2014, 41(2): 311–318.

[16] 刘慧春 , 马广莹 , 朱开元 , 等 . 牡丹 *PsDREB* 转录因子基因的克隆及亚细胞定位 [J]. 分子植物育种 , 2015, 13(10): 2290–2298.

[17] 刘雁丽 . 凤丹 (*Paeonia ostii*) 对 Cu 胁迫的响应及其在 Cu 污染土壤利用中的应用 [D]. 南京 : 南京农业大学 , 2013.

[18] 彭民贵 , 张继 , 陈学林 , 等 . 聚乙二醇模拟干旱胁迫下紫斑牡丹的抗旱性研究 [J]. 西北农林科技大学学报 (自然科学版), 2014, 42(4): 179–186.

[19] 覃逸明 , 聂刘旺 , 黄雨清 , 等 . 凤丹 (*Paeonia ostiiT.*) 自毒物质的检测及其作用机制 [J]. 生态学报 , 2009, 29(3): 1153–1161.

[20] 史国安 , 郭香凤 , 高双成 , 等 . 牡丹花发育过程中花瓣抗氧化活性的变化 [J]. 园艺学报 , 2009, 36(11): 1685–1690.

[21] 史国安 , 郭香凤 , 孔祥生 , 等 . 牡丹呼吸速率和内源激素含量变化与开花衰老的关系 [J]. 园艺学报 , 2011, 38(2): 303–310.

[22] 王岑涅 . 天彭牡丹 '红丹兰' 对干旱胁迫的生理生态响应研究 [D]. 成都 : 四川农业大学 , 2011.

[23] 王晓庆 , 张超 , 王彦杰 , 等 . 牡丹 *NCED* 基因的克隆和表达分析 [J]. 园艺学报 , 2012, 39(10): 2033–2044.

[24] 王彦杰 . 葡萄糖对牡丹切花采后乙烯生物合成及信号转导的影响 [D]. 北京 : 北京林业大学 , 2013.

[25] 翟敏 , 李永华 , 杨秋生 . 盆栽和地栽牡丹光合特性的比较 [J]. 园艺学报 , 2008, 35(2): 251–256.

[26] 张超 . 葡萄糖调控牡丹切花花青素苷合成的分子机理 [D]. 北京 : 北京林业大学 , 2014.

[27] 张红磊 , 丰震 , 郭先锋 , 等 . 牡丹花期的重复力与遗传相关分析 [J]. 中国农学通报 , 2010, 26(14): 243–246.

[28] 周曙光 , 孔祥生 , 张妙霞 , 等 . 遮光对牡丹光合及其他生理生化特性的影响 [J]. 林业科学 , 2010, 46(2): 56–60.

[29] 周琳 , 贾培义 , 刘娟 , 等 . 乙烯对 '洛阳红' 牡丹切花开放和衰老进程及内源乙烯生物合成的影响 [J]. 园艺学报 , 2009, 36(2): 239–244.

[30] 周琳 , 董丽 . 牡丹 ACC 氧化酶基因 cDNA 克隆及全序列分析 [J]. 园艺学报 , 2008, 35(6): 891–894.

第四章

牡丹与微生物的互作关系

    牡丹与微生物之间存在着互生、共生和寄生等多种关系，牡丹为微生物的生长提供营养和栖息活动场所，而微生物的活动与繁衍会影响牡丹的生长发育状况。了解牡丹与微生物的互作关系，不仅有助于掌握牡丹与有益微生物及有害微生物之间的相互作用机制等基础理论，而且也有助于解决牡丹病害防治及连作障碍等实际生产问题。

    本章介绍了牡丹根际微生物、丛枝菌根和牡丹内生菌的种群多样性，这些微生物与牡丹之间的互作关系及其研究进展。

第一节
牡丹与根际微生物的互作关系

一、根际和根际微生物

1904 年，德国微生物学家洛伦茨·希尔特纳 Lorenz Hiltner 首次提出了根际的概念，他认为根际就是由根系活动影响的根表土壤区域，并且认识到根际土壤对抑制某些土传病原微生物的生长非常重要。现在看来，根际可以定义为受植物根系活动影响，在物理、化学以及生物学性质方面不同于原土体的土壤微域。根际是植物和土壤进行物质和能量交换的场所，也是一个重要的环境界面，是土壤圈物质循环的重要环节。在根际土壤微环境中，紧密附着在根际土壤颗粒中的微生物即为根际微生物。受植物根系的影响，根际微生物的丰度和多样性在不同植物间具有较大的差异。根际微生物数量巨大，种类多样，其基因组被称为宏基因组，并被视为植物的第二套基因组，在植物的生长发育、养分获取、病虫害防御以及产量提升等方面起着至关重要的作用。因此，植物和根际微生物被比喻成一个超级生物体（艾超等，2015）。植物通过根际微生物获得某些特定的功能，同时释放部分光合作用所固定的碳，为这些微生物提供基质和能量。

根际范围的大小主要取决于根毛的长度。由于根毛和根系分泌物的作用，以及根际范围内较强的微生物作用，根际的理化性质明显不同于一般的土壤，这些理化性质主要包括根际微域土壤的氧化还原电位、pH、大量元素和微量元素的分布及根际养分生物有效性等。除此之外，根际微域中还包含土壤酶的作用。土壤酶是土壤生物化学过程的积极参加者，它与土壤微生物共同推动土壤物质与能量的代谢过程。土壤酶大多来源于土壤微生物，也有部分来源于植物根系分泌物，少量来自土壤动物，目前已知的与土壤肥力有重要关系的土壤酶达几十种。

随着研究的深入，根际概念也不断得以丰富和完善。2004 年 9 月召开的第一届国际根际研究会议上提出了根际对话的概念。根际对话是指发生在根际土壤中各种生物间的相互作用，包括频繁的物质和能量交换及信息传递，而根系分泌物在根—根或根—微生物的对话中起着"语言"的作用，协调着根系之间或根系与土壤生物之间的相互作用（李春俭等，2008）。当前，根际微域研究已成为一门新的、有发展潜力的交叉学科。

二、牡丹根际微生物的多样性

（一）牡丹根际细菌和真菌多样性

牡丹根际微生物的种类以细菌和真菌为主，当前研究者多采用纯培养方法进行根际微生物多样性的研究，并认为采用纯培养方法可以获得丰富的根际微生物种类。随着分子生物学技术的迅速发展，通过对环境 16S rRNA 基因和 *ITS* 基因进行的大量研究表明，植物根际微生物的多样性远比传统方法估计的要高，同时非培养方法能够更真实地反映根际微生物的群落结构。目前，应用纯培养方法和非培养方法从牡丹根际土壤中分离获得的细菌和真菌主要类群汇总列表于表 4–1。

表 4–1 表明，应用纯培养方法获得的细菌优势属主要为假单胞菌属、芽孢杆菌属、微杆菌属和贪噬菌属等；利用该方法获得的真菌优势属主要为青霉属、曲霉属、单孢枝霉属和盘多毛孢属等。同时表 4–1 也表明，应用非培养方法发现了更多的根际细菌和真菌种类。

Xue 等（2013）采用变性梯度凝胶电泳的方法研究了牡丹根际细菌种群结构的变化，其中 29 个代表性条带测序结果表明，牡丹土壤根际细菌主要归于 7 个门和 1 个未知种类，优势属为假单胞菌属和芽孢杆菌属。随着宏基因组测序技术的发展，郑艳等（2016）采用454焦磷酸测序技术，分析了牡丹根皮主产区根际土壤真菌的种群多样性，其真菌种类主要归于5个门，且不同地区优势属不同。以上研究均表明牡丹根际微生物种群组成具有丰富的多样性，利用纯培养方法和非培养方法获得的根际优势种类基本相同，但采用非培养方法获得的牡丹根际种群组成更为丰富。

牡丹根际细菌除类群具有多样性外，其根际土壤和非根际土壤中微生物数

● 表4-1　**牡丹根际常见的细菌和真菌种类**

牡丹种（品种）/观察地点	分析方法	类别	种属	参考文献
'凤丹''肉芙蓉'/洛阳国家牡丹园	纯培养方法	根际细菌	农霉菌属 *Agromyces*、节杆菌属 *Arthrobacter*、芽孢杆菌属 *Bacillus*、贪铜菌属 *Cupriavidus*、溶杆菌属 *Lysobacter*、微杆菌属 *Microbacterium*、假单胞菌属 *Pseudomonas*、芽孢卜叠球菌属 *Sporosarcina*、鞘氨醇单胞菌属 *Sphingomonas*、贪噬菌属 *Variovorax*	Han 等，2011
'凤丹''洛阳红'/洛阳中国国花园		根际真菌	枝顶孢属 *Acremonium*、链格孢属 *Alternaria*、曲霉属 *Aspergillus*、镰刀菌属 *Fusarium*、单孢枝霉属 *Hormodendrum*、毛霉属 *Mucor*、青霉属 *Penicillium*、盘多毛孢属 *Pestalotia*、根霉属 *Rhizopus*、木霉属 *Trichoderma*	康业斌 等，2006
'姚黄''豆绿''二乔'/洛阳国家牡丹园	非培养方法	根际细菌	芽孢杆菌属 *Bacillus*、慢生根瘤菌属 *Bradyrhizobium*、束缚菌属 *Conexibacter*、新鞘脂菌属 *Novosphingobium*、克雷伯氏菌属 *Klebsiella*、鸟氨酸杆菌属 *Ornithinibacter*、草酸杆菌属 *Oxalobacter*、土地杆菌属 *Pedobacter*、假单胞菌属 *Pseudomonas*、柔武氏菌属 *Raoultella*、红假单胞菌属 *Rhodopseudomonas*、鞘氨醇盒菌属 *Sphingopyxis*、鞘脂单胞菌属 *Sphingomonas*、热单胞菌属 *Thermomonas*	Xue 等，2013
'凤丹'/铜陵、南陵、亳州、菏泽和洛阳等地		根际真菌	链格孢属 *Alternaria*、节丛孢属 *Arthrobotrys*、曲霉属 *Aspergillus*、小芽枝霉属 *Blastocladiella*、旋孢腔菌属 *Cochliobolus*、鬼伞属 *Coprinus*、隐球菌属 *Cryptococcus*、杯梗孢属 *Cyphellophora*、泡囊线黑粉菌属 *Cystofilobasidium*、多样孢囊霉属 *Diversispora*、内囊霉菌属 *Entophyctis*、散囊菌属 *Eurotium*、外瓶霉属 *Exophiala*、镰刀菌属 *Fusarium*、小球腔菌属 *Leptosphaeria*、新丛赤壳属 *Neonectria*、膨囊壶菌属 *Oedogoniomyces*、青霉属 *Penicillium*、根生壶菌属 *Rhizophydium*、踝节菌属 *Talaromyces*、梭孢壳属 *Thielavia*、丝孢酵母属 *Trichosporon*	郑艳等，2016

注：表中菌物中文名字后的外文为该菌物的拉丁学名。

量差异较大。Han 等（2011）在对牡丹非根际土壤、根际土壤和根表细菌进行分离时发现，牡丹根际土壤细菌的种群数量为 10^8 CFU·g^{-1}，而非根际土壤和根表细菌的种群数量为 10^7 CFU·g^{-1}，表明牡丹根际土壤微生物数量高于非根际土壤微生物，这可能与牡丹根际更为复杂的环境条件相关，但根际土壤中种群更为丰富的机制需做进一步的研究。

（二）牡丹根际放线菌

在植物根际土壤中放线菌的种类相对丰富，其存在对于根际细菌有明显的抑制和拮抗作用。从药用植物根际土壤中分离获得的放线菌种类主要为链霉菌属和诺卡氏菌属。目前关于牡丹根际放线菌的研究较少，仅有研究者在采用非培养方法研究牡丹根际微生物多样性时，发现放线菌也为优势类群（王雪山等，2012）。其他未见相关研究报道。

三、牡丹与根际微生物的相互作用

（一）牡丹对根际微生物的影响

植物和土壤类型是影响植物根际微生物群落结构形成的主要因子，不同植物以及同一植物不同的生长发育时期，或者同一植物的不同基因型之间，根际微生物种类有所不同。研究表明，根际微生物群落结构的变化主要与植物根系分泌物和脱落物有关。根系分泌物是植物与根际微生物作用的中间媒介，吸引微生物在植物根际聚集生长成为根际微生物，同时又为微生物提供重要的营养和能量来源，其种类和数量直接影响着根际微生物的代谢和生长发育，进而对根际微生物的种类、数量和分布产生影响。

牡丹作为药用植物栽培时，根系分泌物和脱落物成分相当复杂，主要为糖类、氨基酸、维生素、微生物生长的刺激或抑制物质等，其成分的微小变化即可引起根际微生物区系组成上的巨大差异。康业斌等（2006）研究发现，牡丹根皮中丹皮酚的含量与根际真菌、细菌的数量呈负相关，即丹皮酚含量越高，其根际微生物数量越少。同时研究表明，不同牡丹品种其根皮中的丹皮酚含量不同，如'凤丹'根皮中丹皮酚含量为 24.688 g·kg^{-1}，高于'洛阳红'的 13.024 g·kg^{-1}，其根际微生物的数量明显低于'洛阳红'，表明根系分泌物的含量直接影响根际真菌和细菌的数量。此外，吴晓慧等（2003）研究表明，丹皮酚对某些植物病原菌，如水稻细菌性条斑病菌、青枯病菌、苹果斑枯病菌、玉米纹枯病菌具有较强的抑制作用。

除了根系分泌物影响牡丹根际微生物的丰度之外，王雪山等（2012）发现：牡丹种植年限也影响根际微生物群落结构。据对菏泽牡丹园 3～20 年生牡丹根际土壤样品中细菌与真菌种群结构的分析，牡丹根际土壤细菌多样性变化不显著，而真菌多样性水平随种植年限的增加而降低，菌群结构趋于简单，种类大量减少。样品间细菌种群结构相似度在 76.9% 以上，而真菌种群结构相似度最低仅为 58.3%，可见随种植年限增加，根际真菌种群结构发生了显著的变化。此外，研究还表明，土壤类型也直接影响根际微生物的种群构成。来自不同产区的药用牡丹根际土壤真菌构成存在显著的差异，其中两个丹皮道地产区——铜陵和南陵，真菌种类组成更为丰富，而三个非道地产区——亳州、菏泽和洛阳真菌种类组成较为相似，其种群多样性低于道地产区（郑艳等，2016）。

（二）根际微生物对牡丹生长的影响

根际微生物对植物的作用是多方面的。研究表明，土壤微生物在植物根系趋向性聚居，通过各种代谢活动分解转化根系分泌物和脱落物，并在根系周围形成一个生物屏障，保护根系，减少病原菌和害虫的入侵。植株生长发育正常时，根际微生物区系中有益微生物占优势并产生抗菌蛋白，抑制病原菌生长繁殖。目前，从安徽铜陵'凤丹'根际分离获得一株多黏类芽孢杆菌，该菌株能够有效拮抗牡丹葡萄孢菌、牡丹枝孢霉菌和芍药杂色尾孢霉菌菌丝的生长；利用该菌液浸泡牡丹种子后，种子的生根率和发芽率显著提高，同时对牡丹幼苗也有明显的促生作用（韩继刚等，2014）。除了防病促生作用外，根际微生物能够分解和转化土壤中的一些植物不能直接吸收利用的矿质元素，促进植物对各种元素的吸收，如植物根际的固氮菌、解磷菌、钾细菌和铁细菌等，能固定空气中的氮素，或将土壤矿物质中无效态的磷、钾和铁释放出来，供植物生长发育所需。尽管牡丹根系对根际微生物菌群的选择机制尚不清晰，但目前研究表明，牡丹根际微生物对维持牡丹健康和土壤肥力具有重要的生态学意义。

在各种根际真菌中，木霉菌是一类重要的植物病害生物防治真菌。人们发现木霉菌在促进种子萌发、幼苗生长及诱导植物产生抗病性等方面效果显著。

目前，国外已有商品化的木霉菌剂问世，如美国的哈茨木霉 T-22 菌株、以色列的哈茨木霉 T39 菌株。国内研究者利用木霉菌防治一些作物的土传病害也取得了良好的效果。肖烨等（2007）从长沙地区 15 种作物根际土壤中分离获得 28 个木霉菌株，从中筛选获得 1 株对多种病原真菌均有强烈拮抗作用的菌株，将其鉴定为哈茨木霉菌，经温室盆栽实验，该菌株对番茄立枯病防效显著，且具有刺激作物生长的作用。杨振晶等（2015）应用木霉多肽—康宁霉素处理'凤丹'种子，在一定浓度范围内（0.25 ~ 25 mg·L^{-1}）能提高牡丹种子的生根率，增加牡丹根系的总根长、总体积、总表面积和根尖数等，以浓度为 0.25 mg·L^{-1} 的效果最好。

四、牡丹连作障碍与根际微生物的关系

同一种植物或近缘植物在同一块土地上连续多年种植以后，即使在正常管理情况下，也会出现生育状况变差、病虫害严重、产量降低、品质变劣的现象，称为连作障碍。研究者认为：连作障碍主要是由于单一作物多年连续种植导致植物—土壤负反馈作用的结果。牡丹连作障碍主要表现在两个方面：一是在多年种植的牡丹观赏园中，牡丹植株的生长势逐年衰弱，开花量降低，病虫害发生严重且防治困难，甚至出现大片植株死亡的现象；二是在牡丹种苗种植基地，栽种牡丹后，再次种植牡丹会出现牡丹种苗缓苗慢、生长势差、根系不发达等现象。目前连作障碍已成为阻碍牡丹生产的一个重要限制因素，牡丹连作障碍形成及加重发生的原因是复杂的，其中重要的影响因素包括根际微生物群落结构失调和根系分泌物引起的自毒作用。

（一）牡丹连作导致根际微生物群落结构失衡

植物连作会导致土壤理化性状和根际微生物群落结构朝着不利于植物生长发育的方向发展。研究表明，根际微生物群落结构的失衡是导致牡丹连作障碍发生的原因之一。如牡丹根际土壤中与固氮有关的细菌，以及与有机化合物降解有关的细菌种类，如慢生根瘤菌、新鞘氨醇杆菌和鞘氨醇单胞菌等，会随着牡丹种植年限的增加而消失，表明牡丹根际土壤中有益细菌数量随着牡丹种植年限的增加而逐年减少；同时研究发现，牡丹根际真菌多样性随着种植年限的增加，出现减少的趋势，种群结构也趋于简单，因此推测牡丹种植年限影响牡

丹根际微生物的种群结构，其种植年限越长，有益微生物数量越少，从而影响牡丹的生长发育状况。随着有益微生物数量的减少，土壤中某些有害微生物却逐年累积增加，如引起牡丹根腐病的镰刀菌在土壤中大量存在，造成病害严重发生。除了土传病害，其他一些病害的病原菌残留在植物残体上，随着耕作或其他传播条件，也会造成病害逐年严重发生。因此，牡丹病原菌数量的逐年增加，也是导致牡丹连作障碍发生的主要原因。

植物根际分泌物及植株残体为病原菌的生长和繁殖提供了充足的营养。植物根系分泌物能够促进病原真菌孢子萌发并诱导其大量定殖在连作土壤中，最后形成以病原菌大量增殖、微生物多样性显著降低为特征的连作土壤微生物群落。对大多数药用植物连作障碍研究表明，连作会使药用植物根际土壤由高肥力的"细菌型土壤"向低肥力的"真菌型土壤"转变，从而破坏根际微生物种群的平衡，导致药用植物连作障碍的发生（周芳等，2019）。

（二）牡丹的自毒作用

牡丹连作障碍除与牡丹根际微生物结构失衡有关外，也与连作地块存在对牡丹生长有毒害的物质，从而使牡丹产生自毒作用有关。自毒作用是植物化感作用的一种重要表现形式，它是指同种植物的个体，通过向环境释放某些代谢物或分解的化学物质，而对其他个体生长直接或间接地产生影响（覃逸明等，2009）。研究发现，自毒物质主要来源于根系分泌和植物残体分解。丹皮中含有丰富的次生代谢物，如酚类及酚苷类、单萜及单萜苷类，其他成分还有三萜、甾醇及其苷类、黄酮、有机酸、香豆素等（王祝举等，2006）。这些次生代谢物有很多是典型的化感物质，它们可以通过各种途径分泌到土壤环境中，对下茬牡丹植株的生长产生影响。

研究者采集菏泽 5～30 年龄的'洛阳红'牡丹根际土壤，制备根际土壤浸出液，并用以浇灌沙培的'凤丹'播种苗和 2 年生'洛阳红'分株苗发现，不同连作年限的土壤浸出液，对'凤丹'播种苗和'洛阳红'分株苗的后期生长发育产生显著影响。研究结果表明，用连作 25 年和 30 年的牡丹根际土壤浸出液处理苗木，其生长不如其他处理，尤其是连作 30 年土壤浸出液处理的'凤丹'苗，其根长和株高显著低于其他处理（图 4-1）。

图 4-1 表明，牡丹连作 30 年土壤浸出液处理后，抑制了'凤丹'播种苗

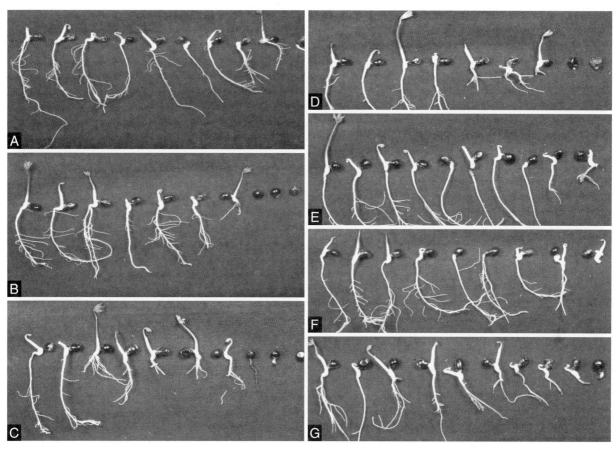

A. 对照；B. 5 年龄根际土壤；C. 10 年龄根际土壤；D. 15 年龄根际土壤；E. 20 年龄根际土壤；F. 25 年龄根际土壤；G. 30 年龄根际土壤。

● 图 4-1　**不同生长年限牡丹根际土壤浸出液处理对'凤丹'播种苗生根的影响**

根的伸长与茎的伸长，其根际土壤环境对牡丹生长发育产生较大影响，并导致牡丹生长势变弱（郝青，2008）。连作 20 年和 25 年土壤浸出液处理的'凤丹'苗虽然根长且整齐，但从颜色上观察发现根部颜色变褐，且连作时间越长，其根部褐色越重，表明牡丹连作时间越长，其根际土壤浸出液产生的自毒物质对牡丹的生长发育影响越大。

此外，对菏泽老牡丹园牡丹根系和根际土壤的化感物质分析得出：牡丹根际土壤及根系浸提液中含有烷烃、烯烃和芳香烃等 12 类物质 234 种化合物，其中根系提取物和根际土壤提取物中有 12 种有机化合物是相同的，推测这些物质可能为根系分泌物；同时，通过对比分析牡丹连作 5 ~ 30 年六个阶段的根际土壤化感物质成分，发现一些物质仅在老年植株里含量较高，推测这些物质可能由根系分泌至土壤中，成为对牡丹生长产生毒害作用的物质。研究表明，牡丹根际土壤和根系分泌物中存在多种类的化感物质，这为解决牡丹主产区及牡丹专类园连作障碍问题提供了理论依据。但这些物质对牡丹生长的毒害程度和发生毒害的时间，及产生毒害的机制均需做进一步研究；同时自毒作用与土壤微生物种群变化之间的关系以及养分亏缺等逆境因子之间的相互作用也需要做进一步分析，以明确牡丹自毒物质造成牡丹连作障碍的作用机制及与根际土壤微生物种群结构之间的关系，以从根本上解决牡丹的连作障碍问题。

除了牡丹根际微生物群落结构失衡和牡丹根际土壤产生的自毒物质外，不合理的栽培措施，如长期过多使用化肥而较少使用有机肥，导致土壤理化性状与结构的恶化，或营养元素的缺乏导致植株生理性病害的发生，也可能是影响连作地块牡丹生长发育的重要因素，值得关注。

五、牡丹根际微生物研究的前景和展望

牡丹连作障碍的产生涉及诸多复杂的因素，其发生不是单一或孤立的，而是相互关联又相互影响的。目前连作土壤根际微生态的变化已成为土壤生态学领域的研究热点，但在牡丹根际微生态的研究方面还存在着一些问题：①关于病原微生物，目前多数研究更关注于牡丹病原真菌，对于病原细菌和放线菌的研究比较欠缺，也有可能细菌是牡丹连作障碍发生的重要原因，仍需加强该方面的研究；②关于牡丹根际微生物种群多样性，目前研究多集中在纯培养方面，需要应用非培养方法开展更多更深入的研究工作，以进一步了解牡丹根际微生物与牡丹生长发育的关系。

分子生态学技术的发展，为根际微生物的研究开辟了新局面：一方面可充分利用高通量测序技术，全面、深度地了解牡丹根际微生物群落结构组成与牡丹根系分泌物、脱落物之间的关系，为牡丹根际微生物的开发利用奠定理论基础；另一方面可在牡丹种植前检测土壤微生物元基因组，以了解病原菌的状况，并采取有针对性的措施，从而达到预防和治疗土壤中因病原菌累积过多导致的牡丹连作障碍问题。

第二节

牡丹与菌根的互作关系

菌根是植物根与土壤中的真菌形成的共生结构，是植物在长期的生存过程中与真菌一起共同进化的结果，是自然界中一种普遍的植物共生现象。菌根可分为外生菌根和内生菌根，以及内外兼生菌根三种类型。外生菌根的菌丝不能进入根的细胞，但可以在根的表面形成菌丝体包在幼根表面或穿入皮层细胞间隙，以菌丝代替根毛的功能；内生菌根的菌丝通过细胞壁进入根的表皮和皮层细胞内，由于大多数真菌的菌丝体不在根内产生泡囊，但都产生丛枝，被称为丛枝菌根 [Arbuscular mycorrhiza，（AM）]。丛枝菌根真菌能促进植物对矿质养分和水分的吸收应用，提高植物的抗旱性、抗病性，增强植物对盐碱和重金属的耐受性，并可改良土壤，提高苗木移栽成活率，促进生长、提高产量、改善品质，在作物生产中有广阔的应用前景。

一、牡丹丛枝菌根真菌的种群多样性

研究表明，牡丹丛枝菌根真菌具有丰富的种群多样性（表4–2），其种类主要归于球囊霉属和无梗囊霉属。这些种类可能与牡丹的生长发育密切相关。因此，通过进一步的实验能够筛选获得具有促生作用的高效菌种，进而研制开发适宜牡丹专用的丛枝菌根真菌制剂，这将为丛枝菌根真菌在牡丹种苗生产和观赏栽培中的应用提供理论依据，能够为牡丹菌根化苗的产业化和大面积栽培

●表 4-2　牡丹丛枝菌根真菌的种群多样性

牡丹种群及分布区	丛枝菌根真菌的种类	参考文献
中原牡丹品种群／河南洛阳、山东菏泽	无梗囊霉属 *Acaulospora*、原囊霉属 *Archaeospora*、巨孢囊霉属 *Gigaspora*、球囊霉属 *Glomus*、盾巨孢囊霉属 *Scutellospora*	郭绍霞等，2007；2010
江南牡丹品种群／安徽铜陵、南陵	无梗囊霉属 *Acaulospora*、内养囊霉属 *Entrophospora*、巨孢囊霉属 *Gigaspora*、球囊霉属 *Glomus*、盾巨孢囊霉属 *Scutellospora*	韦小艳等，2010
西北、西南牡丹品种群	无梗囊霉属 *Acaulospora*、球囊霉属 *Glomus*、盾巨孢囊霉属 *Scutellospora*	Shi，2013

开辟一条新途径。

二、影响牡丹丛枝菌根真菌分布的因素

（一）牡丹种或品种对丛枝菌根真菌分布的影响

植物是影响丛枝菌根真菌群落结构的重要因子，同一种植物不同品种受丛枝菌根真菌的侵染率及丛枝菌根真菌种属构成或多样性均存在差异。据郭绍霞等（2007）对同一种植地的 5 个牡丹品种'凤丹''胡红''洛阳红''乌龙捧盛'和'赵粉'根际丛枝菌根真菌多样性分布的研究，发现不同品种丛枝菌根真菌的自然侵染率不同，'凤丹'和'胡红'的侵染率最高，而'乌龙捧盛'侵染率最低；同时发现不同牡丹品种根际丛枝菌根真菌的物种多样性指数不同，其中'赵粉'的物种多样性指数最高，'凤丹'的物种多样性指数最低；丛枝菌根真菌在不同牡丹品种根际存在的种类和出现频度不同，'凤丹'和'赵粉'根际丛枝菌根真菌有 10 种，'乌龙捧盛'和'洛阳红'为 9 种，'胡红'仅为 8 种。Shi 等（2013）研究发现，不同品种群其丛枝菌根真菌的多样性构成不同，中原品种群丛枝菌根真菌的自然侵染率较高，西北品种群自然侵染率相对较低；同时丛枝菌根真菌优势种在不同品种群中的分布也不相同，如球囊霉属在中原品种群的优势种为明球囊霉，西北品种群优势种为聚丛球囊霉，西南品种群优势种为卷曲球囊霉，其中西北品种群中丛枝菌根真菌的物种多样性指

数最高。这些研究结果均表明牡丹的品种（基因型）影响根际丛枝菌根真菌的种类和分布，因此，在后续利用丛枝菌根真菌改善植物生长状况时，应考虑丛枝菌根真菌与牡丹品种之间的关系，从而有效地利用牡丹丛枝菌根真菌资源。

（二）土壤、气候等环境条件对丛枝菌根真菌分布的影响

植物丛枝菌根真菌的多样性，除了受到植物基因型的影响外，其他条件如土壤性质和气候条件等均会对丛枝菌根真菌的生长、发育、侵染和繁殖产生重要的影响。韦小艳（2010）分析了安徽铜陵凤凰山和南陵丫山牡丹根际丛枝菌根真菌与土壤因子的关系，结果表明土壤中有机质、氮、磷和钾含量及 pH 对丛枝菌根真菌的定殖率和孢子密度均有一定影响，其中铜陵一带的土壤 pH 偏高，土壤中有机质、氮和磷偏高，钾的含量中等，其丛枝菌根真菌的定殖率偏高，药材的产量和品质较好。郭绍霞等（2010）研究发现，山东菏泽赵楼牡丹园（现曹州牡丹园）丛枝菌根真菌的孢子密度最高，河南洛阳埝李牡丹种苗基地的孢子密度最低；同时研究发现牡丹种植年限越长，丛枝菌根真菌物种多样性指数越低，推测其原因可能是连作障碍抑制了丛枝菌根真菌的生长发育，致使优势种逐年累积，而非优势种逐渐消失。该研究结果表明，牡丹不同土壤中丛枝菌根真菌的丰度、孢子密度和物种多样性指数等均存在差异。汪晓红等（2018）从河南洛阳、山东菏泽牡丹种植园采集牡丹根及根际土样，分析测定丛枝菌根真菌孢子数量和种类，结果表明，球囊霉属是两个地区牡丹园的优势属，除了球囊霉属的分离频度不受土壤养分含量影响外，其他各属均受到不同程度的影响，如原囊霉属和缩隔球囊霉属的分离频度与相对多度与氮、钾和有机质含量呈显著正相关，而巨孢囊霉属与钾含量呈显著负相关。表明土壤养分含量的提高在一定程度上可增加丛枝菌根真菌的多样性，但含量过低或过高均不利于菌根的生长发育和功能发挥。

三、丛枝菌根真菌对牡丹生长发育的影响

在丛枝菌根真菌与植物的互惠共生关系中，宿主植物为丛枝菌根真菌提供碳源，与此同时，丛枝菌根真菌活化土壤中的矿质营养，促进植物对难溶性元素的吸收，增强植物对矿质元素如锌、铜等的吸收，促进植物根系对水分的吸收利用、改善水分代谢，提高宿主植物的抗病性，尤其是对植物土传病害有拮

抗或抑制作用，改善植物的生长状态，从而有效增加产量。

许多研究表明，丛枝菌根真菌能够提高移栽苗成活率，促进植物生长，改善营养状况，增强抗性，提高产量等作用。而丛枝菌根真菌与宿主植物的正确组合，是发挥菌根效应的关键，同时也要考虑合适的生态条件。因而，在菌根真菌的应用研究中，筛选出能适应一定的生态条件并能与宿主植物形成最佳组合的高效菌根真菌的菌种是最为关键的内容。

研究表明，丛枝菌根真菌中摩西球囊霉和变形球囊霉能显著提高牡丹幼苗的耐盐能力，其中摩西球囊霉对牡丹幼苗耐盐性的增加较为显著；同时发现摩西球囊霉能够促进牡丹幼苗生长，接种该菌种的植株干重显著提高，叶片内叶绿素、可溶性糖、可溶性蛋白、矿质元素（氮、磷、钾）含量和硝酸还原酶活性也显著增加，因此认为摩西球囊霉为适宜牡丹接种的优良菌种（陈丹明等，2010）。此外，球状巨孢囊霉、摩西球囊霉和变形球囊霉的混合菌剂可显著促进牡丹地上和地下部分生长，对根系的促生作用尤为明显，能够显著增加叶片中氮、磷、钾、钙、镁、锌、铜和锰的含量（仝瑞建等，2010）。摩西球囊霉在用于牡丹组培苗的移植时，能够显著提高牡丹组培苗的移植成活率。曾端香等（2013）以丛枝菌根真菌中的地球囊霉、摩西球囊霉和等比例混合的地球囊霉＋摩西球囊霉3种接种剂接种'凤丹'容器苗，结果表明，能显著促进菌根化容器苗的生长发育，显著改善'凤丹'菌根化容器苗对矿质元素的吸收，3种接种剂均能显著促进菌根化容器苗的生长发育，显著改善'凤丹'菌根化容器苗对矿质元素的吸收，其中磷、钾、钙、镁、铁有所增长，而氮、锌增长不明显，锰的含量降低。

上述研究结果表明，丛枝菌根真菌是牡丹根际的优势种类，用作菌剂接种牡丹盆栽苗或大田苗后，均具有显著的促生作用，可在今后进一步开发利用。

概括起来，丛枝菌根真菌改善牡丹生长状况和提高牡丹抗逆性的机制有以下方面：①扩大宿主植物根的吸收范围。菌根侵染牡丹根系后，根外菌丝在土壤中生长，增加了菌丝与土壤的接触位点，缩短了土壤中营养元素的扩散距离，从而提高了牡丹对土壤中大量元素和微量元素的吸收和利用，尤其是增加了对土壤中磷元素的吸收，从而提高光合速率，进而提高牡丹的生产能力；②真菌能增加牡丹根系的长度和吸收面积，对牡丹根系构型产生影响，进而增加根系对水分和养分的吸收，提高牡丹对干旱和盐渍等多种逆境的抗性；③丛枝菌根真菌侵染能够使牡丹叶片形态改变，增加叶片面积，提高叶片中叶绿素、可溶性糖和可溶性蛋白的含量，保证牡丹在逆境条件下光合作用的稳定，提高牡丹的抗逆性。

第三节

牡丹与内生菌的互作关系

植物内生菌是指生活在植物组织内部，不引起植物病害，能提高植物抗病、抗逆能力，并具有促生作用的一类微生物，主要包括内生细菌、内生真菌和内生放线菌。植物内生菌具有丰富的种群多样性，在植物与内生菌长期共同进化的条件下，内生菌已成为植物微生态系统的天然组成成分，能加强植物适应恶劣环境的能力，增加系统的生态平衡，并与宿主植物协同进化。目前许多研究表明，植物内生菌是一类极其丰富的微生物资源，且大部分内生菌具有增加宿主对外界环境的应激耐受性、促进宿主植物生长、诱导植物抗病性、促进宿主中一些有效活性成分的合成（或自身具有合成某化合物能力）以及生物修复等方面的作用，因此，对牡丹内生菌进行全面而深入的分析研究，有着非常重要的意义。

一、牡丹内生菌的种群多样性

（一）牡丹内生真菌的种群多样性及影响其分布的因素

内生真菌在植物中普遍存在，牡丹组植物也是如此。目前获得的牡丹内生真菌种类见表4-3。

● 表 4-3　**牡丹内生真菌的种群多样性**

牡丹种（品种）/ 分布地点	内生真菌种类	参考文献
大花黄牡丹 / 西藏米林县南伊沟	链格孢属 *Alternaria*、曲霉属 *Aspergillus*、短蠕孢霉属 *Brachysporium*、毛壳菌属 *Chaetomium*、枝孢属 *Cladosporium*、镰刀菌属 *Fusarium*、无孢菌目无孢菌群 *Mycelia sterilia*、青霉属 *Penicillium*、木霉属 *Trichoderma*	何建清（2011）
滇牡丹 / 云南嵩明县	曲霉属 *Aspergillus*、链格孢属 *Alternaria*、向基孢属 *Basipetospora*、头孢霉属 *Cephalosporium*、毛壳菌属 *Chaetomium*、镰刀菌属 *Fusarium*、厚壁孔孢属 *Gilmaniella*、腐质霉属 *Humicola*、毛霉属 *Mucor*、束丝菌属 *Ozonium*、拟青霉属 *Paecilomyces*、青霉属 *Penicillium*、组丝核菌属 *Phacodium*、拟茎点霉属 *Phomopsis*、棘壳孢属 *Pyrenochaeta*、根霉属 *Rhizopus*、木霉属 *Trichoderma*、炭角菌属 *Xylaria*	余莹（2010） 苗翠萍（2011）
杨山牡丹 / 安徽铜陵市顺安区	镰刀菌属 *Fusarium*、赤霉属 *Gibberella*、青霉属 *Penicillium*、革菌属 *Thelephora*	戴婧婧（2010）
中原牡丹品种群、凤丹牡丹品种群、太白山紫斑牡丹、紫斑牡丹原亚种、卵叶牡丹/ 河南洛阳市	链格孢属 *Alternaria*、葡萄座腔菌属 *Botryosphaeria*、毛壳菌属 *Chaetomium*、枝孢属 *Cladosporium*、拟鬼伞属 *Coprinopsis*、隐球菌属 *Cryptococcus*、小丛壳属 *Glomerella*、球座菌属 *Guignardia*、毁丝霉属 *Myceliophthora*、球腔菌属 *Mycosphaerella*、拟盘多毛孢属 *Pestalotiopsis*、茎点霉属 *Phoma*、拟茎点霉属 *Phomopsis* 和叶点霉属 *Phyllosticta*	郑艳（2016） 张岚（2015）
牡丹 / 河南洛阳市	链格孢属 *Alternaria*、头孢霉属 *Cephalosporium*、毛壳菌属 *Chaetomium*、枝孢属 *Cladosporium*、刺盘孢属 *Colletotrichum*、柱孢属 *Cylindrocarpon*、小穴壳菌属 *Dothiorella*、镰刀菌属 *Fusarium*、血赤壳属 *Haematonectria*、小球腔菌属 *Leptosphaeria*、壳球孢属 *Macrophomina*、总状毛霉属 *Mucor*、丛赤壳属 *Nectria*、茎点霉属 *Phoma*、拟茎点霉属 *Phomopsis*、叶点霉属 *Phyllosticta*、裂褶菌属 *Schizophyllum*、栓菌属 *Trametes*	杨瑞先（未发表）
紫斑牡丹 / 内蒙古赤峰市	曲霉属 *Aspergillus*、亚隔孢壳属 *Didymella*、镰刀菌属 *Fusarium*、拟茎点霉属 *Paraphoma*、派伦霉属 *Peyronellaea*、棘壳孢属 *Pyrenochaeta*	田慧敏等（2018）

　　从表中可以看出，牡丹内生真菌具有丰富的种群多样性，如西藏米林大花黄牡丹的优势种群为短蠕孢霉属、青霉属和曲霉属；云南嵩明滇牡丹的优势种群为毛壳菌属和拟茎点霉属；安徽铜陵杨山牡丹的优势属为镰刀菌属，该属中的腐皮镰孢菌和尖孢镰刀菌为'凤丹'内生真菌的优势种；张岚（2015）从洛阳地区的4个中原牡丹品种以及杨山牡丹、紫斑牡丹和卵叶牡丹组织中共分离获得了305株内生真菌，经鉴定归于14个属，其优势种主要为链格孢属、球座菌属、葡萄座腔菌属和小丛壳属真菌。杨瑞先从洛阳不同种植区牡丹根部和叶部组织中共分离获得了65株内生真菌，经鉴定共归于17个属31个种，其中链格孢属、柱孢属、小球腔菌属和叶点霉属为优势种群，其部分优势内生真菌种类的形态特征见图4-2～图4-5。

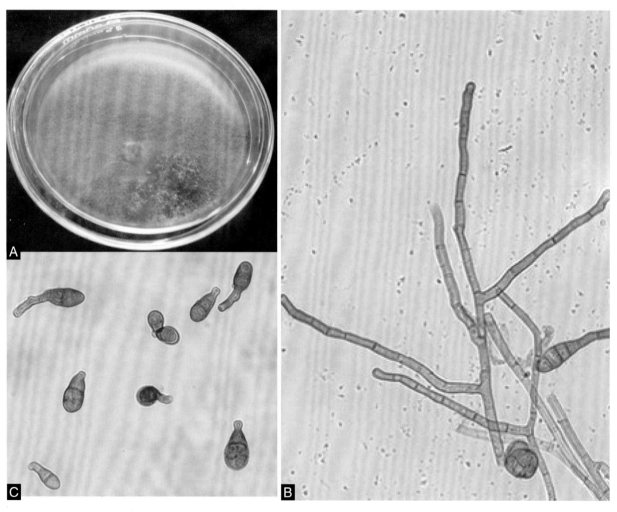

A.菌落形态；B.菌丝；C.分生孢子。

● 图 4-2　**牡丹链格孢属内生真菌形态特征**

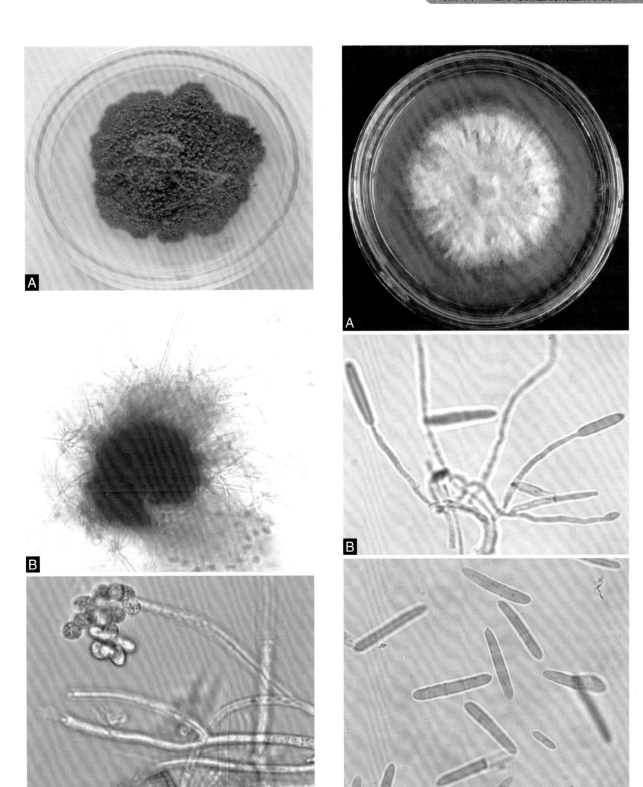

A. 菌落形态；B. 分生孢子器；C. 分生孢子。

● 图 4-3　**牡丹叶点霉属内生真菌形态特征**

A. 菌落形态；B. 分生孢子梗；C. 分生孢子。

● 图 4-4　**牡丹柱孢属内生真菌形态特征**

田慧敏等（2018）对紫斑牡丹的根、茎、叶内生真菌进行分离培养，共获得20株内生真菌，经鉴定归为8个属，其中内生真菌亚隔孢壳属真菌是中国新记录种。

研究表明，内生真菌的组成和分布受到多种因素的影响，如地理位置、气候类型、季节、宿主种类、定殖器官的生理特异性等。此外分离方法（如培养基组分）不同对研究结果也有影响。如对牡丹根部和叶部组织中内生真菌进行分离时发现，其优势种群组成不同，根部中的优势属为丛赤壳属，叶部中的优势属为链格孢属，且丛赤壳属真菌种类仅在根部被发现，表明该内生真菌种类具有一定的组织专一性。同时，牡丹品种群、生长环境、气候条件和植物基因型的影响，其内生真菌优势种群的组成也不相同，如西藏大花黄牡丹的优势种类为短蠕孢霉属，滇牡丹优势真菌为毛壳菌属和拟茎点霉属，铜陵地区'凤丹'优势种群为镰刀菌属。除此之外，内生真菌在牡丹不同部位中的分布数量明显不同，从根和茎部分离到的菌株数量明显多于须根和叶；同时研究发现，生育期也影响牡丹内生真菌分离的数量，从'凤丹'果期分离获得的内生真菌数量相对高于地上部分渐枯期，且内生赤霉菌仅在果期被分离，这可能与'凤丹'果期的环境温度更适合该内生真菌繁殖有关。

（二）牡丹内生放线菌的种群多样性

目前的研究结果显示，几乎所有被研究的植物内都含有一定数量的内生放线菌，且在植物的根、茎、叶、果实和种子中广泛存在。但关于牡

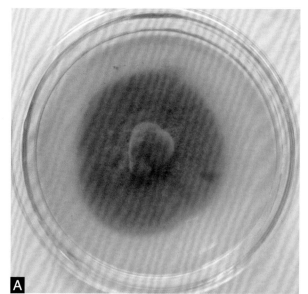

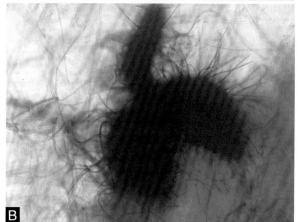

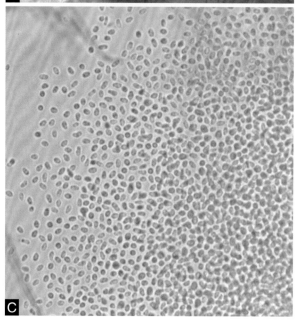

A. 菌落形态；B. 分生孢子器；C. 分生孢子。

● 图 4-5　牡丹小球腔菌属内生真菌形态特征

丹组织内生放线菌的研究相对较少，仅有研究者对大花黄牡丹组织内的放线菌进行了分离，共获得内生放线菌145株，链霉菌属为优势种群，共包含4个类群，灰褐类群、黄色类群、球孢类群和白孢类群，其中球孢类群为优势类群。同时杨瑞先对洛阳地区牡丹根部组织中的内生放线菌进行分离，共获得内生放线菌21株，其优势属为链霉菌属，主要优势种为暗灰链霉菌，其他种类为褐色链霉菌、高加索链霉菌和橄榄色链霉菌。

（三）牡丹内生细菌种群多样性

研究发现，植物内生细菌的种群多样性更为丰富，戴婧婧（2014）对'凤丹'根部的内生细菌进行了分离，共获得内生细菌71株，隶属于3个属，分别为芽孢杆菌属、土壤杆菌属、假单胞菌属，其中芽孢杆菌属为优势属，巨大芽孢杆菌为优势种。Yang等（2018）采用纯培养方法对牡丹根部组织中的内生细菌进行分离，共获得了9属62株内生细菌，分别为芽孢杆菌属、肠杆菌属、假单胞菌属、梭形杆菌属、黄单胞杆菌属、微杆菌属、盐单胞菌属、奈瑟菌属和动性杆菌属，其中芽孢杆菌属细菌为优势属，其次为肠杆菌属和假单胞菌属。牡丹根部组织中芽孢杆菌属部分内生细菌菌落形态见图4-6。

● 图 4-6　**牡丹根部组织中芽孢杆菌属部分内生细菌菌落形态**

Yang等（2017）采用高通量测序的方法，对4个牡丹品种'凤丹白''雪莲''洛阳红'和'岛锦'根部组织中的内生细菌进行多样性分析，结果发现4个牡丹品种中细菌种群主要归于22个门，其中变形菌门细菌为优势菌群，其次为厚壁菌门和拟杆菌门，放线菌门和TM7细菌类群在整个文库中的比例也相对较高（图4-7），其优势属主要为琥珀酸弧菌属、沙雷氏菌属、不动杆菌属、肠杆菌属、假单胞菌属、拟杆菌属和芽孢杆菌属等。

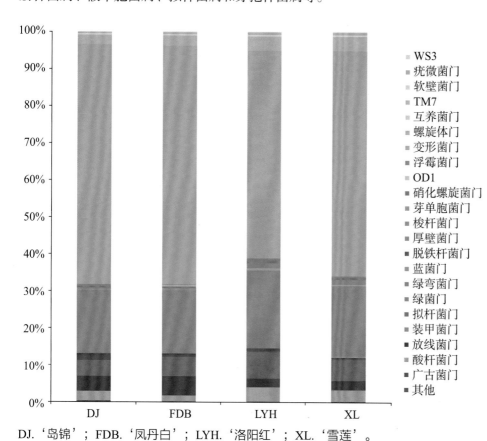

DJ.'岛锦'；FDB.'凤丹白'；LYH.'洛阳红'；XL.'雪莲'。

● 图 4-7　高通量测序方法获得的 4 个牡丹品种中细菌门级分类单元的分布

二、内生菌对牡丹的有益生物学作用

（一）生防作用

　　植物内生菌与根际细菌相比，具有更加稳定的生存环境，更易于发挥生物防治作用，因此近些年来关于内生菌作为生物防治因子的报道越来越多，并且成为现在国内外生物防治的热点，目前许多研究者将内生菌用于病原真菌的防治，均取得较好的效果。如对大花黄牡丹中获得的内生真菌和放线菌进行抑菌活性的筛选，发现有 8 株内生真菌对番茄早疫病、小麦赤霉病、番茄灰霉病和南瓜枯萎病具有不同程度的拮抗活性，抑菌圈直径最大为 10 mm；同时筛选获得 1 株链霉菌属放线菌 PND31，对指示菌的拮抗效果显著，具有一定的广谱性，其对南瓜枯萎病的抑菌作用最强，其抑菌带宽度可达到 22 mm（何建清等，2011）。张岚（2015）对来自牡丹叶部的内生真菌进行抗菌活性的筛选，以玉米凸脐蠕孢菌、苹果炭疽菌、柿树炭疽菌、麦根腐平脐蠕孢和新月弯孢霉为植物病原真菌材料，通过对峙培养和内生真菌发酵液的抑菌试验，筛选获得了对指示病原菌有抑菌活性的内生真菌菌株，且发酵液对指示病原菌也具有较强的抑菌活性，该研究为牡丹内生真菌的进一步开发利用提供了资源和研究基础。测定来自'凤丹'的内生菌对 3 种病原细菌金黄色葡萄球菌、大肠杆菌和枯草杆菌，5 种病原真菌毛霉、黑线炭疽菌、青霉、西瓜枯萎病菌和链格孢菌的抑菌活性，发现 10 种内生菌对多种病原菌均有不同程度的抑制作用，其中 1 株绿针假单胞菌分别对 6 种指示菌具有一定抑制作用，尤其对西瓜枯萎病菌抑制率达到了 80.0%。杨瑞先等（2015）采用平板对峙法筛选出对牡丹灰霉病菌、牡丹炭疽病菌、牡丹黑斑病菌和牡丹黄斑病菌具有拮抗作用的 4 株内生细菌菌株，与对照牡丹病原菌相比，接种内生细菌的病原菌菌丝生长均受到明显的抑制，其中解淀粉芽孢杆菌 Md31 和 Md33 的拮抗活性较高，抑菌效果较好，对牡丹 4 种病原菌的抑菌带宽度均在 4 mm 以上，抑制率均在 50% 以上，其平板抑制作用见图 4-8。

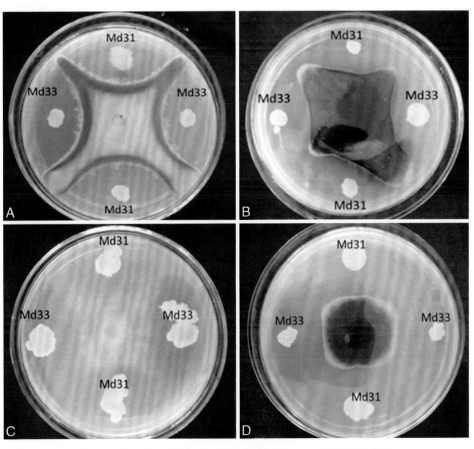

A. 牡丹炭疽病菌；B. 牡丹黑斑病菌；C. 牡丹灰霉病菌；D. 牡丹黄斑病菌。

● 图 4-8　**牡丹内生细菌 Md31 和 Md33 对牡丹病原菌的平板抑制作用**

同时发现拮抗菌株 Md31 和 Md33 对离体牡丹灰霉病有极好的防治效果，对照组牡丹叶片发病严重，病原菌菌丝苗壮，病部表面产生浓密灰色霉层，后期凡菌丝触及的地方叶片腐烂。与对照组相比，拮抗菌株处理叶片上出现较小的水渍状病斑，无菌丝生长，生防菌对灰霉病的发生和蔓延起到了有效的控制作用，其对牡丹灰霉病离体叶片的防病能力见图 4-9。

（二）促生作用

植物内生菌能够显著增加植株株高、干重，提高根茎重量，以及增强植株生长势等，表现为显著的促生作用。内生菌的促生机制主要表现在两个方面：一方面是通过生物固氮作用、解磷作用、解钾作用或产生植物激素直接促进植物生长。Song 等（2013）从牡丹根际土壤中分离获得 311 株内生细菌，从中筛选获得了 25 株解磷菌，其中 1 株假单胞菌 FLR2，其溶磷能力可达到 326.2 mg·L^{-1}，在牡丹的栽培管理中具有极其重要的应用价值；另一方面主要通过诱导寄主植物产生植物激素、改善植物对矿物质的利用率等间接促进植物生长。如解淀粉芽孢杆菌 Md33 对盆栽牡丹有显著的促生作用，浇灌内生菌的盆栽牡丹苗生长更快、更健壮，叶片颜色深绿，株高显著增加，且根系更为发达，植株鲜重有显著增加。

三、牡丹内生菌生物活性物质研究

植物内生菌广泛存在于宿主体内，与宿主长期协同进化，由于基因转移及对内化学环境的

A. 菌株 Md33；B. 菌株 Md31；C. 病原菌对照。

● 图 4-9　菌株 Md31 和 Md33 对牡丹叶片灰霉病的生防效果（病原菌挑战接种 5 天后）

适应性，能够产生与宿主相同或相似的活性化学物质。目前，国内已有一些关于牡丹内生真菌及其次生代谢产物的研究。如从滇牡丹内生真菌链格孢属菌株PR-14 的发酵液提取物中分离得到了 6 个化合物，根据波谱数据分析分别鉴定为交链孢酚单甲醚、脑苷脂 B、脑苷脂 C、（2S,3S,4R,2R）-2-（2'- 羟基二十四碳氨基十八烷 -1,3,4- 三醇）和甘露醇（吴少华等，2011）。此外，还从滇牡丹内生真菌 PR20 菌株的发酵产物中分离获得 5 个化合物，分别鉴定为 7- 羟基 4,6二甲基苯酞、苔黑酚、苔色酸、间羟基苯甲酸和肌苷（苗翠苹等，2011）。从来自滇牡丹组织的内生真菌 PS11-1 的发酵产物中分离得到 6 个单体化合物，经波谱数据分析，确定其中 3 个为新化合物，分别命名为 xylaroxide A、xylaroxide B、xylaroxide C，均为多氧环己烯类新化合物，其余 3 个化合物分别鉴定为啤酒甾醇、1-（4- 对羟基苯基）-1,2- 草酸丁酯和脑苷脂 C；从菌株 MR39-1 的发酵产物中分离得到 2 个单体化合物，分别鉴定为苔黑酚和苔色酸；同时部分化合物抗真菌活性也被进一步测定，其中 xylaroxide B 对皮炎单孢枝霉和玉蜀黍长蠕孢具有抑菌活性，xylaroxide A 对白色念珠菌、紧密单孢枝霉、黑曲霉、岛青霉和灰葡萄孢等具有抑菌作用，值得进一步开发利用（余莹，2010）。在牡丹内生菌研究中，杨国栋等（2015）从牡丹组织中获得了 2 株能够产生丹皮酚的内生真菌 A7J2-01 和 G1-1，通过大规模发酵培养均可在短时间内获得大量菌丝，从而获得丹皮中的主要有效成分丹皮酚。

四、牡丹内生菌研究前景与展望

目前关于牡丹内生菌的研究相对较少，研究水平整体处于初级阶段，但应当可以看到牡丹内生菌具有极大的开发利用潜力，其应用前景广阔。关于牡丹内生菌研究可从以下几个方面开展工作：

1. 牡丹内生菌生态多样性的研究

根据牡丹的生态分布，广泛采集不同产地和生境的牡丹资源，进行内生菌的分离、纯化和鉴定，了解不同生态因子对牡丹内生菌的影响，明确牡丹内生菌的种群多样性，进一步探讨牡丹内生微生物与植物共进化的机制，同时为后续优良菌株的开发利用提供丰富的菌株资源库。

2. 牡丹内生菌有益生物学作用机制的研究

目前有部分关于牡丹内生菌防病和促生等方面的研究，多止步于实验室，将这些菌株真正应用于生产后，其有益的生物学作用表现如何，值得去做进一步研究，毕竟实验室或者盆栽条件是稳定的，而当菌株应用于大田生产时，田间环境和植物体微生态环境中的许多因子都会影响微生物防病促生功能的发挥，因此，将真菌或者细菌菌株应用于田间时，需明确细菌或者真菌的防病机制或促生机制。如果防病机制主要在于产生抗菌物质抑制病原菌的发生，在后续的研究工作中可考虑将其发挥生防作用的抗菌物质提纯，制成生防菌剂，从而改善直接将生防菌株使用于大田造成的防效不稳定的现状。如果有益微生物能够诱导植株产生抗病性或者刺激植物产生一些生长激素来达到促生的效果，在后续的研究工作中必须探讨细菌或者真菌如何激发植物的抗病性和植物生长激素的分泌，深入了解微生物与植物的互作机制，才有可能更加有效地利用微生物资源。

3.牡丹内生菌活性次生代谢产物的研究

基于共进化的原则，牡丹内生菌有可能产生多种多样的活性代谢产物，因此进一步开展药用牡丹内生菌活性代谢产物的筛选工作，可为药用牡丹内生细菌次生代谢产物的开发利用提供科学依据。

总之，牡丹与微生物互作方面的研究还相当欠缺，需要研究者今后不断地努力，从而将牡丹根际微生物和内生微生物这一自然界赋予人类的宝藏物尽其用，更好地为人类服务。

（杨瑞先，李嘉珏）

主要参考文献

[1]　艾超, 孙静文, 王秀斌, 等. 植物根际沉积与土壤微生物关系研究进展 [J]. 植物营养与肥料学报, 2015, 21(5): 1343–1351.

[2]　陈丹明. 丛枝菌根真菌对牡丹耐盐性的影响 [D]. 青岛 : 青岛农业大学, 2010.

[3]　戴婧婧. 凤丹内生菌研究 [D]. 芜湖 : 安徽师范大学, 2014.

[4]　郭绍霞, 刘润进. 不同品种牡丹对丛枝菌根真菌群落结构的影响 [J]. 应用生态学报, 2010, 21(8): 1993–1997.

[5]　郭绍霞, 刘润进. 丛枝菌根真菌 *Glomus mosseae* 对盐胁迫下牡丹渗透调节的影响 [J]. 植物生理学报, 2010, 46(10): 1007–1012.

[6]　郭绍霞, 张玉刚, 李敏, 等. 我国洛阳与菏泽牡丹主栽园区 AM 真菌多样性研究 [J]. 生物多样性, 2007, 15(4): 425–431.

[7]　郭绍霞, 张玉刚, 尹新路. AM 真菌对牡丹实生苗矿质营养和生长的影响 [J]. 青岛农业大学学报 (自然科学版), 2010, 27(3): 182–185.

[8]　韩继刚, 王云山, 胡永红. 一株拮抗多种牡丹病原菌的多粘类芽孢杆菌及其应用 [P]. 中国专利, CN104073451A, 2014.

[9]　何建清, 张格杰, 陈芝兰, 等. 大花黄牡丹内生菌的分离鉴定及其抗菌活性菌株的筛选 [J]. 西北植物学报, 2011, 31(12): 2539–2544.

[10]　康业斌, 商鸿生, 董苗菊. 凤丹与洛阳红根际微生物及其与根皮中丹皮酚含量的关系 [J]. 西北农林科技大学学报 (自然科学版), 2006, 34(12): 159–162.

[11]　李春俭, 马玮, 张福锁. 根际对话及其对植物生长的影响 [J]. 植物营养与肥料学报, 2008, 14(1): 178–183.

[12]　苗翠苹, 胡娟, 翟英哲, 等. 滇牡丹内生真菌 PR20 的鉴定及次生代谢产物的研究 [J]. 天然产物研究与开发, 2012, 24(10): 1339–1342.

[13]　覃逸明, 聂刘旺. 药用牡丹的自毒作用及其防治措施 [J]. 生物学杂志, 2009, 26(6): 76–79.

[14]　田慧敏, 齐小剑, 尹元, 等. 紫斑牡丹内生真菌分离培养分子鉴定及抑菌活性研究 [J]. 林

业世界 , 2018, 7(3): 83–89.

[15] 仝瑞建 , 刘雪琴 , 耿惠敏 . 丛枝菌根真菌对洛阳红牡丹苗期生长及矿质营养的影响 [J]. 贵州农业科学 , 2010, 38(10): 104–106.

[16] 汪晓红 , 郭绍霞 . 土壤养分含量对牡丹根区土壤中 AM 真菌分布的影响 [J]. 青岛农业大学学报 (自然科学版), 2018, 35(4): 251–257, 277.

[17] 王雪山 , 杜秉海 , 姚良同 , 等 . 种植年限对牡丹根际土壤微生物群落结构的影响 [J]. 山东农业大学学报 (自然科学版), 2012, 43(4): 508–516.

[18] 王祝举 , 唐力英 , 赫炎 . 牡丹皮的化学成分和药理作用 [J]. 国外医药•植物药分册 , 2006, 21(4): 155–159.

[19] 韦小艳 , 朱秀 , 郑艳 , 等 . 牡丹皮根际 AM 真菌与土壤因子相关性分析 [J]. 中国民族民间医药 , 2010, 19(1): 26–27.

[20] 吴少华 , 陈有为 , 李治滢 , 等 . 滇牡丹内生真菌 Alternaria sp. PR-14 的代谢产物研究 [J]. 天然产物研究与开发 , 2011, 23(5): 850–852.

[21] 吴晓慧 , 吴国荣 , 张卫明 , 等 . 丹皮酚的磺化、产物鉴定及抑菌作用的比较 [J]. 南京师大学报 (自然科学版), 2003, 26(4): 99–102.

[22] 肖烨 , 易图永 , 魏林 , 等 . 木霉菌对几种植物病原菌的拮抗作用 [J]. 湖南农业大学学报 (自然科学版), 2007, 33(1): 72–75.

[23] 杨国栋 , 孟利芬 , 李鹏 , 等 . 牡丹内生真菌及其应用 [P]. 中国专利 , CN105039176A, 2015.

[24] 杨瑞先 , 姬俊华 , 王祖华 , 等 . 牡丹根部内生细菌的分离鉴定及脂肽类物质的拮抗活性研究 [J]. 微生物学通报 , 2015, 42(6): 1081–1088.

[25] 余莹 . 滇牡丹内生真菌的分离鉴定及两株抗菌活性菌株代谢产物的研究 [D]. 昆明 : 云南大学 , 2010.

[26] 曾端香 , 王莲英 . AM 真菌对牡丹容器苗矿质元素吸收的影响 [C]. 2013 中国洛阳国际牡丹高峰论坛论文集 . 北京 : 中国林业出版社 , 2013: 199–201.

[27] 张岚 . 牡丹内生真菌多样性 [D]. 洛阳 : 河南科技大学 , 2015.

[28] 郑艳 , 戴婧婧 , 管玉鑫 , 等 . 凤丹内生菌的分离鉴定及抑菌活性研究 [J]. 中国中药杂志 , 2016, 41(1): 45–50.

[29] 周芳 , 曹国璠 , 李金玲 , 等 . 药用植物连作障碍机制及其缓解措施研究进展 [J]. 山地农业生物学报 , 2019, 38(3): 67–72.

[30] HAN J G, SONG Y, LIU Z, et al. Culturable bacterial community analysis in the rot domains

of two varieties of tree peony (*Paeonia ostii*) [J]. FEMS Microbiology Letters, 2011, 322(1): 15–24.

[31]　HINSINGER P, MARSCHNER P. Rhizosphere—perspectives and Challenges—a Tribute to Lorenz Hiltner 12–17 September 2004—Munich, Germany[J]. Plant And Soil, 2006, 283(1–2): vii-viii.

[32]　SHI Z Y, CHEN Y L, HOU X G, et al. Arbuscular mycorrhizal fungi associated with tree peony in 3 geographic locations in China[J]. Turkish Journal of Agriculture & Forestry, 2013, 37(6):726–733.

[33]　SONG Y, LIU Z, HAN J G, et al. Diversity of the phosphate solubilizing bacteria isolated from the Root of Tree Peony (*Paeonia ostii*). In: Recent Advances in Biofertilizers and Biofungicides (PGPR) for Sustainable Agriculture[M]. UK: Cambridge Scholars Press of Cambridge, 2013.

[34]　WEN S S, CHENG F Y, ZHONG Y, et al. Efficient protocols for the micropropagation of tree peony (*Paeonia suffruticosa* 'Jin Pao Hong', *P. suffruticosa* 'Wu Long Peng Sheng', and *P.×lemoinei* 'High Noon') and application of arbuscular mycorrhizal fungi to improve plantlet establishment[J]. Scientia Horticulture, 2016, 201: 10–17.

[35]　XUE D, HUANG X D. Changes in soil microbial community structure with planting years and cultivars of tree peony (*Paeonia suffruticosa*)[J]. World Journal of Microbiology & Biotechnology, 2013, 30(2): 389–397.

[36]　YANG R X, LIU P, YE W Y. Illumina-based analysis of endophytic bacterial diversity of tree peony (*Paeonia*. Sect. *Moutan*) roots and leaves [J]. Brazilian Journal of Microbiology, 2017, 48(4): 695–705.

[37]　YANG R X, ZHANG S W, XUE D, et al. Culturable endophytes diversity isolated from *Paeonia ostii* and the genetic basis for their bioactivity[J]. Polish journal of microbiology, 2018, 67(4):441–454.

下篇

牡丹的繁殖与栽培

第五章

牡丹的繁殖

牡丹种苗培育是牡丹种植业及观赏园艺业发展的基础，是牡丹产业的重要组成部分。掌握正确的繁殖方法，培育优质种苗，对加速牡丹产业高质量发展具有重要意义。

本章主要介绍牡丹的播种繁殖、嫁接繁殖以及分株、扦插、压条等繁殖方法，同时介绍了牡丹组织培养技术及其研究进展。

第一节
播种繁殖

一、播种繁殖的意义

利用种子播种培育苗木的方法，常称为播种繁殖或实生繁殖，属于有性繁殖。培育的苗木称为实生苗。

1. 播种繁殖的优点

牡丹播种繁殖的优点有：①方法简便，便于大量繁殖；②种子体积小，质量轻，便于采集、运输和储藏；③实生苗根系发达，生长旺盛，寿命较长，其对环境条件的适应能力也较强。

2. 播种繁殖的不足

其不足之处在于：①种子繁殖后代易出现分离，优良性状遗传不稳定；②实生苗需经过幼年期后才具有开花潜能，进入花期较晚。

在牡丹观赏栽培中，播种繁殖主要用于培育砧木和杂交育种。传统的实生选育，就是通过播种自然授粉种子，从大量实生苗中选择优良变异植株，再通过嫁接等繁殖方法固定优良变异，进一步选育新品种。从古至今，成百上千的牡丹品种，大多是实生选育的。

在牡丹的药用栽培和油用栽培中，实生繁殖是当前主要的繁殖方法。

二、观赏牡丹的播种繁殖

（一）种子采收

1. 种子采收时间

各地种子采收时间决定于种子成熟期，也决定于种子的用途。用来播种的种子，应掌握果实的成熟度，即牡丹的聚合蓇葖果由绿色转变为黄绿色，个别蓇葖果果皮开裂，从裂缝中可以看到种子呈蟹黄色或棕色时，即已达九成熟。此时即为播种用种的最佳采收时间。

明代薛凤翔在实践中总结出了中原地区采种的时间，种子成熟的老嫩与出苗率的密切关系。在《牡丹八书》中讲道："喜嫩不喜老……以色黄为时，黑则老矣。""然子嫩者，一年即芽（出土），微老者二年，极老者三年始芽。""大都以熟至九分，即当剪摘……中秋以前，即当下矣。"赵孝知经过多年、多次采收成熟度不同的种子做出苗率对比试验，结果九分成熟种子，翌春出苗率可达 80% 以上，并且小苗整齐一致；而十分成熟干燥黑硬的种子，翌春出土小苗不到 30%。经查看，近 3/4 的种子完好无损，没有膨大，再经 2～3 年，小苗才陆续出土，苗木参差不齐。由此可知，播种用种子一定要掌握好适时采种这一环节。

2. 种子采收后的存放

牡丹果实采收后，切不可放置在阳光下暴晒，应将其放置于荫棚下或室内，摊在地面上阴干，让种子在果实内完成后熟。每隔 2～3 天翻动 1 次，以防发热霉烂。种子在果实内由黄色、褐色逐渐变为黑色。20 天左右果皮自然开裂散出种子，没有开裂的果实可用手掰开取出种子，然后将果壳和种子混合堆放在原地，以保持种子有一定的湿度。如果育苗地已经整好，种子消毒灭菌处理后即可播种。若育苗地土壤干燥则需要提前浇水造墒；遇到连续阴雨天，短时间内无法播种时，可将种子与果壳分离，视其数量多少，拌少量细沙或潮土，选择地势高燥不积水的地方，挖 40 cm 左右深的浅坑，将种子放入坑内低于地平面 10 cm 左右，种子上面盖上几层旧报纸或塑料薄膜，塑料薄膜上面再盖上 20 cm 厚的湿土。应用该方法存放的种子等于已经假播在土壤内，但是时间不能太久。10 天后察看，一旦发现种子膨大或有露白（发根）时，应立即取出播种。如幼根生长过长，在播种时易折断而降低出苗率。

种子切忌长时间存放在密闭的塑料袋或器皿内，以防种子胚芽因缺氧窒息死亡。即便短时间存储，也应拌入细沙或潮土。潮湿的种子更不要存放在不透气的器皿或塑料袋内，以防发热、霉烂。

3. 种子播前的处理

播种前2~3天将种子与果壳分开，采用水洗法将上面漂浮不实的秕种捞出弃之，再将下沉饱满充实的种子捞出放置室内晾干。如果种子过于干燥不易吸水，播前应用50℃左右的热水浸种48~72 h，待种皮脱胶吸水膨胀后，捞出晾干，再用高效低毒广谱杀菌剂25%苯甲·丙环唑乳油1 000倍液浸泡30 min后捞出，稍晾干燥即可播种。如果种子外壳特别干硬，也可用浓硫酸浸种2~3 min，或用75%乙醇浸泡30 min，促其种皮快速软化，这样处理过的种子，不需要再用杀菌药液浸泡，但必须用清水冲洗干净后再播种。

（二）整地播种

1. 整地

育苗地应在播种前20多天施足基肥，深耕耙平。如果土壤表层细土量少，应再耙磨一次，使表土有约6 cm深的细碎土壤，以方便播种后取细土覆盖种子。

严禁墒情不足时播种，因为播种后再浇水，会使土壤板结，影响翌春幼苗出土而降低出苗率。应先浇水造墒后再播种，土壤含水量在15%~20%即可。测试方法：用手抓住土壤用力攥成团，一碰即散，手掌无湿印，此时土壤含水量即为种子萌动生根最理想的湿度。只有育苗地土壤湿度适宜，才能使播下的种子达到最高的出苗率。

2. 作畦

育苗地应抬高地势筑成小高畦，以避免因圃地低洼，遇大雨或浇水时小苗被淤泥埋没或积水淹死。苗床一般畦高8~10 cm、畦宽40~50 cm，畦的长短可根据地势及种子的多少而定。畦间距一般宽30 cm即可，其间可作20 cm深的浅沟，将开沟土放置于畦面整平，畦面便可抬高约9 cm。畦间浅沟干旱时用来放水，让水从沟中慢慢渗透到两边小高畦内的土壤（俗称"偷浇"），这样可使土壤湿润时间长，而且土壤疏松，利于种子生根发芽，翌年干旱时浇水，小高畦内的覆土也不易板结。另外，下大雨时此沟还可作为辅助排水沟；平时工作人员亦可在沟内行走，从事田间管理工作。

在降水量多的丘陵缓坡地，育苗畦可稍高于地平面10 cm左右，必须在四周挖好排水沟。

3. 播种的时间与方法

1）播种时间　中原地区应在8月下旬至9月上旬播种。此时地温还高，昼夜温差开始加大，利于种子快速生根入土，翌春幼苗整齐健壮。如果推迟到9月中旬再播，则播后必须用地膜覆盖提高地温。这样，晚播种子能赶上早播种子的出苗，翌春幼苗生长势没有差别。

长城以北与高海拔地区因为天气冷得早，地温下降快，应提前至8月中旬播种，播种后应用地膜覆盖增温；长江以南地区，气温下降慢，只要海拔不超过800 m，可推迟到9月中旬播种。如果播种期延误到翌春再播，种子仍需到当年秋季才能生根，并延至翌年春天发芽，出苗时间相差1年。

2）播种方法　可按行距8～10 cm、株距4～5 cm点播。根据种子的多少、育苗畦的大小进行。种子点播后，将种子用手拍压或脚踏，使之与畦面土壤持平，然后种子上面用潮湿的细土覆盖1.5 cm厚，上面盖上旧报纸或地膜做标记，最后地膜上面再用细土覆盖10～15 cm厚以防旱保湿。播种后30天，种子即可萌动长出幼根。

中原地区12月下旬地面开始封冻，如果土壤干燥可在沟内放水渗浇一次"越冬水"。

4. 圃地管理

1）种子的萌发　牡丹种子有上胚轴休眠特性，种子在秋播当年只能萌发由胚根长出新根，而胚芽则需要经过冬季长时间的低温完成春化阶段后才能解除休眠，翌春萌芽出土。幼芽的生长完全靠子叶吸收胚乳中的养分。随着幼苗生长，胚乳营养耗尽。幼芽出土后，两片子叶和种壳即留在表层土壤内。

中原地区3月中旬前后，土壤完全解冻，15 cm处地温回升至4℃以上时，其新根、幼芽即开始萌动生长，此时应去掉畦上覆盖的土壤与地膜，只留下做标记用的报纸，让幼苗自然顶破报纸出土。如果冬季雪、雨偏少，春天土壤过于干燥，幼苗出土前应渗浇一次"催芽水"。

2）田间管理　圃地管理应重点抓好适时浇水、追肥，及时消灭杂草和防治病虫害。幼苗出土后的生长发育，主要靠整地时施的基肥。1年生小苗一般不需要追肥，但可在叶片展开后，每隔10~15天喷洒1次磷酸二氢钾，或植物助长剂等叶面肥。进入7月以后，降水量逐渐增加，空气相对湿度达到80%或以上时，极易发生叶斑病，应在雨季前每隔7~10天喷洒1次防治病害的药剂，并连续喷洒4~5次。每年追施1次有机肥。

在长江流域及以南地区，降水多，空气湿度高，叶部病害更易发生，药物防治增加至6~7次，并在防治叶斑病的药液中加入多元素叶面肥或其他植物助长剂，配制成混合液进行喷洒。

圃地应及时除草，一般以禾本科杂草较多，可选用杀灭禾本科1年生杂草的高效氟吡甲禾灵除草剂，在杂草长出3~5片叶前及时喷洒，其杀灭率可达90%以上。如系多年生禾本科恶性杂草，如白茅、芦苇等，应加大药液浓度，也应在其3~5叶时喷洒，其杀除效果亦很好。但该除草剂每年只能应用1次，如果还有同科杂草出土，应选用同类除草剂杀灭。高效氟吡甲禾灵对双子叶阔叶杂草无效，所以牡丹不受其危害。

切记，作油用及药用栽培的牡丹，严禁使用除草剂。

生长期如果发现有地下害虫，如地老虎(土蚕)、蛴螬、金针虫等啃食幼苗时，应立即撒放毒土、毒饵防治。

3）圃中选优与幼苗移栽

（1）小苗中选优　在育苗圃内，只要管理精细，小苗定能生长健壮，发育良好，第三年秋季即可移栽定植。

育苗圃中会有个别单株开花。如果花期时发现有开花特早或特晚，或具有某些优良性状的单株，应做好标记与记录备案，待秋季移栽时单独刨出，集中栽植，以便继续观察，并剪取接穗用嫁接方法繁殖，以提前快速增加其种苗的数量。因小苗还处在营养生长期，需待移栽定植，连续观察3年后再确定淘汰或继续保留。淘汰下来的苗子可用作砧木或药材。

（2）移栽时间和方法　中原地区小苗移栽以9月上旬至9月下旬为宜；在长城以北或高海拔地区，应提前20~30天，在长江以南可推迟15~20天。

小苗移栽刨苗时，应先从育苗畦的一头，距小苗一侧20 cm左右，下挖一条30~40 cm深的沟，然后用铁锨或钢叉，垂直插入土中35 cm左右，用力将土和苗一齐推入沟中，将小苗捡出备栽。

小苗栽植前应把地上部枝条保留 2~3 个侧芽，其余全部剪除；其根系保留不超过 30 cm 长，短截后即可按定好的行株距挖坑栽植。

（3）小苗栽植 栽植密度一般按等距离 50 cm 或 60 cm 栽植；也可根据土地的多少，计划生长年限加大或缩小株行距。

栽植小苗可用挖穴机挖穴。可选用直径 15~20 cm 的钻头，按定好的位置下挖 35 cm 深，每穴栽植 1 株小苗。栽植时将小苗垂直放入穴内，一手拿苗并用手指把根系均匀地向四周撑开，另一只手向穴内填土，小苗应先低于地平面约 8 cm 深，当土填至半坑深时，将小苗左右摇动并上提，使其根系顺直，与土壤密接。当根茎距地平面约 3 cm 时停下，再用土壤将坑填满，用木棍在小苗四周捣实，以免土壤空虚根系缺水"吊死"（干死），或者活而不旺。另外，在小苗栽植时，如果土壤过湿，可先挖穴晾晒 1~2 天，待土壤稍干燥时再栽；如果土壤过于干燥而无雨，栽植后应适量浇一次透水。小苗栽植不可过深，如果栽植过深萌发新根慢而少；栽植过浅，根颈部露出地平面时，小苗将不再分生新根，而只增粗原来的根。

定植工作完成后，将其地上部分平茬，然后用其两侧的土壤将露出的茬口全部封埋，形成一条高出地面 15~20 cm 的呈屋脊状的自然坡形的土埂，防旱保湿。

翌年春天土壤完全解冻后，将小苗所封的土埂全部去除整平，中耕一遍后即进入正常管理阶段。

三、油用牡丹的播种繁殖

（一）育苗地准备

油用牡丹育苗对土壤条件要求较高，应选背风向阳，土层深厚肥沃，既排水良好，又有一定保墒能力的沙质壤土用作苗圃地。忌选黏重、盐碱、低洼及重茬地块。

育苗用地应在播种前 2~3 个月内选定。土地选好后，应开展以下准备工作：

1. 清除杂草

对其中杂草较多的地块，应在夏秋之交，草籽尚未成熟前予以根除。除草办法：一是土地深翻，将杂草压到底层；二是使用除草剂，除草剂一般使用 1

次即可，局部杂草严重或有多年生禾本科杂草地块可酌情在 2~3 天内连续使用 2 次；三是覆盖薄膜，提前控制草害，可以大幅度降低育苗成本。

2. 深耕翻晒，施足基肥

育苗地宜提前 1 个月深耕翻晒，深度 50 cm 左右。要在晴天翻耕，通过暴晒促进土壤熟化，杀灭病菌和虫卵。翻地前每亩（1 亩 ≈ 667m²）施用腐熟有机肥 1 000~1 500 kg、三元素复合肥 50 kg 作基肥，同时施入土壤杀虫、杀菌剂。

3. 整地作床

播种前再次整理土地，浅耕耙细整平，然后作床。一般宜作成 40 cm 高的畦，畦宽 1.2~2.0 m，畦面整理成弧形，以利排水。畦间步道（兼排水沟）深、宽各 40 cm。

（二）种子制备

1. 采种圃的建立

为了能采收到品质优良纯正的育苗用种子，必须建立初级良种采种圃。选用结实能力强、丰产性能好且性状较为一致的优良植株作为采种母株，并在栽植后加强管理。就母株株龄而言，以从 5 年龄以上的优良母株上采集种子较为适宜。

采种圃的建立对培育油用牡丹壮苗甚为重要。特别是在油用牡丹迅速发展、原有良种工作基础薄弱的情况下更是如此。当前，'凤丹'由以药用栽培为主转向油用栽培，紫斑牡丹则由观赏栽培为主转向油用栽培，种子混杂情况相当突出，致使种苗良莠不齐。在现有采收的紫斑牡丹混杂种子培育的实生苗中，单瓣植株约占 60%，其中还混杂有部分雄蕊、雌蕊发育不全而不能结实的植株。此外，甘肃中部紫斑牡丹产区海拔较高（1 700~2 100 m），种子成熟期偏晚，导致播种后当年种子绝大部分不能萌动生根，翌年春天出苗率很低。而在海拔较低的山地（1 500 m 以下）建立采种育苗基地，使种子提前成熟，提前播种，从而加快育苗进程。

2. 种子采收和处理

1）种子采收　牡丹种子成熟期在不同产地间存在差别。安徽铜陵'凤丹'种子一般在 7 月下旬成熟，而山东菏泽等地在 7 月中旬至 8 月上旬，湖北保康地区紫斑牡丹在 8 月上旬成熟，甘肃兰州附近的榆中、临洮地区紫斑牡丹则在 8 月中下旬成熟。当大部分蓇葖果果皮呈蟹黄色时，即应及时采收，据形态观察及种子营养成分的测定，此时种子中的干物质积累与脂肪酸含量均已达到最高，可以根据成熟程度分期采收。

种子适时采收对播种育苗非常重要。适时采收并及时播种，种子萌发生根率达到 90% 以上。适时采收的种子达到最大千粒重，含水量开始减少，干重不再增加。

注意： 育苗用种子和油料生产用种子应分别采收，育苗用种子不宜过于成熟，一般九成熟即可。

2）采后处理 采下的果实应堆放在阴凉通风、不易返潮的房间地面（一般为粗糙水泥地面）上，以促进种子的后熟。果实堆放厚度不宜超过 20 cm，每天翻动 2～3 次，以免果实发霉，10 天后，果壳内种子普遍由黄褐色转变为黑褐色，此时果皮自行开裂，种子脱出，未开裂的果实可用脱粒机脱壳。种子的堆放厚度不宜超过 10 cm，每天翻动 1～2 次，同时加强通风，防止霉变。

用于播种的种子切勿暴晒。

（三）适时播种

1. ‘凤丹’牡丹的播种

1）播种期 宜采用当年新鲜种子播种。安徽铜陵及周边地区，‘凤丹’牡丹的播种期一般在 9 月初至 10 月上中旬。如当年地温较低，或播种期偏晚，播种后必须覆盖地膜（以黑膜较好）。播种过晚，温度较低，种子当年不能萌动生根。由于上胚轴不能感受低温以解除休眠，翌年春天也不能萌芽。

2）种子处理 播种前要采用水选法选种。选择在清水中下沉的饱满种子，用 50 ℃左右的温水浸种 48 h，或者用常温清水浸种 3～4 天，每天换水 1 次。充分吸水膨胀的种子，经 0.5% 高锰酸钾等药剂消毒处理后，即可用于播种。

3）播种方法 播种时土壤适宜的墒情为田间持水量 70% 左右，墒情差时要补水造墒后方可播种。

在做好的苗床上开沟播种。按 20 cm 的行距开沟，沟深 8～10 cm，宽 5 cm 左右，将种子均匀撒在沟内，种子间相距 1～2 cm，然后覆土 3～5 cm，稍加镇压。适当的行距便于除草，也便于培养较大的苗木。土地平整的地块可用玉米播种机播种。

种子用量每亩 60 kg，不宜超过 70 kg。如果用种量过大，种苗过密，会导致幼苗生长衰弱。

2. 紫斑牡丹的播种

紫斑牡丹产区一般海拔较高（1 600～2 100 m），种子成熟期偏晚，大多在8月下旬，虽可采后即播，但因入秋后气温、地温下降较快，不能满足种子完成后熟过程的温度（15～20℃）要求，种子入冬前大多不能萌动生根，翌年春天只有少量种子（约30%）萌发出土。因此当地群众常将当年采收的种子放入土罐中埋入地下过冬，翌年秋天再取出播种，这样就延长了育苗时间。为了使紫斑牡丹种子当年能萌动生根，可以采用以下方法：

1）随采种随播种　种子采下后即用赤霉素300～500 mg·L^{-1}溶液处理12 h，然后播种。播后覆膜、搭小拱棚保温，减缓土地的降温过程。

2）异地繁种　在海拔较低（1 500 m 以下）或气温较高的地方建采种基地，使种子提前到7月底8月初成熟，以利于提前播种。

在陕西眉县、杨凌等地，紫斑牡丹种子成熟较早，可以采下即播；在河南洛阳，种子采下后经温水浸种，或用赤霉素200 mg·L^{-1}浸泡1天后层积处理，待大部分种子露白后再播，效果也较好。有些地方播种时拌以草木灰，也有一定效果。

（四）田间管理

1. 苗体管理

播种后30～40天种子萌动生根，入冬前幼根可达10 cm或更长，冬季天气干燥的地方，可在播种后覆膜保墒，在幼苗出土前除去；育苗量不大时也可在圃地上覆盖2～3 cm厚的稻草或茅草，保护越冬，翌年2月底3月初，种子经过冬季低温解除上胚轴休眠后，胚芽萌发，陆续出土。

幼苗叶片展开，春季气温上升到18℃以上时，是幼苗快速生长期，此时，应注意真菌病害的发生和危害，可以将杀菌剂、0.3%磷酸二氢钾等叶面肥、生长促进剂配合使用或者单独使用，在生长期内连续使用3次，有较好效果。

牡丹1年生幼苗长势弱，根系入土不深（20～25 cm），宜在生长期适度遮阴。可搭荫棚或采取其他遮阴措施。如果不加以保护，在7～8月高温期，幼苗叶片易灼伤，或叶片提前衰老干枯。

幼苗生长期内，应及时松土除草。

2. 苗木出圃

油用牡丹的苗木可以培育 2～3 年，应以培育 2 年生以上苗木为主。根据栽植需要于秋季出圃。

油用牡丹各年龄段的苗木质量至少应达到行业标准（《中华人民共和国林业行业标准　牡丹苗木质量》LY/T 1665—2006）：1 年生一级苗实存枝长应 ≥ 5 cm，粗度 ≥ 0.35 cm；根长 ≥ 15 cm，根粗 ≥ 0.5 cm。2 年生一级苗枝长 ≥ 8 cm，粗度 ≥ 0.5 cm；根长 ≥ 20 cm，根粗 ≥ 1.0 cm。3 年生一级苗实存枝长 ≥ 12 cm，粗度 ≥ 0.7 cm；根长 ≥ 25 cm，根粗 ≥ 1.2 cm。按标准分级后，一级、二级苗用于栽植，等外苗宜继续培养。

苗木根据标准分级后，按一定株数捆扎，然后送往栽植地。不能及时运走的苗木应加以覆盖，或对根系实行覆土等保护措施。

（赵孝知，李嘉珏）

第二节

嫁接繁殖

嫁接繁殖是牡丹最常用的繁殖方法，具有繁殖系数较大、成活率高、苗木规范整齐等优点。在牡丹观赏栽培中，优良品种的大量繁殖，主要依靠嫁接繁殖。在油用牡丹苗木生产中，则主要用于优树、优良无性系或优良品种的快速繁殖。

一、嫁接时间的确定

嫁接时间的确定对于提高牡丹嫁接成活率至关重要。实践证明，嫁接期间日平均气温保持在 20～25℃ 最为适宜。长江以北地区宜在 8 月至 9 月下旬，长江以南地区嫁接时间宜在 9 月下旬至 10 月中旬。

二、砧木与接穗的选取

（一）砧木的选择

牡丹嫁接用的砧木有牡丹根和芍药根两种，生产上通常选用牡丹 3 年生实生苗或芍药 2～3 年生实生苗的主根作为砧木（图 5–1）。嫁接用的砧木除采用牡丹、芍药实生苗外，也可采用 4 年生左右牡丹、芍药分株时采下的直径1.0～1.5 cm 的粗根。对大树高枝换种及盆栽牡丹的嫁接，可采取砧木不离土嫁接的方式，如图 5–2、图 5–3 所示。按照嫁接时砧木状态的不同，嫁接分为原地接（不离土）和离地接（掘接）。地接是指采用较粗壮的3~4年生牡丹实生苗，但不将砧木挖起，直接就地嫁接；离地接是将砧木挖起后裸根操作。目前，牡丹的嫁接以采用裸根嫁接的方法最为普遍，所用砧木需于阴凉处晾软（切忌阳光暴晒），待砧木失水变软后进行嫁接。晾软后的砧木有韧性，切口不易脆裂，便于操作，但在西北地区大气干燥的地方，砧木不可暴露过久。'凤丹'在黄河中下游及江南一带栽培量大，是这一带比较理想的砧木，而在甘肃中部及其他海拔较高、气候冷凉的地区嫁接牡丹优株或优良品种时，则应选用紫斑牡丹3年生实生苗，而不宜采用'凤丹'根。

芍药根较粗，木质化程度低，便于嫁接操作，而且储藏养分丰富，利于快速成苗，因而应用较为普遍。

牡丹砧木　　　　　　　　　　　　　　芍药砧木

● 图 5-1　**离土嫁接的牡丹常用砧木**

● 图 5-2　**不离土嫁接盆栽牡丹**

● 图 5-3　**不离土嫁接牡丹大树换种**

　　温馨提示　中原品种群中部分珍稀品种用芍药根砧嫁接时，亲和力较差，嫁接成活率很低，如'姚黄''豆绿''种生黑'等嫁接成活率仅为 20%～40%，'玫瑰红''三奇集胜'等成活率几乎为零；'赵粉''假葛巾紫''墨魁''琉璃贯珠''景玉'（'赛雪塔'）等，用芍药根嫁接后，很少萌发自生根，因此，都不适宜采用芍药根为砧。

　　砧木的粗度对嫁接成活率的影响也比较大，一般砧木比接穗略粗比较容易成活，根头直径在 1.2 cm 左右为宜。砧木过老、过粗都会降低嫁接成活率。

（二）接穗的选择

　　从大株牡丹上剪取接穗时，由于芽的大小、规格难以统一，无法满足标准化生产要求。基部萌蘖芽俗称土芽，形成的萌蘖枝长势旺，顶芽组织充实，生命力旺盛，嫁接容易成活，应尽量选用这类枝条做接穗。平茬可以增加萌蘖枝数量，是接穗培养的关键技术之一。萌蘖芽数量不足的情况下，可以剪取植株上部一致性较好的当年生枝作为补充，接穗长度 5 ~ 12 cm，带有 1 ~ 2 个饱满健壮的芽（图 5-4）；接穗应尽量随取随用，远距离运输时应在低温、保湿的条件下进行，避免堆积发热或失水干枯。

● 图 5-4　**牡丹接穗**

在优良品种扩繁时，应尽可能选取优良母株建立采穗圃。

三、常用的嫁接工具

无论应用哪种嫁接方法，在嫁接前必须备好锋利的修枝剪、嫁接刀与长 50 cm 左右的细麻绳（图 5-5），或嫁接专用的 2 cm 宽的塑料薄膜带。

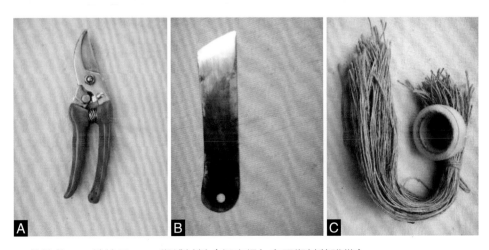

A. 修枝剪；B. 嫁接刀；C. 绑缚材料（细麻绳与专用塑料薄膜带）。

● 图 5-5　**常用嫁接工具**

四、常用嫁接方法

常用的嫁接方法有贴接法、嵌接法、贴嵌接法、改良舌接法、换芽接法等，江南地区也见有采用一条鞭嫁接法。

1.贴接法

贴接法的优点是：操作简单易于掌握，嫁接速度快且成活率高，砧木与接穗的接触面积大，成活后接口愈合牢固。该方法既可利用较粗的芍药根砧，又可利用稍细的牡丹根砧。缺点是缠绑时砧木与接穗易上下滑动，如果存放时间过长，砧木风干脱水收缩，缠绑物极易松动使接穗脱落，因此，嫁接后应马上栽植。

操作步骤如下：

第一步，先将芍药根、牡丹根顶端剪平（图5-6），削除芍药实生苗顶端的鳞芽（图5-7）。

● 图5-6 **将根砧修平** ● 图5-7 **截除芍药实生苗顶端部分鳞芽**

第二步，将砧木由下向上斜削约3.5 cm长的切口（图5-8）。

● 图5-8 **削砧木第一刀**

第三步，削除部分应占砧木直径的1/2或1/3，切口要平直（图5-9）。

● 图5-9 **处理好的砧木**

● 图5-10 **削接穗第一刀**

第四步，将接穗由上向下斜削一刀，削面直达对侧外皮（图5-10）。

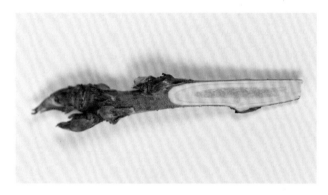

● 图5-11 **处理好的接穗**

第五步，斜削面要平直，长度略比砧木削面短0.3 cm左右（图5-11）。

● 图5-12 **接合**

第六步，接合。将砧木和接穗削面相互对准形成层（图5-12）。

● 图5-13 **接合后绑缚前**

第七步，接穗切削部稍露白（图5-13）。

第八步，用麻绳或专用嫁接塑料薄膜带从上往下缠绑牢固（图5-14）。

● 图5-14　**绑缚**

第九步，完成嫁接（图5-15、图5-16）。

● 图5-15　**贴接苗单株**

● 图5-16　**大批量等待定植的贴接苗**

温馨提示　嫁接后不能马上栽植，应用消毒好的稀黏泥浆，或用液状石蜡封闭接口后，进行室内沙藏，沙上盖严塑料薄膜保湿，待伤口愈合后栽植大田。

2. 嵌接法

该法又称劈接法，是牡丹嫁接繁殖中广泛应用的方法之一。

具体操作步骤如下：

第一步，从接穗下部 3.5 cm 处，两侧对称部位各向下斜削一刀，使接穗呈一面厚一面薄的斜楔形（图 5–17）。如果一刀削不平直，可重削（图 5–18）。

●图 5–17　**接穗处理成一面厚一面薄**　　●图 5–18　**重削修楔**

●图 5–19　**处理芍药砧木**

第二步，将失水变软的芍药根砧顶端剪平（图 5–19）。

●图 5–20　**处理牡丹砧木**

第三步，牡丹实生苗应在其根颈上部约 5 cm 处，将枝条剪除（图 5–20）。

第四步，在其顶端一侧光滑平直面向下纵切1刀，切口略长于接穗楔形削面，深度为砧木直径的1/2或2/3（图5–21、图5–22）。

● 图5–21　**切削芍药砧木**　　　　● 图5–22　**切削牡丹砧木**

第五步，一手拿削好的接穗，一手拿砧木上部切口，拇指在砧木切口一侧，食指在切口对面，稍用力挤压，切口就会张开，插入接穗并对准形成层（图5–23、图5–24），接穗楔面上端应露0.3 cm左右的无皮部位，即露白（图5–25），以利于砧木与接穗分生组织的愈合。

● 图5–23　**插合1**　　　● 图5–24　**插合2**　　　● 图5–25　**接穗楔面上端露白**

第六步，接穗插好后，用专用嫁接塑料薄膜带或细麻绳缠绑牢固（图5–26），缠绑得越紧越好。

● 图5–26　**绑缚**

第七步，嫁接完成（图 5–27）。

● 图 5-27　**嫁接完成的嵌接苗**

温馨提示

1. 在什样锦观赏牡丹（也叫什样锦牡丹）培养中的应用

嵌接法可用来培养集多个不同花色品种于一株的什样锦牡丹。可选用多年生的独干多枝形'凤丹'大苗，或开花质量差的独干形植株。只要植株株高有 30～100 cm，独干直径 3 cm 以上，上部有多个粗壮（直径 >1 cm）的分枝（侧枝），即可作为砧木。

嫁接前，可在独干植株上部选留 4～6 个直径 1 cm 以上的侧枝保留 15～20 cm 短截，并将多余的细弱枝及过于稠密的侧枝剪除，要求树形协调美观即可。嫁接时可在短截的每个侧枝上嫁接一个品种，使其开花时丰富多彩。

翌年春天接穗萌芽时，应及时掰掉砧木上非接穗芽及根颈部萌发的土芽，除掉接穗上的幼蕾。并要绑扎支架固定嫁接后萌发的新枝，以防大风刮断。此后，进入正常管理即可。

2. 在优株（种）快速繁殖中的应用

嵌接法也可应用于优株（种）的快速繁殖，以快速繁殖油用牡丹优株或牡丹观赏品种。

3. 贴嵌接法

该嫁接方法结合了贴接法与嵌接法之优点，在菏泽等地只要选用芍药根与牡丹实生苗作砧木者，80% 以上皆采用该嫁接方法。

该嫁接方法操作简便，嫁接速度可加快近 1 倍。该方法优点一是砧木与接穗接触面积大，嫁接苗易缠绑紧密，愈合快，成活率相对提高；二是对接穗要求不严，长短皆能操作应用，并可单芽嫁接，节省接穗。

其操作步骤如下：

第一步，将接穗的下方一侧斜削约 3.5 cm 长，保留接穗对侧下端约 1/2 直径厚度（图 5-28）。

● 图 5-28　**第一次处理接穗（正面）**

第二步，从接穗的另一侧下端往上约 1.5 cm 处向下再斜削一刀，使接穗两侧的削面呈一面长一面短的楔形（图 5-29）。

● 图 5-29　**第二次处理接穗（背面）**

第三步，取砧木视其粗细从顶端约 1/3 处向下垂直竖切一刀，长度与接穗斜削长面相同，然后在竖切口的窄面往上 1.5 cm 处向内往下斜切一刀，深度与竖切刀口汇合，去掉切除部分（图 5-30）。

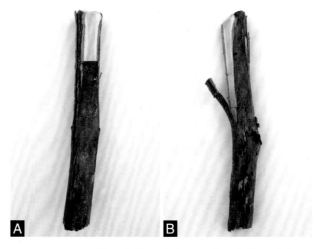

● 图 5-30　**A. 第一次处理砧木；B. 第二次处理砧木**

> 第四步，取削好的接穗对准一侧形成层插入缺口处（图5-31）。

● 图5-31 **砧穗嵌合**

> 第五步，用塑料薄膜带缠绑牢固（图5-32）。

● 图5-32 **绑缚固定**

4.改良舌接法

该法由洛阳郭胜裕先生首创。其操作步骤比贴接、嵌接等法复杂，但由于接穗与砧木接触面增大，二者接合牢固，故成活率较高。该法既可用于培育袖珍式盆栽牡丹，也可用于大树高接换头，改良品种或培育什样锦牡丹景观。嫁接操作完成后立即采用套袋护芽法处理，以保证嫁接成活率。

具体操作步骤如下：

> 第一步，选择接穗并截成12 cm左右（图5-33）。

● 图5-33 **选择及处理接穗**

第二步，在接穗下端 4 cm 处向下削一个马耳形斜面（图 5-34）。

● 图 5-34　**将接穗处理成马耳形斜面**

第三步，从斜面 1.5 cm 处向上斜切 0.8 ~ 1 cm，留一个"V"形舌尖（图 5-35）。

● 图 5-35　**将接穗切成"V"形**

第四步，接穗背面从与正面马耳形斜面对应处沿木质部向下削切 6 cm，并将皮层削去，露出木质部（图 5-36）。

● 图 5-36　**处理好的接穗**

第五步，取砧木并沿着砧木皮层与木质部结合部向下切 6 cm，截断，如图 5-37 所示。

● 图 5-37　**处理砧木**

第六步，在砧木上部 0.5 cm 处向木质部内斜切一个"V"形凹口（图 5–38 ）。

● 图 5–38　**处理好的砧木**

第七步，将接穗插入砧木皮层与木质部中间，将接穗上部舌形凸插入砧木"V"形凹口中（图 5–39 ）。

● 图 5–39　**嵌合砧穗**

第八步，用塑料薄膜带从上向下将接穗和砧木嵌合部位绑紧（图 5–40 ）。

● 图 5–40　**绑缚固定**

对什样锦牡丹及大树改接者，用 5 cm×20 cm 两端开口的塑料袋套在嫁接枝条上，先在嫁接部位下端将塑料袋下口缚住，然后装入含水量在 60%～70% 并拌有适量杀菌粉剂的细土，装土量以埋住穗芽顶部 1 cm 为宜，细土装好后即将塑料袋上部绑住（图 5–41 ）。

嫁接效果如图 5–42～图 5–46 所示。

● 图 5-41　嫁接部位套袋封土保护

● 图 5-42　什样锦牡丹盆栽嫁接完成

● 图 5-43　观赏园改头换接新品种

● 图 5-44　嫁接成活发芽

● 图 5-45 　什样锦牡丹嫁接成活开花

● 图 5-46　盆栽嫁接株成活开花

5. 换芽接法

换芽接法，又叫热粘皮嫁接法。在中原牡丹生产区的山东菏泽、河南洛阳等地，应用该嫁接方法改换开花品质差的品种，已有30多年历史。而在'凤丹'实生苗改换优良品种上，应用还不到20年时间。该嫁接方法优点有四：其一，可使原来开花品质差的品种与'凤丹'实生坐地苗改换为优良的观赏品种；其二，可把多年生的大'凤丹'改变为一株多花色的什样锦；其三，每个优良品种枝条上均可剥取3～4个侧芽，取材容易，可比枝接法接穗用量节省80%；其四，换芽嫁接的时间比用传统枝接法嫁接延长2～3倍。

1）接穗选择　换芽嫁接选用的接芽有两种：其一，优良品种当年生萌蘖枝的侧芽；其二，优良品种主枝上部，当年开花或没开花的侧枝上的芽（图5-47）。

● 图 5-47　**接穗选择**

接穗枝剪下后，除保留1.5～2.0 cm长的叶柄外，其余无腋芽的叶片应立即剪掉，以防叶片蒸发失水使接穗芽脱水而影响成活率。为防止高温干燥脱水，接穗可用湿布包裹，或短时间用清水浸泡备用。

2）嫁接时间　在中原地区4～9月均可嫁接，但以7～8月嫁接成活率最高。因为此时期是该地区的雨季，降水量增多，空气湿度升高，并且此时期也是该地区气温最高的季节。这时期植株各器官含水量充足，各部分的芽生长发育快，此时嫁接不但利于接穗芽、砧木芽的剥离，俗称离骨，而且分生组织生长快，愈合亦快，成活率也就相对增高，因此，该地有"热粘皮"之说。

3）嫁接步骤　第一步，在接穗枝侧芽上、下方各 0.5 cm 处横切 1 刀；第二步，在芽左右 0.5 cm 处各竖划一刀，剥下长 2.5 cm、宽 1.5 cm 的腋芽（图 5–48），注意，取芽时用拇指按住叶柄基部向另一侧用力，将芽内生长点带下；第三步，嫁接植株上粗细相近的枝条，用同样的方法剥掉其侧芽，立即将从接穗上剥下的芽对准芽眼贴上；第四步，用细麻绳或专用塑料薄膜带缠紧系牢，露出接芽和叶柄让其自然愈合（图 5–49、图 5–50）。

 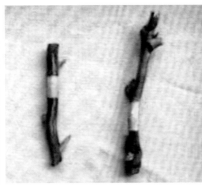 

● 图 5-48　**从接穗上取下侧芽备用**　● 图 5-49　**在砧木枝条上取下大小相同的侧芽，弃去**　● 图 5-50　**将接穗对准芽眼，用专用薄膜缠绑牢固**

一般 15 天左右，所贴芽就能自然愈合，20 天左右，用嫁接刀避开接芽划（割）断缠绑绳，查看接芽和叶柄，其若新鲜，砧木缠绳处有浅沟，即已成活，否则应重接。翌年春天，在嫁接芽萌动前，应剪掉非嫁接芽以外的枝条；植株萌动后应及时检查植株上萌发的非嫁接芽，应将其彻底掰除；如果发现嫁接芽长出幼蕾也应去除，以保证嫁接芽萌发后有充足的养分供应，加快其营养生长。以后即进入正常管理。

6. 一条鞭嫁接法

入秋后，选用直径 1.5 cm 左右的芍药根为砧，芍药根砧平放，在其上每隔 5 cm 左右开一横口，然后将削好的牡丹接穗插入即可，操作完成后栽植（图 5–51）。嫁接苗培养 2 年后，从其基部可发出不少自生根，即可分开栽植。此法操作简便，节约砧木，且繁殖系数有所提高。适用于江南地区雨水较多、根腐病等根部病害危害严重的

● 图 5-51　**一条鞭嫁接法**

地区。

7. 高位嫁接新技术

1）砧木选择　以栽植 3～5 年进入旺盛生长期主根发达的紫斑牡丹实生苗最好。规模化培育时，砧木苗株距采用 10～12 cm 单行窄垄定植。待嫁接成活后做提根处理，使其根颈部露出地面，抑制根蘖（土芽）的发生。

2）嫁接时期　以母株花蕾处于圆桃期前后为佳。此时地表土芽梢端刚刚木质化，砧木上开花枝和树体中上部的营养枝中下部木质化程度也很适合，嫁接成活率最高。嫁接可持续到开花以后，过晚，则接穗入秋后不易深度木质化，越冬困难而难以成活。

3）嫁接技术

（1）接穗剪取　接穗以良种牡丹旺盛脚芽（土芽）或强势营养枝盲节以上的顶芽茎段最好。其次为开花枝中下部有腋芽茎段。随采随用。远距离取芽可预处理后采取低温保湿保存，可冷藏 7～10 天。

（2）嫁接部位　以顶花芽的营养枝萌生的原生代开花枝半木质化部位最佳，且距芽鳞痕越近越好。也可以选当年新生旺盛营养枝中下部半木质化区段。

（3）嫁接操作　在保证双切面长度 3～4 cm 的前提下，接穗越短越好。嫁接完成后要用嫁接膜由下而上将伤口紧紧绑缚，切口涂上保护剂。阳光强烈、空气干燥地区嫁接后套袋或适当遮阴有利成活，20 天后去除。嫁接植株需剪除嫁接部位以下的嫩枝叶片，尽量保留非嫁接枝现有枝叶以维持树体的根冠平衡。

4）后期管理　嫁接植株当年及时抹芽，控制脚芽和多余营养枝的发生。嫁接成活后，要加强肥水管理，促进树体生长。但不要让保留枝开花，集中树体营养促进接穗生长发育。高垄栽植的，树冠恢复后入秋前及时提根，暴露根颈部以抑制脚芽发生，减轻抹芽工作量。秋冬之交营养回流叶片枯黄后，及时重新修剪，疏除非嫁接部位所有保留枝条，注意保护好伤口。翌年发芽后及时抹芽，摘除接穗萌发枝上的花蕾，确保接穗枝条生长量，迅速恢复树冠，年底即可出圃。

培养大规格树状牡丹时，应从嫁接成活第三年开始，采取抑花促萌措施，刺激接穗部分萌发强势营养枝，加速树体生长。3～4 年即可长成冠径 1 m 以上的树状大牡丹。

四、嫁接苗的栽植与管理

（一）嫁接苗的栽植

嫁接苗的栽植各地有所不同，大体分为两类，一是将嫁接苗沙藏，待伤口愈合后栽植；二是嫁接结束后直接下地栽植。

1. 沙床假植

嫁接操作完成后立即按品种编号捆扎，然后埋藏到湿沙中，沙的湿度以手捏能成形、松手后能散开为宜。沙藏时间约为 20 天。沙藏过程中以草毡覆盖保湿，其间可在草毡表面洒少量水，注意水分不要过多，以免影响伤口愈合。20 天后检查，伤口愈合好的嫁接苗可栽植到大田，未成活的则弃之不用。栽植时间尽量在 10 月之前，有利于苗木根系的生长发育。

由于江南一带雨水较多，需要注意避免雨水影响嫁接苗的愈合。通常在嫁接前搭设高 2 m 的拱棚，覆上薄膜，大棚两端留通风口，保持棚内空气流通。棚内地面铺约 25 cm 厚的河沙作为苗床，在嫁接前 1 周浇透备用。嫁接好的牡丹苗植入大棚内苗床，有些地方称此法叫窖苗。一般是先将苗床挖一条沟，然后将牡丹嫁接苗分品种按顺序排放埋入沙土内，不露或稍露出点顶芽。窖苗期间苗床严禁进水，以防引起嫁接口腐烂。约 20 天伤口愈合后，就可移植苗圃培养。

在甘肃兰州等地，嫁接苗宜在温棚内沙藏，待接口愈合后再下地栽植。据观察，沙藏后 10 天开始形成愈伤组织，第二十天愈合面积达 1/3，接穗与砧木间形成层愈合，第二十五天，76.5% 嫁接苗基本愈合，移至大田栽植，成活率可达 88%，幼苗生长良好。嫁接结束后直接地栽的嫁接苗，嫁接口愈合进度缓慢，成活率只有 50%，且苗木长势长相参差不齐。

2. 大田栽植

菏泽、洛阳等地嫁接完成后，多采用直接下地栽植的方法。

田园备好的土地，如果土壤墒情适宜，可按 50 cm 左右栽一行，选用钻头直径 15～20 cm 的挖沟机，挖 35 cm 左右深的沟，株距可按 10 cm 左右。栽植时一手拿苗扶直，放入沟内后，另一手向沟内填土，当土填到嫁接口上部时，用木棍在砧木周围捣实下部土壤（注意：切勿捣掉接穗），使土壤和砧木根系密接。栽植的深度以接口处低于地平面 3 cm 左右为标准，先用土把沟填满踏实，再用细土封埋严实固定接穗，以防封土埂时碰动接穗。栽植完一行后，再用土顺行封埋，高度以超过接穗芽 3～5 cm 为宜，形成一条屋脊状的土埂，利于嫁接苗保湿越冬。

嫁接小苗栽植的深度至关重要，小苗如果栽植过深，虽然不影响其成活率，但其不但萌生新根少，而且生长势明显减弱，即花农们常说的"栽闷啦"；如果栽植过浅，接穗裸露出地面，因为地表层土壤易干燥，接穗下部不再萌生新根，而只会使砧木原有的根系增粗。

（二）嫁接苗的管理

嫁接苗越冬后，在中原地区 3 月上旬前后，土壤即可完全解冻，此时期应用抓钩或锄头把较厚的土埂稍微松动一下，或者去掉一部分封土，以利接穗芽萌发并顺利出土。但此时期接穗上部仍然需要保留 3 cm 左右厚的封土，让其萌发的幼芽自然出土，切不可把未出土的幼芽裸露在外面，以防遇到"倒春寒"遭受冻害。此时期砧木的潜伏芽也陆续萌发出土，应随时将非接穗芽彻底去除，以减少养分的消耗；3 月下旬，接穗上的幼蕾一般可生长到直径 1 cm 左右，为集中养分供小苗营养生长，也应将其全部除掉。

因为栽苗前已施足基肥，前半年可以不再追肥。但在其叶片完全展开后，应每隔 10～15 天喷洒 1 次叶面肥。在中原地区 7～9 月正逢雨季，如果空气相对湿度升高至 80% 左右时，危害叶片的叶斑病会侵染叶片，此期间应选用杀菌剂与叶面肥配成混合液，每隔 7～10 天喷洒 1 次，将防病和叶面追肥同时进行，可减少喷药施肥的次数。

嫁接成活的小苗萌发出土的时间，也是地下害虫危害幼芽的高峰时期，如危害幼芽的地老虎、金针虫、蛴螬等地下害虫，可把幼芽咬伤啃断，造成缺苗断垄。因此，必须经常查看，一旦发现有枯萎的幼芽，应立即捕杀害虫并用药物防治。

此外，嫁接苗出土后的第一年，春末夏初时往往会有一部分小苗干枯死亡，原因如下：嫁接时接口处形成层没对准，分生组织愈合不良；栽植时下层的土壤没有捣实，土壤与砧木根系接触不良，根系悬空缺水而干死，俗称"吊死"；如果浇水或下雨后这类小苗仍不能复活，就要及时挖出加工成药材，防其死亡腐烂，有害真菌传染其他健康的小苗；整地时土壤消毒不彻底，被残留在土壤内的有害真菌侵染，导致嫁接口腐烂而死亡等。

这一时期如果遇到干旱无雨，应及时从沟内放水渗浇，浇水或雨后要及时锄地松土、消灭杂草。

嫁接苗栽植后的第二年春天，大地解冻后，顺株行开挖 10 cm 左右深的浅沟，每亩追施 250～300 kg 含有多种对土壤有益物质的生物有机肥，将肥料均匀地撒于沟内后封土盖严。如果春天短时间内干旱无雨，应马上顺沟渗浇一遍透水。夏秋季降大雨后应及时排除积水，并中耕消灭杂草，防治病虫害，加强田间管理，确保小苗健壮生长。

（三）嫁接苗的移栽

1. 出圃时间

中原地区牡丹小苗在苗圃内培育 2 年后，只要田间管理工作到位，小苗定能生长健壮，达到出圃要求。

中原地区嫁接苗移栽的时间，以 9 月中旬为最好，因为此时期是其萌生新根最快的时间。用牡丹根与其实生苗作砧木的嫁接苗，其新根系可分生 10 条左右，根直径 0.5～0.8 cm，根长 30 cm 以上，足可与分株苗媲美；芍药根砧苗，虽然发生牡丹根偏少，但芍药根直径可达 3.0 cm，萌发的牡丹根长度也可达 30 cm以上；其生长势与牡丹根砧的嫁接苗相比也不分伯仲。

2. 起苗方法

秋季刨苗移栽时，应先从嫁接苗一侧 15～20 cm 处，下挖一条约 40 cm 深的沟；然后再从嫁接苗另一侧距其 15～20 cm 处，用锨或钢叉垂直插入约 35 cm深，用力向小苗前方推，小苗即可掉入沟内，捡起抖掉附土，分品种放好，以便定植。

3. 分级处理

刨出来的嫁接苗在栽植前，应将芍药根砧苗下面的芍药根短截（保留 15 cm左右），以促其尽快萌发牡丹根；其苗上原萌生的牡丹根，应短截至不超过30 cm 长。

牡丹根砧苗，萌发新根过长者，可根据根系的多少适当短截，留根长度不要超过 30 cm。

另外，牡丹根砧苗和芍药根砧苗在短截根系的同时，也要对上部的枝条保留 1~2 个侧芽，留 3~5 cm 平茬。平茬后的小苗，应用配制好的灭菌、杀虫剂混合液浸泡 15~20 min 后再栽植。

4.定植

嫁接苗定植的密度应按其定植后的目的（作采种圃、观赏园）及生长年限确定。如果栽植 4~5 年以销售观赏苗为目的，可按 50 cm×50 cm 或 60 cm×60 cm 等距离密植。如果以长期观赏为主，亦可按销售观赏苗栽植的密度进行定植，以节约土地。待其生长 4~5 年，再隔一行刨一行，留下的行可隔一株刨一株，使观赏园里的株行距变为 100~120 cm，让其在正常生长中扩大树冠。

（赵孝知）

第三节

分株、扦插与压条繁殖

一、牡丹的分株繁殖

分株繁殖是将较大的植株挖起，分成若干小苗后再重新栽植的方法。这是我国观赏牡丹最常用的繁殖方法之一。该法不仅简便易行，成活率高，而且分株后植株生长迅速，开花早，并可保持品种优良特性。分株繁殖时常可剪下一批萌蘖枝用作接穗，因而生产上常将分株与嫁接繁殖结合在一起。分株繁殖的缺点是：繁殖系数较低，不能大规模生产；一般母株要生长4年以上，要有8个以上的分枝；只适合根蘖多的品种；对于那些根蘖很少、分枝率低，终生只有4~6个枝干的品种，就很难采用此法繁殖。

（一）分株时间

在中原地区，牡丹分株可从9月上旬开始到10月中旬结束。据观察，最佳分株时间是9月下旬到10月上旬，这一时期气温明显下降而地温仍较高，有利于新根的生长。这一时期栽植的分株苗在土地封冻前，可萌发较多长达12~15 cm的新根。10月中旬以后栽植的分株苗，新根还可长到3~5 cm。

11月上旬栽植的分株苗就不再萌发新根，翌春生长势减弱，如遇早春、初夏干旱缺雨，部分幼苗常因缺水而旱死。而分株过早，则易引起"秋发"。

（二）分株方法

选择生长健壮、萌蘖枝多的4～6年生植株，将其挖出，抖掉附土，视其枝、芽与根系的结构，顺其自然生长纹理，用手掰开。注意不要折损枝、芽。如根颈密结过紧，可用刀劈开或用剪刀剪开，但不要使伤口过大，以免影响愈合。分株的多少，应视母株株丛大小、根系多少而定，一般可分2～4株。每株小苗需保留2～3个枝条和3～4条较粗的根。分株后，先剪除断根、病根，保留新根，过长的根保留25 cm左右。再剪去分株苗的老枝、病枝，只保留根颈处的潜伏芽和根蘖芽。这对提高牡丹分株苗的成活率和生长势具有很好的效果。

（三）分株苗的栽植

大田栽植前，应施足基肥，深翻整平土地，株行距按25 cm进行栽植。挖坑深度以苗的大小而定。栽植时，做到一提二踩三覆土，使根系舒顺，根颈与地表平齐为宜；栽植后，每株分株苗可拢起一个高度10～15 cm的小土堆。翌春萌芽后，小土堆可在除草松土过程中逐渐清除。此法称"浅栽深埋"，在黄河流域冬季干旱多风的环境中，可大幅度提高成活率。

栽植完成后一次性浇透安家水，并适时松土、保墒；入冬前再浇1次越冬水，然后封土越冬。

二、扦插繁殖

利用牡丹营养器官主要是枝条的一部分作插穗，插入土壤或育苗基质中，并促使其成为新个体的方法，称扦插繁殖。扦插育苗有取材容易、繁殖系数大等优点，但牡丹扦插生根量小，生长势弱，成活率普遍较低，养护管理难度较大，因而在生产上一直未能得到应用。但有关试验研究仍在不断进行，在一些种类（如伊藤杂种）的育苗上仍有应用前景。

下面是近年的研究进展。

（一）硬枝扦插

对于中原品种的扦插，各地曾做过多次试验，如菏泽曾用'乌龙捧盛''璎珞宝珠''假葛巾紫''盛丹炉'等 11 个品种进行扦插繁殖，认为当地在白露到秋分间取穗扦插最好，插后 15 天切口处就能长出新根。但扦插成活率最高的'璎珞宝珠'也只有 46%，低的'大胡红''状元红'只有 12% 左右。如果提前半年到一年在枝条基部进行培土育根处理，然后剪下扦插，则成活率可提高到 60% ~ 80%（赵孝知，1996）。

史倩倩等（2010）研究了不同基质、不同浓度 ABT 1 号生根粉对 32 个中原传统品种扦插生根的影响，认为牡丹属于皮部生根类型、难生根植物。扦插基质采用珍珠岩纯基质扦插效果较好，ABT 1 号生根粉 500 mg·L^{-1} 浸泡插穗 2 h 生根质量较好。品种间差异较大，其中'玉板白''白玉''蓝田玉''璎珞宝珠''状元红''种生红''十八号''青山贯雪''洛阳红''银粉金鳞'等较易生根，而'一品朱衣''姚黄''赵粉''小胡红''盛丹炉'则较难生根。此前，孔德政等（1999）牡丹硬枝扦插试验，也认为品种选择影响扦插成活率，如'银粉金鳞''胭脂绣球''葛巾紫'等扦插成活率较高，而'蓝田玉''露珠粉''紫雁奇珠'则偏低。其中'蓝田玉'与前述研究出现了不同结论。

魏洪轩 1992—1995 年连续 4 年进行牡丹全光弥雾硬枝扦插繁殖。共扦插 550 株，成活率 87.4%。8 月中下旬至 9 月为最佳扦插时期。插穗宜用当年萌蘖枝，剪成 10 cm 长的插穗，然后用 1% 吲哚乙酸、1% 吲哚丁酸或 1% 萘乙酸浸泡 3 min 后立即扦插，插入苗床中后露出 1 个芽，注意不要插破枝皮。苗床用中沙、谷糠灰、蛭石等为基质，扦插前用 0.5% 高锰酸钾水溶液严格消毒。扦插后用全光自动弥雾早晚和阴天停喷。扦插后 20 ~ 30 天生根，当插穗长出 5 ~ 7 条根，根长 5 cm 时移植。移植苗顶端露出 1 ~ 3 cm，浇足定根水，加强管理，培土越冬，3 年可现蕾开花。

（二）嫩枝扦插

1. 中原品种的嫩枝扦插

嫩枝扦插是指用从牡丹植株根颈部萌发生长尚呈淡黄或黄白色的萌蘖枝，进行扦插育苗。曾端香等（2005）选取中原品种'银粉金鳞''蓝田玉''金玉交章''小胡红'和'石原白'进行黄化嫩枝扦插试验，取得以下结果：

1）生根质量　品种之间生根质量差异显著，5 个品种中以'银粉金鳞'最好，生根率可达 91.0%，平均根数 4.1 条，平均根长 4.9 cm；次为'蓝田玉'，生根率 80.9%；'石原白'最差，生根率仅为 20.0%。

2）采穗时间 9~11月采穗扦插生根率可达80%以上；10月中旬最高，可达92%，而此时正值牡丹进行分株繁殖，可结合分株进行扩繁。

3）插穗类型 扦插后60天观察，以长4~6 cm的插穗成活率最高（90%），长8 cm以上和2 cm以下的插穗均不易生根成活。

4）扦插基质 以粒径3~4 mm的蛭石作基质最好，生根率可达93.3%。次为河沙∶蛭石∶珍珠岩体积比为1∶1∶1的混合基质，生根率可达86.7%。以粒径为1~2 mm的河沙作基质，生根率也可达83.3%。

5）促根剂 应用吲哚丁酸 100 mg·L^{-1} 和 ABT 2 号生根粉 150 mg·L^{-1} 处理插穗16 h，生根率分别达到93%和86%，效果最好。

2. 伊藤杂种（牡丹芍药组间杂种）的嫩枝扦插

司守霞等（2016）采用大棚全光弥雾扦插法对伊藤杂种中的7个品种进行嫩枝扦插繁殖试验，获得成功。

所谓全光弥雾扦插，是在露地全光照条件下，通过自动间歇弥雾装置，对苗床进行自动喷雾，使叶片表面保持一层水膜，保证插穗在夏季全光照下既不失水萎蔫，也不会灼伤，并可充分进行光合作用，促使插穗迅速生根、成活。全光弥雾苗床使用的基质应为疏松通气、排水良好的粗沙、石英砂、珍珠岩、蛭石等。

伊藤杂种嫩枝扦插操作要点如下：

1）采穗母株提前摘除花蕾，使枝条发育充实 6~8月间剪取当年生枝，分部位剪成长8~12 cm的插穗，每穗保留1片叶（叶片大时留1/2），用0.5%高锰酸钾水溶液消毒，晾干药液后，在配好的促根剂中速蘸5 s后扦插于棚内经消毒灭菌的苗床上，深3 cm，以株间叶片不重叠为度。扦插完成后喷雾2~3 h，使苗床湿透，然后实施间歇喷雾。

2）扦插后注意水分管理，及时调整喷雾速率 如水分过多易发生烂根现象。棚温不宜超过35℃，否则应开启棚外喷水降温设施。

3）插穗生根后上盆炼苗，打开棚膜通风降温 逐步撤去遮阳网，将自动喷雾改为人工喷水。每隔3~5天喷1次0.2%营养液（尿素、磷酸二氢钾和复合微量元素配比为5∶4∶1）。15天后移棚外露天放置20天，然后植入大田，搭遮阳网遮阳。入冬前浇封冻水，覆土越冬。

据观察，扦插后 10 ~ 13 天开始生根。6 ~ 7 月扦插苗为愈伤组织生根，8 月扦插苗为皮部生根。不同扦插时间对生根率影响不大，但 6 ~ 7 月扦插苗当年可炼苗移植，8 月扦插苗需在棚内越冬，翌春移植。此外，以采自枝条中部及下部的插穗，并经激素处理后生根较好。外源激素以绿色植物生长调节剂 GRR 1 200 mg·L^{-1} 处理效果最好。但从成本考虑，大面积扦插宜用 IBA+NAA 混合液 1 000 mg·L^{-1} 处理，其平均生根率可达 92.9%，生根数 35.1 条，根长 8.2 cm。

三、压条繁殖

压条繁殖是指枝条不与母株分离的状态下压入土中，并促使压入部分发根后，使其与母株分离而成为独立植株的繁殖方法。其简单易行，可以获得较大苗木，但生根时间长，繁殖系数低，繁殖数量较少。但在实践中经过改良后的压条繁殖方法，也取得了较好的效果，特别是对稀有名贵品种繁殖效果良好。

（一）原地压条法

9 ~ 10 月，选择 3 年生以上的优良品种植株，用嫁接刀将待压枝条基部刻伤达木质部（也可采取环剥法），然后用吲哚乙酸 100 ~ 200 mg·L^{-1} 涂抹伤口，再用硬土块或树枝将其枝条均匀地撑开，枝条之间的距离愈远愈好，最后用细碎的湿土将植株枝条间的空当全部填满埋严，所埋的土壤应经常保持湿润，以利枝条划伤部位萌生新根。据观察，当年封冻前其枝条刻伤部位可发出多条 5 ~ 8 cm 长的白色幼根。

原地压枝 3 年后，到 9 ~ 10 月察看：每个枝刻伤部位有 10 余条直径 0.3 ~ 0.5 cm、长 20 ~ 30 cm、已经变为土黄色的新根。此时，可根据每个节间根系的多少，1 ~ 2 个腋芽短截分离母株，成为新的个体小苗。每根被埋压的枝条可剪取 2 ~ 3 株小苗，然后栽植。

（二）高位吊包压条法

一些植株高大和独干型的牡丹，不能采用压条法繁殖时，可采用高位吊包压条法（空中压条法）。这样培养出的苗木须根发达，植株矮小，适宜盆栽。压条时间一般在花谢后 10 天开始，过早或过迟（即枝条太嫩或太老）均不适宜。

四、双平法繁殖

牡丹双平法繁殖是将牡丹分株、压条、平茬等方法加以综合运用，从而提高繁殖系数，加快苗木繁殖速度的新方法。该法系张淑玲、刘政安、霍志鹏等在 20 世纪 90 年代研究总结、创新的成果，在 1999 年昆明世界园艺博览会上被列为 20 世纪中国园艺新技术之一。

该项技术是采用牡丹全株水平压条和连续平茬的方法，因而被称为"双平法"。

（一）事前准备与具体操作

1. 苗木和土地准备

在 9～10 月牡丹分株繁殖季节，将苗木挖起，分成每株 2～3 根枝条和 3～5 条根的子株，消毒处理后备用。同时，准备好栽植用土地，施足基肥。

2. 苗木栽植与压条

一般株行距 70 cm×70 cm，每亩约 1 360 株。但株行距可根据子株大小、枝条长短作适当调整。

在栽植行起点先挖一个直径 25～30 cm、深 35～40 cm 的栽植穴。将幼苗立于穴中，根颈略低于地面，根系分布均匀，然后一人扶苗，一人在栽植穴一边顺栽植行开深约 10 cm、宽约 20 cm 的沟槽，沟土放入穴中，待土填至穴深 2/3 处时，将穴土压实，然后将植株从近根颈处顺沟平压，略向上斜，使枝顶端在外，然后覆土至与地面平，踏实后顺行进行下一株栽植。

栽完后浇 1 次透水，然后顺行起垄 10 cm，以保墒提温，促发新根。

3. 后期管理

栽后翌年春天，植株顶芽和腋芽先后萌发生长，同时，基部发根，根颈部及枝条上隐芽陆续萌发。按照一般苗圃进行施肥浇水、松土除草、防治病虫害等管理。入秋后将当年枝平茬，合适的用作接穗。这一年生长势一般，但进入第二年后即可旺盛生长。在洛阳等地，可在生长 2 年后挖起分栽。如生长 3 年再分株，即可达到成品苗标准（图 5-52）。

● 图 5-52　双平法繁育的牡丹苗

（二）苗木生长特点及其应用前景

1. 苗木生长特点

应用双平法繁殖的牡丹苗木有以下特点：

1）枝条数量增多，长度增加　据对'小桃红''赵粉''金玉交章''葛巾紫''胡红'5 个品种的观察，枝条数量比传统分株法增加 71%，其中生长势较强的'小桃红''赵粉'枝条数量增加 1 倍以上，且枝条长度也有增加。

2）叶片数增加　如'小桃红'每枝叶片平均 7.64 片，而对照仅 5.05 片 / 枝。此外，叶片质量也有提高。

3）根系发达，粗枝增多　由于全株大部埋入土中，枝上侧芽以及根颈部隐芽大多可萌发生根。全株直径 0.4 cm 以上枝条明显增多。

4）繁殖系数提高　用双平法繁殖的苗木 3 年后每 1 母株可分小苗 8～10 株，而对照仅为 2～3 株，繁殖系数平均为对照的 3.7 倍。除此以外，平茬枝条用作接穗，接穗比对照增加 50% 以上。

双平法的一个重要特点就是全株带根平压，植株顶端优势被打破，顶芽、侧芽及植株基部的隐芽均可萌发；不仅当年生枝可用来繁殖，而且多年生老枝也可加以利用，因而一些繁殖系数低的珍稀品种也可提高繁殖速度。分株时，只需剪断埋入土中的枝条即可，新株伤口小，栽植成活率高。此外，此法还可用于切花生产。因压条而萌发的新枝均匀分布在行内，且枝条生长均匀，当年生枝顶芽当年形成花芽，翌年即可用于切花。

2. 应用前景

双平法操作简单，省工省时，苗木规格整齐，便于大规模商品生产。目前已在中原、西北、西南各牡丹产区广为应用。近年，刘政安团队用于油用牡丹丰产栽培，示范面积已达上千亩。

需要注意的是，该方法对于生长势、萌芽力强且枝条较长的品种效果更为明显，并且水肥管理要求较高。对于不同品种各类枝条萌芽生根情况及其与开花的关系等生长发育规律，还需要更深入的总结。

（李嘉珏，霍志鹏）

第四节

组织培养

一、概述

（一）植物组织培养概述

植物组织培养（组培）技术是在 20 世纪初开始，以植物生理学为基础发展起来的一项技术。1902 年德国植物生理学家哈伯兰特 Haberlandt 在细胞学说的基础上提出可以培养植物的体细胞成为人工胚的概念。科学家们对叶肉组织、表皮细胞、茎尖、胚进行了离体培养，取得了一定的进展；1934 年美国植物生理学家怀特 White 培养番茄的根，建立了活跃生长的无性繁殖系，并能继代培养。随后怀特又提出了植物细胞"全能性"学说，并出版了《植物组织培养手册》，使植物组织培养成为一门新兴学科，此后得到了迅速发展；进入 20 世纪 60 年代后，植物组织培养开始走向大规模的应用阶段，同时研究工作也更加深入和扎实，广泛应用于生物学和农业科学，在生产上发挥了很大作用。1960 年莫雷 G. Morel 采用兰属的茎尖培养，达到了去病毒和快速繁殖的目的，开启了兰花的工业化生产，至今该项技术仍被花卉行业广泛应用。

我国有关学者 20 世纪 50 年代前大多在国外从事组织培养研究，如李继侗、罗宗洛、罗士伟等在 20 世纪 30 年代开始了银杏、玉米等多种植物的幼胚、根尖、茎尖和愈伤组织培养研究，他们是我国组织培养研究的先驱者，中华人民共和国成立前后均已归国继续研究，并将该研究成果介绍给国内学者，使这一学科植根于中华大地。70年代之后，我国掀起了单倍体育种的高潮，进入80年代，又倾向于无性系的快速繁殖研究与应用。近年来，我国的植物组织培养工作已取得了长足的进步，并渗透到生物科学的各个领域，成为生物学科中的重要研究技术和手段之一。

植物组织培养具有研究材料来源单一、遗传背景一致、生长周期短、周年试验或生产等优点，在植物离体快速繁殖、脱毒、新品种培育、种质资源保存、次生代谢物生产等方面具有重要意义。

（二）牡丹组织培养概述

牡丹的组织培养研究工作最早开始于1965年，帕坦宁Partanen以牡丹的合子胚为研究对象进行愈伤诱导。早期的研究主要是以愈伤组织诱导形成胚状体为主，培养材料有合子胚、白化茎、花药等，获得了愈伤组织，但很少分化成器官。1984年李玉龙发表了《牡丹试管苗繁殖技术的研究》，将牡丹组织培养研究引入离体快繁领域，此后30多年间，国内外学者纷纷开展了牡丹的鳞芽离体快繁、胚培养、不同部位愈伤组织诱导培养及花药花粉培养等技术研究。国内牡丹组织培养研究主要集中在北京、河南、山东、四川等地区的高校及科研单位；研究的牡丹品种多集中在中原品种群，以观赏价值高或者生产中应用多的品种为主，主要有'豆绿''青龙卧墨池''乌龙捧盛''洛阳红''大胡红'等几十个品种，还有西北品种群中的'书生捧墨'，杨山牡丹品种群的'凤丹'，西南品种群的'彭州紫''垫江红'（即'红丹兰'），国外牡丹'金阁''岛锦''海黄'等。

牡丹的离体快繁技术取得了重大进步，在外植体灭菌、培养基筛选、培养条件、玻璃化、褐化防治等方面取得了一系列进展，近年来在部分品种的组培苗和炼苗移栽方面也有所突破。但是生根试管苗炼苗移栽方面进步较小。河南农业大学围绕牡丹组培苗生根展开了生理生化研究，从生根过程中的内源激素、过氧化物酶、蛋白表达变化等方面阐述牡丹生根机制。河南省农业科学院以'豆绿''岛锦''海黄'等品种为研究对象，在生根培养基中添加三十烷醇，'岛锦'的生根率可以达到86.7%，'海黄'的生根率达到73.5%，'豆绿'的生根率达到 66.7%；移栽 35 天时成活率为 85.1%，原有叶片长大，但是新叶萌发很少，植株逐渐死亡（李艳敏，2015）。北京林业大学成仿云团队在'凤丹'和伊藤杂种'巴茨拉'中获得了移栽成活苗，'凤丹'移栽 60 天时成活率为 66.67%，'巴茨拉'移栽 60 天时成活率为 73.58%（李刘泽木等，2016）。此后，又有符真珠等诱导'岛锦'生根组培苗在培养瓶内形成顶芽，解除休眠后进行移栽获得成功。总体而言，牡丹组培快繁技术应用于牡丹种苗生产，已指日可待。

21 世纪后，牡丹组织培养技术研究进一步扩展，涌现出以叶片、叶柄、茎段等为材料的愈伤组织诱导及植株再生研究，还有不同发育状态的胚的离体培养和植株再生，所采用的牡丹种或品种多以'凤丹'、紫斑牡丹及中原牡丹品种为主。在愈伤组织诱导技术方面，筛选出了适合各种外植体类型的不同诱导培养基，获得了愈伤组织，少数获得了再生植株。'凤丹'茎段的愈伤组织诱导率高达 93.3%，分化率和生根率分别为 37.8% 和 13.3%，（朱向涛等，2015）。

二、组织培养技术

（一）牡丹的离体快繁技术

离体快繁是牡丹组织培养中研究最多的一项技术，主要涵盖外植体选择与消毒、增殖培养、生根培养及炼苗移栽等内容。

1. 外植体选择与消毒

外植体选择包括芽的种类和采集时间筛选，消毒包括试剂种类以及消毒时间长短的筛选，这是牡丹离体快繁的基础。

1）外植体选择　目前牡丹离体快繁培养中采用的外植体主要是鳞芽，包括腋芽和萌蘖芽，也有用顶芽和花芽做外植体培养的，但是效果不如腋芽和萌蘖芽好。取材时间多选择在 2 月，鳞芽经过低温休眠，芽内的激素含量发生动态变化，促进萌发和生长的吲哚乙酸、赤霉素增多，抑制萌发和生长的脱落酸减少，此时接种外植体，污染率低，成活率高，萌发时间早，生长迅速，培养效果最好。

在秋季取材，鳞芽需要经过一段时间的低温处理才能获得较好的萌芽效果。

2）外植体消毒　外植体消毒是牡丹离体快繁培养的基础，常用的消毒剂

A.'岛锦'；B.'豆绿'；C.'海黄'。

● 图 5-53　**牡丹外植体萌发**

有乙醇、氯化汞、次氯酸钠等；消毒剂的浓度和处理时间因品种、外植体类型等不同有一定差异。

外植体消毒的一般做法为：取生长健壮的牡丹母株上的饱满鳞芽，去除最外边的 1~2 层鳞片，用肥皂水刷洗，然后用自来水冲洗干净，在无菌条件下将鳞芽放入无菌的三角瓶中，用 0.1% 氯化汞灭菌 5~10 min，或者先用 1% 次氯酸钠消毒 8~15 min，取出用无菌水冲洗，再用 0.5% 次氯酸钠消毒 10~20 min，之后用无菌水冲洗 3~5 次，以清除残余消毒剂；整个消毒过程中要不断地摇动三角瓶，使消毒剂与鳞芽充分接触，消毒后取出置于无菌滤纸上，用无菌镊子剥除剩余鳞片，将剥除鳞片的小鳞芽接种于诱导培养基上诱导芽萌发。几个牡丹品种鳞芽萌发情况见图 5-53。

中国林业科学研究院吴丹（2007）采用生物杀菌剂（山农一号），将鳞芽浸泡于生物杀菌剂和吐温 80 溶液中 10~15 min，无菌水冲洗后，用 4%~5% 生物杀菌剂溶液浸泡，摇床振荡 8~12 h，无菌水冲洗后，剥取鳞芽浸泡于 2%~3% 生物杀菌剂 20 min，达到 100% 消毒效果，并且对鳞芽没有伤害。

2. 增殖培养

增殖培养是牡丹组培的重要环节，包括基本培养基、植物生长调节物质、碳源、组培苗玻璃化及褐化防治、培养条件以及增殖方法的筛选。

1）基本培养基　牡丹增殖培养过程中常用到的基本培养基主要为 MS 培养基，由于该培养基属于高盐类型，降低 MS 培养基无机盐浓度能减轻外植体的褐化现象并利于组培苗的分化，也有一些牡丹品种使用大量元素减半的 1/2 MS 或者中盐类型的 WPM 培养基。不少研究表明，牡丹组培中缺钙离子常表现为萎蔫的情形，因此提高 MS 或者 WPM 培养基的钙离子浓度，'肉芙蓉''赵粉''珊瑚台''宏图''乌龙捧盛''菱花湛露'等品种均取得了较好的增殖效果。

2）植物生长调节物质　牡丹组培苗增殖过程中使用的植物生长调节物质主要有细胞分裂素类（6-苄基腺嘌呤 6-BA、激动素 KT、玉米素 ZT）和生长素类（萘乙酸 NAA、吲哚丁酸 IBA、吲哚乙酸 IAA），可以单独使用 6-苄基腺嘌呤或者搭配萘乙酸、吲哚乙酸使用，也有配合使用赤霉素提高组培苗高度的报道，但是赤霉素连续使用的次数不能超过 3 次，否则组培苗易发生顶芽和叶片坏死现象，当培养基中钙离子浓度低时，这种现象更为明显。将钙离子浓度提高到正常 MS 培养基中的 2 倍，或者将只含 6-苄基腺嘌呤的培养基与含有赤霉素和 6-苄基腺嘌呤组合的培养基交替使用，可以减轻该现象的发生。由于牡丹品种间的差异较大，植物生长调节物质的使用种类和浓度存在很大不同，具体见表 5–1。

3）碳源　牡丹组培苗增殖过程中使用的碳源主要是蔗糖。蔗糖不仅提供能量，同时也维持培养基的渗透压，蔗糖浓度较高时，组培苗分化能力强，生长迅速，但同时易导致玻璃化和褐化的发生，不利于有效增殖，因此，一般认为蔗糖浓度在 2%～3% 比较合适。

● 表 5–1　**不同牡丹品种的增殖培养基生长调节物质种类和浓度汇总**

牡丹品种	基本培养基	生长调节物质种类和浓度 /（mg·L^{-1}）	资料来源
'岛锦''豆绿''海黄'	WPM	6-BA (0.5～3.0) + NAA (0.01～0.1)	李艳敏等，2015
'乌龙捧盛'	MS 或者改良 WPM	6-BA 1.0 + IAA 0.1 或者 6-BA 0.5 + GA$_3$ 0.2 + AgNO$_3$ 2.0	陈笑蕾，2005 邱金梅，2010
'彭州紫'	MS	6-BA 1.0 + NAA 0.1	罗忠科，2010
'海黄''锦袍红''迎日红'	改良 WPM	6-BA 0.5 + GA$_3$ 0.2 + AgNO$_3$ 2.0	邱金梅，2010

续表

牡丹品种	基本培养基	生长调节物质种类和浓度 / (mg·L^{-1})	资料来源
'金阁'	1/2MS	6-BA 1.0 + NAA 0.2 + IAA 0.3 + AC 3 000	王军娥，2008
'洛阳红'	MS 或者 DKW	6-BA 1.0 + KT 1.0 或 6-BA (2.0～3.0) + NAA 0.05	李海刚，2010 王燕霞等，2008
'青龙卧墨池'	MS	6-BA 1.0 + NAA (0.4～0.6) + AgNO$_3$ 3.0～4.0	吴丹，2007
'冠世墨玉'	MS	6-BA 1.0 + NAA 0.6 + AgNO$_3$ (2.0～3.0)	
'鲁菏红'	改良 MS	TDZ 0.1	陈莉，2006
'菱花湛露'	改良 WPM	6-BA 1.5 + NAA 0.5	孟清秀等，2011
'珊瑚台''宏图'	改良 WPM	6-BA 1.0 + NAA 0.5	
'青心白''朝霞'	MS	6-BA (0.5～1.0) + IBA (0.2～0.5) + GA$_3$ 0.1 + Vc 100	范小峰等，2010
'肉芙蓉''赵粉' '胡红'等	MS+Ca^{2+}	6-BA 2.0 + IAA 0.3	何松林等，2009
'魏紫'	WPM	6-BA 1.0 + NAA 0.1	刘会超等，2010
'凤丹'	WPM$^※$	6-BA 0.5 + GA$_3$ 0.2	王新等，2016

注：WPM$^※$为硝酸钙用量为 1 544 mg · L^{-1} 的 WPM 培养基。

4）牡丹试管苗玻璃化与褐化防治　不同品种的牡丹组培苗在组织培养的过程中，出现不同程度的玻璃化，增加培养基中琼脂浓度，降低细胞分裂素 6-苄基腺嘌呤的浓度，降低大量元素的浓度，增加光照强度或采用自然光照均可以有效地降低组培苗玻璃化。6-苄基腺嘌呤浓度对组培苗玻璃化的影响显著，随其浓度的增加而逐渐升高，萘乙酸浓度对组培苗玻璃化没有显著影响。

培养温度在很大程度上控制着牡丹玻璃化苗的发生及发生频率。当温度在 10～26℃ 时，通常没有玻璃化苗出现；在 26～30℃ 时，63% 的组培苗发生玻璃化；温度高于 30℃，玻璃化苗的比率高达 84%，组培苗很快老化、枯死（储成才等，1992）。

牡丹组培过程中存在褐化现象，外植体的生理状态、基因型、培养基、培养条件等都会影响褐化的发生。褐化集中发生在转接后 4 天内，可以通过添加一定量的活性炭、聚乙烯吡咯烷酮、维生素 C、硝酸银等物质进行褐化防治。

5）培养温光条件　一般认为牡丹组培苗的最适生长温度是 24～26℃，适宜光照强度为 2 000 lx，光照时数为 10 h·d^{-1}，此条件下组培苗生长健壮、叶片浓绿、生长速度较快。

6）增殖方法　取出牡丹不定芽，切去基部愈伤，然后接入继代增殖培养基上培养 30～45 天，诱导形成丛生芽。将丛生芽再分割成带 1～2 个芽的小芽丛，接种于相同的继代增殖培养基上进行继代增殖培养，时间为 30～45 天，小芽长大，基部有新芽萌发形成新的丛生芽（图 5-54）。

3. 生根培养

生根培养是牡丹组培的关键环节，挑选牡丹组培苗中生长健壮的丛生芽，切割成单芽，接种到生根培养基上进行诱导生根培养。牡丹生根苗见图 5-55。

1）基本培养基　牡丹生根培养过程中主要采用 1/2 MS 培养基，也有使用 WPM、1/2 WPM、改良 WPM 培养基作为生根培养基，最终认为 WPM 培养基中的高 SO_4^{2-} 浓度利于牡丹生根。

A.'岛锦'；B.'豆绿'；C.'海黄'。

● 图 5-54　**牡丹增殖苗生长**

A.'岛锦'；B.'豆绿'；C.'海黄'。

● 图 5-55　**牡丹生根苗生长状况**

2）植物生长调节物质　牡丹试管苗生根培养过程中添加的植物生长调节物质主要是生长素类，包括吲哚丁酸、萘乙酸和吲哚乙酸，其中吲哚丁酸诱导生根效果最好。因品种和培养方式不同，这些生长素类可以单独使用或者两种配合使用。不同牡丹品种的生根培养基见表 5–2。

3）碳源　糖对维管组织的分化作用很大。培养基中添加充足的蔗糖等碳水化合物，能提高牡丹组培苗的生根率，并促进根和茎的生长。组培苗在生根阶段对蔗糖的需要量大于增殖阶段。试验发现，试管苗在生根的不同阶段中，蔗糖浓度在 20 ~ 40 g·L^{-1} 时，生根率、根长和根数都较高；低于 10 g·L^{-1} 时，则生根率、根长和根数都很低。

4）其他物质　在'岛锦''豆绿'和'海黄'生根培养基中添加三十烷醇，可以促进牡丹组培苗生根。生根培养过程中，组培苗容易褐化，培养基中附加聚乙烯吡咯烷酮可有效减轻牡丹组培苗褐化，但对生根没有明显影响。添加活性炭，能够促使生根苗的根数增加。在提高生根率方面，有研究表明，利用等量的蛭石和珍珠岩混合物代替琼脂，可以提高牡丹的生根率（孟清秀，2011）。添加一定量的多胺，可以促进牡丹试管苗生根，使生根率、根数和根长有明显提高（邱金梅 2010；张颖星 2008）。

5）培养条件　一般认为，牡丹生根时的培养条件与增殖培养的培养条件相同，但是存在生根率低的问题。采用低温、黑暗或者红光预先培养后，再进

● 表 5-2　不同牡丹品种的生根培养基汇总

牡丹品种	基本培养基	生长调节物质种类和浓度 / mg·L⁻¹	资料来源
'豆绿''海黄''岛锦'	1/2MS	IBA (1.0～5.0) + NAA 0.1 + TA (200～2 000)	李艳敏等，2015
'乌龙捧盛'	1/2MS+Ca²⁺	IBA 1.0 + IAA 1.0	陈笑蕾，2005；邱金梅 2010
'彭州紫'	1/2MS	IBA 2.0 + NAA 0.4	罗忠科，2010
'金阁'	WPM	IBA 1.0 + IAA 0.5	王军娥等，2008
'洛阳红'	1/2MS	IBA 1.0 或 NAA 0.2 或 IAA 2.0 + IBA 2.0	李海刚，2010；王燕霞等 2008
'葵花湛露'	1/2 改良 WPM	IBA 15.0	孟清秀等，2011
'青心白''朝霞'	1/2MS	NAA 0.2 + IAA 1.0 + IBA 2.0	范小峰等，2010
'魏紫'	1/2WPM	IBA 3.0 + NAA 1.0	刘会超等，2010
'凤丹'	1 /2 MS	IBA 2.0 + 腐胺 1.0	王新等，2016

行生根培养，能够提高生根率。王新等（2016）将'凤丹'组培苗接入生根诱导培养基后，进行 8 天 4℃冷处理，与不经低温处理的对照苗相比，能够减少试管苗基部愈伤组织，提高生根率；牡丹组培苗在生根培养基上先暗培养 8 天后再进行光照培养，生根率达 81.33%（刘会超等，2010）；王永伟（2008）对'乌龙捧盛'采用低温暗培养方法，生根率最高达 60.67%，而常规培养的生根率为 26.67%；徐盼盼等（2011）诱导生根时先用 LED 红光处理 9 天，再转入白光下培养，牡丹组培苗的生根率、平均根长及生根指数均优于其他处理，经 LED 红光处理后的组培苗 PPO 活性明显高于对照，催化形成的吲哚乙酸－酚酸复合物较多，从而有利于不定根的形成。

　6）生根部位观察　贺丹（2011）以'太平红'组培苗为试验材料，采用

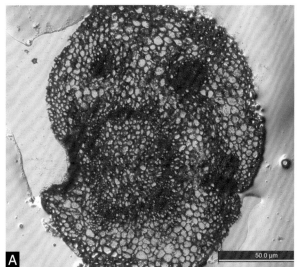

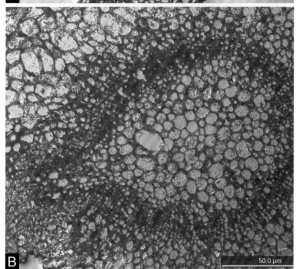

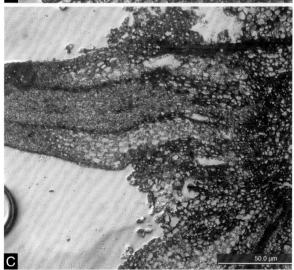

A. 生根前茎横切面；B. 根诱导时茎横切面；C. 根突破茎表皮。

● 图 5-56 '岛锦'牡丹生根苗冷冻切片

石蜡切片进行了牡丹生根过程的解剖结构观察，发现组培苗嫩茎中不存在潜生根原基，其不定根的根原基发生于形成层。贾文庆等（2013）对'乌龙捧盛'无根苗生根过程的组织解剖学观察发现，组培苗木质部、韧皮部和皮层中未发现有潜在的根原基存在，不定根原基属于诱生根原基类型。河南省农业科学院取不同时期'岛锦'组培苗生根材料进行冷冻切片观察（图 5-56），切取基部 0.5 cm 长的茎段，进行预处理、包埋、切片，在诱导生根前，牡丹茎横切面显示，中间形成层是一个完整的圆形，诱导生根后，形成层细胞分裂分化，形成根原基，最后突破表皮形成不定根。

7）生根苗的休眠解除 牡丹组培苗生根后植株生长势弱，个体不增大，颜色暗淡，无光泽，茎生长进入休眠状态。自然界中，牡丹芽和上胚轴休眠的解除，需要经过 4～8 周 4～5℃的低温处理。离体培养的牡丹种子的休眠解除，也需要类似的条件。博赞等（1994）将这一理论应用到牡丹生根组培苗的休眠解除中，发现低温处理使生根苗内源吲哚乙酸积累，脱落酸消失，因而茎尖的有丝分裂活性增强，有新叶生成；但低温处理结束后，吲哚乙酸的水平迅速降低，脱落酸却快速积累，所以组培苗通常只产生 1～2 片新叶，没有腋芽生成，高生长也不明显。博赞等将上述情况解释为在人工控制的条件下长期培养或由于培养基中外源激素的加入，组培苗丧失了调节激素代谢的能力，而且这种代谢干扰在组培苗移栽后依然存在。可见，低温处理并不能有效解除牡丹生根苗的休眠现象，休眠的解除可能需要在代谢水平甚至分子水平中进行研究。

4. 炼苗移栽

1）生根苗质量　生根苗质量好坏对移栽有很大影响。王新（2016）将'凤丹'生根苗按照愈伤组织大小分为3级，其中一级生根苗愈伤组织最小，移栽15天后成活率可达83.33%，60天的移栽成活率为66.67%；二级苗移栽15天成活率为56%，60天的成活率为0；三级苗移栽成活率均为0。

2）炼苗季节和时间　牡丹组培苗移栽应选择凉爽的季节，以春季和秋季为好，此时温度适宜，昼夜温差较大，有利于移栽苗的生长。'凤丹'秋季移栽成活率达71.43%（徐桂娟，2002）；炼苗时间的长短对生根苗移栽成活有一定影响，适当延长炼苗时间，可以提高移栽成活率。'金阁'炼苗时间分别为4天、8天、12天、16天，移栽成活率分别为10%、20%、30%、20%（王军娥，2008）。

3）移栽基质　移栽基质可以选择蛭石、珍珠岩、草炭、河沙、木屑、园土等，其中以草炭、珍珠岩、蛭石等混合基质较为多用。'乌龙捧盛'在草炭：蛭石为3∶1的基质中，移栽成活率为32.4%（贺丹，2009）；'彭州紫'在河沙：蛭石：木屑为1∶1∶1的混合基质中移栽成活率达46.88%（罗忠科，2010）；刘磊（2011）以'凤丹白'成熟胚诱导的苗移栽在腐殖土：园土为1∶1的混合基质中，幼苗成活率最高达到83%。移栽时接种5~10 g/株剂量的丛枝菌根真菌能提高'书生捧墨'和'凤丹白'胚苗的移栽成活率。适宜剂量的丛枝菌根真菌侵染植株根系并与之发生作用后，能促进和改善植株地上部枝叶和地下根系的生长。不同牡丹品种的适宜接种剂量不同，'书生捧墨'胚苗移栽时以接种丛枝菌根真菌10 g/株为宜，'凤丹白'以接种丛枝菌根真菌5~10 g/株为宜，'明星'接种丛枝菌根真菌10 g/株的效果较好（李萍，2007）。

4）移栽方法　一般牡丹试管苗的移栽方法为：根长至3~4 cm时进行炼苗，转入温室散射光下先闭瓶锻炼2周，开瓶锻炼3天后，逐渐去掉封口材料。移栽时，洗去苗基部的培养基，分别栽入营养钵中，移栽初期扣小拱棚保湿，1周后逐渐掀开棚膜通风，栽后2周苗叶片明显生长。牡丹移栽后苗生长缓慢，在一段时期内都没有新的叶片发出，容易在根颈处发生腐烂死亡。贝鲁托Beruto和库里尔Curir（2004）采用两步移栽法，第一步先将生根植株移栽至500 mL玻璃容器中，盖封口膜并逐渐揭开封口膜，这一步与培养室环境相同，培养4周，当苗长至7~8 cm，具有2~3条主根、2~4条侧根后进行第二步移栽；第二步将生根苗移栽至花盆中，浇透水，覆盖塑料膜，在不加温的温室中培养 2 周，最后可以达到 80% 的成活率。河南省农业科学院培养的'岛锦''豆绿'牡丹生根组培苗，移栽生长状况见图 5-57。

（二）牡丹的胚培养技术

胚培养技术是指将植物的种胚接种在无菌的培养基上培养，使之生长发育成幼苗的技术。已在植物远缘杂交、种子休眠及发育生物学等研究方面得以广泛应用，对提高种子萌发率、缩短萌发时间、及时进行杂种胚拯救、加速育种进程都有重要意义。牡丹的胚培养始于 20 世纪 70 年代，我国学者于 1987 年

A.'岛锦'移栽苗群体；B.'岛锦'移栽苗单株；C.'豆绿'移栽苗；D.'豆绿'移栽后根的生长状况。

● 图 5-57　**牡丹组培生根苗移栽**

开始了牡丹胚培养技术研究，品种主要是'凤丹''书生捧墨''洛阳红'等，目前，牡丹胚培养研究主要包括种子处理方法、种子发育期、培养基对离体胚萌发及生长的影响等方面。

1. 牡丹种子预处理

牡丹种子具有上胚轴和下胚轴双重休眠特性，因此在进行胚培养时需要打破其休眠。刘会超等（2010）以'凤丹白'成熟胚为研究对象，采取了4℃低温层积、赤霉素溶液浸泡和温水浸泡等方式打破种子休眠，结果以低温层积处理效果最好，胚萌芽时间最早，比其他两种方式萌芽提前14天以上，萌芽率最高达92.31%。低温层积处理对成熟胚丛生芽诱导影响显著，层积40天的种胚具有较高的丛生芽诱导率，达到45.82 %。

2. 牡丹种子的消毒

种子的消毒可以采取和鳞芽相同的方法。张改娜等人对'凤丹白'种子进行消毒处理，认为75%乙醇处理与否，对种子的萌发率和褐化率影响不大，萌发率均在80%～85%，褐化率在5%左右，但污染率差异较大。使用75%乙醇处理后再用氯化汞处理，污染率可降到15%以下，不用乙醇处理直接用氯化汞消毒的污染率在30%～50%。

3. 不同发育期对离体胚萌发及生长的影响

牡丹种胚的发育时期对离体胚萌发有影响。受品种、培养基及培养条件等多方面因素影响，使幼胚和成熟胚的培养结果也不同。何桂梅（2006）选用紫斑牡丹'书生捧墨'和杨山牡丹'凤丹白'不同阶段的幼胚为材料，进行胚培养，其试验结果表明，两种幼胚早期胚珠的离体培养不成功，基因型、诱导培养基与发育时期是影响离体胚发生的重要因素，幼胚（花后约65天）及近成熟胚（花后90天）是较好的外植体。陆俊杏等（2019）研究认为，牡丹幼胚更适合其离体再生，在相同条件下，成熟胚的萌发率仅18.5%，而幼胚的萌发率高达85%，成熟胚的污染率和褐化率分别为51.17%和26.67%，远高于幼胚的7%和4.67%。

不同的栽培环境会对紫斑牡丹不同品种的胚萌发势、生根率产生影响。陈燕等（2019）分别选择了兰州、临洮等不同产地的'雪莲''蓝荷''粉荷'进行胚培养，在相同条件下，兰州'雪莲'的萌芽率在62.2%～95.5%，'蓝荷'的萌芽率在55.6%～95.5%，'粉荷'的萌芽率在55.6%～91.1%；在生根率方面，

3个品种的生根率随不同生长调节物质浓度配比的变化趋势一样，'雪莲'虽高于其他两个品种，但是这种差异不显著。

4. 培养基对离体胚萌发及生长的影响

黄守印（1987）对牡丹进行了胚培养，按不同生长阶段更换较适宜的培养基。最初接种在MS+6-BA 0.5 mg·L^{-1}+IAA 1.0 mg·L^{-1}+蔗糖3%的培养基上，经4~5周，可由胚长成小幼苗，然后转移到MS+6-BA 1 mg·L^{-1}+NAA（0~0.01）mg·L^{-1}+蔗糖（2%~3%）的培养基上，可促使产生较多丛生芽。安佰义（2005）以胚为材料来考察不同培养基对丛生芽诱导的影响，结果表明：WPM培养基丛生芽诱导率最高，达到36.66%，比MS培养基的丛生芽诱导率高6.66%；B5培养基丛生芽诱导率最低，只有20%。纪庆亮等（2009）研究表明，在没有添加任何生长调节物质的培养基上，离体胚生长类似种子萌发时胚的生长模式，子叶扩大伸长，达到种子大小时停顿，根伸长生长极其显著；6-苄基腺嘌呤促进子叶膨大生长，当6-苄基腺嘌呤浓度增大时根生长受到抑制；萘乙酸促进愈伤组织形成，抑制根生长。在缺少萘乙酸、6-苄基腺嘌呤、吲哚乙酸3种生长调节物质中的任何一种时，子叶的展开以及转绿均不好，说明它们是牡丹胚组织培养的培养基中不可缺少的成分。

部分牡丹品种胚培养适合的培养基见表5-3。

● 表5-3 **部分牡丹品种胚培养适合的培养基**

牡丹品种	胚发育状态	培养基/（mg·L^{-1}）	资料来源
'洛阳红'	未成熟胚	1/2 MS+6-BA 0.1+IBA 0.8+LH 100	刘会超等，2010
'青龙卧墨池'	种胚	MS+6-BA 2.5+NAA 1.0	贾文庆等，2006
'凤丹'	成熟胚	MS+6-BA 0.5+GA$_3$ 1.0 MS+6-BA 1.5+2,4-D 0.1+GA$_3$ 0.1	李海刚，2010 刘会超等，2010
'红莲''京华晴雪''银红飞荷''蓝荷'	种胚	改良MS（钙加倍，大量元素加倍）+AC 600+GA$_3$ 0.5	徐莉等，2017

（三）牡丹的愈伤组织培养技术

牡丹愈伤组织培养是将不同类型的外植体先分化诱导出愈伤组织，然后愈伤组织再分化获得植株的过程。牡丹最早的愈伤组织培养报道是在1965年，帕坦宁 Partanen 通过胚诱导出了愈伤组织，但没有器官发生或任何形式形态发生的报道。国内关于牡丹愈伤组织培养的报道很多，主要是围绕不同类型的外植体及培养基方面进行的。

1. 外植体类型

牡丹愈伤组织培养中，选取的外植体主要有子叶、茎段、叶片、叶柄、花瓣等，安佰义（2005）以'凤丹白'为研究对象，分别取幼叶、成龄叶、幼茎、暗处理叶片和子叶进行愈伤组织诱导，认为子叶和幼茎的总酚含量、PPO 活性较低，是初始培养的最佳外植体。王军娥等（2008）以'金阁'的叶片和叶柄为外植体诱导愈伤组织，认为同一品种的叶柄愈伤组织诱导率比叶片高。李新凤（2008）认为，在牡丹愈伤组织诱导过程中，子叶比下胚轴更适合做外植体，因为由子叶诱导的愈伤组织均匀一致，颜色为淡绿色，质量较高。

2. 培养基对愈伤组织诱导的影响

外植体类型不同，对诱导培养基的选择也不相同。陈怡平等（2001）选用产自保康的紫斑牡丹诱导愈伤组织，认为以紫斑牡丹的营养器官为外植体诱导愈伤组织时，必须用不同浓度的 6-苄基腺嘌呤和萘乙酸配合，萘乙酸浓度稍高于 6-苄基腺嘌呤浓度比较理想，并且得出 6-苄基腺嘌呤 1.5 mg·L^{-1} 和萘乙酸 2 mg·L^{-1} 理想的配方组合。卫俨等（2018）诱导'凤丹'子叶愈伤组织，认为萘乙酸浓度不仅影响愈伤组织的启动天数，也影响出愈率和愈伤组织比重，以萘乙酸 3.0 mg·L^{-1} 为宜。陈笑蕾（2015）对'乌龙捧盛'的叶片和叶柄进行愈伤组织诱导，在 1/2 MS+2,4-D 0.5mg·L^{-1}+NAA 1.0 mg·L^{-1}+IAA 0.2 mg·L^{-1} 上诱导率最高，在 1/2 MS+NAA 0.3 mg·L^{-1}+6-BA 2.0 mg·L^{-1}+IAA 0.5 mg·L^{-1} 上增殖系数最高；叶柄愈伤诱导最佳培养基为 WPM +2,4-D 2.0 mg·L^{-1}+6-BA 1.0 mg·L^{-1}+NAA 1.0 mg·L^{-1}+TDZ 0.5 mg·L^{-1}+CH 300 mg·L^{-1}。朱向涛等（2012）以'凤丹'幼嫩花瓣为材料诱导愈伤组织，最佳诱导培养基为 MS+2,4-D 2.0 mg·L^{-1}+6-BA 1.5 mg·L^{-1}+NAA 0.3 mg·L^{-1}，愈伤组织分化的最佳培养基为 MS+ZT 0.5 mg·L^{-1}+6-BA 2.0 mg·L^{-1}，分化率达到 59.0%。

部分牡丹品种愈伤组织诱导培养基见表5-4。

（四）牡丹的花药和花粉培养技术

花药离体培养是把花粉发育到一定阶段的花药接种到培养基上，来改变花药内花粉粒的发育程序，使其分裂形成细胞团，形成胚状体再分化成植株。花粉离体培养是指把花粉从花药中分离出来，以单个花粉粒作为外植体进行离体培养的技术，花粉和花药离体培养是培育单倍体植株的方法。

牡丹的花粉和花药培养报道较少，桑德兰 Sunderland 等（1975）报道了牡丹花药的离体培养，在培养基 MS+ 蔗糖 3%+ 水解酪蛋白 500 mg·L^{-1}+KT

● 表5-4　**部分牡丹品种愈伤组织诱导培养基**

牡丹品种	外植体类型	培养基 /（mg·L^{-1}）	资料来源
紫斑牡丹	土芽、幼芽	MS+6-BA 1.5+NAA 2.0	陈怡平等，2001
'金阁'	叶片	1/2MS+2,4-D 2.0+6-BA 1.0+NAA 1.0+CH300	王军娥，2008
	叶柄	WPM+2,4-D 2.0+6-A 1.0+NAA 1.0+TDZ 0.5+CH 300	
'乌龙捧盛'	叶片	1/2MS+2,4-D 0.5+NAA 1.0+IAA 0.2	陈笑蕾，2005
'太阳'	子叶	MS+2,4-D 2.0+TDZ 0.2+6-BA 2.0	毛红俊等，2011
'凤丹'	子叶	MS+2,4-D 2.0+6-BA 0.5	张改娜等，2012
	花瓣	MS+2,4-D 2.0+6-BA 1.5+NAA 0.3	朱向涛等，2012
	子叶、胚轴	1/2 改良 WPM+2,4-D 1.0+6-BA 1.0+CH 500+GLn 150	郎玉涛等，2007
	子叶、幼茎	WPM+2,4-D 0.5+TDZ 0.5	安佰义，2005
	子叶	WPM+6-BA 1.0+NAA 0.3	卫俨等，2018

1 mg·L^{-1}+IAA 1 mg·L^{-1} 中培养 3 周后，观察到多细胞和多核的花粉粒；6 周后，花粉粒形成了多细胞的胚状体，但没有完成器官分化。罗伯茨 Roberts 等（1977）在不添加碳和琼脂的 MS 液体培养基中，成功获得了花粉胚，得到了小苗，小苗形成了胚根，但没有形成具有功能的根。

朱向涛等（2010）为确定牡丹花药最佳取样时期，以大小不同的'凤丹'花蕾为材料，研究了花蕾大小与花药发育情况及愈伤组织诱导的关系。认为花粉处于单核中期是诱导愈伤组织的最佳时期，相对应的花蕾的长为20~23 mm，瓣尖未张开，此时愈伤组织的诱导率最高可达 45.8%，花药经 4℃低温处理 8 天，愈伤组织诱导率最高，为 50.8%。陈莉（2006）认为'洛阳红'花药愈伤组织诱导的培养基为 MS+6-BA 0.5 mg·L^{-1}+NAA 3.0 mg·L^{-1} + 2,4-D 1.0 mg·L^{-1}+TDZ 0.05 mg·L^{-1}。刘会超（2009）用处于单核靠边期的'乌龙捧盛'花蕾为材料，对花蕾进行低温（4℃）和高温（30℃）预处理，结果表明：不做预处理的花药进行愈伤组织诱导效果最好，诱导率达到 55.43%。

（李艳敏，孟月娥）

主要参考文献

[1] 陈燕, 张珊, 安宗燕, 等. 3 个品种紫斑牡丹胚培养及幼苗生长的探究 [J]. 分子植物育种, 2019, 17(1): 217–225.

[2] 陈怡平, 丁兰, 赵敏桂, 等. 用紫斑牡丹不同外植体诱导愈伤组织的研究 [J]. 西北师范大学学报 (自然科学版), 2001, 37(3): 66–69.

[3] 贺丹, 王政, 何松林. 牡丹试管苗生根过程解剖结构观察及相关激素与酶变化的研究 [J]. 园艺学报, 2011, 38(4): 770–776.

[4] 何桂梅, 成仿云, 李萍. 两种牡丹胚珠与幼胚离体培养的初步研究 [J]. 园艺学报, 2006, 33(1): 185.

[5] 黄守印. 牡丹胚培养与植株再生 [J]. 植物生理学通讯, 1987(2): 54–55.

[6] 李萍, 成仿云, 张颖星. 防褐化剂对牡丹组培褐化发生、组培苗生长和增殖的作用 [J]. 北京林业大学学报, 2008, 30(2): 71–76.

[7] 陆俊杏, 龚慧明, 张涛. 牡丹种胚离体再生体系建立 [J]. 分子植物育种, 2019, 17(17): 5741–5747.

[8] 司守霞, 刘少华, 任叔辉, 等. 伊藤杂种牡丹扦插繁殖技术 [J]. 北方园艺, 2017(12): 82–85.

[9] 王新, 成仿云, 钟原, 等. 凤丹牡丹鳞芽离体培养与快繁技术 [J]. 林业科学, 2016, 52(5): 101–110.

[10] 王燕霞, 师校欣, 杜国强, 等. "洛阳红"牡丹组织培养快速繁殖技术研究 [J]. 中国农学通报, 2008, 24(10): 400–404.

[11] 张会, 孙金月, 单雷, 等. 牡丹成熟胚的组织培养 [J]. 分子植物育种, 2018, 16(19): 6449–6454.

[12] 朱向涛, 王雁, 彭镇华, 等. 牡丹 '凤丹' 体细胞胚发生技术 [J]. 东北林业大学学报, 2012, 40(5): 54–58.

[13] ALBERS M R J, KUNNEMAN B P A M. Micropropagation of *Paeonia*[J]. Acta Horticulturae, 1992, 314: 85–92.

[14]　BERUTO M, LANTERI L, PORTOGALLO C. Micropropagation of tree peony (*Paeonia suffruticosa*)[J]. Plant Cell, Tissue and Organ Culture, 2004, 79(2): 249–255.

[15]　BOUZA L, JACQUES M, SOTTA B, et al. The reactivation of tree peony(*Paeonia suffruticosa* Andr.) vitroplants by chilling is correlated with modifications of abscisic acid,auxin and cytokinin levels[J]. Plant Science, 1994a, 97(2): 153–160.

[16]　BOUZA L, JACQUES M, MIGINIAC E. In vitro propagation of *Paeonia suffruticosa* Andr. cv. 'Mme de Vatry' :developmental effects of exogenous hormones during the multiplication phase[J]. Scientia Horticulturae, 1994b, 57(3): 241–251.

[17]　BOUZA L, JACQUES M, MIGINIAC E. Requirements for in vitro rooting of *Paeonia suffruticosa* Andr. cv. 'Mme de Vatry' [J]. Scientia Horticulturae, 1994c, 58(3): 223–233.

[18]　BOUZA L, JACQUES M, SOTTA B, et al. Relations between auxin and cytokinin contents and in vitro rooting of tree peony (*Paeonia suffruticosa* Andr.)[J]. Plant Growth Regulation, 1994d, 15(1): 69–73.

[19]　BOUZA L, SOTTA B, BONNET M, et al. Hormone content and meristematic activity of *Paeonia suffruticosa* Andr. cv. 'Mme de Vatry' vitroplants during in vitro rooting[J]. Acta Horticulturae, 1992, (320): 213–216.

[20]　BRUKHIN V B, BATYGINA T B. Embryo culture and somatic embryogenesis in culture of *Paeonia anomala*[J]. Phytomorphology, 1994, 44(3–4): 151–157.

[21]　HAO H P, HE Z, LI H, et al. Effect of root length on epicotgl dormoncy release in seeds of *Paeonia Ludlowii* Tibetan peony[J]. Annals of Botany, 2014, 113(3): 443–452.

[22]　HARRIS R A, MANTELL S H. Effect of stage II subculture duration on the multiplication rate and rooting capacity of micropropagated shoots of tree peony[J]. Journal of Horticultural Science, 1991, 66(1): 95–102.

[23]　WANG H, VAN STADEN J. Establishment of in vitro cultures of tree peonies[J]. South African Journal of Botany, 2001, 67(2): 358–361.

第六章

观赏牡丹栽培

　　观赏牡丹是所有具有观赏价值的各类牡丹品种的统称，按起源与产地，可将国内外牡丹品种划分为 3 大品种系统 8 个品种群。

　　本章包括以下几个方面的内容：其一，分别介绍了中原、西北、西南、江南及东北一带观赏牡丹栽培的历史沿革，品种起源、品种构成及其适生状况，生态习性与生长发育特点，露地栽培技术要点；其二，介绍了国外牡丹的引进与栽培，并重点介绍了牡丹、芍药远缘杂交品种的引进及其生物学特性与繁殖栽培技术；其三，介绍了牡丹切花的品种筛选与露地栽培。

第一节

概述

观赏牡丹是所有具有观赏价值的各类牡丹品种的统称。

以观赏牡丹为对象，进行苗木、盆花、切花等的生产性栽培，专类牡丹园，及各种绿地中用于美化、绿化或观赏性质的牡丹的栽植与管理等，统属于观赏牡丹栽培。

一、观赏牡丹栽培技术发展简史

2 000 多年前，牡丹的药用价值已被先民们发现，但其进入观赏领域却要晚得多。虽然从西晋起，陆续有观赏牡丹应用的记述，但数量不多。真正有牡丹栽培的记载，应始于盛唐时期，舒元舆的《牡丹赋并序》具体谈到了武则天下令从她家乡将牡丹移入皇宫御苑的史实。到中唐时期，牡丹观赏形成高潮。从白居易《买花》一诗反映的情况看，牡丹栽培已经达到了一定的水平。白居易描述人们在开花时移植牡丹："水洒复泥封，移来色如故。"并且当时牡丹已进入花市交易。

宋代花卉园艺业繁荣，北宋时牡丹栽培与欣赏再次形成高潮。在欧阳修《洛阳牡丹记》与周师厚《洛阳花木记》中，不仅记述了当时流行的优良品种，而且较为系统地总结了牡丹的繁殖、栽培、水肥管理、整枝拿芽、病虫防治等技术经验。以择地栽植、良种良法相匹配的系列技术初见雏形。

明代，薛凤翔《亳州牡丹史》对中原牡丹的繁殖栽培技术做了较为深入系统的总结，一些具体操作经验至今仍有指导意义。王象晋在《二如亭群芳谱》中"牡丹"一节，对牡丹生态习性有一段相当精辟的总结：

"性宜寒畏热，喜燥恶湿，得新土则根旺，栽向阳则性舒。阴晴相半，谓之养花天。栽接剔治，谓之弄花。最忌烈风炎日，若阴晴燥湿得中，栽接种植有法，花可开至七百叶，面可径尺。善种花者，须择种之佳者种之。若事事合法，时时着意，则花必盛茂，间变异品，此则以人力夺天工者也。"

清代，以余鹏年《曹州牡丹谱》为代表的谱录总结了菏泽一带的北方观赏牡丹栽培经验，而计楠《牡丹谱》则总结了江南观赏牡丹栽培经验。至此，初步形成了南北各具特色的栽培系列技术。

二、牡丹栽培技术体系的形成

（一）牡丹种植业是牡丹产业发展的基础

随着牡丹应用范围的扩大，当前我国牡丹产业已从传统的药用与观赏，发展到油用及油料、食品、保健品等产品的加工销售，从而使牡丹的产业链由种植业向加工业、服务业延伸。在牡丹种植业中包含了观赏栽培、药用栽培与油用栽培三大板块，形成了既互相联系又各具特色的生产经营体系。在整个牡丹产业中，种植业仍是发展的基础。

（二）观赏牡丹栽培技术体系

1. 主要生产技术

在观赏牡丹栽培中，以种苗为主、盆花（切花）为辅的商品形式已经或正在形成。主要的生产栽培技术是由以优质种苗生产为目的的常规栽培、以盆花（切花）周年生产为主的促成（抑制）栽培、以快速扩繁为目的的生物快速繁殖三大技术组成的一个完整的技术体系。其中，种苗生产栽培技术、盆花促成栽培技术已经较为成熟，而生物快繁技术仍在努力研发之中。当前观赏牡丹主要产品生产经营流程如图6-1所示。

2. 牡丹栽培技术的地域特色

中国地域辽阔，历史上形成了以中原牡丹品种群为主，包括西北、西南、

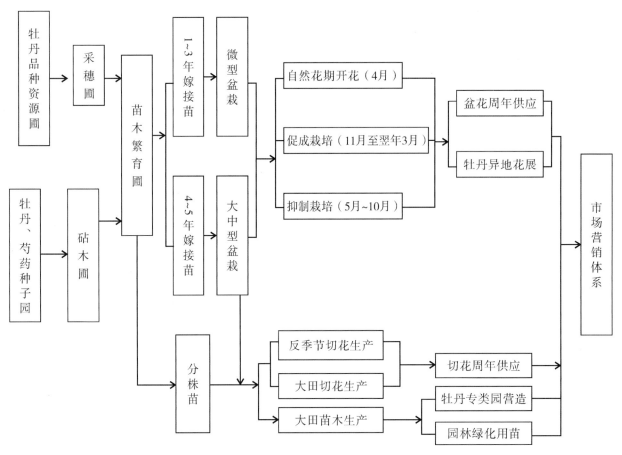

● 图 6-1　**牡丹生产流程示意图**

江南牡丹品种群在内的发展格局。在不同地区或区域之间，气候、土壤等自然地理环境差别较大，从品种生态习性到生产栽培技术都有各地的特点，面临的问题并不完全相同。

　　20 世纪 90 年代以来，东北牡丹迅速崛起。从此，在中国牡丹大家族中，寒地牡丹开始占有一席之地。而国外观赏牡丹品种的引种栽培，也丰富了中国观赏牡丹的内涵，推动了生产栽培技术的发展和提高。

（李嘉珏）

第二节
中原观赏牡丹栽培

一、中原牡丹概述

（一）范围

作为一个地区的称谓，中原所指区域或地域范围有狭义、广义之分。狭义的中原指今河南一带。先秦时代即已有雒邑（今河南洛阳）和陶（今山东定陶）为天下之中的说法；其后，范围扩大，古豫州仍被视为九州之中，故称此地为中原。而广义的中原或指黄河中下游地区，或指整个黄河流域。本书所指中原为广义的中原，范围大体上在长城以南，秦岭淮河以北，包括黄河中下游及海河流域的北京、天津、河南、河北、山东、山西（中南部）、陕西（中东部）以及江苏、安徽的北部地区。

（二）牡丹分布

1. 野生分布

本区西部为黄土高原，南部为秦岭山地及其东延余脉伏牛山。在黄土高原地区及秦岭山地分布有矮牡丹、紫斑牡丹和杨山牡丹。在陕西东南部和河南西南部分布有卵叶牡丹。

2. 栽培分布

中原牡丹品种群在全区均有栽培分布。主要栽培地区为河南洛阳、山东菏泽，两地均建有不少大型牡丹园，每年举办牡丹花会。其中，河南洛阳牡丹花会已成为全国具有重要影响的四大节会之一，从 2011 年开始，该花会由文化部（现文化和旅游部）和河南省人民政府联合举办，定格为"中国洛阳牡丹文化节"。而山东菏泽国际牡丹花会也在发挥重要的作用和影响。毫无疑问，在今后中国牡丹的发展，特别是产业化进程中，中原牡丹产业仍然会走在全国的前列，其前景极为广阔。

（三）历史沿革

中原一带，特别是河南洛阳和山东菏泽，是中国观赏牡丹和牡丹审美文化起源和发展中心，对中国乃至世界各地牡丹的发展起到了重要作用。

1. 唐宋时期奠定了中国牡丹发展的基本格局及其历史地位

唐代前期，牡丹初盛于长安。由于武则天的重视，令人从她家乡山西汾州搜集牡丹品种，植于皇宫御苑；加之唐玄宗李隆基的推崇，使唐都长安栽培与欣赏牡丹的风气盛行起来。中唐贞元（785—804）、元和（806—820）年间长安兴起了中国牡丹史上第一个欣赏热潮。"花开花落二十日，一城之人皆若狂。"

唐代李肇《国史补》载："京城贵游尚牡丹三十余年矣，每春暮，车马若狂，以不耽玩为耻。"李正封《赏牡丹》中"国色朝酣酒，天香夜染衣"的咏牡丹句，使牡丹有了"国色天香"的美誉。

历史掀开宋代（北宋）一页，在其承平岁月，洛阳牡丹迅速兴起，形成中国牡丹史上又一个欣赏热潮。洛阳得天独厚的适于牡丹生长的自然条件，相当丰富的牡丹种质资源，一群钟情于牡丹种植和欣赏的士大夫和平民百姓，可与京都比肩的政治经济文化地位，使得洛阳牡丹很快成为"天下第一"。花开时节，"城中士女绝烟火游之"，形成庞大的花会花市。北宋花卉园艺业兴起，人们品种意识强烈，育种活动十分活跃，形成了"四十年间花百变"的局面。欧阳修《洛阳牡丹记》、周师厚《洛阳花木记》作了概括和总结。除洛阳外，北宋时牡丹繁盛的地区还有青州（今山东青州一带）、越州（今浙江绍兴一带）等地。1126 年的"靖康之变"，金人南侵，北宋灭亡。宋室南渡，偏安江南，史称南宋。此时，洛阳虽已沦陷，但洛阳牡丹作为故国家园和北国山河的象征，却深深地留在了南下臣民的心目中。牡丹与国家、民族的命运紧密地联系在一起，成为南宋爱国主义文学和中国牡丹审美文化中的重要精神元素。

2. 元代牡丹发展是个低潮，但牡丹仍是元人推崇的名花

历来认为元代牡丹发展处于低潮，中原牡丹优势不复存在。但最新研究表明，牡丹仍是元人喜爱的名花，中原一带牡丹栽培重心已转移到元之京畿一带（今京津地区）。元代耶律铸所著《双溪醉隐集》卷一中《天香台赋》《天香亭赋》是以赋加夹注的形式写成的准牡丹谱录。该书引用的文献除已知宋代谱录外，还有可能是出现于元代的《青州牡丹品》《奉圣州牡丹品》《陈州牡丹品》《道山居士录》等多种谱录。所记牡丹品种一百余种，其中五十多种性状记载较详，从而表明宋代部分牡丹名品在元代得到了保存和继承，并且还有不少新品种育出，如见于《青州牡丹品》的有'玉京春''殿前紫''禁中红''蓬莱红''彩云红'等，见于《陈州牡丹品》的有绝品'姚黄''万字红''绛衣红''胜真黄''胜云红'等，见于《道山居士录》的有'锦屏红''添色黄''胜潜溪''九萼紫'等（陈平平，2008）。

3. 明清两代又有两次发展高潮，使中国牡丹更深地根植于中华沃土之中

明代中叶以后，牡丹在全国范围内有了恢复性发展，全国牡丹栽培中心转移到安徽亳州。据明代薛凤翔《亳州牡丹史》记载，明孝宗弘治年间（1488—1505），亳州从山东曹县（即曹州，今山东菏泽）引种了'状元红''金玉交辉'等十多个品种。正德、嘉靖年间（1506—1566）有薛、颜、李数家"遍求他郡善本移植亳中"，并且不惜重金购买名品，"每以数千钱博一少芽，珍护如珊瑚"。因而亳州牡丹日渐繁盛，以种植牡丹为主的私家园林快速增加，到隆庆、万历年间（1567—1620）"足称极盛"。花开时"一国若狂"，"可赏之处，即交无半面，亦肩摩出入。虽负担之夫，村野之氓，辄务来观。入暮，携花以归，无论醒醉。歌管填咽，几匝一月"。薛凤翔的《亳州牡丹史》记载亳州栽植牡丹新老品种270余个，其中《牡丹八书》总结了丰富的栽培经验。

曹州牡丹发展也始于明代中叶，并且早于亳州，清代发展成为全国最大的栽培中心。亳州不少品种是明弘治年间自曹县引进，后来曹州也从亳州引回不少品种。明万历二十年（1592）进士谢肇淛曾任东平府（今山东东平）太守，他在《五杂俎》中回忆两次过曹州看牡丹的情景："余过濮州（现菏泽市鄄城县）曹南一路，百里之中，香风逆鼻，盖家家圃畦中俱植之，若蔬菜然，搢绅朱门，高宅空锁，其中自开自落而已。""余忆司理东郡时，在曹南一诸生家观牡丹，园可五十亩，花遍其中，亭榭之外，几无尺寸隙地，一望云锦，五色夺目。"清代开始为曹州牡丹作谱。初有苏毓眉的《曹南牡丹谱》说"至明而曹南牡丹甲于海内"，曹南即曹州。之后是余鹏年的《曹州牡丹谱》。余谱比苏谱记载得更为详细。再后，又有赵孟俭原著、赵世学新增《桑篱园牡丹谱》（1912），记载曹州牡丹 240 个品种。据清代老花农王文德回忆，曹州历史上牡丹栽培面积达 400 亩，品种 300 多个。由此可见，曹州牡丹早已进入商品市场。

清光绪三十四年（1908）杨兆焕等在《菏泽县乡土志》中记载："牡丹商，皆本地土人。每年秋分后，将花捆载为包，每包六十株，北走京津，南浮闽粤，多则三万株，少亦不下两万株，共计得值约有万金之谱，为本境特产。"

明清时期，除亳州、曹州外，北京牡丹栽培与观赏活动也很活跃。清代宫廷赏花活动已成定制，御花园、圆明园、颐和园都有牡丹配植于园林。

4. 当代

中原地区牡丹发展一直居于主导地区，是中国牡丹发展潮流和方向的引领者，发挥着举足轻重的作用。

1949 年，中华人民共和国成立。20 世纪 50 年代，首先是菏泽牡丹得到恢复和发展。50 年代末期，洛阳牡丹也得到了恢复和发展。从此，菏泽、洛阳再次成为中国牡丹发展中心。

近年来，中原地区牡丹的发展面临着新的局面，油用牡丹异军突起，几年内席卷大江南北、长城内外，形成一个新的发展高潮，并且带动了观赏牡丹的快速发展。作为传统产业，观赏牡丹也面临着应用现代农业、园艺业的理念和技术加以改造，以进一步发挥优势、提高效益等问题。除菏泽、洛阳外，中原各地一些新兴牡丹园或大型牡丹游览基地的建设不断兴起，令人欣喜，中原牡丹发展前景不可限量。

二、中原地区的自然条件与牡丹的生态习性

（一）中原地区自然概况

中原地区春季风多雨少，有春雨贵如油之说，空气干燥；夏季高温多雨，湿度较高（近年来夏季也少雨，干热，但秋季多雨）；早秋雨量不减，湿度亦高；

晚秋雨量渐少，昼热夜凉；冬季降雪偏少，气候寒冷。是一个四季分明、光照较足、气候温和的地区。在气候区划上这一带属于半湿润地区，具有明显的暖温带季风型大陆性气候特点。

中原牡丹主要栽培地的气象因子如表6-1所示。

（二）中原品种群的生态习性

1. 中原品种群属温暖半湿润生态类型

对栽培牡丹的习性历来有"性宜寒畏热，喜燥恶湿，得新土则根旺，栽向阳则性舒"等精辟总结（王象晋《二如亭群芳谱》）。但随着牡丹栽培范围的扩大，不同品种群间，由于种的起源不同以及对不同地区气候、土壤条件长期适应的结果，其生态适应幅度已存在一定的差别。就中原牡丹品种群而言，其主产区菏泽海拔50 m，洛阳350 m，气候具暖温带特征，夏季高温多雨，雨热同季而

● 表6-1　**中原牡丹栽培地区的主要气象因子**

地点	纬度 / N	海拔 / m	气温 / ℃					年均降水量 / mm	年均相对湿度 / %	年均日照时数 / h	无霜期 / d
			年平均	1月平均	绝对最低	7月平均	绝对最高				
菏泽	35°14′	49.7	13.6	−4.0	−19.8	27.3	43.7	657.0	70	2 400.0	231.0
洛阳	34°41′	353.0	14.7	−0.8	−20.0	27.2	44.3	601.6	67	2 246.0	224.0
北京	39°55′	31.2	11.6	−4.6	−27.4	25.8	41.5	657.0	60	2 382.9	195.0
石家庄	38°02′	80.5	13.5	−7.6	−26.5	26.6	42.9	613.7	58	2 640.0	197.0
太原	37°54′	777.9	9.5	−6.8	−29.5	23.5	42.0	569.8	61	2 555.0	191.0
西安	34°17′	396.9	13.2	−1.0	−20.6	26.6	42.9	576.5	74	1 948.6	232.0
郑州	34°16′	190.0	14.5	−4.6	−10.0	32.1	42.0	628.0	66	2 400.0	220.0
济南	36°40′	258.0	13.8	−3.2	−19.7	27.2	42.5	685.0	62	1 870.9	178.0

多干热；冬季严寒晴燥。这一带年平均气温 9.5～14.7℃，绝对最低气温 −21℃，绝对最高气温 44.3℃，≥10℃积温 >4 500℃。年均降水量在 516～685 mm，年均日照时数 2 246 h（洛阳）～2 400 h（菏泽），光照充足，属湿润至半湿润区。土壤以黄土性土为主，土层深厚。其中菏泽市土壤为黄河泛滥沉积而成的冲积土，pH 7.8～8.3。最适牡丹生长的土壤类型为壤质粉沙土、粉沙质壤土（两合土）等。洛阳土壤亦主要为黄土性冲积土或黄土母质上发育的土壤，pH 7.0～7.3，地下水位较低，亦适于牡丹生长。从总体上看，适于这样生境的中原牡丹品种群属温暖半湿润生态型。

比较而言，牡丹在洛阳生长开花更好，早在宋代就有洛阳牡丹天下第一之说。这主要得益于洛阳得天独厚的气候、土壤和人文条件。洛阳不仅气候温和、雨量适中，既不太热也不太冷，既不太旱也不太涝，而且土壤适宜，土层深厚，pH 适中，养分丰富而均衡，微量元素含量高。据测定，洛阳土壤中微量元素锰、铜、锌、钼明显高于其他牡丹栽培地区，其中锰的含量平均高出 20 多倍。当然，洛阳地区的不同地方也有一定差别，土壤尤以邙山、孟津一带最为适宜。

洛阳牡丹与菏泽牡丹比较，洛阳牡丹的营养生长与生殖生长较为协调，即枝叶与花的生长比较均衡，多数品种花朵更大，花色更润泽，花期也较为长些。而菏泽牡丹则生殖生长较强，开花相对较旺盛，而叶子偏弱，其枝条和苗木外观上看比较粗壮，但没有洛阳牡丹的枝条硬度高和内含物充实。这正是因土壤和水分等条件所决定。

2. 中原牡丹品种生态适宜性的差异

中原品种群品种数量多，由于起源不尽相同，生态适度幅度差异较大。在南北各地引种时，其耐寒耐旱能力和耐湿热特性等均表现出明显的品种差异。各地引种时一定要注意到这个特点。

在栽培实践中，不仅要注意同一品种群内不同品种间的适应性差异，尤需注意总结极端气候条件下的品种适应性的差异。如对水湿的忍耐程度。牡丹为肉质根，畏涝。在高温多雨季节，即使是短期积水也会造成严重伤害。但不同品种对水湿忍耐程度差别较大。1957 年夏，菏泽遭受水灾，牡丹地长期积水，死亡很多，事后调查（喻衡，1963），其耐湿热程度可分为以下三类：①耐高温多湿的有 '胡红''小胡红''朱砂垒''蓝田玉''状元红''胭脂红''紫云仙''丹炉焰''盛丹炉''泼墨紫''桃红献媚''银粉金鳞''昆山夜光''璎珞宝珠'等；②较耐高温多湿的有'赵粉''紫二乔''种生红''种生黑''王红''小魏紫''邦宁紫''紫重楼''赵紫''大棕紫''斗珠''百花炉''瑶池春''美人红''青山贯雪''锦帐芙蓉''娇容三变''一品朱衣'等；③最不耐高温多湿的有'白玉''姚黄''墨魁''葛巾紫''烟笼紫''墨撒金''文公红''金轮黄''甘草黄''御衣黄''鹤白''何园红''酒醉杨妃''赤龙焕彩''冰凌罩红石'等。

再如对春季倒春寒的适应性，品种间差别也较大，有些品种会引起畸形或缩蕾，严重影响开花。尤其在立蕾至小风铃期，牡丹对低温敏感。此时期花蕾直径约为 1 cm，花蕾外面的托叶（菏泽俗称飘带）仍然紧抱。当托叶由包裹小花蕾到上部 1/2 离开花蕾时，表明小风铃期结束。然后，花蕾发育度过危险期，对环境条件的变化已具有一定抗性。

2009 年刘玉英对洛阳国家牡丹园 196 个品种的调查，早春有 4 个品种（'白玉兰''红霞绘''三奇集胜''旭日东升'）出现花蕾完全败育，另有 53.1% 的品种出现花蕾败育现象，约有 6.1% 的品种花蕾败育较多。营养生长偏旺的品种对倒春寒最敏感，回蕾或畸形现象严重，但在背风向阳处则不明显，如'乌龙捧盛''洛阳红''状元红''锦绣球'等。

3. 对大气污染物反应与抗性的差异

中原牡丹对大气污染物的反应与抗性也因污染物种类与品种不同而存在差异，如对二氧化硫（SO_2）的抗性，牡丹对二氧化硫的抗性较强（印利苹等，1988），其可见受害阈值在 118.73 mg·m^{-3}，在该含量下，牡丹接触二氧化硫 0.5 h 即出现急性伤害；4 h 后，叶片除叶脉外全部漂白，逐渐干枯。当空气中二氧化硫含量在 28.89 mg·m^{-3} 时，接触 2 个月，对牡丹生长无害，并且在土壤贫硫元素的地区（山东菏泽）反而稍有促进。牡丹植株对二氧化硫有较强抗性，但花药对其反应敏感。此外，牡丹对大气氟污染的反应与抗性亦因品种而异。据洛阳市牡丹病虫害研究协作组在大气氟污染区对 128 个品种的调查（1996），抗性指数在 30% 以下（伤害指数 70% 以上）的有'斗珠''赵紫''山花烂漫''文公红''曹州红''丹皂流金''小魏紫'；抗性指数在 90% 以上（伤害指数在 10% 以下）的有'银粉金鳞''桃红点翠''玉楼点翠''粉蝶飞舞''魏紫''十八号''大红剪绒''酒醉杨妃''藏枝红''昆山夜光''肉芙蓉''状元红''冠世墨玉''璎珞宝珠''红辉''软枝兰''胡红''古班同春''盛丹炉''乌龙捧盛''冰壶献玉''晨红''菱花晓翠''露珠粉''银红巧对''五洲红''宫样妆''九都红''豆绿''宏图''紫蓝魁''御衣黄''朱砂垒'等。而'茄皮紫''瑶池贯月'病情指数为 0，抗性指数为 100%。牡丹品种之间对大气氟污染抗性的差异并不表现在氟化物吸收积累量的差异上，而是由于对叶片中氟化物积累量的耐受性不同。在大气氟污染严重地区栽培牡丹，应选用抗性强的品种。

三、品种起源、开花物候与生长发育特性

（一）品种起源

中原品种群是中国牡丹中起源最早，栽培历史最为悠久，品种资源最为丰富，在国内外影响最大的栽培类群。该品种群以矮牡丹影响最大，同时也有着紫斑牡丹、杨山牡丹以及卵叶牡丹的深刻影响。因而该品种群是以矮牡丹为主，兼有紫斑牡丹、杨山牡丹和卵叶牡丹血统的栽培类群，应为多元起源与多地起源。

中原牡丹品种首先起源于矮牡丹，既有分子系统学研究的支持，也有形态学的依据。如中原品种类群基本上以 9 片小叶为主，比例占到 58.7%，复叶数 6~7 片居多，占 71.4%；80% 品种叶背被毛。中原品种植株高度居中（90~119cm）的比例较大，占 53.1%。紫斑牡丹的基因渗入使得中原品种出现了瓣基带斑的现象，李嘉珏早年调查，带斑的中原品种约占 1/3；据刘玉英（2010）对洛阳国家牡丹园 196 个品种的调查，124 个花瓣基部有色斑，占 63.27%。此外还有 19 个品种花瓣基部有深色晕。经过色卡比对，色斑颜色分布在灰紫、黑、红、红紫、紫 5 个色系组，并以红紫色系最多。

中原一带的牡丹栽培品种目前由以下几部分组成：

1. 中原牡丹品种群的品种

这是中原地区牡丹观赏栽培的主体。该品种群有品种 1 000 余个。但通常能作为商品流通的品种仅 200 余个。2004—2005 年，菏泽再次遭遇特大水灾，有 200 余个品种遭受损失，但目前仍有 917 个品种。此外，2010 年洛阳国家牡丹基因库保存的中原品种有 850 余个。

除原有品种外，菏泽、洛阳等地不断有新品种育出。

2. 国内各地引进品种

包括西北、江南及西南品种，而以西北品种为主，总数在 100 个左右。北

京市植物园，中国科学院北京植物园，洛阳市国家牡丹园、国际牡丹园、王城公园辟有西北紫斑牡丹专类园。

（1）中原地区较为适应的西北品种 '书生捧墨''菊花白''北国风光''雪原紫光''丰花西施''软茎杨妃''河州粉''彩蝶纷飞''昌平红''和政玛瑙盘''凝香''和政红''腰系金''紫朱砂''紫光阁''紫峰积雪''黑天鹅'等。

（2）不适应的品种 '佛头青''象牙白''三学士''小娇红''金花状元''九子珍珠红''夜光杯''绿蝴蝶''红海银波''紫海银波'等。

3. 国外引进品种

包括日本、法国、美国品种，以及伊藤品种。国外品种以日本品种为主，总数在 150 个左右（2010）。它们大多适应中原地区气候，在中原地区观赏栽培中有着重要影响。其中有 20 余个已进入流通领域。截至 2017 年，伊藤品种引进近 40 个，它们开花晚、花期长，弥补了中原品种晚花较少、花期较短的不足。

（二）开花物候

1. 洛阳

河南洛阳王城公园 1999—2003 年曾分别以 '朱砂垒'（早花）、'洛阳红'（中花）、'葛巾紫'（晚花）为代表观察了物候过程。5 年中，2002 年春暖，牡丹萌动、开花最早；而 2003 年春寒，萌动、开花最晚。其萌动期、初花期、盛花期、末花期如下：'朱砂垒' 2002 年依次为 1 月 27 日、3 月 27 日、3 月 29 日、4 月 6 日，2003 年为 1 月 30 日、4 月 12 日、4 月 16 日、4 月 25 日；'洛阳红' 2002 年依次为 1 月 29 日、3 月 28 日、4 月 1 日、4 月 8 日，2003 年为 1 月 31 日、4 月 13 日、4 月 17 日、4 月 26 日；'葛巾紫' 2002 年依次为 2 月 9 日、4 月 4 日、4 月 7 日、4 月 20 日，2003 年为 2 月 10 日、4 月 18 日、4 月 23 日、4 月 30 日。

2. 菏泽

据多年观察，山东菏泽及邻近地区每年从雨水起花芽开始膨大，惊蛰以后露叶、现蕾；春分以后叶片展开并迅速增大，此时花蕾稳定于（1.5～1.8）cm×（0.5～0.8）cm；清明过后，花蕾迅速膨大；谷雨前后开始开花。从芽膨大到初花 '赵粉' 经 57 天，初开到终花经 7～10 天。品种间差异较大，其中 '青山贯雪''朱砂垒''春红争艳' 等开花最早，而 '银粉金鳞' 较迟，前后相差 7～10

天（喻衡，1998）。

3. 北京

1999—2001年索志立等连续3年在中国科学院北京植物园对68个中原品种开花期进行了观察，该地群体花期为：1999年4月20日至5月18日（共29天，但5月10日以后花朵很少），2000年4月20日至5月11日（共22天）。开花期日平均气温为16.5~26.1℃。盛花始期及延续期依次为：1999年4月29日起7天，2000年4月25日起8天，2001年4月24日起9天。盛花期日平均气温20.5~21.8℃。不同年份间，暖冬后春季寒流会使群体花期提前或延后2~3天，群体始花期到来3~5天进入盛花期，由盛花期到群体末花期一般经历5天左右。

调查发现：①群体花期一致。兰州紫斑牡丹品种引种北京丰台后，其群体花期与中原牡丹品种在北京的群体花期趋于一致，而春季日平均气温达到26℃的日期与牡丹品种的末花期相对应。②不同品种间花期长短有明显差异。中国科学院北京植物园68个品种中，花期最长的'凤丹'为19~26天，单株花期6~14天，单花期为3~6天。'凤丹'花期跨度较大是因为它是由一系列实生苗植株构成的。其次是'乌龙捧盛'，花期17~22天，单株花期5~11天，单花期3~6天。'豆绿'和'绿香球'单花期较长，为5~20天。其余品种单花期基本为3~6天。除品种间外，品种内个体以及同一个体在不同年度间都存在一定差异。

4. 青岛

山东青岛城阳南距海岸约25 km，一般每年4月18日初花（最早4月16日），4月26日前后进入盛花期，5月3日起谢花。濒临海岸线的中山公园约在5月5日进入盛花期，与城阳物候相差约9天。

（三）生长发育特性

1. 牡丹生命活动的大周期变化

与其他双子叶植物一样，牡丹生命活动始于受精卵的形成而终于植株死亡。实生苗从幼苗出土开始，中间经历幼年、青年、成年、老年几个阶段。其中从幼苗出土到开花需3~5年，从大量开花起进入成年期。无性繁殖苗没有幼年期，长势恢复后即进入成年期。据调查，分株苗15~20年逐渐出现衰老症状。农谚有"老梅花，少牡丹"之说，牡丹株龄10~30年是其最佳观赏期。这一时期的长短，与牡丹的生长环境及日常管理密切相关。如果上述条件满足，牡丹观赏期还可延长。

2. 牡丹生长发育的年周期变化

在年周期内，牡丹植株有着生长期与休眠期的交替。

萌动期和开花期是牡丹春季生长发育过程中两个重要的物候期，并且二者之间存在着一定的关联。根据萌动期与初花期早晚之间的关联，可将中原牡丹划分出 9 个物候类型（表 6-2）。据 2009 年对洛阳市国家牡丹园 196 个品种的观察，有 46.4% 的品种属于萌动中初花中类型，次为萌动早或萌动中初花早的类型，二者合计占 28.1%（黄弄璋等，2016）。

牡丹花期的早晚又与积温有关。研究表明，只有达到一定的有效积温，牡

● 表 6-2　**中原牡丹的物候类型与有效积温**

序号	物候类型	品种数		萌动至初花期时间 / d	初花期累计有效积温 / ℃	代表品种
		个	占比 /%			
1	萌动早开花早	26	13.3	59 ± 2	367.6 ± 11.1	'洛阳红'
2	萌动中开花早	29	14.8	54 ± 1	371.6 ± 7.3	'玫红争艳'
3	萌动晚开花早	2	1.0	47 ± 2	375.6 ± 0.0	'紫金盘'
4	萌动早开花中	18	9.2	60 ± 1	415.5 ± 18.5	'红辉'
5	萌动中开花中	91	46.4	56 ± 3	418.0 ± 23.3	'胡红'
6	萌动晚开花中	20	10.2	50 ± 3	427.6 ± 23.3	'首案红'
7	萌动早开花晚	1	0.5	66 ± 0	483.7 ± 0.0	'绿香球'
8	萌动中开花晚	7	3.6	61 ± 4	498.5 ± 24.2	'豆绿'
9	萌动晚开花晚	2	1.0	52 ± 6	503.0 ± 8.6	'大蝴蝶'

丹才能完成开花过程。以 3.8℃ 为生物学起点温度来分析各物候类型与有效积温的关系，结果表明：萌动早的品种到初花期需要的时间长，但对有效积温要求较低，萌动中的品种到初花期所需时间居中，对有效积温要求也居中，而萌动晚的品种到初花期需时短，但对有效积温要求高。在洛阳，从萌动到初花期持续时间约为 60 天，大多数中原品种在（425±18.5）~（427.6±23.3）℃积温能满足其开花的需要。据菏泽赵孝知等多年观察总结，以 4℃ 为生物学起点温度时，早花品种积温为 420~440 ℃，中花品种为 450~470 ℃，晚花品种为 480~500 ℃。

3. 中原牡丹花芽分化的特点

据刘玉英（2010）在洛阳观察，中原牡丹大多数品种到 6 月中旬已分化出苞片原基，但出现萼片原基时已到 8 月上旬，可见苞片原基分化后花芽分化几乎处于停滞状态，而 7 月正处于一年中气温最高时期。萼片原基出现后，花芽分化进入快速分化期，各阶段持续时间缩短。8 月下旬，大多数品种分化出花瓣原基，到 10 月 19 日牡丹进入休眠期前，所有品种均已分化出所有花器官原基，基本完成形态分化。

进入休眠期后，花芽分化继续缓慢推进。总的来看，夏季高温有利于花芽分化的启动，但高温也延缓了花芽分化的进程。

4. 中原品种开花特点

牡丹年周期中的生长节律与温度密切相关，特别是开花物候对温度反应特别敏感。早花品种从鳞（花）芽萌动到开花一般需 65 天以上，晚花品种在 70 天以上。但春天温度变化影响着整个开花过程，如洛阳 1993 年春暖，牡丹比正常年景开花提前 7 天，到 4 月 15 日花会开幕时早花品种已近凋谢；1994 年春寒，花会开幕时仍无花可赏。再如 1995 年 4 月初，正值牡丹花蕾迅速膨大期，菏泽市气温骤降到 -6℃，4 月 18 日又一次寒流侵袭，许多品种因受冻而不能开花。2018 年 4 月 7 日的寒流使菏泽、洛阳的牡丹、芍药均受到严重伤害。

中原品种花期集中于 4 月中旬，群体花期约 1 个月。花期居中的品种所占比例很大，要占到 65.8%，早花、晚花品种所占比例偏小。并且早花品种多为花型简单的品种，晚花的多为重瓣或高度重瓣、花型复杂的品种。各品种中单朵花期最长的 9 天，最短的 2 天，大多为 5~6 天，其中菊花型品种花期相对较长。单株花期最长为 20 天，最短 4 天，大多为 7~8 天，其中重瓣性强的品种花期相对较长，单株花量大的品种花期相对较长。花期降水会损坏花朵，缩短花期（刘玉英，2010）。

5. 中原牡丹根系生长特点

牡丹生根受土壤温度（地温）和水分状况制约，也受到地上部分生长和养分供给状况的调控。春初地温高于4℃时开始生长，早于芽的萌动。春末夏初有1次生长高峰。夏季高温时节，根系主要供给蒸腾耗水，生长停滞。入秋，地温随气温下降而逐步降低，但滞后于气温下降速度，牡丹根系又有1次生长高峰。其适宜生长的地温为18～25℃。秋冬之交，地温下降到4℃以下时生长停止。

牡丹根系生长状况与品种有关，也与土壤环境密切相关。在菏泽黄河冲积平原，牡丹根系深长，大体上可分为三个类型（喻衡，1999）。①直根型。根条稀，但有直径0.7 cm以上的粗根条，4年生时入土深70～80 cm，如'墨魁'等。②坡根型。根系稠，粗根细根向四周生长，平均入土深60～70 cm，如'璎珞宝珠'等。③中间型。根条稀密适中，有多条粗细适中的"粗面条"根，平均入土70～80 cm，如'赵粉'等。直根型与中间型根系的品种亦适作药材生产。洛阳牡丹根系则多为坡根型，但品种间也有较大差异。牡丹根系粗细和多少与品种的萌蘖力强弱呈正相关，一般枝条少而粗壮的品种，根系也较粗而少，如'凤丹''香玉''首案红'等，'黄冠'等大多日本品种也一样；反之，枝条多的品种则以较细根居多，如'蓝宝石''明星''乌龙捧盛''洛阳红'等。

（李嘉珏，杨海静）

四、菏泽地区中原牡丹露地栽培要点

（一）土地选择与土壤改良

在中原地区露地栽培观赏牡丹，要按牡丹喜高燥、恶低湿的生态习性来选择土地。要选择地势高燥、排水良好，土层深厚、疏松透气的地块，这是至关重要的一环。

根据菏泽的传统经验：栽培观赏牡丹的田园，土壤以粉沙壤土（俗称轻沙地）或粉质壤土（俗称两合土，即半沙半黏土地）为好。这两种土壤既疏松透气，又储水、透水而保肥,是繁殖栽植观赏牡丹最理想的土壤。如果土壤过于黏重(黏土地),则需要加细沙土混合翻耕改良后再栽植;如果土壤沙粒过大(俗称飞沙地),则需要加黏土或多施有机肥后翻耕,经混合改良后再种植。

另外,中原地区盐碱地较多,如果土壤 pH>7.7 时,应多施经腐熟发酵的畜禽粪肥,或肥料厂生产的氨基酸生物有机肥,进行土壤改良,使土壤 pH 降至 7.3 左右。

(二)栽植前的土地准备

1. 土地翻晒

栽植前土地要进行翻耕,并在烈日下暴晒,以杀灭病菌,促进土壤熟化。

2. 施足基肥

肥料好不如土壤好(即土壤营养成分充足,质地好),栽培牡丹应先养土,是具有几十年栽培实践的菏泽花农的经验之谈。实践证明:施足基肥是培养牡丹壮株的最理想的方法。因此,准备栽植观赏牡丹的土地经测试土壤养分后,应提前施足基肥(底肥)。经过多年对比观察,比起牡丹栽植后再补追肥,肥料不足地块的牡丹生长势明显要比肥料充足地块长势相差半年之多。

在施用基肥的同时,应把杀灭地下有害病菌及地下害虫的药物,与备好的肥料掺拌均匀后,提前撒于田园后再翻耕。

基肥种类应选用肥效长的生物有机肥。这类肥料含有多种能改良土壤结构的有益微生物,使土壤疏松肥沃;可抑制土壤中的有害菌群,杀灭地下害虫及虫卵。一般每亩施用 250～300 kg。也可施用经腐熟发酵后的各种饼粕 150～200 kg。需要注意的是:使用大豆、芝麻、棉籽、油菜籽等作基肥时,一定要先榨油再用其饼粕作肥料。直接将籽粒粉碎或煮、炒后就用作基肥是错误的,因为油料作物籽粒中含的植物油分子大,在土壤内不易氧化分解,牡丹根系不能吸收,只能起到饼粕的肥效。这是一个盲区,在国内各地施肥中皆有,实为浪费。此外,施用充分腐熟发酵的人畜及家禽粪作基肥,这类肥料是优质有机肥。一般每亩施用 2 500～3 000 kg。

(三)适时栽植

参见第五章繁殖部分和本书其他相关章节。

（四）田间管理

观赏牡丹的田间管理包括锄地灭草、追肥浇水、整形修剪、病虫害防治等。

1. 锄地灭草

勤锄地不仅能使土壤疏松、空气流通，而且早春适当深锄又能提高地温、防旱保墒；夏秋季高温多雨，土壤含水量多、杂草丛生，应适当浅锄，使土壤水分尽快蒸发，晒干杂草，正如农谚有"锄头有水又有火"之说。

菏泽地区春季降水少，土壤多干燥缺水而板结。3月上旬，在牡丹鳞芽刚萌动时，即应进行第一次锄地。此期锄地只要把越冬后板结的土壤松动一下即可，目的主要是加强空气流通，以提高土壤的温度。

3月下旬，应进行第二次锄地。此次中耕一定要深锄约10 cm，并且要锄细，不留生地。这样可切断土壤的毛细管，减少土壤水分的蒸发，防旱保墒，以利植株正常生长发育。

4月上旬进行第三次中耕锄地。此时可根据土壤干湿的情况来决定锄地的深浅，土壤干燥宜深锄保墒，土壤湿度过大可浅锄，以蒸发掉土壤内过多的水分。另外，在锄地时应特别注意不能撞伤或碰掉植株上部的嫩侧芽。

牡丹花谢后，如果天旱少雨，2年生以上植株应每隔15～20天锄一遍地，以增强其抗旱能力。

7～9月是菏泽地区高温多雨季节，不仅土壤湿度增大，地表土壤也易板结，而且易滋生杂草。此时期应抓住晴天阳光照射强的时间勤锄、浅锄，以划破地表皮为度，使土表尽快干燥、晒死杂草。农谚常说："春天锄地锄一犁，夏天锄地划破皮。"也就是说，春天锄地宜深，以保墒防旱，应深锄10 cm左右；夏天锄地主要是除草和排湿透气，故应浅锄，一般锄深约2 cm，只要能把杂草根系锄断即可。不管是深锄或浅锄，都不要伤害牡丹根系。8月上旬至8月下旬是锄草灭种的关键时间。农谚有"立秋十八天寸草结种"的说法。这一时期更应该浅锄、锄细，将杂草尽量消灭在种子成熟之前，以减少翌年杂草及病虫滋生蔓延的危害。总之，松土结合锄草，有草即锄，以减少水肥的消耗。

目前，已有小型农机具代替人工锄草，工效大大提高。

2. 肥水管理

1）施用追肥 牡丹根系发达、入土较深，生长期间需肥量大。定植后第一年因基肥充足，可不再追肥。但栽植 2 年后必须追肥，以满足其生长发育不同阶段对养分的需要。

（1）追肥时间　从定植后的第二年开始，每年宜追施有机肥 2~3 次。第一次在春天土地解冻后进行，以保证新枝生长、花蕾发育及开花的养分。植株开花会消耗掉大量养分，花谢后是枝叶旺盛生长和花芽开始分化时期，需要进行第二次追肥，以促进植株迅速恢复生长和花芽分化。第三次追肥可在 11 月上旬立冬后到封冻前进行。

（2）追肥方法　追肥方法有穴施、沟施和普施三种。栽植两年后的植株，根系刚开始发达，吸收范围还小，多采用植株间挖穴埋施或行间沟施的方法。沟（穴）施可开沟 15 cm 左右深，施肥后将沟（穴）内肥料用土盖严踏实，以备浇水。3 年生以上的植株根系已较发达，入土渐深，多采用普施法，即将肥料普遍撒于田园地表层，然后深锄松土，使肥料与土壤均匀混合。

（3）追肥种类与数量　追肥可选用的肥料种类较多，但一般不选用肥效短的化肥，多选用肥料厂生产的多元素生物有机肥，及人畜家禽粪肥与各种油粕等有机肥。所有农家肥都需要经过充分发酵腐熟后再施用，以避免烧根或发生地下虫害。第一次、第二次追肥均以有机肥为主，一般每亩每次施生物有机肥 200~300 kg；最后一次追施肥料应增加 1/3 至 1/2。

2）浇水与排涝　牡丹虽比较耐旱，但充足的水分供应也至关重要。否则，会导致生长缓慢、发育不良、植株矮小、不易成花或花朵小、花期短等。而牡丹又忌过湿，故在多雨的夏秋季，还应注意和重视低洼地块的排涝工作。

（1）浇水时间与次数　因地因时视土壤含水量而定。如果土壤干燥，含水量低于最大持水量的 20%，且随后短时间内又无雨时，就要及时浇水。夏季高温的中午、下午不适宜浇水，最好在 20:00 以后、当地温下降后进行；春季浇水必须在地温升高至 5℃以上，天气暖和时再浇，田园土壤未解冻时不必浇水。浇水时最好结合追肥同时进行，以便肥料快速吸收，并省工省时，也因任何肥料中的养分只有溶于水后才能被植物吸收利用。在干旱时段，一般 20~30 天浇 1 次水、1 年不少于 3 次。1~2 年生小苗因不太耐旱，浇水时间间隔应稍短。

（2）浇水量与方法　浇水量应根据干旱的程度和株龄大小灵活掌握，不宜多，多则会使植株缺氧烂根死亡，以既能洇到 30 cm 以下深又不至于积水为度。菏泽大多地块含盐碱量大，大水漫灌容易使盐碱积聚在地表（俗称泛碱），对牡丹生长不利。故浇水不宜漫灌，而以采取开沟渗灌的方法为好。

（3）水质的选择　渗浇所选用的水，最好用河水或坑塘里的雨水，因其水暖且含营养元素多，利于植株的生长发育。严禁用含盐、碱高的水浇灌，更忌用含有化学元素污染的污水、臭水浇灌，以免土地碱化和污水伤根，导致植株死亡。

3. 整形修剪

该项工作主要有选定主枝（股），适当疏除侧芽与土芽，剪除病残枝及秋后回缩干枯的花茎。

整形修剪的目的是使植株主侧枝分布合理，保持植株通风透光，维持地上与地下部的生长平衡，集中养分促使花蕾发育充实、花大色艳。实践证明：株形完美匀称与否以及花开质量优劣、植株主枝寿命长短等，都与整形修剪技术水平高低有直接的关系。该项工作应伴随植株的整个生命周期进行。

1）常用术语　牡丹为多主枝（干）的花木。1年生以上的主枝，菏泽又称为股；每年春天，股上部侧芽会萌发出 2~3 个侧枝，植株根颈部每年春天也会萌发出许多萌蘖枝，在其没有木质化前亦称土芽。这些从股上侧芽萌生的侧枝与根颈部萌发的萌蘖枝，生长快且粗壮，会与主枝争夺养分。了解植株每个修剪部位的名称，是进行细致整形修剪的基础。

2）作业时间　整形修剪的具体时间，要根据当地当年的天气状况和植株的生长状况决定。一般认为：牡丹的整形修剪，无论南方北方地区，还是高原山地或寒地，都应在侧芽、萌蘖芽长到 7~13 cm 长，幼蕾直径在 1.5 cm 左右，新枝叶片呈倒伞状时开始，这是整形修剪的最佳时间。这时的侧枝、萌蘖枝还没有木质化，极易掰掉和剔除，选留的幼蕾充实与否也已可明显判断。过早，根颈处萌蘖芽还没有完全出土，一次很难彻底剔除干净，侧枝上的花蕾不易分辨出发育是否充实饱满；过晚，侧枝伸长、幼蕾增大，其侧枝、萌蘖枝已经半木质化，叶片展平，不但会消耗大量的养分，而且过多的侧枝、萌蘖枝上平展的叶片会遮住视线而影响整形修剪工作。

3）方法　观赏牡丹整形修剪工作，应根据植株生长状况，品种间萌枝能力及生长势强弱、株龄及栽培目的来决定，分别采取不同的方法进行合理修剪。

移栽定植的幼株，定植后翌年春天，一般要摘掉其上全部花蕾，让其自然复壮。对外地引进栽植 5 年生以上的赏花成品苗，从根颈部萌发的萌蘖枝较多，主枝上部的侧枝也会萌发 2～3 个分枝。此时，应剔除掉全部土芽，对影响通风、遮光的交叉侧枝，除选留 1 个开花侧枝外，均应全部掰除。

定植 2 年后的幼株，其萌蘖枝较多，可选留 5～8 个生长健壮、分布匀称的萌蘖枝定为主枝，其余萌蘖枝如果不选留接穗则应全部剔除。如果准备栽培 5 年后就做成品苗销售的品种，可根据其发枝能力，适当选留主枝。萌发能力强的品种，如'紫二乔''菱花湛露''乌龙捧盛'等，可选留 6～8 个主枝；发枝能力差的品种，如'景玉''首案红''珠光墨润'等，可选留 5～6 个主枝。主枝达不到数量者，可在翌年春天从萌蘖枝中选留 1～2 个较粗壮的土芽培养成主枝，亦可在主枝上选留 1～2 个粗细基本相同的侧枝培养成侧主枝。

再者，定植 3 年后的植株，每年春天都会从根颈部萌发出很多萌蘖枝，如不及时剔（剪）除，会与选留的主枝争肥、争水、争光照。为此，除保留需要作接穗的萌蘖枝之外，其余全部彻底剔除；每年春天主干枝上部亦会萌发 2～3 个侧枝，下面还有 1～3 个萌动的侧芽，为集中养分促使主枝开花丰满，每个主枝上一般只选留一个健壮的开花侧枝，其余侧枝与小腋芽也应全部掰除。

牡丹园内定植的观赏牡丹，随株龄增加树冠逐年扩展，一般 6～7 年生的植株，每年可选留粗壮的萌蘖枝 1～2 个培养成主枝，以扩大株丛与冠幅。一般大植株主枝可增加至 10～12 个。8 年生以上的大植株，因萌蘖枝逐年减少或者不再萌发，一般不再选作主枝；如果树冠中有空隙，亦可选留主枝上萌发的侧枝来填补。其他多余的交叉、重叠或过密侧枝等应一律剪除，以免影响通风透光。如果老主枝受伤被剪除，也不宜采用新萌蘖枝来补充，而可用侧枝填补其空隙。因为 25～30 年生的大植株，一般品种可达 150～180 cm 高，其萌蘖枝生长再强壮，也难赶上其高度。

如果主枝间长势不同、高矮相差较大时，可削弱壮枝顶端优势，剪除过高的花芽，用下部有花蕾的侧枝代替。经过调节以使主枝高低均衡，株冠圆满。

对于秋季计划起挖并分株繁殖的 5～6 年生植株，春天整形修剪时可适当多留些萌蘖枝，以便分株时有足够的枝条。

4）花蕾的管理　刚移栽定植的幼株，定植后的第一年与第二年的春天，一般在叶片初展、幼蕾直径在 1.5 cm 左右时应全部摘除，以便集中养分促其营养生长。定植 3～5 年的植株，已经进入盛花期，每个健壮的主枝上，一般选留一个健壮的花蕾；如个别主枝生长势还弱，也应将其上幼蕾除掉，以促使该枝尽快复壮，赶上其他主枝。6~7年生的大植株，每个开花的主枝上，根据主枝的强弱，在不遮光的情况下，也可在健壮的主枝上保留两个带花蕾的侧枝，增加其开花的数量。随着株龄增长、树冠的扩大，在不影响光照的情况下，亦可适量增加三、四级开花侧枝的数量，以提高其观赏效果。

4. 病虫害防治

多年来，菏泽市国花牡丹研究所在病虫害防治方面，一直采取以农业措施为基础、以化学防治为主导的综合防治方法，有效地控制了牡丹病虫害的发生蔓延，取得了良好效益。其化学防治的主要技术措施如下：

加强病虫害发生动态预测预报，掌握目标病虫种群密度的经济阈值，适时喷药，保证施药质量。选用低毒、高效的农药。注意农药的合理混用和轮换使用。具体方法如下：

1月下旬至2月上旬，喷洒3°Bé石硫合剂或50%多菌灵可湿性粉剂500倍液。喷洒时要覆盖整个地面和植株，以把地表土层中的病原菌及虫卵一并杀灭。

3月初，撒施3%甲基异柳磷、3%辛硫磷等颗粒杀虫剂，每亩撒施10~15 kg，以杀灭蛴螬、蝼蛄、地老虎等地下害虫；也可以在每株牡丹周围打2~3个孔，孔深15~20 cm，每孔施入磷化铝片1~2片，防治地下害虫效果也较理想。

4月上中旬，于花期前喷施50%多菌灵可湿性粉剂600~800倍液，防治红斑病等叶部病害。

5月中下旬，喷施杀菌剂多菌灵和菊酯类杀虫剂，或兼用黑光灯防治金龟子成虫。以后15~20天，喷施1次多菌灵或甲基硫菌灵、等量式波尔多液、百菌清等杀菌剂，并交替使用。每次喷洒灭菌杀虫混合药液时，亦可混入磷酸二氢钾等叶面肥，这样药、肥同用，效果尤佳。

8月中下旬，杀菌剂药液中加入高效氯氰菊酯、甲维盐等杀虫剂，以消灭虫害，避免蛀食花芽。此类药剂应与叶面肥同时喷洒，可一直到9月中下旬结束。亦可视病虫害发生情况调整喷药次数，但整个生长季喷药不应少于4次。

在整个防治过程中，要做到以防为主，群防群治。另外，应重视石硫合剂、波尔多液等传统杀菌剂的应用，这些杀菌剂成本低，取材方便，效果好。同时，也应重视新型杀菌剂，如绿亨一号、绿亨二号、木霉菌制剂特立克、甲基立枯磷以及苯甲·丙环唑、异菌脲、唑醚·代森联等，这些杀菌剂成本虽然高一些，但防治效果良好。

病虫防治具体方法可参阅本书第十一章。

（赵孝知，赵卫）

五、洛阳地区中原牡丹露地栽培要点

（一）园地的选择与土壤改良

在科学的栽培管理条件下，牡丹经济寿命可达 30 年以上。园址的选择对牡丹的观赏寿命有较大的影响。一般情况下，在黄河流域牡丹传统栽培地区，土壤质地、pH、坡度、坡向是主要的影响因素。

1. 土壤质地

牡丹主根不明显，属须根系，垂直分布深度 40～50 cm。其生长能力不强，但对不同质地的土壤适应能力较强，以沙质壤土和轻壤土最为适宜。这两种土壤适耕期较长，不易板结，透水、透气性好，保水保肥力也较强。在同等条件下，这类土壤栽培牡丹，生长健壮、花大色艳、寿命较长，管理成本相对较低。

牡丹对土壤的酸碱度适应能力也较强，pH 6.0～8.1 均能较正常生长，但以 pH 6.5～7.5 最为适宜，在这种条件下不易出现因某种营养元素可给性降低，造成生长开花不良、观赏经济价值降低、寿命缩短的现象。

2. 坡度与坡向

牡丹喜燥恶湿，积水 6 h 以上就会造成吸收根（细侧根）坏死，积水 2 天以上会造成输导根（较粗侧根）截面褐变，甚至整株死亡，炎热的夏季尤为明显。因此，园地应有 0.5%～1% 的落差，有利于在降水多的年份、季节排水防涝。此外，坡地的空气流动性较平地好，有利于光合作用的进行。

牡丹在 6～8 月强光（8 万～10 万 lx）、高温（35℃以上）的环境条件下，如再遇干旱天气，会出现叶绿素被破坏分解，叶片失绿、干枯坏死等现象。因此，坡向以东向坡地较为适宜，因为东向坡地可在一定程度上减轻这些现象的发生。夏季一般 14:00～16:00 是一天中气温最高的时候，东向坡园地会使光线和地面入射角减小，有利于阳光的反射，可减少地面对光热的吸收，在一定程度上降低园地的温度。

园地的选择，还要考虑选择优质水源和交通便利、环境和人文条件较好的地方。观赏园还应尽量选择距离市区较近、人流量大、地理位置较好、方便停车、有文化背景的地方。

3. 园地土壤的改良

如果因条件所限，所选园地土壤质地不太符合牡丹生长的要求，在栽植前可做一些改良措施。

1）沙质土壤和黏质土壤的改良　沙质稍大的园地，可加入 8~10 cm 厚的黏土；黏质土的园地，地表层可加入 5~8 cm 厚的沙土。翻耕后，可使沙质土和黏土改良为接近"沙质壤土"和"中壤"的质地，有利于牡丹的生长。农谚有"沙土见泥（黏土），好得出奇。泥土加沙，好得没法"的说法。

2）碱性土壤的改良　园地土壤 pH 稍高时，可在栽植牡丹前种一茬绿肥。黄河流域以毛叶苕子（豆科两年生绿肥品种）较好。9~10 月播种。每亩播种量 4 kg 左右。如果播种期晚于 10 月中旬，可适当加大播种量。封冻前生长可达 7~10 cm 的绿色覆盖厚度，翌年 5 月中下旬开花结籽。6 月初，种子成熟后即自行死亡、腐烂；地下根系、地上枝蔓腐烂形成的腐殖质含多种腐殖酸，可大幅降低土壤 pH，并能提高土壤的肥力，改善土壤物理性状，有利于牡丹的生长、开花。

（二）品种与苗木的选择

因建园目的（用途）不同以及考虑地区差异，需选择不同的牡丹品种和苗木的规格。

1. 观赏园对牡丹品种苗木的选择

以观赏为主要栽培目的的牡丹园，对牡丹品种和苗木有以下要求：①要选花大色艳、梗直、不垂头、成花率较高的品种；②色系要尽可能齐全，红、粉、白、紫、黑、黄、绿、蓝及复色品种都要有些；③苗龄以 4~5 年生为宜。苗龄太小，当年花朵开得少，观赏效果差，会降低经济收益；苗龄过大，建园成本增加；④注意早、中、晚花期的搭配。由于牡丹开花多在 4 月上旬至 4 月下旬，而气温每年都会有一些波动，使花期提前或延后，个别年份牡丹花期还会遭遇 3~5 天不正常的恶劣天气，此时开花品种就会缩短开花期，过早失去观赏价值。为了应对上述情况的发生，要调整早、中、晚开花品种的配比。以早花品种占总株数 1/4、中花品种 2/4、晚花品种 1/4 较为适宜。这样总会有部分品种能避开恶劣天气，保持正常的观赏效果；而在正常年份，则可使观赏天数延长。

2. 生产园或圃地对牡丹品种苗木的选择

生产园或圃地对牡丹品种苗木的选择要紧紧围绕市场需求和增加效益来进行。长期经验表明：适应性强、易繁殖、生长快、成花率高、花色艳丽或新奇、花型优美、花朵直上、花期长、观赏性佳、适宜催延花期、用途广等名优特新品种最受市场欢迎，故生产中应首选综合性状优良的品种。

1）国内品种　如'彩虹''春柳''冠世墨玉''黑海撒金''春红娇艳''十八号''贵妃插翠''雨后风光''香玉''景玉''迎日红''珊瑚台''霓虹焕彩''胜葛巾''彩绘''粉中冠'等。

2）国外品种　如'黄冠''金岛''花王''太阳''岛锦''连鹤''白王狮子''八束狮子''黑光司''皇嘉门''黑豹'，以及伊藤品种等。

同时还应注重数量尚少的花期特早、特晚品种的选择和培育。用于切花生产的品种，还应具备花梗长、直立、花朵水插性好等条件。

各类品种的种苗，以生长健壮、根系发达、大小适中的 2~3 年生嫁接苗和具 2~3 个枝条的分株苗为佳。

3. 以生产大龄商品苗为栽培目的的建园

这类园圃应选择 2~3 年生嫁接苗栽植，以培育大株龄苗。用这类苗木建园成本较低，市场供应量较大，收集容易。

（三）露地栽培管理技术

1. 种苗繁殖

洛阳观赏牡丹的繁殖方法包括嫁接、分株、扦插等；根据使用的接穗不同，嫁接可分为枝接和芽接；而枝接根据嫁接方式和部位不同，又可分为劈接、切接、舌接、贴接、掘接、就地（盆）接、高接、吊包接等，前三法又称嵌合接和贴嵌接。尤以贴接因操作简便且效果较好而最常用，熟练工人一天能接 800~1 000 株。若是培养 1 株多色的什样锦牡丹，则多采用高接亦即劈接或切接。

砧木多用 1～3 年牡丹、芍药实生苗直径达 0.8～1.5 cm 的根段，也有用剪去上部枝条后的整株苗子做砧木的。芍药根作砧木因嫁接苗大小比较一致、根系相对粗短、储藏营养多，更适合盆栽。

嫁接时期随着近几年气候变暖，与之前相比稍有推迟，多为 8 月下旬至 10 月上旬，以 9 月上中旬为最佳。嫁接早晚对成活率和长势影响很大，晚于 9 月，会使自然条件下的成活率降低 30% 以上。因此，如果时间晚了，嫁接后应先置于温暖的地方沙藏，经 20 天以上待嫁接伤口愈合后再栽植，并采取地膜覆盖等措施以促使伤口愈合并及早生根，提高成活率。

嫁接后，如果土地已备好，墒情和气温也适中，可直接下地，也可先沙藏假植 20 天以上待伤口愈合后再移栽大田。洛阳近几年的初秋（9 月下旬前后）常出现连阴雨，故最好错过这段时间再栽植。雨水过多，不利于嫁接苗的伤口愈合。

2. 栽植时期与栽植密度

1）栽植时期　每年秋天牡丹发生新根的最适温度等环境条件的时间约为 20 天，错过这一时期，栽植质量即明显降低。黄河中下游地区，一般年份以 10 中旬至 11 月上旬为宜。10 月中旬前，因气温高、蒸发量大，移栽时大部分吸收根损伤，吸水能力大幅降低，易造成生理干旱、缺水死亡，还可能引起秋发。栽植过晚（11 月中旬以后）因气温下降，新根发生少、质量低，翌年生长弱，越夏困难。又因当地秋季降温快、9 月底与 10 月上旬又常有连阴雨，导致实际的最佳栽种时间很短（仅有半月左右），故在适宜移栽期内，要赶早不赶晚、宜早不宜迟。

2）栽植密度　栽植密度应根据栽培目的而定。若是生产种苗，一般以每亩 1 800～2 000 株为宜；若是绿地种植或建观赏园，一般以 800～1 500 株为宜。栽植过密，会因通风透光条件变差而生长发育不良，成花率下降，部分品种甚至出现不开花或隔年开花的现象。

牡丹的观赏寿命一般可达 30 年以上。建园栽植时，牡丹株龄多为 4～5 年，体积较小；为提高建园初期的观赏效果，每亩可栽植 1 500 株左右。栽后 3～4 年，随株龄增大，通风透光条件渐差，可适当间移部分植株。为保持牡丹健壮生长，树冠之间一定要有 30 cm 以上的间隔空间。

牡丹品种众多，生长势强弱、冠幅大小差异较大。生长势强的大冠幅品种，定植时密度可小些，每亩 1 000 ~ 1 300 株，生长势弱的品种栽植密度可大些，每亩 1 300 ~ 1 500 株。这样可提高土地利用率，提高建园前期观赏效果与经济效益。

对于伊藤品种，因其大多长势特旺、长速特快，故其密度应比一般牡丹小 1/3 左右。若是栽种 6 茎（芽）以上大苗，以 1 m 左右株行距为宜；若是栽种 1 ~ 2 茎（芽）的嫁接苗或分株的子苗，以前 3 年先按 50 ~ 60 cm 株行距，而后再隔 1 间 1 为宜。

3）栽植方法　观赏园牡丹苗木多为 4 ~ 6 年生，栽植穴直径一般 40 ~ 50 cm，深 50 cm。挖穴时应把表层土和下层土分开堆放。栽植时把基肥（农家肥或其他有机肥，每亩 3 ~ 4 m³）和表层土混合均匀，尽量把混有肥料的表层土撒填在根系四周，而后填撒深层土，稍加踏实。

栽植时注意牡丹植株要直立穴中心，深度以根颈处和地面一致，不可过深或过浅。栽植后浇一次透水。对尚未平茬的植株进行平茬。也可在牡丹苗根颈周围堆高 10 ~ 15 cm 的土丘，即浅栽深埋，以减少根部水分散失，保持牡丹根部的湿度，有利于牡丹的成活。

生产园的栽植，因所用种苗较小，一般为 2 ~ 3 年嫁接苗或具 2 ~ 3 枝的分株苗，故栽植穴直径和深可均为 30 cm 左右。

为防止牡丹线虫和其他地下病虫害传播，用 40% 甲基异柳磷乳油 500 倍液和 70% 甲基硫菌灵可湿性粉剂 800 倍液加土配成一定浓度的泥浆，在栽植前蘸根，使牡丹所有根系全部沾满泥浆后放入栽植穴，此法还可明显提高成活率和成活质量。

4）注意事项　由于观赏牡丹品种众多，栽植时要做好记录，并绘制定植图，以便查找每个品种的详细位置，便于生产管理识别，逐渐熟悉每个品种的形态特征和生长习性。

3. 栽后管理

1）栽后第一年的管理　栽后第一年一般植株长势较弱，应加强土、水、肥管理。适当增加中耕（松土）除草次数，保持表层土壤疏松以提高根系的各项生理功能，深度以 8 cm 以内为宜。

移栽第一年，因吸收能力下降，又因栽植时施入了一些有机肥料，在 8 月中旬新根大量发生前，一般不需追施肥料。8 月下旬后，气温下降，昼夜温差增大，新根开始产生时，可施入少量速效性肥料，每亩施尿素 5～6 kg，或施入三元素复合肥 15 kg，有利于牡丹体内营养物质的积累和翌年生长势的恢复。

在 6～8 月上中旬高温（伏天）季节，注意浇水防旱，防止叶片早衰干枯。

2）正常的水肥管理

（1）施肥　牡丹花朵硕大，需肥量远比其他木本花卉大。如果水、肥管理得当，花朵直径可从 14～18 cm 增长到 18～25 cm，增加近 1 倍。据笔者多年观察，牡丹需氮量也大于其他木本花卉。因此，适时施肥是提高牡丹花朵质量和观赏价值的重要措施之一。

正常情况下，牡丹每年枝叶只有 1 次生长过程，从萌动到开花 50～60 天。新梢长度和叶序的质量、状态均在这一时期形成，开花后叶片长成即不再生长。

气温达 30℃以上时，牡丹的生理功能逐渐减弱；气温达 35℃以上时，植株进入夏季半休眠状态。至 8 月中下旬气温有较大幅度下降，温差增大，夏眠结束，光合产物的合成与积累增强，花芽迅速分化。10 月中下旬根系进入一年中最主要的一次生长高峰，至 11 月中下旬逐渐停止。

根据牡丹的生长发育特点，施肥应着重在其萌动至开花期和 8 月中旬至 9 月上旬及 11 月进行，以量少次多为原则。时间和方法如下：

第一次施肥应在花芽膨大期。以氮肥和磷肥为主，时间在 2 月中旬，宜用磷酸二铵。因磷作为植物必需营养元素在植物体内可被多次反复利用，所以施得越早，其肥效作用时间就越长。每亩 10～12 kg，穴施深度 10～15 cm，半径 15～20 cm，每株 4～6 穴，每穴 1.5～2 g，施后覆土封严。

第二次为小风铃期至大风铃期。以尿素为好，每亩 4～5 kg。方法同第一次追肥。

第三次为圆桃期。仍用尿素，每亩 5～6 kg，方法同第一次追肥。此次施肥对花朵质量影响较大，可产生花大色艳的效果。

第四次为平桃期。以氮、钾为主的三元素复合肥 N 18：P 6：K 18 为好，每亩 8～10 kg，穴施。此次施肥对延长花期和花后花芽分化有较大作用。

第五次在花谢后。仍使用氮磷钾三元素复合肥，每亩 5～6 kg，补充因开花造成的营养物质消耗，有利于增加牡丹对伏天高温的耐受性，对叶片有较好的保护作用。可减轻因高温造成叶片中叶绿素的分解，在一定程度上减轻牡丹黄叶病的发生，延缓叶片功能的早衰。

第六次是在 8 月下旬后。此时气温开始下降，日温差逐渐增大，牡丹从盛夏的半休眠状态转入正常生长发育。由于气温已降至光合作用的最适温度 28℃左右，此时光合产物进入年内第二个生产、储存高峰，花芽分化速度加快，新根逐渐进入一年中最大的增殖期。此时施氮肥有助于提高叶片的光合能力，从而有利于提高翌年的成花率和花朵质量。施肥量每亩 4~5 kg 即可，穴施。

第七次是施基肥，可用农家肥和其他有机肥料。一般在 10 月中下旬，粗肥以撒施和深翻（35 cm）结合为宜；豆粕、油饼等因量少且成本较高可穴施以提高肥效。

（2）施肥注意事项 ①植物吸收、利用各种必需营养元素，是一个生理过程，在一定的时间内吸收、利用的量是有限度的，因而每次施肥量不能过大。过量施肥，一是会造成肥害（烧根）；二是因流失、挥发使肥料的有效性降低，对环境造成污染。不同肥料的施用方法有一定差异，如磷肥要比氮、钾肥施得深一些，以 15 cm 深为宜，因为磷在土壤中的移动性较差，还易与土壤中的钙、镁、铝结合，使有效性降低。②北方水质硬，土壤中虽不缺钙，但其多以碳酸钙形式存在，形成沉淀，不易被吸收，所以牡丹仍易缺钙，不同时期施入适量的钙也是必要的，浓度为 160 mg·L^{-1}，但不应与磷酸根类钾肥混合使用，以免分解失效。

（3）浇水 牡丹喜燥恶湿。在栽培条件下，对浇水的次数要求虽不严格，但是仍然需要根据天气状况及时浇水，才能保证其正常生长开花。一年中应注意以下重要时期的人工灌溉，一般时间间隔 30 天左右。

A.萌芽期。早春北方春旱频繁，在缺雨年份应及时浇 1 次萌动水。

B.花蕾（迅速）膨大生长期。牡丹在大风铃期和平桃期，是一年中生长活动最旺盛的时期。此期如干旱缺水，会造成牡丹的总叶面积减少，叶片质量降低。不仅会减少本期光合产物，还会影响全年光合产物的产量，造成光合产物积累减少。这种情况不仅影响当年花芽分化和花芽形成，还会对下一年的花朵质量有较大的影响。为此，大风铃期至平桃期少雨干旱应及时浇水。

C.破绽期至开花期。此时总叶面积已基本形成，此期温度、光照和温差是一年中光合作用的最适宜期，单位叶面积光合产物产量最高。这一时期是一年中浇水获得效益较高的时期，如干旱少雨，最应及时浇水灌溉。

D.5 月下旬至 8 月中旬。此期是一年中气温最高的时期，一天中最高温度多在 35℃ 以上。此时牡丹各项生理活动已大幅降低，进入半休眠状态。牡丹生长发育需水量不大，但此期白天高温、强光下水分的蒸发量大，牡丹叶片多处于半萎蔫状态，但早晨大多能恢复。如连续 2 天，白天叶片萎蔫且早晨不能恢复，此时就需浇水。充足的水分供给，会有效降低叶面的温度；否则就会造成叶绿素破坏分解，严重时叶片干枯坏死。由于此期气温高，叶片蒸腾量大，最易缺水，此时少雨，应 20～30 天浇 1 次透水。

E.8 月下旬至 9 月中下旬。此时气温已开始明显下降，温差增大，夏眠解除，牡丹进入 1 年中第二次生理活动高峰期，根系开始生长，花芽继续分化。如遇干旱少雨，要及时浇水，以利于光合产物的积累、储备，对提高花芽分化质量和下 1 年的成花率、开花质量作用明显。

F. 落叶后。牡丹落叶进入冬眠期，冬季北方牡丹产区大多雨雪少，干旱，因而入冬前宜浇 1 次封冻水，以防止因冬季干旱缺水造成牡丹"抽条"。

3）中耕除草 中耕（松土）除草是牡丹栽培管理过程中主要的管理项目之一。

牡丹喜土壤疏松，透气性良好。中耕能疏松表层土壤，切断土壤毛细管，减少水分蒸发，使土壤透气性好，含氧量增加，好气性微生物活动旺盛，土壤中的大分子有机物中的养分释放也较快，为根系的正常生长和营养吸收创造了良好的条件。相反，土壤板结，通气不良，对牡丹的生长不利。中耕兼有除草作用，中耕次数从 3～10 月一般应进行 7～8 次，深度应视牡丹苗木的株龄和密度而定，一般以 3～7 cm 为宜。

（1）幼苗、嫁接苗的中耕除草 幼苗和当年移栽苗枝叶量少，覆盖度低，有利于杂草生长。杂草的生长速度远超过牡丹苗的生长速度，与其争夺养分，影响其正常生长。所以，各类幼苗和当年移栽苗地中耕除草的次数宜多，6～8 次，除草的迫切性大于松土。由于苗木根系分布较浅，中耕深度以 2～4 cm 为宜。

（2）大龄牡丹的中耕除草 定植 4 年以上的牡丹植株枝叶量较大，覆盖度较高，甚至接近封垄，生长季节基本看不到地面，土壤的水分蒸发量相对减小。杂草基本被封闭在牡丹枝叶下面，生长细弱，失去了竞争优势，每年中耕除草 4～5 次即可，深度宜在 4～7 cm。此时，中耕松土的迫切性大于除草。

（3）注意事项 ①光照充足时，杂草生长速度、再生能力和对养分、水分的竞争能力远超过牡丹幼苗。因此，中耕除草应在杂草速长期前进行，若杂草已高达 10 cm 以上，除草效率会下降，用工成本会增加；对牡丹苗的影响已成现实，中耕除草的效益降低。②大龄牡丹的杂草多为多年生宿根杂草。中耕除草宜在早春牡丹枝叶封垄前进行 1～2 次，即能较好地防止全年宿根杂草的危害，深度以 5～7 cm 为宜。

4）病虫害防治　洛阳地区牡丹的主要病害有根腐病、灰霉病、叶斑病、枝枯病以及早期落叶病等，害虫有蛴螬、蝼蛄、金针虫、地老虎、介壳虫、黄刺蛾等。病虫害防治措施详见本书第十一章。

4. 整形修剪

1）整形修剪的意义　牡丹多数品种自然寿命较长，但在定植 10～15 年后，随株龄增大，花朵渐小，成花率逐年降低，因此有"老梅花，少牡丹"之说。即梅花越老花越好，牡丹则是株龄小的花朵质量好。这种现象给观赏牡丹的栽培管理提出了一个重大挑战。

从 20 世纪 80 年代至今，我们经过 40 多年的观察探讨，发现利用修剪来调整牡丹枝芽的年龄结构，能提高牡丹光合效率及其经济系数。及时剪除老弱枝芽，使养分集中供应留下的相对饱满的枝芽，可以提高"大龄"牡丹的成花率和花朵质量，明显提高观赏价值和延长经济寿命。

2）整形修剪的理论依据

（1）牡丹老龄植株因老化组织增多，无效消耗大而加速衰老　牡丹春季新梢生长到花谢后停止。多数品种当年新梢有 6～10 片叶子（即 6～10 节），长 25～30 cm，但只有中下部 4～6 片叶的叶腋内有芽着生。秋后，只有叶腋间有芽部分能木质化而存活下来，先端无芽部分干枯死亡。翌年春，多数品种一般只有 1 年生枝上部 1～3 个芽萌动长成新梢，在梢顶着蕾开花，其余未萌发的芽即成为潜伏芽。如此年复一年，分枝随株龄增大，级数增多，老龄无效（不能萌发生枝长叶）部位，即无光合生产能力单纯消耗养分的老龄组织不断增多，在植株中所占比例不断增大，从而分散、消耗了光合产物和根系吸收的无机养分，使其有效性降低；老龄植株枝密叶繁，影响通风透光，不利于光合效率的提高，导致营养不良，逐年枝细芽瘦，花芽分化不好，成花率下降，花朵质量降低（花朵小、层次少），有的品种甚至一朵花也不开，形成恶性循环。

（2）根系发育状况对地上部分生长发育的制约　据观察，株龄 15 年左右的牡丹植株，根系已达到最大分布范围，其生命周期中的生长阶段基本结束。此时，根系对水分和无机养分的吸收等生理功能已达到最大限度，甚至开始下降。但是，地上部枝芽，由于顶端优势的作用，每年仍以一定的速度增加。由于根系生理功能衰退，水分和无机养分的供给量不断减少，致使植株长势减弱，出现枝细芽瘦状况。即使有个别较为饱满的花芽，也会因养分的供应不足而中途滞育不能成花；即使能成花，也不会有好的观赏效果。

（3）牡丹开花需要充足的养分供给　牡丹花朵硕大，大部分品种花朵直径在 14～20 cm，大的可达 25 cm 以上。1 朵花由 50～200 片花瓣组成，最大的牡丹花朵重达 900 g。如此大的花朵需要很多的养分供应才能正常开花，这是牡丹和其他木本花卉最大的差别。用其他木本花卉的管理方法，要提高牡丹的成花率和开花质量是不可能达到目的的。

1 株开 10 朵直径 20 cm 以上牡丹花的观赏效果，远比开 20 朵直径仅 10 cm 花朵的效果好。好种出好苗，饱芽出壮枝。通过修剪除去过多的弱小花芽，使养分集中供应保留下的饱满花芽，就有可能得到观赏价值高、花期相对较长的高质量的花朵。

3）提高牡丹成花质量和成花率的修剪方法

（1）冬剪　一般应在秋末冬初进行，多用回缩修剪。方法如下：春天萌发的 2～3 个新梢已长成 1 年生枝，剪去其中 1～2 个；原则是去前留后，也就是缩剪，同时兼顾去弱留强。

如树冠分枝过多，生长势弱，可回缩至多年生分枝处；剪口枝需是较壮的分枝，原则是去弱留强，去上留下（也称去前留后）。

如此修剪有如下优点：①可减少枝芽总量，使养分集中供应留下的枝芽，使其在下一年的生长过程中，成为壮枝饱芽；②可减少枝芽密度，改善通风透光条件，提高光合强度，增加光合产物产量；③在多年生部位回缩修剪后，由于留下的枝芽养分供应相对增加，能促使剪口下部潜伏芽的萌发，长出新枝，使其无光合能力只消耗养分的组织减少，提高了养分的有效性。多年如此循环，可达到集中养分、促发新枝，老龄无效组织减少，年轻枝芽的比例增加，达到株龄老、枝龄小的目的；每年除去部分老枝芽、增发新枝芽，形成相对的动态平衡。又由于每年对先端新梢的回缩，也延缓了老龄组织（部位）的增速。

（2）春剪　春剪一般在立蕾期至小风铃期进行，此时已能明显分清花蕾的优劣，主要方法如下：

第一，剪去弱小和有缺陷的花蕾，使养分相对集中供应健壮饱满的花蕾，促使健壮花蕾开出更大的花朵，并有一定的延长花期作用。实践证明，凡是由饱满芽发出的新梢，生长势强、粗壮，叶片大而厚，反之，由瘦弱芽形成的新梢生长弱、叶片小，其上着生的花蕾多在生长过程中萎缩不能开花。

第二，疏除树冠内萌发的过密枝、细弱枝（注意：在适当部位把生长势较强的潜伏芽新梢留下）和由根颈处发出的萌蘖枝。这样修剪，可使数十年株龄的牡丹，由于枝条较稀疏，且多由年轻、健壮枝芽组成，通风透光条件较好，光合产物积累较为丰富、养分集中供应，光合产物的经济系数增大，可明显提高成花率和成花质量。又由于树体健壮，对病虫害的抵抗能力相应增强。

（3）注意事项

A. 掌握最佳修剪时期。由于大龄牡丹剪口愈伤能力较差，每年只有新梢迅速生长期（立蕾期至圆桃期）为形成层细胞活跃增殖期，有较强的愈伤能力。因此对树冠中需要疏除的老弱枝、密集枝，只宜在立蕾期后进行。此期疏枝造成的伤口，多数可产生愈伤组织，如剪口直径小于 2 cm，则可完全愈合。其他时期只能短截、回缩，否则造成的伤口终生不能愈合。牡丹枝干上不能愈合伤口过多，会造成牡丹较严重的养分上下输导障碍，使生长势减弱，加速衰老，经济寿命缩短。

B. 牡丹的主干不可过多。以 4~6 个为度，最多不要超过 8 个。主干过多，养分分散，无光合生产能力的组织增多，使根系吸收的水分、养分的有效性降低，光合产物的经济系数（光合产物的经济系数 ＝用于植物经济器官光合产物的量 / 总光合产物产量）下降。

牡丹在定植后，10 年左右即可调整主干数量，保留生长相对健壮、分布均匀的主干，逐年疏除生长势弱、密集的过多主干，保持 6 个左右，有利于牡丹的健壮生长，能明显提高老龄牡丹的花朵质量，延长牡丹的经济寿命。

（魏春梅，孙建州）

第三节
西北观赏牡丹栽培

一、概述

（一）范围与分布

本书所指西北，包括甘肃、宁夏、青海、新疆四省（自治区）。

西北一带的野生牡丹主要为紫斑牡丹，其中的裂叶亚种（太白山紫斑牡丹）从甘肃中部以西秦岭北缘向东到陇东子午岭；小陇山、西秦岭一带以南的陇南山地为全缘叶亚种（紫斑牡丹原亚种）分布区。此外，在甘肃南部迭部县发现有四川牡丹分布。

西北牡丹栽培以甘肃兰州、临洮、临夏、陇西、漳县面积较大，其分布范围为东至陕西西部，西至青海东部，北及宁夏中南部。甘肃兰州、临洮、临夏、陇西、定西等县，青海西宁，宁夏银川等地建有牡丹园。近年来，新疆中部天山以南乌鲁木齐、库尔勒及伊宁、阿克苏等地也有紫斑牡丹引种栽培。

（二）历史沿革

根据考古发现，甘肃是先民们最早识别与应用牡丹的重要地区之一。

1. 观赏牡丹栽培始于唐

根据传说推断，甘肃观赏牡丹栽培始于唐，但近年已有不少实物证实，如2001年6月临洮县城文庙巷工地出土两件陶罐，上面绘制有生动的紫斑牡丹纹饰。这两个陶罐曾由临洮县奇石博物馆孙向东收藏，2003年经文物专家鉴定为唐代遗物，距今1 400年。紫斑牡丹在制陶工匠中留下深刻印象并形之于陶器纹饰，应是当时观赏牡丹栽培应用较为普遍的重要依据。此外，近年在临洮西坪出土的唐代砖雕上牡丹图案也是重要依据。宋代胡元质《牡丹记》记述了五代前蜀时徐延琼厚以金帛，不远千里从天水（古称"秦州"）一寺院移植大牡丹至成都宅第的史实。

2. 宋金时期有所发展

从中晚唐到南宋数百年间，今甘肃辖境归属不断有所变化。晚唐及五代时归于吐蕃，其中秦州在五代时先归前蜀，后又与泾州（今泾川一带）等一起归之于晋。北宋时，今兰州黄河以北及河西一带归西夏，宋仅辖黄河以南今甘肃中部地区。及至南宋，西夏属地未变，而北宋辖区已为金人占领。

金是女真族在我国北部国土上建立的区域性政权。金中叶以后的大定、明昌年间（1161—1196），牡丹文化有所发展。1950年以来，在兰州及临夏、临洮一带出土文物中，先后发现有不少金代牡丹砖雕，说明当时牡丹对民众生活已有着重要影响。

3. 明清时期形成高潮

明中叶以后，有关甘肃境内牡丹栽培的记载逐渐增多。明嘉靖四十二年（1563）所编《河州志》记载临夏有各色牡丹栽培。而嘉靖三十五年（1556）《平凉府志》亦记平凉一带牡丹芍药"俱有，红白数色，千叶单叶"。明万历本《固原州志》物产中有牡丹的记载。嘉靖本《宁夏新志》有"牡丹亭""丽景园"及赏牡丹诗的记述。

清代，甘肃各地牡丹普遍繁盛起来。据清康熙至道光年间（1662—1850）甘肃各地县志、州（府）志及《甘肃通志》所记，涉及38个县以上建制。东至甘肃宁县、正宁，南至武都、文县，北至民勤，西至酒泉，有牡丹栽培记载者33县（州），占86.8%，其中《肃州新志》（1897）记："牡丹，有红、白、黄、紫四色，叶虽差小，甚香艳。欧阳修《花谱》以延安为花之杰，殊不知河西尤佳。"《河州志》（1707）记牡丹有数十种。河州，即今甘肃临夏地区。《陇西县志》（1738）记："牡丹品多，最为名胜。"《静宁州志》（1746）记："宋家山，在州东南九十里，近武山。山左有峪曰'松柏峪'，昔多松柏，今牡丹繁殖。"康熙本《靖远县志》记："牡丹旧无，今潘府园内自（宁夏）固原移栽，开花结实，水土颇宜。"《敕修甘肃通志》（1736）记秦州（治所在今天水）"牡丹原，在州西南六十里，嶓冢山西，广沃宜稼，岩岫间多产牡丹，花时满山如画"。而对牡丹集中产地如临洮、临夏、兰州则有更多记载。关于临夏附近的牡丹，还有清嘉庆刻本龚景瀚撰《循化志》记载当地不仅有牡丹、芍药栽培，而且打儿架山上野花极繁，多不知名，惟牡丹芍药可指数。循化为今青海省循化县，与甘肃临夏相邻；打儿架山即今临夏附近大立架山。除此之外，清末编纂的《甘肃通志》记载，牡丹在甘肃"各州府都有，惟兰州较盛，五色俱备"。谭嗣同曾记述甘肃布政使司后花园——"憩园"中的牡丹："甘肃故产牡丹，而以署中所植为冠，凡百数十本，本著花以百计，高或过屋。"清末至民国时期，兰州城内牡丹园星罗棋布。

清末民初，宁夏的银川、中卫、固原等地都有牡丹种植，其中中卫新墩花园里清代留下的牡丹至今仍花繁满枝。

明清时期，甘肃牡丹发展有以下特点：

1）栽培应用广泛　特别是甘肃中部黄土高原较为集中，其中临夏、临洮曾有"小洛阳"的美称。甘南藏传佛教寺院亦多有牡丹栽培。

2）品种类型丰富　明显有别于中原及其他各地牡丹。明清花谱中常见的牡丹名品如'玛瑙盘''玉兔天仙''佛头青''绿蝴蝶'等，在临夏、临洮、陇西等地随处可见，不过它和以往花谱所记不同，已属当地居民新选育的紫斑牡丹品种。

3）牡丹文化繁荣　花开时节常有群众自发形成赏牡丹盛会。当地回族及其他少数民族中广为流行的民歌——"花儿"，就是牡丹文化的重要载体。

4. 民国时期向欧美传播

民国时期，甘肃各地牡丹仍较繁盛。1925—1926年，曾在甘南卓尼一带考察的美籍地理学家约瑟夫·洛克 [Joseph F. Rock（1884—1962）] 就曾在卓尼禅定寺居住。他采下寺院中的牡丹种子寄往美国哈佛大学阿诺德树木园。1932年，繁殖成功的植株被传播到加拿大、瑞典、英国等地，并被称为'洛克'或'约瑟石'（'Rock's Variety'）。其与野生紫斑牡丹的区别是花色有时变粉，以及花丝基部呈现紫红色。它实际上是甘肃紫斑牡丹的一个原始品种，即 *P. rockii* 'Rock's Variety'。另据成仿云（2005）考察，英国邱园、爱丁堡植物园和自然历史博物馆中，有不少19世纪末20世纪初采自中国甘肃、青海、四川、西藏以及日本的紫斑牡丹标本。此外在奥地利维也纳的植物园、公园乃至私人花园中也有紫斑牡丹栽植，有些品种的引进可能早于洛克。可见甘肃紫斑牡丹早在洛克之前，就已引种到奥地利及日本等地。

5. 当代甘肃牡丹的快速发展及其重要影响

1978年改革开放以来，甘肃牡丹进入了一个新的快速发展时期。

（1）学术研究的繁荣　千百年来，紫斑牡丹在甘肃各族人民的培育下繁荣滋长，形成了一个新的品种类群，但却长期寂寂无闻。1989年，李嘉珏《临夏牡丹》一书出版，确认甘肃一带的栽培牡丹是一个以紫斑牡丹为主形成的品种群。1994年，甘肃省花卉协会召开"紫斑牡丹学术研讨会"，推介相关研究成果。1996年5月，中国花卉协会牡丹芍药分会在兰州召开第四届年会，探讨牡丹产业化问题，使甘肃牡丹的知名度大大提升。

（2）新品种选育取得的成就　甘肃各牡丹产区常有新品种育出。从1967年以来甘肃榆中原和平牡丹园陈德忠等选育了500多个紫斑牡丹新品种（品系）。此后又与甘肃省林业科学技术推广总站何丽霞等配合，在兰州建立野生牡丹种质资源圃并开展了芍药属内的远缘杂交育种工作。

（3）在国内外广泛传播　1996年以来，在国内外形成了一股紫斑牡丹热潮。紫斑牡丹先后被引种到国内多地，之后又走出国门，输送到美国、英国、荷兰、日本、德国、意大利、加拿大、俄罗斯、丹麦和奥地利等许多国家，总数有10万余株。

（4）生物学特性和栽培技术研究不断获得新突破　近年来，当地的园艺工作者和牡丹爱好者就紫斑牡丹的生长发育特性、栽培技术和繁殖方法等开展多方面研究，取得了不少新的突破。

（三）发展前景

西北牡丹品种群是目前国内第二大品种群，人们习惯称之为紫斑牡丹品种群，或直接呼其为紫斑牡丹。自1996年以来，国内各地纷纷引种，同时出口十几个国家和地区。由于其具有色斑丰富多彩和抗寒、抗旱、适应性强，以及生长旺盛等优点，可用于切花栽培。由于某些品种具有易于催花的特点，在中国北方地区乃至世界同类地区有着很好的发展空间。当前主要问题是需要尽快改变资源管理上的混乱无序状态，开展定向育种，并大力提高园艺化栽培水平，加强综合开发利用。

二、品种起源、品种构成及应用

（一）品种起源

甘肃中部及其周边地区所产牡丹品种主要起源于紫斑牡丹裂叶亚种——太白山紫斑牡丹 *P. rockii* ssp. *atava*。野生种主要形态特征是花瓣腹部具有色斑（俗称"紫斑"），花心（含柱头、房衣、花丝）白色或黄白色，小叶片小，数量多（15枚以上），有缺刻。栽培品种形态特征有以下几种变化：一是色斑变大且颜色有多种变化；二是花心除黄白色外，也有紫红色或某些中间色；三是小叶片变大等。这些变化大多是由栽培、杂交与选择等因素引起的，也可能有其他栽培类群（主要是中原牡丹）的种质渗入。2017年5月，李嘉珏等在甘肃临洮对五藏沟牡丹的调查，及对有近百年栽培历史的'五藏白''五藏红'等品种的分析，更进一步肯定了临洮紫斑牡丹品种系当地起源的推断。

甘肃南部是紫斑牡丹全缘叶亚种 *P. rockii* ssp. *rockii* 分布区。据李嘉珏1986年前后在甘肃康县、文县等地的调查，也存在一些较原始的品种。

（二）品种构成

目前，在生产中西北牡丹品种群有以下两大类：

1. 传统品种及新选育品种

1）传统品种　为1949年中华人民共和国成立以前流传下来的品种，据李嘉珏《临夏牡丹》一书所记，总数60个左右。其中较著名的品种如'佛头青''玉壶冰心'等，为皇冠型至皇冠台阁型，另外，'玉狮子'等托桂型品种较多，且都很有特色。

2）新选育品种　兰州、临洮、临夏、陇西各地都有，尤以兰州榆中育种规模最大，其中较有特色的品种在150个左右，这是当前西北牡丹发展的重要基础和观赏栽培的主体。

2. 引进品种

1）国内引进　由菏泽、洛阳引进的中原牡丹品种。从四川彭州、云南丽江、湖北保康引进的品种中，湖北保康品种正常生长开花，西南牡丹中仅有重庆垫江的'太平红'能正常开花，彭州、丽江品种营养生长旺盛，但花蕾败育。

2）国外引进　由日本引进的少量法国牡丹和日本牡丹品种，在避风向阳处生长良好。

（三）适宜栽培品种

1. 国内引进品种

兰州原和平牡丹园有较长的引种中原牡丹的历史。据陈德忠（2008）观察，下列126个品种对兰州一带河谷气候有较好的适应：'白鹤卧雪''白玉''邦宁紫''冰壶献玉''冰凌罩红石''冰罩蓝玉''彩绘''藏娇''曹州红''嫦娥奔月''朝阳红''晨红''丛中笑''翠叶紫''大朵蓝''大红点金''大红剪绒''大棕紫''丹炉焰''丹皂流金''豆绿''二乔''飞燕红装''粉中冠''富贵满堂''葛巾紫''宫样妆''古城春色''观音面''贵妃插翠''冠世墨玉''黑花魁''红宝石''红烂漫''红姝女''宏图''洪福''胡红''花蝴蝶''黄花魁''火炼金丹''娇红''金玉交章''锦袍红''锦绣球''锦帐芙蓉''卷叶红''昆山夜光''蓝田玉''蓝绣球''梨花白''梨花雪''菱花湛露''鲁粉''鲁荷红''绿香球''罗汉红''麻叶红''玛瑙翠''玫瑰红''墨楼争辉''霓虹焕彩''千褶绣球''茄蓝丹砂''青翠欲滴''青龙卧墨池''青山贯雪''青香球''群英''肉芙蓉''软玉温香''三变赛玉''山花烂漫''珊瑚台''少女裙''深黑紫''盛丹炉''十八号''守重红''首案红''寿星红''淑女装''似荷莲''松烟起图''万花盛''万世生色''王红''卫东红''魏紫''乌龙捧盛''无瑕玉''西瓜瓤''咸池争春''香玉''秀丽红''绣桃花''雪桂''雪里紫玉''雪山青松''雪塔''烟笼紫珠盘''雁落粉荷''姚黄''一品朱衣''银粉金鳞''银红巧对''璎珞宝珠''迎日红''映红''虞姬艳装''雨后风光''玉楼点翠''玉玺映月''月桂''赵粉''赵家红''脂红''种生红''朱砂垒''状元红''紫光''紫蓝魁''紫罗兰''紫盛楼''紫线界玉''紫瑶台'。

2. 国外品种

近年来，引进的少量日本品种、欧美品种及伊藤品种，应用不多。

三、生态习性、物候过程与生长发育特点

（一）生态习性

紫斑牡丹野生种分布于甘肃、陕西、河南、湖北及四川等地，从黄土高原、秦巴山地到神农架林区，表现出较为广泛的生态适应幅度。由太白山紫斑牡丹演化而来的西北（甘肃）栽培牡丹（西北牡丹品种群），主要分布于甘肃中部地区，并逐步扩散到青海东部、宁夏南部及陕西西部。

西北牡丹对各气象因子的适应幅度和范围如表 6-3 所示。

1. 温度

甘肃中部紫斑牡丹主要产区海拔在 1 100～2 261 m，年平均气温 6.3～10.3℃，绝对最低气温 –29.7℃，≥ 10℃积温 2 154.0～3 478.1℃。

● 表 6-3 **栽植地主要气象因子**

地点	纬度 / N	海拔 / m	气温 /℃						年均降水量 / mm	年均相对湿度 / %	年均日照时数 / h	年均无霜期 / d
			年平均	1 月平均	绝对最低	7 月平均	绝对最高	≥10℃积温				
兰州	36°03′	1 520.0	10.3	−4.5	−19.3	23.1	39.8	3 478.1	327.0	53	2 446.0	180
临洮	35°50′	1 895.0	7.0	−6.6	−29.5	19.0	34.6	2 529.6	538.5	67	2 477.0	135
临夏	35°60′	2 000.0	6.3	−6.3	−27.8	18.6	32.5	2 459.7	537.0	66	2 572.3	137
榆中	35°87′	1 750.0	6.7	−7.5	−25.8	19.3	36.4	2 484.7	400.0	63	2 546.3	120
定西	35°58′	1 898.7	6.7	−6.9	−29.7	19.3	35.1	2 504.9	415.0	63	2 437.7	141
陇西	34°99′	1 729.0	7.7	−5.5	−23.4	20.2	35.8	2 719.3	445.8	67	2 292.0	146
西宁	36°62′	2 261.0	7.6	−12.0	−18.9	17.7	34.6	2 154.0	380.0	56	1 939.7	118
银川	38°30′	1 100.0	6.5	−7.3	−26.1	22.1	38.7	3 472.1	200.0	55	2 900.0	185

牡丹是较耐低温的植物，海拔近 3 000 m 处，绝对最低气温可达 –30℃，紫斑牡丹均可完成其年生活周期，有较大的适应幅度。根据近年来各地引种情况，部分紫斑牡丹品种可耐 –40℃甚至更低的气温。但品种较多，花色丰富的仍在海拔 1 400～2 100 m 的陇西、临洮、和政、临夏一带。海拔较高、积温较低的地方，仅有少数单瓣、半重瓣品种。

甘肃中部每年 4 月中旬紫斑牡丹新梢生长期，常遭遇倒春寒，气温有时降到 –6℃左右，幼嫩枝蕾冻僵发黑，但到 10:00 气温上升后，大部分品种又能缓慢恢复。

2. 湿度

湿度分空气湿度与土壤湿度，紫斑牡丹均有相当大的适应幅度。主产区地跨半干旱、半湿润地区。半干旱地区年降水量 350 mm 以下，年均空气相对湿度 59%～62%；半湿润地区年降水量 450～600 mm，年均空气相对湿度 65%以上。

裂叶紫斑牡丹是深根性耐旱植物，在年降水量 350 mm、土层深厚的地方可自然生长。但要生长旺盛，每年应浇水 3～4 次，保证一定的土壤湿度。干旱地区在有一定土壤水分补给的条件下，紫斑牡丹也能正常生长。

3. 有一定的耐高温干旱能力

在北京郊区引种栽培时，实生植株第一年能忍受 10 天以内 35℃的高温干旱，第二年能忍受 30 天以内 35℃的高温干旱（陈德忠，2003）。

4. 光照

紫斑牡丹喜光亦耐半阴。主产区年均日照时数 2 000 h 以上，光照充足。西北牡丹能在海拔高、积温低、无霜期短的地方正常生长开花，与这些地方光照充足，昼夜温差大，利于光合产物的积累有关。

5. 土壤质地

甘肃黄土高原土壤是在黄土母质上发育起来的黄绵土、灰钙土、黑垆土，以及河流两岸由这些土类冲积、沉淀而成的土壤，土层深厚，但大多肥力不高，只有一些经长期耕作的土壤质地较好。土壤多偏碱性，pH 8.0～8.5，紫斑牡丹可适应。但从各地引种情况看，紫斑牡丹也适应略偏酸（pH 6.5 左右）的土壤。

根据西北紫斑牡丹对主产区生态条件的适应性，其生态类型应属于高原冷凉干燥生态型。

（二）物候过程

1. 甘肃兰州

据 2000—2001 年对 16 个品种的观察（陈富慧等，2003），在原和平牡丹园（海拔 1 770 m，年均气温 6.6℃，年降水量 406.7 mm，≥10℃ 积温为 2 370℃，无霜期 186 天），2000 年群体花期为 5 月 3～23 日（21 天），2001 年 5 月 6 日至 6 月 3 日（29 天）。两年花期平均气温为 11.3～15.3℃。2000 年盛花期为 5 月 6～20 日（15 天），2001 年盛花期为 5 月 10～26 日（17 天）。据同期兰州市榆中县气象站观测数据，2000 年 4 月和 5 月，月平均气温分别为 8.4℃ 和 14.3℃，月平均空气相对湿度分别为 56% 和 62%，表明气候相对温暖而湿润，有利于牡丹开花过程；2001 年同期月平均气温分别为 4.6℃ 和 12.6℃，月平均空气相对湿度分别为 45% 和 65%，表明气候由干冷向冷湿转变，牡丹生长发育处于受抑制状态，这就可以解释 2000 年提早开花，花期持续时间较短，而 2001 年始花期推迟 3 天，末花期相差 11 天的原因。群体始花期到来后，4～5 天进入盛花期，由盛花期转入群体末花期一般经历 5～8 天。各品种间及年度间存在不同程度的花期差异，始花期最大相差 6～7 天，末花期相差 7～13 天，16 个品种开花期重叠时间段 2000 年为 5 月 9～17 日，2001 年为 5 月 12～20 日，均为 9 天。另据 2006 年陈德忠对该园 600 个西北牡丹类群品种的观察，群体始花期为 5 月 1 日，末花期为 5 月 31 日左右。

2. 青海西宁

西宁市栽培牡丹多在市区及郊县川水河谷地带，海拔 2 230～2 450 m，年均温 4.8℃。据 2000～2002 年 3 年的观察（刘更喜等，2005），西宁牡丹的物候期历时 218 天 ±3 天（3 年平均值，下同），其物候表现为 4 月 1 日 ±3 天，芽萌动期；4 月 18 日 ±3 天，萌芽期；4 月 23 日 ±3 天，展叶始期；5 月 10 日 ±1 天，显蕾期；5 月 15 日 ±3 天，展叶盛期；5 月 22 日 ±2 天，始花期；5 月 24 日 ±2 天，盛花期；6 月 12 日 ±3 天，谢花期；9 月 28 日 ±2 天，秋叶变色；10 月 28 日 ±2 天，落叶始期；11 月 11 日 ±2 天，落叶末期。此后进入冬季休眠期。

3. 宁夏青铜峡

宁夏青铜峡位于宁夏引黄灌区，牡丹栽培区海拔 1 124 m，年均气温

8.06℃，年均降水量 185.4 mm，≥10℃积温 3 272℃，年均无霜期 158 天。
2002 年对 5 个引进品种的物候观察结果，如表 6-4 所示。

4. 新疆乌鲁木齐

乌鲁木齐气候比甘肃兰州更为干燥，属中温带半干旱大陆性气候。该地海拔 450 m 以上，年平均气温 7.5℃，年平均降水量 236 mm，平均日照 2 775 h。2013 年 9 月从兰州引进 7 个紫斑牡丹类群品种，分别是'青春''红冠玉带''黑旋风''夜光杯''玉狮子''紫海银波'及'粉西施'。该地 4 月上旬萌芽，5 月上中旬开花，花期持续 10～14 天，8 月中下旬种子成熟，11 月上旬落叶。与兰州相比，萌芽期、开花期推迟，花期缩短，种子成熟期提前，落叶期推迟。但能适应当地气候，具有较高的观赏价值。

（三）生长发育特点

1. 生命周期与生理临界期

1）生命周期　西北紫斑牡丹的生命周期与其他牡丹大体相同，但也有自身的一些特点。其实生苗生命周期可大体分为以下几个时期：

（1）幼年期　从幼苗形成到开始开花为止，需 4～5 年。紫斑牡丹幼年期比中原牡丹和凤丹牡丹长。这一时期主要是营养生长。其 1～3 年内生长缓慢且以根系生长为主，3 年生苗茎高 15 cm 左右。4 年以后生长加快，部分植株开始

● 表 6-4　**宁夏青铜峡市紫斑牡丹品种群的物候观察（张黎等，2005）**

品种	萌动期/（日/月）	现蕾期/（日/月）	立蕾期/（日/月）	初花期/（日/月）	盛花期/（日/月）	谢花期/（日/月）	落叶期/（日/月）	萌动至开花/d	年生长期/d
'雪莲'	18/3	31/3	8/4	24/4	2/5	9/5	9/11	45	266
'紫玉'	13/3	25/3	6/4	25/4	3/5	11/5	3/11	51	264
'黄河'	12/3	23/3	4/4	22/4	1/5	8/5	18/10	49	250
'蓝荷'	17/3	31/3	9/4	22/4	29/4	6/5	10/11	43	268
'粉荷'	10/3	25/3	5/4	22/4	28/4	5/5	6/11	50	271

开花。

（2）青年期　从植株大部分开花到各种性状稳定为止，需要 5~15 年。此时植株生长旺盛，营养枝发生较多，花朵硕大，开花枝占 1 年生总枝数的 2/3 左右。部分品种 1 年生营养枝生长量可达 50 cm。

（3）成年期　植株由旺盛生长转入稳定生长后步入成年期。此时，植株由生长开花并举，转向以开花结实为主。据观察，西北紫斑牡丹生长 10~20 年，生殖生长完全主宰顶端优势，大量开花结实，生长发育会出现一个明显的阶段性变化，即出现生理临界期现象。

从青年期结束进入成年期到植株生长、开花结实能力衰退进入老年期的阶段，是紫斑牡丹一生当中开花结实最好的阶段。这一阶段的长短与其生长环境及栽培管理条件有着密切的关系。

（4）衰老期　西北紫斑牡丹步入衰老期后，植株长势明显衰退，枯枝退梢现象严重。在高水平管理下，通过更新修剪及加强肥水管理等措施，通过培养基部萌蘖枝和树体强势营养枝，植株可以重新获得生机，寿命可以延长到百年以上。

无性繁殖苗经过 2~3 年恢复期，直接进入成年期，继续其新的生命历程。

2）生理临界期　西北紫斑牡丹进入成年期后，逐渐转为以生殖生长为主，树体营养优先用于生殖生长，集中所有的树体储藏营养，大量开花结实，形成生殖生长对顶端优势的垄断地位。此时，树体单位面积枝量达到最大化，花果母枝占 1 年生枝总量的 95% 以上。由于成枝能力远高于树冠扩展能力，导致植株枝叶郁闭，光合能力下降，植株营养亏空；由于花果母枝连年开花结实，迅速老化，导致枯枝退梢现象加剧。这种生长发育过程中出现的盛极而衰现象被称为生理临界期（郭玉明，2018）。枝叶郁闭、梢端老化、光合能力下降是生理临界期来临的前兆；而枯枝退梢现象加剧是进入生理临界期的明显标志。掌握紫斑牡丹枝芽萌发生长规律，加强树体营养，激发强势营养枝的发生以及其他修剪方法的灵活运用，是破解生理临界期中各种问题的关键。

2. 萌芽成枝规律与根蘖性

通过对西北紫斑牡丹的萌芽成枝规律及萌蘖性、生物学特性观察分析发现，虽然紫斑牡丹也具有"长一尺退八寸"的开花枝生长特点，但树体骨架的形成，并不是简单意义上开花枝木质化部分的年年积累叠加。紫斑牡丹具有依靠营养枝长树、开花枝开花的明确分工，紫斑牡丹株高的增长主要是依赖树体枝干上的强势营养枝；而冠径的增长主要是靠根蘖的不断发生。

实践证明：紫斑牡丹的开花枝连年开花结实后不可避免地老化衰败形成退梢。但是，可以通过人为干预（刺激营养生长，控制生殖生长），利用原生代开花枝形成的芽鳞痕上部的牡丹潜伏芽促发强势营养枝，实现花果母枝的提早更新，从而有效化解更大程度的退梢现象的发生，同时实现树体的快速生长。

由此，得出以下结论：①紫斑牡丹树体是在营养生长和生殖生长持续不断的交替转换过程中实现个体的逐渐长高长大，而灌丛的形成与扩大则是依赖其根蘖性，即依靠新生代根蘖不断地取代其老化衰退的原生枝干完成向周缘的扩展。紫斑牡丹的根蘖只发生于实生苗上胚轴形成的根颈段和枝干入土部分。故可以通过提根法限制根蘖，扶持主干，培养树状牡丹。②紫斑牡丹的树体上营养枝（包括根蘖枝）和花果母枝两种枝条类型共存，并各具其功用。前者负责长树养树，让生命生生不息，后者负责开花结实，让生命世代相传。营养枝和花果母枝在树体储藏营养调控下实现相互转化。营养枝顶花芽开花后枝条即转化为原生代开花枝，以近似于假二叉分枝方式进入连年大量开花模式，直至老化衰败死亡（退梢）；而开花枝趋于老化，光合营养入不敷出，会刺激树体潜伏芽夏秋提前萌动，第二年春萌发出营养枝实现交替。同时，会刺激基部的潜伏芽萌动，萌生大量根蘖。③萌动芽是紫斑牡丹自我更新态势的具体表现，最具成长为强势营养枝的发展潜力。自然状态下梢头开花枝连续开花结实 3～5 年后最终老化死亡，再从梢头以下枝干上隐芽萌发营养枝成为替代枝，实现新的轮回（更新）。④营养枝顶花芽花后形成的芽鳞痕上方，尤其是原生代开花枝基部潜伏芽数量多，质量好，最容易形成萌动芽。故最强势的萌动芽一般多从原生代开花枝芽鳞痕上方产生。⑤通过回缩修剪，单、双枝更新，人工干预调节树体的生长发育，可以及早促发强势营养枝，加速枝梢的新老交替，维持树体生殖生长和营养生长的平衡；改善树体光照条件，提高光合能力，进而提高树体储存营养水平，是紫斑牡丹观赏栽培中不可或缺的栽培管理措施。

1）营养枝与开花枝　在牡丹成年植株上有两类枝条：营养枝和开花枝。

（1）营养枝　由叶芽形成的当年只长叶不开花的枝条统称为营养枝，其中由潜伏芽中萌动芽发育而来，长势明显强劲，年生长量可达 35～40 cm 及以上的营养枝特称为强势营养枝。这类枝条的发育与花果枝同步，但展叶略晚。

西北紫斑牡丹的营养枝按着生部位可分为两类：一类是由根颈部土芽形成的萌蘖枝（根蘖枝）；另一类则由枝干隐芽（叶芽）萌发而成，但这类芽只有在受到刺激后才会萌发，并且只有夏秋已萌动的隐芽受到刺激才能形成强势营养枝。

（2）开花枝　由营养枝再发育而来，以开花结实为主的枝条统称为开花枝。依其着生部位不同而有原（初）生代花果母枝、增生代花果母枝之分。一般由营养枝顶花芽（混合芽）花后发育而来的花果母枝称为第一代开花枝，为原生代开花枝；以此类推，以下各代分别为第二代、第三代开花枝。另外，由营养枝叶腋侧生花芽花后发育而来的开花枝，特称为增生代开花枝。增生代开花枝分枝角度偏小，易徒长，由其形成的枝干后期有劈裂隐患，应尽量不留其作骨干枝，非留不可时则留单不留双。

第一代开花枝通常有 2 个分支（少数为 3 枝），生长旺盛，两个枝条强弱分化不明显，其长度、叶量、花朵大小与花型等最能代表品种特征，可称为标准花果母枝，是辨识品种的依据。开花母枝的长势会随着代数增加而减弱，一般第二代开始两个分枝出现强弱分化，一般三代以后衰退老化死亡。

2）5 芽枝与 6 芽枝　按开花枝上木质化部分叶腋着生的腋芽数，又可区分为 5 芽枝和 6 芽枝。紫斑牡丹开花枝一般以 5 芽枝为主，也有少数 6 芽枝。5 芽枝上的 5 个芽，由上而下第一芽与第二芽一般分化为花芽，第三芽为叶芽，第四芽与第五芽为隐芽。6 芽枝上的上面 3 个芽为花芽，其余与 5 芽枝相同。5 芽枝翌年生长时，上面两个花芽对第三叶芽萌发有明显的抑制作用。这两个花芽可以萌发抽枝开花形成新一代开花枝，而第三叶芽一般不萌发，即使在植株旺盛生长期其萌发率也不到 5%。但将上面花芽剪去 1 个后，第三叶芽萌发率可达 70% 以上，由其形成的营养枝顶芽当年都可形成花芽。

3）分枝方式与树体骨架构成

（1）分枝方式　紫斑牡丹的分枝方式类似于假二叉分枝。初期，开花枝（发育枝）呈指数增加（$x = 2^n$），但一般从第二代起，开花枝就开始有强弱分化，到第三代更加明显。此时 1 个花枝基本上只能分化 1 个花芽，翌年形成 1 个开花枝。此后开花枝逐渐衰弱以至衰老死亡。自然状态下，老的开花枝会回缩到最初的原生代开花枝上下，以隐芽重发新的营养枝方式进行树冠更新。

（2）树体骨架构成　紫斑牡丹树体骨架构成主要依靠营养枝，包括最初由基部隐芽萌发形成的萌蘖枝以及后期形成的强势营养枝。虽然营养枝开花后形成的开花枝是1年生枝的最主要组成，其主要任务是开花结实，繁育后代，但开花枝连续开花3~4年后会衰老死亡，然后退梢至原生代花果母枝基部，由芽鳞痕上方活动隐芽萌发营养枝形成新的开花枝，从而实现新的轮回。这样，只有原生代开花枝基部环节木质化部分深度参与了树体骨架的形成，其余开花枝都属于完成开花结实后最终衰退的临时性枝条，寿命较短。

3. 开花特性

1）枝叶与花蕾的协调生长　每年3月上旬，花芽（混合芽）萌动后，枝叶和花蕾协调生长，以保证花蕾的正常发育和开花。叶片最初小而内卷，进入风铃期后逐渐舒展并迅速增大，开花结束后叶片已充分长大，其光合产物成为植株各种生长发育过程的主要营养源。4月中下旬，花蕾发育进入风铃期，直径1.2~1.5 cm。此时，花蕾对外界温度较为敏感，遇寒流时，有些品种花蕾受冻后发育不全或停止发育，如'紫冠玉珠''菊花粉'等。

2）花期短而集中　风铃期之后紫斑牡丹花蕾迅速增大，进入圆桃期。甘肃中部，4月底至5月初大部分品种相继进入花期。其初花期2~5天，盛花期7~10天，末花期3~5天。

牡丹花期常因品种不同，在花期遇气温变化有2~7天的变幅。西北牡丹和中原牡丹一样，花期短而集中。群体花期一般20天左右。

紫斑牡丹花朵初开的1~2天，雄蕊即已成熟并开始散粉，属雄先型。花朵盛开时柱头开始分泌黏液，这一时期可维持3~7天。大部分品种异花授粉结实。花期遇风雨，会影响授粉质量，使部分种子发育不良。

紫斑牡丹结实率高。如作观赏品种栽培，不采收果实，应及时剪去残花，以免徒耗养分。作油用栽培者，为使种子饱满，则应剪去弱枝上的残花及发育不全的幼果。

在甘肃，随海拔不同，紫斑牡丹的整体花期变幅很大，在海拔1 600~1 700 m的河谷川道地区，花期为4月底至5月初，果熟期为8月中下旬；而海拔2 500~3 000 m的高山地区，花期则推迟到6月初，果熟期则延迟到10月初。

4. 根系分布与根蘖特性

1）根系生长与分布　西北紫斑牡丹根系发达，其木质部粗而坚硬，韧皮部相对较薄，不如'凤丹'。其侧根和须根较多，在松软深厚的黄土层能深入地下 10 m 以上。10 年生实生苗，在地下 3 m 处仍有直径达 0.7 cm 的根。这是其成年植株抗旱力强的重要原因。

在土壤有机质少、管理粗放的地方，根系分布疏远；在土壤较为肥沃、水分较好的沙壤土上，根系在 20 ~ 60 cm 土层中多呈垂直分布，同时向四周伸展。

不同品种间根系生长差异较大：有的粉花品种，侧根发达，生长势强，开花早而多，移栽易成活；有些品种，如'紫冠银钱'等，骨干根发达，移栽难带土球，恢复期长，长势弱，开花晚而少。

在年周期中，春天根系活动早于芽体，这是紫斑牡丹春天萌芽前栽植能成活的原因。在整个生长期，根系生长有两个高峰，其中夏末秋初的高峰期延续时间较长。

2）根蘖特性 牡丹普遍具有根蘖特性。依靠根蘖壮大个体，依靠种子发展群体，种子、根蘖并举是牡丹在长期进化过程中形成的一种生存策略。

牡丹根蘖特性的表现取决于以下因素：

（1）自身遗传特性 观察发现，丛生性越强的植株根蘖性越强，而干性较强的植株根蘖性相对较弱。紫斑牡丹品种根蘖性不及中原牡丹，但比凤丹牡丹强。在紫斑牡丹品种群内，根蘖特性分化也很大。实生育苗时可以发现丛生性强的类型，这些植株往往开花少甚至不开花，基本上依靠根蘖发生维持存在。

（2）主根发育程度 牡丹根系与上部枝条相关性较强，主根强大的植株干性就强。紫斑牡丹实生苗主根发达，故甘肃中部干旱山区大牡丹树多为实生苗。无性繁殖的植株失去了主根，一定程度上失去了根系深扎的能力，在根蘖形成的枝条胁迫下，位居中心的骨干枝更容易退枝退梢而形成空心。

（3）立地条件 黄土塬台区土层深厚，根系可以扎得很深；河川区土层薄，部分地段地下水位高，根系不能深扎，主根退化快，根蘖潜力容易被激发。

（4）栽植深度 紫斑牡丹真正的根系部分并不具备萌生根蘖的隐芽、潜伏芽，只有根颈部才是促使根蘖发生的部位。因而采用类似提根的栽植方法使根颈部外露，则可抑制甚至杜绝根蘖的发生。

四、繁殖技术

紫斑牡丹观赏品种以嫁接繁殖为主，根蘖分株繁殖为辅，扦插成活率很低，没有利用价值。部分地区沿用传统的压条繁殖技术，繁殖系数低，生产应用不是很多。嫁接所用砧木多用芍药根和紫斑牡丹实生苗，而以后者为好。以紫斑牡丹实生苗为砧，其适应性、抗性较强。

具体操作参看本书第五章。

五、紫斑牡丹和蚯蚓的共生关系

牡丹地里多蚯蚓。一般认为这与牡丹枝叶落地生物量大、持续时间长、可为蚯蚓提供充足食物有关。自然状态下在没有采种的紫斑牡丹株丛周围，常见有实生苗成簇生长，少的 3~5 株，多的十几株到二十多株。经比对同侧树冠结实情况分析，这些实生苗往往是上面一朵或几朵花结实产生的后代。但牡丹籽粒是如何落地入土生根发芽的，一直缺乏实证。据在甘肃永靖紫斑牡丹园的观察，紫斑牡丹的自然种子繁殖与蚯蚓关系密切（郭玉明，2016）。2013 年，郭玉明在暴雨过后的牡丹地采收牡丹籽时，偶然发现牡丹树下有大量蚯蚓在拱动牡丹籽，2~3 天观察籽粒全部入土，地面已基本不见牡丹籽粒。观察处第二年长出不少自然实生苗。联想到紫斑牡丹种子的"自然入土"可能与蚯蚓拱动有关。据此，在 2014—2015 年定点观测，发现 8 月中下旬牡丹种子成熟季，色泽已经变黄的牡丹果皮吸水后迅速开裂，暴雨将成熟种子打落地面，随即被蚯蚓拱进土中，3 天后大部分种子入土，1 周后地表已基本见不到种子。2015 年 11 月上旬封冻前挖取样坑剖面观察种子入土深度，部分种子已生根 5 cm 以上，从而进一步证实了蚯蚓播种这一生物过程。第二年 3~4 月幼苗陆续出土，定点观察点位出苗率高的地方可达 50%（2014）~70%（2016），推算总体出苗率可达 40%~50%，与当地人工播种出苗率非常接近。同时，也证实了紫斑牡丹种子存在明显的后熟现象。当地人工采种保湿播种育苗，当年能萌动生根的种子约占 50%，另有 1/3 的种子需等翌年秋天萌动生根，第三年春天出苗。

六、栽培管理技术

（一）土地选择

西北紫斑牡丹品种大多耐寒性较强，亦较耐干旱，有较广的生态适应幅度。根据上述特点以及其根系深长的习性，栽植地点宜通风向阳、排灌水方便、土层深厚、具有一定肥力的壤土或沙壤土。

西北地区气候干燥,光照强烈,空气湿度低,花期正午的强光照射常使花朵中的雄蕊瓣化瓣失水焦干,影响观感。尤其是夏日的高温烈日,对其正常的生长发育影响也很大。故紫斑牡丹最适宜种植于有一定覆盖度的林荫环境下,夏日适当的半阴更有利于生长发育。全光条件下,山地宜阴坡、半阴坡种植。但海拔较高的高寒阴湿地带则应选择阳坡。

(二)细致栽植

认真做好移栽工作,使缓苗时间尽量缩短,是西北牡丹栽培中的重要一环。

1. 苗木选择与起运

合格的观赏用苗应经过多次移栽,根系发达,根茎比例合适,株形圆满,无机械损伤,无病虫害检疫对象等。

采用裸根栽植时,苗木应尽可能深挖,以获得较多的根系,根幅直径应大于株高的2/3。在整个操作过程中均应注意根系的保护。牡丹的肉质根比较容易折断,如果圃地土壤含水量较大,起苗后就近晾晒待根系变软后再予包装或运输。

如果带土球移植,土球直径应大于苗高的1/3。在运输、栽植过程中要防止土球散裂,搬运时不能提拉枝干,而应先搬动土球。

2. 适时栽植

1)移栽时间 在甘肃兰州及气候类似地区,西北牡丹适宜栽植时间为9月中旬到10月中旬,此时地温适合新植苗木的根系恢复。如果过早秋栽,人工落叶早,树体营养积累不够,部分品种也易秋发;如栽植过晚,气温、地温迅速降低,使受伤根系越冬前来不及恢复吸收能力,大大影响翌年的缓苗和根系生长。

在兰州地区,西北牡丹也可在春季发芽前出圃栽植,裸根或带土球均可,但此时移植,则以带土球的苗木长势较好。由于当地春季气温回升幅度小于土壤温度,苗木栽植后根系恢复较快,而新长出的幼叶小而皱缩,减缓了水分养分的消耗,因而成活仍有保障。

2)栽前处理 苗木栽植前应加以整理和适度修剪,维持根冠平衡。最好骨干枝梢头回缩至原生代开花枝基部近芽鳞痕位置。当年不留花芽或及时摘除花蕾。裸根苗可用ABT 1号生根粉处理,有助于根系的恢复和以后的生长发育。

3）挖穴栽植　栽植前定好株行距，根据苗木大小挖定植穴。定植穴宜垂直下挖，上口下底大小相同。挖好后穴底施入适量腐熟有机肥诱其根系深扎。肥料与等量表土混合均匀，在穴底堆成圆锥状，然后在上面放置苗木，使其根系散开，再分层填土。

苗木放入栽植穴时注意观赏面的朝向，10年生以上大苗按原枝条南北向或阴阳面放入。裸根苗待填土1/3时，应向上轻提枝条，使根系舒展，再放土踏实。注意种植深度与原来深度一致。树状牡丹或高位嫁接苗高栽壅土或高畦栽植，便于提根操作，控制根蘖发生。

栽后及时浇水是紫斑牡丹成活的关键。应在栽植3~5天浇透灌足第一水，以后视情况补水，并适时中耕松土。

西北牡丹苗木移植时如果操作不当，根系与土壤接触不紧密或留下空隙，根系没有新的吸收根生成，植株也能依靠其肉质老根在几个月内勉强维持其萌芽或生长，但终将难以维持而逐渐死亡。

此外，西北牡丹裸根苗在秋季自然光照下7天，普通室内放置15天，粗根表皮略有皱缩，栽植仍可成活。但定植前不可长时间泡水，最好沾泥浆移栽，栽后及时浇水。

4）缩短缓苗期　西北牡丹苗木移植后常有1~3年缓苗期。株龄较大的苗木缓苗现象更为明显。缓苗现象的发生与以下因素有关：一是紫斑牡丹品种苗木骨干根发达，入土较深，起苗时根系损伤较多，根冠比失衡，栽植后恢复力度不够；二是西北地区气候干旱，空气湿度较低，对新植苗木的水分平衡造成影响。

减轻缓苗现象要采取以下措施：①选择经过移栽，根系较为发达的苗木；②栽植前对地上枝条适当重剪，最好回缩至原生代开花枝基部芽鳞痕上方隐芽最具活力部位；③栽植后第一年及时摘掉花蕾，不使开花，减少养分消耗；④夏季高温超过35℃以上时设置遮阳网，或叶面喷洒抗蒸腾剂，同时喷施叶面肥等。

（三）田间管理

1. 树体管理

西北牡丹较易形成花芽，且萌芽成枝力强，基部土芽多，如不妥善管理，会导致树形凌乱，开花不良。植株树体管理的目的是通过整形修剪，使植株枝条生长匀称，树势强壮，提高观赏性，延长寿命。

1）单枝更新 即只针对一个强壮的开花枝。修剪时除去顶端花芽，只留下一个花芽开花，同时胁迫其下的叶芽形成营养枝。

2）双枝更新 是将同一母枝发出的两根开花枝视为一组，居下位的开花枝形成的花芽留下第二年开花，居上位的开花枝上剪掉先端花芽保留叶芽，促发营养枝。

3）回缩更新 是针对有空位的趋于老化的开花枝，直接回缩至原生代开花枝基部，激发其上的隐芽萌发强壮营养枝。

具体操作上尽量利用一代开花枝，留最好的花芽开花结果。修剪中单枝更新与双枝更新要灵活应用。一般二代开花枝双枝更新留单花，三代开花枝单枝单花，花后立即回缩更新，促发新的营养枝。

4）幼树树体骨架的培养

（1）选留主枝 俗称定股。这在移植时根据植株大小、长势及枝条多少进行疏枝时即已开始。一般应选留健壮枝条5~8枝作为主枝，疏去弱小枝；若主枝不足时，适当选留萌蘖枝加以弥补。紫斑牡丹树性较强，有些品种易形成高大植株，适当选留主枝可使树形丰满，但主枝过多亦使树形紊乱，枝条间营养竞争加剧，开花质量下降。将少数干性强的植株培养成独干，也是增加观赏类型的方法之一。

（2）萌蘖枝的利用 因品种不同，根颈处的萌蘖枝（土芽）多少差别较大。但这类枝条因较易获得养分，常生长过旺，与主枝争夺养分。在幼龄植株选定主枝后，一般应除去，特别是老龄植株土芽过多时，常导致老枝枯死。但在更新复壮或树冠不匀称时需对其加以利用。不需选留的萌蘖枝，秋季亦可用作接穗等繁殖材料。

5）成年植株的修剪 西北牡丹进入成年期后，植株转至以生殖生长为主，树体上当年生枝中花果母枝占绝对优势，营养枝萌生被抑制，很少发生或者没有。如放任管理，加上水肥不足，则会很快导致树体营养出现亏空，加速衰老进程。必须采取综合措施，予以人工干预。在加强水肥管理的同时，采取正确的修剪措施，促发强势营养枝，以保持树体营养生长与生殖生长之间的平衡，恢复树势，延缓衰老。此时修剪需注意以下两点。

（1）留枝量的确定 成年植株留枝数量应以保证树体通风透光为前提，

一般 1 年生枝量以 20～25 枝 /m² 较为合理，其中营养枝比例要占到 30% 以上，枝间距应在 15～20 cm。修剪中尽量利用一代花果母枝，单枝更新与双枝更新灵活应用，二代花果母枝采用双枝更新留单花，三代花果母枝单枝单花，花后立即回缩更新，促发营养枝。

（2）强势营养枝的培养　成年植株中强势营养枝的培养是实现营养生长与生殖生长平衡的关键。强势营养枝发生部位是上一代强势营养枝顶花芽形成的原生代花果母枝基部环节上下。此外，平展老枝上隐芽形成的萌动芽，也易促发强势营养枝。萌动芽一般在夏至前后凸起膨大，米粒大小，处于萌动状态。此时芽体绿色，入冬后呈红色。只有在树冠中上部不断培养出一定数量的强势营养枝，才能实现迅速扩冠，达到树体"长一尺高一尺"的目的。萌生强势营养枝也需要树体有较高的储藏营养水平。

6）古树修剪与复壮

（1）总体要求　设法提高树体营养水平，增加枝叶生长量，恢复树体生长势，维持营养生长和生殖生长的平衡。

（2）具体方法　①充分利用萌动芽回缩更新，复壮骨干枝梢头，恢复顶端优势；②控制开花量，采用双枝更新＋回缩更新方法，逐年更新衰老花果母枝，促发营养枝；③利用基部萌蘖枝（土芽）迅速增加树体枝叶量，恢复表层根系，以利树体的营养积累；④增加肥水，少量多次；⑤盛夏适当遮阴；⑥深翻改土，增加土壤通透度，雨季不积水；⑦严控开花量，花后不让结籽；⑧注意保护叶片，维持高效率光合作用。

（3）主要指标　大树、古树要维持树体的旺盛生长势，健康长寿，更新复壮修剪要加强，需把握好以下几个指标：单位面积枝量 20～25 枝 /m²；营养枝：花果母枝 =1：3；一代花果母枝占 50% 以上。

2. 水肥管理

西北牡丹虽然较耐干旱瘠薄，但正常生长开花仍需充足水肥。为使年年花开繁茂，需要加强水肥管理。

1）浇水　西北牡丹生长期仍需适宜的水分，但土壤不可过湿，更不能积水。春季气温回升快，降水少，经常发生春旱。此时牡丹由萌动而至开花，适当浇水是必不可少的。花期过后应视土壤干湿情况适当浇水。干旱时每月 1 次。盛夏干旱时，西北牡丹对水分的需求仍很迫切，严重缺水造成的伤害无法弥补。

尤其是幼苗及定植2年以内的弱苗，对土壤水分要求严格，应密切注意牡丹叶片或间作物的缺水反应，及时浇水。

西北牡丹植株缺水时，初期多不表现叶片下垂或对合等旱象，但当出现叶缘微内卷，叶色变淡时，已达缺水中期。此时补充水分后，大部分叶片已不能恢复，影响植株正常生长和观赏效果。

西北地区冬季漫长，雨雪稀少，入冬前需要1次冬水，这也很关键。

当海拔升高，年降水量增加到600 mm以上时，气候转向冷凉，视土壤水分状况可少浇或不浇水。

2）施肥　在精细管理的情况下，每年可施肥3次：早春萌芽后为促进开花；花谢后促进花芽分化；入冬前为改良土壤，保护牡丹越冬。前2次以速效肥为主，最后一次以长效肥为主。实际上，每年重视入冬前施用经充分腐熟的堆肥或厩肥，适当加些经发酵的饼肥及三元素复合肥，基本上可满足牡丹全年生长发育的需求。

3. 深翻扩穴

牡丹定植3~5年，需要进行土壤的深翻熟化。可以采取扩穴、隔行或全园深翻，以扩大其根系活动范围，加强地上部分生长。应从树冠投影处开始向外翻，不要伤及牡丹粗根。雨后深翻或深翻前撒施堆肥、厩肥后浇水，有利于保持土壤湿度及促进土壤微生物活动。

4. 杂草防除

雨季杂草过多时，应及时除草。大龄牡丹园地可采用化学除草剂防除。但须注意：紫斑牡丹品种对防除阔叶杂草的除草剂较敏感，不可将莠去津、2,4-D丁酯等用于牡丹幼苗。用于5年生以上大苗时，不能喷到植株上。此外初次使用时，用药量不能超过规定用量上限的一半。

5. 间作与混作

为了改良牡丹园土壤，可以间作1年生豆科作物，适期深翻入土用作绿肥。

在建观赏园时，牡丹园适当混作芍药，既可延长观赏期，也有利于改善土壤理化性质。

6. 病虫害防治

西北牡丹生长健壮，一般病虫害较少。但近年随着引种强度加大，有些病虫随之传入，在其他引种地也有一些新的病虫害发生，值得注意。

病害方面，在多雨潮湿地区及年份，见有红斑病、褐斑病；局部见有根腐病及类似花叶病的病毒病染病植株。近年在北京等引种地发现有根结线虫病及高温季节出现的热害。

兰州等地常见地下害虫有蛴螬，局部有小蚂蚁危害；在其他地方亦见到有刺蛾及其他虫害，应注意及时防治。

西北牡丹有一定的抗高温干旱的能力。但土壤结构不好，沙性较大，或受到根结线虫病危害时，热害也会发生。

热害是一种生理性病害。入夏以后，如果36℃以上到40℃高温持续一周，土壤水分不足而又不能及时补充，在强烈阳光照射下，紫斑牡丹叶片边缘开始向上翻卷，叶尖端开始失绿变色，出现症状。此时浇水虽可缓解旱象，但受害叶片已难以恢复。热害严重时引起早期落叶和秋发，对后期生长影响较大。

近年，随着设施农业的兴起，发现许多露地不能过冬的病虫害，在农业设施中越冬后转移到大田的牡丹上继续侵染危害，应该引起重视。比较突出的有灰霉病、红蜘蛛等。7~8月，随着雨季到来，灰霉病侵染牡丹营养枝顶芽，造成顶芽空瘪死亡，严重时顺顶芽继续向下侵染，造成营养枝整个枯死。

红蜘蛛一般是躲在牡丹叶片基部芽痕处和冬芽鳞片下越冬，来年随气温回升，集中于新生嫩芽和新梢上危害。

病虫害防治，详见本书第十一章。

（郭玉明，李仰东）

第四节

西南观赏牡丹栽培

一、概述

（一）西南地域范围

本书所指西南地域范围包括四川、重庆、贵州、云南及西藏五省（区、市），也涉及湖北西南部的恩施州。

（二）西南牡丹的分布

西南一带，特别是四川西部、云南中北部、贵州西部与西藏东南部是中国野生牡丹重要起源中心和多样性中心。这一带分布着肉质花盘亚组的 4 个种，即大花黄牡丹、紫牡丹、狭叶牡丹和黄牡丹（后三种亦被合称为"滇牡丹"），尤以黄牡丹分布最广，居群间变异相当丰富。而四川西北部分布有革质花盘亚组的四川牡丹和紫斑牡丹，其中，四川牡丹是连接肉质花盘亚组与革质花盘亚组的中间环节。现有的分子研究证据表明，肉质花盘亚组的种类并未参与西南牡丹栽培品种的起源。

西南牡丹栽培分布较为广泛。四川西北部、彭州及峨眉山，重庆市垫江县及湖北西南部恩施州；贵州的毕节、遵义、安顺、六盘水、贵阳及都匀等地；

云南昆明、楚雄、昭通及大理至丽江一线；西藏拉萨、日喀则、林芝及各地寺院均有牡丹栽培。其中四川彭州、重庆垫江是重要栽培中心。

（三）历史沿革

1. 新中国成立以前西南牡丹的发展

西南牡丹观赏栽培约始于唐，初盛于五代，鼎盛于南宋。但各地繁盛程度不一，差别较大。最早有牡丹栽培的是天彭（今四川彭州市），传说唐时天彭丹景山有金头陀禅师在永宁院（即今金华寺）开辟荒地，广植牡丹，自成一景。

五代时，成都牡丹兴起。前蜀高祖王建的妃子花蕊夫人有一首《宫词》说："牡丹移向苑中栽，尽是藩方进入来。未到末春缘地暖，数般颜色一时开。"可见成都后苑中牡丹栽植已有一定规模。另胡元质《牡丹记》（即《成都牡丹记》）说："伪蜀王氏号其苑曰'宣华'，权相勋臣竞起第宅，上下穷极奢丽，皆无牡丹。惟（蜀主舅）徐延琼闻秦州（今甘肃天水一带）董成村僧院有牡丹一株，遂厚以金帛，历三千里取至蜀，植于新宅。至（后蜀）孟氏，于宣华苑广加栽培，名之曰牡丹苑。广政五年，牡丹双开者十，红白相间者四，后主宴苑中赏之。花至盛矣。有深红、浅红、深紫、浅紫、淡黄、鹍黄、洁白、正晕、倒晕，金含棱、银含棱，旁枝副榑，合欢重台，至五十叶，面径七八寸，有檀心如墨者，香闻至五十步。"成都牡丹的兴起又延及彭州。"时彭门为辅郡，典州者多为其戚里，得之上苑，而彭门花之所始也。天彭亦为之花州，而牛心山下为之花村。""蜀平，花散落民间。小东门外有张百花、李百花之号，皆培子分根，种以求利，每一本或获数万钱。宋景文公帅蜀，彭州守朱公绰始取杨氏园花凡十品以献。公在蜀四年，每花时按其名往取。彭州送花，遂成故事。"

北宋后期，天彭牡丹再次兴起。陆游《天彭牡丹谱》（以下简称《陆谱》）载："牡丹在中州，洛阳为第一；在蜀，天彭为第一。""崇宁中州民宋氏、张氏、蔡氏，宣和中石子滩杨氏皆尝买洛中新花以归，自是洛花散于人间，花户始盛，皆以接花为业。大家好事者皆竭其力以养花，而天彭之花遂冠两川。"《陆谱》还记述了天彭赏花盛况："天彭号小西京（按北宋以洛阳为西京），以其俗好花，有京洛之遗风，大家至千本。花时自太守而下，往往即花盛处，张饮帷幕，车马歌吹相属。最盛于清明寒食时。"可见南宋时蜀人喜爱牡丹，花时狂欢的情景不亚于洛阳。《陆谱》记述了洛阳以外的蜀花（彭州品种）34 种。

另据 1985 年版《彭州县志》记载，崇宁至宣和 20 余年间，除《陆谱》所记养花户外，还有三井李氏、刘氏、母氏，城中苏氏，城西李氏数家最有名，并建有颇具规模的园、亭、花圃。民间花户，更是"连畛相望，莫能得其姓氏也"。栽培地区以彭州城为中心，东至濛阳，西达崇宁，北迄堋口，方圆近百里。民间养花、赏花、赠花都很盛行。这是天彭牡丹的鼎盛时期，也是西南牡丹品种群形成之肇始。

元以后，彭州花事渐趋式微。

明末清初，天彭牡丹多分散于青城寺观、嘉州寺观、灌县、温江、崇庆、新都、绵竹，特别是成都的园林与附近花圃。上述"嘉州寺观"即乐山、峨眉山各寺院道观。峨眉山牡丹主要栽植于万年寺（徐式文《蜀地牡丹考》，1993）。清嘉庆本《彭县志》载，丹景山金华寺遗址尚保存高达丈外的古老牡丹数株，清末已不知去向，仅在民间散存少数白牡丹、紫牡丹及'状元红''醉杨妃'等不超过 10 个品种。

重庆牡丹种植集中于垫江县太平镇一带，以药用栽培为主，但主栽品种'太平红'观赏价值亦高。迄今已有 250 余年历史。

云南本地牡丹因其丹皮酚含量高，主要作药用栽培，种植区在金沙江流域，包括滇西北丽江和中甸（2001 年 12 月更名为香格里拉县，2014 年撤县设市），滇西的大理，滇中楚雄，滇东北昭通市的鲁甸、大关等地。云丹皮是指产于云南的多种牡丹皮的统称。云南传统牡丹品种数量不多，但大多高度重瓣，具有较高的观赏价值。云南武定县狮子山正续禅寺内有植于明代的牡丹，传为明惠帝朱允炆亲手所植。

2. 新中国成立以来的发展

中华人民共和国成立以来，西南牡丹逐步得到发展。彭州市（原称彭县）从 1966 年开始发展药用牡丹，多次从邻县什邡及山东菏泽引进牡丹苗及牡丹种子，1979 年面积扩至 93 亩，株数达百万。1981 年决定发展观赏牡丹，筹组天彭牡丹花会。1985 年定为市花，并举办首届彭州牡丹花会。以后每年举办花会，有力地促进了当地经济社会的发展。

重庆垫江县于 1962 年由国家商业部定为全国丹皮生产基地。种植面积 >100 hm²，年产丹皮 >100 t。产品出口东南亚一带。垫江县境内明月山长 50 km，沿山五镇均种植牡丹。2000 年 4 月，举办了垫江县第一届牡丹节，

2001 年 3 月 28 日，又成功举办了中国重庆第二届华夏牡丹节暨经贸洽谈会。以后年年举办，规模扩大。

云南西北部的中甸和丽江在 20 世纪 70 ~ 80 年代大量栽培牡丹并生产云丹皮。丽江地区玉龙县的巨甸、鲁甸和塔城三地历史栽培规模最大，中甸的栽培区域亦是以金沙江两岸的上江、塔城乡为主，栽培区域海拔 1 810 ~ 2 340 m。20 世纪 90 年代后期，由于丹皮价格下跌，药农栽培积极性受挫，大量的栽培植株作为薪材被毁。滇东北鲁甸、大关等县牡丹栽培的历史也较悠久，主要是以观赏栽培为主。当地有牡丹花食疗保健的习俗，但数量不多，栽培区域海拔 1 050 ~ 1 900 m。

大理、巍山及剑川一带栽培的牡丹主要是从丽江引种的，栽培较零散，以农家和寺庙园林为主。近年来滇中地区楚雄也有引种栽培，栽培区域为海拔 1 700 ~ 2 260 m，规模最大的是武定狮子山公园，有近 2 000 株。

云南武定狮子山风景区从 1990 年起，在引进中原牡丹的同时，还从丽江、昭通、保山及甘肃兰州引种牡丹，建成了狮子山牡丹园。

二、品种构成

西南牡丹主要由当地传统品种构成。20 世纪 80 年代以来，各地虽然有过几次较大规模的引种，但留存下来的品种并不多。

1. 西南牡丹品种群组成

1）天彭亚群　这里处于四川西北部山地，含四川彭州及周边地区，主产区为彭州。代表品种有丹景红系列与'彭州紫'等，以观赏为主。李忠等（1995）对天彭牡丹品种进行了初步整理，确定了'五星玉''泼墨紫''醉西施''彭州紫''丹景玉楼''胭脂楼''紫绣球'等 18 个品种。其中大部分品种被 2005 版《中国牡丹品种图志》（西北、西南、江南卷）收录。此后，曹洋对天彭牡丹品种资源作了进一步整理，并运用灰色系统理论和方法，通过构建标准品种并进行关联度分析对 20 个品种进行评价，从高到低依次为：'丹景玉楼''八星玉''红晕白''绿晕白''粉紫斑''彭州紫''五星玉''紫绣球''烟雨重楼''垫江红''七星玉''红腰楼''玫瑰香''金腰楼''粉紫长条''太平红''胭脂楼''血丝红''胭脂红''醉西施'。

2）渝鄂亚群　栽培区域含重庆市东北部垫江一带与湖北西南部的恩施州。

（1）重庆市垫江县　这里栽培牡丹一直以药用为主，近年来兼顾观赏，代表品种有'太平红''垫江红'等。

（2）湖北省恩施州　各县市普遍有牡丹栽培，但集中在建始县花坪乡和利川市团堡镇一带，以药用为主，常见品种有'凤丹白''锦袍红''湖蓝''建始粉'和'大金粉'等。其中，建始'锦袍红'曾被引种到菏泽，取代了该地原有的'锦袍红'。

3）滇北亚群　栽培区域含云南中部、西北部及东北部金沙江两岸。大多为药用栽培，城镇有零星观赏栽培，品种有'大关红''大关粉''狮山皇冠''昭通粉''丽江粉''丽江紫''中甸紫''香玉板''鲁甸粉''中甸粉'等（李宗艳，2015）。

2. 西南牡丹品种的起源

1）对西南地区传统品种的来源有以下观点。

（1）四川彭州牡丹　根据历史文献及调查分析，其来源有三：一是中原牡丹，主要是洛阳牡丹；二是西北牡丹；三是当地牡丹。由于历史上对中原牡丹有多次引种，且数量较大，因而中原牡丹对彭州牡丹的影响是相当深刻的。但彭州传统牡丹品种大多植株高大，瓣基带有色斑，也表现出受西北牡丹的影响痕迹。这样西南牡丹中传统品种主要是中原牡丹南移后经长期驯化而来，也有部分品种与西北牡丹杂交再经实生选育而来。虽然四川西部从南到北均有野生牡丹分布，其中四川牡丹在产区也见有少量栽培，但迄今尚未发现对栽培品种的直接影响。

（2）西藏拉萨及山南地区的牡丹　这一带藏传佛教寺院的牡丹，主要是西北等地引来的紫斑牡丹品种。

（3）与江南地区的品种交流　根据近年来对各地地方志的研究与实地调查，发现西南与江南一带有着长期的品种交流。如湖南中部曾由云南引进野生黄牡丹及其他栽培品种。江南一些传统品种如'玉楼春'在贵州等地有栽培分布，但叶片及花朵大小已有形态变异。四川彭州的'彭州紫'与江南的'黑楼紫'似为同物异名，彭州一带的'丹景玉楼'与江南的'玉楼子'应为同一品种。

袁涛等（1999）进行花粉形态分析时，发现天彭牡丹'丹景红'与江南品种'玉楼'的纹饰相似，它与'玉楼'一样，由杨山牡丹或'凤丹白'与其他具穴状纹饰的种或品种的杂交后代演化而来。从形态特征上看，与中原品种杂交的可能性最大。其瓣基小紫斑与西北品种迥异，应来自具紫斑的中原品种。西北紫斑牡丹对西南牡丹的影响间接地通过中原品种实现。西南品种群应主要来自江南和中原地区。

2）四川牡丹没有参与中国现有栽培品种的起源　近来，应用 ISSR 方法对四川彭州、云南、中原及江南等品种系列的 41 个品种以及黄牡丹之间的亲缘关系进行了分析（李宗艳等，2005），有以下几点认识：①所有品种与野生黄牡丹关系都比较远，其参与起源的可能性不大；②4 个彭州品种分别与不同的中原品种有较近的亲缘关系，因而该亚群起源于中原品种的推测较为可靠，彭州品种'胭脂楼'与中原品种'紫二乔'关系最近，说明其较为古老。几个彭州品种相互关系较远，它们不可能来自共同的祖先（品种）；③不同产地的云南品种表现出近缘关系，多数品种亲缘关系与色系相关。除'狮山皇冠''香玉板'与中原品种'仙娥''胜葛巾'，彭州品种'彭州紫'亲缘关系较近外；不同产地、株型相似和花色相同的云南牡丹品种间遗传相似性较高；④云南品种与彭州品种未能相聚，不可能是彭州牡丹直接引种驯化的产物；⑤西南品种演化关系较为复杂，云南品种栽培起源的主要类群尚不清楚。

用 SRAP 方法分析西南牡丹品种群与其他国外牡丹栽培品种的结果表明：供试的 20 个西南牡丹品种都与 6 个国外品种（3 个日本牡丹品种、2 个法国品种和 1 个美国品种）、江南品种'凤丹白'和中原品种'高杆红'有近缘关系。中原牡丹品种群和西北紫斑牡丹品种群作为独立类群，与西南牡丹品种群关系较远（李宗艳等，2017）。

西南品种群中有一些品种植株高大，枝叶稀疏，基部萌蘖枝不多，有自己的特色。其形态特征与中原牡丹、西北牡丹均相去甚远。这些品种是否另有祖先种，还有待进一步探讨。

三、引进品种及其适应性分析

1. 引种概况

西南地区留下的传统品种不多，各地陆续开展引种工作，不断引进中原品种、西北紫斑牡丹品种及'凤丹'系列品种。但彭州丹景山于 1986—1987 年所引进的 260 多个中原品种适应性差，'凤丹'系列品种表现良好，西北品种在山地具有一定的适应性，但留下的品种很少。

20世纪90年代，云南武定狮子山公园及西藏拉萨等地也开展了引种工作，取得一定成效。

2. 引进品种适应性分析

1）云南武定狮子山的引种　20世纪90年代，云南武定狮子山曾引进130多个中原品种，少数西北品种及4个丽江品种。由于滇中高原冬季干燥，光照强，蒸发量大，鳞芽萌动后易于失水干枯，导致翌年春天成花率大大降低，大多数中原重瓣品种除'脂红'外，成花率仅为18.8%~30.5%，生长势减弱，枝条木质化程度不高，雨季易染病害。大多数中原品种在滇中地区的枝条生长量为18~33 cm。据观察，当年生枝条生长量较大的品种有'姚黄'和'脂红'（27~32 cm），生长量较小的是'大胡红''紫二乔'和'乌龙捧盛'（约为19 cm）。当年生枝条的实存率在19%~30%，平均为27.2%，枝条木质化长度仅4~5 cm。据资料分析，原产地和引种地牡丹枝条木质化程度存在显著差异。中原牡丹在原产地当年生枝条实存率可达30.3%~51.3%，木质化长度为7~10 cm；在云南武定引种后的枝条存留率仅为18.6%~28.6%，枝条实际生长量为5.1~6.0 cm。此外，在云南丽江、昆明引种中原牡丹亦表现出枝条木质化程度较低的现象。

牡丹枝条木质素和纤维素的形成是木质化的基础，受温度、光照、湿度、降水和施肥等环境因素的影响（表6-5）。

从表6-5所列数据看，山东菏泽6~10月平均温度22.2℃，降水量527 mm，蒸发量940 mm，日降水量≥0.1 mm日数43.6天；河南洛阳6~10月上述指标依次为23.4℃，424 mm，985 mm，48.3天。中原牡丹枝条木质化进程从8月开始，枝条硬度增大，色泽由绿色逐渐变为灰褐色。此时中原地区降水量逐渐减少，气温高，枝条含水量下降，加之强光和高温有利于纤维素和木质素的形成。牡丹枝条木质化进程早、木质化程度较高。而引种地云南武定和丽江，从6月至10月降水充沛，光照时数不足，空气相对湿度（74%~85%）维持在较高水平，均不利于牡丹枝条的木质化，10月初大多数品种的枝条出现褐化。11月以后降水量明显下降，进入旱季，而此时牡丹已开始进入休眠期。因而枝条木质化的时间大大缩短，枝条木质化程度较低。

滇中地区夏秋季高湿还影响到中原品种的抗病性。不同品种表现差异较大，以'脂红''大胡红'抗病性较强，'乌龙捧盛'较差。

● 表6-5　牡丹原产地与云南引种栽培区域影响枝条木质化的气候因素对照

项目	山东菏泽 / 月					河南洛阳 / 月				
	6	7	8	9	10	6	7	8	9	10
温度 / ℃	25.0	26.9	25.0	20.5	13.5	26.6	27.5	26.2	21.2	15.3
降水量 / mm	103.6	222.1	153.5	44.02	3.78	66.3	141.5	95.8	74.7	46.0
日照时数 / h	277.4	238.5	245.1	212.2	215.3	254.2	220.3	213.4	183.1	186.9
蒸发量 / mm	298.7	205.2	175.8	143.0	117.2	310.8	222.0	185.1	145.5	122.0
空气相对湿度 / %	60	79	81	76	72	56	75	77	73	70
日降水量≥0.1 mm 日数 / d	7.6	12.4	10.2	7.6	5.8	7.8	12.6	10.5	9.5	7.9
有雾日数 / d	0.1	0.6	0.9	0.7	1.4	0.1	0.1	0.4	0.1	0.6

综合中原品种在滇中地区各方面的表现，引种的130多个品种约有75%不适应，如'青龙卧墨池''赵粉''璎珞宝珠''乌龙捧盛''盛丹炉''大棕紫''朱砂垒''一品朱衣'等。除'脂红'适应性较强外，其他基本适应的品种有'大胡红''珊瑚台''胜葛巾''葛巾紫''紫二乔''彩绘''淑女妆'等，其他还有'豆绿''首案红''二乔''紫金荷''彩绘''仙娥''守重红''银鳞碧珠''菱花湛露''鲁荷红'等。

从品种类群看，滇西北的丽江牡丹、西北紫斑牡丹较适应滇中气候。云南本地品种中紫色牡丹品种在成花率、生长势和抗病害能力方面表现要优于粉色系牡丹品种。'丽江紫''昭通粉'开花率与植株株龄相关，幼龄植株成花率虽然不低，但花蕾败育较严重。从品种类型看，较原始的单瓣品种比半重瓣、重瓣类品种适应性强些，其枝条木质化程度较高，受暖冬影响较小，成花率较高。天彭牡丹品种以'彭州紫'生长表现最好，开花正常，植株病虫害较少，而'胭脂楼'成花率较低。

云南丽江/月					云南武定/月				
6	7	8	9	10	6	7	8	9	10
17.8	18.0	17.2	16.0	13.3	17.5	17.5	16.9	15.4	12.7
163.4	250.5	218.6	135.0	62.1	184.3	228.4	194.9	135.1	92.9
156.7	142.5	159.8	158.5	193.2	155.7	149.8	169.7	152.7	147.0
173.6	149.2	143.3	132.3	131.9	181.7	153.8	151.7	139.6	126.2
74	81	83	82	74	77	84	85	83	81
20.8	24.4	24.1	20.4	12.2	16.3	22.0	20.1	15.9	14.3
0	0	0	0.1	0	—	—	—	—	—

总而言之，滇中高原和滇西北夏秋气温不高，雨量充沛，雨季空气相对湿度较高（约82%），是影响引种牡丹枝条木质化程度和病害发生的主要环境因素。因而这一带适宜引种喜温耐湿抗病的品种，除观赏性状外，还应注意花原基越冬休眠程度浅，易于打破休眠的种类。引种地点应选择海拔2 000 m以上，光照较为充足，土壤肥沃，排水良好的地段。多雾的亚高山地带不适宜牡丹栽培。

2）西藏拉萨 西藏拉萨位于西藏中部稍偏东南，属高原温带半干旱季风气候。这里海拔高（3 650 m），太阳辐射强，日照时间长（3 000 h/a），年平均气温低，昼夜温差大，夏天高温，干湿季明显，雨季降水集中。2009年起先后从甘肃兰州、河南洛阳、四川彭州引进牡丹，同时引进西藏其他地区的大花黄牡丹与黄牡丹。由于拉萨日光强烈，夏季常使牡丹叶缘变褐，或产生日灼。花色较深的品种花瓣焦枯，提前凋谢。因而栽植地应有半阴或侧方遮阴的环境，生长期设置遮阳网。据2009—2013年观察，中原品种和西南品种成活率低，并出现植株逐年萎缩现象，而西北紫斑牡丹品种能露地正常生长，开花结实，安全越冬。其花芽于 3 月 10 日至 4 月初萌动，4 月中旬显叶，下旬展叶，5 月上旬初花，中旬盛花，下旬谢花，花期约 20 天，较原产地晚 7 天左右。此外，引进西北紫斑牡丹品种中有部分花色逐渐变深，色斑面积增大且颜色变深，花朵香味变浓（邓岚，2014）。

四、发展前景

西南牡丹品种群中，彭州牡丹是个极具特色的栽培类群。其演化程度高，台阁品种多，花朵硕大，高度重瓣，花器发达，且植株较高，叶片修长，较耐湿热。亦适应盆栽。

由于气候条件特殊，日照少而空气湿润，其花朵丰腴滋润，花色娇艳欲滴，在自然山林景色映衬之下，其娇美之态令游赏之人欲醉欲痴，可谓中国牡丹之一绝。彭州牡丹利用平坝及不同海拔引起的温差变化，花期可从 4 月中旬延长到 5 月中旬，因而结合风景旅游，极具发展潜力。

五、生态特点、物候表现与生长发育特点

（一）主产区自然生态特点

西南牡丹分布区多为低纬度山地、高原，生境差异较大。西南地区各牡丹栽培地主要气象因子如表 6-6 所示。

1. 四川彭州产区

四川彭州及其周边地区处于四川盆地西北山地边缘，海拔在 500 m 以上，主要风景区丹景山最高海拔 1 114 m。气候属中亚热带北缘，多雨湿润，冬季温暖，夏季高温。这一带年平均温度低于 16.0℃，绝对最低温度一般高于 -6.0℃，年降水量 1 000 mm 左右。与其他产区比较，日照偏少（山区低于 1 200 h）。土壤为山地黄壤及潮土（平原一带）。

2. 重庆垫江

该牡丹产区海拔为 320 ~ 1 183 m，大部分地区为 500 ~ 800 m。东部有精华山（东山）和黄草山，西部有明月山（西山），三座山从东北斜向西南呈平行条状排列，构成东西边缘低山槽谷地貌，以丘陵为主。土壤为黄壤，pH 6.2 ~ 8.0，肥力一般。

● 表 6-6　西南地区牡丹产区主要气象因子

| 地点 | 纬度 / N | 海拔 / m | 气温 /℃ | | | | | | ≥10℃ 积温 | 年均降水量 / mm | 年均空气相对湿度 / % | 年均日照时数 / h | 年均无霜期 / d |
			年平均	1月平均	绝对最低	7月平均	绝对最高						
成都	30°6′	505.9	16.2	5.5	−5.9	25.6	37.3	5 107.2	947.0	82.0	1 228.3	300
彭州	30°9′	589.1	15.6	5.1	−6.2	25.1	36.9	4 901.8	1 225.7	80.0	1 188.4	227
重庆	29°3′	259.1	17.0	7.2	−3.8	28.0	44.0	6 266.2	1 200.0	80.0	1 120.2	344
垫江	30°3′	418.0	17.3	5.9	−4.4	27.8	40.9	6 234.5	1 160.1	82.0	1 278.0	289
建始	30°6′	602.2	17.0	5.0	−11.0	25.0	41.0	5 036.5	1 200.0	85.0	1 270.0	260
贵阳	26°3′	1 071.2	15.5	4.9	−9.5	24.0	35.1	4 541.1	1 159.7	78.0	1 278.0	284
昆明	24°2′	1 891.4	15.3	7.7	−5.4	25.0	31.5	5 981.7	1 159.7	71.0	2 200.0	240
武定	25°5′	2 000.0	15.4	6.4	−7.0	20.7	34.5	5 709.2	1 005.5	76.0	2 398.0	252
丽江	26°9′	2 416.0	12.6	5.7	−7.0	18.4	30.6	5 530.0	1 024.1	63.0	2 530.0	294
鲁甸	27°7′	1 930.0	12.2	5.0	−11.5	22.1	33.0	3 426.1	917.3	75.0	1 940.0	150

3. 云南产区

　　云南本地牡丹产区从云南西北部、中部到东北部，即大理、丽江、香格里拉、楚雄、武定到昭通一带，从金沙江河谷至滇中高原、滇东北低纬度山地都有零星栽培，分布区域海拔较高（1 810 ~ 2 416 m），气候温暖湿润，年均温为 11.7 ~ 14.9℃，年降水量在 738.2 ~ 1 024.1 mm，干湿季明显，降水量主要集中在 6 ~ 10 月，年均空气相对湿度 60% ~ 80%，全年 ≥10℃ 积温 3 426.1 ~ 5 483.0℃，年均日照时数从滇东北的 1 047.2 h 至滇西北高原的 2 530 h。牡丹主栽培区域土层较厚，土壤类型有沙壤、棕壤、微酸性红壤、紫色土。各栽培区域自然生态环境的差异如下：

1）滇西北丽江市 位于北纬26º87′，东经100º23′，牡丹栽培地处青藏高原南部边缘的横断山脉向云贵高原过渡地段，属低纬度高原南亚热带季风气候区。金沙江河谷地带气候温润，全年分干湿两季。丽江古城年降水量1 024.1 mm，6～9月降水量占全年降水总量的82.4%；金沙江河谷海拔1 810 m，年均温14.9℃，1月均温6.7℃，7月均温22.8℃，年均空气相对湿度65%，年降水量789.1 mm。土质以肥沃的沙壤和棕壤土为主。

2）滇东北昭通市 该地区位于北纬27º7′～27º39′，东经103º8′～103º56′。全区地形变化大，气候垂直变化显著，年温差大，干湿季明显。昭通境内牡丹零星栽培，各县（区）均有。昭通昭阳区牡丹栽培区域位于撒依河岸，这里年均温11.7℃，年降水量738.2 mm，年均日照时数1 900 h，无霜期221天；鲁甸县位于北纬27º11′，东经103º32′，海拔1 930 m，属于低纬度山地季风气候。土壤为微酸性红壤，土层较厚；大关县位于北纬27º45′，东经103º54′，海拔1 000～1 930 m，属于北亚热带季风气候。年均温14.5℃，1月均温4.4℃，7月均温23.1℃，极端高温40.3℃，极端低温–6.4℃，年均日照时数1 047.2 h，年均空气相对湿度80%，旱季的空气相对湿度在73%以上，6～12月月均空气相对湿度达83%，无霜期150天，年均降水量990.4 mm，5～9月降水量占全年的81.1%，平均蒸发量1 112.8 mm，牡丹栽培区域土壤为紫色土。

3）滇中武定县 位于滇中高原北部，北纬25º30′～26º11′，东经101º55′～102º28′。县城海拔1 689 m，属半湿润亚热带高原季风气候类型，年温差不大，干湿季明显。

综合云南牡丹栽培区总体气候条件，属温暖湿润季风气候。该地牡丹属温暖湿润生态型。

滇西北丽江牡丹引种到河南洛阳、甘肃兰州后生长旺盛而不易开花。

（二）物候表现

1.四川彭州

彭州丹景山中花品种花期为4月中旬至5月初，其中单瓣品种花期较早，为4月上旬。彭州市区花期要提前10天左右。

2.重庆垫江

据2006年观察，牡丹花芽于2月上旬开始萌动（海拔400 m处为2月6

日，海拔 800 m 处为 2 月 10 日），4 月中旬谢花（海拔 400 m 处为 4 月 10 日，海拔 800 m 处为 4 月 14 日），前后历时 50 天。一般单花花期 5~6 天，群体花期为 20 天（3 月 26 日至 4 月 14 日）。其始花期由县农业农村局驻地的海拔 410 m，百灵山的海拔 550 m 到凯之峰的海拔 800 m，依次为 3 月 24 日、3 月 26 日、3 月 27 日，终花日期依次为 4 月 12~14 日。大体上海拔每降低 100 m，花期提早 1 天。最适花海观花期有 9 天（4 月 1~9 日）。一般单瓣品种比重瓣品种早开 3~4 天，而花期短 2~3 天（傅长安等，2006）。

3. 云南武定

总体情况是滇中地区引种不同种源的牡丹都表现出物候提前。中原品种表现为萌动早、开花早，落叶也较早。如果当年 12 月到翌年 1 月气温偏高，则大多数品种鳞芽萌动（仅露出幼叶尖端），其中，'丽江粉''狮山皇冠''香玉板'是最早萌动的品种，约为 12 月下旬。大多数中原品种在 1 月中下旬萌动，较原产地菏泽早半个月；云南当地紫色系品种萌动最晚，2 月中下旬才萌动。在正常年景（无暖冬出现）大多数品种可以正常开花，大部分中原品种的花期集中在 3 月中下旬，花期较原产地提前 1 个月。'香玉板'是云南地方品种中开花最早的，3 月初开放，云南粉色系品种花期约在 3 月中旬，云南紫色品种在 4 月初才现花，在滇中的花期仅比西北牡丹品种稍早。云南粉色品种落叶期最早，为 10 月初；引种的大多数中原品种在 10 月下旬至 11 月上旬落叶。滇中引种栽培的云南本地品种在开花物候方面差异较大的是紫色系品种，大理、丽江、香格里拉、昭通一带栽培的粉色系品种与滇中的品种开花相近，但滇东北栽培的紫色系品种在 4 月中下旬才开花，较滇西北、滇中等地的品种开花要晚近 2 周左右。这里引进的 3 个丽江品种如'丽江紫''丽江粉''香玉板'萌动与开花均早于丽江，而落叶期晚于丽江。其初花期'香玉板''丽江粉'在 3 月 17~18 日，'丽江紫'则在 4 月 5 日；落叶期从 10 月上旬到 11 月中旬，品种间差异较大（李宗艳，2003）。

该县狮子山公园引种的几个中原牡丹及西南品种的物候过程如表 6-7 所示。

（三）生长发育特点

西南牡丹品种群与中原牡丹品种群、西北牡丹品种群有着一些基本相同的生长发育规律，但由于生境差异较大，西南牡丹品种群也具有一些明显的特点。

● 表6-7 **部分中原品种及西南品种在武定狮子山的物候过程**

品种名称	萌动期 / (日/月)	现蕾期 / (日/月)	立蕾期 / (日/月)	破绽期 / (日/月)	盛开期 / (日/月)	花谢期 / (日/月)	落叶末期 / (日/月)	萌动至开花 / d	年生长期 / d
'大胡红'	23/1	2/2	15/2	19/3	25/3	28/3	15/11	65	296
'胜葛巾'	24/1	30/1	17/2	16/3	21/3	24/3	22/10	59	271
'乌龙捧盛'	10/1	26/1	18/2	17/3	22/3	25/3	2/10	64	254
'姚黄'	1/2	8/2	21/2	25/3	28/3	2/4	5/10	61	246
'脂红'	10/1	18/1	30/1	13/3	18/3	21/3	26/10	68	289
'丽江紫'	6/2	20/2	29/3	4/4	9/4	11/4	17/11	66	284
'丽江粉'	22/12	12/1	29/1	15/3	21/3	25/3	3/10	77	286
'香玉板'	21/1	26/1	15/2	18/3	21/3	24/3	21/9	62	242

1. 植株高大，生长旺盛

大多数品种直立性较强，但枝条稀疏，当年生枝节间较长。成年植株高 1.0～1.5 m，多为高干、中干类型，枝条开张角度30°～50°。叶片大型，全叶长 40 cm 以上。

2. 品种演化程度高

彭州品种中，重瓣占 77.8%，而台阁品种占重瓣品种的 57%；花朵大型，花冠直径为 19～25 cm，最大可达 35 cm；花瓣数量多，除单瓣品种外，大多为 500 瓣，最多 880 瓣（'胭脂楼'）。由于花芽分化时间长，台阁花花器总数可达千余枚。

3. 根系浅而发达

多分布在地表 20 cm 左右土层内，属浅根系，但根系发达。

4. 植株健壮，抗病虫能力强

在高原山地，紫外线强烈，常年发生的病虫害种类相对较少。

5. 高度重瓣品种生长周期较长

云南本地牡丹品种生长周期最长的是高度重瓣化的品种，比单瓣品种要长40多天。粉色系与紫色系重瓣品种生长周期近相等，但在生长发育方面具有明显差异。粉色系品种生长发育要求的积温要低于紫色系品种，表现为休眠芽萌动早，如遇暖冬，芽在1月就会萌动，落叶亦较早。在滇中地区，花蕾在2月下旬迅速生长，3月初进入快速膨大期，这一阶段对环境湿度高度敏感，若遇低湿条件，花蕾发育会出现停滞乃至败育现象。再有，高光强和高温促进叶片快速生长，造成营养分配不均，影响花蕾的生长。在滇西北和滇东北栽培的粉色系品种，也有类似现象，但不严重。紫色系品种的芽萌动需要较高的温度，2月下旬芽开始萌动，花蕾生长速度快于叶片，花蕾败育现象仅出现在幼龄植株。其枝条生长量大，植株要高于粉色系品种，但分枝不多，落叶较晚。云南粉色系品种分枝多，花色多变，初开粉紫色，开后渐变白色，仅花瓣基部不变色，有香味。植株萌蘖能力强于紫色系列。

六、繁殖与栽培管理

（一）繁殖方法

西南牡丹既有药用栽培，也有观赏栽培。药用栽培主要用种子繁殖，其中高度重瓣品种亦用分株繁殖。观赏栽培主要用分株繁殖，嫁接繁殖还有待进一步推广。

操作技术详见本书第五章。

（二）栽培技术

1. 露地栽培

1）择地　西南牡丹较耐湿热，根系浅但根系发达。在平地宜选地下水位较低、排水良好、土层深厚、疏松肥沃的沙壤土。土壤黏重之地需进行土壤改良。彭州中低海拔山地及山间宽阔谷地，气候温凉，种植牡丹较为适宜。牡丹喜光亦稍耐阴，但光照不足的地方不宜过于荫蔽，开阔地带则以稍有荫蔽条件较好。滇西北牡丹栽培区域以排水良好的沙壤土和棕壤土为主，富含腐殖质，土壤肥沃，气候温润，牡丹根系发达，生长迅速，每2年进行1次分株，仅保留 15 cm 根长进行移植。适宜作药用丹皮栽培。

2）整地作台　由于西南各地雨水多，防止土壤过湿是相当重要的环节。主要措施有：①山区丘陵地带可在坡地栽植牡丹，以利排水。如果在山地的平坦地面，可以起垄栽植，周围挖好排水沟；②城镇花园、绿地可筑台栽植，台面高出地面 50～80 cm，并在底部留出排水孔，如果栽植地块较大，可在平地上垒土使之成为坡地。例如彭州市区彭州公园的牡丹就栽在人工垒成的土丘上；③滇中高原夏秋季高湿，露地栽培牡丹宜在地势高处或筑高台栽培，武定狮子山公园筑 50～70 cm 的中央高、四周低的高台，并对栽植土壤进行改良后栽培牡丹，效果良好。

武定狮子山植被类型为亚热带常绿阔叶林，植物群落以元江栲林为主，次生云南松和华山松，土壤类型多样，松栎混交林下多是紫色土，云南松和华山松林下为红壤土，栽培牡丹区域为黄壤土，土壤 pH 5.3～5.5，有机质含量为 2.05%，总腐殖酸含量为 3.02%。改良的培养土 pH 6.0，有机质含量为 4.22%，全钾和氧化钾含量有较大提高，总腐殖酸含量达到 5.09%。

3）栽植

（1）适宜季节　彭州一带以 9 月底至 10 月中旬栽植较为适宜。这一时期栽植有利根系恢复，早发新根，第二年恢复生长较快。栽植可与分株同时进行。

（2）栽植方法　栽植前，需将挖出的牡丹植株放荫蔽处晾两天，根系稍软后栽植较好，有利于提高成活率。大面积栽植应将园地深翻，施足基肥，然后挖坑栽植。株距一般采用 1.5～2.0 m，栽植穴宽 40 cm、深 50 cm。栽时要使根系舒展，分层覆土踏实。栽后浇透水，使根系与土壤密切结合。

4）管理

（1）树体管理　牡丹栽植后先适当重剪，以提高成活率，促进新枝生长。在此基础上注意主枝的选留，一般根据品种特性选留 5～7 个主枝，其他枝条应除去。每年秋季落叶后进行整形修剪。

（2）土壤管理

A. 水肥管理。西南大部分地区降水较多，但有干湿季之分。在干旱季节，牡丹需适当灌水，以保持土壤湿润；夏季多雨时，要注意排水、控水，勿使土壤湿度过大。根据生长发育规律，每年早春萌芽后，花开过后及越冬前适当施肥。前两次以速效肥为主，入冬前以长效肥为主。

B.中耕除草。夏秋是杂草滋生时节，应在雨后及时中耕除草，以免杂草与牡丹争夺水分养分。

2. 盆栽

西南各地牡丹除露地栽植外，亦适作盆栽。彭州丹景红系列，如'胭脂楼''金腰楼'及重庆垫江的'太平红'等品种均适作盆栽。如营养土调配适宜，管理得当，亦能做到花大色艳，有较好的观赏效果。选生长健壮花芽饱满的4年生植株于10月上中旬上盆。当秋季气温较高时，有利于根系的恢复与生长，对翌春开花有利，开花前可于圃地集中管理。云南传统品种高度重瓣化，植株根系分布不深但广泛。适宜作盆栽的品种为粉色系，盆土宜用排水良好的沙壤土，栽培盆以选用直径60 cm、高50 cm的陶瓷盆为好，盆底多开排水孔。

3. 病虫草害防治

彭州等地常见病害有灰霉病、红斑病。重庆药用牡丹栽培区见有根腐病、立枯病发生，虫害有蛴螬和咖啡木蠹蛾等，但危害较轻。云南武定引进的中原品种中，疫病、白绢病、叶斑病等病害危害较重。虫害有黄蚂蚁和刺青蛾等，需注意提前预防与及时治虫。

云南本地牡丹的主要病害有白粉病，主要是从5月开始至8月。白粉病发生迅速，对植株危害较大，入夏可提早进行预防。高湿通风不良时易造成虫害，以蚧类害虫危害为主。

病虫草害防治具体措施，详见本书第十一章。

（李嘉珏，李宗艳）

第五节
江南观赏牡丹栽培

一、江南牡丹的分布与历史沿革

（一）江南的地域范围

本书所指江南，属于广义的江南，泛指以长江中下游流域为主体的南方地区，涵盖上海市、浙江省，江苏省及安徽省中南部，湖北省、湖南省、江西省的大部分地区及福建省北部，广西壮族自治区东北部，台湾省及其他有牡丹零星栽培的地方。

（二）江南牡丹的分布

1. 野生分布

江南一带野生牡丹分布较少，目前仅在安徽东南部见有杨山牡丹零星分布，如安徽巢湖银屏山悬崖上的一株杨山牡丹老植株，宋代即已经存在，并被当地群众奉为"神花"。近年来在湖南西北部的龙山、永顺等地也发现有杨山牡丹分布。其中，永顺县松柏镇的松柏、龙头、湖平等村，以及相邻高坪镇居民庭院中有不少早年移自附近羊峰山的野生杨山牡丹（侯伯鑫，2009）。

2. 栽培分布

江南牡丹栽培分布较广，如上海、浙江、江苏，及安徽南部，湖南、湖北、江西有较多栽培，福建、台湾及广西等地有零星栽培。

目前各地较有影响的牡丹园有：①上海植物园牡丹园、古漪园、漕溪公园及醉白池公园；②江苏盐城市便仓牡丹园、射阳黄尖牡丹园、常熟尚湖牡丹园、南京古林公园；③浙江杭州花港观鱼公园牡丹园，宁波北文牡丹庄园；④安徽宁国南极牡丹园，铜陵凤凰山牡丹园及天井湖公园牡丹园；⑤湖北武汉东湖牡丹园；⑥福建闽侯雪峰山崇圣禅寺牡丹园；⑦台湾阿里山祝山牡丹园等。

此外，安徽铜陵、南陵、歙县、绩溪、泾县有大面积药用牡丹栽培，浙江临安（昌化），湖南邵阳、邵东、桂阳等地也有药用牡丹栽培。

（三）历史沿革

1. 观赏栽培始于唐，初盛于五代

最早提到江南牡丹的是东晋谢灵运。谢氏文集中有"言竹间水际多牡丹"之句，但地点未指明。宋代欧阳修《洛阳牡丹记》说："谢灵运言永嘉竹间水际多牡丹。"后人又以欧氏所说为据，多处引用。但至今对这一断语仍难以确认。从现有文献看，江南牡丹观赏栽培应始于中唐。首先是杭州的引种栽培。唐长庆年间（821—824）范摅《云溪友议》载："致仕尚书白舍人，初到钱塘，令访牡丹花。独开元寺僧惠澄，近于京师得此花栽，始植于庭，栏圈甚密，他处未之有也。时春景方深，惠澄设油幕以覆其上。牡丹自此东越分而种之也。"这是历史上第一次记载牡丹的北花南移。此外，还有诗文提到会稽（今浙江绍兴）及溢江（今江西九江）一带的牡丹栽培。

五代十国（907—960）期间，江南大部分地区属南唐，今江苏南部及浙江大部分地区属南越。在中原地区处于战乱中时，这两国却采取保境安民政策，经济繁荣，牡丹也有所发展。宋代张淏《宝庆会稽志》载："牡丹自吴越时盛于会稽，剡人尤好植之。"当时牡丹栽培的地方还有湖北荆州及湖南中部。

2. 宋代形成发展高潮，品种群初具规模

从北宋到南宋，江南牡丹持续发展。首先是越地牡丹继续繁荣，形成一个高潮，包括会稽（今绍兴）、杭州及诸暨一带。时僧人释仲休（亦作仲林、

仲殊）撰有《越中牡丹花品》，序言中说："越之所好尚惟牡丹，其绝丽者三十二种。"此后，欧阳修《洛阳牡丹记》记牡丹"南亦出越州"，周师厚《洛阳花木记》更具体记有会稽品种'越山红楼子'。另王十朋《会稽三赋·风俗赋》记述会稽"甲第名园，奇葩异香，牡丹如洛"。至于杭州，则有苏轼《〈牡丹记〉叙》记述他于熙宁五年二月二十三日从杭州太守沈立"观花于吉祥寺僧守璘之圃。圃中花千本，其品以百计。酒酣乐作，州人大集，全盘缀篮以献于坐者，五十有三人。饮酒乐甚，素不饮酒者皆醉。自舆台皂隶皆插花以从，观者数万人"。

3. 元代吴中牡丹仍盛，明清又形成发展高潮

据元代陆友仁《吴中旧事》所记，元代其他地方牡丹发展大多处于低潮，但吴地（今江苏苏州一带）牡丹仍盛。此外，《至顺镇江志》《至顺昆山志》《至正金陵志》记述了这一带种植观赏牡丹的地方，其中昆山民家有植洛花数百本者，都是吴中一带没有的（陈平平，2008）。

至明清时期，江南牡丹继续发展，到清代又有一个繁荣和普及的时期。主要栽培区有今苏州、杭州及其周边地区、皖东南、湖南中南部及湘西一带以及上海等。明代谢肇淛《五杂俎》记："北地种无高大者，长仅为三尺而止。余在嘉兴、吴江所见，乃有丈余者，开花至三五百朵，北方未尝见也。"明代王世懋《学圃杂疏》说："牡丹出中州，江阴人能以芍药根接之，今遂繁滋，百种幻出。余澹园中绝盛，遂冠一州。"归庄《看牡丹记》记述他于1661年春末，在今上海周边昆山、太仓、嘉定一带，历时10天，走过"三州县，看遍三十余家花"。明代田汝成《西湖游览志余》记："近日杭州牡丹，黄紫红白咸备，而粉红独多，有一株百余朵者，出昌化，富阳者尤大，不减洛阳也。"张岱《陶庵梦忆》记"天台多牡丹"，还记"梅花书屋"有"'西瓜瓤'大牡丹三株，花出墙上，岁满三百余朵"。《西湖梦寻》记："灵芝寺，钱武肃王（即钱塘令钱镠，卒谥武肃王）之故苑也。"寺中牡丹"干高丈余""开至数千余朵，湖中夸为盛事"。此外，明嘉靖《常德府志》记："（境）产牡丹，大者高四尺，叶绿，大如掌，开花大如碗，有千叶（指重瓣）及红、紫、白数种。"及至清代，又形成了以今湘西北吉首、张家界、常德，湘西南怀化、邵阳为中心的观赏牡丹栽培区，以邵阳、衡阳为中心的药用牡丹栽培区。

至于上海，则有《上海县志》（1871年）记：上海牡丹"最盛于法华寺，

品种极繁,甲于东南,有小洛阳之称"。王钟、胡人风纂《法华乡志·物产卷·牡丹》载:"乾嘉时,(法华)李氏淤溪园为尤胜。花开满畦,五色间出。每本一花,大如盘盂,可值万钱。游赏者远近毕至。"该记选"其品目最著者"记录了三十二个品种。法华牡丹一直享有盛名,有"法华牡丹甲四郡"之誉。时人赞曰:"富贵原推第一花,中州佳种更堪夸。每逢谷雨春和候,只听人人说法华。"

(四)历史上的重要成就

在中国牡丹发展史上,江南地区在牡丹文化和牡丹栽培上都有着不俗的表现。

1. 第一部中国牡丹谱录出自江南

在牡丹史上,人们熟知欧阳修《洛阳牡丹记》。实际上,早于欧氏48年,即公元986年,僧人释仲休就写下了中国首部牡丹谱:《越中牡丹花品》。虽然这部谱录仅留下不足一百字的序言,但却传递了丰富的历史文化信息。表明北宋初年,越地(今浙江绍兴一带)就曾经有了一个牡丹发展和欣赏的热潮。

2. 中国牡丹审美文化在南宋时期趋于成熟,奠定了中国牡丹文化发展的坚实基础

与唐宋时期中国牡丹栽培和观赏热潮的两度兴盛相呼应,中国牡丹审美文化也有了长足发展,并且在南宋时期的江南地区不断得到深化而趋于成熟。

从北宋到南宋,中间经历了靖康之难的重大变故。当时,金人南侵,帝京沦陷,牡丹主产区遭到严重破坏。当南宋政局趋于稳定,欣赏牡丹热潮再度兴起时,南宋文人士大夫不得不面对中原沦陷、北宋灭亡的残酷现实。人们对往昔美好岁月的追忆,对沦入异族之手的中原故土的思念,对山河破碎、国破家亡的惨痛经历的反思,与牡丹欣赏活动紧密地联系在一起。此时,在人们心目中,牡丹即洛阳,即中原,即国家。爱国主义成为当代牡丹文学中最重要的主题,牡丹形象也因之被提升到象征国家命运、民族精神的高度。这在中国花卉文化史、中国审美文化史上都有着重要意义(李嘉珏,2009;路成文,2011)。

3. 在牡丹栽培技术上的改进和提高

从五代十国起,历经宋元明清,江南地区不断培育、筛选出一批适应当地风土条件的品种,并形成了一套以精细栽培为核心的栽培技术。清代计楠《牡丹谱》作了相应的总结(李嘉珏,2006)。这套技术有以下几个要点值得借鉴:

（1）园地选择　良好的小气候条件，利于排水的地形和土壤，可以挡西晒的环境，等。

（2）品种选择　以当地选育品种为主，适当吸收外来适生品种。

（3）精细栽植　注意移栽季节和每一个操作环节，如根系拌药消毒，顺坡摆放，理顺根系，用手拍实，延迟浇水，等。

（4）精心管理　夏季遮阴，合理调制肥水，掌握浇灌时间。

（5）改进繁殖方法　用芍药根嫁接，以提高适应性等。

4. 其他

近代以来，上海、南京等地在中外牡丹科技交流上也有一定贡献。江南一带发展牡丹热情一直较高，迄今为止，江苏、浙江、上海一带一直是中国古牡丹保存最多的地区。

二、生态习性、开花物候与生长发育特点

（一）江南地区自然环境与牡丹的生态习性

长江中下游一带多为冲积平原或丘陵山地，主要城市所在地海拔较低，如上海市 4.5 m，浙江省杭州市 7.2 m，湖南省长沙市 50.0 m、邵阳县 300 m，江苏省南京市 8.9 m、盐城市 2.0 m，安徽省铜陵市 37.5 m、宁国市 200 m。总体上江南地区夏季炎热湿润，冬季较为干燥寒冷。长江沿岸大部分地区属北亚热带气候，往南则为中亚热带气候，如表 6-8 所示。

（二）开花物候

1. 上海与江苏苏州

上海植物园曾于 1990—1991 年对引进的中原品种的开花物候进行了观察：当日平均气温高于 5℃（1 月 20 日至 2 月 14 日）为牡丹花芽膨大期，5～11℃（2 月 14 日至 3 月 20 日）为现蕾立蕾期，11～15℃（3 月 20 日至 4 月 15 日）为平桃圆桃期，15℃以上（4 月 15 日以后）为开花期。上述各期气温变化很大时，则会提前开花或推迟开花。特别是 3 月下旬该地往往会受到寒流影响而使有的品种花蕾萎缩，不易开花。'凤丹白'在上海一般于 3 月末始花，4 月上旬为盛花期，并可持续到 4 月中下旬。

● 表 6-8　江南各牡丹种植区主要气象因子

| 地点 | 纬度 / N | 海拔 / m | 气温 /℃ | | | | | | 年均降水量 / mm | 年均空气相对湿度 / % | 年均日照时数 / h | 年均无霜期 / d |
			年平均	1 月平均	绝对最低	7 月平均	绝对最高	≥10℃积温				
盐城	33°22′	4.5	15.4	2.0	−9.2	27.8	37.2	4 708.6	1 200.0	77	2 325.0	223
南京	32°37′	8.9	15.3	2.0	−14.0	28.0	43.0	5 101.6	1 058.0	75	1 899.3	229
合肥	31°52′	29.8	15.7	2.1	−6.9	28.3	41.5	5 202.9	995.3	75	1 801.0	245
上海	31°14′	2.5	15.6	3.5	−12.1	27.8	40.2	5 388.2	1 125.0	74	1 662.0	228
武汉	30°35′	23.3	16.4	3.0	−18.0	28.8	44.5	5 503.9	1 360.0	75	1 544.0	270
杭州	30°16′	41.7	16.2	3.8	−12.7	28.7	40.8	5 373.2	1 402.2	76	1 689.3	248
长沙	28°12′	44.9	17.1	4.7	−10.3	29.2	40.3	5 483.2	1 313.0	79	1 748.9	275
邵阳县	26°20′	284.3	17.1	5.1	−7.0	28.0	39.8	5 308.4	1 291.0	81	1 670.0	298

注：1. 表中所示纬度为牡丹主栽地的纬度；2. 适应上述地区生态环境并能正常生长发育的牡丹品种属耐高温湿热生态型。

经过对引进品种和江南品种进行对比观察。中原品种萌动期与江南牡丹品种相近或略偏早，较早的有'珊瑚台''墨楼争辉''绿香球'等，这些品种开花期也偏早，而'香玉''肉芙蓉''霓虹焕彩''种生粉''首案红''卷叶红'等则与江南品种相近，日本品种萌动期晚于江南品种，只有极少数的早花品种与江南品种萌发时间相近，如'玉芙蓉''八重樱'等。欧美品种的萌发期显著晚于江南品种，一般要到 3 月中旬才开始萌动。

牡丹从 3 月底 4 月初先后进入开花期。在上海，江南品种、中原品种及部分日本品种大多在 4 月上中旬开花，属早花类型。大部分日本品种 4 月中旬大量开放，是中花期品种；美国品种'海黄'、法国品种'金阁' 4 月下旬进入开花期，'金晃'是 4 月底 5 月初才进入开花期，并能延续到 5 月中旬，属晚花期品种。

1998年，苏州市园林研究所对引进的10个宁国品种进行物候观察，芽膨大期为2月15日至2月19日，显蕾期为2月19日至2月27日，'云芳'最晚为3月5日，破绽期为3月30日至4月7日；'玉楼'初花期4月4~11日；'云芳'盛开期4月5~12日，谢花期4月13~16日。单花平均花期多数7~8天，仅'云芳'5天、'玉楼'6天，花期较短。引进的菏泽品种始花期为4月7~12日，盛花期为4月8~17日，因品种而异。

1996年4月平均气温偏低，盛花期在4月26日前后。

2. 湖南长沙、永顺及邵阳

1）长沙　据侯伯鑫等于2006—2009年连续4年开花物候观察，来自永顺的观赏牡丹品种花芽萌动期为11月中下旬，现蕾期为翌年3月上中旬，开花期3月中旬至4月上旬。其中粉色系品种各物候期比紫红色系品种早7~8天。花期偏晚的品种有'土家紫''土家妹''紫绣球'等。引自邵阳的药用品种花芽萌动期为1月中下旬，其余物候与观赏品种相近，其中'宝庆红'，又名'香丹'，物候偏晚，萌动期为2月上旬，现蕾期为3月中旬，开花期为3月下旬至4月上旬。上述品种单花花期一般为6~7天，而'宝庆红'为5~6天，'湘女多情'为7~8天；单株花期一般在10天以内，而'粉菊花''湘金蕊''紫绣球'可达11天，'湘女多情'为11~12天，'宝庆红'为7~9天。牡丹在长沙的落叶期为9月下旬至10月上旬，阴凉处可延至11月中下旬。此外，部分粉色系品种如'土家粉''湘西粉''湘金蕊'有在12月或翌年1月开花现象。

据吕长平（2004）对从菏泽引进的15个中原品种，在长沙利用大棚进行避雨栽培的观察，盆栽植株1月上旬萌动，2月中旬至3月上旬花蕾快速生长。'雁落粉菏'开花最早，在3月9日开花，其他如'洛阳红''朱砂垒''迎日红''香玉'等逐渐开放，一般单花花期5~9天，单株花期7~12天。品种间花期波动较大，为10~19天。

2）永顺　该地牡丹产区海拔600~800 m，观赏品种花芽萌动期为2月上旬，现蕾期4月上旬，开花期4月中下旬。其中粉色系品种比紫红色系品种物候要早6~8天。

3）邵阳　该地牡丹产区海拔500~800 m，药用品种花芽萌动期为1月下旬，现蕾期3月中旬，开花期3月下旬至4月上旬。其中'宝庆红'萌动期为2月中旬，现蕾期4月上旬，开花期4月中旬。

（三）生长发育特点

江南牡丹除具有牡丹共有的特性外，传统品种也有自己的一些特点：

1. 生长健壮，适应性强

大部分具杨山牡丹血统的品种植株高大，生长健壮，土芽少，适应性强。

2. 传统品种演化程度高，台阁品种比例大

'凤丹'系列及新选育品种大多为单瓣、半重瓣，而传统品种演化程度高，台阁品种比例大。由于花芽分化时间长，其花器分化数量大，可达1 000～1 400枚，这些品种无论为单花还是台阁花，均依靠营养繁殖。

3. 根系发达，分布较浅

如宁国牡丹根幅可达49 cm×38 cm，有时横向长可达1 m以上。部分品种亦耐水湿，根蘖多，易更新复壮。

三、江南牡丹的品种起源与构成

（一）品种起源

江南地区牡丹开始药用较早，但栽培应晚于中原一带。江南地区的品种起源大体上有以下途径（李嘉珏，2006，2011；王佳，2009）。

1. 野生牡丹的栽培驯化

宋代苏颂《图经本草》载："牡丹生巴郡山谷及汉中，丹州（今陕西宜川）、延州（今陕西延安）、青州（今山东青州）、越州（今浙江绍兴一带）、滁州（今安徽滁州市）、和州（今安徽和县、含山一带）山中皆有之。"至今，安徽巢湖银屏山悬崖上还有一丛宋代留存下来的古牡丹。此外，南京市南部淳化境内的花山，山上古寺及附近民众也传说该地一直有野生白牡丹分布。《图经本草》还记载："人家所种单瓣者，即山牡丹。"这种牡丹"三月开花，其花叶与人家所种者相似，但花瓣止五六叶耳"。从近年来的分类研究结果看，江南一带的野生牡丹就是杨山牡丹，而'凤丹'牡丹正是它的栽培类型。铜陵'凤丹'一个传说系明永乐年间（1403—1424）从邻近地区引进，另一个传说，即早在晋代，葛洪就曾在附近长窦山上种花炼丹。这花就是白牡丹。最近，彭丽平（2018）根据分子分析结果，推测铜陵一带曾经发生过'凤丹'牡丹的独立驯化事件。

2. 域外牡丹品种的引种

从唐代中叶杭州寺庙僧人从长安（今陕西西安）引种牡丹开始，中原牡丹就不断被引种到江南一带。五代十国到北宋初年，越地（今浙江绍兴一带）曾经掀起了种植与欣赏牡丹的热潮。江南牡丹史料中有不少从域外引种牡丹的记载，其中中原牡丹品种的南移始终占据重要地位，其次是西南、西北品种的引进。而有些西南品种，本身就可能是中原品种南移驯化的产物。

（二）品种构成

江南牡丹品种结构较为复杂，清代计楠《牡丹谱》记 103 个品种，其中江南品种（含自育品种）60 个，占 58.3%；北方品种 43 个，占 41.7%。民国时期上海黄园亦有品种 400 余个。但据近年调查，现在长江三角洲一带品种不到 30 个。

现有江南牡丹品种由以下几个类型组成：

1. 传统品种

在中华人民共和国成立前留下的老品种不到 20 个，是江南牡丹品种群的主体。按起源可分为两类：一是以杨山牡丹为主发展演化而来的品种，通常称为'凤丹'系列，是江南一带的主栽品种，包括中原南移品种与当地品种的杂交后代，如'玉楼''凤尾'等；二是中原牡丹南移经长期驯化后保留下来的品种，如安徽宁国的'徽紫'系列，湖南邵阳的'香丹'，也包括西北紫斑牡丹经长期驯化保存下来的品种，如'盐城红''盐城粉'等，这些品种一般有较强的耐湿热特性。

2. 国内各地引进品种

以菏泽、洛阳等地引进的中原品种为主。1980 年以来，先后引进品种有 140 多个，少数表现较好，大部分是"一年好，二年差，三年回娘家"。西北牡丹中有少数品种如'书生捧墨''黑海风云''紫蝶迎风'等较好，绝大部分品种适应性较差。西南品种较为适应，但花色不如原产地鲜艳，有些品种不开花。

3. 国外引进品种

1）日本品种

（1）白色系　'玉兔''天衣''五大洲''连鹤''白王狮子''御国之曙''扶桑司'。

（2）红紫或紫红色系　'太阳''岛大臣''村松樱''花王''八重樱''玉芙蓉''新日月锦''百花撰''锦乃艳'。

（3）深紫红色系　'皇嘉门''麟凤''黑龙锦'。

（4）红色系　'太阳''红旭''世世之誉''芳纪''日暮'。

（5）淡蓝色系　'镰田藤'。

（6）粉红色系　'吉野川''圣代''明石泻''八千代椿''花游'。

（7）紫或淡紫色系　'长寿乐''紫光锦''镰田锦'。

（8）复色系　'岛锦'。

2）欧美品种　'金晃''金阁''海黄''金岛''瑞龙''名望'等。

四、品种引进的障碍因子及适应性

（一）江南地区引种的障碍因素

江南地区特定的气候土壤条件，对域外牡丹品种的生长发育多有不利影响。从多年引种实践分析，主要问题表现在以下方面：

1. 春季的倒春寒及缩蕾现象

据在长沙的观察，春季牡丹花芽萌动生长后，常出现以下情况：一是因倒春寒引起幼蕾受冻。2月上中旬花芽萌动，当嫩枝生长仅为 2~3 cm 时，倒春寒常导致新芽顶端聚积的水珠结冰包裹幼蕾，使其受冻。有些早花品种生长较快，突遇倒春寒，花梗受冻，花蕾坏死。二是枝叶徒长与叶吃蕾的现象。南方早春天气乍暖还寒，在引进品种中常有叶蕾生长不协调，出现叶吃蕾的现象。这种情况多发生在短期气温快速增高，叶片生长过旺，导致花蕾生长停滞、萎缩。这种现象与品种关系较大，当地品种如'凤丹''香丹'等单瓣品种少见，而中原品种中，'二乔''胡红''洛阳红''乌龙捧盛''脂红''首案红'等重瓣且开花较早品种多有发生。

此外，江浙一带粉色系品种还见有花朵锈开现象发生。

据田间观察，当花蕾高于叶片时，生长正常，少有叶吃蕾的现象；而叶片高于花蕾则易发生。此外，花朵苞片出现皱褶，表示营养严重缺乏，则叶吃蕾的现象严重。解决方法：一是摘除花枝下面 2~3 片叶；二是将下部叶片的叶柄拧伤，以阻止其养分吸收，叶柄拧伤后 3~5 天即可恢复正常；三是用低浓度赤霉素涂抹花蕾，促其快速生长。

2. 花期多雨的危害

江南牡丹花期因引进品种不同及各地气温差异，可从 3 月下旬起陆续开花到 5 月中旬。这一时期，江南大地温暖湿润，适于牡丹开花。问题在于花期温度变化大与降水频率高，往往使花期缩短、开花率降低，大大降低观赏效果。

花期的避雨栽培或是解决问题的途径之一。

3. 夏季湿热环境的影响

1）土壤湿度　6 月江南进入梅雨季节，月降水量可能超过 200 mm，土壤含水量长期偏高，对牡丹肉质根生长产生不利影响。江南传统品种耐湿能力较强，而中原品种大多烂根现象严重，成为中原品种南移的重要限制因子。

2）病原微生物　梅雨之后进入高温期。高温高湿环境使牡丹受到伤害，外来品种比本地品种受到的伤害更加严重。首先是病害滋生，有些病害如灰霉病等蕾期就有发生，严重时叶部出现大面积焦枯。但品种间感病程度差别较大，染病严重的有中原品种'蓝田玉''烟笼紫'，日本品种'圣代''玉兔''紫光锦'，美国品种'盛宴''奥秘'等。

3）强光照　在高温环境下，强烈的阳光直射也会对叶片造成伤害，叶缘焦干以致枯叶。受害严重的品种有'金晃''御国之曙''镰田藤''海黄''黑色秘密'等。比较起来，江南传统品种病害、热伤害都较轻，而引进品种中也有些抗性强的，如日本品种'岛锦'，中原品种'香玉'等。不过持续高温、高湿环境对大多数品种都有不良影响，进入 8 月中旬，大多数品种叶片衰老加速，大部分叶片焦枯。适度遮阴对缓解夏季热害有一定作用，可搭设 2.5 m 高的遮阳网，遮光度 50% 效果较好，也可栽植榉树、朴树等叶片较小的大乔木为牡丹遮阴度夏。

从气象因子分析，夏季南北气温、降水等差异不大，但南方夏季昼夜温差小，不利植物养分积累，从而对花芽分化等产生不利影响。

4. 早期落叶与秋发

江南一带正常生长的牡丹植株落叶期应到 10 月中下旬，但进入 9 月，大部分品种已经叶片枯焦，被迫提前进入休眠期。

江南秋季平均温度在 16～19℃，而此时中原一带在 15℃ 以下。江南秋季偏暖的气候条件，偏湿的土壤环境，使得许多牡丹植株叶片提前衰老或枯焦，这些牡丹植株提前落叶且易于秋发。

历年秋发程度与当地秋天气温、降水有关，也与品种有关。据在长沙的观察，秋发程度低的年份约有30%植株发生，秋发程度高的年份有70%左右植株发生。2013年长沙宁乡市引自湘西的观赏牡丹10～15年植株，100%发生秋发。一般引植时间短的植株，落叶较早的植株，萌蘖枝较多的植株易秋发。而株龄较大，长势旺盛落叶晚的植株，秋发现象较少。秋季降水较多的年份易发生秋发，因此秋季要适时控水。

在上海、长沙等地有少数品种秋发能够开花，如'凤丹''香丹'及'景玉'等。少数重瓣品种能开花，如'胡红''洛阳红''赵粉''乌龙捧盛'等，但秋花质量不高，花期偏晚，花径偏小。

在上海，日本品种中只有'时雨云'等寒牡丹品种易秋发。美国品种'盛宴''海黄''金岛'，以及法国品种'金晃''金阁'等也易秋发。但这些品种（主要是亚组间杂交品种）与引种的中原品种有所不同，其秋发枝上的叶片能充分展开，具有较大的光合面积。秋发出现较早时（如8月中旬），当年顶芽能形成花芽，翌春开花。大多数中原品种秋发枝因生长时间短，顶芽难以形成花芽。如果秋发早，也可能形成花芽，翌春开花，但花朵变小，层次变少，花期缩短，且延期开放。

采取前促后控，夏季适度遮阴以及防止早期落叶等，能有效控制秋发现象发生。

（二）中原品种的适应性

1. 赵孝知等在上海、南京、武汉等地的调查结果

1）生长势强、开花正常的品种　'景玉''雪莲''肉芙蓉''百花展翠''月宫烛光''藏枝红''朝衣''百园红''墨润绝伦''百园红霞''首案红''青龙镇宝''百花丛笑''李园春''贵妃插翠''雪映桃花''迎日红''脂红''卷叶红''丹顶鹤''霓虹焕彩''红麒麟''唇红''锦袍红''鲁荷红''锦江''胜景''鹤顶红''彤云''乌龙捧盛''墨楼争辉''黑海撒金''墨池争辉''乌金耀辉''大朵蓝''叠云''群英''绣桃花''蓝宝石''雨后风光''富贵满堂''蓝芙蓉''蓝月亮''菱花湛露''胜葛巾''彩绘''丁香紫''绿幕隐玉''春柳'等。

2）生长势强或中庸、花朵略小或花瓣减少、成花略低的品种　'香玉''琉璃贯珠''银红巧对''粉中冠''恋春''紫凤朝阳''大棕紫''紫二乔''洛阳红''玉面桃花''胡红''翠羽丹霞''曹州红''似荷莲''珊瑚台''春红娇艳''冠世墨玉''珠光墨润''包公面''二乔''玉楼点翠'等。

3）生长衰弱、成花率低或花朵变小等不适应的品种 '昆山夜光''冰壶献玉''雪桂''醉西施''鲁粉''西瓜瓤''赵粉''寿星红''黑花魁''烟笼紫珠盘''青龙卧墨池''蓝田玉''青翠蓝'（'粉蓝'）、'银粉金鳞''百花粉''皱叶红''红梅傲霜''飞燕红装''罗汉红''明星''丛中笑''状元红''紫红争艳''锦绣球''西施蓝''盛丹炉''紫蓝魁''假葛巾紫''古城春色''金玉交章''黄金翠''姚黄''雏鹅黄''豆绿''三变赛玉''绿香球'等。

4）引种一两年后即死亡的品种 '玉板白''红岩''墨撒金''春水绿波''烽火''朝阳红''红姝女''丹炉焰''红辉''雨过天晴''邦宁紫''紫瑶台''玉玺映月'。

2. 黄程前、李跃进在长沙对引自洛阳的中原牡丹品种调查结果

1）在长沙和洛阳都表现良好的品种 '洛阳红''首案红''白雪塔''胡红''脂红''霓虹焕彩''飞燕红装''彩绘''十八号''朱砂垒''珊瑚台''二乔'和'迎日红'等。

2）在洛阳表现良好、在长沙表现不好的品种 一是连续4年未开花的品种，有'贵妃插翠''蓝宝石''春莲''红狮子''姚黄'等。二是4年中有开花但不能连续4年都开的品种，包括'种生白''紫衣天使''洛都争艳''乌金耀辉''似荷莲''魏紫''墨洒金''娇容三变''绿香球''冠世墨玉''大朵蓝''蓝田玉''青龙卧墨池''红运满堂''夜光白''玉楼点翠'和'葛巾紫'等。三是连续4年都有开花，但是植株长势不好的品种，有'黑花魁'。

3）在长沙表现比洛阳还好的品种 如'盛丹炉''银红巧对''肉芙蓉''乌龙捧盛''璎珞宝珠''银粉金鳞''菱花湛露''万世生色''紫贯粉''翠幕''绿幕隐玉''贵妃插翠'等。

中原牡丹南移并经多年栽培后，叶形、花型、花色、花期都会发生不同程度的变化。如'豆绿'叶片变大，缺刻变少，叶端由短尖变长尖；'首案红'花色变淡，'乌龙捧盛'花型也有变化。此外，有的品种根型也发生变化，原有粗根逐渐烂掉，重发的新根向四周伸展，粗根少、须根多。有些品种大小年现象明显。

（三）西北品种的适应性

江南地区对西北品种也曾有过较多引种，引种数量较大、时间较长的有湖北武汉市东湖牡丹园、上海市上海植物园、安徽铜陵凤凰山牡丹园等。由于甘肃兰州及临洮、临夏、陇西等地与江南一带气候土壤条件差异太大，引种大多未能成功。但武汉东湖牡丹园在地势较为高燥并有树荫处仍残留少数品种。

1. 武汉东湖牡丹园陈汉霞调查结果

1）引植5年以上，生长势中等，基本适应的品种 '玉盘盛金''百丈冰''冰山雪莲''紫蓝魁''中川玫瑰红''紫凌''蓝菊''蓝海银波''黄河玉''海市蜃楼''花和尚'等，上述品种花朵普遍变小。

2）引种后生长势弱、花朵少且小的品种 '瑞雪''云中鹤''雪莲''金波荡漾''粉面桃花''粉玉露光''向往''黑凤蝶'等。

3）引种后逐渐死亡的品种 '菊花粉''富寿粉''东方红''状元红''火焰''墨紫藏金''紫冠''紫凤朝阳''紫莲''紫蝶迎春''黄绣球'等。

2. 南京古林公园初获成功的品种

如'中川红斑白''燕尾白''红线女''蓝冠玉带''墨冠玉翅'等（王晓文，2012）。

李嘉珏于2012—2013年，分别从湖北保康、甘肃榆中引种了部分紫斑牡丹天然杂种实生苗到湖南邵阳种植，其中从湖北保康引进的100余株苗木成活率95%以上，且能年年正常开花。这些苗木属于紫斑牡丹原亚种，有一定耐湿热特性，适应性较强。而由甘肃榆中引来的100余株实生苗成活率75%左右，秋发严重，但仍有20%植株能开花结实。这些品种属于太白山紫斑牡丹。

江苏常州陈义芳从甘肃临洮、和政等地引种一批紫斑牡丹品种，在经土壤改良、排水良好且夏季有适当庇荫的庭院栽培，十余年一直正常生长开花，现株高已有1.5 m。

郑伟艳（2008）在江浙一带山地调查，认为'书生捧墨'较适应。可见，江南地区对西北紫斑牡丹品种群的引种栽培还要作具体分析。

五、江南观赏牡丹露地栽培

（一）栽培地点的选择和土地准备

1. 园地选择

江南地区种植观赏牡丹，尤其是建观赏园，栽培地点及土地的选择至关重要。按照牡丹"喜凉畏热，喜燥恶湿""栽新土则根旺"，以及牡丹为肉质根，根系发达等特点，栽植地点需地势高燥、土层深厚、疏松肥沃、富含腐殖质且排水良好，土壤质地宜为沙质壤土。凡地势低洼，地下水位较高，土壤过于黏重，排水不良，前茬作物病虫害较为严重的地块均不适宜栽培牡丹。

江南地区在山地建园，效果较好。一般地势开阔，海拔在 500～1 200 m 较为合适。在山区、半山区仍应注意小地形、小气候的选择，南北走向，宽300～500 m 的山间谷地，这种地方夏天阳光直射时间短，通风条件好，梅雨季节或夏日雷阵雨后，水汽不易沉积，牡丹不易发病。海拔过高，湿度过大则不适宜。

2. 土地准备

牡丹栽植前，土地要提前做好各项准备工作：①清除园地的杂草、灌木，特别是多年生杂草；②土地翻晒，应在晴天进行，翻深度应不低于 50 cm；③施足基肥，以腐熟有机肥为主，配合使用土壤杀菌剂或杀虫剂。

在土壤黏重、地下水位高处建园，一定要采取以下措施：①抬高地势，高出原地面 60～100 cm，下面做好排水暗沟；②要搞好土壤改良，使改良后的土壤能满足牡丹生长发育的基本要求，既透水透气好，又有一定肥力。南京古林公园采用黄沙∶营养土∶泥土 =2∶3∶5 的比例，效果很好（王晓文，2012）。

注意小气候的营造。如栽植在有一定间距的林地中间，为牡丹创造上半日有阳光照射、下半日有稀疏林木遮阴的环境，但不宜种在常绿乔木下面。

（二）品种和苗木的选择

1. 品种间搭配混栽

首先要选择适应江南气候土壤的地方品种，同时选用经多年引种试验已证明适应江南风土条件的中原品种、日本品种、欧美品种以及伊藤品种。

2. 要重视苗木的质量

要求植株生长健壮，以4~5年生分株苗或5~6年生嫁接苗较为适宜。但嫁接苗嫁接部位易染病，这类苗木慎用。

据湖南长沙多年引种洛阳牡丹的实践，除选择品种外，苗木以3年左右较为适宜，起苗时伤根少，易栽植，成活率高，且附带病害少，并可适当密植作过渡栽培，待成活复壮后，带土球移栽定植，翌年不缓苗不影响开花。如用大苗，则往往伤根较多，如操作不当时，也易烂根。如果采用了大苗，翌春应当不让开花或少开花，并应采用遮阴等措施保护过夏。

3. 注意事项

切忌将大量未经试验的北方品种直接带土球在南方建园，这样做虽然可以在栽植后的第一年，利用植株原有分化较好的花芽和营养积累的基础，开上1次好花，但两三年内很快生长势衰弱，或因叶片、根系严重染病而死亡。

（三）适时栽植

1. 栽植时间

和北方地区比较，江南一带秋季牡丹种植时间要长些、晚些，但仍需注意适时栽植。9~10月江南牡丹根系有一个生长高峰，要注意抓住这个时间点，使牡丹栽植后当年能有一个多月的根系恢复期，确保新根能长到10 cm以上，这样，翌春植株能正常生长开花，几乎没有缓苗期。

江南一带牡丹不宜过早栽植，过早易引起秋发。过晚，土壤温度偏低，当年根系不能恢复，翌年入夏以后，植株易失水萎蔫以致死亡。

苗木栽植前要仔细检查和整理，剪去过密枝和弱枝，过长或折断（皮层断裂仅中间木心相连）的粗根、老根和过多的须根也要剪去，因为干枯的须根已失去生命力，需要重新发根。根部发黑感染根腐病的植株挑出单独处理，浸泡杀菌剂认真消毒，捞出晾干再栽。

2. 栽植方法

在适宜的土地上采用挖坑栽植的方法，在地势较低的地方则应采用就地培墩栽植法。

栽植深度，一般根颈与地面齐平或稍高。嫁接苗须注意接口部位要高出地面5 cm，这些部位最易染病。

南方地区雨水多，要注意选择土壤墒情适中时种植。根系覆土后要使根系与土壤紧密接触，但又不宜踩踏过紧。这是南方地区栽种牡丹与北方地区不同的地方。栽后视土壤墒情浇水，一般不宜马上浇水，最好等自然降水。

（四）田间管理

1. 中耕除草

江南地区气候温暖，降水丰富，田间极易滋生杂草，与牡丹争光争肥，必须适时中耕锄草，每年锄草 6~7 次。但 8 月以后生长的杂草结籽已无大碍，可以不管。

2. 肥水管理

1）施肥　牡丹喜肥，但土壤不宜过肥，南方雨水多，养分易流失，因而江南牡丹施肥应少量多次，年周期中，不同生长阶段施用不同的肥料。

从萌芽到开花前，以施速效肥为主，可采用叶面喷施与灌根相结合的方法。叶面喷施可用叶面肥（磷酸二氢钾、花多多等）和防治病虫的药物混合使用，灌根则采用三元素复合肥。

开花后植株消耗养分较多，以施用多元素复合肥为主。

入冬后地上枝叶枯萎，但地下根系仍在生长，可在入冬前后施用基肥。有机肥、三元素复合肥、钙肥等结合施用。

2）浇水与控水　南方地区雨水多，土壤湿度大，但也有不同程度的旱情发生。

春季从萌发到开花，枝叶大量生长，耗水量大，如出现干旱情况，需及时补充水分。花后的营养生长及花芽分化阶段，一般与雨季相遇，水分供应比较充足，应注意排水沟渠的畅通。夏季伏旱天气，气温高蒸发量大，需视土壤墒情浇水。浇水时间应在早上或傍晚气温下降之后。入秋后，蒸发量较低，应注意控制土壤水分，以免引起秋发。

3. 整形修剪

江南牡丹的整形修剪，需注意以下几个因素：

1）品种特性　适应江南气候的凤丹牡丹品种干性较强，基部土芽少，修剪时既可以通过重剪或平茬促进基部萌蘖，形成多主干丛生型的株型，也可以疏掉基部萌蘖，培养只具有单一主干的株型。中原品种萌蘖性强，干性弱，以培养丛生型的株型为宜，要注重主枝的选留和培养。

2）植株长势　对于观赏园中的大龄植株，开花量多，以轻剪为主，主要是疏除过密枝、细弱枝和枯枝。对于长势衰弱的植株适宜重剪，控制开花量，促进更新复壮。主枝应分布均匀，留壮去弱，一般应控制在 5～6 个主枝。

3）生长季节　春季牡丹萌芽以后，一要及时清除基部萌蘖，但枝条少的植株，要选留健壮萌蘖作骨干枝培养；二要疏除过多花芽，一般 1 枝留 1 个花芽，壮枝留 2 个花芽，现蕾后及时除去过多花蕾；三要注意叶与蕾的协调生长。当叶片旺长超出蕾高时，应适当摘除基部二三片叶，以促进花蕾生长，防止叶片吃蕾现象发生。

开花后及时剪除残花。入冬前后剪去干枯枝及多余萌蘖枝。调整树形，使树形圆满美观。

4）注意事项　注意修剪抹芽等操作应在晴天进行，以利伤口及时愈合。剪口距剪口下花芽的距离应有 1.5～2.0 cm。如果修剪不当，常导致剪口下花芽枯死，枝干中空，因而大田牡丹秋冬也可不加修剪，任其自然凋落，只对盆栽或庭院牡丹按上述要求进行处理。

4. 病虫害防治

病虫危害严重是江南牡丹栽培的重要制约因素。病虫害防治是江南牡丹田间管理中的关键环节，管理人员要有很强的植物保护意识，并贯穿在整个技术管理流程之中。

1）江南病虫害发生特点

（1）病虫害种类多　据在长沙初步调查，除常见病害 10 余种、虫害 9 种外，白蚁、棉铃虫、蛞蝓、霜霉病等也时有危害。

（2）发生面积大　扩散传播时间长且快。

（3）发生频度大，时间长　在每个生长期内反复发生；病害主要发生在春夏季，每当晴雨相间、冷热交替之时，都有可能出现大面积病害；虫害则年内都有发生，高温多湿季节常需 10 天左右打药 1 次。

（4）危害严重　对牡丹生长影响较大，如灰霉病在湖南极易发生，可在短时间内感染整个牡丹园，如不及时防治，会导致叶片大部或全部发黑枯焦，植株衰弱至死。

2）综合防治措施　要注意一些栽培技术使用不当，都有可能导致病菌的

367

感染与传播。如移栽时挖取的苗木，伤口较多，需晾2~3天，以利伤口愈合，然后再栽；苗木根系上的病斑要清除干净，严格消毒；注意园地通风与地面排水；修剪工具要注意消毒，不要染菌；修剪去芽要在晴天操作，以利伤口愈合；保证剪口清洁，防止因修剪导致病菌从剪口入侵；及时清除发病的枝叶、花蕾及开放的花朵；不要留下雨后因渍水而腐烂的花朵等；秋季注意清园。

各地在实践中也积累了一些防治措施，如安徽合肥艺术学院王孝绘采用以下方法给大株牡丹防治地下病虫害，效果较好。冬季用500~600倍生石灰液，在植株周围打孔灌根，孔距主干60~80 cm，深30~50 cm，孔径5~8 cm，灌石灰液后封住洞口。大牡丹每株用生石灰约1 000 g，石灰液还有调节土壤酸碱度、补充钙素的作用。春季用90%敌敌畏乳油300~500倍液灌根杀灭地下害虫效果也较好。坚持多年，牡丹生长旺盛，花朵繁多。

其他病虫防治，请参阅本书第十一章。

（黄程前，李跃进）

六、江南观赏牡丹栽培新模式的探索

（一）转变观念，实行七分造、三分管的方略

由于江南地区高温多湿，各种病菌容易滋生。在江南地区栽培牡丹需要系统地做好种植前各项准备工作，应选择适宜的品种和土壤建园，采用适宜的栽培方法，调整好牡丹所需的土壤结构和营养元素，从根本上做到系统性防治病虫害。近年来，有些园地未选择好适宜的品种，种植季节、种植方法不对，水害、肥害、热害、药害、人为损害常有发生。由于土壤理化结构没有调配好，以致牡丹生长不良而引起的衰落症非常普遍，如果牡丹植株出现衰落症状，是很难恢复的。只有从源头创造良好的生长条件，江南牡丹才能健壮生长，取得令人满意的效果。

余文良经过多年摸索，得出的结论是：江南牡丹需七分造、三分管，也就是说牡丹定植后就已七成决定其枯荣。

（二）抓好几个关键环节

1. 重视土壤调理

选择好园地后，在牡丹栽植前两个多月（即每年 7～8 月）或更早，就开始进行土壤调理，内容包括建园前的杂草清除，土壤肥力、土壤理化性质的调整，土壤微生物的调理等。

1）土壤肥力调整　要求土壤有机质含量 6%～8%，并富含各种微量元素和有益微生物菌群。若有机质含量低于 4%，牡丹根系发育不良，易导致枝叶不旺，甚至黄化。应在对园地土壤肥力水平进行评估后，通过施用腐熟有机肥加以调理。

2）土壤理化性质的调整　牡丹对土壤理化指标一般有较大的适应幅度，但对某些指标却有着较为严格的要求。依据多年经验测算，牡丹根系要求土壤总孔隙度 50% 左右，毛管孔隙度 40% 左右，中小团粒结构占 40% 以上，土壤空气含氧量 15% 以上，土壤相对含水量在 70%～80%，pH 6.5～7.0，铝离子含量在 6.5% 以下。根据江南土壤特性和牡丹对土壤的要求，可使用特别研制的牡丹土壤调节剂处理。1 m^3 土壤施用调节剂 2～3 kg，土地翻耕时施入，与土壤充分混合即可。这类土壤调节剂含多种有效成分，如牡丹需要的动物性氨基酸、土壤结构膨化剂及活性炭等，能调理土壤营养元素，膨化土壤，使形成并保持疏松的团粒结构，促进土壤有机物分解及有益微生物种群稳定等。

3）土壤微生物的调理　一般土壤中各种微生物处于自然平衡状态，土壤调理要尽可能保持其正常的平衡。具体措施有：

（1）深翻并暴晒土壤　牡丹栽植前两个月，结合施入基肥将园地深耕一遍，利用夏季阳光暴晒。一个月后再翻耕一遍效果更好。

（2）深施基肥　有害微生物的快速繁殖需要充足的水分、营养和土壤氧气，其发生范围一般在土壤中 3～30 cm 层段。3 cm 以上表土因环境因子波动较大，不利于有害菌的生存，而 30 cm 以下土层含氧量低也不利于有害菌的繁衍。腐熟有机肥深施到 30 cm 以下土层，有利于控制有害菌的危害。

（3）尽量不要使用土壤杀菌剂　使用杀菌剂防治根部病害，短期内会有些效果，但难以持久。其原因：一是土壤病菌数量大、范围广，药物处理很难普遍用到，药效一过期，留下的病菌会继续繁殖蔓延；二是有害菌种类很多，杀菌剂不可能对所有菌群都有效，留下的会继续危害；三是施用杀菌剂后，土壤微生物种群平衡被破坏，适应性强、抗药性强、繁殖快的种类留存下来，大多是有害菌。牡丹根际环境受到严重破坏，进而造成牡丹植株免疫机能紊乱，长势衰弱。在南方地区移植牡丹，在1~3年内因根系腐烂而死亡的原因，多是定植时用杀菌剂灌根造成的。

同样道理，苗木也应尽量采用天然消毒杀菌的方法。

2. 注意品种和苗木的选择

1）品种的选择　首先要选用江南本地的传统品种，其次是从其他品种群中选择适生品种。此类品种应具有抗性强、生长旺盛、越冬需冷量低，丰花性好，株型较为高大，叶片较厚且大小居中，根系呈水平分布等特点。

2）苗木的选择　牡丹能否在江南地区长期存活，苗木质量也相当重要。最好用分株苗和实生苗，慎用嫁接苗。鉴别苗木质量有以下要点：苗木健壮，根系较完整，根毛色白直透，量多而长；枝干粗壮，周皮有光泽，髓心小；芽体饱满、青红而有光泽，没有裂嘴；全株没有病斑虫眼；萌芽整齐度高。

3. 改进栽植方法

传统栽植法一般根据苗木大小挖宽与深同等的坑，把苗放入坑内，填入一半土时，将苗向上提一提使根系舒展，再填土踏实，然后浇透水。这种栽植方法在江南应用不当时会产生严重危害。长时间把牡丹根部埋在含水量饱和的土壤中，根系会因缺氧导致窒息、染病，直至溃烂死亡，这是江南地区导致牡丹栽培失败的主要原因之一。

凸形墩培土栽植法是我们设计的新方法。就是把牡丹种在高出垄面呈圆锥形的土堆上。操作程序如下：先在垄上堆成圆锥状土堆，锥尖角度约为70°，高度依苗木大小而定。一般锥尖高度是整体栽培墩高度的2/3。栽时把处理好的牡丹苗放在圆锥体尖顶上，苗的根颈部低于栽培墩整体高度5 cm，根在土墩四周均匀分布，自然向下舒展，转动几下后覆土，培成馒头形土墩。土墩四周的牡丹根系上培土厚度20~30 cm，土墩顶部覆土以盖住牡丹根颈部3 cm为宜。植株根颈部周围稍高而中间略低。覆土时不需把苗向上提，培墩时不需把土踏实，栽苗5天内不要浇水。栽培墩10年内不需要松土施肥。

在上海及江苏南部的平原低洼地区，地下水位高，土壤黏重，透气透水性严重不良。这类园地除采用凸形墩培土栽培外，还要加强土壤营养元素的补充和土壤膨松改造，通过调整土壤微生物平衡和采用基底空心透气的办法，给牡丹创造一个适宜长期健康生长的根际环境条件。

1）园林绿地中的牡丹栽植　园林绿地中牡丹栽植需用大苗筑台栽植。3~10年生大苗栽植须筑台20~30 cm高，10~20年生牡丹植株适合台高30~50 cm，20~50年生要求台高50~80 cm，50年以上要求台高80~100 cm。台的宽度是高度的2倍为宜。牡丹大苗若不筑台栽植，往往出现通气通风不良、水渍烂根、根系向土地浅表生长等不良反应。牡丹地下根系越浅，地上株丛越矮小，对其生长越不利；而地下根系越深，地上枝叶越茂盛，其适应性越强。

历史经验值得注意，江南地区遗留下来不少百年以上古牡丹，这些古牡丹几乎全部生长在较高的台地上，没有发现生长在平地上的古牡丹。

2）大田栽植　大田栽培牡丹可参照以上栽培模式。3年生幼苗高畦种植，畦宽1.3 m，高30 cm以上，开穴栽植。根颈部高于畦平面5~10 cm，栽植后培土至根颈部。4年生以上苗栽种时不需开穴，而采用凸形墩培土栽植法。先在栽植点上培成锥形土堆，置苗其上。然后用垄沟中的土和周边的土培在苗根上，厚20~30 cm。在根颈周围留下一个小坑，放置一层无菌的土壤，如消过毒的山沙土、河沙、碎石末或生土，以保护牡丹根颈部不受茎腐病、纹羽病、根腐病等病菌的侵害。牡丹栽后5天内不宜浇水。

3）定植后的表现

（1）根系活力强　开花前约20天，基部复叶长到25 cm左右，在强阳光下温度升高时，叶片没有萎蔫下垂者好，下垂者根系有问题。

（2）叶片色泽　到6月下旬，牡丹叶片没有光泽，不耐烈日烤晒，就会提前落叶。苗木因养分储藏不足，会引起秋发。到8月整株叶色如果不均匀，或黄化焦枯，或掉落，说明该地块牡丹苗根系开始染病。

（3）正常落叶　已到落叶期叶片自然转金黄色者佳。如仍为青绿就直接枯死落掉，是一种富营养化症状，表明牡丹植株的吸收功能和养分转化储藏功能出现障碍。

4. 掌握栽植时间

1）江南牡丹发根规律的观察　据观察，江南地区地温在5℃以上时根系开始活动，不过根系活动强度因种类和品种不同而有一定差别。一年当中牡丹根系活动规律如下：在 2 月萌芽前有一次小的毛细根发根高峰，谢花后叶片停止生长时有 1 次中等的发根高峰，然后开始一年中的养分积累。到 9～10 月气温降到 25℃ 左右时有利发根，并在落叶前后有一次一年中最大的发根高峰。

入秋后的发根高峰，正是牡丹移栽的好时机。这时栽植，入冬后能发出二、三级新根，长度可达 15 cm，对翌年生长十分有利。以后栽植的牡丹，生根情况逐渐减弱以至停止。如 11 月栽苗，入冬前最多只发一、二级新根，长不足 10 cm。翌年 3 月开花前，太阳一晒就发蔫，入夏后叶片易发黄；12 月栽苗，当年新根生长不到 3 cm，翌年叶小而黄，一见太阳就发蔫，7～8 月开始枯萎；1 月移栽苗基本不发新根，翌年越夏后枯萎死亡较多。

2）具体栽植时间的确定　裸根苗一般从 9 月到 11 月均可，最好在 9 月底到 10 月底栽植。具体时间可结合具体情况综合考虑：①大面积栽植时，大苗、老龄苗先栽、早栽，幼苗、小苗可晚栽，其余苗居中；②长势稍弱已引起早期落叶的苗以其落叶期为最佳移植期，因落叶后会很快重新发根；③计划栽植后翌年就要开花的苗应早栽，注意挖苗时叶片还好的要剪去叶片，留下叶柄，以免秋发；④海拔较高处气温低应早栽，低海拔气温高处可晚栽，偏北地区应早栽，而偏南地区可稍晚，背阴地块培育的苗木要比向阳地块的苗木早栽；⑤多年未移植过的苗、根量少的苗比多次移植苗、根量多的苗要早栽，不带土的裸根苗比带土坨的苗要早栽；⑥春旱地比春水地要早栽，肥力差的地块比肥力高的地块要早栽。

根据多年观察，江南地区牡丹因早栽而引起秋发的植株并不影响来年生长，大部分植株翌年反而生长更快。这也是牡丹栽植南北有别之处。

如带土球时则常年均可移栽。

5. 合理密植

栽植密度可分为四种模式：

（1）当年嫁接苗　一般畦宽 1.5 m，步道 0.5 m，畦内行株距以 30 cm×15 cm 栽植，可留 2 年出圃。每亩栽约 10 000 株。

（2）2 年生嫁接苗　和当年分株苗栽植密度一样，以直行为好，便于田间管理。畦宽 1.4 m，畦内行距 60 cm，畦沟宽 80 cm，株距 40 cm，1 畦栽 2 行，可留植 3～4 年出圃，亩栽苗约 1 500 株。

（3）6年生嫁接苗　和4年生分株苗一样，宜单畦单行种植。畦宽1.3 m，株距0.8 m，可留植3~4年出圃，每亩约栽650株。

（4）园林绿地作观赏栽培　一般以台植、带植、片植为多，还有零星间插于其他乔木、灌木、草坪、路边、建筑物之中。江南传统品种宜稀植，最好是周边有独立的生长空间，而中原品种在江南地区种植，从生态适宜方面考虑，适当密植可创造相互阴凉条件，有利牡丹生长。这是两类品种在江南种植的差别。

（5）管理方面注意事项　①适当重剪、短截老枝，减少老枝量和开花量；②加强病害防治，及时做好排水遮阴工作；③花后每隔10~15天喷1次叶面肥，直到落叶；④多施富含钙、钾及氨基酸类的有机肥料，提高其抗逆性；⑤防止有害物质对牡丹根系的伤害，保护根尖不黄、不黑；⑥从根本上防止因早期落叶引起的秋发。

（俞文良）

七、江南观赏牡丹园建设和管理技术要点

（一）牡丹品种选择

选择江南适生品种首先考虑品种的耐湿、耐热性。另外，低纬度低海拔地区还需要选择花芽解除休眠需冷量低的品种。

1. 江南传统品种（包括自育品种）

中华人民共和国成立前留下来的老品种，如'玉楼''西施''黑楼紫''香丹'和'盐城红'以及'凤丹'系列、'徽紫'系列等。

2. 西南牡丹品种

如'紫绣球''泼墨紫''彭州紫''丽江紫''丽江粉''太平红''金腰楼''红腰楼''血丝红''垫江红''丹景玉楼'等。

3. 中原牡丹品种

以洛阳和菏泽为代表的中原牡丹品种群中，抗湿热、生长势强以及新培育的杂交品种中，有一些已经适宜江南地区生长，如'洛阳红''首案红''乌龙捧盛''鲁荷红''朱砂垒''亭亭玉立''如花似玉''百花丛笑'等。

4. 国外牡丹

1）日本品种　有'黄冠''初乌''黑光司''麟凤''皇嘉门''春兴殿''岛大臣''昭阳殿''花王''芳纪''杨贵妃''新日月锦''新七福神''八千代椿''吉野川''明石泻''白妙''白王狮子'和'玉帘'等100多个。

2）美国品种　有'海黄''金岛''公主''黄金时代''名望''奇迹''盛宴''中国龙''黑道格拉斯''黑海盗''黑豹''符山石'等。

3）法国品种　有'金阁''金鸡''金阳''金晃'和'金帝'等。

上述品种，普遍生长势强，成花率高，抗逆性强，大部分适宜江南种植。

（二）选地整地

牡丹喜阳光，也耐半阴，耐寒，耐干旱，耐弱碱，忌积水，怕热，怕烈日直射，适宜在疏松肥沃、土层深厚、地势高燥、排水良好的中性沙壤土中生长。园址宜选择地势高，土层深厚，疏松肥沃，排水良好，具有一定坡度的缓坡地段。江南土壤多数属于酸性及通透性差、易积水、排水不畅的黏重土壤，容易造成牡丹根系腐烂，不利于牡丹生长。改良土壤可掺拌沙性土壤，以长江细沙最佳，无条件的可将种植土掺拌黄沙、腐熟发酵锯末（或者稻糠）、酒糟、腐叶土和充分腐熟的饼肥等，并调节土质至中性或者微碱进行土壤改良。

12月初，牡丹地块深翻（40 cm以上）不耙，冬季自然风化；翌年2月初，牡丹地块表层覆盖河沙，平均厚度35 cm；3～7月，种植绿肥；8～9月，绿肥深翻灭茬还田，深翻前每亩施尿素15 kg、有机肥料（牡丹专用肥）200 kg，同时每亩撒施5%辛硫磷缓释颗粒剂5 kg，精耕细作，平整待用。

大面积成片种植牡丹多采用高垄种植，应起高于地面30 cm以上的畦，将牡丹种植在畦上，垄沟和牡丹园水系密切贯通。为了景观效果和排水方便，也可以在地面上筑40～60 cm高台，将牡丹种植在高台上。

（三）园地排水管网建设

将高垄、筑台栽植方式结合园地排水管网、游园道路等的建设，做成板沟，上面铺设水泥板（40 cm×60 cm），下部形成内空腔，把主电缆、通信、LED照明低压、监控等线路和灌溉、地面排水系统放进去。板沟相互间距4～8 m最佳，长度可依游园的线路进行布置（图6–2）。

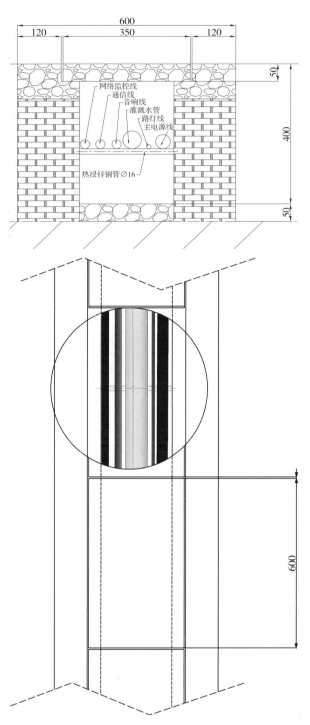

网络监控线
通信线
音响线
灌溉水管
路灯线
主电源线

热浸锌铜管∅16

600
120 350 120
50
400
50

600

● 图6-2 江苏常熟红豆牡丹园板沟设计示意图（单位：cm）

筑台、排水板沟建设时，板缝不能全部用水泥等建筑材料填实，必须要留有一定缝隙，以方便种植地块渗水和排水。

（四）注意树种配置侧方遮光

江南地区牡丹生长受环境胁迫影响较大，存在肉质根易腐烂、叶片夏季受灼伤严重、花芽分化受阻等问题。牡丹虽喜光，但在南方种植不宜强光直射，夏季忌暴晒。在牡丹种植点侧方最好有树木遮阴且通风良好，夏天光照直射时长不超过5 h，以免灼伤新枝嫩叶。树种选择以冬天落叶的乡土树种，如玉兰、梅花、榆树等，推荐优选树种有鄂西红豆树、黄檀树，这些树种在江南地区基本是4月下旬至5月中旬开始生长发芽，且病虫害少，在牡丹花季不遮挡视线，利于游人赏花、拍摄照片或视频。树苗规格以胸径10 cm、分支点高3.5～4 m最佳，种植株行距控制在6～8 m，这样牡丹的采光不受影响，利于根系对能量储存及生长。常熟市红豆牡丹园2017—2018年分三批从甘肃临洮引种'宇红''洮河翠玉''粉绣球''玛瑙盘''红绣球''紫龙袍'等40多个紫斑牡丹系列品种，目前均生长发育正常，长势基本稳定。通过侧方遮光，让西北牡丹适应江南气候，起到了积极作用（图6-3）。

（五）重视种植技术与栽后管理

1. 种植要求

每年牡丹落叶后是江南地区裸根牡丹苗栽植的最佳时期。牡丹栽植前需晾根，即将植株挖起后抖掉宿土，放到无直射阳光的室内或避风处阴晾1～2天，使其根系变软，然后栽植。栽植前应适当修剪根系，剪掉老根、病根、伤根，

A. 红豆树下种牡丹；B. 梅花树下种牡丹。

● 图 6-3　**江苏常熟红豆牡丹园牡丹配置树木种植**

用硫黄粉涂抹或用 1% 硫酸铜液蘸根消毒。

　　江南牡丹种植一般株行距为 80 cm 左右，具体应根据植株大小而定，一般以植株间叶片不重叠为宜。江南栽植牡丹穴挖得要宽一些，但不要挖得过深（不超 40 cm），这样根系会较多地在地表较浅的土层中横向生长，避免根系栽植太深而不利于透气，造成烂根，一般栽植深度以根颈与土面平齐或稍低为宜。用细碎土填实于根颈部，扶正后无须踩实表层，然后浇灌定根水。

西北牡丹和中原牡丹的种苗往往受当地降水少的影响，根系往下伸展且呈纵向分布。栽种时需将根系短截，或采用半平根法栽种。牡丹适宜中性至微碱性的颗粒状到细核状的结构疏松、偏沙性的壤土，不适宜含沙量少、偏黏性的重壤土。在江南移植牡丹不建议带土移栽。夏季连续降雨或导致地下水位上升，土壤透气性降低。当含水率过高超过根系耐受程度，牡丹根系活力减弱，缺氧时间过长会造成黑根烂根，部分植株甚至死亡。

2. 种植后的管理

1）修剪　标准商品苗种植后需要短截部分枝条，以减少花芽从而减少翌年开花量；大株牡丹种植需要疏枝；根系损伤严重的种苗，不但需要进行疏枝，还要短截预留下的枝条；根系损伤特别严重的，需要作平茬处理。

江南地区牡丹的整形修剪一般每年进行 3 次，第一次修剪在 3 月上旬进行，主要是定干、抹芽和疏蕾。方法是选留 6 个生长健壮、空间布局合理的萌蘖芽为主干，抹除多余的萌蘖芽，每个枝条选留 1～2 个外侧花芽，其余侧芽全部抹除；3 月中下旬疏除过多的花蕾，使养分集中供应主蕾开花，确保花大色艳，并保持优雅的花姿花态。4 月中下旬至 5 月上旬，当牡丹花朵开始凋萎、失去观赏价值后进行第二次修剪，及时剪除其残花（连同花梗），以减少养分的消耗，保持植株的整洁美观，通风透光。在落叶后的 10～11 月进行第四次修剪（落叶早的植株可提前修剪），剪除枯枝、枯叶，并进行一次清园，清园的垃圾集中销毁。

2）浇水　新植牡丹根系受损，墒情好会促使新的毛细根形成，根据土壤墒情，遇旱及时浇水。

3）中耕除草　牡丹生长季节，要抓住半湿半干好墒情及时中耕除草；冬季要对行间进行深翻晾晒。

4）秋冬管理　秋冬采取"三清一肥一翻一水"的管理措施。

（1）三清　清理杂草；清理枯枝落叶（结合修剪，冬季剪除弱枝、病枝和残枝）；清理病虫害（结合石硫合剂的应用，落叶后和发芽前枝条各喷施 1 次 3°Bé 的石硫合剂）。

（2）一肥　11月中下旬每亩施有机肥 200 kg 作基肥。施足基肥，以保证苗木安全越冬，提高翌年植株的生长势。肥料种类以有机肥为好，如禽畜粪便、饼肥等，必须充分腐熟。鱼内脏、鱼肠是很好的磷钾肥，发酵腐熟后加清水 4 倍稀释，在根系 30 cm 外围浇施。

（3）一翻　深翻。翻的深度以不露根为好，土块不打碎，冬季任由雨雪风化。

（4）一水　北方地区称冬灌防冻水，南方地区牡丹园视降水和土壤墒情酌情安排。

5）夏季管理　花后除定期中耕除草外，每半月喷施叶面保护剂 1 次；6～7 月，每周喷 50% 多菌灵可湿性粉剂，或 70% 百菌清可湿性粉剂 500 倍液 1 次，和叶面肥两者交替使用；9～10 月结合中耕除草，每亩撒施 5% 辛硫磷缓释颗粒剂 5 kg，防治地下害虫。

（六）观赏牡丹园项目的风险评估

经过多年牡丹园建设与经营的实践，有以下几点体会：

1. 建牡丹园不能急功近利，最好有相应的产业支撑

牡丹园建设是典型的"三高一低一长"，即高风险、高投入、高技术、低利润、回报周期长。建牡丹园不能急功近利，需要有一个过程，不仅需要政府政策的支持，还要有产业支撑，逐步形成产业链才能达成经济效益和社会效益的双丰收。

2. 牡丹园选址至关重要

建园要注意选址，可以说地理位置决定着成败，一定要选好的位置。地理位置比规模重要，有的牡丹园面积有几百、上千亩，但因比较偏远和交通不便，游客较少。

3. 牡丹园面积不宜过大，要在精、巧、美上下功夫

牡丹园建设成功与否不在面积大小，而在精、巧、美。牡丹园核心观赏区 30～100 亩即可。面积过大，游客根本没有精力全部游览，游客数量也不会随着面积的增大而成正比增加。

（金喜春，邵安领）

第六节
东北观赏牡丹栽培

一、概述

（一）东北地区的范围

本书所指东北地区包括东北三省、内蒙古自治区东北部，也包括华北北部部分气候寒冷的地区。

（二）历史沿革

东北中北部相当于中国气候区划中的中温带北缘及寒温带气候区。这一带过去曾被认为是牡丹栽培的"禁区"。但据有关文献记载，唐代东北牡丹江一带曾有过牡丹栽培。当时，这里是靺鞨人建立的政权——渤海国，与唐朝交往甚密，中原文化对渤海国有着深刻的影响。历史上渤海国曾号称"海东盛国"，其都城上京城（今黑龙江省宁安市境）10万住户。上京龙泉府城北东西为禁苑，牡丹、芍药及奇花异卉遍植苑内。《松漠纪闻》记：渤海"富室安居逾二百年，往往为园池，植牡丹，多至二三百本，有数十千丛生者，皆燕地所无"。渤海国历经229年，牡丹随渤海国灭亡而消失。

东北一带虽然没有大面积的牡丹栽培，但零星引种且获得成功的先例还是有的。如内蒙古自治区赤峰市宁城县素日葛布台乡有 1 株清初留下的皇家"陪嫁牡丹"，现高 1.76 m，冠径 5.9 m，虽历经 300 年，长势衰弱，但经严密保护越冬后，尚能正常开花。又如辽宁省沈阳市植物园有株"百年牡丹"，是栗万发于 1989 年购自河南洛阳，1998 年捐赠给该园，现株高 1.7 m，冠径 2.7 m，有近 20 个粗枝，生长开花良好。另吉林省四平市王顺喜 1962 年从洛阳购回'洛阳红'等品种，经 40 余年精心养护，一直生长开花正常。2006 年将其中 5 株赠公主岭市益宗东北牡丹芍药育种基地，其株高达 2.0 m，冠径约 1.6 m。20 世纪 70~90 年代初期，辽宁沈阳，吉林长春、集安，黑龙江哈尔滨、尚志、大庆以及佳木斯、牡丹江等地先后开展了中原牡丹及西北牡丹的引种，取得一定成效。其中沈阳原有少量单瓣耐寒品种'露心白'栽培，无须人工防寒越冬。黑龙江省尚志市张维牡丹园林研究所从 1980 年开始引种育种，迄今 40 余年，已积累了丰富的经验。

（三）发展展望

1990 年以来，东北地区掀起牡丹种植热潮，牡丹发展迅速。如辽宁省沈阳市及周边地区，吉林省长春、吉林、四平、通化、延边、长白山等地，黑龙江省哈尔滨、尚志、大庆、佳木斯、牡丹江等地都有牡丹栽培。由南向北已建成多个牡丹园，如沈阳植物园牡丹园、本溪市动植物园牡丹园、长春市牡丹园、黑龙江省森林植物园牡丹园、牡丹江市人民公园牡丹园等。其中长春市牡丹园从 1988 年开始建设，位于市中心区，占地 6.56 hm²，栽植各类品种 1 万多株，其中中原品种 60 多个，西北品种 100 多个，国外品种 20 多个。2008 年入园观赏的游人达 100 余万人次，2009 年达 170 万人次，最高峰日人流量达 16 万~17 万人次。牡丹文化影响之大，可见一斑。

二、寒地气候特点及其对牡丹引种栽培的影响

（一）寒地牡丹概念的提出及其范围

果树栽培上曾提出寒冷地区的概念，大体上以年平均气温 7℃等温线为界，在此线以北，则称作寒地（周恩等，1982）。其范围包括黑龙江省、吉林省大部分、辽宁省北部、河北省张家口坝上地区、内蒙古自治区及宁夏回族自治区

北部等地。这些地区的牡丹栽培亦称为寒地牡丹栽培。

（二）寒地气候特点及其对牡丹栽培的影响

1. 寒地气候特点

东北及内蒙古自治区东北部主要牡丹栽培地气象因子如表6-9所示。

归纳起来，寒地气候有以下显著特点：①冬季寒冷且持续时间长。全年平均温度黑龙江省最低，大致为 -5.7 ~ 4.1℃；吉林省为 2.1 ~ 6.7℃。极端最低温度也以黑龙江省最低，大多在 -40.0℃左右，尚志市近年来有低达 -44.1℃的记录；吉林省长春市为 -36.5℃。黑龙江省全年有 7 个月，吉林省则有 5 个月，平均温度在 0℃以下。②冻土层深。哈尔滨冬季冻土层可深达 1.5 ~ 1.8 m，长春、

● 表 6-9　**东北三省及内蒙古东北部牡丹栽培地气象因子**

| 地点 | 纬度 / N | 海拔 / m | 气温 /℃ | | | | | | 年均降水量 / mm | 年均空气相对湿度 / % | 年均日照时数 / h | 年均无霜期 / d |
			年平均	1 月平均	绝对最低	7 月平均	绝对最高	≥10℃积温				
沈阳	41°13′	44.7	8.4	−12.0	−32.1	24.6	38.3	3 347.6	690.3	69	2 372.5	150.0
长春	43°06′	236.8	5.6	−16.4	−36.5	23.0	38.9	3 000.0	570.4	68	2 919.4	131.0
牡丹江	44°57′	241.4	4.3	−16.9	−38.5	23.0	38.4	2 650.0	577.0	66	2 339.4	130.0
哈尔滨	45°75′	142.3	4.2	−19.4	−41.4	22.8	39.2	2 700.0	524.3	69	2 526.8	126.0
大庆	46°46′	146.5	4.2	−18.5	−39.2	23.3	39.8	2 760.0	436.5	67	2 726.2	118.0
佳木斯	46°79′	34.0	3.0	−18	−39.5	22.5	38.1	2 521.0	510.0	66	2 525.3	120.0
齐齐哈尔	47°34′	300.0	3.2	−18.1	−39.3	23.3	40.1	2 500.0	550.0	60	2 900.1	122.0

注：1. 各地气象数据引自中国气象网及中国天气网 1971—2010 年数据；2. 各地纬度数据为牡丹主栽地纬度。

沈阳和呼和浩特冻土层也可深达 0.8 ~ 1.2 m。③气温变化剧烈，日较差、年较差大。短时期内气温大幅度骤寒骤热也是一个重要特点。④冬春干旱，日照率高，蒸发量大。⑤夏季气温较高，热量资源丰富。哈尔滨、长春的夏季 6 ~ 8 月，月平均温度均在 20℃以上，≥ 10℃积温前者为 2 700℃，后者为 3 000℃。

2. 寒地生境对牡丹栽培的限制因子

主要有以下几个方面：一是无霜期短，因而生长期较短；二是秋季的寡（日）照低温，有可能使花木秋后组织不充实而影响到花芽分化和越冬；三是冬季非常寒冷，极端最低气温可达 –44.1℃甚至更低，不耐寒的种类会发生冻害；四是早春树木萌动期间干燥的寒风会引起枝条出现生理干旱，因而发生抽条现象，而春季的倒春寒又可能使花蕾受冻而影响开花；五是常有寒害发生。如 2012 年 4 月中旬发生的寒害，造成哈尔滨、长春一带牡丹大面积死亡，即便是芍药也未能幸免。据分析，由于 2011 年 11 月到 2012 年 3 月初整个冬季降水（雪）量偏少，是当地 45 年来罕见的最干冷的一个冬季。而 2012 年 3 月 6 ~ 31 日先后降下六场大雪。虽是雨雪天气，但昼温在 2 ~ 14℃，地表 15 mm 厚土层开始解冻，但深层仍为冻土，融化的雪水聚集于表层使表土成了泥浆。当夜温降到 –15 ~ –2℃，雪水再次结冰，如此反复 30 余天，直到 4 月下旬表土才干透。此时，正值牡丹芽萌动、根系恢复生长期，地表气温、地温的剧烈变化使植株根颈部受到严重伤害，或因冻胀破裂，或因水浸泡导致根系缺氧而窒息死亡。但也发现有些植株没有受到伤害，如长春牡丹园中在树下栽植的、在草坪中间栽植的以及 2011 年秋刚栽植的牡丹都还完好，正常开花；而哈尔滨市太阳岛公园采取搭棚防寒、雪水能及时排走的牡丹也保存完好。这给以后的牡丹防寒栽培提供了一些启示。

3. 东北牡丹栽培优势

一是土壤肥沃，不少地区为黑土，腐殖质含量高，pH 7 左右；二是夏季温度适宜，雨水充沛（6 ~ 8 月降水量 >400 mm，占年降水量的 60% 以上），且光照强，光合同化率高；并且昼夜温差大，即使在伏天，夜间气温也仅为 15 ~ 20℃，营养消耗少，累积多，有利于花芽分化；三是无霜期虽短，但入秋无高温天气，牡丹逐渐转入低温强迫休眠；四是利用寒地冷资源，可使牡丹自然花期延后 30 ~ 40 天。

（三）耐寒牡丹的引种及其适应性分析

1. 东北地区牡丹引种概况

东北地区从 1970 年开始从菏泽、洛阳及兰州等地大量引种牡丹。据调查（鞠志新，2016），截至 2015 年年底，东北地区牡丹引种栽培总计约 220 个品种（含类型），计 4.5 万株，其中中原牡丹 170 余种，约 3.0 万株；西北牡丹约 50 种，1.5 万株。后来，长春等地西北牡丹品种数量又有较大增加，但仍以优质实生苗为主。在中国牡丹栽培史上，这是一次规模较大的引种活动。

2. 引种地与原产地的生境差异

东北地区牡丹引种地与原产地（种源地）之间生境差异较大。东北地区地理坐标为北纬 41.29°~47.34°，东经 118.93°~130.22°，3 个种源地菏泽、洛阳、兰州的地理坐标为北纬 34.55°~36.05°，东经 103.88°~115.45°，比较下来经度平均东移近 15°，纬度平均升高近 9°。气候变化趋势是从西向东湿度逐步增加，由多干旱大风趋向湿润多雨。处于本区东部的牡丹江市、吉林市、哈尔滨市、佳木斯市有较好的水分条件，与种源地的降水量差异不大，而随纬度升高，气温逐步下降。一般纬度每增高 1°，年均温下降 0.5~0.7℃，海拔每升高1 000 m，温度下降 5.5℃。东北地区牡丹引种地海拔从沈阳法库县的 447 m 至赤峰新城区的 580.0 m，差异不大，与中原品种种源地洛阳 147 m 接近，但与西北牡丹种源地的兰州市城区 1 520 m 差异显著。但从全局看，纬度（气温）与引种的关系更为密切。纬度越高，年均温及极端最低温度都偏低，牡丹引种栽培难度越大。

3. 不同品种群间的适应性差异

根据多年观察，不同品种群间适应性差异显著。在东北地区，西北牡丹的适应性明显优于中原牡丹。从东北地区栽培牡丹生长发育节律来看，随着纬度升高，气温降低，物候期逐渐延迟，生理活动期缩短；而叶片衰老、芽的休眠却逐步提前。纬度越高，生命活动时间越短。东北引种牡丹从萌动到开花期需 45~51 天，生理活动期在 6~8 个月。从品种群对比来看，中原品种生理活动始期早于西北紫斑牡丹，但进入休眠期却略晚于西北紫斑牡丹，因而抵御初冬低温或早春倒春寒能力差，或发生冻害，或花蕾败育概率高。如不采取有效的防寒措施，就很难成活。西北紫斑牡丹抗寒能力较强，引种东北后能提早休眠，春季萌发展叶迟，对东北地区气温骤冷骤热及昼夜温差大等变化有较强适应能力。

从生长表现看，随引种地纬度升高，牡丹主花枝数量减少，花枝长度及花枝当年留存长度也随之缩短，枝条上着生的芽数相应减少。由于生长期缩短，营养积累减少，有些品种不能正常形成花芽，开花质量明显下降。花型趋向单瓣化，花朵小型化。上述情况以中原品种表现最为明显。只有少数品种如'乌龙捧盛''洛阳红''迎日红'等表现较好，而西北紫斑牡丹适应性较好。多数品种能保持原来的花型，如'紫冠玉带''和平蓝''蓝荷'等基本达到甚至优于原产地效果。

据形态观察与生理指标测定，中原品种叶片大而厚，比叶质量高；西北品种叶片薄，比叶质量低，但叶绿素含量高。净光合速率品种间有差异，但品种群间差异不显著；光合日变化显示，少数品种有光合午休现象，但多数品种为单峰曲线。品种群间水分利用效率差异显著，西北紫斑牡丹品种有更高的水分利用效率。

据在长春观察，自然越冬条件下，中原品种地上枝条全部枯死，仅有少数品种能从地面萌蘖芽抽枝开花；西北品种多数植株枝条成活率60%以上，开花3朵以上。对低温胁迫下的生理指标测定表明：西北品种越冬期间半致死温度一直低于中原品种，且差异显著；采用方程参数估算组织损害区间，表明其抗寒性还有很大潜力。对牡丹枝条冬季含水量动态变化的测定表明，越冬期间，由于低温造成枝条组织受损，引起水分散失，进而造成枝条枯死。极端低温是牡丹枝条越冬死亡的重要原因（鞠志新，2012）。而抗寒性较强的西北品种的抽条，主要是由冬春之交干燥的寒风吹拂使枝条失水所引起（赵孝知等，2011）。

三、品种构成

经过近30年的努力，东北地区先后从中原地区（菏泽、洛阳），西北地区（兰州）等地引进200多个牡丹品种，从中筛选出一批耐寒性较强的品种，作为今后进一步发展的基础。引进品种除中原品种及西北品种外，还有20多个国外品种（包括日本、美国、法国品种）以及少数牡丹芍药组间杂交品种——伊藤杂交品种。

（一）西北紫斑牡丹品种的筛选

由甘肃兰州等地引到东北地区的大部分品种在吉林长春，黑龙江哈尔滨、牡丹江等地不防寒或仅采取简单防寒措施即可以露地越冬，但明显存在品种间差异。其中较纯的西北紫斑牡丹品系更耐寒，而有中原牡丹血统的品种表现要差得多。在沈阳一带及其以南地区，西北品种普遍适应。

据赵孝知等调查，西北品种在东北地区适应情况如下：

1. 引种5年以上，生长开花正常的品种

1）白色系　'和平莲''玉瓣绣球''雪里藏金''北极光''粉冠玉珠''贵夫人''黑龙潭''熊猫''书生捧墨''雪域之欢'。

2）粉色系　'素装淡珠''粉冠彩带''粉蝶初羽''众姐妹'。

3）粉白系　'粉墨登场'。

4）粉红系　'桃花三转''青春'。

5）红色系　'理想''诚心''桃园金阁''丽春''青丝万缕''红冠玉珠''红莲''映日荷花''金玉满山'。

6）紫红色系　'玫瑰撒金''紫金冠''紫珍珠''紫冠玉珠''玫瑰红''紫楼闪金''紫蝶初羽''紫冠玉带'。

7）紫色系　'蓝塔点金''怀念'。

8）粉蓝色系　'蓝荷''红线女''月照兰山'。

9）墨红色系　'黑旋风''夜光杯''黑天鹅'。

10）复色系　'墨海银波'等。

此外，还有'红珍珠''红冠玉带'（红）、'彩楼'（复色）等，长势一般，但开花正常。

2. 引种3年以上，生长势减弱、成花率低、花瓣减少、花朵变小的品种

1）粉色系　'粉娥娇'。

2）红色系　'高原圣火''富丽红''红台银阁'。

3）紫红色系　'紫袍玉佩''奉献''艳春'。

4）紫色系　'紫楼镶金''紫塔镶翠'。

5）粉蓝色系　'蓝菊'。

6）复色系　'甜蜜的梦'等。

此外，王贝贝等（2008）观察研究了哈尔滨从甘肃兰州引进的一批西北牡丹品种，认为'众姐妹''紫楼闪金''红冠玉珠''和平红''红莲'综合性状好，'大漠风云''紫冠玉珠'综合性状稍差，但抗寒性好。

在内蒙古自治区赤峰市，抗寒性及适应性均较强的紫斑牡丹品种有'蓝荷''玫瑰红''紫冠玉珠''青春''紫楼闪金'等；而'桃花三转''玉瓣绣球''高原圣火'与'和平莲'抗寒性居中，'雪里藏金''红莲'表现较差（赵雪梅等，2011）。

西北牡丹引种东北，物候期普遍延迟，因地区差异可延迟 10 天到 1 个月。花期也有所缩短，因品种而异。

（二）中原品种的筛选

郭中枢（2018）研究认为，中原品种引种东北，除沈阳及其以南地区外，普遍需要采取防寒越冬措施，适生品种由南向北大幅度减少，有关情况曾有较为全面的总结。但在 2012 年春季的寒害中，中原品种损失严重，以后再经引种，确定在吉林长春能够适应的品种有：

1. 白色系

'冰壶献玉''白雪塔''凤丹白''香玉'。

2. 粉色系

'二乔'（又叫'洛阳锦'），及'赵粉''贵妃插翠''春色满堂''似荷莲''银粉金鳞''粉中冠''宫样妆''鲁粉''盛丹炉'。

3. 红色系

'珊瑚台''胡红''迎日红''鹦鹉戏梅''肉芙蓉''银红巧对''飞燕红装''卷叶红''霓虹焕彩''璎珞宝珠''脂红''鲁荷红''十八号''丛中笑''火炼金丹''银红楼''少女妆''宏图''群英''虞姬艳妆''万花盛'。

4. 紫红色系

'洛阳红''乌龙捧盛''藏枝红''红狮子''红霞迎日''大棕紫''锦袍红''盘中取果''映金红''状元红'。

5. 黑紫色系

'乌金耀辉''首案红''青龙卧墨池''黑花魁'。

6. 粉蓝色系

'凤丹蓝''杨妃出浴''菱花湛露''蓝线界玉''朱砂垒''蓝田玉''雨后风光'。

7. 淡黄色系

'黄花魁''种生黄''金桂飘香'。

8. 紫色系

'胜葛巾''假葛巾紫'。

9. 绿色系

'豆绿''绿香球'。

10. 复色系

'二乔'。

（三）国外品种的筛选

在长春等地，较为适应的国外品种有：

1. 日本品种

1）白色系　'连鹤''白妙'。

2）粉色系　'花竞''新七福神'。

3）红色系　'太阳''花王''芳纪''日暮'。

4）紫红色系　'岛大臣''花大臣'。

2. 美国品种

'海黄'为黄色系品种。

3. 法国品种

'金阁'为复色系品种。

4. 组间杂交品种（伊藤品种）

'巴茨拉''边境魅力''花园珍宝''拉斐特小舰队'。

（四）新品种选育

在吉林、黑龙江，已有一些部门和单位着手进行寒地牡丹新品种的选育。其中黑龙江省尚志市张维牡丹园林研究所做了多年努力，播种的西北牡丹自然杂交种子 10 年后陆续开花。按照"优胜劣汰，适者生存"的自然法则，经过

10年越冬不防寒的考验,从存活下来的实生苗中,选出以下6个耐寒新品种:'北国粉黛'（原名'壮志凌云'）,'黑土白云''北国红光'（原名'黑龙焕彩'）,'珠河唱晚''东北虎爪'（原名'虎王踏雪'）,'北方佳人'。这些品种历经几次严酷考验,如2000—2001年的寒冬,-30℃低温持续81天,最低（2001年2月4日）达-44.1℃;2002年秋天的寡照低温（大部分引进品种越冬后枯死）;2003年春天的倒春寒（4月30日晨-4℃,当时早发芽品种已现蕾;5月8~9日晨,低温-5~-3℃,当时花蕾已进入小风铃期）,新品种都安然无恙（张维,2003）。但据2010年的调查,因园地迁址,这些品种下落不明。

（五）开花物候

1. 黑龙江尚志市

牡丹花芽于3月底、4月初萌动,花期基本上在5月20日至6月10日,10月中下旬落叶。西北紫斑牡丹品种在尚志市单花花期只有3.5~5天,中原品种为5~7天。

2. 吉林长春市

牡丹花芽一般于3月20日至4月初萌动,4月中旬显叶,4月下旬展叶,5月初花蕾进入风铃期,5月上旬始花、中旬盛花、下旬谢花。每年花期因气温不同而有所变化。最早的年份5月4日见花,晚的在5月20日见花;一般年份盛花期在5月16日左右,5月27~28日末花,花期约20天。牡丹花谢一周后,当地芍药始花。二者结合,花期有一个多月。中原品种如'乌龙捧盛''洛阳红''藏枝红'单花花期可达9天,'珊瑚台'8~9天,'赵粉'7天。'藏枝红'在长春开花质量优于中原一带。西北牡丹单瓣品种花期5~6天,半重瓣品种7~8天。牡丹花谢后,叶片迅速增大,颜色加深。这一时期从5月底6月初开始,7月中旬结束。牡丹新枝基部叶腋间的鳞芽从6月下旬7月初开始生长,并转入花芽分化,这一时期可延续到10月下旬。8月上中旬,果皮呈蟹黄色时即可采收种子。10月底,牡丹开始落叶,并进入相对休眠期,直到翌年3月末。

吉林省长春市长春牡丹园牡丹物候期观察见表6-10。

● 表6-10 **吉林省长春市长春牡丹园牡丹物候期观察（2008—2012年）**

物候期	观察年数 /a	平均日期 /（日 / 月）	最早日期 /（日 / 月）	最晚日期 /（日 / 月）	多年变幅 / d
芽萌动期	4	3/4	25/3	12/4	18
芽萌发期	4	10/4	2/4	17/4	15
开始展叶期	4	14/4	8/4	20/4	12
展叶盛期	4	19/4	10/4	28/4	16
小风铃期	4	1/5	26/4	6/5	11
大风铃期	4	9/5	30/4	18/5	19
始花期	5	12/5	4/5	20/5	16
盛花期	5	21/5	16/5	26/5	10
末花期	5	1/6	25/5	7/6	13
叶放大期	5	7/6	30/5	15/6	16
花芽分化期	4	14/7	6/7	16/7	10
种子成熟期	5	29/7	22/7	6/8	15
叶初变色期	5	2/10	26/9	6/10	10
叶全变色期	5	20/10	18/10	23/10	5
叶初落期	5	6/11	2/11	10/11	6
防寒期	8	30/11	25/10	7/11	13

四、繁殖与栽培技术

（一）繁殖方法

迄今为止，东北地区发展牡丹，所用苗木以域外调进为主，当地苗木生产是最近二十余年（1997—2021 年）逐步发展起来的。以吉林省益宗东北牡丹园艺科技有限公司牡丹芍药研究繁育基地规模较大。这里有中原品种 70 余个，西北品种 140 多个，国外品种 30 多个，总量 1.55 万株。已繁育各类苗木 16 万株，为东北地区牡丹发展奠定了基础。

1. 播种繁殖

当前应用于播种繁殖的主要是紫斑牡丹品种。在吉林长春，种子于 8 月上旬成熟，采下经处理后即播，时间为 8 月下旬到 9 月中旬。用小高畦，点播或撒播，播后覆土，再覆膜保温保墒。种子于播后第二年春出土。据试验，紫斑牡丹种子采下后沙藏至翌年春天再播，可大大提高种子出苗率和整齐度。

2. 分株繁殖

牡丹分株宜用 5 年生以上植株，一般应在 8 月下旬至 9 月中旬进行。

3. 嫁接繁殖

牡丹嫁接宜在 8 月上旬（黑龙江省尚志市）或 9 月上中旬（吉林省公主岭市）进行，不宜过晚。砧木用直径 1.5 ~ 2.0 cm、长 15 ~ 20 cm 的产在当地的 2 ~ 3 年生的野生芍药根。

吉林通化等地所产芍药为芍药原种，耐寒性强。可用播种繁殖，并建立芍药采种圃。

（二）栽植与田间管理

1. 土地选择

栽植牡丹要选择地势高燥、避风向阳、灌溉方便、排水良好的地块。空旷的平原地带应设置防风林带。

2. 品种选择

根据各地气候条件选择适应性较强的品种建园甚为重要。无论西北品种还是中原品种都要认真对待。在吉林长春，能适应的西北品种较多，而中原品种只有'洛阳红''乌龙捧盛''藏枝红''红狮子''迎日红''珊瑚台''银红巧对''乌金耀辉'等，生长健壮，花开繁多，花色花型等均接近原产地。其中，'乌龙捧盛''乌金耀辉''璎珞宝珠''粉中冠''银红巧对''脂红''胡红'等不需防寒也可越冬。

'玉楼点翠''状元红''赵粉'等抗逆性弱、长势衰退，故这些品种不宜选用。

3. 适时栽植

1）秋季裸根栽植 一般沈阳及其以南地区，牡丹宜于秋季裸根栽植，时间应在8月中旬至9月中旬；长春地区秋季裸根栽植宜于8月20日至9月20日进行；使根系有一个多月的恢复期。移植时要注意保持根系的完整及湿润。栽后及时浇水，如果栽植时间偏晚，则栽后覆膜使地温缓慢下降促进根系恢复也是一个重要措施。株行距（0.8～1.0）m×1.0 m，根据植株大小、长势及是否需要封土防寒等加以调整。

东北北部寒地，牡丹栽植应改秋栽为春栽，以避过漫长冬季对牡丹植株的不利影响。春栽可减少定植当年越冬防寒的投入，且成活率高，复壮快。越冬期间可将种苗保存在低温窖内。翌年4月上中旬视天气状况进行栽植。

2）休眠期带土球移植 由于东北地区生长期短，秋季霜冻来临时间早，因而从外地引种苗木时，常常采用休眠期带土球移植法。应用该法从12月到翌年3月均可移植牡丹。在育苗地未解冻前起苗、包装，然后运送到目的地栽植。该法成活率高，但成本也较高。

3）栽植时的注意事项

（1）注意挖坑与栽植质量，认真栽植 裸根栽植时要使根系舒展，不要窝根。填土一半后，要将植株提到略低于原土印痕2～3 cm处，不宜过深过浅。填满土后捣实，不留空隙。

带土球栽植时，注意底部的根要长短一致，修剪好后再入坑。坑底铺一层松软土壤。土球入坑后，包装物要剪开，中间填充土要捣实。

（2）栽植后水要浇透，不要反复开坑浇水 牡丹种植后要浇透水，使根系与土壤密切结合。裸根苗无论秋栽、春栽，水浇透后不宜再多浇水，以免降低土温，影响根系的恢复与生长。水渗完后封坑，表面再覆一层土。

（3）栽后适当修剪 第一年要控制开花数量。少开或不让开花，以利植株尽快恢复长势。

（4）注意土壤肥力的调控　土壤肥力较好时，栽植时不施基肥，以免引起烂根。栽后第二年开始用肥。

4. 田间管理

1）指导原则　田间管理对保证牡丹正常生长发育至关重要。东北地区特别是北部寒地牡丹生长期较短，因而需要保证其功能叶片有较高的光合效率和营养积累，使枝条入秋后木质化程度较高，有较强的越冬能力。这就需要掌握"前促后控"原则，使植株在整个年周期中顺利完成各个物候过程的生长发育。

2）肥水管理　牡丹虽喜肥，但土地不宜过肥。东北黑土地本身肥力状况较好。每年在土壤解冻，拆除防寒包时施用 1 次腐熟有机肥。花后第二次施肥，用量宜少，以免营养生长过旺，造成植株贪青，入秋后枝条木质化程度低，不利于越冬。秋季 9 月上中旬再施肥 1 次。

浇水依天气状况及土壤墒情决定。土壤过湿不利于牡丹生长。早春特别干旱时要浇水 1 次，以免春季空气干燥及大风造成植株生理干旱；雨季来临前要在行间起垄，注意排水，切勿使栽植坑内积水，引起烂根。秋季要控制水肥，促进枝条木质化。浇水宜沟浇而不宜大水漫灌。降水正常年份可不浇水。入冬前要浇封冻水，以利越冬。

3）锄地松土　主要是疏松土壤。春季适当深锄保墒提温，夏季雨后浅锄，排湿透气。牡丹地杂草适当控制，不使结籽即可。

4）整形修剪　修剪在拆除防寒物后进行。先清除越冬后干枯的枝条，然后定枝。每个植株定枝多少依品种及植株大小、长势而定。一般 5 年生以上植株可留 5 个以上主枝。

修剪枯枝时，应在顶芽上部 3 cm 处下剪，剪除残留枯叶时，应保留基部 2～3 cm 叶柄，以利鳞芽的保护。开花前 1 周再进行 1 次修剪，去掉长势衰弱、过密的花枝、受天气影响不能开花的花蕾及基部萌蘖枝，以保证开花质量。花后，不留种者应及时剪去残花。

5）病虫害防治　东北各地牡丹病虫危害并不严重，但仍应及时检查预防。牡丹江报道病害有叶斑病、根结线虫病等，虫害有天牛、蛴螬、蝼蛄、地老虎等。防治措施参见本书第十一章。

5. 防寒防风，保护越冬

1）越冬保护的重要性　东北大部分地区冬季漫长、气温较低，且土壤冰冻期较长，冰冻层较深，耐寒性弱的植株易产生冻害。冬春之交湿度较低的寒风，会引起植株"抽条"或"风干"。因此，越冬防寒、防风甚为重要。中原牡丹经多年保护越冬后，耐寒性都有所提高。如黑龙江省牡丹江市 1997 年 10 月从山东菏泽引进一批 6 年生牡丹树苗，露地栽植，保护越冬（草袋子捆扎后培土超过植株 2/3，再覆以树叶），次春干梢严重，成活率 80%，开花率仅 10%。经第二次保护越冬后，耐寒力逐渐增强。第三年开花率 75%，第五年开花率 98.5%，且花大色艳。6 年后，半数以上植株适应了当地环境（赵琳娜，2003）。即使较为耐寒的西北紫斑牡丹品种，适当的越冬防护对其生长发育也有很好的作用。

2）防风防寒主要方法　在多年越冬防寒实践中，东北地区已经总结了不少有效措施。具体方法有以下几种。

（1）整株埋土法　该方法适用于株型较矮，株高仅 20～30 cm 的观赏牡丹。埋（封）土的时间在 10 月下旬至 11 月上旬，先用绳把植株开张的枝条捆拢，然后就地取土，按行封成一条土埂，封埋的土壤一定要高于枝条顶端鳞芽 15～20 cm。

（2）杂草、树叶薄膜覆盖法　该方法适合栽植集中、成方连片的观赏牡丹。盖膜的时间在 10 月下旬至 11 月上旬。盖膜前用绳把植株开张的枝条捆扎绑紧。大植株枝条可分为 2～4 组捆扎，以方便空隙间填充杂草、树叶等物。植株周围用砖头、石块等垒成围墙，将杂草等填于枝条空隙间，上部盖草要高出枝条 10 cm，然后用坚固的塑料薄膜或塑料棚布盖到围墙外边，上面再盖上草苫或秸秆防风遮光，以防阳光照射引起覆盖物内产生温室效应，使鳞芽萌动而遭受冻害。

（3）单株捆扎套袋法　该方法适用于各种稀植的观赏牡丹。在 10 月下旬至 11 月上旬防寒时，先将枝条用绳上下缠绕多圈，使其变为直立形，然后用结实的塑料薄膜，或编织袋由上向下套住直至植株基部，外面再用稻草或草苫围裹一圈，以防日照产生温室效应。最后用土压住草苫基部一周，以防大风把草苫或套袋刮跑。

（4）搭棚防寒法　这是哈尔滨市太阳岛公园总结出来的方法。集中栽植的牡丹越冬前搭上钢架结构拱棚，上面覆以不透光的加厚的玻璃丝布或塑料条纹棚布。拱棚周围挖好排水沟，雪水融化后可顺沟排走。十余年来，采用此法，该园大片牡丹正常越冬，并且避免了 2012 年 4 月初的毁灭性寒害。这是既经济实惠而防护效果又较为理想的一种方法。

3）其他方法　吉林省长春市、公主岭市对中原牡丹采用报纸、草帘分层包裹法防护越冬，效果较好。具体操作时间在 10 月下旬到 11 月初，不宜晚于 11 月 15 日，视天气状况决定，掌握宜迟不宜早的原则。此时气温日均最高温在 10℃左右，最低气温在 –5～–2℃，牡丹枝条还较柔软，便于操作。早了植株鳞芽会萌动，晚了枝条僵硬不好操作，提高成本。

操作步骤：①先用绳子将枝条拢住捆好，注意留下叶片护芽；②枝条捆好后外面包两层报纸，再用绳子由下向上捆好；③用稻草或草帘将报纸包好，再用绳子捆好；④在植株基部培（封）土，踏实。用报纸包是为了防风，而草帘则是用来保护报纸以免雨雪天报纸受潮而损坏。包扎不宜用塑料膜，因塑料膜透光，在阳光下易使包扎物内温度升高，引起芽体萌动而受到伤害。包扎完成后再培上护根土，超过草帘即可。培土既能保护根颈部免受寒风吹袭，也对草帘起固定作用。

包扎物的拆除在翌年 4 月上中旬进行，具体时间根据天气状况与植株萌动生长情况决定。2008—2012 年，包扎物是在 4 月 6～15 日拆除，最迟未超过 4 月 20 日，此时日均气温最高在 8～15℃，最低在 –2.0～2.0℃，土壤解冻深度为 15 cm 左右。包扎物拆除后即行沟施腐熟有机肥，如鹿粪、牛粪、羊粪等。施肥后覆土或深翻。

4）西北紫斑牡丹的防护越冬　多年来，由于片面强调西北紫斑牡丹品种的抗寒性，认为无须防寒即可越冬，从而放松了寒地越冬期间的养护管理。从 2008—2010 年越冬情况看，效果不理想。2008 年春，哈尔滨、牡丹江及长春市有关单位先后从兰州引植不同规格带土球植株 5 万余株，当年生长开花基本正常，但越冬情况不好。据赵孝知、陈富飞 2010 年 6 月调查，上述地方引植植株包括高 2 m 的大株，6～7 年生壮年植株，2～3 年生嫁接苗，凡未采取防寒措施的，老枝全部干枯死亡，而采取简易防寒措施的植株，均安然无恙。引起越冬植株地上部分干枯死亡的原因不是极端低温，而是早春的生理性干旱。东北一带 4 月气候多变，倒春寒现象经常发生。如果持续时间较长（15～20 天），则由于大气回暖较快牡丹植株地上部分已开始萌动抽枝，而土壤解冻较慢，地下根系还不能正常吸收并向上输送水分，引起地上部分严重失水而干枯。因此对牡丹来说越冬防护既为防寒，更重要的是为防风。实践证明，在长春以北更寒冷地区，即便是较抗寒的西北紫斑牡丹品种，适当保护越冬以挡住冬春之交干冷寒风吹袭，还是非常必要的。

总之，从外地引种牡丹，最初两三年的越冬防护必不可少，经过一段时间的驯化，各种牡丹的抗寒性和适应能力都可能有较大的提高。

（鞠志新，郭中枢，李嘉珏）

第七节

国外牡丹引进与栽培

一、国外观赏牡丹的引进与栽培

自 1978 年以来，国内外牡丹品种交流日渐频繁。国外优良品种的引进，对中国牡丹的发展起到了重要的促进作用。表 6-11 列举了河南洛阳等地引进的国外牡丹品种。

● 表 6-11　**河南洛阳等地引进的国外牡丹品种一览表**

色系与数量	品种名称
红色系 （41 个）	日本品种：'花王' '芳纪' '太阳' '阿房宫' '世间荣誉'（'世ゥの誉'），'旭港' '七宝殿' '七福神' '新七福神' '日暮' '日月锦' '新日月锦' '杨贵妃' '日向' '大正之光'（'大正の光'），'铜云' '霸王' '岛辉'（'岛の辉'），'初日'（'初日の出'），'户川寒' '佛前水'（'仏前水'），'百花撰' '新神乐' '海岛晚霞'（'岛の夕映'），'新华狮子' '红辉狮子' '新岛辉'（'新岛の辉'），'火鸟'（'火の鸟'），'神乐狮子' '红重' '红旭' '贵娘' '浪花锦' '岛赤' '扶锦红' '新熊谷' '今猩猩' '玉绿' '朱玉殿' '紫光锦' 美国品种：'盛宴'（'Banquet'）
粉色系 （33 个）	日本品种：'花竞' '八千代椿' '吉野川' '天衣' '明石泻' '寓所樱' '寒樱狮子' '玉芙蓉' '宣阳门' '八束狮子' '新桃园' '大杯'（'大盃'），'岛根圣代' '百花殿' '西海'（'西の海'），'桃山' '花游' '八重樱' '麒麟司' '帝冠' '新岛乙女' '岚山' '狮子头' '村松樱' '醉颜' '春日野' '色自慢' '千代樱' '小樱' '舞姬' '天衣' '锦岛' 美国品种：'奥妙'（'Mystery'）

色系与数量	品种名称
白色系（19个）	日本品种：'连鹤''白王狮子''五大洲''白雁''白妙''白峰''玉帘''越之雪'（'越の雪'），'白神''翁狮子''扶桑司''新扶桑司''渡世白''玉兔''艮子''白蟠龙'（'白蟠竜'），'富士峰'（'富士の峰'），'御国旗'（'御国の旗'），'御国曙'（'御国の曙'）
紫色系（20个）	日本品种：'岛大臣''花大臣''新花大臣''麟凤''紫红殿''今紫''时雨云''群芳殿''春日山''新国色''八云''大藤锦''大正夸'（'大正の夸'），'昭和夸'（'昭和の夸'），'平成夸'（'平成の夸'），'寿紫''新东玄''藤乡'（'藤の里'），'天女羽衣'（'天女の羽衣'），'佐保姬'
紫蓝色系（3个）	日本品种：'镰田锦''长寿乐''岛藤'（'岛の藤'）
墨紫色系（12个）	日本品种：'皇嘉门''黑龙锦'（'黑竜锦'），'黑鹤''海浪'（'磯の波'），'黑鸟''黑光司'（'黑光の司'），'初乌''群乌' 美国品种：'中国龙'（'Chinese Dragon'），'黑海盗'（'Blank Pirate'），'惊雷'（'Thunderbolt'），'黑道格拉斯'（'Black Douglas'）
黄色系（8个）	法国品种：'金晃'（'Alice Harding'），'金帝'（'La Esperance'），'金阳'（'La Lorraine'），'金鵄'（'Chromatalla'） 美国品种：'海黄'（'High Noon'），'金岛'（'Golden Isles'），'罗马金'（'Roman Gold'） 日本品种：'黄冠'
复色系（4个）	日本品种：'岛锦' 法国品种：'金阁'（'Souvenir de Maxime Cornu'） 美国品种：'公主'（'Princess'），'名望'（'Renown'）
合计	140个

注：日本品种名称多与中文名称相同，本表只对部分名称不同的品种在后面括号内加注了日文名称。法国、美国品种是先写中文名称，后注外文名称。

（一）日本牡丹

1. 概况

中国牡丹从唐开元年间（713—741，即日本奈良时代）传入日本，日本栽培牡丹的历史已有1 300多年。日本园艺家根据日本人的审美情趣和海洋性气候特点，在江户时代（1603—1867）中期对引进的中国牡丹品种进行了持续的改良工作，终于培育出300多个特色鲜明的品种，形成了一个从生态习性到观赏特征都与中国牡丹有着明显区别的品种类群——日本牡丹品种群。

民国时期，上海、南京等地即有日本牡丹品种的引种栽培。1975年以来，在中国台湾也有引种。1978年后，中日之间品种交流又迅速开展起来，其中以1998年开始大量出口中国。日本寿物产公司一次性向洛阳出口了110个品种。河南洛阳的引种规模最大，累计引进品种200余个。

现在，日本牡丹优良品种不仅在洛阳、菏泽等地得到发展，而且有20多个品种在南北各地广为应用。

2. 日本牡丹的特点

日本牡丹有以下几个比较鲜明的特点：

1）花茎挺立，花开叶上　日本品种花朵大多以半重瓣为主，基本上属于千层类花型；花朵开在叶面以上。此外，花朵大，花色纯正，也是一个鲜明的特点。

2）芽萌动迟，花期晚　据观察，引进的日本品种萌动较晚，其前期生长速度较慢，相应的花期也比较晚，从而使得整个中原牡丹群体的花期延长6～10天。

3）生长势强，成花率高，适应性较强　日本品种当年生枝茎粗壮，多在1 cm左右，生长量较大，长一般在30～50 cm（如'花王''八束狮子''花竞'等），易于培养成较为高大的植株。再者，日本牡丹大部分品种枝条上侧芽着生较多，常在8个以上。从上到下第一侧芽到第四侧芽常可分化为花芽，不少品种常为一枝二花或一枝三花。其中一枝二花的比例要占到40%以上，这是日本品种花繁的重要原因。当年生枝秋季平茬后，基部靠近地面的侧芽还可分化成花芽，翌春70%以上能开花，但连续平茬则不能继续开花。

日本牡丹大多适应性较强，其叶片在植株上生长时间长，发病率较低，深秋叶片变红；在江南一带引种也表现出耐高温高湿能力较强。此外，日本牡丹抗寒性及抗风能力均较强。

4）二次开花现象与二次开花品种　日本品种中有一些一年二次开花的品种，与中国的秋花（发）牡丹类似，由于这些品种开花多在秋冬之交，或者就在冬季开花，因而日本人称之为"寒牡丹"，有人还给其定了拉丁学名。

寒牡丹引进中国后，二次开花现象并没有那么理想，只有'户川寒'等在洛阳11月开放。花开时，往往是花枝由上而下的第一侧花芽和第二侧（花）芽依次开放，花朵正常而叶片发育不良。上位侧芽开花后，下位侧芽继续花芽分化进程，翌年春天仍能正常开花。

（二）法国牡丹与美国牡丹

1. 概况

中国引进的法国牡丹品种和美国牡丹品种都属于芍药属牡丹组内两个亚组间的远缘杂种，不过杂交亲本有所不同。其中法国品种于 1900 年前后育成，是法国园艺家莱蒙利用经过驯化改良的中国中原品种与引进的黄牡丹杂交的产物，大部分为黄色品种。法国品种引到日本，日本人又安上自己的名字，如 '金阁''金晃''金帝' 等。中国栽培的法国品种均由日本和美国引来，这些品种在国际上流行了 100 多年，至今仍然受到欢迎。

美国品种是 20 世纪 20 年代以后陆续育成的。中国引进品种有两个系列，一是美国牡丹芍药育种家桑德斯，利用日本牡丹与紫牡丹和黄牡丹杂交的产物。目前见到的这类品种有 '海黄''金岛''名望''中国龙''黑豹''盛宴''维苏威''北风之神''金碗''海菲斯托斯' 等，主要由日本和美国引进，品种名称采用音译或意译。如各地应用较多的 '海黄'，原来的英文名称为 'High noon'，常译作 '正午'，由日本引进时商品名为 '海黄'（在日本叫 High noon 的片假名，读音 "哈衣农"，引进中国时人们叫成 "海农"，加之花为黄色，故得 '海黄' 之名）。二是达佛尼斯品种系列，这类品种是对牡丹育种家品种系列进行回交育种的产物。当用普通牡丹与亚组间远缘杂种回交代数越多，所得品种育性更强，观赏性状更好。这类品种又被称为高代杂种。如 '丽达'（'Leda'），'安娜玛丽'（'Anna Maria'），'高更'（'Gauguin'）等。

2. 主要特点

由于杂交亲本不完全相同，法国牡丹和美国牡丹之间既有一些共性，也有许多不同的特点。

1）法国品种种类较少　法国品种种类少且花色单一，多为黄色，个别为复色，花朵较大，重瓣性强，花头大，多下垂，常具清香。

2）美国品种种类较多　美国品种花色较多，为黄色、复色、粉色、深紫色或黑色等，花朵略小，花型多为单瓣、荷花、菊花和蔷薇型，有芳香。受杂交亲本影响较重，花茎较软，故花朵多是侧开或下垂。其中，'金碗' 是目前世界上极少数具有匍匐茎性状的品种，这一特性对于今后进一步选育更好的类似品种有重要意义。

3）生长健壮，花期较晚，个别品种可二次开花　据观察，法国、美国品种在洛阳普遍表现萌动晚，花期特晚。据洛阳王城公园的观察，2002年'海黄''名望''金阁''金晃'初花期较'洛阳红'分别延后11天到24天。此外，随着海拔升高，位于邙山的国家牡丹园、国际牡丹园上述品种花期较王城公园又延后5~9天。每年4月25日以后，洛阳各公园的中原牡丹盛花期已过，而美国品种、法国品种正好填补这个空缺。个别品种如'海黄'等有二次生长、二次开花现象。

4）适应性较强，但品种间差异较大　在洛阳引种栽植的法国品种和美国品种，能适应洛阳的气候条件，正常生长开花。其中尤以'海黄''黑豹''金岛'表现优秀。但'海黄'花朵稍小，株型不太紧凑，总体上不如日本'黄冠'。'黑豹'在洛阳花朵变大，花瓣层次增多，重瓣性增强，有的开成了蔷薇型。

（三）繁殖、栽培与应用

1. 繁殖与栽培

国外引进品种按照本书相关章节提供的方法进行繁殖栽培，均可获得成功。其中，部分日本品种用于盆栽促成栽培，效果很好。但需注意：日本品种花芽解除休眠后，从萌芽到开花所需有效积温普遍高于中原品种，需预做安排。

2. 应用

1）直接应用于各地观赏栽培　由于具有相同的遗传基础与相近的生长环境，引进品种在中原一带普遍生长良好，部分品种表现出抗湿热特性，在长三角一带也较适应，从而丰富了中国牡丹品种资源，为延长花期、丰富花色、扩大应用范围做出了贡献。

引进品种中，有少量品种出现异常。如'翁狮子'等要求开花积温较高，在洛阳不易着花。直接引进的日本苗木以芍药为砧，自生根很少，一般5年后，由于芍药根中空腐烂，导致植株提前死亡。但改用牡丹根作砧木后，这些现象可以避免。

2）用作花色育种的亲本材料　日本品种花色纯正，其中鲜红色品种如'芳纪''新岛辉''红辉狮子'等，花色素中的Pg3G含量较高，而这些色素正为中国品种所缺乏。选用其中颜色好的红、紫、黑等色系的品种用作改良中原品种、西北品种花色的育种亲本，各地已取得一定成效。

3）油用牡丹中的授粉品种　近年来观察发现，日本品种与中原品种、西北品种杂交时，均有结实率高、杂交种子萌发成苗率高的杂交组合。因而可以从中筛选与凤丹牡丹及紫斑牡丹品种亲和力强且本身结实率高的品种做授粉品种，以利于提高油用牡丹的产量。

（杨海静，胡晓亮，吴敬需）

二、牡丹芍药组间杂种的引进与栽培

（一）伊藤杂交系的由来及其引种

1. 伊藤杂交系的由来

所谓伊藤杂交系，实际上指的是牡丹芍药组间杂交品种（本书简称伊藤品种）。由于牡丹、芍药亲缘关系较远，相互之间杂交育种曾被认为是不可能实现的事情。但在1948年前后日本人伊藤东一在其位于东京的京王百花园，利用日本白花芍药品种'花香殿'作母本与法国培育的黄牡丹远缘杂种'金晃'作父本杂交获得成功。而'金晃'的父本是黄牡丹，母本是重瓣粉白色牡丹品种'八十翁'。

遗憾的是伊藤东一没有等到杂种实生苗开花就去世了。1967年，美国纽约长岛的路易斯·史密诺 Louis Smirnow 通过伊藤夫人购买了她丈夫培育的最好的杂种实生苗6株带回美国培养。1974年，他从中选出4个品种在美国牡丹芍药协会以伊藤－史密诺杂种进行了登录。这4个品种即'黄冠'（'Yellow Crown'）、'金梦'（'Yellow Dream'）、'黄帝'（'Yellow Emperor'）和'金色天堂'（'Yellow Heaven'），这是世界上第一批芍药牡丹的远缘杂交品种。

伊藤品种的国际登录开创了牡丹芍药远缘杂交成功的先例，当即在国际园艺界尤其是牡丹芍药育种界引起轰动，美国牡丹芍药协会为了纪念他的杰出成就，就把凡是利用牡丹与芍药的种或品种进行杂交培育出来的品种，统称为伊藤品种，国内也有人称作伊藤牡丹、伊藤芍药、牡丹芍药等。也因其是由牡丹组 Sect. *Moutan* 与芍药组 Sect. *Paeonia* 的不同种或品种间杂交培育而成，在中国牡丹芍药品种分类系统中，称之为牡丹芍药组间杂交系 Intersectional

Hybrids。

受伊藤东一利用牡丹芍药组间杂交育种获得成功的启发，中国、美国、日本等国家的牡丹芍药育种家们也相继进行了不懈努力，杂交试验达数千次，虽然只有少数组合取得成功，但经过几十年长期积累，品种得以进一步丰富。中国牡丹专家从 20 世纪 90 年代开展同类工作，从 2009 年起陆续有组间杂种育成的报道。截至 2020 年，美国、德国、日本、法国、澳大利亚、中国等国家共培育出牡丹芍药组间杂交品种近 200 个（表现良好并已投放市场的有 50 多个），以美国居多，日本也已育出 10 多个。截至 2020 年 12 月，在美国牡丹芍药协会登录的该类品种有 145 个。伊藤品种已经形成一个极富特色并有广阔发展前景的品种群。

2. 对国外伊藤品种的引进与试验推广

国外伊藤品种引进到中国栽培始于 2000 年。当年洛阳精品牡丹园的吴敬需以每 2 ～ 3 芽（株）200 美元（包括进口运杂费等约合人民币 2 000 多元 / 株）的价格从美国引进‘柠檬梦’和‘花园珍宝’‘巴茨拉’等品种并获得成功，随即在洛阳、菏泽等地传播。2009 ～ 2011 年，吴氏又与河南林业职业学院（原河南省林业学校）等单位一起，利用国家“948”项目，从美国引进分根苗 3 批次 16 个品种数百株，分别栽种在几个地方进行多点试验，大多表现良好。此外，山东菏泽、北京等地也陆续有引种。其中，北京林业大学成仿云等于 2004 年从美国引进‘巴茨拉’‘边境魅力’‘凯利记忆’‘科珀壶’等 13 个品种，并在北京进行了试验研究。

2006 年，吴敬需着手伊藤品种组培苗的引种工作。2014—2016 年，他与卫钦堂、卫志强一起从加拿大引进组培苗两批次 30 多个品种共 5 000 余株，并经过潜心试验，使组培苗的室外驯化和大田栽培取得成功。到 2017 年，共筛选出在洛阳等地生长开花表现颇好的品种 35 个，开创了牡丹组培苗在我国真正应用于生产的先河。

2017 年前后，国外育出的伊藤品种从荷兰等地开始大批量引入中国，其中约有 10 个品种引种数量较大。

3. 伊藤品种的发展前景

伊藤品种花朵奇丽，株型美观，叶片漂亮，性状优异，特色鲜明，用途广泛，适应范围广，经济价值高，发展潜力巨大，早已受到欧美各国的推崇，其苗木价格昂贵，2021年国际市场1~2芽的植株售价从数美元到数百美元不等，且供不应求。可以预见，如大力发展并很好地加以利用，必将产生巨大的经济效益和社会效益。

从国内外各地引种栽培情况看，预计该类品种可以在国内除广东、海南以外的大部分地区露地栽培。它不仅可以地栽在各种公共绿地，用于绿化美化，也可盆栽放置于各种展厅或居室；不仅可以观花、观叶、观株、切花、切叶，还可以药用和加工化妆品等。在许多方面弥补了牡丹、芍药的不足。特别是伊藤品种与芍药、牡丹相比为开花晚、花期长，这是目前全国各地牡丹观赏园最值得利用的重要特点之一。如在洛阳，每年的中国洛阳牡丹文化节，官方确定的会期是一个月，一般从4月5日至5月5日，但往往到4月20日以后各观赏园里几乎就没花可看了，而伊藤品种正好可以弥补这个空缺。如能增加晚花品种数量和规模，并建设专类观赏园，把牡丹花观赏期延长15~30天，仅此一项，对地方经济和各种社会活动的拉动作用就不言而喻了。

（二）伊藤品种的生物学特性

1. 形态特征

伊藤品种的形态特征一般介于牡丹、芍药之间，植株较为高大、挺拔，株形优美，叶色亮丽；少部分品种的形态特征偏向于牡丹或芍药。

1）茎　有4种类型：①中间型茎。这类茎介于牡丹与芍药之间，茎中上部半木质化，茎基部木质化，并着生有效芽。大部分品种属于这一类型。如'红涂鸦''魔术巡演''丁香紫'等。②牡丹型茎。这类茎全部木质化，具有顶芽和侧芽。如'粉涂鸦''绘彩'等。③芍药型茎。属草本茎，茎上无芽，仅茎基部有芽。如'不可能的梦''戈登'等。④混合型茎。即同一植株上既有牡丹型茎，也有中间型茎。如'巴茨拉'等。

2）根　比芍药更粗壮，半木质化，较坚硬。根系粗而坚硬，导致分根繁殖时，需用砍刀等劈切才能分开。

3）叶　叶片多为二回三出复叶，小叶多为阔卵形，深裂或全裂；多数品种叶片近革质，较大且厚，有光泽，叶色深绿，有近似常绿阔叶树法国冬青一样的质感。

4）花　花色丰富奇丽。现有黄色、橘黄色、红色、紫红色、紫色、白色、粉色、黑色、复色、多色十大色系；花型有单瓣型、荷花型、菊花型、蔷薇型、绣球型等数种，以荷花型、菊花型居多；花朵多为中大型，花冠直径12～20 cm，个别品种较小；花朵直上，花瓣厚、有光泽，花瓣基部多有色斑及放射状的紫、红、紫红和黑色纹；雄蕊正常或退化成丝状物；雌蕊外观大多基本正常。多数品种花朵有香味。

2. 生长发育特性

1）生长期及绿叶期长　伊藤品种大都同普通芍药一样，冬天地上部分枯萎死亡，春天又从地下部开始萌发生长。发芽时间介于牡丹芍药之间或基本与芍药同期，而落叶大多偏晚。绿叶期长达8～9个月，比普通的牡丹芍药长2～3个月。

2）生长快，生长势极强　伊藤品种生长势比普通牡丹与芍药强30%～50%，生长速度快一半左右。同样大小的分株苗可提前1～2年达到出圃标准，组培苗3年即可出圃。其茎干粗壮，风雨过后不会倒伏。花朵耐雨淋，花蕾不分泌糖液，故不易发霉，更耐储存；基部无蘖芽，花与茎干分泌物少，也不招蚂蚁。

3）花期特晚且花期较长　大多数伊藤品种（约占82%）具有一茎多花特性，因而花朵较多，陆续开放。侧花芽开花不但与顶花芽开的花同样大，而且重瓣性更强。初花花期晚于牡丹而早于芍药，或与芍药相近。在洛阳地区，一般从4月下旬持续到6月初。单花花期约7天，群体花期35天或以上。有些品种如'花园珠宝'具早熟性芽，如加强管理，有可能在秋季二次开花。

4）嵌合体现象突出　伊藤品种在同一植株或不同植株上，常可开出两种以上颜色的花，或有不同花型的花朵，也有的是同一朵花上出现不同颜色的花瓣；有的品种同一植株上不同枝条形态各异。如'魔术巡演''希拉里''奥奇'等，常被喻为"不需嫁接的什样锦"。

5）适应性和抗性极强　伊藤品种比普通牡丹芍药更耐寒、耐湿热和抗旱、抗病虫，不仅适合在气候温和的中纬度地区（我国中部大多数省份）栽培，也适合在气候比较寒冷、干旱或湿热的地方正常生长。全年很少发生病虫害。

6）育性较差　伊藤品种几乎都是三倍体（Smith，1998；杨柳慧等，2017）。其雌蕊发育看似正常，但大多没有正常功能。迄今为止，该类品种中自花授粉或天然杂交结实仅有的例子是'希拉里'，它是从'巴茨拉'上获得的种子培育出来的后代。伊藤品种雄蕊发育差异较大，少数品种花药发育正常，有少量正常花粉可用于杂交育种，如'和谐'有活性的花粉占 4.1%（荆丹丹等，2011），可用于杂交育种，并有可能获得成功。

3. 注意事项

伊藤品种初始开花较早，一般移栽后 1~2 年就能开花，但大多花朵较小，花瓣层次较单，不能真正反映品种的良好特征。一般 3 年以后性状才能基本稳定、正常开花，达到最佳性状。所以，新引种者不应过早判定其优劣。

（三）主要引进品种

据不完全统计，截至 2020 年，全国多地先后引进伊藤品种 78 个，其中菏泽引进 17 个（2006—2020），北京引进 13 个（2004），洛阳引进 48 个（2009—2020），减去重复引进的，实有 49 个。其中主要品种见表 6–12。

● 表6–12　**全国各地引进伊藤品种一览表（李嘉珏　吴敬需）**

品种名称 （中文/外文）	花色	花型	花径/ （横cm× 纵cm）	花香	花期 （以洛阳为例）
'巴茨拉'　'Bartzella'	柠檬黄色	菊花型至 蔷薇型	20×8	柠檬 香味	4月末至5月中旬
'加西亚' 'Berry Garcia'	花瓣外轮淡粉紫色， 内瓣基部深红色	菊花型	16×7	中香	4月末至5月上旬
'边境魅力' 'Border Charm'	乳黄色	荷花型至 托桂型	15×8	有	5月上旬至中旬
'凯利记忆' 'Callie's Memory'	黄白色至杏黄或乳白色	荷花型至 菊花型	15×7	清香	4月末至5月上旬
'加纳利宝石'或'金 丝雀' 'Canary Brilliants'	乳黄色带浅紫红色晕，中 心杏黄色，后渐变白色	菊花型至 蔷薇型	14×6	轻香	5月上旬至中旬
'卡罗莱' 'Caroline Constabel'	粉紫色，花心有放射状红斑	绣球型	15×10	中香	4月下旬至5月上旬
'科拉露易斯' 'Cora Louise'	初开浅粉蓝色，盛开白色。 花心有放射状红斑	荷花型至 菊花型	16×8	轻香	4月末至5月上旬
'公爵夫人'或'洛琳' 'Duchesse de Lorraine'	柠檬黄色	蔷薇型或 台阁型	16×12	清香	5月上旬至中旬

续表

品种名称 （中文 / 外文）	花色	花型	花径 / （横 cm× 纵 cm）	花香	花期 （以洛阳为例）
'先来者'或'初至' 'First Arrival'	淡紫粉色	荷花型至 菊花型	18×8	清香	4 月中下旬至 5 月上中旬
'花园珍宝' 'Garden Treasure'	柠檬黄色或乳黄色	荷花型至 蔷薇型	20×9	无	4 月下旬至 5 月中旬
'希拉里' 'Hillary'	红色、紫红色、乳黄色	菊花型至 蔷薇型	15×6	浓	4 月下旬至 5 月上旬
'不可能的梦' 'Impossible Dream'	初开为深粉紫色，后逐渐褪 为银粉色	菊花型	18×10	浓香	4 月下旬至 5 月上中旬
'茱莉亚玫瑰' 'Julia Rose'	樱桃红、橘红、黄色 三色相间	单瓣型至 菊花型	14×6	淡香	4 月下旬至 5 月上旬
'科珀壶'或'铜壶' 'Kopper Kettle'	红、黄、橘红三色相间	荷花型至 菊花型	18×8	有	4 月末至 5 月中旬
'柠檬梦' 'Lemon Dream'	柠檬黄色至黄白色	荷花型至 菊花型	17×9	微香	4 月下旬至 5 月中旬
'棒棒糖' 'Lollipop'	复色，花瓣上乳黄色与 深红色条纹相间显现	菊花型	15×6	淡香	4 月末至 5 月上旬
'魔术巡演'或'魔幻之旅' 'Magical Mystery Tour'	初开乳黄和亮粉色，后变至 乳白色带浅粉晕	菊花型	16×7	中香	4 月下旬至 5 月上旬
'晨丁香'或'丁香紫' 'Morning Lilac'	紫色	荷花型至 菊花型	20×9	淡香	4 月下旬至 5 月上旬
'奥奇' 'Oochigeas'	外瓣淡粉红色，内瓣乳黄 色，并带有淡粉色晕	荷花型至 蔷薇型	16×10	有香 味	4 月末至 5 月上旬
'黄冠' 'Yellow Crown'	柠檬黄色	菊花型	16×7	淡	4 月下旬至 5 月上旬
'炎日' 'Sdoit D'Amber'	乳黄色	蔷薇型	16×7	淡	4 月下旬至 5 月上旬
'新千年'或'千禧年' Mew Millenium	鲜红色或橘红色	菊花型至 蔷薇型	18×7	淡香	4 月下旬至 5 月上旬
'戈登' 'Gordon E. Simonson'	蓝紫色或玫红色	荷花型至 菊花型	16×7	无	4 月下旬至 5 月上旬
'风流韵事'或'恋爱' 'Love Affair'	纯白色	荷花型至 菊花型	16×7	无	5 月上中旬

品种名称 （中文/外文）	花色	花型	花径/ （横cm× 纵cm）	花香	花期 （以洛阳为例）
'粉涂鸦'或'粉色公子' 'Pink Double Dandy'	外瓣粉红色，花心红色	菊花型	16×8	清香	4月末至5月上旬
'草原魅力' 'Prairie Charm'	绿黄色	荷花型至 菊花型	15×7	淡	5月上旬至中旬
'瑞加蒂安'或'破烂娃娃' 'Raggady Ann'	黄白色至乳白色，花心有深 紫红斑	荷花型至 菊花型	16×7	淡	4月末至5月上旬
'大红天堂'或'黑凤' 'Scarlet Heaven'	大红色至深紫红（黑）色	荷花型	15×6	清香	4月下旬至5月上旬
'丰美' 'Scrumdidleumptious'	大部乳黄色，心部红色，偶 尔粉色	蔷薇型至 黄冠型	17×8	清香	4月下旬至5月上旬
'黑天鹅'或'纯红乐队' 'Simply Red'	黑色	单瓣型至 荷花型	16×6	浓	4月下旬至5月上旬
'雨中曲' 'Singing In the Rain'	橘红、淡黄色	荷花型至 菊花型	15×6	中香	4月下旬至5月上旬
'史密斯黄'或'史家黄' 'Smith Family Yellow'	亮黄色	菊花型	20×8	中香	4月末至5月中旬
'索诺玛杏'或'索杏' 'Sonoma Apricot'	初开主色杏黄，渐褪为浅黄 色，次色为浅紫红色	荷花型	15×7.5	清香	4月末至5月上旬
'索诺玛太阳'或'索太阳' 'Sonoma Sun'	橘黄色	荷花型至 菊花型	16×7	清香	4月末至5月上旬
'索诺玛紫水晶'或'索 水晶' 'Sonoma Amethyst'	粉紫色	菊花型	16×7	中香	4月下旬至5月上旬
'索诺玛红宝石'或'索 宝石' 'Sonoma Velvet Ruby'	深紫红色	单瓣型至 荷花型	14×6	淡	4月末至5月初
'索诺玛欢迎'或'索 欢迎' 'Sonoma Welcome'	初开杏黄色，盛开乳黄色	荷花型	15×7	清香	4月末至5月上旬
'索诺玛光环'或'索 光环' 'Sonoma Halo'	亮黄色至乳黄色	蔷薇型	16×8	清香	5月上旬至中旬
'奶油草莓' 'Strawberry Creme'	淡粉红色	单瓣型至 菊花型	16×6	淡	4月下旬至 5月上旬

品种名称 （中文／外文）	花色	花型	花径／ （横cm× 纵cm）	花香	花期 （以洛阳为例）
'唯一''Unique'	黑红色	荷花型	16×6	浓	4月末至5月上旬
'梦幻糖李'或'梅梅的愿景' 'Visions of Sugar Plums'	浅紫、黄白、红色相间，花心有黑斑	单瓣型至菊花型	15×6	淡	4月末至5月上旬
'东方金' 'Oriental Gold'	黄色	菊花型	16×7	淡	4月中旬至5月上旬
'红涂鸦'或'胜利之歌' 'Yankee Doudle Dandy'	红色，花心有深紫红斑	荷花型至菊花型	16×8	有	4月下旬至5月上旬
'黄涂鸦'或'黄悠闲公子' 'Yellow Double Dandy'	橙黄色	菊花型	20×7	淡	5月上旬至中旬
'图卢兹美女' 'Belle Toulousaine'	红、紫色	菊花型	22×8	中香	4月下旬至5月上旬

（四）繁殖与栽培

1. 伊藤品种的繁殖方法

伊藤品种主要采用分株、嫁接、扦插等方法进行无性繁殖，其繁殖系数较低，速度较慢。2004年组培苗培养成功后，大大加快了其繁殖与推广的速度。

1）分株法　又称分根法。分株（根）繁殖仍是当今最常用和最主要的方法。其做法与牡丹、芍药的分株方法基本相同，只是由于伊藤品种生长较快，故选择的母株可提早1～2年。此外，因其根系粗硬，故操作难度稍微大些。分株时间要适宜，一般以3～4年生较好。过早，因植株刚进入快速生长阶段，但尚未达到一定大小，不利于最有效地发挥其生长潜能、提高增殖效率；过晚，因植株郁闭，生长降缓，不利于母株正常生长和更快地增加子株的繁殖量。

具体方法是：选择3～4年生、茎芽数在8个以上的植株，挖出后去掉其上附土，按照分开后子株2～3芽的原则确定分离部位，然后在这些部位用修枝剪、切（劈）接刀将其分离，再剪掉枯枝、断根、病根以及过长根（保留25 cm左右即可）。对于生长年限较长、木质化程度高、特别粗大坚硬的根块，尤其是根颈处，最好是先把刀子放在要分离的部位上，再用小锤子砸刀子。这样，既容易把根株分开，又不易损伤或弄坏芽和根。确定分离位置时，既要注意分开后子株大小适当，又要小心劈分时不会把附近的芽和根弄坏，导致分开的子株没有有效芽，或根条过短甚至没有根条，使苗株报废。分劈时会形成伤口，但一般不影响成活，栽植前最好用杀菌剂处理一下。

2）嫁接法　此法可作为分株法的有效补充。因为尽管大多伊藤品种茎枝中上部木质化程度不高，不大适宜嫁接，但有些品种如'巴茨拉''唯一''红涂鸦'等，靠近基部的部分或整个茎段，木质化程度较高，也有较饱满的芽，为了加快繁殖速度，每年秋季也要尽量利用这些可用茎段进行嫁接。但其嫁接成活率较低，一般在10%～60%，品种间有较大差异。嫁接方法与普通牡丹嫁接法基本相同，多采用贴接法和劈接法，接穗用多芽或单芽。具体操作参见第五章相关内容。

3）扦插法　扦插也是加快伊藤品种繁殖速度的一种有效方法。2012—2016年，吴敬需与河南林业职业学院科研团队在洛宁县吕村林场，采用全光弥雾扦插育苗法进行了7个品种的嫩枝扦插繁殖试验，取得成功，并获得国家实用型专利。试验表明，如果管理到位，只要是带芽的茎段，扦插成活率可达到85%左右。而若能采取措施促使其茎上产生更多的芽，那么这就是除组织培养外最快速的繁殖方法了。

注意：伊藤品种扦插苗生根成活后，应于当年秋冬季或翌年春季先移栽到口径为14 cm左右的营养钵中，集中精细培养半年以上，待根系更加健壮发达后再带土球移栽到大田。这样，既便于管理又能保证较高的移栽成活率。如果过早移栽大田，常会因其苗小、适应性差以及不便精细管理而死亡。吴敬需等2013年将刚扦插活的苗子随即移栽大田，最后成活的却寥寥无几。

4）组织培养法　苗木繁殖速度慢是牡丹产业发展的主要制约因素，组织培养是加快苗木繁殖速度的最有效方法，目前上海培林生物科技有限公司已能成功繁育牡丹组培苗。

加拿大普朗代克生物技术公司经过十余年的试验研究，2004年成功获得伊藤品种组培苗，并正式投入商品化生产。目前，每年可生产销售伊藤品种组培苗100多万株，约占世界总产量的80%。

近年来，国内牡丹组培研究已取得一定进展。以'巴茨拉'的鳞芽为外植体，初步建立了其微繁殖体系，试管苗生根率可达75.51%，其中生根质量好，根数多于 3 条且愈伤组织小的生根苗移栽成活率可达 73.58%（李刘泽木等，2016）。

牡丹试管苗在组织培养室外的驯化栽培是决定生产成败的关键环节之一。洛阳市邙山花丰园艺场吴敬需等在 2012—2016 年先后从国外引进伊藤品种组培苗进行驯化栽培，取得成功。目前共引种栽培成功品种 37 个，扩繁苗木 10 000 余株。

伊藤品种组培苗驯化关键技术如下。

（1）移植前的准备工作

A. 试管苗出瓶时芽应处于休眠、半休眠状态。应采取措施，使准备移栽到组培室外进入驯化阶段的试管苗，出瓶时保持休眠或半休眠状态，最起码保持顶芽不萌发生长成较大叶片，使试管苗的芽在移栽后再萌发生长。这样，幼苗移栽后和根系重新生长前，就不会因体内营养消耗过多，而移栽后幼苗的叶片水分蒸腾和营养消耗较大，根系吸收供应不足，导致水分、营养失衡而死亡。

B. 出瓶时间的掌握。试管苗的出瓶移栽时间，要尽量与自然生长季节相协调，以 2～4 月为最好。不然会由于季节不匹配、生命活动失调，而导致炼苗失败。

C. 不带叶移栽。试管苗移栽时应把苗子已发出的叶片去掉，只留顶芽或生长点，即不带叶片移栽。这样就可以使植株体内保存的有限营养集中供应芽的萌发和新根的生成，同时又减少或避免了原带叶片的水分蒸腾和营养消耗，以保证苗子成活。

D. 消毒灭菌。在移栽驯化的各个环节，都要严格对苗子和栽培环境进行消毒灭菌。栽植前，要用 75% 百菌清可湿性粉剂 600～800 倍液，或 15% 异菌·腐霉利烟熏剂等杀菌剂，对温室、大棚等设施进行喷洒或熏蒸处理；用高锰酸钾晶体 5 000 倍液，浸蘸苗子和用具 5 min。栽植后，要用 50% 多菌灵可湿性粉剂 500～600 倍液等，对苗子和环境进行喷洒或浇灌苗子，或用 15% 异菌·百菌清等烟熏剂熏杀，7～10 天 1 次，交替进行。

E. 驯化（炼苗）场地的选择。驯化场所应选择通风透光、干净卫生、作业方便的设施。以现代化自控设施较好，可以保证有合适的温度、湿度、通风、光照、遮阴等条件。苗子移栽后盆（钵）最好放置在苗床上，以便通风和防止过湿。

（2）试管苗的栽植与管理

A. 基质选择和配制。基质配制原则是既要有较高的透气透水性，又不至于空隙过大，保水性不强。以泥炭∶珍珠岩为 5∶1 的比例并均匀配制为好。泥炭颗粒粗细，以栽植初期（移植后 6 周）纤维长度 5～10 mm、以后换盆时10～20 mm 为好。

B. 营养钵（盆）的选择。以硬质塑料营养钵为好。移植前期 1～2 个月，口径为 7～9 cm。切忌整个驯化期间一直用一种规格的营养钵不换。否则，苗子和钵的大小不匹配，造成钵内湿度不适宜、钵体过大或过小，从而导致根系腐烂或干枯而死亡。

C. 栽植。先将营养钵中装入约 2/3 的基质并压实。然后剪去较长的根，保留 4～5 cm 长为宜。再用手指轻捏苗子根颈部将苗放入营养钵中，填满基质并轻轻压实，深度以苗上部基质距钵沿 2～3 cm 为宜。而苗的栽植深度切记以基质埋到根颈部为宜，以防止苗芽腐烂。

D. 栽后管理。

a. 水分。栽后立即喷浇 1 次透水，以后待基质表层发白、有 1～2 cm 厚变干时再喷浇。空气相对湿度保持 50% 左右为宜。切记湿度尤其是盆内湿度不能过大，或持续时间较长。

b. 光照与遮阴。最初 7～10 天遮阴 70% 左右，以后视光照强度适当增减遮阴强度和时间。阴雨天和 10:00 前至 16:00 后可不遮阴。

c. 温度。要保持环境温度 10～25℃，夏季高温时最好不超过 28℃。否则，可放置在有温控设备的场所，或通过重遮阴和给周围环境多洒水来调节。

d. 通风。要一直保持通风良好，这也是苗子成活的关键。但风速不能过大，以免苗子被吹坏或导致湿度过小。

e. 施肥。可结合浇水，每半月左右喷灌 1 次 3%～5% 经沤制腐熟的饼肥水或 600～1 000 倍的花多多 1 号溶液。二者可交替使用。

f. 病虫害防治。主要病害为根腐病和灰霉病。防控措施参见第十一章相关内容。

g. 倒盆（钵）。当苗子生长 2 个月左右时，可倒盆（钵）查看根系生长情况。当有不少根系已伸展到钵底部后，就要换成口径 11～14 cm 的钵，使幼苗根系有充足的空间和合适的水、气环境，以利于正常生长。

h. 移栽大田。到了秋季 9 月底 10 月初，除了个别极小的弱苗需要继续在盆内栽培管理外，其他可移栽到大田栽培。经过 2 年大田栽培后，就可以开花了（图6-4）。试验表明，如果管理得当，牡丹组培苗的驯化栽培成活率，除个别品种较低外，大部分可达到85%以上。不同品种间存在一定差异。

2. 伊藤品种的大田栽培

伊藤品种的大田栽培与普通牡丹、芍药基本相同，但需注意以下几点：

1）株行距　由于植株生长较快，而且株形比较高大，生产园的苗子若需要与跟普通牡丹芍药同时出圃时，栽植的株行距应大一些。一般按3~4年出圃，株行距以70~80 cm为宜。对于长期不移植的观赏园，株行距应不少于1 m×1 m，当田间生长郁闭时，可从植株四边各挖掉一部分，这样既不影响母株生长和开花，又能起到增殖的作用。也可在前2~3年先按50~60 cm的株行距栽植，然后再隔一挖一进行间苗，这样可以提早达到并一直保持较好的观赏效果。

2）肥水管理　由于伊藤品种生长旺盛，需水肥量较大，为使生长更快更健壮、开花更好，水肥条件应比普通牡丹芍药的地块好些，或供应得更及时充足些。一般每年应于秋冬季施1次基肥，在花前3月底至4月初和花后6月中旬前后再追施2次化肥为好。浇水次数视土壤干湿与天

● 图6-4　移栽后第一个生长季的组培苗生长状况

气状况而定，一般生长期应20天左右浇1次水，冬季30~40天浇1次。

3）春季注意保护地面幼芽和疏芽定枝　由于萌发较晚，加之芽子多生长在土里，萌发前不易看到。故在春季中耕除草时，近根颈处要浅锄或晚锄，以免锄掉芽子。与其他牡丹芍药混栽的地块，尤需加以注意。

当芽长至10~15 cm高时，应去除过密枝芽，以利苗壮花大。

4）晚秋清除干枯叶片　应同芍药一样，及时剪去和清除干枯的枝叶，既起到美化作用，又可减少病虫害发生。但因其落叶很晚，一般在12月上旬左右，

应比芍药晚 1~3 个月，待其叶片干枯时再剪除。

5）花蕾管理　对于观赏园，为保证主花开得更好，应将几乎同时开放的侧花蕾及时去除，但错开开放的花蕾可以不摘除，以延长花期。而对于种苗生产基地，除了留少数花蕾供观察品种外，其余主侧花蕾都要及时摘除，以减少植株营养消耗。切花栽培者，为使花大色艳，要在花蕾长出后及时疏蕾定花。即保留母株上 2/3 位置适当、分布均匀的健壮枝上的大花蕾，其他枝条上的花蕾全部疏除。

6）病虫害防治　大田种植尚未发现有明显的病害，虫害也较少。偶见有根腐病、白粉病（在光照不足、通风不良的地方）和蛴螬危害，可参照本书第十一章有关内容进行防治。

（吴敬需）

第八节

牡丹切花栽培

一、切花栽培概述

（一）牡丹切花的起源与发展

切花栽培是以切花生产为目的的栽培形式，切花主要用于插花。

插花应用起源很早。据说古代插花源于佛教的佛前供花，唐宋时期演变为一种花卉造型艺术。

唐代，武则天时期宫中开始种植牡丹。周昉《簪花仕女图》反映了贵族妇女发簪上簪牡丹花的风貌。另外，佛事用花也有反映，如唐代卢楞迦绘《六尊者像》中，绘一罗汉旁，置一竹制花几，上有花缸插大小两朵牡丹，花色纯白清洁，于寂然中体悟禅意。

宋代欧阳修《洛阳牡丹记》描述了洛阳市民插花用花的普遍："洛阳之俗，大抵好花。春时城中无贵贱皆插花，虽负担者亦然。"欧阳修所指的花，就是牡丹。

宋代张邦基著录的《墨庄漫录》载："西京（此指洛阳）牡丹，闻于天下。花盛时，太守作万花会，宴集之所，以花为屏帐，至于梁、栋、柱、拱，悉以竹筒贮水，簪花钉挂，举目皆花也。"西京太守用牡丹切花作万花会，使牡丹花的应用达到一个高峰。南宋时期，皇宫中牡丹插花也很盛行。据宋代周密《武林旧事》卷二所记："禁中赏花。……起自梅堂赏梅，芳春堂赏杏花，桃源观桃，粲锦堂金林檎，照妆亭海棠，兰亭修禊，至于钟美堂赏大花（牡丹）为极盛。……堂内左右各列三层，雕花彩槛，护以彩色牡丹画衣，间列碾玉、水晶、金壶及大食玻璃、官窑等瓶，各簪奇品，如姚魏、御衣黄、照殿红之类几千朵，别以银箔间贴大斛，分种数千百窠，分列四面。至于梁栋窗户间，亦以湘筒贮花，鳞次簇插、何翅万朵。"

元代山西稷山县兴化寺壁画《七佛说法图》，给观众（信徒）展示出庄严说法情景：七位佛前，便设皿花，皿中盛大朵牡丹，下承莲座，佛边有珊瑚枝、灵芝等宝物。

明清时期，一些著作记述了牡丹的插花保鲜技术。明代高濂《遵生八笺》中的《燕闲清赏笺》有"瓶花三说"一章，专论瓶花之道，精辟简练地介绍了插花选材、构图、陈设和养护等方面的要点和禁忌。他在"瓶花之法"中介绍了牡丹切花之保鲜："牡丹花，贮滚汤于小口瓶中，插花一二枝，紧紧塞口，则花叶俱荣，三四日可玩。芍药同法。一云：以蜜作水，插牡丹不悴，蜜亦不坏。"

明代袁宏道《瓶史》是插花史上一部经典之作。作者在"品第"一节中介绍了当时宜用作切花的牡丹、芍药名品："牡丹之黄楼子、绿蝴蝶、西瓜瓤、大红舞青猊为上。芍药以冠群芳、御衣黄、宝妆成为上。"

清代陈淏子《花镜》一书《养法插瓶法》中亦记："牡丹初折，即燃其枝，不用水养，当以蜜浸自荣，谢后，蜜仍可用。芍药烧枝后，即插水瓶中，夜间，另浸大水缸内，早复归瓶，则叶绿花鲜。"

古代对花材的保鲜、养护有所研究，应用于牡丹、芍药大体上有以下几种方法：

1. 烧灼法

将花枝切口用火烧至焦炭为止，然后插入水中。这样不仅花鲜叶绿，而且还可延长花期。

2. 沸汤法

用煮沸的水晾凉浸泡花枝，并塞紧瓶口。这样可较长时间使花不凋，叶不萎。

3. 蜜浸法

用蜂蜜作水插牡丹花枝，花不凋谢，蜜也不坏。

（二）切花的应用前景

牡丹鲜切花是国内外花卉市场的高档花材。随着牡丹盆花与切花多次应用于国事活动的重要场所及在其他一系列重要国际会议上的应用（图6-5），使牡丹切花在国内外产生了广泛影响。在洛阳、郑州等地，牡丹切花已成为时尚家庭婚庆典礼、寿宴、生日等重要活动的首选之花。

● 图6-5　在展会上展出的牡丹、芍药切花

当前，牡丹切花生产仍处于初级阶段。虽然牡丹切花保鲜方面已经做了一定的研究，但各生产环节包括切花品种选择及大田培育、储藏保鲜及应用等方面都还需要一定的经验总结与技术积累。

二、品种选择与圃地建设

（一）牡丹切花品种的选择

1. 品种选择标准

切花品种选择是否得当直接影响着切花的质量。牡丹切花品种的选择既要注意观赏性，也要注意商品性。它们应具备以下特点：①生长健壮、萌蘖力强、成枝率高且当年生花枝长；②成花率高，花型端庄，以半重瓣（荷花型、菊花型）为主，花色艳丽，具有芳香气味；③花枝直立坚挺，叶片平整；花蕾圆或扁圆，忌顶端开裂；花朵大小适中，花瓣质地硬，有光泽；④采后切花具有较好的耐储藏性，货架寿命和瓶插寿命（水养期）较长；⑤病虫害少，适应性强。

2. 切花品种选择

目前，各地已从各品种群中选出一些适合切花栽培的品种。

1）中原品种及国外品种

（1）洛阳 试用于切花生产的品种有'香玉''景玉''似荷莲''雪映桃花''黑海撒金''花王''岛锦''岛大臣''连鹤''黄冠''太阳'及'洛阳红'等。其中大部分品种当年花枝可达 30 cm 以上，但有时'景玉'等品种不易达到，需带 2 年生枝。

（2）菏泽 可试作切花生产的品种：①中原品种有'百园红霞''朝衣''紫二乔''金星雪浪''青龙镇宝''天香湛露''俊艳红''青香白''香玉'等；②国外品种有'花王''太阳''海黄'等（单宏伟等，2008）。

此外，郭闻文等（2004）从供试的 21 个品种中筛选适作切花的品种有'洛阳红''叠云''层中笑'和'百花丛笑'。有开发潜力的品种有'春红娇艳''肉芙蓉''如花似玉''似荷莲''迎日红''紫蝶飞舞'等。'百花丛笑''朱红绝伦'和'雪莲'开放过程快，可达最大开放程度，瓶插寿命 5~6 天，'玉面桃花'和'天香湛露'瓶插寿命可达 8 天。

刘红凡等（2017）采用灰色关联度分析法，以 11 个性状为评价因子，对'冠世墨玉''洛阳红'等 39 个牡丹品种的切花适宜性进行了综合评价，认为'如花似玉''雪映桃花''花都绿''层中笑''黑海撒金''洛阳红''玉面桃花'以及'新七福神''新日月锦''海黄''芳纪''花竞'等较好。其中'如花似玉'关联度达 0.793 1，'雪映桃花''花都绿'关联度达 0.777 5。

2）凤丹牡丹系列品种 凤丹系列品种有多种花色，年生长量较大。'凤丹白'等平茬后当年花枝年生长量可达 50~60 cm，适作切花生产。

3）西北紫斑牡丹系列品种 西北紫斑牡丹系列品种中，不少品种不仅年生长量较大，而且大多具有芳香气味，鲜切花室温下瓶插寿命可达 5~6 天，因而从中选择切花品种，极具潜力。近年推荐品种有'京玉红''粉面桃腮''京粉岚'以及'京云冠''高原圣火'等（刘浩，2020）。

4）伊藤系列品种　引进的伊藤品种中适作切花的品种有'巴茨拉''丁香紫''先来者''不可能的梦''希拉里''梦幻糖李''科拉路易斯''绘彩''黑凤''公爵夫人''红涂鸦''黄涂鸦''索太阳''雨中曲''瑞嘉蒂安''魔术巡演''丰美''卡罗莱'等。洛阳、菏泽已有部分品种规模生产。伊藤品种有许多优点，但花蕾发育整齐度差是其不足。

牡丹切花品种的选择，还需注意花色、花期的搭配，每个品种应有一定的栽培面积，以保证切花分期分批供应市场，并可利用各地花期的差异分别建立切花生产基地。

（二）大田栽植

1. 切花生产的主要方式

切花生产可采用常规大田栽培和盆栽促成栽培两种方式。目前国内主要采用大田栽培方式。

大田栽培要求选择合适的品种、健壮的种苗，建立专门的切花圃。圃地要有较好的水肥管理条件。

利用盆栽牡丹促成栽培生产切花，已在日本使用多年。据成仿云（2008）在日本的考察，认为它的栽培管理与盆花生产完全一样，但是由于切花不存在搬运花盆的问题，因此可选用较大的花盆和多年生的大植株进行生产。切花后植株需在大田中复壮 1～2 年再度使用。这方面的经验可供借鉴。

2. 圃地的整理

选好栽培地点后及时做好各项准备工作，生产地点应交通方便，有适用水源，劳力资源充足。

在备用地块上提前清除杂草，深翻暴晒，施足基肥。

3. 认真栽植

（1）栽植株行距　一是等行式 80 cm×80 cm，亩栽 830 株左右；二是宽窄行，宽行行距 0.8～1.0 m，窄行行距 0.7 m，株距 0.7～0.8 m。每亩 1 100～1 200 株。

（2）栽植时间和方法　9 月下旬至 10 月上旬为最佳栽植时间，挖穴栽植。选用 2～3 年生分株苗，或 3～4 年生嫁接苗。

4. 水肥管理和病虫害防治

切花圃要加强水肥管理和病虫害防治工作，这是获得优质切花的基本保障。

施肥一要注意基肥，二要注意切花前后的追肥。视土壤肥力及植株生长状况，在切花采切前补充根外追肥，可喷施 0.5% 磷酸二氢钾 +0.3% 尿素溶液。6～10 天 1 次，连续 2 次。

花前注意防治叶部病虫害。剪切前 10～15 天，喷施 1 次 50% 多菌灵可湿性粉剂 600 倍液和 50% 异菌脲可湿性粉剂 1 000 倍液的混合液，与 1.8% 阿维·吡虫啉可湿性粉剂 800 倍液和 30% 苯甲·丙环唑可湿性粉剂 3 000 倍液混合液交替喷雾，效果更好。

切花采切前适当控制浇水，以免切花含水量过大，影响切花的储存和切花的质量。

切花采切后，植株总叶面积大幅减少。因而采后的肥水管理及病虫害防治仍不可放松。

三、大田切花生产技术

（一）切花花枝的培养

牡丹切花栽培管理工作的重点是要保证每年春季花期能生产出一定数量的花枝，同时又要培育出一批当年能形成饱满花芽的备用枝，使能长出供第二年生产切花用的花枝。操作时需要很好地利用牡丹的萌蘖特性，适当运用平茬措施，促使基部隐芽的萌发。

切花重要的质量标准之一是切枝要达到一定的长度，中原品种年生长量一般，只有少部分品种当年生枝能达到 40 cm 以上。

当年生花枝生长量 40 cm 以上的品种，可用当年生枝剪截切花。根据品种特性和植株大小，逐年增加切花花枝数量。用当年生枝作切花，剪时不带老枝，吸水能力强。当年生枝不足 40 cm 时，剪取切花枝需带一部分 2 年生枝，使长度达到 40 cm 以上。

在剪切花枝时，需注意备用枝的选留，以保证母株的营养生长和备用枝的花芽分化。备用枝多为 1 年生萌蘖枝，当年形成顶花芽，第二年可用作切花枝。根据植株大小，选留备用枝，如每株 4～5 根（3 年生植株）和 6～8 根（5 年生以上植株）萌蘖枝，并使分布均匀。如此逐年剪截切花，选留备用枝，持续生产。

因连年剪切切花枝，植株基部伤口较多，需注意切口的保护，涂抹切口保护剂。

8~10年，植株生长势衰退，需及时更新复壮或重新建园。

（二）切花花枝的采收与保鲜

1. 田间采收

一般认为，切花品质好坏大部分取决于采前，实际上，切花采收时和采后处理不当，也会降低原有品质，从而降低甚至丧失其商品价值。适时剪切是关系到牡丹切花质量的重要因素。

牡丹花蕾从露色、开花到衰老可划分为6个时期：

（1）露色期（Ⅰ级）　萼片裂开移至花蕾中下部，外层花瓣露出，花蕾变软。

（2）绽口期（Ⅱ级）　萼片下翻，外层花瓣外移，内层花瓣露出，花蕾呈蓬松状。

（3）初开期（Ⅲ级）　外层花瓣展开，内层花瓣仍然合拢。

（4）半开期（Ⅳ级）　多层花瓣展开，露出花心。

（5）盛开期（Ⅴ级）　内层花瓣展开，清晰地看到雄蕊及花心。

（6）始衰期（Ⅵ级）　外层花瓣边缘开始萎蔫卷缩（王荣花等，2005；史国安等，2009）。

经蒸馏水与保鲜液瓶插试验，以绽口期（Ⅱ级）到初开期（Ⅲ级）切花，花色、花型和瓶插寿命表现最好，是牡丹切花适宜采收期，适宜采后冷藏外销；半开期（Ⅳ级）切花不便储运，适宜就地销售。

田间操作时采用分期采收的方法。根据品种不同，选取茎干挺直粗壮，长40 cm以上，花蕾处于绽口期，直径2.0 cm以上，于10:00前采切完成，剪下的花枝置于阴凉处，及时散热，然后装入塑料箱内迅速运回操作间做进一步的处理。

2. 花束整理与保鲜

采回的切花花枝每10支一束，摆放在低温操作间包装台上，使花蕾端放齐，然后按照标准将花枝剪成相同长度，一般不低于40 cm。然后剪去花枝基部10 cm以下叶片，再在每个花枝基部套上装有0.1% AVB水溶液的保鲜试管。在试管上部约5 cm处，用橡皮筋将花束捆扎，橡皮筋应绕上3~5圈。

将处理好的花束装入塑料箱，每箱 10 ~ 20 扎，然后放入冷库保存，冷库温度 0 ~ 4℃。

统计入库品种及数量，及时录入销售系统。

3. 装箱发运

采用硬质纸箱包装。包装箱应清洁无污染，具有良好的承载力。切花分层反向叠放箱中，花蕾朝外，离箱边 5 cm。一般使用小箱，按 40 扎 / 箱进行装存；装箱时切花需在箱内固定，并在箱子中间放 2 ~ 4 瓶报纸包裹的冰瓶以用于长距离运输时降温保鲜。纸箱外壁应当有明显、清晰的标识，注明切花种类、品种名称、花色、级别、装箱数量、装箱时间、收货人的姓名及联系方式等。

4. 切花采后保鲜

1）切花冷藏保鲜　未能及时发运的切花仍需继续冷藏。

在温度 0 ~ 4℃，空气相对湿度 90% ~ 95%，空气流速 0.3 ~ 0.5 m/s 条件下，鲜切花分层竖放在花架上，层间有一定距离以利空气流通。这样冷藏 30 天，花蕾仍可正常开放。如用冰箱冷藏 15 天以上，花蕾应用吸水纸包扎，以免积水发霉（王志远等，2011）。

牡丹切花如需较长时间储存，需采取特殊冷藏措施。

采取蕾期花枝，使体表温度降至 15 ~ 20℃，从花枝基部 10 ~ 20 mm 处水切，然后置于保护剂中 2 ~ 3 h，取出，使温度降至 5 ~ 8℃后放入保鲜盒，再装入储藏箱，在温度 –8 ~ –2℃，空气相对湿度 85% ~ 95% 条件下储藏。需用时取出储藏箱，分 3 次逐步回温到 15 ~ 20℃，打开保鲜盒，取出瓶插。

2）切花瓶插保鲜　切花瓶插保鲜是切花生产的终端环节。为了减缓花朵衰老进程，使切花具有较好的瓶插寿命，于是在研究切花衰老生理基础上有牡丹切花保鲜液的研发。供给必要的营养物质，防止导管阻塞和抑制乙烯的生物合成是延长插花寿命的三个重要因素。此外，瓶插时，切花只有在吸水大于失水时才能保持新鲜程度，表现出良好的观赏价值。切花瓶插初期，吸水量和失水量都很大，但吸水量大于失水量，水分平衡保持正值。随瓶插时间推移，吸水量与失水量逐渐减少。由于吸水量降速快于失水，水分平衡值出现负值，花瓣最终出现凋萎。保鲜液处理延迟了牡丹切花水分平衡值出现零值的时间。能较好地维持花枝水分平衡是保鲜液延长牡丹瓶插寿命的主要原因之一。

目前常用的切花保鲜剂有花之寿、花生命、美乐棵等。其主要成分是乙烯或呼吸抑制剂（硫化硫酸银 STS）、糖和氨基酸等营养物质、杀菌剂等。一般可延长花期 1.5 天以上。

四、牡丹切花的周年供应

实现周年供花是促进牡丹切花消费的重要环节。周年供花的基础是周年开花，在这方面已有一定的技术和经验积累。目前，把常规栽培和促成栽培相结合，可以在冬春两季半年左右的时间内提供高质量的切花（图 6-6），但是对通过抑制栽培，在夏秋两季供应切花的栽培技术尚需进一步研究和总结。

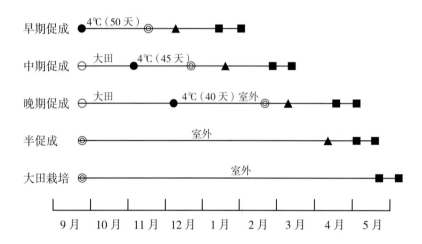

●冷处理；◎上盆；○假植；▲移入加温温室；△移入非加温温室；■盆花和切花上市

● 图 6-6　牡丹的盆花和切花生产体系（成仿云，2001）

（李嘉珏，陶宇）

主要参考文献

[1] 成仿云. 牡丹产业化发展的生产栽培技术 [J]. 北京林业大学学报, 2001(S2): 120–123.

[2] 成仿云, 李嘉珏, 陈德忠, 等. 中国紫斑牡丹 [M]. 北京: 中国林业出版社, 2003.

[3] 成仿云. 日本牡丹及其商品化生产 [J]. 中国花卉园艺, 2002, (12): 24–25.

[4] 陈富慧, 索志立, 赵孝庆, 等. 中国牡丹品种的花期 [J]. 东北林业大学学报, 2005, 33(6): 55–61.

[5] 陈德忠, 索志立, 陈富飞, 等. '挽春'(Paeoia rockii 'Wan Chun')——中国西北紫斑牡丹品种群中一个优良品种 [J]. 武汉植物学研究, 2006, 24(6): 551–558.

[6] 范俊安, 张艳, 夏永鹏, 等. 重庆垫江牡丹生产历史与生产现状分析 [J]. 中药材, 2006, 29(4): 401–403.

[7] 高秀芹, 赵利群, 郑国庆, 等. 紫斑牡丹引种及生物学特性 [J]. 东北林业大学学报, 2009, 37(1): 25–26.

[8] 郝青, 刘政安, 舒庆艳, 等. 中国首例芍药牡丹远源杂交种的发现与鉴定 [J]. 园艺学报, 2008, 35(6): 853–858.

[9] 胡永红, 韩继刚. 江南牡丹——资源、栽培及应用 [M]. 北京: 科学出版社, 2018.

[10] 鞠志新. 东北地区牡丹生态适应性及抗寒性研究 [D]. 北京: 北京林业大学, 2011.

[11] 李宗艳, 郭盘江, 唐岱, 等. 丽江牡丹不同品种的生物学特性及耐水淹胁迫能力 [J]. 东北林业大学学报, 2006, 34(5): 44–46.

[12] 李宗艳, 秦艳玲, 蒙进方, 等. 西南牡丹品种起源的 ISSR 研究 [J]. 中国农业科学, 2015, 48(5): 931–940.

[13] 李莹莹, 郑成淑. 利用 CDDP 标记的菏泽品种资源的遗传多样性 [J]. 中国农业科学, 2013, 46(13): 2739–2750.

[14] 李嘉珏. 临夏牡丹 [M]. 北京: 北京科学技术出版社, 1999.

[15] 李嘉珏. 中国牡丹品种图志 (西北、西南、江南卷)[M]. 北京: 中国林业出版社, 2006.

[16] 李嘉珏, 何丽霞. 江南牡丹发展历史、品种构成与适地适花问题 [J]. 中国花卉园艺, 2003, (12): 8–10.

[17] 李嘉珏, 康仲英. 临洮牡丹 [M]. 兰州 : 甘肃美术出版社, 2012.

[18] 李嘉珏, 张西方, 赵孝庆. 中国牡丹 [M]. 北京 : 中国大百科全书出版社, 2011.

[19] 庞利铮, 成仿云. 牡丹芍药组间远源杂种 (伊藤杂种) 的嫁接繁殖 [J]. 中国花卉园艺, 2011, (22): 30–32.

[20] 孙菊芳, 成仿云. 芍药与牡丹组间杂种引种栽培初报 [J]. 中国园林, 2007, 23(05): 51–54.

[21] 王莲英, 袁涛, 等. 中国牡丹品种图志 (续志)[M]. 北京 : 中国林业出版社, 2015.

[22] 吴敬须, 张飞鸟. "平茬"措施之我见 [J]. 花木盆景 : 花卉园艺, 1992, (6): 6–7.

[23] 庄倩, 朱松岩, 杜晓琪, 等. 芍药属组间杂种引进东北地区栽培试验 [J]. 东北林业大学学报, 2011, 39(4): 21–23.

[24] 赵孝庆, 索志立, 赵建朋, 等. 中原牡丹品种可推广地区及相关栽培技术 [J]. 植物科学学报, 2008(S1): 1–45.

[25] 赵利群, 翁国盛, 高秀芹. 牡丹寒地推广应用解析 [J]. 国土与自然资源研究, 2006(1): 91–93.

[26] 赵雪梅, 成仿云, 唐立红, 等. 赤峰地区紫斑牡丹的引种与抗寒性研究 [J]. 北京林业大学学报, 2011, 33(2): 84–90.

第七章

牡丹盆栽

　　盆栽是牡丹容器栽培的主要方式。由于具有移动方便、配置形式多样的特点，可以扩大牡丹观赏应用范围，有利于观赏牡丹的产业化发展。

　　本章介绍了南北各地牡丹盆花生产技术，盆栽砧木优选进展，特色盆栽的生产以及牡丹盆花在异地花展中的应用。

第一节
南北牡丹盆栽技术要点

一、牡丹盆栽概述

（一）牡丹盆栽的概念

牡丹盆栽顾名思义就是把牡丹植株栽植在花盆等容器内，以达到便于随时移植、携带、运输、栽培、展览、观赏等目的。它是容器栽培的主要形式。盆栽可分为临时（短期）盆栽和长期盆栽两种，前者指在花盆里培养数天到数月，时间较短；后者指在花盆里培养时间较长，如一年到多年。广义的牡丹盆栽，包括无纺布袋栽培和牡丹盆景等。洛阳民间通常将长期盆栽称为盆养。

使用盆等容器栽植（培）的牡丹，叫作盆栽牡丹或牡丹盆花。洛阳民间称长时间的盆栽牡丹为盆养牡丹（图7-1）。

（二）牡丹盆栽简史

从洛阳出土的文物看，牡丹盆栽早在唐代就已经开始了。中唐时期牡丹进入市场交易，盆花是主要形式之一。

在宋代，牡丹不仅用于庭园栽植观赏，也将盆栽用于室内摆设。如1981年河南省南阳地区文物队在南召县云阳镇五红村发掘的宋代雕砖墓，一号壁壁脚须弥座束腰壁龛内，发现雕刻有一花盆，盆内插二枝牡丹。1975年4月在河南省武陟县小董乡金代雕砖墓中发现有多幅花卉盆栽雕刻图，盆内花卉有牡丹、荷花等。据考证（李树华，2005），中国古文献中，首次出现"盆花""盆景"的描述，都出自宋代苏轼笔下，迄今已有 900 余年历史。

明清时期，牡丹盆栽在民间和宫廷都有着广泛应用。清代计楠在《牡丹谱》中对牡丹盆栽有如下记述："牡丹接本短小，最宜植于盆中。盆用宜兴敞口中白砂盆，开时移置台上，可避风雨，多耐数日。用五色洋漆描金或红木紫檀花梨架子，高低以配花，供于桌上，后列纯白绫绢围屏以衬之。夜点玻璃灯，尤觉光彩夺目。"

新中国成立后，牡丹盆栽逐步得到发展。特别是 1978 年改革开放以来，随着催延花期技术日臻成熟和人民群众对牡丹盆花需求的增长，牡丹盆花生产有了较大幅度的增长，年产量 100 万盆左右。牡丹盆花催延花期与露地常规栽培相结合，实现了牡丹盆花周年生产的目标。

二、盆栽牡丹的特点

（一）对栽培管理技术要求较高

牡丹盆栽属于限根栽培，与大田栽培相比，盆栽使植株根系生长受限，从而对其生长发育进程产生明显影响，给栽培管理带来更高要求。

● 图 7-1　洛阳等地的盆栽牡丹

1. 根系活力降低

据测定，牡丹在年生长期内根系活力变化呈现双峰曲线，第一次高峰出现在春季开花期，第二次出现在秋季根系生长期，且第一次高峰明显高于第二次高峰。在春季开花期，盆栽和地栽牡丹根系活力分别为 $0.305\,mg\cdot(g\cdot h)^{-1}$ 和 $0.405\,mg\cdot(g\cdot h)^{-1}$，前者比后者降低了 24.7%；秋季根系生长期，盆栽与地栽牡丹根系活力分别为 $0.211\,mg\cdot(g\cdot h)^{-1}$ 和 $0.337\,mg\cdot(g\cdot h)^{-1}$，前者比后者降低 37.4%（刘志敏等，2008）。

2. 光合速率的降低

据对'洛阳红'牡丹的测定，盆栽牡丹的净光合速率日平均值在大风铃期比地栽牡丹降低了 32.8%，在花后的叶片放大期降低了 39.3%。此外，叶绿素含量也有变化，开花前盆栽牡丹比地栽降低 15.6%，花后降低 20.4%。盆栽牡丹较低的净光合速率是其生长不良的重要原因之一。

牡丹盆栽与地栽牡丹相比，光饱和点降低，但具有较高的光补偿点，光合作用的有效光照范围变窄，对高光强和低光强的利用能力减弱。牡丹叶片较强的光合能力主要集中在适宜生长的 4~5 月，以后逐渐下降，9 月降至最低。春季开花前后盆栽牡丹净光合速率的降低，减少了开花期间和花芽分化前期营养物质的供给和积累，这也许是盆栽牡丹成花率低于大田牡丹的重要原因。

3. 蒸腾速率提高

花前和花后的测定结果表明，盆栽牡丹蒸腾速率均高于地栽牡丹。说明所处环境相同时，盆栽牡丹比地栽牡丹消耗更多的土壤水分（翟敏等，2008）。

牡丹盆栽由于盆内基质容量有限，可供利用的水分较少，而蒸发面相对增加。据有关资料表明，盆壁面耗水占 50%，盆土表面蒸发占 20%，而植株蒸腾仅占 30%。

4. 生理代谢机能降低

逆境条件下，植物形成抗逆机制保护生殖发育，即在根域限制条件下，营养物质也优先供应生殖器官生长。花器官是个强大的库器官，但由于碳代谢受到影响而使其库强变小，拉动蔗糖输送到花器官的动力不足，因而糖类等输送减少，含量降低，酸性转化酶活性降低，碳水化合物储备资源受限，导致花朵发育不足，败育率提高（刘晓娟，2017）。

（二）盆栽牡丹移动方便，配植形式多样，便于产业化实施

与大田栽培相比，盆栽具有移动方便、形式多样的特点，既便于市场销售、厅堂摆设、庭院布置与展览造景，也便于远距离运送。通过大田生产与设施栽培相结合，更有利于牡丹产业化的实施。

三、盆栽牡丹的主要生产方式

牡丹盆栽，亦即牡丹盆花，其生产一般有两种方式：一是以自然花期为主的盆花生产；二是结合设施栽培，通过调整花期，实现反季节供花。后者是当前盆花生产的主要方式。

从体积大小和生产周期长短看，盆花也有几种生产方式：一是微型盆栽，即利用 1~2 年生嫁接苗生产盆花，周期短，体积小；二是普通盆栽，是利用 3~4 年生分株苗或嫁接苗生产盆花，生产周期从半年到 15 个月；三是盆景，即把牡丹植株、其他可观赏的植物与石材等组合配置（植）在特制的浅盆或器皿中。

北方大面积生产盆栽，现行比较成功的做法是：采用露地＋荫棚＋塑料大棚（温室）栽培，即秋季露地上盆移栽和培养，夏季遮阴并防雨，冬季蒙膜加温保温或埋入地下，或用保温材料把盆四周包裹覆盖。

四、牡丹盆栽发展前景

从当今国际花卉市场看，盆栽（盆花）、苗木和切花是观赏花卉的三大类主要产品，盆栽的产量和产值分别要占到花卉总产量和总产值的 30% 和 40% 以上。与其他花卉一样，牡丹盆栽是牡丹产业中一种非常重要和极具发展前景的栽培方式和产品类型，其应用范围相当广泛，它不仅使观赏牡丹通过花期调控实现周年供花，也是从根本上解决牡丹苗木一年当中能多季移栽的有效途径，更是拓展牡丹观赏栽培范围或组织异地花展的重要手段和措施。

目前，我国的牡丹盆栽虽然比过去有了很大发展，全国每年产量达 100 万盆左右，但多是短期的临时盆栽，品质不优，而且现有生产量也不过是总需求

量的 1/10 左右，远不能满足市场需求。因此，加大研发和推广力度，不仅很有必要，而且势在必行（图 7-2）。

五、北方地区牡丹盆栽技术要点

（一）常用基质及其配制

1. 基质的种类

牡丹的栽培基质有两类：一类是以天然土壤与其他物质、肥料配制的基质，称为土壤基质或营养土；另一类是不含天然土壤，而使用泥炭、蛭石、珍珠岩或树皮等人工或天然材料配制的基质，称无土基质。

天然土壤是配制土壤基质的主要原料，它有两种：一种是在自然植被下形成的无人为干扰的土壤，如森林土；另一种是耕作土壤，或称园土。一般取地面 20 cm 以下的土壤用作基质较好。无土基质也有两种：一种是无机基质，如河沙、蛭石、珍珠岩、陶粒、煤渣等；另一种是有机基质，如泥炭（草炭土）、锯末、食用菌渣、枯枝落叶等。

2. 基质的选择与配制

基质对盆栽牡丹的质量乃至市场销售都有着直接的影响，其理化性质是栽培基质选择与配制的重要指标。相对于营养成分，基质的物理特性或更显重要，因为基质营养可以通过施肥调节，而基质的通透性却难以调节，且牡丹对基质透气性要求较高。除此以外，还要本着因地制宜、就地取材的原则，尽量选用来源充裕、成本较低的基质种类。

（1）选择　具体要求可归纳为以下几点：

● 图 7-2　**牡丹的周年盆栽**

①质地疏松，透气透水性好，又有一定持水保肥能力；②容重轻，孔隙度适中；③有一定肥力，干净卫生，无毒无臭；④酸碱度为中性或弱碱性；⑤取材容易，成本较低。

基质可以单独使用，也可以混合使用。由于每一种基质既有其优点也有明显的局限，难以完全满足牡丹栽培的要求，因而配制适宜牡丹的混合基质就成为保证盆栽牡丹质量的关键措施之一。基质配制总的要求应是降低容重，增加孔隙度，适当提高持水力和腐殖质含量。较好的基质配方有：①草炭（泥炭）、蛭石、珍珠岩，比例为 3：1：1；②草炭（泥炭）、珍珠岩，比例为 4：1；③腐叶土、田土，比例为 2：1；④腐殖质土、田土、马粪、沙，比例为 2：2：1：1；⑤煤渣、菇渣、蛭石，比例为 2：1：1。

配方①～④适宜规模化生产使用，配方⑤适于个人爱好和少量栽培应用。

（2）配制　配制前，先拣去大的颗粒和未沤烂的枝叶、石砾杂质等，或过筛，然后根据需要的量把各种基质按比例备好，并按 1：10 的比例备好需要的基肥量，如腐熟饼肥或腐熟猪粪、鸡粪以及每盆 50 g 的奥绿缓释肥，最后将各基质和粪肥混合拌均匀即可。

（二）常用容器的种类与特性

1. 容器的种类

栽培容器既要材质轻盈，耐用环保，又要设计精美好看，还要尽可能透水透气。比较理想的标准是：透水透气性好、结实耐用、经济便宜、美观好看、重量轻、便于搬运和携带等。牡丹栽培中常用的花盆或容器有：

（1）瓦盆　或叫素烧盆，用黏土烧制，有红盆和黑盆两种。其质地粗糙，但排水透气性好，且价格低廉。缺点是笨重，易损坏，外形不美观，搬运不便，只宜在生产场地使用。

（2）塑料盆（塑胶盆）　塑料盆是规模化种植中常用的容器，可分为硬质塑胶盆与软质塑胶盆两类。牡丹盆栽以硬质塑胶盆为主，其重量轻，搬运方便，外形美观，可以有不同的规格，且价格适中。企业用量大时可以按需定做，印上产地或企业名称，或印上牡丹诗词、绘画或图案，使其带有文化底蕴，并借以展示品牌，提高档次和品位。

（3）陶瓷盆和木盆　陶瓷盆为上釉盆，常带彩色绘画，外形美观，但透水、透气性差；木盆用质地坚硬不易腐烂的木材制成，内涂防腐材料，亦较美观。二者均不宜用于生产栽培，而适于室内装饰摆放或作外部套盆。由于木盆体积较大，更适于大型公共场所放置较大的牡丹盆栽。

（4）塑料网盆与无纺布袋　塑料网盆透性强，适于连同苗木一起埋入地下进行生产性栽培，所植苗木用于催花效果较好；无纺布袋价格便宜，透性也好，但质地软，不易成型，也不美观。

需要注意的是，目前各类花盆盆底的透水孔仍是设计在盆底的中心，这样平底的容器种植牡丹后易堵塞，不便透水透气。近来已有生产厂家做了改进，将透水孔放在盆底的四侧或周围，这种盆值得推广。

2. 容器的形状和大小

市场上花盆的形状既有圆形的，也有方形的，还有六棱形、八角形；盆缘既有直圆的，也有波浪圆的；盆底渗水孔有垂直朝下的，也有位于底部侧面的（这种最有利于渗水，不易堵塞）；颜色有红、白、黑、绿几种，也有带花鸟图案和印有诗词、品牌名称的，可根据个人喜好进行选择。盆的尺寸分大型、中型和小型几种，大的直径可达 50～100 cm，小的直径仅 15 cm。因牡丹根系比较发达，故应根据用途和植株大小选择使用。平时用中型盆居多，这样，既大小适宜，有利于生长，不浪费基质，又便于搬运，成本也低。目前生产上应用较多的规格（口径 × 深）是：（35～37 cm）×30 cm、30 cm×28 cm、27 cm×25 cm 等，还有较小的是 23 cm×21 cm。

在现代容器育苗与容器栽培中，新型容器类型不断涌现。近来在牡丹栽培中用到的控根容器（火箭盆）是其中之一。控根容器由底、围边和插杆三个部件组成，其周边凸凹相间，外侧顶端有小孔，既扩大围边面积，又为侧根气剪提供了条件。

（三）嫁接砧木品种和植株的选择

1. 嫁接砧木的选择

根据日本经验和我们自己的栽培实践，牡丹盆栽植株用芍药根砧嫁接苗比牡丹根砧嫁接苗更好。前者根系粗短，易入盆，且储藏营养充足，不仅便于装盆操作和管理，还有利于植株生长开花。因而牡丹盆栽植株培养时，以选择普通芍药根作砧木为好。近年来，洛阳孙建州等经多年优选，认为西班牙芍药具有优势，具体请参看本章第二节的介绍。

2. 品种和植株的选择

适合牡丹盆栽的品种应具有以下特点：①成花率高、容易开花；②生长势强、病虫害少，植株健壮；③花朵直上或稍侧、枝叶花协调、株型紧凑美观等。试验证明，除个别长势弱、不易成花的品种外，其他绝大多数品种都可以用作盆栽。实践中也发现，像'乌龙捧盛'等本来在大田不太容易开花的、营养生长旺盛的品种，栽到盆里的表现却比大田好得多。

吴敬需研究认为：牡丹盆栽之所以应选择生长旺盛的品种，而不是本身就矮小的品种，是因为中原牡丹品种大多属于矮生的灌木，而且生产上常用 2~4 年生植株，盆栽后容器本身严重地限制了植株的生长。如果专挑矮生品种，如'胡红''朱砂垒''明星''珊瑚台'等，栽培时间长了，容易生长不良。不过，微型盆栽则另当别论。

由于牡丹盆栽管理成本较高，所以对于生产者来说，盆花培养时间不宜超过 2 年。这样，栽植时，就应该选择植株稍大些的壮苗，即选在盆里生长 1~2 年就可以长到预期大小的植株。

根据目前的市场趋势和消费习惯，一般都要求盆花花朵较多，起码在 8 朵以上，故栽植时应选生长较好的 2~3 年生、有 6 个以上枝条的分株苗。但如果需要培养成多种规格的盆花，那么栽植时，就可以选择具有不同枝条数的植株了。如独干、2~3 枝、4~6 枝、7 枝以上，等等。

为了提高盆栽的成花率，一般应以株龄在 2 年或以上的分株苗、3 年以上的嫁接苗为好。另外，嫁接苗应尽量使用芍药根为砧木。因为芍药根短而粗大，储存营养多，整齐度高，缓苗轻，易开花，更适合盆栽。

（四）上盆与养护管理

1. 上盆

长期盆栽与平时催花苗的临时盆栽方法基本一样。栽植时期以气温降到 13~25℃的 9 月下旬至 10 月中旬为宜（洛阳）。过早，因气温高易导致秋发；过晚，气温过低，则不易生根。

栽前，应先进行修剪整理和药物处理。剪去病枝、枯枝、过弱枝、过密枝和病根、断（伤）根以及过长根（一般留长约 30 cm）。适当回缩根系有利于促发新的须根，增强吸收能力，但留根过短也会适得其反。

整理好后用 0.5% 高锰酸钾晶体或 50% 噁霉灵可湿性粉剂 2 000 倍液、50% 多菌灵可湿性粉剂 500 倍液 + 萘乙酸 500 mg·L^{-1} 生根剂的混合溶液浸蘸 3~5 min，用作杀菌消毒和催根处理，晾干后上盆栽植。

栽植时，先用一小瓦片垫在盆底渗水口处（非沙土基质和渗水孔位于边缘的花盆也可不垫），然后铺上厚 5~6 cm、大小为 1~2 cm 的石砾或珍珠岩等，以便透水。接着在盆底装入少量基质（约为盆深的 1/5），然后将苗放入盆中央，理顺根系并尽量使其分布均匀，然后边装土边晃动植株。如果放入较深，还要边装土边向上提，基质填满后，再用手使劲按实即可。

基质不应装得太满，以按实后基质面低于盆沿 2~3 cm 为适宜，以免浇水外溢。装盆作业完成后间隔 6 h 再浇透水，过早浇水，会降低药物处理的效果。

2. 养护管理

1）温度管理　在气温比较适宜的春秋季节应顺其自然。冬季温度较低时，应覆盖塑料薄膜或移到保护地越冬，也可把盆埋入露地的土壤中，或用盆套、麦秸、杂草、珍珠岩、沙等覆盖物把所有的盆部盖严，以便保温和避免根系受冻。但如果是在温度很低（如最低温度低于 −15℃）的地区，则应置于温室中，或将整株都用保温物品包裹好；而在温度高的夏季，应搭建活动式、透光率为 30% 左右的荫棚，晴天白天盖上，以防强光暴晒，阴雨天或晚上拉起来，必要时盖上塑料薄膜，以便防雨。同时，盆部也最好埋入土中，以免盆周边温度过高而伤根，也可以用专用的花盆护套把盆保护起来，以免日晒。

另外，还可以直接放置于塑料大棚或温室内栽培，并通过安装自动喷雾设施或人工喷水来降温。若在保护地栽培，温度只要不低于 0℃，就不要盖塑料薄膜等覆盖物，可完全呈露天状态，冬季也不必将盆埋入土中或进行保护，但在夏季也应进行遮阴和喷水降温。

2）水分管理　水分管理是牡丹盆栽管理中的重要环节之一。在春秋季，视干湿情况浇水。如盆上部 2~3 cm 厚的基质颜色发白，表明基质干了，需要浇水，一般 3~5 天浇 1 次水，保证基质含水量不低于 50%。每次浇水量要适度，以盆底有水渗出，浇透即可。

夏季温度高，蒸发蒸腾量大，盆土干得快，需 2 天浇 1 次水，甚至 1 天浇 1 次水。浇水少了生长不好，过多则易致营养生长过旺，影响花芽分化，或导致烂根，入秋时还易引起秋发。若大棚内安装有喷雾设施，应在晴天 11:00～16:00 最热的时段每天喷 2～4 次雾（每次 10 s 左右），并每隔 3～4 天酌情喷 1 次透水。

3）养分管理　养分管理是牡丹盆栽中最关键的工作，应设法保证有充足的养分而又不过量。养分不足会导致生长发育不良，而过量又会造成 EC 值升高，对根系产生伤害。为此，除在基质中分别掺入（拌匀）腐熟饼肥、猪粪、奥绿缓释肥（分别约 0.5 kg、1.0 kg、50 g）外，栽培过程中，还应分别于发芽后、花后和 9 月各施 1 次 20:20:20 的三元素复合肥溶液或稀释 20 倍的饼肥水，每盆约 1.5 kg。

为了防止基质中盐离子过量，每次预定施肥前应对基质中的 EC 值进行测定，并根据其量不超过 2.5 ms·cm^{-1} 为基准进行施肥。如果过量，不仅起不到应有的作用，还会使根系受到损伤甚至死亡。

在生长季节，如果发现叶色不正、长势不太好、有缺肥征兆时，也可每隔 10～15 天喷 1 次 0.2% 花多多溶液。有条件时，应实施配方施肥。

4）光照管理　基本随自然。但在夏天为避免温度过高和光线过强，应在晴天的 10:00～16:00 时用 30%～50% 透光率的遮阳网进行遮阴，以使光照强度尽量不超过 20 000 lx。

5）病虫害防治　可参考本书第十一章。

6）整形修剪　整形修剪对改善株型和调节营养分配等很重要。故应于春季发芽前，剪去过密过弱枝、病枝和枯枝；发芽后当萌蘖枝长至 10 cm 左右高时，保留位置适当、生长较壮的老枝或土芽，同时去除多余和过弱的。留枝数量从 1～2 个、3～5 个、6～8 个到 18 个以上，应根据母株大小和用途而定，小株和微型盆栽应少留，其他应多留。

养苗期间，尽量不让开花，应在现蕾后半月左右，把花蕾及时摘掉；需要开花的，也应在花后及时剪去残花，不让结种，以节省营养。到秋季，对病枝、枯枝、密枝和弱枝再次进行修剪，以节约营养和改善株型。

7）换盆　当植株在盆里生长 1 年以后，根系布满盆内，原盆已容纳不下，而且有的根已老化，时间长了，势必引起盐类和某些有害物质的积累，因而盆栽定期换盆也是一项不可缺少的工作。通常的做法是：对于 2 年以上的盆栽植株，应在第二年秋季，根据植株的大小，更换大 1～2 号的盆。换盆时，先抖掉老基质，并用高压水枪冲洗干净后，剪去过多过长的根及病根、断根，用 0.5% 高锰酸钾或 70% 百菌清可湿性粉剂 600 倍液浸蘸处理后，在新盆中重新栽植。

8）其他管理　夏天为防高温，在遮阴的同时，应在每片盆栽区的四周，用麦秸、杂草、食用菌渣、秸糠、沙或遮阳网等遮阴材料遮盖。冬季为防受冻，除盖上塑料薄膜外，必要时还要用前述保温材料把盆间空隙或四周盖住，或适当加温，但不应超过 2℃，以免过早发芽。也可将盆埋入地下，深度与盆沿相平或略低。

（吴敬需）

六、南方地区牡丹盆栽技术要点

（一）南方地区牡丹盆栽概述

牡丹盆栽在中国南方地区有着较为广泛的应用。沿长江一线以南，最南到广西灌阳，西南地区则在四川彭州及其附近，成都周围，云南大理到丽江一线，及云南昭通一带，民间或公园绿地都见有盆栽牡丹，但大多规模不大，多为少量的生产性经营，用于庭院观赏。

由于南北气候差异较大，南方大部分地区处于亚热带气候，夏季不仅温度高，而且雨水多，年降水量大，高温、高湿与土壤黏重等同样给盆栽带来许多限制因素。其中最突出的有这样几点：一是花期多雨，易出现烂蕾、烂花；二是夏季高温多雨，易造成盆内积水，引起肉质根腐烂；三是冬季气温偏高，偏南地区无法满足一些中原品种对低温需冷量的要求，翌春不能正常开花。此外，如管理不当，则早期落叶、秋发等问题也都存在。

但盆栽移动方便，通过基质配制可以克服南方土壤过湿而黏重的缺点，通过简易设施避雨栽培等，也可有效延长花期。只要措施得当，牡丹盆栽在南方仍有良好的发展前景。

（二）品种选择

南方盆栽仍然需要注意品种选择。从各地具体情况出发，考虑以下两个方面：

一是从当地适生品种中选择适于盆栽的种类；二是从引进品种中选择较耐高温高湿又适于盆栽的品种。

1. 湖南长沙

（1）地方品种 '香丹'（'宝庆红'）、'黑楼子''紫绣球''土家妹''湘女多情'等。

（2）中原引进品种 '洛阳红''首案红''明星''胡红''珠光墨润'等。

（3）国外引进品种 '皇嘉门''岛锦''金晃''海黄''黄冠'等。

2. 浙江金华

'富贵红''黑楼子''西施''玉楼春''红芙蓉'以及'徽紫'系列。

3. 江苏苏州

（1）宁国品种 '昌红''玫红''轻罗''四旋''呼红''西施''云芳'。

（2）中原品种 '昆山夜光''蓝宝石''蓝田玉''青龙卧墨池''大棕紫''大胡红'等（王丽君等，2002）。

4. 四川彭州

'丹景红'系列及'彭州紫''太平红'等。

5. 江西北部

引进中原品种 80 多个，经多年栽培筛选，认为茎节短、植株矮小、色形兼优、极易成花的品种适于南方栽培。如'襄阳大红''洛阳红''脂红''胡红''锦袍红''一品朱衣''醉杨妃''盛丹炉''朱砂垒''赵粉''魏紫''葛巾紫''淑女妆''姚黄''蓝田玉''二乔'。

（三）基质配制与容器选择

1. 基质配制

江南各地需就地取材，按本节"五、（一）"的内容要求配制基质。

苏州市园林科学研究所王丽君等（2002）用田泥、黄沙、泥炭土配方，比例为 2：1：1，盆栽牡丹效果较好。该配方容重 0.95 g·cm^{-3}，总孔隙 64.15%，通气度 17.36%，pH 6.3～6.5，有机质 59.516 g·kg^{-1}，全氮 2.135 g·kg^{-1}。另一个配方为田泥、草木灰，比例为 7：3，理化性质相近，效果虽不及前一配方，但效果还好，材料易制。

福建省宁德市农业科学研究院尤云桂等（2017）用当地食用菌菌渣和菜园土、煤渣、树皮等作基质，栽植催花用盆栽牡丹。经综合分析，认为香菇废菌筒渣最适于作牡丹栽培基质。该基质含木屑、棉籽壳、麸皮等代料残余及香菇菌丝体，经粉碎堆沤 3 个月后使用，效果良好。其重量轻，只有菜园土的 1/3，且疏松肥沃、透气，牡丹根系发育良好。

湖南省森林植物园每年 7~8 月，按腐叶土 35%、园土 25%、河沙 20%、煤灰渣 10%、有机肥 10% 的比例，加适量防治地下害虫的药物，混合后加适量水，渥堆压实，用薄膜盖严，待充分腐熟后备用。

盆土或基质最好用日光消毒。在高温季节，将配制好的盆土或基质薄摊于水泥地面上暴晒 10 余天，注意经常翻动。也可采用化学消毒，方法之一是用 65% 代森锌粉剂 15 g/ 盆掺入盆土或基质中，效果也比较好。

江苏省常熟市江南红豆文化园牡丹盆栽基质有以下两种：

1）部分改良基质　材料选用园土（中性黏土）、腐殖质土、炉渣、草炭、椰壳纤维等，按照以下比例混合，如园土：草炭：细炉渣 =5：4：1，或者园土：腐叶土：椰壳纤维 =5：3：2，并加入厩肥、堆肥、饼肥、家畜粪便等腐熟有机肥作为基肥。

此法适宜盆径 35 cm 以下的盆栽，其重量轻，方便搬运。缺点是花后的日常管理较为烦琐，夏天供水稍有疏忽就容易脱水，另外有机质掺混比例较大，秋冬之交需要翻盆来添加有机肥料。

2）全部改良基质　宜选用疏松肥沃、腐殖质含量高、肥效持久而又易于排水的基质，如沙质土壤、蛭石、珍珠岩、聚苯乙烯颗粒、陶粒等，混合比例为沙质土壤：聚苯乙烯颗粒：腐熟有机质：陶粒 =5：4：0.5：0.5。

依先后顺序：盆底放置陶粒或小石子 30 mm，上面是腐熟有机质（农家肥）（层厚 20 mm），沙质土壤 + 聚苯乙烯颗粒各 50% 混合均匀放入，层厚 250~260 mm，最上层盖 30 mm 厚沙性土壤（见图 7-3）。

此法适宜盆径在 60 cm 甚至更大的盆栽，聚苯乙烯颗粒是由可发性聚苯乙烯树脂珠粒为基础原料膨胀发泡制成的珠状白色轻质小球 (以

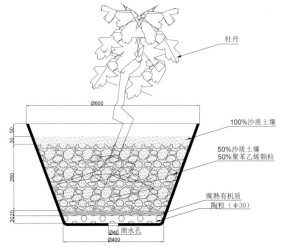

● 图 7-3　江苏常熟市江南红豆文化园牡丹盆栽示意图（单位：mm）

直径 3~6 mm 最佳），既可减轻盆栽重量，又利用其良好的隔热性能和低热导率，在夏天和冬天减少了外壁温度传导对根系的损伤。腐熟的有机质和沙性土壤的透气性，在更大的盆体空间内满足了牡丹的营养需求，一定时间内无须翻盆。缺点是盆栽体量较重，周转运输不方便，需要专业的工具和拖拉运输车。

2. 容器选择

选择透气性强的紫砂盆或瓦盆较好，也可采用无纺布袋，而塑料盆、釉盆等因不透水、易积热等，不宜选用。容器规格要大些，一般 3 年生苗用盆径 35~40 cm，4 年生苗用盆径 40~50 cm。更大苗木需要更大的花盆，如 60~70 cm，有些地方还用木桶类容器。

金华等地大株牡丹用砖或机制片瓦在地上围成一圈后箍上，然后将植株栽植其中。

（四）上盆与养护管理

1. 上盆

栽植时间与当地大田相同。湖南长沙以 10 月下旬较为适宜，过早，植株未完全落叶，养分积累不足；过迟，不利新根生长。

选用 3 年生及以上分株苗或用芍药为砧的嫁接苗。上盆时如尚未落叶，应将叶片剪除，但需保留叶柄基部以利保护腋芽。

上盆栽植前修剪一次，根据容器大小留 5~8 个枝条。修剪后全株消毒，用 25% 百菌清可湿性粉剂 500~800 倍液全株消毒 20~30 min，晾干。阴凉处放置 2~3 天，待伤口愈合后栽植，栽植时根系要舒展。盆土（基质）装填后压实，但盆土装填不用过满，以便浇水。

江西等地采用以下方法：栽植前盆土按上、下两层不同要求配制，上层为（菜）园土（或腐殖土，下同）50%、煤渣 30%、草木灰 10%、腐熟厩肥 10%；下层土为（菜）园土 50%、粗河沙 30%、腐熟土杂肥 20%，并加入少量硫黄粉。苗木根部栽植前修剪后剪口涂上草木灰，晾 1~2 天后再栽植时，将根系捋顺，使其均匀分布于盆内，先填下层土，再填上层土。按实后浇透水，放背阴通风处，待缓苗后再移至阳光下进行常规护理。

2. 养护管理

1）适时浇水和避雨措施

（1）浇水原则　不干不浇，浇则浇透。注意水温与盆土温度不要相差太大。夏日 10:00 ~ 16:00 忌浇。

（2）严防盆内积水　花期和多雨季节要采取避雨措施，或搭建防雨棚。花盆底下垫砖或小木板等。尽可能设置滴灌。

2）合理施肥，薄肥勤施　盆栽牡丹生长比较缓慢，且一年当中只有春季一次生长高峰，不宜大量施用速效化肥，而应以迟效有机肥和三元素复合肥为主。本着"冬浓施，春秋淡施，夏薄施少施"的原则，合理施肥。

栽植时施用农家肥作基肥，平时根据需要适时追肥。江苏常熟等地，从第二年春季开始，将腐熟的饼肥（芝麻饼、豆饼等）或者市场上买的有机肥、生物肥料，如鱼内脏、鱼肠是很好的磷钾肥，通过发酵腐熟后转化成有机肥和生物酶，加清水 4 倍稀释后使用；也可以追施三元素复合肥。一般每年追肥 3 次：第一次是 3 月上旬施花前肥，第二次花后肥，第三次在 11 月下旬。

一年当中重点掌握几个关键时段：一是开花前 3 月上中旬的促花肥；二是花谢后，补充开花消耗，促进花芽分化；三是秋末冬初根系生长和养分储存期。

7 ~ 8 月高温酷热，12 月底至翌年 2 月低温，均不宜施肥。花谢后可进行叶面喷肥，比如使用 0.2% ~ 0.3% 磷酸二氢钾溶液。

3）夏冬管护　夏季湿热，栽培场所应注意通风降温和遮阳。5 ~ 9 月可放在室外或树下，每天平均不少于 4 h 的光照，或在栽培场地搭透光率 50% 的遮阳网，棚架高 2.5 m。中午遮阳，早晚收起。

冬季室外盆栽，应注意防寒，可将小规格 35cm 以下的盆栽牡丹埋入土中，枝条上部露在土外，上边用草或壅土加以保护越冬，也可放温室或大棚中越冬，35 cm 以上大规格的盆栽放在避风处有光照的地方即可。牡丹需要经过 3 ~ 5 周的 0 ~ 4℃低温，才能打破休眠，室内养护时应注意冬季低温温度确保能够打破休眠。

特别需要注意：新栽植的牡丹第二年留花不宜过多，如 4 年生嫁接苗开花不要超过 4 朵。但花蕾不要摘除过早，可利用花蕾的顶端优势引导新梢向上生长，待新梢基本不长，花蕾蓬松时摘除多余花蕾。

4）整枝修剪　根据盆土和植株大小确定选留主枝数，每盆选留生长健壮、分布均匀的枝条 3~5 枝（或 5~8 枝）。然后去除一切无用、不能开花只会消耗营养的蘖芽或短枝。现蕾后，剪去密生小花蕾，每枝只留 1 个壮蕾。

花谢后，剪去残花，防止结籽，以减少不必要的营养消耗，促进夏秋花芽分化。落叶后使枝条自行干枯，然后收拾。如修剪不当，会影响剪口下的花芽发育，甚至造成死亡。

5）病虫害防治　南方易发生病虫害。病害常见种类有褐斑病、灰霉病、根腐病等。虫害常见有蛴螬、蚧等。

（1）病害防治　展叶后用50%多菌灵可湿性粉剂 500~800 倍液喷洒；夏天 10~15 天喷洒 1 次 60%代森锌可湿性粉剂 500~800 倍液，或 70%甲基硫菌灵可湿性粉剂 500~800 倍液。

（2）蚧的防治　可取食醋 50 mL，将棉球置其中浸湿，然后在有虫的枝叶上轻轻擦拭，可将粘在枝叶上的虫体擦掉。1 年 2 次，不仅当年有效，翌年害虫也明显减少。也可于入冬前或早春发叶前用石硫合剂涂刷枝干，或人工刮除。10月下旬至11月中旬，每 10 天在地面上及枝干上喷洒 1 次化学药剂，其防病效果比生长期防治好。

其余病虫害防治技术，详见本书第十一章。

（李跃进，金喜春，李嘉珏）

第二节

牡丹盆栽砧木优选及其应用

一、牡丹盆栽砧木优选的意义

牡丹传统盆栽存在苗木培养周期长、成本较高、盆体重、花朵较小、花期较短等问题，一直制约着盆栽牡丹的商品生产规模和效益。

从 20 世纪 90 年代以来，经过在牡丹盆栽砧木优选方面坚持不懈的努力和探索，终于从引种试材中发现了一种适宜用作牡丹砧木的种类——西班牙芍药。以其实生苗的根为砧木，嫁接与其亲和力强的牡丹品种，培养 3 年即可用于牡丹盆栽生产，达到花朵大（花朵直径 15～20 cm）、颜色艳、盆花重量轻（4～5 kg/盆）、生产成本低的目的，为牡丹盆花（盆栽）生产开辟了一条新的途径。

植物嫁接繁殖中，砧木与接穗之间互有影响。这种影响在牡丹嫁接上的表现，古人已有过观察。近代，人们注意到砧木能对接穗（嫁接品种）的适应性与经济性状产生重要影响。其中利用砧木来改变木本作物光合产物的"分配方向"，促使更多的光合产物向作物的"经济器官"输导，从而提高光合产物的经济系数，达到提早结果、提高产量和品质的目的。

用改变砧木种类的新技术来提高盆栽牡丹的经济价值，成效也已显现。以往常用本土芍药为砧木，近年试验新砧木，主要采用西班牙芍药。下面叙述中西班牙芍药用"新砧木"一词表示。

二、牡丹盆栽新砧木苗的生产

（一）建立新砧木采种圃

西班牙芍药属多年生宿根草本植物，结实力强。采种圃用 2 年生实生苗栽植，2 000～2 500 株／亩。定植 3 年后，每亩种子产量可达 80～120 kg。

采种圃建成后，一般可连续采种 10 年以上。

（二）2 年生新砧木苗的培育

1. 果实采收与种子处理

正常年份新砧木种子 7 月上中旬开始成熟，当部分果实表皮由绿色渐变为淡黄色时，即可分批采收。果实采收后，放置于通风干燥处，避免阳光暴晒，以免影响萌发率。4～5 天后果实自行开裂，收取种子，存放在阴凉干燥处备用。

将新砧木种子用 50% 多菌灵可湿性粉剂 800～1 000 倍液浸泡 10～12 h，捞出和湿沙混合堆放。为保持湿度，用农用塑料薄膜覆盖，其间 5～8 天洒 1 次水，20 天后部分种子露白即可播种。

2. 播种方法

一般年份以 10 月上中旬播种为宜（洛阳）。每亩用种量 30～35 kg，一般可出苗 12 万～13 万株。

为使新砧木主根顺直粗壮，要起垄播种。先将土地深翻 25～30 cm，把基肥均匀混入，再起垄。垄宽 35～45 cm、高 15 cm，垄间距 30～35 cm。每垄上播 2 行，播种深度 3～4 cm。一般播后 15～20 天发根，翌年 2 月中下旬芽开始出土。

3. 1 年生苗的移植

新砧木实生苗生长 1 年后，于 10 月中下旬挖出分植，每亩栽植 3 万～4 万株。注意密度不宜过大，否则其主根生长粗度达不到嫁接标准。移栽定植生长 1 年，秋天 9 月起苗，立即进行分级：芽头直径 1 cm 以上为一级，0.8 cm 以上为二级。芽头直径小于 0.8 cm 的植株要挑出来重新栽植。这些不达标的幼苗再培养 1 年，根头粗度即可达标。

达标苗按粗度等级打捆，每捆 50 株，放入 50% 甲基异柳磷乳油 500 倍＋

70% 甲基硫菌灵可湿性粉剂 800 倍的混合液中浸泡 10 min，取出晾干，存放阴凉处备用。如存放超过 3 天以上，需用农用塑料膜覆盖保湿，以防止新砧木苗过度失水影响成活率。

三、牡丹新砧木嫁接苗的生产

（一）选择适宜的牡丹品种

适合做新砧木盆栽的牡丹品种应达到以下要求：一是花大色艳，成花率高，株型紧凑；二是和新砧木亲和力强。嫁接成活生长 2 年后，嫁接部位（接口）能完全愈合；新砧木与接穗的加粗生长协调一致，无小脚（上粗下细）现象。

据多年观察，较为合适的中原品种有'洛阳红''贵妃插翠''珊瑚台''梨园粉'等；国外品种有'花大臣''日暮''太阳'等。

（二）用常规方法嫁接，大田栽植培养

新砧木嫁接苗嫁接方法，请参照本书有关章节。嫁接苗经沙藏催根与促进接口愈合后，大田栽植，密度为 8 500 株 / 亩。成活率按 70% 左右计，培养 3 年每亩成苗 5 500 ~ 5 600 株，可用于盆栽。

四、新砧木盆栽牡丹的栽培管理技术要点

（一）基质配制

盆栽牡丹选用配制好的混合基质。要求基质质地疏松透气，具有较高肥力，并有一定的保水、保肥能力；重量轻、便于携带；材料易得，成本较低。

（二）苗木与容器选择

新砧木盆栽牡丹宜用 3 年生嫁接苗。经多年观察，新砧木嫁接苗，株龄 1 年时约有 30% 的盆栽能开出好花，2 年生苗 70% 以上能开花，3 年生苗则有 90% 以上可开出 3 ~ 5 朵观赏效果较好的花朵（图 7-4）。

用于盆栽的 3 年生新砧嫁接苗必须生长健壮，花芽饱满，有 2 ~ 3 个粗壮分枝，10 月底前叶片没有早衰、干枯现象。

A. 西班牙芍药开花

B. 西班牙芍药的根

C、D、E. 以西班牙芍药为砧木的牡丹盆花

● 图 7-4　**西班牙芍药及以其为砧木的牡丹开花状况**

栽植容器用内口径 20 cm、深 25 cm 的花盆即可满足要求。

（三）装盆后的管理

应用西班牙芍药为砧木的牡丹嫁接苗盆栽观赏，一般分为温室促成栽培春节观赏和自然花期（4月上中旬）观赏两类。可据此决定起苗上盆时间及其后的管理。

1. 温室促成栽培春节开花

温室促成栽培，国内品种一般需 55 天、国外品种 65 天才能开花。大多年份需春节前 60 天进温室，进温室前需经低温（−1.5 ~ 0℃）处理 30 ~ 45 天，因此要在10月下旬起苗上盆。相关技术可参看本书有关章节。

2. 自然花期盆栽的管理

牡丹盆栽观赏开花期和大田自然开花期接近或同期，这类盆栽管理相对容易。可于11月上旬起苗装盆，装盆后浇 1 次透水。即放在向阳背风处 6 盆一排摆放，在盆下部围土高 15 ~ 20 cm 用于保温，不使盆内基质温度下降过快，以促使盆苗产生大量新根。在冬季自然气温下完成春化（低温）阶段。在封冻前 10 ~ 15 天浇 1 次水，最好在中午水温较高时浇，以保持基质内温度不过早下降。封冻后一般不需浇水，但要经常观察，发现盆土过干时及时补充水分。

翌年2月中下旬花芽开始膨大时，浇 1 次水，以后随气温升高，牡丹生长加快，视盆内水分状况 3 ~ 5 天浇 1 次透水。从花芽膨大到开花（初花）需 60 天左右，积温 650 ~ 750℃；早开品种和晚开品种有 3 ~ 5 天的间隔。

国内品种'洛阳红''贵妃插翠''珊瑚台'等4月上旬开花；国外品种'花大臣''日暮''太阳'等4月中下旬开花，正常情况花期 7 ~ 10 天。如用遮阳率 50% ~ 60% 的遮阳网覆盖，观赏期可达 15 天以上。

（魏春梅，孙建州）

● 图7-5 **微型牡丹盆栽**

第三节
牡丹特色盆栽技术

一、微型牡丹盆栽技术

（一）微型牡丹盆栽概述

微型牡丹盆栽，又称案头牡丹、小型牡丹盆花、便携式袖珍牡丹盆花。根据应用苗木种类或栽培方式不同，可分为一般小型盆栽和便携式袖珍牡丹盆栽两种。一般小型盆栽是指使用 1～3 年生嫁接苗或矮小型品种分株苗进行盆栽（与大牡丹盆栽基本相同）；而便携式袖珍牡丹盆栽则是利用'凤丹'实生苗上盆栽植，然后嫁接和盆养。它是以 2～4 年生'凤丹'牡丹植株主干为砧木，嫁接上带花芽的优良品种接穗。

便携式袖珍牡丹盆栽的生产方式由洛阳市洛龙区裕华园艺场郭胜裕率先研究成功。他从 1996 年开始经十余年潜心钻研，并于 2008 年批量投放市场，并先后在贵州遵义、新疆乌鲁木齐、陕西潼关进行了规模化、规范化生产示范（图 7-5）。

（二）微型牡丹盆栽生产技术

1. 砧苗上盆养护

1）砧苗选择 中原地区每年 9 月上旬开始各项准备工作。先在砧木生

447

产圃中选择苗龄 3～4 年、生长健壮、根系发达、茎（直）径 1.5～2.0 cm 的独干'凤丹'种苗。挖取后去叶，放置阴凉处 1～2 天，使根系自然失水变软，便于上盆栽植。

2）盆土配制　所用栽培基质采用东北草炭土、珍珠岩、优质园土按 6：3：1 的体积比配制，并加入适量土壤杀菌剂后混合均匀待用。

3）花盆选择　花盆采用高 15 cm、口径 15 cm 的塑料盆。

上盆时将根系放入花盆中，按顺时针方向旋转坐实，将基质填入捣实，然后浇透水，同时注意枝条上也要淋水，然后置于半阴处养护。

4）砧苗上盆养护　砧苗上盆前需进行根系修剪。剪去病根、断根及过长的主根，侧根末端也要剪去 2 cm 左右，以利吸收水分。修剪后浸入配有适当浓度专用生根剂及杀菌剂的溶液中 3～5 min，即可捞出上盆。

2. 嫁接操作

1）嫁接前的准备工作　砧苗上盆养护 1 周后即可进行嫁接。嫁接的前 1 天将上盆砧苗浇 1 次透水。在品种采穗圃中，挑选生长粗壮、芽体饱满并带有顶芽的枝条作接穗。采下的接穗要用杀菌剂浸润过的毛巾或保湿材料包裹，并立即做好品种标记。

2）嫁接方法　接穗应随采随接，待接时间不宜超过 3 h。嫁接时将砧木从盆土表面以上 6～8 cm 处剪断，使留下 6～8 cm 的砧木桩待接。嫁接时接穗剪切至 10 cm 长。

用改良舌接法嫁接，详见本书第五章第二节。

3）套袋保护　嫁接操作完成后，立即套上规格为 6 cm×20 cm 的塑料袋，下面从嫁接接口以下绑扎，然后装入含水量约 65%并拌有适量杀菌剂的细土，将接穗顶芽掩埋 2 cm 以上后将塑料袋上部拧住扎紧。经 20～30 天解开扎绳检查愈合成活情况，伤口愈合后方可浇水。

3. 嫁接后的养护管理

嫁接后经过 20～30 天的愈合期，即可进入正常管理。按照预定花期可分别采取以下管理方式。

1）春节年宵花的生产　采用促成栽培模式，可提前于春节前 90 天带盆进冷库，在 0～4℃的低温下处理 25～30 天，使花芽彻底解除休眠。出冷库后进入温室，逐步升温并按催花技术要求进行管理。

应当注意的是,如果是当年移栽(9月中下旬)当年嫁接(9月下旬至10月上旬),翌年春节(一般为2月上旬前)前就让其开花的话,在仅仅 4 个多月的时间内就必须完成移栽、生根、嫁接口愈合、低温处理以及温室催花等过程,而且嫁接愈合和低温处理正好是冲突的,因而难度较大,成功率较低。所以,如何提高成功率和优质成品率,是有待今后进一步探索研究的重要课题。

2)自然花期的盆花生产　按照普通盆栽方法进行养护管理。根据盆土干湿状况定期浇水,越冬前追施一次花多多或其他高档花肥。

翌年3月上旬,将套在枝芽上的塑料袋去掉,剪去砧木上萌发的脚芽(土芽)。进行正常的肥水管理,采用高档花肥薄肥勤施。

4. 技术特点与应用前景

1)微型盆栽的技术特点　以 4 年生'凤丹'植株主干作为砧木,嫁接一个发育良好的花芽,只开一朵花。由于根部养分充足,且当年嫁接当年开花,能做到花大色艳、充分表现品种特色。一般8~9月上盆嫁接,春节前后就能催花。采用低位嫁接,人为将老枝干控制在 10 cm 左右,大幅度降低了植株高度,缩短了养分输送路径。采用牡丹专用生根粉,很快发出新根,有利于吸收基质提供的养分。

2)微型牡丹盆栽的应用前景　微型牡丹盆栽一是由于体积小、重量轻,便于携带,也便于运送投递;二是微型牡丹盆栽选用品种时尚高雅,文化品位高,便于与其他花木如龟背竹等重新组合成更有文化含义的产品,从而在南北各地花卉市场的不同季节满足人们对高端文化产品的需求,应用前景广阔。

二、什样锦牡丹盆花培育技术

（一）概述

什样锦牡丹盆花是指在一个牡丹盆栽植株上嫁接多个花期相同或相近、花色不同的品种,能同时开出多种颜色花朵的牡丹盆栽。这种高端牡丹盆花是牡丹盆花产品的一种创新。

洛阳市洛龙区裕华园艺场郭胜裕从1996年开始钻研,经过近 20 年的探索,终于总结出一套较为完善的什样锦牡丹盆花规模化、规范化生产技术。运用该技术生产的反季节什样锦牡丹盆花在国内重要花事活动中,先后获得多次大奖,如在第七届全国花卉博览会上获银奖，2010 年中国北京牡丹春节催花展览中获一金二银二铜五项大奖，2012 年中国菏泽牡丹年宵盆花大赛中获三金二银二铜七项大奖。

什样锦牡丹盆花不仅可用于各种花卉展览及牡丹异地花展，也可用于牡丹的反季节盆花生产。

什样锦牡丹盆花的培育，也可选用不同的花色品种 2 年生以上的嫁接苗或分株苗组合混栽的方法进行。

（二）什样锦牡丹盆花的培育技术

1. 砧木的规范化生产

1）砧木品种的选择　经多年试验，适作什样锦牡丹盆栽的砧木品种有'凤丹''乌龙捧盛''盛丹炉''藏枝红''似荷莲'等。目前以'凤丹'应用最多，这是由于'凤丹'具有种苗基数大，繁殖速度快，茎干粗壮，根系发达，经连续平茬修剪后能形成较多分枝且枝条分布均匀等特点，适于适当规模化生产。

2）砧木用苗的培养　选用 2~3 年生生长健壮、根系发达的'凤丹'种苗，以 50 cm×60 cm 的株行距大田定植。定植后从地表以上 6~10 cm 处平茬处理。以后逐年对分枝进行 2~3 次剪截，从而培养出具有 5 个以上均匀分布的枝条，且枝条直径达 1 cm 以上，能用作什样锦牡丹嫁接的植株。

如果要培养独干型（干高 30 cm 以上）的什样锦牡丹盆花所需的砧木，则苗木栽植后不必平茬，任其自然生长。加强肥水管理，及时除去基部萌发的土芽。4 年后，即可自然形成主干上部具有 5 个枝条以上的独干植株。

3）砧木苗的上盆养护

（1）砧木植株的选择　在砧木苗生产圃中选择合乎规格的苗木用于上盆。这些苗木基径一般应在 3 cm 以上，具有 5 个以上分布均匀的枝条，枝条直径 1 cm 以上。

（2）砧木苗的挖取与上盆培养　选好的植株，在挖取时注意尽量少伤根系，挖出的苗木适当晾根后即可上盆。

盆土用优质泥炭土、珍珠岩、肥沃园土以 4∶4∶2 的体积比，加适量土壤杀菌剂配制。

上盆前先将植株根系修剪及用杀菌剂、生根剂处理。上盆方法与普通牡丹盆花生产相同。上盆栽植后要浇透水。前 3 天以给枝条喷水为主，以防止枝条失水抽干。经养护 10 天后即可用于嫁接。

2. 采穗圃的建立

1）采穗品种的选择　根据品种开花习性与花色、花期，选配不同的品种组合，并按照品种组合选择苗木栽植，建立采穗圃。

根据多年实践经验，采穗品种的选择原则上按国内品种、国外品种各自选配组合为好，也可选配少量花期一致的国内国外品种的互配组合。

选配组合一般遵循以下原则：①花期基本一致；②花大色艳，花朵易开；③花型尽量多样化；④枝叶协调；⑤花香浓郁，花期较长；⑥每个组合的品种在 3 个以上。

按照以上原则，分别选择国内、国外品种各 30 个左右作为采穗圃种植材料。

2）采穗母株的栽植　由于采穗母株不能连续多次采穗，同一品种需要分 2 份种植，以便日后轮流交替采穗。

根据年产什样锦牡丹盆花数量计算每年采穗数量，推算每个品种所需采穗母株的数量，根据计算结果选择苗木用于采穗圃定植。

采穗母株以 100 cm×80 cm 行株距栽植较好，这样有利于增加单株营养面积，培养壮苗壮芽，同时也便于田间管理。

3. 什样锦牡丹的嫁接

1）嫁接时间　中原地区以 9 月中旬至 10 月中旬为宜。

2）嫁接方法

（1）砧木、接穗的准备　将上盆养护 10 天以上的砧苗，根据其枝条自然生长情况进行疏除整理，每株（盆） 5~8（10）个枝条，嫁接时枝条留 10~15 cm 长，随剪随接。

接穗按事先选配的品种组合剪取。穗条应壮实，芽体饱满有光泽，无虫蛀，无畸形，选用顶芽或上位侧芽。

（2）嫁接方法　采用贴接法或改良舌接法均可。洛阳市洛龙区裕华园艺场一般采用自己独创的卯榫式改良舌接法。具体操作见第五章第二节及本节微型盆栽相关内容。

4. 什样锦牡丹盆花嫁接后的管理

参照第五章第二节。

1）反季节盆花的养护管理　什样锦牡丹如用作反季节催花，可采用与微型盆栽基本相同的养护管理办法，具体如下：带盆进入冷库，在 0~4℃条件下处理 40 天打破芽体休眠。然后，解除塑料套袋，按正常的春节催花技术进行温室催花。根据春节催花的目标花期，国内中原品种组合需提前 55 天进入温室，国外品种组合（主要是日本品种）需提前 65 天进温室。

2）自然花期盆花的养护管理　在封冻前将盆花搬进不加温的塑料大棚进行管理。注意白天有太阳时，大棚内温度不得超过 15℃。如温度过高，则需通风降温；如果没有大棚，则应就近开沟，将盆花埋入土中越冬。

（郭胜裕）

三、牡丹盆景制作

牡丹盆景，是指按照山水盆景和树木盆景的制作方法，将牡丹开花植株进行造型美化的一种栽培形式。这也是提高牡丹观赏品位和价值，丰富产品类型，满足消费者日益增长的新奇化、多样化欣赏需求的一项创新措施。

在洛阳，牡丹盆景创作较好的有西苑公园、王城公园、隋唐城遗址植物园，原华以牡丹集团盆景爱好者杨坤等。

牡丹盆景根据所用材料和制作方法不同，可分为植物式、山水式和组合式三种类型。

（1）植物式盆景　秋季选择适宜造型的牡丹"树桩"，以独干或有 2~3 个主干、有一定形状的植株为好，然后同一般盆栽和盆景一样，结合牡丹的特点进行盆栽、修剪、造型和管理。

（2）山水式盆景　即用石材或其仿制品等，先做成山水盆景雏形，然后在其上植入即将开花的牡丹植株（图7-6）。

● 图 7-6　**各种牡丹盆景造型**

（3）组合式盆景　即将较小的牡丹盆花如微（小）型牡丹、什样锦牡丹组合摆放在一起，置于花盆、花篮等器物中，形成各种更为美观的造型。

牡丹盆景的优点是：造型新颖美观，附加值较高。造型好的牡丹盆景市场价格可比一般盆栽高一至数倍。缺点是：如果采用石材等，质量太重，不便搬运。再者，由于创作方式多为临时拼凑，观赏期不长，缺乏长期保养经验，无法实现产业化。目前，消费者认知程度低，也在一定程度上限制了牡丹盆景的发展。

今后应逐步用泡沫塑料造型的仿制品来替代石质材料，采用观赏期较长的品种，从而探索出可复制、能批量化生产的模式，并加强宣传与推广。

（吴敬需，杨坤）

第四节

牡丹盆栽的应用

一、牡丹异地花展概况

在牡丹产区以外举办的以牡丹为主题的花展及各种花事活动就叫牡丹异地花展。它是我国众多会展活动中独特的以单一花卉品种为主题的经济会展活动，是现代牡丹产业链中的重要一环，也是盆栽牡丹市场应用的重要形式之一。

（一）发展简史

牡丹异地花展的历史可以追溯到民国初期。彼时，山东菏泽花农春节前携牡丹南下广州做催花销售，最兴盛时每年春节可销售 7 万～8 万盆花，形式是"养、展、销"，可称为最原始的异地花展。

真正的异地花展活动始于 20 世纪 70 年代末期，菏泽、洛阳牡丹产区人民在广州催花、展销结合的基础上，率先在我国南方城市举办花展，他们依靠丰富的牡丹品种资源和娴熟的牡丹催花技术，由南到北在全国各地举办了各种大、中、小型不同形式的牡丹花展。先后举办过花展的有广州、深圳、香港、澳门、福州、东莞、上海、北京、南京、长沙、厦门、西安、南宁、沈阳、无锡、兰州、成都、遵义等，近 20 个城市。

1978 年春节，澳门旅游娱乐有限公司在澳门举办"中国牡丹花展览会"。

经过精心催花的 2 000 盆菏泽牡丹参加展出。牡丹准时开放，色彩斑斓，观者如潮。澳门各界赞誉这次有 40 万观众的花展是"牡丹盛会，400 年首见"。

1987—1993 年，洛阳市花木公司先后在北京、广州、珠海、香港、厦门、南宁举办牡丹花展。1987 年、1989 年、1993 年，洛阳、菏泽等在北京参加中国第一届、第二届、第三届花卉博览会，牡丹花轰动京城。1999 年，昆明世界园艺博览会（世博会）上，举办了中国牡丹专题展，菏泽、洛阳等地的牡丹成为世博会上的一大亮点。山东展区使牡丹在当地从春节一直开到世博会结束，做到了月月有花可赏。

2000 年春，洛阳花丰牡丹园艺公司在北京景山公园举办了百日牡丹展，数量达 4 万盆，持续时间近 100 天，创中国牡丹异地展销之最。

2002—2005 年春，洛阳金博牡丹园艺有限公司在四川成都举办迎春牡丹展，取得较好效果。

2014—2018 年，洛阳纵横牡丹园艺公司连续多年与华南植物园合办洛阳牡丹迎春花展，每次展出 2 万多盆，效果及收益均达到了预期目的。2016 年春节期间该公司还在广东惠州举办了牡丹花展。

2015 年 4 月以来，洛阳神州牡丹园在中国台湾杉林溪多次举办牡丹花展，反响强烈，取得了良好的经济效益和社会效益。

2016—2019 年 4 月，洛阳倾城园艺公司在南京建园并举办花展，深受好评。

2017 年春节，神州牡丹园在故宫博物院举办了大型牡丹花展。

1995—2016 年，洛阳市裕华园艺场先后在福州、遵义、武汉、重庆、沈阳、昆明、石狮、三明等地策划举办了十余次独具特色的牡丹花展，规模大、品种数量多、盆花质量高、文化气息浓、布展精美、配展活动多、广告宣传声势大，产生了良好的经济效益和社会效益。

近年来，洛阳市牡丹办、洛阳国家牡丹园、洛阳土桥种苗场及山东菏泽等地有关企业或花农，多次在长沙、上海、北京、西安、成都、深圳等地举办牡丹花展。

2019 北京世界园艺博览会牡丹芍药国际竞赛（展览）是近年来最大的一次牡丹展会，有河南洛阳，山东菏泽，甘肃兰州、临夏、临洮，四川垫江以及北京、上海等地的牡丹生产、科研、加工单位和个人共同参与包括牡丹新品种、名品盆花、鲜切花、栽培技艺、牡丹景观、插花艺术、加工品展示 7 大类共 450 个奖项的角逐。其中洛阳展团获得了 221 个奖牌的好成绩。21 天时间吸引参观游客 100 多万人次，单日最多达 8 万人次，再现了"花开花落二十日，一城之人皆若狂"的壮观场景（图 7-7 至图 7-10），受到了国际园艺生产者协会主席、外国首脑及国内外观众的高度赞誉。

异地非自然花期的牡丹花展以其独特的、群众喜闻乐见的形式，较高的科技含量和较高的经济、社会效益，越来越受到各种植单位的重视和非产区群众及举办单位的欢迎，成为宣传牡丹和牡丹文化，使牡丹走向全国、走向国际的一个极好的途径。在当前美丽乡村建设的大好形势下，对牡丹产业的快速发展起到了重要的推动作用。

● 图 7-7　2009 年北京顺义第七届中国花卉博览会上的河南牡丹芍药专题展

● 图 7-8　2012 年荷兰国际花卉博览会上的牡丹展

● 图 7-9　2019 北京世界园艺博览会牡丹芍药国际竞赛（展览）吸引了上百万的游人参观

● 图 7-10　2010 年中国台北国际花卉博览会"洛阳春天"牡丹展

（二）牡丹异地花展的特点

牡丹的异地花展具有如下特点：

1. 弘扬牡丹文化

中国牡丹文化源远流长，历史典故多，群众基础好，极易与当地风土人情、百姓生活及其他艺术形式结合，取得雅俗共赏的效果。

2. 展示牡丹风采

牡丹观赏价值高，其色香姿韵俱佳，尤其是单株观赏效果好，可一株一景点，一株一典故，甚至可产生一株万人赏，一株一花会的奇特效应。

3. 展示牡丹异地催花技术及高新技术的应用

近年来，牡丹催花技术不断提高，使牡丹能在异地及非自然开放季节随人意开放，产生名花奇花效应，满足人们的好奇心理。如洛阳郭胜裕嫁接的什样锦牡丹与袖珍牡丹、迎奥运五环牡丹，近年来在花展中独具特色，大受游客欢迎。

4. 展示牡丹育种、引种新成就

近二十年来，牡丹育种、引种不断取得进展，适合异地花展的品种增多、花色齐全，不少品种花大色艳，特别是黑、绿、黄、复色等珍稀品种及国外引进的新品种，观赏价值高，深受各地群众欢迎。

5. 将牡丹花展与当地重要社会活动紧密结合

牡丹花展特别能满足各种规格的政治、经济、商业活动的需要，它可以成为这些活动的亮点、推进剂和润滑剂，放大其社会效益。如洛阳市裕华园艺场在福州举办的迎奥运牡丹花展，在重庆、福州举办的庆祝《重庆晨报》《海峡都市报》创刊活动花展，及在遵义市举办的庆祝遵义会议召开八十周年的庆祝活动花展，都起到了很好的作用。

二、怎样办好牡丹异地花展

1. 异地花展举办地应具备的条件

1）地点选择　居民生活水平较高的县级以上城市，当地常住人口 20 万以上。

2）环境条件　有比较理想的展出场地和养护场地；地方经济比较发达，

居民喜爱花卉，文化素质相对较高；当地政府热爱牡丹及文化活动；有较为可靠的合作对象。

2. 花展的形式

花展形式多样，但不外乎以下几种：①牡丹种植企业独家承办，自负盈亏；②牡丹种植企业与异地政府企业联办，风险共担；③牡丹种植企业参与国内外重大花事活动，展示自我。

3. 花展的规模

1）参展品种　以 40 种左右为宜，要求大色系齐全，除主展品种外，黑、绿、黄、复色各占 10%～20% 即可。主展品种以种植企业当家品种和适宜促成栽培品种为主。

2）展品数量　依展出城市大小考虑：一般小城市 1 000 盆左右；中等城市 1 500～2 000 盆；省会以上城市 3 000 盆以上。

4. 配展活动项目

牡丹花展最适宜的配展活动项目有：①牡丹历史文化展；②牡丹书法绘画作品展；③牡丹摄影作品展及赛事活动；④牡丹插花艺术展及赛事活动；⑤牡丹盆景艺术展；⑥牡丹深加工产品展销活动；⑦异地民俗文化活动。

5. 花展的操作

古人云：凡事预则立，不预则废。因此，在确定花展举办地址前，一定要深入举办地进行认真考察，了解举办地交通、地理、气候、风土人情，以及与牡丹有关的历史文化，举办花展期间的天气条件及客源；签订合作协议及合同；编制牡丹花展策划方案。

6. 温馨提示

策划方案应包括以下内容：①目的及意义，牡丹花展定位、署名；②举办地点、时间；③主办单位、承办单位、协办单位、赞助单位；④花展招商方案；⑤花展布展方案；⑥花展配展活动方案；⑦花展技术方案；⑧花展门票促销方案；⑨花展组织结构；⑩花展效益分析；⑪花展开幕式方案；⑫花展活动时间安排。

7. 牡丹异地花展效益分析

以中等城市 2 000 盆规模，双方合作效益分成比例 6∶4 为例。

1）甲方投资　甲方总投资约 40 万元。分别为：①牡丹盆花平均单价150 元／盆，共计 30 万元；②技术人员人均工资 5 000 元／月，6 人两个月共计 6 万元；③其他食宿交通等费用约 3 万元。

2）乙方投资 场地费、水电费、花盆、盆土、配展花卉等约 20 万元。

3）效益估算 按门票价 30 元/张、游客 8 万人次计，总收入 240 万元。

甲方分成 144 万元，乙方分成 96 万元。

甲方每盆牡丹效益 720 元。

三、牡丹异地花展存在的问题及发展前景

（一）存在问题

1. 花展品种相对较少

目前国内外牡丹品种已达 2 000 个以上，但适合用于花展的品种仍然偏少，不到 100 个，需要继续开发。

2. 相关企业缺乏专用生产基地

异地花展不同于自然花期生长在公园的观赏牡丹，这类牡丹是根据园区的自然环境及观赏效果刻意培养的。而国内目前从事过牡丹异地花展的企业，还没有专门为异地花展建立生产基地。目前仅有洛阳市洛龙区裕华园艺场及遵义华川牡丹园艺有限公司等正在建设牡丹花展所需种苗基地，进行花展所需的各种盆花、特殊品种的组合搭配及特型植株的栽培和生产。

3. 缺乏相应的保障措施

牡丹异地花展存在着自然灾害防护、病虫害防治、延长花期措施不足等问题，还有室内所需的现代声光电应用设施都还比较落后。今后需要进一步研究和提升相应灾害预防和延长花期的技术和措施。

4. 从事牡丹异地花展的企业及专业人才相对较少

据统计，国内目前从事过牡丹异地花展的企业不超过 20 家，组织策划牡丹异地花展的专业人才更是寥寥无几。这些严重制约着牡丹异地花展的发展。

（二）发展前景

目前国内牡丹产业的发展规模大、速度快。牡丹异地花展虽然被诸多因素制约着，但伴随着盆栽技术日趋成熟、国内旅游经济和牡丹产业迅猛发展，仍然具有空间大、见效快、发展前景广阔的特点。

1. 开展国外牡丹花展具有优势

中国牡丹在国际上有着相当高的知名度。据统计，我国牡丹产区每年销往国外的牡丹种苗有 350 万株左右，鲜切花（含芍药）约 300 万枝，远远满足不了国外市场的需求。但市场的开拓需要以以展促销的形式，将中国牡丹及中国历史文化与牡丹文化有机结合，才会受到国外的欢迎。

2. 国内市场潜力巨大

随着国内农旅、林旅一体化和油用牡丹的高速发展，在国内各地举办大、中、小型牡丹花展较受欢迎。

此外，很多重要活动，大到房地产企业的楼市开盘，及多种企业的开业庆典及纪念活动，小到商业店铺的庆典及家庭婚庆、寿庆等活动，都欢迎牡丹花展的参与。

（郭胜裕）

主要参考文献

[1]　成仿云 . 牡丹产业化发展的生产栽培技术 [J]. 北京林业大学学报，2001（S2）:120–123.

[2]　刘志敏, 孔德政, 李永华, 等 . 盆栽和地栽'洛阳红'牡丹根系的碳氮代谢动态 [J]. 林业科学，2008，44（9）: 162–64.

[3]　翟敏, 李永华, 杨秋生 . 盆栽和地栽牡丹光合特性的比较 [J]. 园艺学报, 2008, 35(2):251–256.

[4]　李树华 . 中国盆景文化史 [M]. 北京：中国林业出版社，2005.

第八章

牡丹设施栽培与花期调控

　　牡丹设施栽培是在露地不适于牡丹生长的季节或地区,利用特定的设施设备、人为创造适于牡丹生长的环境，从而有计划地生产牡丹盆花等产品的一种栽培方式。设施栽培与露地（大田）栽培相结合，通过有效实施花期调控，可以实现牡丹周年供花的目标。

　　本章介绍了牡丹设施栽培所需的各种设施和配套的设备，相应的环境调控技术；介绍了牡丹周年开花的基本原理及南北各地牡丹花期调控的关键技术。

第一节
设施栽培与栽培设施

一、牡丹的设施栽培

设施栽培，又称保护地栽培，它是相对于露地栽培而言的一类主要栽培形式，也是一类高效的园艺栽培方式。按设施的类型不同，设施栽培包括塑料拱棚栽培、塑料大棚栽培、温室栽培等。

牡丹设施栽培，就是借助各种设施来进行观赏牡丹生产的栽培方式。它主要解决冬季、早春或夏秋因气候或自然条件不适，不能进行观赏牡丹及牡丹盆花、切花生产的问题。设施栽培可实现错开季节生产与上市时间、延长牡丹观赏期之目的，对实现牡丹周年开花和供应，促进产业发展有着十分重要的意义。

牡丹设施栽培作为牡丹花期调控的重要手段和措施，是现代园艺发展的方向。我国牡丹的规模化设施栽培，开始于20世纪70年代，兴盛于90年代以后。

二、牡丹主要栽培设施

目前，我国牡丹栽培常用的设施种类主要有塑料小拱棚、塑料大棚、荫棚、日光温室及现代化连栋温室五种。各设施的主要性能、结构与建造方法如下。

（一）塑料小拱棚

1. 性能与特点

塑料小拱棚一般是指宽度为 1 ~ 3 m、高度为 1.5 ~ 2 m、长度在 20 m 以内，用竹皮儿、小竹竿、钢筋、细塑料杆、细金属管做骨架，用塑料薄膜覆盖呈拱状的棚体。多用于观赏园的短期露地栽培、促成栽培和南方春节催花等。其特点是：体积小、结构简单，取材方便，建造容易，价格便宜（每平方米仅需 5 ~ 15 元）；拆卸方便，适用于就地临时搭建，可随建随拆，管理简便。但升温快，降温也快，温度变化剧烈；加温保温持续时间短，效应较差，用途单一。

2. 设施的位置和薄膜选定

除在牡丹园圃就地建造外，应选择：①背风向阳、没有高大建筑物和大树遮挡的地块；②地势平坦高燥、不积水的地块；③水电、交通便利的地块；④无环境污染的地块等。

塑料薄膜以化学成分为乙烯－乙酸乙烯酯共聚物、厚度 11 ~ 14 丝的长寿无滴膜最好，其他的如聚乙烯、聚氯乙烯膜亦可。覆盖时要正面靠外，否则就起不到无滴膜的作用了。如果棚内薄膜上的水滴落到枝叶上，易引起牡丹感病。

棚膜选择可根据表 8–1 的要求进行，使用时用热烙铁热合黏接而成。

● 表 8–1　**不同棚膜的用量与特性**

项目		聚乙烯		聚氯乙烯 （PVC）	乙烯－乙酸乙烯酯共聚物 （EVA）
		高压低密度	线性低密度		
用量 /（kg·亩⁻¹）	温室	约 100	100	130	100
	大棚	约 130	130	150	130
抗老化性		优	优	优	优	优
耐低温性		良	优	差	优	优
防尘性		良	良	良	差	良
流滴性		中	中	良	良	良
易黏接性		中	中	优	优	优

3.结构与建造

牡丹生产上应用的设施建造方法简单。下面以宽 2 m（即放 4 盆或栽 3 行牡丹的距离）、高 1.5 m、长 15 m 的规格和使用价格便宜的竹材为例加以介绍。

先到当地竹材市场，购长 4.2~4.5 m、宽（大头）12 cm 左右的竹皮儿 25 根，每根竹皮儿插立的间距按 1.5 m，东西向主拱架需 11 根、三排横杆需 14 根，并购买约长 10 m 的 8# 铁丝。

选定好地块，按南北走向和预定的宽度、长度和高度，先在东西向的一侧每隔 1.5 m 插立一根竹皮儿（其大小头按一大一小排列，不然，棚两侧强度不一样，刮风时容易靠一侧倾斜），插深以 30~40 cm 为宜。一侧插好后，再到另一侧将竹皮儿的另一头按同样的间隔和深度插入土中，使其呈拱形。接着，再用三根竹皮儿将纵向（东西向）竹皮儿连接起来，在与其交叉处用铁丝拧紧。然后，按同样方法，再在棚东西两侧的中部连接一排竹皮儿，最后盖上塑料薄膜，把东西两侧及南北两头的下部用土等物压实，以防透风，这样拱棚就算建成了。放风时，可只掀开两头。

（二）塑料大棚

塑料大棚是一种简易实用的栽培设施，建造容易，使用方便，投资较少。其建造位置选择和薄膜选择同塑料小拱棚。

1.塑料大棚的类型

按棚顶形状划分，有拱圆形（有肩拱、无肩拱）和屋脊形之分；按骨架材料分，有竹木、混凝土、钢竹混合和钢管装配式结构之分；按连接方式分，有单栋大棚和连栋大棚。

2.塑料大棚的性能

1）棚内温度　具有明显的温室效应。棚内冬季昼夜温差 10~15℃，夏季 20℃以上，在无多层膜覆盖时，日落后降温比露地快。遇冷空气或大北风后的第一个微风夜晚，常出现逆温差现象：棚内低于棚外 0.2~2.9℃，持续 8~12 h；棚内不同位置有 0.5~2.2℃ 局部温差；春季大棚内地温比露地高 3~8℃；冬季比露地高 2~3℃，地温升降比气温滞后。

2）棚内光照　光照强度与薄膜透光率、太阳高度角、季节、天气状况、大棚方位、形状和结构等均有一定关系。一般棚内光照是外界自然光照的 40%~60%；夏季最高，冬季则较低；东西延长的大棚比南北延长的大棚透光率高，但棚内分布均匀度要低些，存在一定光差。其分布规律是：南端大于北端，上午东侧大于西侧，午后相反。棚中部的光照比两端约高 5%，棚北部基本一样，棚南部比北部高 20% 左右。垂直分布上是自上而下逐渐降低；水平分布上是两侧强，中间弱，上午东强西弱，下午相反；拱圆型比屋脊型受光多；钢架、竹木结构的大棚与露地光强分别是 75%、65%、100%，而其透光率则分别是 70%、62%、100%。

因薄膜老化可减少透光 20%~40%，因污染又可减少 15%~20%，因太阳光的反射还可损失 10%~20%，因水滴附着可损失 20%。因此，大棚透光率约为入射光强的 50%。

3）棚内湿度　棚内空气绝对湿度和空气相对湿度都高于露地。日变化规律是：午夜至早晨日出前，棚内空气相对湿度往往高达 100%，中午 70%~80%，若有通风可降到 50%~60%。季节变化规律是：早春、晚秋最高，夏季较低，阴天大于晴天。

3. 结构与建造

1）选址、规划与设计

（1）场地选择与规划　选择避风向阳、东西南三面没有高大建筑物和树木、地势平坦、远离污染源的开阔地；水电交通便利；有机质含量高、肥沃、pH 适合的土壤，避开夏湿地和盐碱地。

大棚群可分成南北区，区间留 3 m 主路，主路南北两侧各留 40 cm 宽排水沟和 60 cm 的空间；路两侧各单棚呈南北走向（两头朝南北），棚间距及边缘各留 1~2 m。

（2）参数设计　首先是要考虑大棚整体结构的稳固性和使用寿命；其次是考虑大棚的通风、采光等性能。大棚的稳固性主要是指抗击风、雪的最大承载能力，与大棚的骨架材料、大棚外形、结构参数（顶高、肩高、跨度、拱间距）、大棚的整体构造有关。

比较适当的参数为：面积 0.5~1.5 亩/栋；方位南北向；高跨比北方地区（0.2~0.25）：1、南方地区（0.3~0.4）：1；长度 40~60 m；宽度 6~12 m；脊高 2.4~3.2 m；肩高 1.6~2 m。

2）结构与建造　目前，社会化分工明确，各地均有建棚专业施工队，只要需方提供场地及要求，施工队即可按要求建成。限于篇幅，不再叙述此相关内容。

（三）荫棚

荫棚是春、夏、秋三季为延迟开花和延长花期必不可少的简易设施，起到遮光、降温、增湿、减少蒸发、防止暴雨冲击等作用。荫棚有以下几种类型：

1. 临时性荫棚（图 8–1）

可随用随搭，用后即拆。建造方法是：用木材、竹材、钢管、镀锌管等材料搭建骨架，东西延长，高 2.5 m，宽 6~7 m，上覆盖塑料薄膜，薄膜上覆遮阳网、苇帘、草帘等遮阳物，东西两侧应下垂至距地面 60 cm 处；棚内地面铺石砾、炉渣等，以利排水，并减少泥水溅污枝叶。

● 图 8–1　**临时性荫棚**

2. 永久性荫棚（图 8-2）

用钢、木制骨架和荫帘建成，用于经济价值较高的品种。洛阳各牡丹观赏园为使国外的中晚开品种花期能推迟或延长到五一期间，使用的荫棚大多属于这种类型。

此类荫棚结构相对较复杂，材料较贵，但美观结实耐用。按质量等次有高低档之分。如洛阳国际牡丹园的荫棚就属于高档类型。

一般采用低档简易荫棚，这类荫棚分上下两层：上层呈平面框架结构，用于铺挂遮阳网，下层为角铁斜坡屋顶形结构，用于铺挂塑料薄膜，防雨用。支柱和上方框架为木头，下部角形框架为角铁。也可全用木头、金属骨架，或只要下层，既遮阳又防雨。

（四）温室

1. 温室的类型与特点

1）温室的类型　根据外形、使用材料和用途等不同，温室可分为以下几类：从外形分，有平面温室（包括单双屋面、3/4 型、复折屋顶型）和曲面温室（包括半圆型、高拱型）；按内置是否有能加温的设施设备分，有加温温室和日光温室；按建造材料分，有土木结构、砖木结构、混合结构、钢结构、轻质铝合金结构等；按栋数分，有单栋、连栋（双、多栋）；按用途分，有生产、育苗、展览、科研、教学等。

● 图 8-2　**永久性荫棚**

下面以常用的单坡面日光温室（图 8-3）进行简介。

2）特点与要求

具有整体性、适用性、地域性、功能性等特点。

要求：①满足功能和环境，如有无间隔、空间大小、高度、跨度、角度等。②要有可靠性和耐久性，如荷载、寿命等。

3）场地选择与布局

场地选择同塑料大棚等。

布局的原则是：集中管理、连片配置；邻栋有间隔，合理设计；因时因地选择方位、朝向、单栋和连栋。

4）主要荷载　其主要荷载包括恒荷载和活荷载两部分。恒荷载是指温室结构自重；活荷载指临时性的荷载，如雪、风沙等。

2. 日光温室的结构设计与建造

1）日光温室的构造　单坡面日光温室的构造，如图 8-4 所示。

2）结构设计参数　日光温室设计参数可概括为五度、四比、三材。

（1）五度

A. 角度。最佳前屋面角角度 23°～33°，后屋面仰角 30°～45°，方位角偏东或偏西 5°～10°。

● 图 8-3　**单坡面日光温室**

B. 长度。适宜长度为 50～60 m。

C. 跨度。适宜跨度为 6～9 m。

D. 高度。脊高 2.7～3.6 m；后墙高 1.6～2.4 m。

E. 厚度。一般墙厚 24～50 cm；后屋顶厚 60～100 cm。

（2）四比

A. 保温比。温室建筑面积与覆盖及维护结构表面积之比。

B. 高跨比。温室的脊高与温室跨度之比。

C. 前后坡比。温室的前屋面与后屋面垂直投影宽度之比。

D. 遮阳比。温室的跨度与屋脊阴影长度之比。

（3）三材

A. 建筑材料。包括墙体材料（指东西山墙和后墙所用材料）、屋架材料（指整个温室的骨架材料）、后屋面材料（指后屋面覆盖所用材料）。

B. 透明与不透明覆盖材料。塑料薄膜、玻璃、硬质板材，草帘、无纺布被、棉被等。

C. 保温材料。包括草帘、纸被、棉被、羊毛毡等。

3）建造程序

（1）选地 选东西向长、阳光充足、东西南三面尤其是南面无遮阴、无污染、水电路方便的地块。

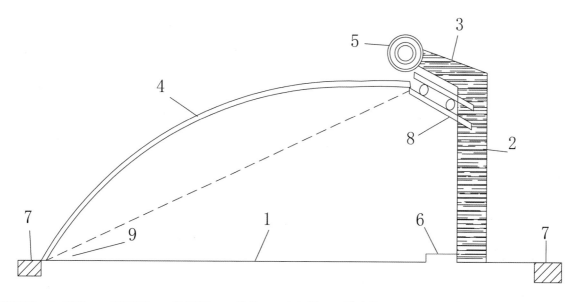

1. 栽培床，2. 后墙，3. 后屋面，4. 前屋面，5. 草苫，6. 人行道，7. 防寒沟，8. 后屋面仰角，9. 前屋面角。

● 图 8-4　单坡面日光温室结构示意图

（2）备料　根据欲建面积和要求提前备齐材料，包括脊柱、檩木、前柱、腰柱、拉杆、纸被、草苫、压膜线、草苫拉绳等。

（3）施工日期　在雨季过后，上冻之前完成，一般为8月上旬始，10月下旬完工。

（4）定位放线　按照设计的总平面图要求，把温室的位置定到地面，并按基础宽度用白灰放出边线。

（5）筑墙　分临时性墙与永久性墙：临时性墙可用板搭墙，或用草泥垛墙50cm厚，后部培防寒土1.0～1.2m；永久性墙要先打好地基，然后砌墙。常见的墙体结构为：

A. 38cm厚的普通砖墙。砖墙厚38cm，后部培土1.2～1.5m。

B. 空心墙。温室内侧12cm厚水泥砂浆墙，加6～12cm空心，内衬塑料薄膜防风，外加24cm厚水泥砂浆砖墙。

C. 夹心墙。温室内侧12cm厚水泥砂浆砖墙，加12cm厚炉渣或锯末，外加24cm厚水泥砂浆砖墙。

（6）立屋架

A. 立柱。脊柱先放柱角石，要求柱高一致，排成一直线，脊柱要向北斜5°，前柱要向南倾斜10°～20°。

B. 柁檩。先上柁，再上脊檩、二檩、三檩。脊檩一定要平，并插进两头山墙处20cm。

C. 前屋面骨架。先在前柱和腰柱上固定拉杆，拉杆一定要直，然后在拉杆上绑拱杆。

（7）上后屋顶

A. 水泥混凝土预制板结构。在温室后屋顶内侧采用5～10cm厚钢筋混凝土预制板，外加20～40cm厚田土或草泥。

B. 炉渣水泥砂浆封顶。在温室屋顶内侧安放2～3cm厚木板，然后放一层5～6cm厚稻草垫，上部铺放20～30cm厚炉渣，再用5cm厚水泥砂浆封顶。

（8）覆膜　选择晴朗无风、气温较高的中午进行。如选用EVA、PE膜，膜宽应比前屋面多出1m，膜长度比温室实际长度多2～3m，使薄膜尽量能包住一部分山墙；如选用PVC膜，膜宽可比前屋面少0.2～0.5m，膜长度比温室实际长度短 2~3 m。

EAV 膜上膜先从屋脊处固定，然后拉紧薄膜，卷一段后，置于预先在温室前脚下挖好的沟里，随即填土压实，薄膜上下固定之后，再从西山墙上东西拉紧，将膜包过山墙顶部，固定在它的外侧。最后用草泥或砖把山墙顶封好，再把压膜线固定好。薄膜也可绷紧在棚四周墙上安装的压膜槽内，用卡簧卡牢。PVC 膜上膜时先固定两头。

（9）挖防寒沟　沟宽 30~40 cm，深 40~60 cm。沟内填满干草后，顶部压一层 15 cm 厚的土，并向南倾斜，以防雨水流入沟内。

（10）进出口修建　北方一般冬天西北风较多，故把进出口（门）留在东山墙为好，一般高 1~1.5 m，宽 0.5~0.8 m。有条件者可建作业间。

（五）现代化连栋温室

现代化连栋温室主要是大型的，覆盖面积多为 1 hm²，棚内环境受外界气候的影响较小，可自动化调控，能全天候进行生产的温室，是当前园艺设施中的最高级类型。

1. 类型

主要有两种：屋脊型（锯齿型），如图 8-5 所示；拱圆型，如图 8-6 所示。

● 图 8-5　**屋脊型（锯齿型）现代化连栋温室**

● 图 8-6　**拱圆型现代化连栋温室**

2. 生产系统

1）屋脊型连栋温室　根据脊的多少，分为多脊、单脊两种。骨架为钢架或铝合金，上盖平板玻璃或 PV 板等。

（1）框架结构　基础为预埋件和混凝土浇筑而成，承载风、雪荷载，植物吊重，构件自重等温室重量。

（2）骨架　柱、梁、拱架，由热浸镀锌矩形钢管、槽钢等制成；门窗、屋顶由抗氧化处理过的铝合金型材或薄壁型钢外镀耐腐涂层；排水槽（天沟）起连接屋面、收集雨（雪）水的作用。其下安装铝合金冷凝水回收槽。

（3）覆盖材料　多为 ERA 板、PC 板等塑料板材，多用美国、加拿大产品，兼有玻璃和薄膜的优点，坚固耐用、不易污染，但价格昂贵。

（4）通风系统　一般通过侧窗和顶窗进行自然通风，而当自然通风不足，难以起到降温作用时，需启动此装置进行强制通风。

（5）加热系统　采用集中供热，分区控制。多采用可升降式暖气加温和热风加温两种方式。前者通过热水管道采用燃煤或燃油加温，升温降温缓慢，室温均匀，有利于作物生长；但所需设备材料多，安装维修费时费工，一次性投资大，还需建设锅炉房等附属设施。后者是利用燃油或燃气热风炉，通过风机将加热的空气送入温室加温；系统由热风炉、送气管道（PE 薄膜制成）、附件及传感器等组成；温度升降速度快，加热效果不如暖气，但节省材料、安装维护简便，占地面积小，一次性投资较低。

（6）帘幕系统　使用帘幕系统夏季可遮阳降温 7℃，冬季夜晚可增保温 6～7℃。帘幕材料为塑料线嵌入不同比例的铝箔后编织而成。帘幕开闭驱动系统采用牵引式驱动机构，通过钢丝绳拉动遮阳网开闭。

（7）湿帘风机降温系统　当室内外温度接近或室外温度较高，使用通风装置不能降低室内温度时，使用湿帘风机降温系统。

（8）计算机环境测量和控制系统　包括温度、湿度、光照、CO_2、风速、风向、雨量传感器，数据采集与控制器，强电控制柜，内、外拉幕机，顶、侧窗电机，风机，湿帘水泵，防虫风扇，加温器，声光报警，喷雾施药，循环风扇，CO_2 施肥系统，补光灯具等。

（9）灌溉和施肥系统　包括水源、储水和供水设施，水处理设施，灌溉和施肥设施，田间灌水器（滴头）。

（10）CO_2气肥系统 通过CO_2生成装置，生产并释放补充CO_2。

2）拱圆型连栋温室结构特点 该类型连栋温室采用塑料薄膜覆盖，自重较轻，结构简单，建造成本低。可使用双层塑料薄膜覆盖，常用充气机进行自动充气。

3. 性能

现代连栋温室性能有以下特点：透光率高，光照充足均匀；温度调节能力强，可四季生产，但调温费用甚为昂贵；空气湿度大，但可通过加温系统调节温度与空气湿度；应用喷灌、滴灌、渗灌等先进灌溉技术，不仅节约用水，又可降低空气湿度；中午会出现CO_2亏缺，应进行CO_2施肥；便于无土栽培和实现机械化、自动化生产。如果进行地栽，土壤连作障碍、酸化、土传病害发生严重。

近年来，现代化智能连栋温室越来越多地被用于牡丹的促成栽培和抑制栽培中。由于智能温室的温、光、湿、气等可通过设备进行自动化控制，因此与其他设施栽培相比，使用时要省事、方便和容易得多，而且设计也更科学，产品质量更高。但因其面积较大，生产成本也较高，如果生产规模不大，或企业资金不足、实力不强时，则不适宜采用。

该类温室既可冬季生产催花牡丹，又可在其他季节生产盆花。

4. 建造

因其结构和设计、施工比较复杂，故建造时应在经验丰富、有资质的连栋温室设计建造企业的帮助指导下进行。

第二节
配套设施设备与
设施环境调控

一、配套设施设备

（一）地面覆盖材料

常见的有地布或地砖、碎石等。作用是防止因经常喷灌水造成地面过湿，不利于生产管理操作，及空气湿度过大影响牡丹正常生长。

（二）控湿设备和系统

1. 喷灌（增湿）设备和系统

其构成是储水池＋水泵＋塑料管道＋电控开关或湿度感应器＋开关。

现代温室在其上部还安装有自动弥雾喷淋系统。这是较先进的系统，多是规模较大的业者采用，而花农一般是把塑料水管接到自来水龙头或储水池的水泵上人工喷洒或浇灌。前者操作简便高效，但成本高；后者代价低，但操作较费工。也有采用滴灌的，其设备是水塔（或高位储水罐）＋输水管道＋塑料滴水带等，此法自动化程度高，省工也省水，多用于半露地半设施的牡丹盆栽。

2. 排湿设备

常用于牡丹设施栽培排湿的设备是风扇、鼓风机和除湿机。加温设备也具一定的辅助排湿功能。

（三）控温设施设备

1. 保温降温材料

冬季在设施骨架外除覆盖无滴塑料薄膜外，还要有草帘（草苫）或棉被，以起到保温增温作用。用夹心棉、BPR 丝棉及珍珠棉等多种保温隔热材料制作的大棚棉被，保温效果较好。近来有一种由无胶棉做成的棉被，质量轻，保温效果好，正在推广中。

夏季使用棉被还具有与遮阳网一样的遮阳降温作用。遮阳设备通常有内遮阳和外遮阳两种。内遮阳是安装在温室内部横梁上面的一种平行于地面的遮阳系统，其系统配件组成与外遮阳是一样的，但外遮阳的降温效果比内遮阳要好。

2. 加温设备

目前常用的加温设备及系统是热风机＋风带，或空调，也有采用锅炉＋暖水（气）管道＋暖水（气）片的。现代化温室多采用锅炉＋暖水（气）管道＋暖水（气）片，或热风机＋风带＋加温机＋自动温控系统（包括感温器和温控开关）等。加温设备在北方地区的牡丹设施栽培中应用较多。

3. 降温设施

有风扇、水帘或者喷雾设备等。通常在温室的一端安装风扇，另一端安装水帘，室外空气通过水帘进入室内达到降温的作用。

（四）施肥设备

现有较先进的施肥设备是水肥一体机，即在喷洒水分时将肥料加入储水罐中，水肥同时喷施。一般设备和做法是用机动三轮车载上盛有肥液的水罐，用高压冲洗机的喷枪喷灌。这些设备皆常用于水溶性肥料的施用。

另外，还有 CO_2 发生器，专用于 CO_2 气肥的制作和施用。

（五）光照设备

由于牡丹在冬季催花时常遇到光照不足的问题，故需要配备光照设备进行补光。常用的补光设备和材料是白炽灯、LED 灯、氙灯、激光植物补光灯等。

春、夏季光照强时，则需要在设施上面覆盖遮阳网，遮挡光照。

冬季在牡丹催花温室使用植物补光灯，有显著改善牡丹花色的作用。吴敬需发现经过冬季催花的'洛阳红'，使用植物补光灯照射后花色呈柔和好看的深粉色，这可能与光源的波长有关；而光照不足时，'洛阳红'花色为蓝紫色。由此得到一个启示：今后生产中可否通过使用不同波长的植物灯，来生产具有不同花色的盆花，以满足人们不同的欣赏要求。

（六）遮阴设施

主要是遮阴纱（遮阳网）+自动开拉控制器，一般大棚和日光温室多采用人工控制。

遮阴兼有降温作用。

（七）卷帘设备

现多采用联动卷帘机，常见有手摇式和电动式两种。其部件组成是控制开关或摇臂（手摇式使用）、立杆、支撑杆、电机、卷轴等。作用原理是把覆盖物卷在卷轴上，通过电机带动蜗杆和卷轴进行升降，从而把覆盖物卷起或张开。

（八）苗床

大多生产者为了节约成本，是直接将花盆放置在地面上进行栽培，少数有条件的从业者，则是安装苗床，在苗床上进行生产。苗床可以自己搭建，材料为水泥板、砖块、石棉瓦、钢架等，其高度以人站立操作舒适为好。一般较先进的现代化温室都安装有移动式钢架苗床。苗床具有便于渗水、通风透光好、不易产生土传病虫害等优点。

随着社会发展、科技进步，园艺设施设备的应用已逐渐进入机械化、自动化、信息化、智能化的"四化"时代，以物联网为核心的智能检测控制系统愈来愈受到从业者追捧。这也是牡丹设施栽培的发展方向。

设施智能控制系统目前比较成熟的模式是：以现代设施为基础，安装上温度、湿度、光照、气体等环境因子的传感器以及摄像头，并设定好各因子的技术参数，然后与各控制设备及室内电脑相连，从业者可以随时随地进行遥控或设备自动化操作。

二、设施环境调控

（一）温度

要根据牡丹在不同时期的生长发育对温度要求的习性和特点，进行科学调控。牡丹喜冷凉温暖，畏炎热严寒，最适宜的生长发育温度是 5～26℃，故应尽可能创造最适宜的温度环境。当温度高时，要通过遮阳、开启风扇通风、打开水帘和开空调降温；温度低时，要根据情况采取开热风机、用锅炉加热供暖、打开空调热风、盖二层膜等措施升温。晚上要盖棉被、草苫等，冬天晚上还要早些盖上、早上晚点卷起来。

（二）湿度

牡丹喜燥畏湿，故平时尤其是在生长期要设法不让其设施环境湿度过大或过小，宁稍干而不湿。湿度大时，要在保证栽培基质（土壤）疏松透气、生产场所不易积水、通风顺畅以及减少喷（浇）水次数的同时，通过打开通风口或风扇等办法来降低。如果温度较低，也可适当升温，以利水分变成水蒸气蒸发掉；而当湿度小时，要及时喷浇水，增加水分供应，或者密闭空间，减少通风，以利保湿增湿。有自动弥雾条件的，可打开湿度控制系统进行喷雾。

（三）光照

牡丹喜欢充足的光照，但忌暴晒，适宜的光照强度为 30 000 lx 左右。因此，冬季要让植株接受尽可能多的阳光，光照不足时，通过补光灯补光，补光时长为每天 4～6 h；夏季要利用遮阳设施防止暴晒，或通过喷水降温防范。

（四）CO_2 气肥

CO_2 是牡丹光合作用合成有机物质的重要肥源，较高的 CO_2 质量浓度可显著提高牡丹的光合速率和强度，从而提高或改善牡丹品质。空气中的 CO_2 通常在 300 mL·L^{-1}；一年中以 11 月至翌年 2 月最高，4～6 月最低；一天中日出前最高，10:00～14:00 最低。如果设施内的 CO_2 质量浓度低于 300 mL·L^{-1}，牡丹的光合强度就会降低，从而影响到长势和开花质量。因而有必要在设施

内增施 CO_2 气肥。施肥方法：每天在草苫、棉被卷起后 0.5 h，向设施内施入 500~1 500 mL·L^{-1} 的 CO_2 气肥，时间 2 h 左右。肥源有液态 CO_2、煤油燃烧生成的 CO_2、CO_2 颗粒气肥以及化学法生成的 CO_2 等。

（五）通风换气

对于大棚和温室栽培，即使在外界温度很低的寒冬，也需要 1~2 天通风 1 次，特别在用药剂熏棚和施肥 6 h 后。通过换入新鲜空气，以避免设施内有害气体积累和 CO_2 质量浓度较低，影响牡丹的正常生长发育和开花，导致品质降低。在温度过高时进行通风也有降温作用。

通风换气一般应在每日 9:00 左右进行。有草苫和棉被覆盖的，最好在掀开覆盖物后 30 min 左右进行。如果外界温度太低，为避免设施内温度急剧下降，对牡丹植株造成冷害，可在中午或外界温度较高时进行。通风时注意不要让风口正对着植株枝叶，应离植株远些，或风口向上，以免造成伤害。每次通风时间以 0.5~1 h 为宜。有换气扇、排风扇设施时用其通风，效果会更好。有自动换气设备的现代化设施，可通过其智能设备自动调整。

第三节

牡丹花期调控的原理与关键技术

一、花期调控概念

花期调控，又称催延花期，是指通过人为措施对牡丹花期进行调节和控制，使其按照人们预期时间开花的栽培方法或措施。

牡丹的花期调控通常以其自然花期为基准，根据开花时间的早晚不同，可分为促成栽培（提前开花）和抑制栽培（延迟开花）两种方式。采取人为措施促使已形成花芽的植株早于自然花期开花的栽培方式，称为促成栽培；反之，采取人为措施抑制已形成花芽的植株使其晚于自然花期开花的栽培方式，称为抑制栽培。

根据牡丹提前或延迟开花时间的长短以及难易程度之不同，日本岛根大学青木宣明教授又将促成栽培细分为标准促成栽培、半促成栽培、超促成栽培；将抑制栽培又分为一般抑制栽培、半抑制栽培、超抑制栽培等。

一般是将在春节期间开花的促成栽培称为标准促成栽培，在其之后开花（如2~4月）的促成栽培称为半促成栽培，而在国庆节、元旦开花的促成称为超促成栽培。半抑制栽培是指使牡丹花期延迟在自然花期后 1 个月左右的时间内开花的栽培方式；超抑制栽培一般是指使牡丹花期延迟到8~10月甚至元旦开花的栽培方式；一般抑制栽培则是指介于前二者之间的栽培方式，如延迟到

6～7月，如七一建党节开花的栽培。

促成栽培还有露地促成和保护地促成之分。保护地促成包括塑料大棚促成和温室促成；抑制栽培亦可分为露地抑制和低温（冷库）抑制两种。

二、历史与现状

花木的花期调控技术古人已经做过并获得成功。就促成栽培而言，汉代出现了"四时之房"的设施与称谓，栽培在这里的"丰卉殊木，生非其址"，说明当时开始采用人工设施进行花卉栽培。唐代则出现了温室树与浴堂花。白居易《和春深》中有："何处春深好，春深女学家。惯看温室树，饱识浴堂花。"《春葺新居》诗中有"移花夹暖室，徙竹覆寒池"的句子。

温室、暖室，是指能加温的设施；温室树、浴堂花，则是在加温场所栽植的花木。唐代文献没有具体提到牡丹的促成栽培，但从武则天令牡丹冬日开花的诗句及相关传说中，推测唐代可能有过牡丹促成栽培的尝试。

宋代花卉促成栽培有所发展。南宋周密《齐东野语》中记载了临安马塍的唐（堂）花法："马塍艺花如艺粟，橐（tuó）驼之技名天下。非时之品，真足以侔造化，通仙灵。凡花之早放者，名曰堂（或作塘）花。其法以纸饰密室，凿地作坎，绹竹置花其上，粪土以牛溲硫黄，尽培溉之法。然后置沸汤于坎中，少候，汤气熏蒸，则扇之以微风，盎然盛春融淑之气，经宿则花放矣。若牡丹、梅、桃之类无不然，独桂花则反是。"这是在文献中首次具体提到了牡丹的促成栽培。

至明代，牡丹的催花技术有了进一步提高。据明代谢肇淛《五杂组》记载："今朝廷进御，常有不时之花，然皆藏土窖中，四周以火逼之，故隆冬时，即有牡丹花。"清代陈淏子《花镜》"变花催花法"一节，记载了牡丹等花木催花的简单方法。

清代皇帝大多喜爱牡丹，冬季赏牡丹成为宫中定制。当时北京丰台草桥的暖室催花已较成熟。

清朝末年到民国初期，山东菏泽花农通过水路（从青岛装船）将牡丹运至广州等地进行催花销售，广州芳村的花农也曾每年从河南洛阳安乐新村等处购买牡丹苗木，回去催花销售。

中华人民共和国成立后，牡丹催花、延花技术有了较大发展，山东菏泽、河南洛阳两地花农恢复春节催花的传统技术，规模有所扩大。但 20 世纪 70 年代以前，品种较少，常常是老三样，即'朱砂垒''赵粉'和'胡红'，数量较少，设施简陋，效果较差。直到 20 世纪 80 年代，山东菏泽、河南洛阳的科技人员相继完成了南方春节牡丹促成栽培优化技术研究成果后，国庆、元旦等节日催花期活动增多，南方珠江三角洲春节催花活动兴旺，每年有数百家单位和千余人员南下，催花数量 100 万盆左右。

1998 年以后，北方春节牡丹促成栽培也兴盛起来。2012 年前后，春节牡丹催花与销售达到历史峰值，每年仅洛阳一地春节催花数量就有 40 余万盆，并逐步推广到北京、上海、四川、江苏、浙江等地。

随着催花、延长花期技术日臻成熟，牡丹异地花展业也逐渐兴盛起来，并取得越来越好的效果，获得了经济效益与社会效益双丰收。

2006 年以来，牡丹花期调控在中国洛阳牡丹文化节以及菏泽国际牡丹花会期间，有了更加广泛的应用。

为了使牡丹花期符合预定时间或拉得更长些，各牡丹观赏园都采取了提前增设塑料大棚和利用暖气、空调辅助加热，或加盖遮阳网、自动喷雾、放冰块等措施，分批划块进行控制，从而基本达到了花开随人意的目的，并使牡丹整体花期由原来的 10 天延长到了 30 天。

洛阳神州牡丹园、国家牡丹园，菏泽曹州牡丹园先后在园内建造了四季牡丹展馆，吸引了大批游客，效果明显（图 8-7）。

自 2010 年以来，洛阳、菏泽以及甘肃各地采用花期调控技术栽培的牡丹花，

● 图 8-7　**洛阳国家牡丹园四季展馆**

还在历届中国花博会和 2014 年青岛世界园艺博览会、2016 年唐山世界园艺博览会等节会以及 2019 北京世界园艺博览会上获得了众多金银铜奖。

牡丹催延花期技术的应用，还使洛阳、菏泽等地的牡丹成为中央电视台春节联欢晚会、2008 年北京奥运会、中国 2010 年上海世界博览会、2014 年中国亚太经合组织工商领导人峰会以及 2017 年"一带一路"国际高峰论坛、2018 年上海合作组织青岛峰会等重大国际会议的指定用花。牡丹在世人面前进一步展示了它总领百花的花王形象。

三、花期调控的基本原理

花期调控的目的就是要使牡丹花一年四季能随人意而开。为此，必须掌握牡丹的生长发育规律，特别是开花生物学特性，其在年生长周期中，生长、成花与开花的机制，以及这些过程与环境条件的关系。以此为基础，采取人为措施，满足牡丹生长与开花过程中对环境条件的各种需求，从而使花期提前或延迟，实现周年开花。

从根本上说，牡丹植株的生长与成花、开花过程是其自身基因在不同发育阶段的特异性表达并与环境因子相互作用的结果。完成了幼年期发育阶段的植株，只有在适宜的环境条件（如温度、光照相对长短等）下，才能依次进行花的分化、花器官形成，最后开花、受精、结实。

20 世纪 90 年代以来，据对模式植物拟南芥的深入研究，认为其成花诱导至少存在光周期途径、春化途径、自身途径以及赤霉素途径等 4 条调控开花的信号转导途径。

上述成花诱导途径通过开花信号整合子如 *SOC1*、*FT*、*LFY* 等基因的表达，促进开花。周华（2015）对'洛阳红''海黄'等品种当年二次开花过程中开花时间基因的研究，初步证实了上述途径在牡丹成花、开花过程中的具体表现。而牡丹催延花期的实践也表明了这些理论的指导意义。

四、牡丹花期调控中的几个重要环节

根据催延花期的基本原理和多年实践，牡丹催延花期中需要抓好以下关键环节。

1. 种苗质量

种苗质量是决定催延花期成败的基础。所用苗木应是品种纯正、生长健壮、根系发达的成年植株。分株苗 3～5 年生，嫁接苗 5～6 年生，实生苗应在 5 年生以上，以株龄较长而枝龄较短为好。弱苗不宜，生长过旺植株也不好。

2. 花芽饱满

牡丹花芽为混合芽。中原地区牡丹花芽分化一般在9月底基本完成，11月完全完成。秋末冬初根据芽体大小，可基本判断花芽是否形成。凡芽体纵径 × 横径大于 0.5 cm × 0.3 cm 时多为花芽，小于此值者仍为叶芽。但花芽以 0.8 cm × 0.5 cm 以上为好。因此，促成栽培应选花芽饱满、花芽分化充分的植株。

3. 根系完整

根系既能吸收水分、可溶性有机物和矿质营养，又是牡丹重要的储藏器官。牡丹催延花期前的起挖上盆，会造成根系的损伤，产生断根胁迫效应。故在植株萌动前使根系吸收功能得到恢复，对提高开花质量至关重要。盆养牡丹根系完整，花期调控开花品质优良。

4. 休眠解除

牡丹花芽为夏秋分化型。花芽形成后即逐步进入深休眠状态，需要一定的低温处理，满足其需冷量的要求，彻底解除休眠才能正常萌发生长，适时开花。彻底解除休眠是启动催花的关键。休眠解除不充分，促成栽培容易出现花叶不协调现象。

5. 合理调节环境因子

在催延花期中，温度是主导环境因子。已经解除休眠的花芽从萌动到开花需要一定的温度积累（即有效积温），并且不同品种的有效积温存在明显差异。而同一品种不同发育阶段对积温需求不同。据吴敬需多年经验，叶蕾对温度调节的反应是低温有利长叶，高温有利长蕾和开花。合理控制不同时期的温度，是保证预期成花和开花质量的关键。

除温度外，水分（湿度）、光照和营养等也很重要，需要很好地加以调节。

五、花期调控的关键技术

（一）选择适宜品种，培育优质壮苗

选择适宜催延花期的品种和培育优质壮苗是催延花期成败和产品质量好坏

的基础和前提。

1. 选择适宜的品种

从理论上讲，只要掌握了各个品种的生长发育规律，并能满足其开花所需的各种环境条件，几乎所有品种都可以催延花期。如1999年在昆明为世界园艺博览会供花，赵孝庆等人催牡丹158个品种，成花156种，成花率达98.7%；2001年，广东陈村花卉世界举办中国首届牡丹催花大赛，菏泽催花136种，参展131种，成花率96.3%。然而，由于品种间生物学特性差异很大，花期调控难易程度有着较大差别，选择其中苗木较易培育、数量充足、花期易于调控且受市场欢迎的品种应用于生产实践，仍然具有重要意义。

根据多年实践总结，适宜催延花期的品种如下：

1) 中原品种 '朱砂垒''似荷莲''赵粉''肉芙蓉''银红巧对''藏枝红''映红''锦袍红''迎日红''鲁粉''粉中冠''绣桃花''淑女装''明星''映金红''火炼金丹''胡红''春红娇艳''十八号''红姝女''霓虹焕彩''黑海撒金''墨楼争辉''珠光墨润''乌金耀辉''黑花魁''冠世墨玉''雨后风光''酒醉杨妃''紫蓝魁''蓝宝石''冰罩蓝玉''菱花湛露''胜葛巾''大棕紫''紫魁''紫瑶台''紫霞绫''玉版白''景玉''香玉''月宫烛光''彩霞''丛中笑''鲁荷红''大红夺锦''守重红''洛阳红''乌龙捧盛''卷叶红''春水绿波'等。

2) 日本品种 '太阳''芳纪''岛锦''日月锦''花竞''连鹤''黑光司''初乌''花王'等。

3) 伊藤品种 '巴茨拉''柠檬梦''公爵夫人''希拉里''先来者''丁香紫''大红天堂''丰美''魔术巡演''雨中曲''红涂鸦''绘彩''科珀壶''棒棒糖''卡罗莱''粉涂鸦''梦幻糖李''科拉露易斯'等。

2. 培育优质壮苗

1) 优质苗木的质量标准 适于催延花期的苗木，需要达到一定的质量标准。如生长健壮，株型紧凑美观，根系发达，无病虫害；枝龄1年以上（2~3年最好）、株龄3年以上（4~6年最好）；枝条粗度（直径）0.5 cm以上、长度20 cm以上，花芽多且饱满，大小（纵径×横径）1.0 cm×0.5 cm以上。

至于枝条数量则需根据需要而定。用于花展的，可以有多种规格。枝条少的，只要花芽饱满、品质高，也受欢迎。但用于节日上市销售的，每盆（株）花枝应在10枝以上。不过，当前追求花枝数量过多的习惯应予改变，今后应逐渐推出具有不同花朵数量的高质量花株，引导市场向产品多元化方向发展和转变。

2）壮苗培育方法

（1）种苗准备 选用具有 2~4 个枝条的分株苗，或 2~3 年生具有 1~3 个枝条的嫁接苗作为种苗。种苗要尽量大些。种苗选好后剪去枝条（保留基部带 1~2 芽的茎段）和根的过长部分以及病根、断根，保留 15~20 cm 长。然后放入 50% 多菌灵可湿性粉剂 500 倍液，或 70% 甲基硫菌灵可湿性粉剂 1 000 倍溶液中浸蘸 5~10 min，捞出晾干后栽植到大田。

（2）土地准备 选土层深厚、疏松肥沃，能浇水但不涝渍的新茬土地，每亩施农家肥 5~8 m³，或干燥腐熟饼肥 500~800 kg、鸡粪 3 m³、猪粪等有机肥 4 m³ 左右，犁耙深翻好后备用。

（3）栽植 按 60 cm × 60 cm 的株行距，挖纵深和直径为 30 cm × 30 cm 的坑，然后将苗放入，捋顺根系后，填土踏实。栽后苗深以原根颈部与地表平或略低 3~5 cm 为宜。过深，透气性不好，易生长不良；过浅，易失水和死亡。栽后立即浇 1 次透水。

（4）修剪与平茬 苗木栽植后，未剪的枝条在留下基部带芽茎段后应全部剪去（即平茬）。此后，每年应于花前 30 天左右及时摘去花蕾不让开花，以节省营养，开花的应于花后 1 周内及时剪去残花。秋冬季，去除枯枝、病枝、清除落叶并烧毁，以减少和消灭病源。与此同时，栽后前 2 年，除个别已有 5 个以上壮枝的植株外，大部分植株还要进行平茬，以促使其多发枝和形成较好的株型。

（5）抹芽定枝 每年春季（特别是前 2 年），当植株基部的土芽（萌蘖芽）长到 6~10 cm 高时，用尖口剪剪去过密过弱的土芽，保留位置适当且较壮的茎芽。每株保留的枝条数以第一年 4~6 个，第二年 7~12 个，枝条间隔不少于 5 cm 为宜。以后除枝数很少的植株或个别位置很空的地方可再保留培养新枝外，新发的土芽应全部剪去，以便通风透光，使植株长得更壮更好。

（6）土肥水管理 每年 3~11 月应中耕除草 7~10 次，保持田间土壤疏松、无杂草；如果天不下雨，应视墒情好坏，每隔 20~30 天浇水 1 次，保持适宜的土壤墒情；施肥，除栽植前或每年的秋冬季施 1 次基肥外，每年还应于春季 3~4 月和秋季 9~10 月，再追肥 2 次。使用 20：15：10 的三元素复合肥（约 15 g/株）或腐熟人粪尿 1 次（2~3 kg/株）+生石灰或钙镁磷肥（5~10 g/株）。

（7）病虫害防治　如果发现有灰霉病、叶斑病、枝枯病等地上部病害发生，每年应于 5～6 月和 10～11 月，喷洒 50% 速克灵可湿性粉剂 800 倍液、50% 多菌灵可湿性粉剂 500 倍液、75% 甲基硫菌灵可湿性粉剂 1 000 倍液 3～5 次（如能交替喷洒和提前喷洒 70% 百菌清可湿性粉剂 600 倍液预防则更好）。对于根腐病等根部病害，可用 50% 噁霉灵可湿性粉剂 2 000 倍液，或 50% 多菌灵可湿性粉剂 1 000 倍液灌根。对于蛴螬等地下害虫，应在 3 月中旬和 9 月上旬趁虫龄较小并多在近地表危害时，每亩撒 1 次 3% 辛硫磷颗粒等 10 kg 左右，严重地块，每株埋入 1～3 片 90% 磷化铝片或用 50% 辛硫磷乳油 500～800 倍液灌根或顺水漫灌（10～25 kg/ 亩）；到秋冬季，也可以结合清除枯枝落叶进行防治。

（二）促根护根，抓好根本

让催延花期的植株较早形成较多须根，是提升成花质量的一个十分重要的关键措施。只有尽量保留或尽早形成大量须根的植株才能和大田栽培的一样，较好地生长和开花，不仅管理较为容易，质量大大提高，而且富有生机，花期长，耐摆放。

1. 就地上盆与带土球移栽

根据多重因素综合考虑，就地上盆与带土球移栽不失为一种既节省时间和成本，又效果显著的办法，因为此法不需提前上盆催根，而是设法保护好原有须根不被破坏，既省时间，还能节约成本 20% 以上。

具体做法：选择阴天挖苗。如在晴天，则需在地头撑个遮阳伞或遮阳网。苗木挖出后尽快栽入盆中，或临时装箱，拉到栽培场所后再在遮阳、保湿条件下上盆栽植。由于牡丹须根稍经晾晒就会被破坏，因此一定要在阴凉条件下操作，随挖随装（盆或箱）或随挖随栽（盆）。

如果是带土球栽植，须根较易保护，但盆土太重，拉运不便，故建议在数量较少或距离花期调控场所较近时采用。操作时如能使用护根剂喷根则效果更为理想。

2. 提前上盆催根培养或利用常年盆栽

在催延栽培前将苗木提前上盆，待其产生大量须根或养成适宜催延花期的盆栽植株后，再进行催延栽培。虽较费事费时，成本较高，但效果更好。

（1）提前上盆催根培养法 提前上盆催根培养法与临时盆栽比较：一是上盆时间要提前一个月以上，在洛阳地区以9月底至10月上旬为最好，此时发根容易。太早容易秋发；太晚气温偏低，就不易发根了。为促进生根，栽植前应先用90%萘乙酸可湿性粉剂 2 000 倍液浸蘸根系，也可用吲哚丁酸可湿性粉剂 200 mg·L^{-1} 喷根 2 次，促根效果明显。二是延长了催花前在室（棚）外的露地管理时间。要点是保证盆土的适宜湿度，并尽可能提高盆温，以促使早生根、多生根。为此，要尽量将上盆植株放置在背风向阳的地方，并通过加地热以及覆盖麦秸、麦糠、其他碎秸秆、干草、食用菌渣、锯末或塑料薄膜等材料，以增温保温。

此法适用于春节至自然花期期间的促成，因此期既能通过提高盆温促使植株早生根，又能使植株在自然状态下接受充足的低温，尽快打破休眠。

（2）常年盆栽（盆养）法 这种盆栽属于标准盆栽，也称周年盆栽，即将苗木在盆里培养一年以上后再进行催延栽培。此法不仅适合于高质量的催延花期栽培，还能解决牡丹一年只有一次移栽适期，不便周年供应苗木和盆花的问题，是观赏牡丹产业今后发展的趋势。

（三）低温处理解除休眠与延迟开花

1. 低温处理的作用

1）解除芽体休眠 牡丹花芽分化完成后逐步进入越冬休眠状态，其花芽休眠是一种深度休眠，必须经受低温处理，接受一定的低温期和低温值，才能解除休眠，正常萌发、生长、开花。如果将休眠中的牡丹苗于10月上旬置于高温温室，到翌年3月上旬则其仍处于休眠状态而不萌发。适时解除休眠是牡丹启动催花的关键。

据观察，不同的牡丹品种，同一植株上不同部位着生的芽，以至花芽中不同的器官原基，其解除休眠所要求的低温期和低温值各不相同。在相同低温处理条件下，早花品种解除休眠较晚花品种早，而同一植株上顶花芽较侧花芽早萌发。进一步的研究表明，混合芽中，花原基与不同节位的叶原基对低温的需求量也有所不同。0℃低温处理 8 天，花原基休眠被解除，而叶原基则需处理 15 天以上，如仅夜间为 0℃，则需处理 30 天。

青木宣明（1984）用 0℃处理'花竞'等中晚开品种 4~7 周，结果处理 4 周的正常开花，但叶片长势弱，仅有上位叶发育较好；处理 7 周的叶片生长偏旺，展开充分，但花朵较小；而处理 6 周的则表现最好，花叶比较协调匀称。

据江西省星子县的催花试验（汪德娥等，1999），当地牡丹经 0℃ 处理 30 天能彻底解除休眠，正常萌发抽枝、展叶开花，其他不能满足低温要求的大多表现不正常（表 8-2）。

由表 8-2 可见，休眠能否解除直接决定着花芽的萌动，影响着开花期及成花的质量。在低温处理前进行预处理有利于促进花芽发育。青木宣明（1989）将 9 月 22 日和 10 月 1 日起苗的'太阳''花竞'等品种，在 10 ~ 15℃ 下预冷藏 10 ~ 20 天，再在 3 ~ 4℃ 下正式冷藏 29 ~ 39 天，其生长开花较好，这说明预冷藏对解除休眠、促进生长也有一定效果。

● 表 8-2　**不同处理温度和天数对牡丹萌发及花、叶发育的影响**

处理温度 / ℃	处理天数 / d	芽萌发及花、叶发育情况
10	5	处于休眠状态
10	10	处于休眠状态
10	20	只长少量枝叶，不开花
10	30	只长叶，花原基败育，不开花
5	5	处于休眠状态
5	10	只长少量枝叶，不开花
5	20	枝叶萌发缓慢，花原基败育，不开花
5	30	枝叶生长正常，但开花数量少，花朵小
0	5	花芽稍萌动，但发育不良，不正常开花
0	10	只有少量上部花芽生长开花，花也小
0	20	叶片小且少，能开花，但生长缓慢瘦弱
0	30	能彻底解除休眠，生长开花正常
16 ~ 18（对照）	10 月下旬至翌年 5 月上旬	植株仍处于休眠状态，芽不萌动

注意：

低温不能完全抑制牡丹的生长。当牡丹休眠被打破后，即使仍然处在较低的温度条件下如 −3～3℃，花芽照样可以萌发生长，甚至开花，只是速度缓慢且品质较差而已。

2）抑制生长、推迟开花和延长花期　长期实践证明，低温处理是抑制萌发和生长、推迟开花和延长花期的最有效办法，是抑制栽培的关键措施。

据观察，在 −2～3℃的温度条件下，尚未发芽的牡丹植株，冷藏 2 个月左右可保持基本不发芽生长；保存 6 个月左右，新枝大约只长到 10 cm 并不开花，但冷藏效果存在品种差异。洛阳神州牡丹园将‘洛阳红’‘乌龙捧盛’等品种冷藏 10 个月，其仍有较好的开花质量。含苞待放的植株，于 3～5℃条件下冷藏，可保持 2 个月左右不开花。

2. 需冷量及其计算方法

1）需冷量的概念　需冷量和低温需求量是落叶树木、果树自然休眠（内休眠）过程中有效低温的累积量化指标。低温需求量的高低主要由遗传特性决定，因而表现出种和品种间的差异。但同一品种不同年份的需冷量也存在差异，说明其受到环境因素的影响。环境因素影响相关基因的表达程度与进程，这为人工调控低温需求量提供了可能。

2）需冷量的评价模式　由于低温打破休眠受到许多因素的影响，寻求适宜的评价模式是品种需冷量研究的基础。当前牡丹需冷量研究主要参考落叶果树的需冷量模式。

（1）7.2℃模式　以秋季日平均温度稳定通过 7.2℃的日期为有效低温累积的起点，以打破自然休眠所需 7.2℃或以下的累积低温值为品种的需冷量。其计量单位为冷温小时数（chilling hours, ch 或 h）。该模式是温伯格（Weinberger，1950）最早提出的需冷量模式，并为许多学者所采用。该模式以 7.2℃作为计算果树需冷量的标准，而没有考虑 >7.2℃的温度效应。

（2）犹他模式　以秋季负累积低温达到最大值时的日期为有效低温的起点，其计量采用冷温单位（chilling unit, c.u）。对于打破休眠效率最高的最适冷温，1 h 为 1 个冷温单位（1 c.u），而偏离这一适温打破休眠效率下降甚至有副作用的温度，其冷温单位小于 1 或为负值。如‘红港桃’以 2.5～9.1℃解除休眠最为有效，在该温度范围内 1 h 为 1 个冷温单位（1 c.u）；而 1.5~2.4℃以及 9.2~12.4℃只有半效作用，1 h 计 0.5 个冷温单位（0.5 c.u）；而低于 1.4℃或 12.5~15.9℃为无效温度；16~18℃时低温效应部分被解除，该温度范围内 1 h 相当于 −0.5 个冷温单位（−0.5 c.u）；18℃以上低温效应被完全解除，此温度范围内 1 h 相当于 −1 个冷温单位（−1 c.u）；等。

该模式是理查森（Richardson，1974）在美国犹他州研究'红港桃'需冷量时提出的，其提出高温对低温的抵消作用是个进步，但在气候温暖地区仍不能预测自然休眠进程。

（3）0~7.2℃模式　该模式与 7.2℃模式起点温度相同，但它是以打破休眠所需 0~7.2℃的累积低温值为品种的需冷量的。

王力荣等（2003）应用上述模式研究落叶果树（桃）的需冷量，认为 7.2℃模式在郑州气候条件下用来测定品种需冷量时，变异系数均在 13% 以上，是三种模式中变异系数最大、稳定性最差的；犹他模式不适宜低需冷量品种的测定，但对于需冷量在 500 h 以上品种稳定性较好；而 0~7.2℃模式测定值变异系数大多在 10% 以下，在三个模式中最低。用于测定落叶果树需冷量相对稳定可靠。

3）牡丹需冷量研究　上述评价模式在牡丹需冷量研究上都有过应用。如郑国生（2003）应用犹他模式研究了部分牡丹品种需冷量。刘波等（2004）应用 7.2℃模式研究了'大胡红''乌龙捧盛''肉芙蓉'的花芽解除休眠的需冷量，并以花芽萌发率 > 80%、花朵直径 10 cm 以上、单叶面积 15 cm² 以上作为解除休眠的标准。两年观察结果为'乌龙捧盛'最高，平均值为 646 h，次为'大胡红'547.5 h，而'肉芙蓉'为 499.5 h。

休眠解除过程中内源激素的变化，仍采用 7.2℃模式，但以秋末冬初日均气温稳定低于 10℃的日期为有效低温累积的起点，以打破休眠所需 0~10℃的累积低温时数作为催花品种的需冷量，单株开花率达到 90% 以上作为彻底打破休眠的标准。该研究根据花芽萌动和开花情况结合内源激素变化动态，将低温解除休眠进程划分为低温累积期、休眠解除启动期、休眠基本解除期、休眠彻底解除期 4 个时期。

研究认为：足够的低温量是解除牡丹休眠的必要条件，其解除休眠的程度与花芽中激素含量的消长变化有关。休眠基本解除期，赤霉素达最大值，再延长低温期，赤霉素质量分数下降，但赤霉素/脱落酸达最大值，休眠才能彻底解除。可见休眠解除过程中，促进物赤霉素并不能单独起作用。'胡红'308 h 低温量（自然低温 3 周）进入萌发决定期，551 h 低温量（自然低温 5 周）进入开花决定期，休眠解除，开花良好。

高燕等（2015）以'洛阳红'为试材，研究了 0～7.2℃条件下花芽解除休眠的过程。结果认为：处理 7 天为低温积累期，14 天可启动休眠解除，基本解除休眠需 21 天低温处理，萌芽率 90.3%，成花率 51.6%；彻底解除休眠需低温处理至少 28 天（672 h），成花率 71.8%。

除上述研究外，还有一些研究并不受果树需冷量评价模式的影响，温度处理从 0℃到 10℃，并认为 0℃处理效果最好。有的研究以 0℃处理为主，并得出中晚花品种'花竞'最佳处理时间为 6 周的结论。

总的看，牡丹品种需冷量研究已突破果树需冷量研究的局限，已涉及 10℃以下低温的累积效应及其具体影响、内源激素的变化及其影响、在不同温度处理中以 0℃处理较好等，对指导牡丹催延花期的实践起到了积极作用。但由于研究涉及的品种不多，一些规律性的认识还有待深入总结。

3. 低温处理方法

众多经验说明，低温处理对于催延栽培至关重要。如果不处理或处理方法不当，包括温度高低、时间长短、包装与否以及入库早晚，都对冷藏效果以及催延栽培成败有直接而重大的影响。低温处理一般采用冷库冷藏，方法如下：

（1）苗木包装　入库冷藏进行低温处理的苗木，最好加以包装，以便储放。以采用经严格消毒的湿锯末和塑料袋包裹植株的方法较好，可以长时间储藏。也可以在纸箱包装或提前上盆后，枝芽套以塑料袋冷藏。注意塑料袋上要打些通风孔，以避免袋内湿度过大。

（2）放置方式　冷库内一般设置有货架，也可自行搭建棚架，以便分层排放。每层棚架上可叠放 2～3 层盆苗。周围要留出 40 cm 宽的作业通道。袋装裸根苗在货架上厚度不要超过 1 m，以免受冷不均，或下层霉烂。盆栽植株可错开分层摆放。

（3）储藏时间和温度设置　入冷库时间和冷藏温度应依据催延花期对苗木状况的要求、花株状况和品种等确定。

用于延迟开花的，最好在发芽前（洛阳为 1 月底前）将苗木放入冷库。常用温度 $-3 \sim 4℃$，盆栽和有包装的可低些，裸根或仅用塑料袋等材料简单包裹或覆盖的温度应稍高些，以不低于 0℃ 为宜，以免发生冻害；用于延长花期的，以在花株平桃期至初花时放入冷库最好。常用温度为 $3 \sim 5℃$。晚放入会降低抑制效果。品种不同，冷藏时间也有所差异。

用于促成栽培的植株，在 $2 \sim 3℃$ 的冷藏温度下，一般冷藏时间为 $30 \sim 40$ 天。若少于 30 天，低温不足，休眠解除不彻底，不仅萌芽慢，还会出现有花无叶或叶片较弱的现象。但时间过长（如 50 天以上）效果也不好，会出现叶片生长过旺，不易成花。重瓣性低的品种冷藏时间短些，重瓣性高的品种应长些。

采用裸根储藏时，如果温度设置较低（低于 0℃），储藏 35 天后曾出现根系受冻现象。这种冻害往往不易觉察，多在温室中培养 15 天左右才出现症状。受冻苗木初期萌发快而整齐，比正常植株早 $3 \sim 5$ 天，前 10 天生长极快，叶色浓绿，但以后叶片逐渐变黄变小，花蕾萎缩以至死亡。此时根系下部已经腐烂，有刺鼻的酸臭味，断面呈灰褐色。但冷藏时假植在基质中的牡丹苗却较耐低温，冷库温度有时降到 $-4℃$，基质上冻，但不影响催花效果。

4. 辅助解除休眠的其他方法

1）赤霉素处理　赤霉素是一种生长调节植物激素，它具有促进生长开花、打破休眠等作用。其在牡丹商品化催花上的应用约始于1984年，吴敬需用分别于 9 月底、11 月初、12 月初和翌年 1 月初分 4 批次从洛阳挖苗运至珠海的牡丹植株作催花栽培，然后，每 $1 \sim 2$ 天用赤霉素 $100 \sim 800 \, mg·L^{-1}$ 溶液涂抹花芽。结果发现，不同浓度的赤霉素对不同挖苗期的植株都有一定的打破芽体休眠、促进萌发的作用。浓度高的激素与挖苗越晚的植株效果越明显。但对于前两批苗即使使用较高浓度（赤霉素 $500 \sim 800 \, mg·L^{-1}$）处理，也不能使所有植株的全部芽萌发。越早挖的苗（自然低温缺乏）越不整齐，多数只长花蕾不长叶，而越晚挖的苗（已接受较多的自然低温）越整齐，花叶比较协调。1996 年，高志民等也报道：对休眠程度深、自然低温作用不完全的花芽用赤霉素 $500 \sim 1\,000 \, mg·L^{-1}$ 涂抹，效果最佳。由此说明，赤霉素对牡丹具有辅助解除休眠的作用，但并不能完全代替低温。

2002 年，对 11 月中旬起苗的植株，分别用赤霉素 $50 \, mg·L^{-1}$、$100 \, mg·L^{-1}$、

300 mg·L^{-1} 做了浸蘸和涂抹试验，结果发现赤霉素 50 mg·L^{-1} 和 100 mg·L^{-1}蘸根的植株可完全解除休眠，萌芽快且整齐，但枝叶生长过快也可能导致枝叶徒长，花蕾萎缩；而采用涂抹法的，枝芽萌发及花蕾生长不太整齐，但成花明显增多。

2005 年，对处于立蕾期的催花牡丹连续 3 天每天喷 1 次赤霉素 300 mg·L^{-1}溶液，3 天后枝叶嫩绿，花蕾整齐、长势喜人，但以后回蕾严重，枝叶疯长或早衰。这说明不同时期、不同品种的牡丹在打破休眠与正常生长开花时对于激素的量是很敏感的。具体使用多大的量，用几次、怎么用才能恰到好处，尚有待进一步研究。

多数试验证明，赤霉素对于牡丹催花植株具有辅助解除休眠、促进萌发和生长、提高成花率、整齐度等作用。但应按具体情况确定使用浓度，超促成（植株未冷藏）使用 500～800 mg·L^{-1}，半促成用 300～500 mg·L^{-1}，标准促成用 100～300 mg·L^{-1} 为宜，春节促成多用 200 mg·L^{-1}。处理方法有涂抹、蘸根、喷洒等，但蘸根和喷洒一定要慎重。吴敬需认为蘸根应不超过 50mg·L^{-1}，喷洒以 100～200 mg·L^{-1} 且连续不超过 3 次为宜，如果是为促进萌发后的植株生长而欲整体喷洒的，应以 100 mg·L^{-1} 且最多连续 2 次为宜。

植物生长调节物质在牡丹催延花期中的应用还需要不断探索和研究。近年来，福建省宁德市农业科学院林鸳芳在进行春节催花时，应用赤霉素 200 mg·L^{-1}+98% 复硝酚钠 5 000 倍液 +45% 高金增效灵 10 000 倍液处理'鲁荷红'，缩短催花时间 10 天，减少了败育率，保证成花率稳定达到 95% 以上。

2）晾根　晾根对植株会产生生理胁迫效应，对解除休眠、促进萌发也有一定效果。在 20 世纪 80 年代以前，菏泽花农多采用此法催花。具体做法是：在春节前 60 天左右把植株挖出，放在露地有弱光的地方晾晒 2～3 天后，再运往南方或在本地上盆催花。据菏泽牡丹研究所赵海军 2002 年的试验，晾根处理效果要优于赤霉素处理。晾根处理能促进牡丹枝芽萌发，提高生长整齐度，但到催花中后期往往表现为生长不旺、叶片和花蕾都较小等。

3）摘叶控叶　实践中发现适时摘叶有抑制或阻止牡丹休眠的作用，如在牡丹花芽基本形成后的 7～9 月，人为将牡丹叶片摘除，就可以阻止牡丹植株随后进入休眠而进入二次生长。1998 年，洛阳牡丹研究所王忠敏曾采用此法进行了国庆节开花的试验。结果表明，提早摘叶也是提早促成栽培的一种简便有效的办法，但其促成效果有限。

4）剥除芽鳞　当翌年春节较早（如在 2 月之前）而当年秋冬季气温较高，导致自然低温不足的年份进行春节催花时，如果之前没有进行人工低温处理，那么，当牡丹植株上盆并进入温室管理一周后，使用锋利的竹签等器具，人工剥去所有枝条顶端芽的鳞片和部分幼叶，并每天涂抹 1 次赤霉素 200~300 mg·L^{-1} 溶液或整株喷洒赤霉素 100 mg·L^{-1} 溶液 1~2 次，对提早解除休眠、促进生长有明显作用。

5）大蒜汁处理　青木宣明（1989）和细木高志（1981）的研究指出，对 9~10 月起挖的牡丹植株经过 10~15℃预冷藏 20 天，3~4℃正式冷藏 29~39 天，用大蒜汁涂抹处理后，也有促进萌发和生长的作用。研究结果表明：大蒜汁和预冷藏与低温处理一样，在一定程度内具有打破休眠、促进叶片生长和促进开花的作用，但其效果不如延长低温明显，而且不同品种也有差异。'花竞'和'太阳'用大蒜汁处理和预冷藏，有可能在 12 月进行促成栽培，而'玉霰'则比较困难。

（四）环境因子的调控

1. 温度

在催延栽培过程中，温度是最关键的因素。适宜的温度对催延栽培的成败至关重要。

（1）抑制植株萌发和生长，延长保存期，从而延迟开花　常用冷藏温度是 −3~4℃，但如果是裸根储存，应不低于 0℃，最好是 2~3℃。据试验，在此温度下，未萌发的植株可储存 6~8 个月或更长时间，而如果是处在平桃期的盆花和辅助一定光照的则可保存 2~3 个月。不过，品种不同，其冷藏效果也有一定差异。

（2）夏季促成和抑制，降低温度是关键　日间理想温度应不高于 25℃。主要通过遮阴、喷水、通风等方法来实现。而冬季温室栽培，则升温保温是关键。不同时期要求的适宜温度为：前期白天 7~15℃，晚上 5~8℃；中期白天 10~18℃，晚上 7~12℃；后期白天 15~23℃，晚上 10~15℃。

注意：

无论何时促成或延迟栽培，原则上都应计算好时间尽早进行。切忌操之过急，措施过猛，速度过快，导致生长与开花质量降低。

2. 水分（湿度）

无论是植株储存，还是在正式栽培过程中，控制水分都十分重要。首先，在冷藏中，只要保持植株稍湿润而不太干即可，如果湿度大，不仅抑制效果差，还易引起花蕾霉烂。其次，栽培环境中，以空气相对湿度 60%～70%、土壤或基质含水量 50%～60% 为宜。露地盆栽在加温前、立蕾期和中后期，可酌情各浇透一次水即可。水多、湿度大时，要通过排水和通风降湿来调节。

对于在塑料棚和温室盆栽的，应根据温度高低、需水量大小和干湿情况确定喷浇水量。一般应 4～6 天浇水 600 mL/盆，7～10 天浇一次透水。温度高时浇水勤一点，温度低时少浇点。环境中，除加温初期和在温度较高的时段（如夏季和其他季节的晴天中午）外，一般不喷水，以免湿度太大，利于病害发生。

3. 光照

光照也是影响牡丹催延花期、开花质量的重要因子，它对牡丹的光合作用与品质优劣以及花期的长短影响很大。因此，催花时常常需要有充足的光照，而延花时则要求光照尽量弱些。

牡丹属于长日照植物，正常生长时比较喜光。据研究，其生长发育期的最佳光照是 8 000～20 000 lx、日均 6 h 以上。根据实践经验，光照虽然不是牡丹催延花期成败的最敏感和关键因子，但为争取和保证能生产出高质量的花株，充足和有效的光照是非常必要的。

催延栽培中实际的自然光照状况及调节措施如下：

在储存和秋冬栽培期间，此期常常是无光（如冷室）或弱光且少光（温室）。为了不使植株生长过弱或能生长开花良好，最好能补充光照。其适宜处理方式为：3～4 m² 安装一个 500 W 的白炽灯（每瓦灯泡的光强度是 12.56 lx），高度距植株顶部 1.5 m。

夏季往往光照过强，中午最强时高达 6 万～10 万 lx，是牡丹适宜值的 5 倍左右。因此，在此期间，必须进行重度遮阴和多喷水来降低光照和温度。一般在晴天用透光率为 25%～30% 的遮阳网遮盖为宜。最好是活动式的，以便收拉。

目前牡丹观赏园在春天露地的延花栽培措施主要是靠遮阴，多搭成金属或木骨架型荫棚。在立蕾后遮阳 20%～60%，可延迟开花 3～7 天，在初开后遮阳 50%～80%，可延长花期 3～5 天。

近来，在牡丹春节催花中应用了 LED 灯，这是以波长 450 nm 左右蓝紫光为主的补光灯，其对牡丹开花质量有重要影响，如'洛阳红'的花朵花瓣数量增多，花型往往由菊花型演变成蔷薇型和台阁型，花色由通常的紫红色变为粉红或桃红色。LED 灯的应用还需要作进一步的探讨。

4. 施肥

目前常见的施肥方法是：先在基质中掺入腐熟饼肥（每盆约 300 g）或三元素复合肥，最好用缓释肥（每盆 50 g）；生长期按照"少吃多餐、薄肥勤施"的原则，每 5~7 天结合灌水浇一次 N∶P∶K=20∶20∶20 的花多多复合肥 1 000 倍＋氧化钙 160 mg·L^{-1} 的混合液，每盆 1 000 g 左右；20 天左右每盆再施入 1/20 的腐熟饼肥水；5~7 天结合喷药向叶面喷洒一次 0.1% 花多多溶液或 0.2% 磷酸二氢钾溶液。

第四节

牡丹周年开花栽培
关键技术

一、周年开花的季节安排

牡丹周年开花是一项系统工程，需要以其自然花期为基础，加以周密安排，科学实施。以洛阳为例，其周年开花工作月历如图 8-3 所示。

● 图 8-3　牡丹周年开花工作月历（洛阳）

月　份	1	2	3	4	5	6	7	8	9	10	11	12	1	2	3	4
栽培类型	自然栽培													自然栽培			
				遮阴或冷藏植株的抑制栽培												
						露地摘叶 促成栽培										
									冷藏或直接促成栽培						

注：横行第一栏表示从第一年的 1~12 月至翌年 4 月；以下表示对应各月份适合采用的栽培类型。如：第一年 1~4 月上中旬及翌年的 2~4 月为自然栽培，即普通栽培；第一年 4 月中下旬至 12 月为通过遮阴或冷藏植株而进行的抑制栽培；第一年的 7 月下旬至 9 月底为在露地通过摘叶而进行的促成栽培；第一年 10 月至翌年 4 月上旬为通过冷藏植株或直接进行的促成栽培。

牡丹周年开花栽培总体上可分为常规栽培、促成栽培和延迟栽培三部分。其中，促成栽培有露地促成和保护地（包括塑料大棚和温室）促成之分，而延迟栽培也有露地和冷库低温抑制两种方式。在不同时期催延花期，从花芽萌动到开花所需时间（天数）也有所不同（表8-4）。

二、促成栽培技术

（一）早春北方地区塑料大棚（或温室）促成栽培技术

目标花期为3月下旬至4月上旬。促成栽培主要是北方地区临近自然花期的短期促成，是目前提早花期和进行早春盆栽上市销售采用的最主要形式。产量占全年反季节栽培总量的70%左右。

中国洛阳牡丹文化节官方确定日期是每年4月1～5日至5月5日，所以各牡丹观赏园为了保证4月1～5日必须有花开放以供游人观赏，年年都要采取这种方式进行促成。其技术要点如下：

1. 拱棚搭建

在目标花期前40～55天，选定催花地点和品种，就地搭建塑料大棚。品种宜选重瓣性低、易成花的早中开品种，苗龄4～6年。

● 表8-4 **不同季节催延花期牡丹所需生育期**

栽培类型	栽培环境	预期花期	生育期 */d	主要措施
常规栽培	露地	自然花期	55～65	常温
延迟栽培	露地 + 遮阴降温	4～5月	可延迟开花5～10	开花前抑制
	冷库 + 露地或冷室	夏秋5～10月	45～55	冷藏植株
促成栽培	塑料大棚	早春	40～55	辅助加温
	露地或冷室栽培	夏末初秋	55～70（32～40）	辅助降温
	塑料大棚或温室	秋冬	70	辅助加温
	塑料大棚、温室	冬春（春节）	50～65	辅助加温
	露地	初冬	40～50	北株南催
	南方地区 ** 露地 + 塑料棚	冬春（春节）	45～60	北株南催

注：* 生育期为花芽萌动到开花的天数；** 南方地区指广州等地

大棚应为南北向，大小按需确定。为便于搭建和管理，棚体量应尽量小些，一般为长 10～20 m、宽 1.5～4 m、高 1.5 m 左右。大的应不超过 8 m 宽、40 m 长和 2.5 m 高。因春季风大，一定要搭建牢固，防风防雪，并密闭保温。

2. 异地温室或塑料大棚栽培

可按一般标准建造大棚，或使用已有温室。应提前 35～50 天把挖好的植株装盆后放入其中。

3. 控温通气

萌芽前应把大棚或温室密闭，尽可能把温度升得高些，高温猛催，促使根和芽早活动早萌发。还要结合松土，提高棚内地温。

地栽牡丹与盆栽牡丹最大的一个不同点就是地温较低，不易提高。所以，控制温度应高些；从现蕾到立蕾期，要调温、控温和防止冻害。当白天中午温度高于 18℃以上时，可把棚两头或侧面棚膜酌情掀开些缝隙，使棚内降到适温。

早春气候多变，夜间气温甚至会降到 −3～−2℃，常发生霜冻。大棚如不人工辅助加温，7:00～8:00 棚内会出现逆温现象，有时花蕾、嫩叶、幼茎上会发生冻露，呈冻害状。此时应打开大棚两端部分棚膜，放进些棚外的低温气流，使冻露消失，植株恢复常态，冻害解除，这是早春催花成败的关键。当然，也可以通过加盖草苫、棉被和加设电暖器进行辅助加温。

到了中后期，应根据花期早晚，酌情调节塑料薄膜的开口大小、时间长短以及采取其他辅助加温措施来控制温度，高温不应超过 28℃。当花蕾含苞待放时，薄膜即可去掉。

若为温室催花，在入室后前 10 天的温度应尽量保持为白天 7～15℃，晚上 5～10℃。过高时，每天应通风 1～2 h。随后的 15 天左右，应变为白天 10～18℃，晚上 7～15℃；入室 25 天后，温度可升至 12～25℃。

4. 调湿

设施内空气相对湿度以 60%～90% 为宜，立蕾前可稍高些，以后降低。过高过低时，可分别通过通风或洒水来调节。但为防止病害，当湿度较小时，以向地面或盆里浇水补水为主，而少给枝叶上喷洒。立蕾期及花蕾膨大期，应保持土壤和基质有充足的水分，以免引起缩蕾。

5. 补光

一般不需补光，但若连续数日阴天，可每 4 m² 左右加装一个 300～500 W

灯泡进行补光。

同时保持棚面干净，以提高其透光系数。

6. 施肥

在冬施一次有机肥的同时，催花前或立蕾前再随浇水施 1 次 20：20：20 的三元素复合肥（15 g/ 株）。

7. 激素处理

此期因自然低温已较充分，故不需应用激素涂芽来解除休眠。但为提高成花率和促使早开花，也可每 1 ~ 2 天涂抹 1 次赤霉素 200 mg·L^{-1} 溶液，或用赤霉素 100 mg·L^{-1} 整体喷洒 1 ~ 3 次。

（二）夏末秋初露地（或冷室）促成栽培技术

这是在露地自然环境下或在冷室中，于牡丹的生长期内进行的使同株牡丹一年进行二度开花的栽培方式。其目标花期是 9 月上旬至 11 月中旬，55 ~ 70 天。其栽培要点是：

1. 品种与植株选择

选择易成花与开花、耐高温的早中花品种，如'银红巧对''迎日红''凤丹''雪映桃花''首案红''肉芙蓉''黑海撒金''户川寒''太阳''巴茨拉'等。植株应为 4 ~ 10 年生，生长势强，枝条粗壮，无病虫害。

2. 去叶处理

于 7 月下旬至 9 月上旬，距目标花期前 55 ~ 60 天人工剪去催花植株的所有叶片，只留叶柄基部 2 ~ 3 cm,以保护腋芽。欲使国庆节开花的，可在 8 月 1 ~ 5 日剪叶（洛阳）。欲在冷室栽培的，摘叶后立刻带土球移入冷室培养。

3. 整形修剪

剪去弱枝和过密的交叉重叠枝，保留生长健壮的枝条 6 ~ 15 个，每枝留下 1 个饱满主芽，去除下部瘪芽。当花芽现蕾后，还要及时去除无蕾枝和土芽，但枝条少的植株也可适当保留 1 ~ 3 个。

4. 激素处理

摘叶后至发芽前，每 1 ~ 2 天向芽体涂抹 1 次赤霉素 500 mg·L^{-1} 溶液或间隔 3 ~ 5 天整株喷洒 1 ~ 2 次赤霉素 200 ~ 300 mg·L^{-1} 溶液，以辅助催芽和助长。立蕾期用浓度减半的溶液涂抹花蕾，可起到促蕾和控叶的作用。

5.喷洒药肥

每隔 7～10 天喷洒 1 次、连喷 3 次 50% 灰霉灵可湿性粉剂 600 倍 + 50% 甲基异柳磷乳油 1 000 倍 +0.2% 花多多复合肥 2 000 倍的混合溶液，以防治灰霉病、叶斑病和食蕾害虫的发生，并补充营养。

6.肥水管理

肥水供应要充足，应提前一个月左右施 1 次有机肥，到生长期再追施 1～2 次速效肥料，并每隔 1 周左右，叶面喷洒 1 次叶面肥。也可每天喷雾或洒水几次，并稍多浇水以防旱。而当雨水多时，还要注意补光和排湿。水分要保持适中。

7.遮阴降温

此时期正值强光和高温期，故应在晴天用 60% 遮阳网进行适当遮阴降温。

（三）秋冬露地塑料大棚（或温室）促成栽培技术

其目标花期为 11 月中下旬至翌年 1 月上旬。此法与夏秋露地催花基本相同，只是前期露地，后期则要在塑料大棚内进行，或者一直在温室内进行。

品种与植株的选择以及前期管理与夏秋露地催花基本一样。不同的是，摘叶较晚，应在距目标花期 70 天前的 9 月上旬（洛阳）进行，并在中后期当外界气温低于 10℃时，及时在催花圃地上搭建塑料大棚。

欲在温室栽培的，植株不宜过大，以 3～5 年为宜，且摘叶后就把苗木挖出栽入盆中（最好带土球），并置于温室中培养，前期不必加盖薄膜和加温。当花蕾进入大风铃期后，随着外界气温逐渐下降，设施内温度不足 16～22℃时，应增加辅助加温设施和覆盖物，以防冻害发生。温湿度和光照等管理，参照本节"二、（一）"进行。

（四）冬春北方地区温室（或塑料大棚）促成栽培技术

1.概况

冬春北方地区温室（或塑料大棚）促成栽培是目前中国牡丹反季节栽培中最常用最盛行的形式，也是专用种苗最丰富、环境条件最为适宜（露地自然开花除外）、设施调控措施相对较完善、技术较成熟、规模较大、商品化程度较高、效益较好的形式。春节催花是其主要代表。

这一催花形式是在 21 世纪初随着北方经济的快速发展而得到迅猛发展的，到 2012 年前后达到最高峰，全国年产约 150 万盆，产值约 1.2 亿元，其数量和产值占全年反季节栽培的 40% 左右，占观赏牡丹总产值和收入的 30% 左右。其中春节期间约占 2/3。洛阳在高峰年份仅春节期间就有 40 多万盆，最少年份也有 20 万盆以上。

目标花期是 1 月上旬至 3 月中旬。

常用设施为塑料大棚、日光温室，以及现代化连栋温室。

管理方法和技术路线有高温催花和低温催花两种。

其主要区别在于：从开始加温起，前者是将设施内温度控制在 10～25℃，一直到立蕾期和叶片展开，然后把温度降至 5～15℃，到后期则酌情而定。而后者则是模拟露地自然花期牡丹生长发育所需的较低的适宜温度进行调节和控制。

不同时期控制的具体温度是：在前 7～15 天（发芽现蕾期），白天 7～15℃，晚上 5～10℃，发芽前也可稍高一些；之后到立蕾期，分别逐渐升为白天 10～18℃，晚上 7～15℃；中后期升为白天 12～23℃，晚上 10～15℃。

两种方法各有利弊。前者容易操作和控制，便于成蕾和立蕾，不易回蕾，花蕾也较大，比较适宜经验不足者或低温过剩时使用。但花叶不太协调，叶片生长较弱甚至有黄化现象发生，还容易出现有花无叶的情况。后者不易掌握和控制，弄不好就会发生缩蕾，导致成蕾率低甚至有叶无花。但如果控制得好，促成的花株质量较高，生长开花状态比较自然，商品性好，售价高。适用于经验丰富的从业者。

2. 技术措施

1）品种选择　品种及催花植株如果主要用于销售，则花色应以红色、紫红色、粉色、复色、黑色等为主，此类品种有‘洛阳红’‘肉芙蓉’‘银红巧对’‘乌龙捧盛’‘鲁荷红’‘锦袍红’‘太阳’‘芳纪’‘岛锦’‘日月锦’‘岛大臣’‘黑光司’等。如果用于花展，可选择更多品种。

2）催前处理　若在 12 月 20 日前就需挖苗进行温室催花，为防止自然低温不足，最好提前挖苗放冷库冷藏 30 天左右。

3）温度管理　参照本节"二、（一）3"进行。

4）湿度管理 催花植株需要充足的水分，上盆后应立即浇透水。随后 7~10 天，白天每隔 3~4 h 给枝条喷 1 次水，共喷 2~3 次，使植株充分吸收水分，同时，每 5~7 天给盆内少量浇 1 次，每盆约 1 kg，以加速启动。发芽现蕾后，喷水次数减少至每天 1~2 次，但重点注意不让盆内基质缺水，每隔 4~5 天按同量浇 1 次。到后期，为防病害，叶面基本不喷水，以盆内浇灌为主。

5）施肥 除栽培基质中可掺入饼肥粉（每盆约 250 g）或缓释肥（每盆约 50 g）外，芽萌发后，每 5~7 天结合浇水，每盆浇入 1 kg 左右 0.1% N、P、K 含量各为 20（立蕾期为 15：25：20）的花多多复合肥混合溶液，也可结合喷药作为叶面肥喷洒于叶面。另外，可结合浇水于现蕾及立蕾后分别浇 1 次稀释 20 倍的腐熟饼肥水，每盆 1.5 kg。

6）气体 CO_2 气肥的应用也有利于植株健壮生长，并且花朵大、着色好。可每天每平方米施用 20 g 固体 CO_2 肥，或用充气瓶将环境中的 CO_2 质量浓度提升到 500 mg·L^{-1} 左右。开花前 1 周停止使用。

通风不仅可以从大气中补足光合作用必需的物质，而且通风又是气体交换和散湿、降温的主要途径。但由于冬季气温低，一旦通风不当，会导致卷叶或冻害发生，所以，通风应尽量选在中午气温较高时，空间上由上而下，风量上由小到大，从顶部缓慢进行，不得冷风直吹。一般每天至少通风 2 h。

7）光照 充足的阳光有利于增温，提高成花率，花色变深，减少病害等。当连续 3 天以上阴雨雪天时，应注意补充光照，以 4 m^2 设置 1 个 300~500 W 的灯泡为宜。

8）激素 常用的激素是 IBA 或 IAA 和赤霉素。根据目的选择使用方法：

（1）促进生根 上盆时用 IBA 或 IAA 300~500 mg·L^{-1} 溶液蘸根 3~5 min。

（2）解除休眠和促进花蕾生长 可用赤霉素 200~300 mg·L^{-1} 涂抹芽和花蕾，每 1~2 天 1 次，也可用低浓度如赤霉素 30~50 mg·L^{-1} 蘸根。

（3）促进整体生长和开花 可每隔 3~5 天向植株整体喷洒 1 次赤霉素 100~200 mmg·L^{-1}，共 1~3 次。

9）剥芽鳞和去叶 在自然低温不足又未进行人工冷藏的情况下，对萌发迟缓的芽，可用锋利竹刀小心地剥去芽鳞及 3~4 片幼小叶片。一般在进入温室加温后 7~10 天芽仍不萌发时进行。

10）病害防治 牡丹在温室促成期间，基本没有虫害发生，但需注意防病。最常见的病害有灰霉病和根腐病，以及生理病害中的卷叶病和"笑花"等，发病症状及防治措施参见本书第十一章。

（五）冬春（春节）南方地区露地促成栽培技术

这是目前仅次于北方地区冬春温室栽培的一种重要形式，催花数量和收益也是如此。具体做法就是利用我国南方地区冬末春初气候温暖、花卉市场又较发达的特点，北方地区栽培的牡丹南下催花销售或展览。目标花期是 1 月中旬至 3 月中下旬，栽培时间是 12 月中旬至翌年 3 月中旬。此法与北方早春露地塑料大棚和温室栽培基本相同，不同之处及技术要点如下：

1. 场地选择和准备

应选择在背风向阳、高燥、平坦、不易积水的地方，提前平整处理好，搭好塑料拱棚等。

2. 上盆

在目标花期前 45~55 天将花苗运到目的地，上盆栽培。目标花期越靠后，时间可以越晚。如期望农历正月十五以后开花的，正式催花时间可按目标花期前 42~46 天安排。

最好使用提前盆栽生根的苗，带盆（或袋）运输。

3. 水分管理

南方冬季因雨水多，故要注意遮雨和防积水。同时盆土干得快，应适当多喷水浇水。

4. 光照管理

在晴天，有时光线很强，要适当遮阴。光强低于牡丹生长发育的光补偿点时需补光。

三、抑制栽培技术

（一）4~6 月露地延迟栽培技术

目标是比自然花期推迟 5 天以上，预定花期为 4 月初至 6 月初的某个时期，随品种和各地区的气候条件不同而异。

在此期间，可选用具有活动休眠花芽（俗称"二花芽"）和具有二次生长开花习性的早、中开品种，如'脂红''紫重楼''紫绣球''凤丹'等在露地进行。栽培要点如下：

1. 适时修剪

适时修剪以转移顶端优势，即在牡丹花蕾的平桃末期，在该花枝第一个侧芽之上留 2 ~ 3 cm，然后将春花枝剪去，从而使该侧芽变为顶芽。如果修剪过早，延迟开花效果不显著，过迟则因春花枝大量消耗营养和气温日渐升高，这个上位侧芽也难萌发。

2. 增施水肥

补充营养的目的是使活动休眠花芽快速萌发并生长开花，从而延迟花期。

在此期间，也可以通过在露地提早遮阴、降温，以延迟花期；也可利用预先冷藏的植株，趁其在2月初以前尚未发芽而放在温室内进行栽培来实现花期调控。

（二）夏秋低温冷藏抑制栽培技术

这是延迟栽培的主要形式。目标花期是5月下旬至10月上旬，主要是利用低温能显著抑制植株萌发生长、延迟开花的特点，使牡丹成年植株迟发芽、慢生长、晚开花。这时，低温冷藏植株在高温条件下进行抑制栽培，技术难度较大。栽培要点如下：

1. 适宜品种和植株选择

（1）中原品种　'迎日红''胜葛巾''菱花湛露''肉芙蓉''银红巧对''赵粉''鲁荷红''彩绘''百园红霞''十八号''红霞争辉''香玉''景玉''洛阳红''霓虹焕彩''曹州红''卷叶红''彤云''鹤顶红''明星''首案红''黑花魁''冠世墨玉''青龙卧墨池''月宫烛光''玉面桃花''贵妃插翠''雪映桃花''雨后风光''蓝田玉''三变赛玉''锦袍红''绿幕映玉''金桂飘香''冠群芳''红花露霜'等。

（2）日本品种　'岛锦''日月锦''旭港''花王''太阳'等。

（3）欧美品种　'金晃''海黄'等。

2. 苗木准备与起苗运输等

与促成栽培相同。

3. 植株冷藏

冷藏温度为 $-3 \sim 4℃$，但裸根或处于生长期的植株，温度不应低于 $0℃$，以 $2 \sim 3℃$ 为好。应于萌芽前挖苗（在洛阳一般为 2 月初），最好是带些土，或就地装箱（袋、盆）。挖苗时要注意保护好须根。运到冷库后，直立成排摆放于货架上。

箱装的可成排堆放，裸根苗可码垛成堆。但垛间应留有空隙，厚度不应超过 2 m，以免放得太厚，冷库内温度分布不均，垛内部接触不到充足的冷气，温度高而使苗烂根。空气相对湿度保持 $60\% \sim 70\%$，如湿度太大，重瓣性高的品种花蕾易霉变。

对已开始发芽生长的植株，可在冷库内每 $10 \ m^2$ 装一个 500 W 的日光灯，每天开灯 $5 \sim 6 \ h$，切记温度要控制在 $0℃$ 左右，不可过低或过高。

对于具有活动休眠花芽的品种植株，可在早春花蕾的圆桃期、平桃期去掉花蕾，挖出上盆、入冷库。

4. 预热与装盆

待到目标花期前 $45 \sim 55$ 天，从冷库取出，放在阴凉条件下过渡 $2 \ h$ 以上（最好有 $2 \sim 3$ 天 $10℃$ 左右的过渡期），然后装盆。装盆时尽量减少根系与空气接触时间，最大限度保护好须根。若目标花期是在建党节和国庆节，应分别于 5 月底和 7 月底 8 月初从冷库取出开始栽培为好。

5. 遮阴与降温增湿以延迟栽培

因是在较高的温度下进行，尤其是盛夏常温过高，不适宜植株正常生长，或者是生长过快，导致生长弱、成花率不高或开花质量很差。所以管理重点是尽可能设法降低栽培环境的温度，使之达到接近植株生长发育的适宜温度，高温不宜超过 $28℃$。最好有能自动调节温、光、湿环境条件的人工气候室或冷室。比较理想的温度指标是：立蕾前 $10 \sim 18℃$，以后 $15 \sim 25℃$；空气相对湿度 $50\% \sim 70\%$，盆内土壤湿度 60%；光照白天 $5\,000 \sim 20\,000$ lx，晴天应遮光 $30\% \sim 70\%$。同时还要做好排风换气。

6. 其他管理

施肥同促成栽培，并加强叶面肥的施用。立蕾前，每 $1 \sim 2$ 天涂抹 1 次赤霉素 $200 \ mg·L^{-1}$ 水溶液，促使成蕾；每隔 $7 \sim 10$ 天，喷 1 次 33% 多效唑可湿性粉剂 $100 \sim 300 \ mg·L^{-1}$ 水溶液，以延缓生长。

（三）秋季花期调控中两种栽培方法的应用

当目标花期为 8 月以后时，根据苗木准备情况，既可以采取促成栽培法，也可以应用抑制栽培法。但就质量而言，7 ~ 12 月开花的，受苗木状况、环境条件以及现有技术所限，其质量都是较差的，成花率低，叶花均小。

此期的催延花期有四种方法：

1. 提前摘叶露地直接促成法

如促成国庆节开花，可于 8 月初（洛阳）将当年大田生长的植株叶片全部摘除，抑制其休眠、刺激和促进新芽萌发和二次生长，并在国庆节或之后开花。

2. 摘叶上盆促成法

即在相同时间摘叶后起苗、上盆，置于冷室中促成国庆节或之后开花。

3. 冷藏延迟法

本法是于 9 ~ 10 月将上年或当年发芽前冷藏的植株从冷库中取出，置于温室中促成至元旦等时期开花。

4. 去上促下法

某些品种，如'岛锦''太阳''花王''海黄'等，在初春发芽时，具有上芽萌发生长、下芽休眠的特性。根据此特性可于 7 ~ 10 月把植株上部的枝叶剪去，而让其下的二芽或三芽等萌发生长并开花，即剪上促下开花法。

牡丹的催延两种栽培方式目的相同，但操作不同，难度和效果也有所差异。综合而言，采用延花和促成两种方式难度基本一样，而难点各有不同，但就成花质量而言，则延迟栽培的要比促成栽培的好一些。而到了 9 月中旬后，采用延花栽培方式的，因在冷库时间过长，冷藏难度加大，植株质量难以保证，故花的质量也会有所降低。

因此，具体应用哪种方式，实施时可根据具体情况选择。

（吴敬需，李嘉珏）

主要参考文献

[1] 高东升，束怀瑞，李宪利. 几种适宜设施栽培果树需冷量的研究 [J]. 园艺学报，2001，28（4）:283–289.

[2] 高燕，蒋昌华，宋垚，等. 牡丹'洛阳红'芽休眠低温解除中需冷量和生理生化动态变化 [J]. 森林资源培育，2015，29（3）:30–34.

[3] 高志民，王莲英. 牡丹催花后复壮栽培根系生长及光合特性研究 [J]. 林业科学研究，2004，17（4）:479–483.

[4] 高志民，王莲英. 有效积温与牡丹催花研究初报 [J]. 中国园林，2002（2）:86–88.

[5] 王力荣，朱更瑞，方伟超，等. 桃品种需冷量评价模式的探讨 [J]. 园艺学报，2003，30（4）:379–383.

[6] 王忠敏，李清道，高志英，等. 牡丹露地超早促成新技术研究 [J]. 古今农业，1992，（4）:56–65.

[7] 吴敬须（需），李龙章. 促成牡丹三月开花的栽培技术 [J]. 花木盆景：花卉园艺，1994，（6）:8–9.

[8] 吴敬需. 促成牡丹春节开花的栽培技术 [J]. 中国花卉盆景，1990（1）:24–25.

第九章

药用牡丹栽培

芍药属牡丹组植物均具有一定的药用价值。其中药用成分含量高、品质好的种类和品种被用作药用作物栽培，并称为药用牡丹。产品丹皮是传统中药材。药用牡丹生产是牡丹产业的重要组成部分。

本章介绍了牡丹的药用价值，药用牡丹栽培历史，主要种类和品种，繁殖栽培技术以及采收与产地加工等。

第一节

概述

一、牡丹的药用价值与药用牡丹

（一）牡丹的药用价值

芍药属植物均含有药用成分，具有一定的药用价值。牡丹组植物更是如此，人们最早就是从牡丹的药用中认识了它。牡丹的根皮入药，名曰丹皮，是我国常用的 40 种大宗药材之一。丹皮作为药用的历史已有 2 000 多年，早在东汉早期就有牡丹治疗血瘀病的记载。

丹皮性微寒，味苦辛，无毒，入心、肝、肾经，具有清热凉血、活血化瘀的功效。用于热入营血，温毒发斑，吐血衄血，夜热早凉，无汗骨蒸，经闭痛经，跌扑伤痛，痈肿疮毒。根据相关文献记载，牡丹皮化学成分复杂，以丹皮酚、芍药苷、没食子酸、氧化芍药苷、儿茶素、牡丹皮苷 C、苯甲酰基氧化芍药苷等为主要活性成分。其中，丹皮酚具有抗菌消炎、抗肿瘤、保护心脑血管、调节糖代谢、提高免疫功能、抗胃溃疡等作用；芍药苷具有抗抑郁、抗炎、镇痛、抗肿瘤、机体保护（肝损伤保护、神经保护、肺损伤等）、免疫调节、防治糖尿病并发症等作用。丹皮是中药配伍中常用的一种药材，在《中华人民共和国药典》（以后简称《中国药典》）中有 79 种复方配伍使用丹皮，其年需求量约 8 000 t，是常用中成药六味地黄丸、双丹颗粒等的主要配伍药材。此外，丹皮也是现在许多日用化妆品中的一种重要的添加剂。进入 21 世纪以来，随着含有丹皮的传统中成药的热销，以及含丹皮保健品、化妆品的广泛应用，丹皮的需求量在不断增长。

（二）药用牡丹

虽然芍药属植物都具有一定的药用价值，但其中只有部分药用成分含量高、药效较好的种类应用于药用栽培与药物生产。因此，我们将芍药属牡丹组中以药用为主要栽培目的的种和品种称为药用牡丹。

二、药用牡丹栽培简史

（一）凤丹牡丹名称的由来及其分类地位

在药用牡丹中，应用历史悠久且栽培范围很广的是杨山牡丹的栽培类型——凤丹牡丹。在 1992 年，中国林业科学研究院洪涛等确定并正式发表杨山牡丹这个种之前，凤丹牡丹就已经在生产上得到广泛应用。

凤丹之名始于安徽铜陵凤凰山。由于铜陵凤凰山及相邻南陵县丫山等所谓三山地区适于杨山牡丹生长，这里栽培的牡丹根皮厚，品质好，"久贮不变色，久煎不发烂"，而当地地名又叫凤凰山，因而药农就将这一带所产丹皮取名曰凤丹，以区别于其他地区所产丹皮。在相当长的时间里，凤丹是产于安徽铜陵凤凰山一带丹皮的品牌。作为品种名称，'凤丹'或'凤丹白'曾归于中原牡丹名下，拉丁学名为 *P.suffruticosa* 'Fengdanbai'，在杨山牡丹种名确定后，'凤丹白'拉丁学名应为 *P.ostii* 'Fengdanbai'。

（二）应用与栽培简史

1. 历史时期的发展

人们认识牡丹最早就是从药用开始的。我国较早的一部药物学著作《神农本草经》记载："牡丹，味辛寒。主治寒热中风……安五脏，疗痈疮。一名鹿韭，一名鼠姑，生山谷。"据彭华胜等（2017）考证，唐代以来的药物学著作中，开始有牡丹具体分布地点的记载，如唐代《四声本草》载："牡丹，今出合州者佳，白者补，赤者利。出和州、宣州者并良。"该书所记唐代药用牡丹产地中，合州辖境应相当于今重庆合川、铜梁、大足，四川武胜等市县；和州辖境相当于今安徽和县、含山等地；而宣州辖境在今安徽长江以南，黄山、九华山以北地区。因此，今安徽铜陵市顺安区凤凰山、南陵县丫山等'凤丹'产区，唐时均为宣州辖区。此后，宋代苏颂《图经本草》记载："牡丹生巴郡山谷及汉中，今丹（今陕西宜川）、延（今陕西延安）、青（今山东青州）、越（今浙江绍兴）、滁（今安徽滁县）、和（今安徽和县）州山中皆有之。"也提到安徽中部的滁县、和县一带有野生牡丹分布。现在，安徽巢湖银屏山悬崖上有一株古老的牡丹，经分类学家鉴定并确认为杨山牡丹。据说该牡丹植株在宋代即已出现，当时曾有诗篇记下这件事。由此可以推断，早在宋代，这一带分布的野生牡丹应是杨山牡丹。

据刘晓龙等（2009）考证，唐宋本草还提到一些牡丹种类，如《吴普本草》记载的"叶如蓬，相值，黄色"的牡丹，按形态与花色分析当是今黄牡丹，该种根皮药用，称西昌丹皮。此外，李时珍《本草纲目》中记载了苏恭《唐本草·注》的内容："【恭曰】生汉中、剑南。苗似羊桃，夏生白花，秋实圆绿，冬实赤色，凌冬不凋。根似芍药，肉白皮丹。土人谓之百两金，长安谓之吴牡丹者，是真也。"仅从形态上分析，苏恭提及的"百两金"并非真正的牡丹。据查，紫金牛科有同名的百两金 *Ardisia crispa*。而刘晓龙等（2009）认为是同属的朱（紫）砂根 *Ardisia crenata*。这两种植物虽然都有药用价值，但不可当作牡丹皮药用。

宋代以前药用牡丹皮取自野生牡丹。直至宋代，野生资源逐渐减少，栽培牡丹兴起并开始取作药用。但据考察，自唐以来，药用牡丹与观赏牡丹是并行发展的两个不同的种质，在历代本草著作中，两者并未混淆。宋代苏颂《图经本草》指出了野生种和栽培品种的区别，认为观赏栽培的牡丹根性殊失本真，药中不可用。明代李时珍也强调："牡丹惟取红白单瓣者入药，其千叶异品，皆人巧所致，气味不纯，不可用。"但自明以后，栽培牡丹仍然取代了野生牡丹的药用地位。

安徽铜陵是人们公认的凤丹牡丹原产地，这里的牡丹有着悠久的历史。据清乾隆年间《铜陵县志》记载，东晋时著名道家葛洪（283—363 年）在顺安长山种杏炼丹时，曾在这里种过牡丹。当地有：白牡丹一株，高尺余，花开二三枝，素艳绝尘，相传为葛稚川（即葛洪）所植，人称"仙牡丹"。这是有关我国人工种植牡丹的最早历史记录之一，迄今已有 1600 余年。但由于该资料仅见于清代方志，所记又属于"口碑相传"，因而难成定论（潘法连，1989）。但最新的分子生物学研究表明，历史上铜陵一带可能发生过凤丹牡丹的独立驯化事件（彭丽平等，2018），因而铜陵一带山区曾有杨山牡丹分布也是可能的。

铜陵牡丹专作药用栽培大约始于明永乐年间（1403—1424 年）。根据当地药农世传的说法，浙江湖州在此前即已有药用牡丹栽培。铜陵凤凰山所栽品种是明代前期经繁昌药农之手由湖州引进。由于这里气候土壤适宜，所产牡丹根皮具有肉厚、粉足、木心细、亮星多，以及久储不变色、久煎不发烂等特点，因"品质绝佳"而远近闻名，被特称为"凤丹"。明崇祯年间（1628—1644 年），该地丹皮生产已有相当规模。至清代，铜陵凤凰山（即中山，今属新桥乡）、三条冲（即东山，今属金榔乡）和南陵县的丫山（即西山），即所谓的三山地区，已发展成为全国著名的丹皮产区。

明清时期，全国作为丹皮主产区的地方还有今湖南中南部。明嘉靖年间《衡州府志》记载："丹皮，各州县具出。"清康熙年间《湖广通志》记载，丹皮产区有宝庆府、辰州府、郴州府、永州府、沅州府、衡州府。又据清乾隆年间《湖南通志》、清道光年间《湖南方物志》记载，当时湖南大部分府县均产丹皮，重点产区为宝庆府（今邵阳市）和衡州府（今衡阳市）。清光绪年间《邵阳县乡土志》记载，楮塘铺（今邵东县廉桥镇，系原邵阳县东乡）盛产丹皮、白芍等。隋唐以来，该地百姓即以种植和经营药材为业，明清时期成为省内最大的药材市场和湘西南丹皮集散地。

另据侯伯鑫等（2009）调查，湖南省永顺县松柏镇的松柏、龙头、湖平、大桥、西元、福建等村有不少百年左右的古牡丹。其中最古老的两株经鉴定即为杨山牡丹。这两株古牡丹在永顺县松柏镇湖平村向明福家。据传是向家先祖于北宋初年，从该村附近的羊峰山上移植下来的，栽培历史已近千年。

2. 中华人民共和国成立后的发展

中华人民共和国成立后，政府重视中药材生产。1953 年丹皮被列为国家统一收购物资，铜陵等地确定由当地土杂公司和医药公司负责收购经销，各地丹皮生产快速发展。

在安徽铜陵，'凤丹'种植面积由 1949 年的 104 亩发展到 1977 年的 9 049 亩。丹皮产量由 1949 年的 420 担（1 担＝50 kg）提高到 1975 年的 12 120 担。当时全国新增产量较多，给铜陵产区带来竞争压力。经过调整，1979 年后产销渐趋于平稳。由于国际市场需求增加，1983 年出口达 3 678 担，较 1966 年前增长 85%，较历史最高的 1975 年增长 29%（潘法连，1989）。

1968 年起，山东菏泽药材部门开始引种铜陵'凤丹'，以后又从鄂西建始引进'湖蓝''建始粉''锦袍红'等品种。其中铜陵'凤丹'在菏泽得到较快发展，1973 年在菏泽小留镇等地面积达到 1 000 亩。

1970 年年初，药材部门曾以'凤丹白'作为主要药用品种在全国范围（主要是黄河与长江中下游药材种植场）推广。1973 年起，由于丹皮产量供大于求，效益下滑，菏泽等地实行限产。1976 年后，其他地区药材场不少改种其他，有的就处于半野生状态，成了"牡丹山"。

3. 现状与展望

药用牡丹生产长期以凤丹牡丹为主，全国栽培面积在 20 万亩左右。国内年需丹皮约 5 000 t，出口量约 800 t。但由于产品质量不稳定，出口韩、日等国的丹皮饮片价位不高，远低于韩国同类产品（刘政安等，2005）。

产品质量的差异和不稳定有着多方面的原因。主要原因是丹皮来源的多样性和栽培加工过程的差异。生产丹皮的品种虽以'凤丹'为主，但各地还有不少地方品种，形成国内市场上有"凤丹""川丹""曹丹"等多种丹皮产品的局面，再加上各地栽培管理、加工过程的差异等，导致不同地区、不同批次产品的质量差异。

第二节
主要种类与品种

一、药用牡丹的主要种类

（一）中药材丹皮的来源

据调查，中药材丹皮按产地不同，其名称及原植物也有所不同（表9-1）。

这些丹皮产区的原植物几乎涉及芍药属牡丹组的所有种类，但真正用于栽培的种类不多。其中最为普遍的是凤丹牡丹，其原植物是杨山牡丹，另一个种就是普通牡丹，过去几乎所有栽培品种都归到它的名下。历代本草类著作推崇野生牡丹的药性，如《本草纲目》提到："牡丹惟取红白单瓣者入药，其千叶异品，皆人巧所致，气味不纯，不可用。""花谱载丹州、延州以西及褒斜道中最多，与荆棘无异，土人取以为薪，其根入药尤妙。"长期以来，人们受到以上论述影响，对野生种大肆采挖以用其根皮，许多地方"与荆棘无异"的野生牡丹几乎荡然无存。如四川、云南一带广为分布的黄牡丹、紫牡丹、狭叶牡丹等，虽然从药材质量上分析应为次品（如根皮薄，有较多疤痕，断面无亮星，味微苦，虽有香气，但不纯正），但仍被大量采挖。2018年5月，赵孝庆、李嘉珏等在四川甘孜藏族自治州南部考察时，再次了解到当地野生白牡丹（黄牡丹之变种）资源因大量采挖丹皮而被严重破坏的情况，此外，表9-1中未列入的西藏大花黄牡丹，藏区人亦采其根皮药用。

● 表 9-1　**牡丹皮药材原植物来源（方前波，2004）**

原植物	药材名称	主产地	生产方式
杨山牡丹	凤丹	安徽铜陵	栽培
	瑶丹	安徽南陵	栽培
	湖丹	湖南邵阳	栽培
普通牡丹	垫丹	四川垫江	栽培
	东丹	山东菏泽	栽培
	丹皮	河南洛阳	栽培
矮牡丹	西北丹皮	陕西延安	野生
紫斑牡丹	藏丹皮	四川甘孜	野生
	西北丹皮	陕西太白	栽培
四川牡丹	藏丹皮	四川阿坝、甘孜	野生
紫牡丹	赤丹皮	云南	野生
黄牡丹	西昌丹皮	四川西昌	野生

据分析，在 7 种野生牡丹中，丹皮主要药用成分丹皮酚含量为 0.1% ~ 0.61%，远低于国家药典规定的丹皮质量指标中丹皮酚应达到 1.2% 的要求，因此，野生牡丹并非最佳药用来源（韩小燕等，2008）。

（二）药用牡丹的主要栽培种应为凤丹牡丹，原植物为杨山牡丹

关于药用牡丹的原植物种类需要澄清。一直以来将供药用的牡丹原植物定为牡丹，直到 1992 年洪涛等发表杨山牡丹，学术界才认识到这才是广泛栽培的药用丹皮（即"凤丹"）的原种。1999 年，洪德元在修订芍药属分类群时，认为"凤丹"是中药界很熟悉的名字，提出用"凤丹"代替"杨山牡丹"。但牡丹学术界大多没有认同，以致出现两个名称混用的情况。本书以杨山牡丹这一正式名称代表野生原种，而'凤丹'（或凤丹牡丹）为杨山牡丹栽培类型。

据查，2020 年最新版《中国药典》仍将牡丹皮定义为"毛茛科植物牡丹 *Paeonia suffruticosa* Andr. 的干燥根皮"，这个概念应该有所修订。这是由于：①芍药属植物早已从毛茛科中分离出来单独成立芍药科；②牡丹皮的原植物主要是杨山牡丹的栽培类型——凤丹牡丹，其他还有一些栽培品种，则属普通牡丹范畴。

建议今后在修订《中国药典》时，应将中药牡丹皮的原植物定义为"芍药科植物杨山牡丹和普通牡丹的干燥根皮"。

二、丹皮主要产地和主栽品种

据 2011 年不完全统计，我国药用牡丹栽培面积约有 20 万亩。主要集中于安徽的铜陵和亳州，湖南邵阳，重庆垫江，湖北建始、巴东等地（表9-2）。此外，山西、陕西和甘肃等省部分地区也有栽培。

1. 安徽铜陵

安徽铜陵位于安徽省中南部长江下游南岸。铜陵"凤丹"栽培历史悠久，有确切考证的历史 600～700 年（彭华胜等，2017）。1992 年被国家农业部（现农业农村部）授予"中国南方牡丹商品基地"称号，2000 年被国家林业局（现国家林业和草原局）和中国花卉协会命名为"中国药用牡丹之乡"，2006 年4 月铜陵"凤丹"获得"国家地理标志产品"保护。铜陵及邻近的南陵县是国内凤丹牡丹主产区之一。

2. 安徽亳州

安徽亳州位于安徽省东北部。目前是全国最大的中药材种植与销售基地，也是全国凤丹牡丹栽培面积最大的地区。亳州牡丹观赏栽培兴起于明代中叶，2011 年以来，全国各地油用凤丹牡丹栽培的种苗大多来自亳州和铜陵。

● 表9-2 **部分丹皮主产区的生产状况**

产地	面积／亩	主栽品种	花色	栽培环境	繁殖方法	生长年限／a
安徽铜陵、南陵	12 000	'凤丹'	白	山地	播种	6～7
重庆垫江	10 000	'太平红'等	紫红	山地	分株	4～5
安徽亳州	75 000	'凤丹'	白	平原	播种	6～7
湖南邵阳等地	15 000	'香丹''凤丹'	红、白	山地	播种、分株、扦插	3～5
湖北恩施	5 000	'湖蓝''锦袍红'等	粉、紫红	山地	分株	3
山东菏泽	1 500	'赵粉'等	粉白	平原	播种、分株	3～5
河南洛阳	1 500	'洛阳红'等	紫红	丘陵	分株	3～4

3. 湖北恩施

湖北恩施的建始、巴东、利川一带为传统药用牡丹栽培区。这一带药用品种较多，有'湖蓝''锦袍红''建始粉'等。其中建始'锦袍红'与山东菏泽传统品种'锦袍红'相似，由于后者长势衰退，以致被引去的前者取代。

4. 重庆垫江

重庆垫江县药用牡丹栽培历史悠久，主栽品种为'太平红'，重瓣、红花；另有单瓣开红花的'垫江红'，及单瓣、粉色、叶片缺刻较多的'明月花'。1962年国家商业部组织专家对全国各地所产丹皮进行质量鉴定，结果认为重庆垫江与安徽铜陵所产丹皮质量最佳，并确定垫江为全国丹皮良种种质基地和出口丹皮种植基地。

5. 湖南邵阳等地

湖南邵阳、邵东等地是重要丹皮生产基地，主栽品种有'凤丹'和'香丹'。

6. 其他

除以上地区外，陕西商州、山西临汾一带也有较大面积牡丹药用栽培。

据调查，目前药用牡丹的品种以安徽铜陵和亳州等地的'凤丹'为主，其产量约占全国丹皮总产量的50%；其次是重庆垫江的'太平红''垫江红'，再次是湖北恩施的'湖蓝''锦袍红''建始粉'，湖南邵阳的'香丹'，山东菏泽的'赵粉''首案红'和河南洛阳的'洛阳红''朱砂垒'等。

综合考虑不同品种的根产量（鲜重）、粗根率、干燥丹皮得皮率、有效成分含量以及繁殖方式（播种与分株）的差别等因素，并经综合评价后认为'凤丹''建始粉'为最佳的两个药用品种；其次是'锦袍红''垫江红'和'太平红'3个观花兼药用品种；而'赵粉''首案红''洛阳红'及'朱砂垒'等则更适宜作为观赏品种之用（韩小燕等，2011）。

第三节
药用牡丹的繁殖与
栽培技术

一、药用牡丹繁殖方法

药用牡丹的繁殖方法参见本书第五章第二节与第四节相关内容。

'凤丹'主要采用播种繁殖。要求选用优质种子，注意选择植株性状表现优良、一致的群体，选 4~5 年生、籽粒饱满、无病虫害植株的种子留种。

除播种外，部分地区也采用分株及压条繁殖，只有个别地区采用扦插繁殖。如湖南邵阳县及邵东县一带，人们将栽种 3~4 年的'香丹'挖取采集粗根用作药材的同时，将带部分根颈的茎枝 2~3 枝并在一起进行扦插繁殖。

二、药用牡丹种植技术

（一）选地与整地

1. 选地

药用牡丹生产基地应选择大气、水体和土壤无污染地区，远离交通主干道，周边不得有污染源。生态环境执行大气环境质量国家二级标准；水质实行农田灌溉水质量标准；土壤应符合土壤质量二级标准。

土壤条件是药用牡丹（丹皮）增产的关键。按照牡丹的习性，应选择地势高燥、土层深厚（土层 1 m 以上，耕作层 0.3 m 以上较好）、排水良好、阳光较为充足的地块。丘陵山地坡度在 20° 以下的缓坡。土壤质地以黏沙适中、有机质含量较高的沙质壤土为宜，不含重金属和有毒化学物质。土壤黏重、盐碱及涝洼之地、过于荫蔽之地均不适宜药用牡丹栽培。

牡丹忌重茬。轮作时，前茬以玉米、芝麻、花生、豆类、高粱等较好。

2. 整地

牡丹为肉质根，且根系较深。要求栽植前土地应深翻 50 cm 左右，并经暴晒。栽种前再将土地耙平作畦或垄（北方作畦，南方起垄）。做好排水沟。

栽种前每亩施入腐熟农家肥 3 000 kg 和饼肥 150 ~ 200 kg。

（二）栽植

1. 适时栽植

秋季 10 月栽植，北方稍早，南方可晚些，宜栽植后有 1 个月左右根系恢复时间。

2. 选用优质苗木

选生长健壮、无病虫害、根与芽头完整的 2 年生苗。其分级标准见第三章第一节播种繁殖内容。注意栽植不可过深，以根颈低于地面 2 ~ 3 cm 为宜，根系放入栽植坑内要舒展，不能窝根。安徽铜陵等地采用斜栽，即根系与地面呈 30° 斜栽，以方便采挖。

3. 栽植密度

按行距 50 ~ 60 cm、株距 30 ~ 40 cm 栽植。

移栽时，大苗每穴 1 株，小苗每穴 2 ~ 3 株。放入穴内的苗要先盖上多半穴细土，并将小苗轻轻向上提，使根系舒展，芽头与地面相平，覆土压实，浇透水，最后再在上面盖一层覆盖物。

（三）田间管理

1. 中耕除草

每年"雨水"节气前后要进行第一次中耕除草，此后根据天气和土壤情况，每 15 天 1 次，以控制杂草滋生并保持土壤疏松透气。

注意中耕不宜过深，以 5 ~ 10 cm 为宜。

2. 施肥

科学施肥是丹皮增产的关键措施之一。

（1）施肥原则 肥料种类应以有机肥为主，化学肥料为辅；施肥方法以基肥为主，追肥为辅；土壤施肥与叶面喷肥相结合。允许使用经充分腐熟、达到无害化卫生标准的农家肥，如厩肥、堆肥、沤肥等。严禁使用城市生活垃圾、工业垃圾及医疗垃圾等。

（2）施肥依据 药用牡丹以生产丹皮为主。据观察，药用'凤丹'实生苗根系初期生长缓慢，第四年起生长加速，并在第五年时形成生长高峰，然后处于稳定增长状态。综合考虑药用成分含量、根系生长动态与生产成本，一般以第五年为丹皮最佳采收期。在年生长周期中，'丹凤'地上部分快速生长期主要在 7 月前，其当年生枝干物质积累在 6 月底达到最高值，此期地上部分对 N、P、K 吸收较多，平均含量为 N 0.794%、P 0.108%、K 0.380%。'凤丹'需肥量随株龄增加而提高。三四年生植株生长加快，需及时补充养分。药用'凤丹'以营养生长为主（除去花蕾），其干物质成分以 N 为主（占 65%），次为 K（28%）、P（7%）。

（3）施肥方法 栽植后第二年起开始施肥。一般追肥 3 次。春季枝叶快速生长前 1 次，每亩沟施三元素复合肥（N∶P∶K=15∶5∶10）40～50 kg；第二次花后沟施三元素复合肥（N∶P∶K=15∶5∶15）40～50 kg；入冬前每亩施用饼肥 150～200 kg。施肥后若天气干旱要及时灌水。

3. 水分管理

幼龄植株根系浅，怕积水，平时要注意保持排水沟渠的通畅，以防大田积水引起烂根，但干旱季节要及时浇水。夏季炎热，天气干旱时浇水要在傍晚进行，采用开沟渗灌，避免大水漫灌。

4. 修剪

药用牡丹的修剪主要包括以下内容：

（1）平茬与短截 '凤丹'牡丹幼龄植株多为单干，在上部分枝。如植株生长较弱，秋末可从基部平茬，使翌春发生 2～3 条粗壮新枝，扩充树冠。

（2）冬剪与清园 每年的秋冬之交（江南地区一般为 11 月下旬至 12 月上中旬），剪除枯枝及弱枝、过密枝，清除落叶，运到园外处理，以消灭病源，减少翌年病虫害的发生。

对药用牡丹而言，除留种植株外，最好在春季将所有植株的花蕾全部剪除，使养分集中于根部的生长，以提高丹皮的产量和品质。除蕾最好在晴天的上午进行，以利于伤口的愈合，防止病菌感染。花前未能及时除蕾的，花后要及时去除，防止结籽影响丹皮产量。

（四）病虫害防治

药用牡丹病虫害相对较少，但随着人工栽培年限的增加，种植区域的扩大，病害的种类和发生频率有逐年加重趋势。

药用牡丹常见病害有猝倒病、根腐病、灰霉病、褐斑病等；常见虫害为金龟子幼虫蛴螬。

具体防治方法请参考本书第十一章。

农药使用参考中药材生产质量管理规范相关内容：

（1）允许使用　植物源杀虫剂、杀菌剂、拒避剂和增效剂，如除虫菊素、鱼藤根、烟草水、大蒜素、苦楝、川楝、印楝、芝麻素等。

（2）允许释放　寄生性捕食性天敌动物，如赤眼蜂、瓢虫、捕食螨、各类天敌蜘蛛及昆虫病原线虫等。

（3）允许在害虫捕捉器中使用昆虫外激素　如性信息素或其他动植物源引诱剂。

（4）允许使用　矿物油乳剂和植物油乳剂。

（5）允许使用　矿物源农药中硫制剂、铜制剂。

（6）允许有限度地使用　活体微生物农药，如真菌制剂、细菌制剂、病毒制剂、放线菌、拮抗菌剂。

（7）允许有限度地使用　农用抗生素等防治真菌病害，或防治螨类。

（8）严格禁止使用　剧毒、高毒、高残留，或者具有三致（致癌、致畸、致突变）的农药。

具体参照农业农村部相关要求。

第四节

丹皮采收与产地加工

一、采收

牡丹定植后 4~5 年即可采收，于秋季 9~10 月叶片黄萎时采收。采收时选择晴天，将植株根部全部挖出，清除根部泥土，然后自牡丹根颈处切断，收集待加工。

二、牡丹皮的加工

丹皮商品分为连丹皮和刮丹皮两种。连丹皮是在产地加工中不去除栓皮者，又称原丹皮；刮丹皮是在产地加工中去除栓皮者，又称粉丹皮。两者加工方法有所不同。

（一）连丹皮

将净选的丹皮根先堆放 1~2 天，使其稍变软，人工用刀纵切皮部或机械剥皮，抽去木芯（木质部），按等级分别晒干。

（二）刮丹皮

将净选的丹皮用竹刀或瓷片趁鲜刮去外表栓皮，晾晒使其稍变软后，抽去木芯，按等级分别晒干。

三、丹皮质量标准

（一）外观性状

按《中国药典》（2020 版，下同）规定，连丹皮呈筒状或半筒状，有纵剖开的裂缝，略向内卷曲或张开，长 5~20 cm，直径 0.5~1.2 cm，厚 0.1~0.4 cm，外表面灰褐色或黄褐色，有多数横长皮孔样突起和细根痕，栓皮脱落处粉红色；内表面淡灰黄色或浅棕色，有明显的细纵纹，可见发亮的结晶。质硬而脆，易折断，断面较平坦，淡粉红色，粉性。气芳香，味微苦而涩。刮丹皮外表面有刮刀削痕，外表面红棕色或淡灰黄色，有时可见灰褐色斑点状残存外皮。

（二）内在质量

1. 有效成分含量

关于丹皮有效成分含量的研究较多，丹皮的有效成分随品种、地域、采收季节等因素而变化（表 9-3）。

牡丹不同器官的丹皮酚含量也存在差异。其含量高低依次为细根皮（3.118%）、根皮（2.868%）、细根（1.843%）、根（1.402%）、茎皮（1.026%）、叶（0.837%）、茎（0.556%）。其中细根有效成分并不比粗根低（韩小燕等，2008）。

此外，用于催花的牡丹植株，在催花前后丹皮酚、芍药苷的含量也存在差异。据测定，'洛阳红''赵粉'催花前丹皮酚含量显著高于催花后，而'凤丹'催

● 表 9-3　部分产地牡丹皮中丹皮酚、芍药苷的含量（时军等，2014）

（mg · g⁻¹）

产地	山东菏泽	安徽亳州	安徽铜陵	甘肃武威	重庆垫江	山西运城
丹皮酚	21.85	23.01	30.52	14.12	19.4	14.78
芍药苷	12.14	7.04	14.94	5.77	10.55	9.26

花前后无显著差异；至于芍药苷含量，'赵粉''凤丹'催花后显著增加，而'洛阳红'则没有明显变化。

《中国药典》规定丹皮按干燥品计算，丹皮酚含量不得低于 1.2%。

2. 水分含量、灰分、农药残留

按《中国药典》要求：成品水分含量不得超过 13.0%，总灰分不得超过 5.0%，中华人民共和国农业农村部公布的 33 种禁用农药不得检出。

四、商品规格

参照黄璐琦等（2019）中药材商品规格等级标准汇编，划分丹皮商品规格如下：

1. 连丹皮

多呈圆筒状或半筒状，略内卷曲，稍弯曲。表面灰褐色或黄褐色，栓皮脱落处呈粉棕色。质硬而脆，断面粉白或淡褐色，有粉性。有香气，味微苦涩。

一等品：条均匀，长度 ≥11.0 cm，中部直径 ≥1.1 cm。

二等品：条均匀，长度 ≥9.0 cm，中部直径 ≥0.9 cm。

三等品：条均匀，长度 ≥7.0 cm，中部直径 ≥0.5 cm。

统货：凡不合一等、二等、三等的细条及断皮，均属此等，但其长度应 ≥5.0 cm，中部直径 ≥0.5 cm。

2. 刮丹皮

多呈圆筒状或半筒状，略内卷曲，稍弯曲。表面红棕色或淡灰黄色，有刮刀削痕。在节疤、皮孔根痕处，偶有未去净的栓皮，形成棕褐色的花斑。断面粉白色，有粉性。有香气，味微苦涩。

一等品：条均匀，长度 ≥11.0 cm，中部直径 ≥1.1 cm。

二等品：条均匀，长度 ≥9.0 cm，中部直径 ≥0.9 cm。

三等品：条均匀，长度 ≥7.0 cm，中部直径 ≥0.5 cm。

统货：凡不合一等、二等、三等的细条及断皮，均属此等，但其长度应 ≥5.0 cm，中部直径 ≥0.5 cm。

除以上规格之外，商品牡丹皮还应符合无木芯、无虫蛀、无霉变、杂质不超过 3% 的要求。

五、丹皮的包装及储运

（一）包装

根条药材采用麻袋、编织袋等容具包装；产地切片药材可采用食品级聚乙烯内袋，外用编织袋包装。包装材料应清洁、干燥、无污染、无异味、无破损，在每件包装上注明品名、规格、产地、批号、执行标准、生产单位、生产日期等相关信息，并附有质量合格的标志。

（二）储藏

未能及时销售的加工产品，应在用纸箱（或麻袋）包装后置于干燥的库房内储藏，注意防虫、防鼠、防潮。为保持色泽，还可以将干燥的丹皮放在密封的聚乙烯塑料袋中储藏，并定期检查。夏季应将丹皮转入低温库储藏，在 4～10℃储藏条件下，丹皮可安全越夏。

据韩小燕等（2008）研究，在丹皮储存过程中，主要药效成分会发生变化，如丹皮酚及其类似物含量随储存时间的延长而减少，而芍药苷及其类似物随储存时间的增加而增加，但后期变化幅度较小。因此，丹皮在采收后 9 个月内使用较好，在此期间，丹皮酚含量无明显差异。药库习惯用混储的方法，铺一层丹皮放一层泽泻，相间堆放，这样丹皮不会变色，泽泻不会生虫，可收到一举两得的效果。

（三）运输

丹皮的运输工具或容器应具有良好的通气性，以保持干燥。要尽可能缩短运输时间，同时注意不要与其他有毒、有害及易串味的物品混装。

（董玲，李嘉珏）

主要参考文献

[1] 韩小燕，刘政安，王亮生.牡丹野生种与主要药用品种的药效成分含量比较 [J].中药材，2008，31（3）:327–331.

[2] 韩小燕.中国药用牡丹资源评价 [D].北京：中国科学院研究生院，2008.

[3] 刘政安，王亮生，张丽萍，等.丹皮产业化发展中存在的问题与对策 [C].中医药发展与现代科学技术（上册）.成都：四川科学技术出版社，2005，312–316.

[4] 张丽萍，汪宗喜，程家高，等.安徽铜陵药用牡丹不同生长期物质的积累和氮、磷、钾的吸收动态 [J].现代中药研究与实践，2005，19（5）:8–11.

[5] 仲英，杨尚军，唐文照，等.不同产地牡丹皮中丹皮酚含量测定 [J].时珍国医国药，1999，10（5）:334.

第十章

油用牡丹栽培

芍药属牡丹组植物是重要的油用植物种质资源。其中种子含油率高、品质好、适宜用作油料作物栽培的种类和品种称为油用牡丹。油用牡丹生产是整个牡丹产业的重要组成部分，油用牡丹栽培是油用牡丹产业发展的基础和最重要的环节，有着广阔的发展前景。

本章介绍了牡丹的油用价值，油用牡丹发展简史，主要种类（品种）及其适宜发展的环境条件与地区，油用牡丹繁殖栽培技术及其主要栽培模式。

第一节
概述

一、油用牡丹的概念

所谓油用牡丹，是指芍药科芍药属牡丹组植物中易于结实，且种子含油率高、品质好，适宜用作油料作物栽培的种类和品种。

研究发现，芍药属牡丹组所有种类的种子都含有丰富的脂肪酸，但其出油率及主要成分，如 α- 亚麻酸、油酸、亚油酸的含量存在明显差异。能否称为油用牡丹并用作油料作物栽培，需要综合考虑其单位面积产量、出油率及油质等因素。在中华人民共和国卫生部（2013 年更名为国家卫生和计划生育委员会，2018 年 3 月更名为国家卫生健康委员会）2011 年发布的第 9 号公告中，宣布了凤丹牡丹和紫斑牡丹 2 个种的籽油为新资源食品，这就意味着这 2 个种及其品种可以作为油料作物进行生产性栽培。

应当指出，本书前面已经提到，凤丹牡丹是杨山牡丹的栽培类型，主要品种为'凤丹白'或直接叫'凤丹'。在油用牡丹发展初期，药用凤丹直接转变成了油用凤丹。而油用紫斑牡丹则由西北紫斑牡丹观赏品种中结实性状较好的单瓣、半重瓣类型，或者是实生苗中的单瓣类型演变而来。因而本章讨论的对象，就是作油用生产的凤丹牡丹和紫斑牡丹。

二、油用牡丹发展简史

人们对牡丹油用价值的认识时间并不长。

20 世纪 90 年代后期，时任山东曹州花木总公司总工程师的赵孝庆和甘肃榆中原和平牡丹园总经理的陈德忠开始涉足牡丹籽油研究。2001 年赵孝庆委托中国林业科学研究院对产自北京的凤丹牡丹和紫斑牡丹新鲜种子进行脂肪含量测试，结果为凤丹牡丹鲜籽含水率 31.54%，脂肪酸 17.21%；紫斑牡丹鲜籽含水率 27.2%，脂肪酸 20.25%。2004 年又继续对凤丹牡丹各种营养成分进行测试和毒性分析，结果表明其含油率为 22%，不饱和脂肪酸占 90% 以上，其中 α-亚麻酸约占 42%，亚油酸占 26.32%，油酸占 25%，是品质优良的食用油。2005—2007 年赵孝庆在清华大学机械研究院协助下，完成了牡丹籽油设备工艺研究，随后又完成了牡丹种子剥壳机的研制，均获国家专利。2008 年安装了牡丹籽油生产线，生产出世界上首批牡丹籽油，经送国家粮油质量监督检验中心进行产品检验，达到国家一级食用油标准。2009 年，在山东大学公共卫生学院进行了动物急毒性试验及长期喂养试验，均证明了牡丹籽油食用的安全性。与此同时，又安排了人体临床试验，结果认为：牡丹籽油降血脂、降胆固醇、降血压效果明显。同期，在菏泽市卫生局监督下，由菏泽瑞璞牡丹产业科技发展有限公司（以后简称瑞璞公司）派送 5 t 牡丹籽油（当时价值 2 898 万元）进行了大量的人群体验研究。

在上述试验研究的基础上进行资料汇总，2009 年瑞璞公司向中华人民共和国卫生部提出牡丹籽油新资源食品行政卫生生产许可申请。2010 年 9 月，由山东省科学技术厅主持鉴定了油用牡丹栽培技术及牡丹籽油生产工艺研究两项科技成果。2011 年 3 月 22 日，卫生部复函瑞璞公司，批准该公司申报的凤丹牡丹和紫斑牡丹的籽油为新资源食品，并发布国家公告。这是中国牡丹产业发展中的一个重要里程碑。赵孝庆和瑞璞公司为中国油用牡丹的发展作出了重要贡献。

2000 年前后，甘肃兰州多年从事紫斑牡丹系列品种生产栽培及育种工作的牡丹专家陈德忠等注意到紫斑牡丹系列品种的营养价值，2002 年委托兰州大学化学系、甘肃省草原生态研究所（2001 年 5 月加挂"中国农业科学院草原生态研究所"牌子，2002 年 4 月整体并入兰州大学）对紫斑牡丹系列品种花粉及种子的生化成分进行了分析，发现紫斑牡丹系列品种花粉及种子营养成分都非常丰富，每 100 g 种子含粗蛋白质 17.5%、粗脂肪 33.27% 和维生素 C 16.92 mg。另外，18 种氨基酸总含量占固形物 16.99%，及 20 种无机元素，其中多数为人体所必需。紫斑牡丹结实率高，籽实饱满，籽仁约占种子重量的 2/3，籽仁主要成分是脂肪酸，而这些脂肪酸中 45% 为 α - 亚麻酸。紫斑牡丹系列品种种子含油率达 33%，为高含油率木本油料作物，牡丹籽中提取的油是一种高级保健食用油，从而给紫斑牡丹系列品种的油用开发展示了美好前景（李嘉珏等，2006）。2003 年，陈德忠《中国紫斑牡丹》一书由金盾出版社出版，书中介绍了'冰山雪莲''书生捧墨''白璧蓝霞''玉凤点头''雪海飞虹''紫蝶迎凤''蓝荷''灰鹤''白鹤亮翅''日月同辉'等 35 个可作油用栽培的品种及简要的栽培技术。

2011 年 10 月，多年从事牡丹花瓣开发利用研究的洛阳祥和牡丹科技有限公司总经理詹建国向中华人民共和国卫生部申报丹凤牡丹（"丹凤牡丹"为项目申报时所用名称，实际上为"凤丹牡丹"）花瓣为新资源食品原料。2013 年 12 月，中华人民共和国卫生与计划生育委员会批准了申请，同时发布了国家公告。这为油用牡丹的综合开发开辟了新的途径。

2012—2014 年，山东、河南、陕西、甘肃、山西等省先后制定了省级油用牡丹发展规划。一些大专院校和科研院所开展了油用牡丹的良种选育及丰产试验研究工作。2014 年 12 月，国家林业局（2018 年 3 月撤销，更名为国家林业和草原局）在西北农林科技大学挂牌成立了国家油用牡丹工程技术研究中心。

基于我国正面临食用植物油严重短缺、国家粮油安全受到严重威胁的局面，重视发展包括油用牡丹在内的木本油料作物被提上了国家重要议事日程。2014 年 12 月，国务院办公厅下发《关于加快木本油料产业发展的意见》，对全国木本油料产业发展进行了部署。文件指出，要大力增加健康优质食用植物油供给，切实维护国家粮油安全。并提出到 2020 年，全国建成 800 个油茶、核桃、油用牡丹等木本油料作物重点县，木本油料作物种植面积从当时的 800 万 hm² 发展到 1 300 万 hm² 以上，产出木本植物食用油 150 万 t 左右。该文件的出台，在全国范围内更进一步推动了油用牡丹产业的发展。

三、油用牡丹开发利用前景

（一）油用牡丹的经济价值

油用牡丹不仅种子含油率高，且品质优良，可以加工具有保健功能的食用油，而且牡丹的花蕾、花朵、花瓣、花粉、种皮、果皮、根皮等均富含各种功能成分，具有较高的开发利用价值。

1. 牡丹种子属于高含油率的种子

综合各地资料分析，以杨山牡丹（'凤丹'）、紫斑牡丹为代表的牡丹种子，其含油率在 24.12% ~ 37.82%（表 10-1）。其中，凤丹牡丹多为 24%，而紫斑牡丹多在 26% 以上。由此可见，牡丹籽属于高含油率的种子。

2. 不饱和脂肪酸和 α - 亚麻酸含量高

牡丹籽油已鉴定出 32 种以上组分（戚军超等，2009），但主要成分为油酸、亚油酸、α - 亚麻酸以及棕榈酸和硬脂酸 5 种（表 10-2），其中前三种为不饱

● 表 10-1　**主要油料作物种籽含油率比较**

种类	牡丹	大豆	油菜	花生	向日葵	橄榄	油茶
含油率 /%	24.12 ~ 37.82	17.0	40.0	36.0	40.0	19.6	25.0 ~ 33.0

● 表 10-2　**牡丹籽油与其他食用植物油脂肪酸含量比较**

（%）

脂肪酸组成		食用油种类					
		花生油	橄榄油	菜籽油	大豆油	油茶油	牡丹籽油
不饱和脂肪酸	α - 亚麻酸	0.4	0.7	8.4	6.7	1.0	43.18
	油酸	39.0	83.0	16.3	23.6	80.0	21.93
	亚油酸	37.9	7.0	56.2	51.7	10.0	27.15
	合计	77.3	90.7	80.9	82.0	91	92.26
饱和脂肪酸	棕榈酸、硬脂酸	17.7	14.0	12.6	15.2	9.9	7.2

和脂肪酸，后两种为饱和脂肪酸。不饱和脂肪酸总含量可达 92% 以上，而其中 α - 亚麻酸占 40% 以上。在食用植物油中，高不饱和脂肪酸、高 α - 亚麻酸含量是牡丹籽油的显著特征。

3. 牡丹籽油中的 ω-6/ω-3 比值低

在牡丹籽油的不饱和脂肪酸中，α - 亚麻酸和亚油酸均为人体自身不能合成的必需脂肪酸，二者对人体健康具有重要作用。其中，尤以 α - 亚麻酸的作用更为突出，被称为"血液营养素"或"植物脑黄金"。

在通常的食物中，一般含有较高的亚油酸，但 α - 亚麻酸的含量却是较低的。α - 亚麻酸和亚油酸在人体内要争夺同样的酶才能被转化，转化之后才能被吸收。因而饮食中保持它们之间的平衡，是维系人体健康的基础。

亚油酸是 ω-6 多不饱和脂肪酸的母体，而 α - 亚麻酸则是 ω-3 多不饱和脂肪酸的母体。α - 亚麻酸进入人体后，在脱氢酶和碳链延长酶的催化作用下，转化成二十碳五烯酸和二十二碳六烯酸衍生物，这样才会被吸收。

根据联合国粮食及农业组织和世界卫生组织有关健康食用油的标准，要求 ω-6/ω-3 比值小于 5。在各种植物食用油中，只有牡丹籽油、菜籽油和大豆油能达到这个标准（表 10-3）。其中，牡丹籽油的 ω-6/ω-3 比值为 0.63，是最低的（于水燕等，2016）。

经精炼后的牡丹籽油为淡黄色透明液体。据朱文学（2010）及周海梅等（2009）毒理学实验，证明牡丹籽油无毒，无毒害作用，具有较高的安全性，可直接食用，也可用于食品、化妆品、保健品生产。

● 表 10-3　**牡丹籽油和常见植物油 ω-6/ω-3 比值**

食用油种类	ω-6/ω-3	食用油种类	ω-6/ω-3
牡丹籽油	0.63	玉米油	100
菜籽油	2.4	花生油	581.6
大豆油	3.9	向日葵油	670
橄榄油	16.7	—	—

牡丹籽油的理化指标如表 10-4 所示。

（二）油用牡丹具有广阔的利用前景

1. 油用牡丹的综合利用

牡丹种子含油率 24.0% 以上，含粗脂肪 32%，粗蛋白质 19.95%，且含有 18 种氨基酸、多种微量元素和维生素 A、维生素 E，牡丹多糖 8.3% ~ 13.12%。

牡丹从果实采收到种子加工，陆续有副产品产生。

1）蓇葖果有较厚的果皮。果皮富含牡丹多糖，提取率 8.3% 以上。果皮提取活性物质后的剩余物，可加工成纳米果皮粉，有着多种工业用途，如作为纺织品的填充物，既防水又透气。

2）种皮约占种子重量 1/3，其中含牡丹油 5% ~ 6%，原花色素 0.036%，牡丹黄酮 0.8%。牡丹黄酮中含有的槲皮素和木樨草素是重要的药用成分。此外，种皮中还含有一种重要的抗衰老物质——白藜芦醇。

3）饼粕是种仁提取油脂后剩下的残渣，含蛋白质 36%，牡丹胶 10%，芍药苷 2%。牡丹胶具有较好的消炎及抗氧化作用，是制作医用伤口敷料的好原料。

2. 油用牡丹的开发利用前景

鉴于当前我国食用植物油短缺，每年进口量占到年需要量的 60% 以上，2017 年进口总额达 500 亿美元，中国食用植物油对外依存度达 68.9%，严重超过国家粮油安全的预警线。加强食用油料生产已提到保障国家粮油安全战略

● 表 10-4　**牡丹籽油的理化指标（马君义等，2018）**

项目	凤丹牡丹籽油	紫斑牡丹籽油
酸值（以 KOH 计）/（mg·g^{-1}）	2.05 ± 0.11	2.13 ± 0.08
碘值 I /（mg·g^{-1}）	172.56 ± 3.58	128.13 ± 3.18
皂化值 /（g·100g^{-1}）	183.56 ± 3.29	188.23 ± 3.49
过氧化值 /（mmol·kg^{-1}）	1.55 ± 0.04	1.47 ± 0.06

高度（李育材，2019）。作为优质木本油料作物，油用牡丹无疑有着良好的开发利用前景。

当前，油用牡丹产业总体上属于起步阶段，经验不足，技术积累不够，因而油用牡丹产业需要特别需要科学、理性、稳步地发展，并且需要处理好以下一些值得关注的问题：

（1）提高公众认知　宣传发展油用牡丹的战略意义，以及牡丹籽油在提高全国人民健康水平中的重要作用及相关知识，从而提高广大人民群众的关注程度，使人们积极消费。

（2）加大支持力度　油用牡丹作为新兴产业，需要各方面的支持和扶持，特别是国家层面的政策与资金扶持。

（3）强化科技支撑　当前要着重解决适应各地生态条件的良种及配套的栽培技术问题，注重加工产品的深度开发。

（4）科学规划和典型示范　油用牡丹是经济生态型灌木树种，虽然适应性较强，但仍有其适生条件和范围。需要根据不同生态环境、立地条件、社会经济条件以及当地工程造林项目，兼顾城乡发展等情况，按照适地适树原则，全面规划，合理布局。注意抓好典型示范，带动产业科学有序、稳步发展。

（5）创建品牌　各类主打产品和品种，特别是牡丹籽油，在国家标准的基础上，通过龙头企业创建国内外知名品牌。

（6）注重市场开拓　产业发展中，产品的市场营销至关重要。只有通过不断开拓市场，培育市场，吸引广大群众的关注和消费热情，才能进一步推动生产，形成良性循环，整个产业发展才有活力和后劲。

第二节
主要种类及其分布

一、油用牡丹的主要种类

当前，牡丹用作油用栽培的主要有两个种：一是杨山牡丹；另一个是紫斑牡丹。

（一）杨山牡丹

杨山牡丹是中国科学家于 1992 年发表的一个新种（图 10-1）。实际上该种早已有栽培类型存在，这就是凤丹牡丹，主要品种为'凤丹白'或直接叫'凤丹'。杨山牡丹长期用作药用栽培，2011 年起转为以油用栽培为主。

杨山牡丹野生分布于陕西境内秦岭北坡与南坡，河南境内秦岭东延余脉伏牛山，并向东分布到安徽中部巢湖周围，向南经湖北西部保康、神农架分布到湖南西北部龙山、永顺一带。

杨山牡丹栽培品种'凤丹白'在 20 世纪 60 年代末至 70 年代初曾作为药用植物在全国范围推

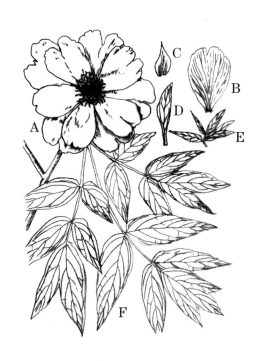

A. 花；B. 花瓣；C. 萼片；D. 苞片；E. 花枝羽状复叶；
F. 二回羽状复叶。

● 图 10-1　**杨山牡丹（仿张泰利）**

广,但其中心分布区仍在黄河与长江中下游一带。

（二）紫斑牡丹

紫斑牡丹有两个亚种：一个是紫斑牡丹原亚种（图 10-2），也叫全缘叶亚种；另一个亚种叫太白山紫斑牡丹（图 10-3），也叫裂叶亚种。两个亚种的主要区别在于小叶片为全缘还是有缺刻。

紫斑牡丹原亚种（全缘叶亚种）分布区偏南，见于陕西境内的秦岭南坡，甘肃的西秦岭南坡、陇南山地及相邻的四川西北部，湖北西部襄阳市保康县荆山山脉及神农架林区，河南西部秦岭东延余脉伏牛山、崤山一带。在甘肃南部文县、康县一带，以及湖北保康等地有少量栽培。

太白山紫斑牡丹（即裂叶亚种）分布区偏北，为秦岭北坡，陕甘边境的陇山、子午岭，陕北黄土高原林区。该亚种是当前主要的栽培种，在甘肃中部地区有 200～300 个品种，是仅次于中原牡丹的第二大栽培品种群，被称作紫斑牡丹品种群（或西北品种群），主要用作观赏栽培。

2011 年起，紫斑牡丹部分品种或品系转为油用栽培。

二、油用凤丹牡丹适生区及适宜推广地区

（一）油用凤丹牡丹栽培适宜条件分析

凤丹牡丹自然分布于黄河与长江中下游，主要栽培区海拔 35～1500 m，该区年平均气温 9.5～17.2℃，年降水量 500～1400 mm，土壤 pH 6.0～8.0。目前其栽培分布北到沈阳及其以南，南到湖南南部、云南昆明，西到甘肃兰州以东。

A. 花；B. 二回羽状复叶。

● 图 10-2　紫斑牡丹原亚种（仿张士琦）

A. 花；B. 花瓣；C. 萼片；D. 苞片；E. 二回羽状复叶。

● 图 10-3　太白山紫斑牡丹（仿张泰利）

彭丽平（2018）应用 Max Ent 模型和 ARCGIS 软件进行生态适宜性区划研究，分析了全国范围内凤丹牡丹生长的最适区域和影响其生长的重要生态因子。Max Ent 模型广泛适用于物种的生态适宜性分析，用以评估物种分布地区与这些地区环境和空间特征的相关性。根据该研究结果，以下 6 个环境变量对凤丹生长和分布有重要影响，如有效积温贡献率占 26.4%，最湿月降水量占年降水量的 17.7%，冷季均温 16.9%，年降水量 9.7%，年均紫外线 12.2% 和土壤 pH 6.9%。上述因子对 Max Ent 模型的贡献率合计达 89.8%。以分布值 0.4 为界，说明凤丹牡丹适生的年有效积温在 2 500~4 100℃，冷季均温在 -7~7℃，最湿月降水量在 50~200 mm，年降水量在 600~1 300 mm，年均紫外线强度在 2 600~3 200 j·m^{-2} 和土壤 pH 在 6.5~6.9。最适宜凤丹牡丹生长的生态因子指标为，有效积温为 3 700℃，冷季均温为 2℃，最湿月降水量为 200 mm，年降水量在 800 mm，年均紫外线辐照强度在 2 900 j/（m^2·d），pH 在 6.5~6.9。根据全球气候向暖变化趋势，该研究推测以后凤丹牡丹适生区域将会向北移动。但上述研究没有考虑影响凤丹开花结实的相关环境因素，这对油用牡丹生产而言显然是不够的。

据李晓青 2012—2014 年在中国中东部几个凤丹牡丹主产区调查分析认为，在一定的区域范围内（约在北纬 36° 以南、26° 以北，海拔 1 200~1 500 m），凤丹的生长与结实性状与纬度、海拔、年日照时数等呈正相关，而与年均降水量、年均温度等呈负相关。依据上述研究结果以及李嘉珏近年来的补充调查，发现凤丹牡丹油用栽培与药用栽培对生态环境的要求有着较大差异。在不追求种子产量而以生产丹皮为目的时，可以不考虑气候因素对开花结实的影响，甚至在开花前要将花蕾摘除，以便集中养分促进根系生长，因而对环境条件的要求相对较宽。这样凤丹牡丹可以有较广的栽培分布，上述彭丽平分析结果可供参考。但将凤丹牡丹转为以生产种子为主要目的时，制约因素相对增多。

制约油用牡丹分布的环境因子有以下几个方面：

1. 秋冬之交的气温状况

一是我国偏南地区秋冬之交气温偏高时，凤丹牡丹混合芽易于秋发开花，此时开花不可能结实，并且叶片较小，因为没有满足叶原基春化阶段需冷量的要求。二是偏北地区冬季气温偏低时（1 月平均温度低于 -10℃），凤丹牡丹难以越冬。

2. 海拔

对凤丹牡丹来说，夏季炎热地区，适当的海拔对其生长发育有利。中原一带海拔 100 m 左右的平原农区，油用牡丹的适生性往往赶不上海拔 500～800 m 的中低山区。不过海拔过高，凤丹牡丹并不适宜，但对紫斑牡丹却较为有利。适宜的海拔也要作具体分析，如云贵高原基础海拔较高，云南昆明海拔 1 800 m 左右，也较适宜凤丹牡丹栽培。

3. 降水频率

南方地区的 3～4 月，常常有一个低温阴雨天气过程，这一过程虽然年际间的严重程度存在差异，并且对长江中下游的影响不如华南严重。但在 3 月下旬至 4 月上旬，往往是南方地区凤丹牡丹的花期。这时候有寒潮或强冷空气入侵导致降温或连续降水，会给花期授粉带来不利影响，结实量很低，甚至颗粒无收。

（二）油用凤丹牡丹在各气候区的适宜性

依据多年调查研究结果，结合最新中国气候区划，对暖温带到中亚热带凤丹牡丹作油用栽培时的适宜性作如下分析，供各地参考：

1. 暖温带湿润、半湿润区

该区域在秦岭—淮河一线以北，燕山山地以南，大部分处于黄河中下游以及黄土高原东南部。这一带光热资源充足，年降水量多在 500～800 mm，≥10℃积温 3 400～4 500℃，无霜期 180～220 天。气候条件对凤丹牡丹较为适宜。这一带是中低海拔（1 200～1 500 m）山地，最适凤丹牡丹作油用栽培。

暖温带以北，中温带南缘，凤丹牡丹的适宜性要作具体分析，如宁夏隆德一带，一般年份凤丹牡丹生长正常，但 2018 年冬末春初的寒害，使其地上部分严重受冻，颗粒无收，而往北至宁夏同心一带又危害不大。在湿润、半湿润区，凤丹牡丹适应性较强，但在干旱、半干旱区，凤丹牡丹栽培一定要有良好的灌溉条件。

2. 北亚热带温润区

该区域包括汉江中上游秦巴山地及东面的大别山与苏北平原地区、长江中下游平原地区，这一带秦巴山地中低海拔地区适于凤丹牡丹。1 500 m 以上较高海拔山地则适于紫斑牡丹，次为大别山与苏北平原地区。就长江流域而言，大体上以宜昌为界，宜昌以上山地丘陵较适于凤丹牡丹，而长江中下游平原地区凤丹牡丹的油用栽培则有较多限制因素。

3.中亚热带及暖温带湿润区

这一带热量高，无霜期长，年降水量大。对凤丹牡丹而言，过高的热量与过多的降水均有不利影响，大大影响产量。但该区域西半部云贵高原中高海拔山地，凤丹牡丹花期中雨以上降水概率不高时，则凤丹牡丹仍具有一定发展潜力，如凤丹牡丹在昆明郊区生长良好，开花结实正常；在四川成都平原周围山地、云南中北部海拔 1 800～2 600 m 地区，均可适度发展。

4.其他（地区）

在中国东北北部及内蒙古自治区东北部、华北北部、西北地区及青藏高原海拔较高的山地种植凤丹牡丹，一定要经过引种试验，证明可行后才能大面积推广，切不可盲目上马，招致不必要的损失。

三、油用紫斑牡丹的适生区及适宜推广地区

根据紫斑牡丹两个亚种生态习性及各地多年引种实践，其适宜种植和推广地区如下：

1.紫斑牡丹原亚种

紫斑牡丹原亚种，即全缘叶紫斑牡丹，仅在其野生分布区如甘肃南部康县、文县一带以及湖北西北部保康、襄阳一带有过少量栽培。近年来，陈慧玲等（2014）根据湖北省在不同地区、不同立地条件下引种栽培的试验结果，认为该亚种在湖北西部中高海拔山地生长结实情况良好，适于在海拔1 200～2 500 m 的山地发展。另据调查，湖北保康紫斑牡丹曾引种武汉植物园、武汉东湖牡丹园，适应性表现一般，未能得到发展。但20世纪90年代以来，甘肃文县紫斑牡丹及保康紫斑牡丹曾引种到甘肃兰州，表现良好。近年来，西北农林科技大学将陕西眉县秦岭南坡紫斑牡丹引种杨凌，生长正常；李嘉珏于2012年将其引种到湖南邵阳，表现出一定的适应性。综合以上调查研究结果，认为该亚种稍耐湿热，对暖温带、中温带气候也较适应，适于在河南及湖北西部、陕西南部、甘肃东南部及四川北部、西北部适度推广。

2. 太白山紫斑牡丹

太白山紫斑牡丹，即裂叶紫斑牡丹，较适应冷凉干燥气候，对低温及大气干旱适应幅度较广。在海拔 800～2 500 m，年平均气温 7～12℃、极端最低气温不低于 –30℃、极端最高气温不高于 38℃，土壤 pH 6.5～8.5 的地区能露地正常生长发育。其适宜推广地区应在辽宁中南部，北京市西部、北部，河北、山西、陕西北部，甘肃东部及西北部，宁夏中南部及新疆天山以南地区。

第三节
油用牡丹栽培技术

一、园地建设

（一）地点选择

种植油用牡丹，地点选择至关重要。在候选地点中，首先要注意土地（土壤）、空气和水源条件，然后是交通以及其他相关的自然条件和社会条件。

鉴于栽种油用牡丹土地选择的重要性，下面根据蒋立昶（2017）1964—1986 年在菏泽试种'凤丹'的经验，介绍黄泛区冲积平原发展油用牡丹时在土地选择上应注意的几个问题。

1. 地形地貌

地形地貌影响地表和浅层地下水的运动，影响沉积物的沉积环境，综合反映土粒分布规律。在黄泛区冲积平原栽种油用牡丹的土地应利于排灌，宜优先选垄岗高地、缓平坡地，避开背河洼地及碟形洼地等微地貌类型。

2. 地下水位

常年地下水位一般应在 1.5 m 以下。如潜水位过浅，地面蒸发量过大，长久蒸发会导致水走盐留，土壤积盐严重，影响牡丹正常生长；同时潜水位过浅，还影响牡丹根系下扎，影响牡丹生长寿命。

3. 土体结构

不同土体结构严重影响水分、养分在土壤中的储存、迁移以及牡丹根系生长，在相当程度上决定着土壤的肥力水平和牡丹籽的产量。种植油用牡丹优先选择通体（即包含表土、心土及底层）为壤土、沙壤土或通体沙壤相间的土体结构。也可选用上层土壤较好，而中下层（心土层、底土层）土层中有约 30 cm 的黏性土（俗称胶泥土）夹层，这样的夹层可以阻止牡丹根下扎，免遭深层盐碱土的危害。

4. 土壤质地

肥沃的土地不仅要求耕层的质地良好，还要求有一定的厚度。油用牡丹应优先选用深层为壤质粉沙土（俗称轻沙地）和粉沙质土壤（俗称两合土或半沙半淤土）。改良后的黏壤土保水保肥性强，也是油用牡丹适生地的理想选择。

5. 土壤营养

土壤中能直接或经转化后被牡丹根系吸收的矿物质营养成分有多种。在自然土壤中，土壤营养主要来源于土壤矿物质和土壤有机质，其次是空气、降水、地下水。在耕作土壤中，土壤营养还来源于施肥和灌溉。据1980年的调查，菏泽市牡丹区赵楼、小留，定陶县陈集等牡丹优势产区，土壤心土层和表土层的有效磷含量明显高于非优势区。

除立地条件外，选地时还应特别注意：油用牡丹不应与高标准粮田争地，应结合小流域治理、荒山荒滩改造、植被恢复、通道绿化美化、绿地与生态工程建设、林果间作套种等项目，首选地租便宜或不急于追求经济效益的地块，进行兼效种植。据吴敬需等在洛阳地区的调查表明，所谓的粮田好地不见得产量就高，甚至平坦肥沃的水浇地还不如丘陵山地。比如，在洛阳市洛宁县长水乡的油用牡丹亩产可达 200 kg 以上，而在洛阳市伊滨区平原亩产仅有 25 ~ 70 kg。

（二）园区规划与土地准备

1. 园区规划

准备用作牡丹栽培的土地确定后，首先对园区的自然条件和周围经济社会条件进行一次详细调查，以 1/2 000 地形图为基础，搞好园区规划，按 30 ~ 50 亩面积区划作业小区与作业道。作业道应便于农用汽车与农业机具行驶，便于安排灌溉管网或渠道，根据地形规划排洪系统，同时考虑便于今后分户承包经营，等等。

风沙较大的地方应考虑设置防护林带。

注意排灌系统的建立。在年降水量低于 500 mm 地区，更应考虑灌溉设施和相应的节水灌溉模式。

2. 土地准备

1）中等以上肥力的土地

（1）清除杂草　在整地之前，对于杂草、灌木丛一定要全面清除。可以通过深翻将杂草翻压下去。

（2）深耕翻晒　在完成灭草作业后，土壤要深耕翻晒，深度 40～50 cm。翻耕作业要在晴朗天气进行，既可以促进土壤熟化，也可以通过暴晒灭杀虫卵与病菌。

（3）细致整地　在牡丹种植前，土地应施以基肥，然后浅耕耙糖，根据南北各地情况，或起垄，或做床，开好排水沟等，准备栽植。

2）肥力较差的土地

对于肥力较差的土地，特别是新造耕地中的"粗骨土"，基本上没有土壤结构，土壤有机质相当缺乏。这类土地一定要经过土壤改良后再栽种牡丹。

牡丹根系较深，栽种后再来改良土壤，会给操作上带来许多不便，无形中加大了投入。这类土地如不注意土壤改良，前景堪忧。如需改良，可以先栽种绿肥，结合有机肥的施用，逐步改善土壤结构，增强肥力。

3. 工作预案

在完成园区规划和必要的基本建设后，大面积油用牡丹栽植需要提前做好预案。除土地准备外，对于苗木来源和质量要提前调查了解，对在规定期限内完成栽植所需劳力，也需要预先安排，并提前进行技术培训等。

我国南北气候土壤条件差异较大，苗木宜就近培育，不宜远距离调运，尤其不宜将北方苗木大量调运至南方栽植。

二、良种壮苗

（一）选用良种

1. 加快良种选育步伐

选择适应南北各地生境，遗传性状稳定，具有丰产特性的油用牡丹良种，是油用牡丹实现高产稳产的基础和前提。然而良种选育需要时间。当前应尽量利用现有基础，加快良种选育工作的步伐。

据 2014 年湖北省林业科学研究院陈慧玲对湖北各地栽植 12 年以上的紫斑牡丹（全缘叶亚种）和引种的'凤丹'的调查，发现紫斑牡丹在该省中高海拔（1 100~1 600 m）山地生长良好，花大香浓（花朵直径达 24 cm），结实性强，大龄植株平均高 1.7 m，平均冠幅 1.57 m 以上。其平均单株结果量 13.4~16 个，平均单株种子产量 307.0~399.0 g，单个聚合果种子数 71.4~74.9 粒，种子含油率 30.67%~31.77%。而在海拔 50~100 m 的平原地区，上述指标大幅降低。不过，平原区的'凤丹'却比紫斑牡丹表现更好，比原产地铜陵也表现出更强的结籽能力和生长优势，种子含油率也很高（31.36%），且株型较为紧凑，冠幅较小，适于发展。湖北已将保康紫斑牡丹定为良种，在适生地区推广，并进一步从中筛选优株扩繁。

甘肃临洮紫斑牡丹繁育研究中心康仲英（2016）也发现当地紫斑牡丹（裂叶亚种）部分原始品种具有丰产潜力。甘肃兰州陈德忠 2003 年推荐了一批紫斑牡丹油用品种。

山东菏泽瑞璞公司赵孝庆等从 2003 年开始进行油用牡丹良种选育，在 2014 年年底鉴定了"瑞璞 1 号"等良种 3 个。

2015 年，中国科学院植物研究所王亮生、李珊珊等从引种到北京的中原品种、西北品种中，初步筛选出'琉璃贯珠''红冠玉珮''精神焕发'等 6 个种子含油率高的品种。

河南洛阳王占营等（2014）从 21 个引种到洛阳结实性强的甘肃紫斑牡丹品种中，筛选出 6 个结实数量超过'凤丹'的品种。李莉莉（2016）运用灰色相关分析法对甘肃中部地区收集到的 52 个紫斑牡丹品种进行综合评价，选出 10 个油用紫斑牡丹品种：'夜光杯''奉献''书生捧墨''贵夫人''金玉白''玉盘掌金''熊猫''银百合''紫朱砂''白玉山'。

近年来，由西北农林科技大学主持的"油用牡丹新品种选育及综合利用与示范"项目也初步选育了一些品种，如凤丹系列的有'祥丰''春雨'，紫斑牡丹系列的有'秦汉紫斑''甘林 4 号''甘二乔''蓝紫托桂''白蝶''粉面桃花'等。

上述品种都还缺乏区域试验结果及丰产性状的综合评价。

2. 重视良种圃或种子园建设

在凤丹牡丹产区进行优选具有很大潜力。中国科学院上海辰山植物科学研究中心（上海辰山植物园）从 2011 年起，即着手从河南洛阳、安徽铜陵、湖南邵阳等'凤丹'产区开展种质资源调查和选优工作。安徽铜陵还开展了群众性的选优工作，经过优选的单株或优良无性系已单独建园，以便开展进一步优选。应用这些经过初步改良的优株建立第一代种子园或良种采种圃，并利用采种圃生产的种子培养优质苗木，应是近期提高油用'凤丹'增产潜力的重要措施。

但由于牡丹是高度的杂合体，种子繁衍后代分离变异较大，种性难以保持，所以从长远考虑，还应积极稳妥地加大现有和新育品种的无性繁殖力度，争取早日实现油用牡丹的良种化。

此外，优良种源的种子生产也值得关注。据西北农林科技大学的调查，不同产地的'凤丹'种子，其脂肪酸主要成分含量之间有着较大差异（表10-5），从而对产品的品质有着重要影响。当然，这里有一个重要问题值得关注，

● 表 10-5

不同产地'凤丹'种子主要脂肪酸的定量分析结果（韩雪源、张延龙、牛立新，等，2014）

（g/100g）

产地	棕榈酸	硬脂酸	油酸	亚油酸	α- 亚麻酸	合计
安徽铜陵	4.94 ± 0.24 d	1.41 ± 0.08 b	15.40 ± 1.33 b	24.82 ± 1.36 b	30.76 ± 2.75 b	77.33 ± 1.09 e
陕西凤翔	7.32 ± 0.34 b	1.68 ± 0.01 b	16.80 ± 1.89 a	22.77 ± 2.24 b	37.50 ± 2.55 a	86.07 ± 1.35 bc
陕西旬阳	6.09 ± 0.42 bcd	1.52 ± 0.21 b	14.47 ± 0.97 b	30.62 ± 2.21 a	34.79 ± 1.24 a	87.49 ± 1.44 b
陕西彬县	17.12 ± 1.40 a	2.12 ± 0.34 a	17.86 ± 1.25 a	22.75 ± 1.37 b	38.25 ± 1.64 a	97.38 ± 1.31 a
陕西旬邑	7.22 ± 0.52 b	1.46 ± 0.06 b	15.21 ± 1.18 b	23.46 ± 1.14 b	31.56 ± 1.88 b	78.91 ± 0.97 de
河南洛阳	6.41 ± 0.25 bc	1.53 ± 0.16 b	18.42 ± 1.24 a	25.09 ± 3.10 b	30.97 ± 0.86 b	82.42 ± 1.48 cd
山东聊城	5.49 ± 1.00 cd	1.40 ± 0.09 b	14.79 ± 0.86 b	26.42 ± 1.89 b	35.62 ± 1.29 a	83.72 ± 1.14 bc
平均值	7.80	1.59	16.14	25.13	34.21	84.76
变异系数 / %	33.85	15.90	9.67	11.00	9.15	7.83

注：采用 Ducan's multiple range test 方差分析，同一列不同字母表示显著性差异（$p < 0.05$，$n=3$）

即海拔 700～1 108 m 的陕西彬县（2018年改为彬州市）、旬阳县和凤翔一带，'凤丹'种子的总脂肪酸含量较高，而海拔较低的山东聊城（海拔 50 m）和河南洛阳（海拔 250 m），'凤丹'种子中的脂肪酸含量则相对较低。脂肪酸含量的变化是由其遗传因素决定的，还是因海拔等环境因子和气候条件的变化引起的，尚有待进一步的分析研究。

（二）提倡大苗、壮苗建园

在油用牡丹发展中，我们提倡用壮苗建园，并且最好用 2 年以上的大苗建园。

种苗规格大小及其初始营养状况对栽植当年根系生长及以后 2～3 年的生长影响很大。1～2 年生苗价格便宜，但栽植后如管理不到位，则恢复长势需要较长时间，无形中加大了资金投入。因而提倡用符合国家牡丹苗木质量标准中的 2 年生以上的一、二级苗适时栽植，使栽植后苗木能保持较好的长势。用大苗建园（株龄 4～5 年），栽植后第二年就开始获得产量，有所收益。

三、适时栽植

（一）重要意义

牡丹苗木能否在秋天最适宜的时间内栽植，将决定所植苗木能否在当年及时长出较长新根，使第二年春天苗木能继续原有长势而没有缓苗期，这一点非常重要。这等于在和时间赛跑，适时早栽就等于抢回了 1～2 年时间。

苗木从夏末秋初进入生根高峰。而苗木先出圃后栽植者，毛细根大多干死而不再发挥作用。苗木适时栽植，在温度、湿度等条件均适宜的土壤环境中能很快恢复根系生长，使当年秋发新根达到 10 cm 以上，甚至能发出二级、三级须根，第二年生长必然旺盛。

（二）栽植时期

苗木适宜栽植时期应根据当地气候及海拔高低确定。北方栽植宜稍早，即在 9 月下旬至 10 月上旬；南方栽植宜稍晚，一般为 10 月上旬至下旬，亦可推迟到 11 月上旬，再晚如不采取覆膜等保温保墒措施，则效果不佳。此外，海拔高处宜早，海拔低处稍晚。新栽牡丹要做到"根动芽不动"，即新栽植的植株在入冬前根系要有一定的生长量，而芽要到第二年春天才萌动。栽植后未能生根的苗木来年往往生长衰弱而难以越夏。

如果采用容器育苗，南方地区四季皆可栽植；北方地区可春、夏、秋三季栽植。

（三）苗木选择与处理

1. 苗木选择

定植所用凤丹牡丹及紫斑牡丹苗一定要选择符合国标的 2 年生以上一级苗，尽可能用 3 年生苗。苗木应从异地购苗尽快转为就近育苗。

2. 苗木处理

3 年及以上苗木栽植前，宜先短截并进行消毒处理。短截后栽植，有利于根系的恢复与刺激根颈部潜伏芽的萌发，有助于苗木形成较多主枝。

据 2014 年在安徽铜陵进行的对比试验，短截（或平茬）过的和未短截的凤丹牡丹苗木，其分枝数量与当年生枝长势等方面都存在明显差异（表 10-6）。

对表 10-6 观测数据进行多重比较发现，植株当年生枝数和萌蘖芽数极

● 表 10-6 **平茬处理对'凤丹'植株生长状况的影响**

株龄	处理方式	株高 / cm	冠幅 /（cm×cm）	当年生枝长 / cm	当年生枝数 /（个·株$^{-1}$）	萌蘖芽数 /（个·株$^{-1}$）
2+1	不平茬	24.80±0.93	29.33×44.47	10.47±1.94	1.00a	0.67±0.19a
	平茬	27.33±2.03	28.33×45.73	10.53±1.46	2.93±0.21b	4.07±0.28b
	平茬	24.87±1.99	31.40×46.87	10.13±2.38	2.86±0.24b	3.93±0.27b
2+2	不平茬	46.73±2.87	44.27×53.27	32.00±2.40	1.00a	0.79±0.28a
	平茬	44.20±2.18	46.26×53.07	36.00±1.71	2.89±0.04b	3.67±0.21b
	平茬	37.13±1.46	40.20×48.40	31.87±2.03	2.76±0.21b	3.86±0.28b

注：同一列不同字母表示显著性差异（$p < 0.01$，$n=2$）

显著高于对照，当年生枝平均近 3 个，萌蘖芽数 4 个左右，而不平茬仅产生 1 个新枝和近 1 个萌蘖芽。经过与不平茬进行独立样本 T 检验发现，平茬处理的与不平茬处理的具有极显著差异。

如果栽植时所用苗木较小，那就要在栽植 1~2 年再进行平茬。凤丹牡丹和紫斑牡丹植株直立性均较强，不平茬时，植株往往生长成独干，基部分枝很少。

苗木栽植前均应进行消毒处理。可用 50% 多菌灵可湿性粉剂 500 倍 + 70% 甲基硫菌灵可湿性粉剂 500~800 倍的混合液，全株浸泡 10~15 min，对于植株上携带的各种病原菌有很好的杀灭作用。

（四）苗木栽植

苗木栽植应依据具体情况采取不同的操作方式：3 年及 3 年以上的较大的苗木需要挖穴栽植；如果土地整好，已经施足基肥，可以用直锹直接插入土中，开出宽 15 cm、深 25~30 cm 的栽植缝，将苗木放入，注意根系舒展，将直锹拔出后适当踏实，这样大面积栽植进度较快。不过南北方地区栽植操作有所不同。北方地区挖坑栽植，除注意根系舒展外，还要求回填土壤时要分层踏实，使根系与土壤紧密结合；而南方雨水较多的地区，只要土壤湿润，栽后将土壤适当踏实即可。

平原地区大面积种植 1~2 年生幼苗时可进行机械化作业。

四、合理密植

（一）合理密植的依据

无论是凤丹牡丹还是紫斑牡丹，其单个植株放任生长都可能形成很大的体量。但成片栽植时，个体与群体间的关系起了根本变化。

一般而言，栽植密度小，有利于个体生长，但不能充分利用土地。若种植密度大，虽然在短期内可能取得单位面积产量增高的效果，但随着个体的增大，则会导致群体生产力逐渐递减，产量下降。这是由于种植密度的差异不仅影响个体的生长，还会影响群体的透光性和通风性，进而影响光合效率等生理活动，同时，地温、水温及 CO_2 质量浓度等群体内环境因子也会发生变化。这些变化又会影响到土壤中有机物质的分解、微生物的活动和病虫草害的传播蔓延等。

只有种植密度合理，形成高产的群体结构，叶层受光态势好，功能期稳定，光合效能高，物质积累多，转运效率高，才能取得较好的单位面积产量。

据调查，凤丹产区由药用栽培转向油用栽培时，种植密度较大，往往每亩达到 4 000～5 000 株。

但据 2013～2014 年间各地实测结果（表 10-7），种植密度过大地块产量并不高。不过各地产量相差较大，其中亳州单产较高，而湖南邵阳等地产量偏低，这不仅与密度有关，也与花期多雨有关。

总的看来，建立合理的群体密度是提高油用牡丹产量的基础，而合理的群体密度与适宜的株行距配置有关。

杨静萱等（2017）在陕西杨凌研究株行距配置对结果初期（5 年生）'凤丹'生长发育及产量的影响，认为产量受到单株结实量和种植株数的共同影响。紧凑的株行距（行距 0.6 m，株距 0.3～0.5 m）直接导致群体密度增加，种内竞争激烈，向上营养生长旺盛，顶层叶片显著大于中下层，园地郁闭早，下层叶片衰老快，导致生长后期总叶面积下降很快，光合生理指标和产量低。而适当扩大行距、增加株数有助于冠层结构均衡，中下层枝叶光照充分，叶面积增加，功能叶寿命延长，叶绿素含量相对较高，净光合速率提升，生育后期源的强度增加。在 0.8 m 和 1.0 m 两种行距配置中，虽然后者植株冠幅大，分枝量多，光和指标最佳，单株产量最高，但由于总株数较少，导致总产量不高。而 0.8 m 行距的配置，虽然总株数增加，但植株个体仍能保持合理的群体结构及生长量，有较高的光合速率和水分利用率，因而总产量较高。其中

● 表 10-7 **部分地区高密度凤丹牡丹种子产量**

株龄 / a	单位面积产量 /（kg·亩$^{-1}$）			
	山东菏泽	安徽亳州	安徽铜陵	湖南邵阳
4	23.41	56.72	7.93	—
5	—	132.00	32.99	12.93
6	—	134.58	56.64	17.53
9	167.82	—	79.64	—

以 0.5 m×0.8 m 株行距产量最高，为 80.74 kg/ 亩。

（二）合理密植的方式

合理栽植密度的确定应从各地具体情况出发，综合考虑土地肥力、苗木大小、耕作方式（如是否采用小型农机具进行中耕除草、施肥、喷洒农药等）以及是否间作套种等。一般可以有以下两种方式：

1. 先密后稀

苗木较小，初植密度较大，然后逐步间稀。其优点是初期苗木投入较少，还可借以获得较高产量和生产较大的牡丹苗木，以提高早期收益。但操作较为烦琐，间挖苗木会伤害两边苗木，也有根系残留，污染土壤。

初植密度宜为 3 000 株/亩。一般行距 0.8~1.0 m，株距 0.3~0.6 m。宽行距有利于通风透光，延迟郁闭，便于田间操作。2~3 年后隔 1 行挖 1 行，棵数减半。再生长 2~3 年，隔 1 株挖 1 株或隔 1 行挖 1 行，密度为 600~800 株/亩，也可采用宽窄行栽植，宽行行距 0.8~1.2 m，窄行行距 0.4~0.6 m。通过宽行来改善光照条件，通过窄行来增加密度。南方地区多为垄栽，宽垄上栽植 2 行，但雨水多的地方，垄上只宜栽植 1 行。

大面积栽植应考虑机械化操作，行距不应小于 0.8 m。

2. 一次到位

当苗木较大时，宜用较大株行距，1 次定植到位。其特点是苗木费投入较高，但见效快。如用 5 年生苗木，亩保苗 600~800 株。适时栽植以缩短缓苗期，只需经过 1 年恢复和调整，即可形成较好的产量。一般 3 年以上的苗木也可采用这种方式。

根据山东菏泽 1964—1985 年从安徽铜陵引种试种'凤丹'的经验，采用先密后稀的方法，在适宜的土、肥、水及其他管理条件下，'凤丹' 3 年生苗可初见开花结籽，5~8 年进入盛果期，12~15 年进入高产稳产期。这时期株行距为 80 cm×80 cm 或 70 cm×80 cm，合理密度为 1 000~1 200 株/亩。这样的密度在精细管理下，产籽量亩产可达 600 kg（湿重）（蒋立昶等，2017）。

洛阳的经验认为，前期（前 1~5 年）以株行距 40 cm×50 cm，每亩栽植 3 300 株，5 年后隔 1 株间 1 株为宜。切忌后期密度过大，那样不仅产量明显下降，还会导致干枯枝增多，甚至死亡。

五、间作套种与立体种植

（一）意义和作用

在油用牡丹大田栽培中，应用间作套种或立体种植方式，是使作物生产实现在时间与空间上集约化利用光、热、水、气和土地资源，实现大田生产早期获益和实现高产高效的重要措施。

在一块地上，按照一定的株行距和占地的宽窄比例种植几种作物叫间作套种。一般把几种作物同时播种和栽植的叫间作，不同时期播种或栽植的叫套种。间作套种是我国农民创造和积累的传统经验。

如果牡丹栽植苗较小，从种植到开花结实可能有 2~3 年的无收益期，此时在行间栽植 1~2 年经济作物，在对这些作物进行抚育管理时，也就对牡丹苗进行了管理，同时又可获得一定的经济收入。

立体种植主要是指油用牡丹与其他木本植物的混交，即在同一地块上再种植一种或两种木本植物，从而将空间生态位不同的作物进行组合，形成人工复合群体，使其在高矮、株型等形态特征和生理需光特性等方面相互补充，既起到为牡丹适度遮阴的作用，又可充分利用空间，增加单位面积密度，从而提高单位面积上光、热、水及土地资源利用效率，取得稳产保收的效果。

是否采用上述模式要根据具体情况决定，平原地区适于机械化操作，可以不用间作套种一般作物，但可考虑大行株的乔灌混交。

（二）适用作物种类的选择

1. 选择原则

选择适宜用作间作套种或安排立体种植的种类，要从各地具体情况出发，并结合油用牡丹种植地点土地（壤）肥力、交通条件、劳力状况等情况，考虑以下具体要求：①间作作物需水量不能过大，以免浇水太多对牡丹生长不利；②间作作物生长高峰期应尽量避开牡丹生长高峰期，以便合理调配二者之间的营养时空关系；③间作作物对土壤改良有利，有助于形成土壤团粒结构；④间作作物田间管理不费工，收获容易；⑤间作作物不与牡丹发生共同的病虫害，特别是根结线虫病；⑥产品在市场上适销对路。

2. 适于短期间作套种的作物

按照以上要求，对于那些只在定植 2~3 年实行间作套种的油用牡丹种植园而言，可采用豆科作物、蔬菜或 1~2 年生药用植物。

（1）豆科作物　可选择红小豆、大豆、绿豆等。

（2）蔬菜作物　可选择大蒜、圆葱、韭菜等。

（3）药用植物　1~2 年生药用植物可用白术、玄参、板蓝根、生地黄、知母、天南星等。在甘肃中部海拔较高地区也可考虑当归、党参、黄芪等。

3. 适于长期混交种植的木本植物种类

（1）大型乔木　泡桐、香椿、栾树、银杏等。

（2）观赏树木　樱花、海棠、紫叶李、紫薇等。

（3）经济果木　枣、梨、杏、李、桃、文冠果等。

（三）乔灌混交的栽培模式

乔木、亚乔木树种与牡丹的间作套种或者立体种植实际上都属这一种栽培模式。

1. 油用凤丹牡丹乔灌混交的依据

对凤丹牡丹而言，乔灌混交时，其遮阴度应是多少是个重要的问题。根据各地研究结果，大多认为'凤丹'油用栽培可以适度遮阴，但其遮阴度不宜超过 40%。

在牡丹光合生理特性研究中，发现夏日中午强光下，牡丹普遍存在光合"午休"现象。此外，当气温上升到 35℃以上，土壤中有效水分供给不足时，会发生日灼。南北各地常见病害、日灼叠加会导致牡丹早期落叶现象发生。适度遮阴可提高光合效率。张衷华（2014）等研究了安徽铜陵'凤丹'产区不同生境下牡丹的光合特性及微环境因子间的相互影响，认为凤丹牡丹在林缘或林窗环境下具有最大的净光合效率。这是由于林缘或林窗环境能给牡丹提供适合的遮阴和相对较高的湿度，有利于延长牡丹的生长期和抵御适度干旱，从而达到最大的生物量积累。

乔灌混交中另一个值得关注的重要问题是混交树种间的互作效应。这方面的经验积累不多，还有待深入探讨。尹华等（2017）《核桃林下种植牡丹互作效应》研究探讨了河南汝阳丘陵旱地上的核桃与牡丹的混交。2011 年春种植核桃'辽宁一号''香玲'，株行距 3 m×5 m，秋天种植 2 年生'凤丹'，株行距 0.1 m×0.5 m。中间设 0.6 m 保护带。试验按随机区组设计安排，连续观察 4 年，结果认为核桃行间间作牡丹极显著影响核桃的生长和坚果质量，但能使幼树结果期提早；核桃行间间作牡丹提高了丹皮产量，但使得牡丹结籽量和质量下降。这种间作可显著提高核桃园前期经济收益，提高核桃园土地利用效率，但核桃树前期间作牡丹对核桃树胁迫比较明显，影响核桃树生长发育。当核桃树冠扩大，行间易郁闭，光照差，不宜再间作作物。这个试验结果引发了我们更多的思考，立地条件、树种组合、互作效应及其动态变化等，都是乔灌混交及后期管理中需要考虑的问题。

2. 各地乔灌混交的种植模式

近年来，各地创造了不少林木及果树与油用'凤丹'混交，进行立体种植的模式，但大多历时较短，还需继续观察和总结。

1）文冠果＋油用'凤丹'模式 杨凌金山农业科技有限责任公司（以后简称金山公司）在杨凌示范基地创造了文冠果＋油用'凤丹'混交的栽培模式，并取得显著的经济生态效益，值得在半湿润半干旱地区推广。

文冠果是无患子科文冠果属木本植物。种子嫩时白色，甜香可食，味如莲子；种仁含油 50%～70%，油质好，可供食用和医药、化工用；木材坚实致密，褐色，纹理美，可制家具、器具等；花为蜜源；嫩叶可制茶。

历来认为文冠果花多果少，产量不高。但金山公司坚持多年良种选育工作，已选出文冠一号等几个丰产的文冠果良种，取得了重大突破。文冠一号树势强，嫁接苗 2 年生即开始结果，5 年生时进入丰产期，比普通文冠果提前了 3～4 年。在金山公司杨凌示范基地，文冠一号初植密度 110 株/亩（株行距 2 m×3 m），同时行间栽植 3 年生油用'凤丹' 1500 株/亩（株行距 0.4 m×0.8 m），2 年后每亩可收获文冠果 150 kg，牡丹籽 100 kg，经济效益显著。但此后文冠果需间稀到 55 株/亩，油用'凤丹'亦需相应间稀。

2）榛子、核桃＋油用'凤丹'模式 山东潍坊市坊子区王中林（2017）总结了榛子、核桃与油用牡丹的种植模式。

（1）品种选择 榛子选果粒大、丰产性好、适应性强的'达雅''玉坠'等；核桃选'香玲''鲁光''绿波''新早丰''晋丰'等。

（2）整地施肥 全面整地；低山挖深宽各 60 cm 大穴；缓坡采用带状整地，

沟深宽各 50 cm。结合回填，底部填细碎秸秆或每穴施 20～25 kg 腐熟有机肥。

（3）栽植密度

A. 榛子＋油用牡丹模式　榛子行距 3～3.5 m，株距 2～2.5 m，亩保苗 76～110 株。行间间作油用牡丹 1 行，株距 1.5 m，亩保苗 127～148 株。

B. 核桃＋油用牡丹模式　核桃密度依园地土壤肥力及灌溉条件确定，行距 4～4.5 m，株距 3～3.5 m，亩保苗 42～56 株。行间间作油用牡丹 2 行。行距、株距均 1.5 m，"品"字形栽植，亩保苗 222～254 株。

（4）定植　榛子、核桃春秋两季均可栽植。油用牡丹于秋季冬小麦播种季节栽植，栽植后灌透定根水，水渗后覆土。定植时榛子、核桃按 8：1 比例配置授粉树。

C. 杨树＋油用牡丹模式（河南南阳市卧龙区）　杨树株行距 4 m×6 m，行间种植'凤丹'，栽植密度 3 000 株/亩。

D. 香椿＋油用牡丹模式　香椿树株间、行间种植'凤丹'，栽植密度为 2 500 株/亩。

E. 桃树＋油用牡丹模式（安徽阜阳颍州区）　桃树幼龄园间作油用牡丹，采用宽窄行栽植，1 年生苗，行距小行 10～15 cm，大行 30～40 cm。或用等行距栽植，1 年生苗 20 cm×30 cm，栽植密度 10 000 株/亩；2 年生密度 2 500 株/亩，3 年生密度为 2 000 株/亩。

F. 紫薇等花灌木（海棠、紫叶李、碧桃、樱花、红叶石楠等）＋油用牡丹（山东成武）　株行距 0.3 m×0.7 m 的牡丹地种植 1 年生绿化苗、花灌木，苗木株行距 1 m×3 m，即 4 行牡丹种植 1 行花灌木，花灌木密度 220 株/亩，3 年后出售。绿化苗木折纯收入 4 000 元/亩。

G. 其他　贵州遵义汇川区果树与油用牡丹混交模式中还有李树＋油用凤丹的生产模式，效果也较好。

六、授粉树配置与人工辅助授粉

据多年观察，油用牡丹产量的提高，不仅有赖于良好的田间管理，也需要注意花期的授粉效率，这是影响产量的一个重要因素。

牡丹为虫媒花，兼风媒传粉。种植时配置授粉树于花期实施人工辅助授粉，对提高产量会起到积极作用。

（一）授粉树配置

牡丹是异花授粉植物，自花授粉结实率很低。近年来，各地杂交试验中发现牡丹不同品种群间、品种群内不同品种间杂交，一些优良杂交组合可以大大提高结实率和种子萌发率。如以凤丹牡丹为母本，其自然授粉结实率为19.13粒/朵，但与中原品种'贵妃插翠'的杂交结实率为33.33粒/朵，与'洛阳红'杂交的为31.15粒/朵；与日本品种'黑龙锦'杂交的为35.89粒/朵，与'新日月锦'杂交的为30.68粒/朵；与紫斑牡丹中的实生紫斑1号杂交的为32.57粒/朵，均大大超过其自然授粉结实率，表现出一定的杂交优势（王新等，2016）。而在引种到洛阳的西北紫斑牡丹品种中，与中原品种较好的杂交组合有'熊猫'דなん十八号'结实率为42.1粒/朵（前者为♀，后者为♂，以下标注相同）、'黄河'ד景玉'为39.0粒/朵；与日本品种较好的杂交组合有'粉玉清光'ד岛大臣'为37.0粒/朵、'蓝蔷薇'ד太阳'为25.6粒/朵（王二强等，2015）。此外，康仲英（2016）在甘肃临洮紫斑牡丹品种与凤丹牡丹混植地块中发现，原来在临洮结实情况不好且抗性较差的凤丹牡丹结实率大大提高，且籽粒饱满，杂种实生苗也表现出较好的结实能力和较强的适应性，原来根腐病严重的情况有较大的改善。因而进一步通过试验确定各地优良杂交组合后，在油用牡丹种植园进行授粉树配置，将是提高产量的一项重要措施。

授粉品种应具备以下条件：①与主栽品种花期相同，并能产生大量发芽率高的花粉。②与主栽品种亲和力强，且能相互授粉，二者果实成熟期也较一致。

授粉树配置需考虑以下几点：①授粉树与主栽品种的距离依传粉媒介而定，以蜜蜂为主要传粉媒介时，二者距离以50~60m为宜；②授粉树一般作行列式配置，间隔行数及比例依授粉品种性状决定。如果其经济性状与主栽品种相同，且相互授粉结实率均高时，可作等量式配置；如果授粉品种经济性状不如主栽品种，仅适宜用作授粉树时，则在保证授粉效率的前提下作低量配置。

（二）人工辅助授粉与花期放蜂

2014年花期，刘政安在铜陵凤凰山开展了相关试验。选取开花期相对一致的地块进行不同授粉处理。从试验结果看，良好的授粉条件能使凤丹牡丹结实率显著提高。人工辅助授粉可使凤丹牡丹结实率提高 1 倍多，但人工授粉工作效率较低且目前使用的果树授粉器需要加以改进，授粉次数需要增加，效果才会好。目前已有经过改进的采粉器和授粉器问世，据瑞璞公司使用，授粉效率比人工授粉提高 8 倍。

花期放蜂有助于提高结实率。刘政安（2016）在河南沁阳等地试验，油用牡丹（'凤丹'）花期放蜂，有明显的提高产量的效果（表10-8）。

在牡丹盛花期，以两人为一组，拉根长绳从花朵上面徐徐带过，抖动花朵，使花粉得以散发，从而提高柱头授粉率，也不失为一种简便的人工促进授粉措施。

七、肥水保障

要使油用牡丹获得稳定的产量和效益，加强水肥管理至关重要。

（一）适时浇水，合理灌溉

1. 油用牡丹的水分需求

杨山牡丹（'凤丹'）和紫斑牡丹成年植株的栽培类型都能耐一定程度的干旱，其中西北裂叶紫斑牡丹品种耐旱性更强。但为了保证其正常生长发育，获得一定产量和效益，仍然需要较好的土壤水分管理。适时浇水，不仅能满足牡丹对水分的生理需求，还能改善栽培环境，改善微气候条件（如降低田间气温，提高田间空气湿度），满足牡丹对生态需水的要求。

● 表10-8　**5 年生'凤丹'不同授粉方式果实产量比较**

处理	蜜蜂1	蜜蜂2	人工1	人工2	对照
果实产量/（kg·亩⁻¹）	452.9	371.3	384.6	340.2	231.4

注：该试验有如下处理，在用网纱控制的 60 m² 牡丹地内放 2 箱蜂（蜜蜂1）或 1 箱蜂（蜜蜂2）；人工直接授粉（人工1）或用授粉器授粉（人工2）。

在油用牡丹年生长周期中，有几个对水分较为敏感的时期：

1）花蕾膨大期 从萌芽开始到花期结束，牡丹一年中枝叶只有一次生长过程。在抽枝长蕾的同时，叶片逐渐长大。如果花蕾迅速膨大期干旱缺水，会使总叶面积减小，影响全年光合产物的积累。

2）果实生长期 牡丹花期过后，叶面积达到最大。植株逐步转入果实的生长发育、花芽分化和营养物质的积累。这一阶段（5～6月）是一年中单位叶面积光合产物积累最高的时期，也是牡丹生长期内浇水能取得最好效果的时期。其中，花后 20 天牡丹对水分敏感，此时浇水尤为关键。此外，夏季高温期及入秋后生根高峰期的补水，也有重要作用。

夏季高温期，气温达到 35℃以上，在强烈光照下水分蒸发量大，叶片会处于半萎蔫状态，如果土壤水分充足，早晨又可恢复。如连续 2 天以上萎蔫的叶片次日早上不能恢复，就需要土壤水分的补充，否则可能发生日灼，叶绿素被破坏分解，导致叶片提前衰老以至干枯坏死。8 月下旬到 9 月中下旬，气温明显下降，昼夜温差增大，牡丹进入秋季生长亚高峰期，叶片光合强度又有一个小高峰。此时果实采收，但花芽分化仍在继续。这一时期土壤水分状况，对光合产物的积累、储备，对提高花芽分化的质量和下一年的成花率、结实率也有着重要影响。

在北方油用牡丹产区，冬季雨雪稀少，在牡丹进入休眠期前后，应浇 1 次封冻水。

2. 努力发展节水灌溉

作物生产上一般是根据天气状况、土壤墒情并结合作物生长状况来决定是否需要灌水。一般在土壤含水量低于田间持水量 70% 时，应予浇灌。既要保证作物的正常水分需求，又要节约用水，降低管理成本。尽量采用沟灌、渗灌而不宜大水漫灌。

无灌溉条件的山地可采用地膜覆盖栽培模式。地膜覆盖如能与喷灌、滴灌等节水灌溉设施结合起来，成效会更好。

（二）科学施肥

牡丹是喜肥作物，需要选用中等以上肥力的土壤栽植。如果种植田肥力较低，则需注意增施有机肥料或种植绿肥作物，培肥地力，这是保证油用牡丹持续高产、稳产的基础。

1. 科学施肥的概念

科学施肥是指在一定的气候和土壤条件下，为满足作物营养需要所采用的施肥措施，包括有机肥料和化学肥料的配合、氮、磷、钾等各种营养元素之间的比例搭配、化肥品种的选择、经济的施肥量、适宜的施肥时期和施肥方法等。判断施肥是否科学合理的重要依据是肥料利用率和生产经济效益的高低。

2. 合理施肥量的确定

确定油用牡丹合理施肥量是一个较为复杂的问题。科学合理的施肥量需要通过田间试验，结合土壤测定和作物诊断，并根据牡丹需肥规律、土壤供肥性能和肥料效益、灌溉条件等综合考虑。

作物施肥量估算方法很多，油用牡丹可参考其中的目标产量法。目标产量即计划产量。

目标产量施肥量（$kg \cdot hm^{-2}$）＝［作物总吸收量（$kg \cdot hm^{-2}$）－ 土壤养分供应量（$kg \cdot hm^{-2}$）］÷ 肥料中养分含量（%）× 肥料利用率（%）　　（1）

上式中：作物总吸收量＝目标产量 × 单位产量的养分吸收量，后者应根据研究结果确定。

而土壤养分供应量一般由田间无肥区农作物产量所折合的养分量来推算，从作物产量与吸肥量关系中求得土壤养分利用系数。即

土壤养分供应量＝土壤速效养分测定值 ×0.15× 校正系数　　（2）

校正系数＝空白田产量 × 作物单位产量养分吸收量／土壤养分测定值 ×

0.15　　　　　　　　　　　　　　　　　　　　　　　（3）

肥料利用率是指施入土壤中的肥料被作物吸收的量占施入量的百分率。我国当季肥料利用率的大致范围为：①化学肥料氮肥 30%～70%，磷肥10%～15%，钾肥 40%～70%；②厩肥中的有效成分氮 17%～20%，磷30%～40%，钾 60%～70%。

常见有机肥料中的有效成分，如表 10-9 所示。

随着油用牡丹栽培面积的扩大，今后需要推行测土配方施肥、精准施肥。

大型种植基地应配套建立以生产生物有机肥料为主的肥料厂。

西北农林科技大学进行了各类矿物质元素对油用牡丹净光合速率的影响研

究（2019）。根据对氮、磷、钾三种大量元素的应用对比和筛选不同拟合方程，推算出推荐施肥量如下：当亩施肥量为纯氮 22.36 kg、速效磷 7.37 kg、氧化钾 17.46 kg 时，可以获得最高产量。当亩施肥量为纯氮 22.2 kg、速效磷 7.32 kg、氧化钾 16.56 kg 时，可以获得最佳经济产量。在实际生产中每亩施用尿素 48.61 kg、重过磷酸钙 16.03 kg、硫酸钾 32.33 kg 时，每亩可获得最高产量 97.42 kg 种子；当每亩施用尿素 48.25 kg、重过磷酸钙 15.90 kg、硫酸钾 30.66 kg 时，可获得最佳经济产量。

3. 施肥次数与时间

在油用牡丹（凤丹牡丹和紫斑牡丹）年生长周期中，油用牡丹对养分需求的关键时期与其对水分需求的敏感时期基本吻合。从定植后第二年开始，每年施基肥 1 次，追肥 2 次。结合油用牡丹生育期具体进行如下操作：第一次在3 月上中旬，此时正值新枝迅速生长和花蕾发育，以速效肥为主，氮、磷、钾比例为 2：2：1，每亩约 15 kg。第二次在开花以后，此期正值花后，植株已消耗较多养分，而叶片需要充分发育，果实迅速充实，花芽分化开始，是油用牡丹年生长周期中一个关键时期。这一次追肥和第一次追肥量基本相同，宜减少氮肥而增加磷、钾肥用量。第三次在 10 月下旬到 11 月上旬土壤封冻前，施用以有机肥为主的基肥，既可提高肥力，又有助于油用牡丹的越冬保护。施肥量根据树龄及产量逐年增加，一般每亩施用腐熟有机肥 300～1 000 kg。

河北沧州地区提出油用牡丹无公害生产技术规程，其中施肥管理（苗锋等，

● 表 10-9　**部分有机肥料中的有效成分**

（%）

	氮	磷	钾
厩肥	0.48	0.24	0.63
堆肥	0.4～0.5	0.18～0.26	0.45～0.7
土杂肥	0.12～0.94	0.14～0.6	0.3～1.84
沤肥	1.02	1.34	1.11

2017）如下，可供相邻地区参考：'凤丹'定植后从第二年开始施肥，这一年施肥 2 次，3月底至4月上旬每亩施硫酸钾型复合肥（N∶P∶K=14∶20∶16）40～50 kg，11月上旬至12月初，每亩施饼肥 150～200 kg 或腐熟有机肥 1 000～1 500 kg。第三年开始结籽后，每年施肥 3 次，开花前 15～20 天叶面喷施磷酸二氢钾 400 倍液，花后 15～20 天每亩追施三元素复合肥（N∶P∶K=14∶20∶16）40～50 kg；采籽后到入冬前穴施或开沟施入 150～200 kg 饼肥和三元素复合肥（N∶P∶K=14∶20∶16）40～50 kg。

4. 施肥注意事项

（1）主要肥料种类的选择与配合　牡丹虽然喜肥，但土壤不宜过肥。注意氮、磷、钾肥比例，氮肥不宜过多，碳酸氢铵、尿素等单纯氮肥不宜过多，而以氮、磷、钾比例恰当的三元素复合肥效果较好。

依据菏泽等地多年种植牡丹的实践，北方地区种植牡丹不宜大量使用化肥，严禁施用含氯离子的碱性化肥作基肥。山东省农业科学院、山东省果树研究所研制的牡丹生物肥，使用效果很好。该生物肥根据牡丹对大量元素氮、磷、钾以及中微量元素钙、镁、硫和铁、锌、硼、铜、钼等的需求，同时添加有益菌种、腐殖酸、生根剂和活性有机质配制而成。有活化土壤板结、杀虫灭菌促生根、防黑斑病和根腐病、防早衰落叶等功效。大田栽培用作基肥时，每亩可施用 36% 牡丹生物肥 80～100 kg。

此外，牡丹是喜钙作物。有研究表明，富含钙离子的土壤对提高'凤丹'幼苗生长具有显著的促进作用，最佳浓度为 160 mg·g^{-1}。

（2）施肥与灌溉结合，注意水肥之间的耦合效应　据研究，在实施按需灌溉的条件下施用有机肥能显著发挥肥效。促进牡丹对氮、磷、钾的吸收和转运，满足牡丹生长过程中对矿质元素的需求，叶面积增大，叶绿素含量增加，净光合速率提高。特别是牡丹籽粒形成关键时期（花后 20 天以内）的营养供给状况的改善，有利于提高产量和改善牡丹籽粒的营养品质。

据刘春洋（2012）观察，有机肥肥效的发挥，以中等施肥水平（300 kg/亩）效果最好。在凤丹牡丹结果初期，较高施肥水平（＞300 kg/亩）效果反而下降。特别是在旱作条件下，由于土壤墒情不好，只有较低施肥水平（＜300 kg/亩）能取到一定效果，而中高施肥水平不仅效果不明显，甚至还产生抑制作用。

八、土壤改良与培肥地力

油用牡丹的发展提倡不占好地，要向广阔的丘陵山地进军。而作为油料作物，油用牡丹的种植需要有一定肥力的土地，如果土地贫瘠，何来稳产、高产？因此对于肥力低下的土地（壤）一定要很好地进行土壤改良。

（一）土壤肥力的构成和良好土壤的标准

我们先来认识一下土壤肥力。土壤肥力由物理肥力、化学肥力和生物肥力三种性质不同但又密切联系的肥力构成。

1. 物理肥力

指土壤物理性状对肥力的影响。优良物理性状包括适耕性好，沙黏适度，形成团粒结构多，通气性好，持水力强，壤土层较厚等。

2. 化学肥力

指土壤 pH 适宜，所含有机养分、无机养分丰富。就牡丹种植而言，pH 在 6.5～8.5，土壤有机质应大于 3%。这是形成团粒结构并能常态化向根系和土壤微生物提供有机碳营养的基础。

3. 生物肥力

是指土壤中各种微生物、藻类、线虫、昆虫和植物根系的综合作用对土壤肥力的影响。适宜的土壤生物学性状应是具有适宜土壤微生物正常繁殖的微生态环境（如疏松通气、有机质丰富等），具备生物多样性（具体指标是有蚯蚓）。

在土壤肥力构成中需要强调两点：一是土壤有机碳养分，它是形成三种肥力的核心物质；二是土壤微生物的重要作用，土壤微生物是土壤生命体的主力军，它在有机碳的滋养下，不断分裂繁殖，使土壤中的肥料再次加工转化为植物能吸收的营养。有机碳养分和土壤微生物是土壤肥力的双核（李瑞波等，2017）。

（二）土壤改良的基础工作和培肥地力的核心要素

土壤改良的基础工作就是培肥地力，而培肥地力的核心要素就是补充土壤有机碳养分。3% 有机质含量是界定耕地质量的一道红线。培肥地力的基础工作，就是要增加土壤有机质，使其提高到 3% 以上。与此同时，要补充土壤可溶性小分子有机碳。

土壤有机质中，能被植物根系吸收利用的只有土壤微生物分解产物——小分子水溶性有机质。这部分有机质（主要是有机碳）在土壤中的动态值一般不足有机质的 2%，但只要土壤中有机质丰富，这部分有机质就不会枯竭，土壤有机质是一座碳库。土壤有机质含量是土壤肥沃程度的重要指标，也是判定土壤质量的最重要标准。贫瘠土壤有机质含量一般为 3% 以下，耕地缺碳导致作物缺碳；而肥沃土壤的有机质应该达到 4% 以上。

为什么说土壤中小分子水溶有机碳是土壤肥力的核心物质？因为碳养分中只有这种小分子水溶性有机碳能被植物根系和土壤微生物直接吸收利用，对促进根系发育和土壤微生物快速繁殖起到很大作用。土壤微生物的繁殖使土壤有机质得到分解而产生更多小分子有机碳，而发达的根系又丰富了根系分泌物。土壤中无机养分与有机养分结合，更易为植物吸收，从而发挥更高肥效，有利于作物生长发育，提高光合效率，从而提高产量。

土壤能溶于水的无机养分是离子态的且多为正离子，如铵离子、钾离子、钙离子、锌离子等。也有部分为负离子，如磷酸根离子、硼酸根离子等。在根毛吸收区附近聚集时，同性离子互相排斥，异性离子结合成难溶化合物，如磷酸三钙，从而增加了无机养分吸收的难度。但有机碳养分呈云团状，亲水性强。无机养分离子与有机碳会形成"有机-无机"组合态，零电位，易随水流进入根毛。有机碳养分的丰富程度往往决定着无机养分利用率的高低。

（三）培肥地力的主要措施

既然培肥地力的主要任务是提高土壤有机质含量，特别是补充小分子水溶性碳，就需要采取以下主要措施：

1. 将可利用的废弃有机物返回土壤，配合施用化肥和微生物肥

废弃有机物的利用措施很多，包括施用腐熟农家堆肥、农家水肥，或种植绿肥，实施秸秆还田等。这些措施既要因地制宜，又要注意安全性。安全性主要指使用时避免耕地发生缺氧或缺氮，对作物造成伤害。如化粪池水或沼液虽含有大量有机质，但都需要经过二次分解才能使用。因为两类水液高度缺氧，施入田地后水液挤占土壤空隙，把土壤中氧气挤出，而水液中部分在厌氧条件

下本能分解的有机质到土壤中被微生物分解时，又要耗氧。如果多次大量使用，会导致作物因缺氧而死亡；在秸秆还田或绿肥还田时，如果土壤中氮肥含量低，必须适量加施氮肥。因为秸秆和绿肥含碳量高，土壤微生物分解时，不仅需碳能源，还需氮养分。缺氮时，微生物在分解初期把残留氮耗尽停止工作，会使秸秆分解不彻底。

农家堆肥（畜禽粪便加秸秆）含丰富的有机质，有较好肥效，但需注意发酵工艺的改进。要将好氧高温菌发酵最后形成矿化腐殖质的传统工艺，改变为使用带碳营养的腐熟剂，如生物腐殖酸发酵剂，或有机碳菌剂，先好氧后厌氧发酵，不翻堆，最后高堆闷干，形成高碳有机肥的新工艺（李瑞波等，2017）。

生物炭是农林废弃物（如小麦秸秆）等生物质在缺氧条件下热裂解形成的富炭产物，具有孔隙结构丰富、质轻、密度小等特性，施用于土壤可使其总土壤孔隙度提高，容重降低，透气性增强，有效改善土壤水、气、热状况。姜天华等（2017）研究了生物炭与氮配施对牡丹叶片氮素营养和籽粒品质的影响，结果表明，二者配合施用能增加不同发育期叶片中氮素的积累量和叶片氮素向籽粒的转移量，提高籽粒产量及其中蛋白氮、氨基酸和脂肪酸含量，并以生物炭 $1\,kg\cdot m^{-2}$ 与氮肥 $40\,g\cdot m^{-2}$ 配施效果较好。由于生物炭是单质碳，不溶于水，不能被植物吸收，但可改善土壤物理性状，并在一定程度上有助于化肥的缓释，在来源充足、成本低的情况下可以酌情使用。

2. 结合常规施肥，重视施用有机碳肥

所谓有机碳肥是指含小分子水溶有机碳，能给作物提供有机碳养分的制品。其有效碳的电导率大于 5%，水溶液中碳分子粒径小于 650 nm。

有机肥的原材料是有机废弃物，它保留并浓缩了有机物质中的水溶性碳和中微量元素，兼具补碳与补充中微量元素作用，如果包含功能微生物，就成为一种高效多功能土壤调理剂。

近来，已有多款有机碳肥面市。有机碳肥的基础产品有液态有机碳肥和固态有机碳肥。这两种基础产品和微生物菌剂、各种高浓度化肥混配，形成多种衍生产品，可根据情况酌情选用。

（1）高碳生物有机肥　其有效碳含量≥ 3.5%，功能菌含量≥ 2×10^7 个 /g，氮磷钾含量≥ 12%，这是一款普及型多功能有机碳肥产品，一般用作基肥，当每茬作物每亩用量达 200～300 kg 时，可完全替代有机肥、化肥和微生物肥料。改良土壤和促进增产效果显著。

（2）固态有机碳复混菌肥　其有效碳含量 ≥6%，功能菌含量 ≥ 2×10^7 个 /g，氮磷钾含量 ≥ 25%。这是一种绿色高效全营养的"傻瓜肥"，是集高产、优质和改良土壤、抑制土传病害于一体的高效多功能肥。可作追肥，也可用作基肥。作追肥时应埋施并浇水，以迅速发挥微生物的作用，每茬每亩施用量 80～150 kg。

九、病虫害防治

油用牡丹在适生地区良好的管理条件下，一般生长苗壮，病虫害较轻。但当管理不善、生长势减弱，或者农地土壤中杂菌较多，清除不力，或者在使用了未经腐熟的有机肥等情况下，病、虫的危害就难以避免。

对于病、虫的危害，要在掌握其发生规律的基础上，抓住关键节点，早防早治。并且要注意采取综合防治措施，具体参见本书第十一章。

作为绿色食品生产，油用牡丹在病虫害的防治上要参照药用牡丹规范化栽培中的要求，禁止使用对人体有害的农药等化学物质。

十、整形修剪

（一）整形修剪的意义和作用

牡丹作为油料作物栽培时，需要通过整形修剪，培养一定的树形，形成较为牢固的骨架，以承受所结果实的重量。据测定，凤丹牡丹聚合蓇葖果成熟时，大的单果重量可达 110 g 以上，一般多在 60～80 g。植株结果较多时往往头重脚轻，易使枝干折断或倒伏。通过整形修剪控制树体高度，延缓结果部位迅速外移；同时调节花芽数量，调控年际的产量差距。而大龄树体的更新修剪则有利于树体复壮。

（二）整形修剪的生物学基础

枝条及其上着生的花芽、叶芽的生长规律及其修剪反应，是整形修剪的生物学基础。据观察，牡丹枝芽生长有以下一些规律：

1. 结果枝回缩

牡丹进入成年期后转为以生殖生长为主，枝条上无论顶芽还是上位侧芽，均易形成花芽，开花结果。结果枝年年都有所回缩，即所谓"长一尺退八寸"的枯枝退梢现象，每年实际生长量不过十几厘米。

2. 侧芽数量有别

牡丹品种不同，结果枝上侧芽着生数量差异较大（见第二章第二节）。凤丹牡丹多为 4 芽、5 芽枝，紫斑牡丹多为 5 芽枝，往往形成 2 个花芽、2 个叶芽、1 个隐芽的结构。其他如中原品种则以 3 芽枝占比较大（67.8%），次为 4 芽枝（22.0%）、5 芽枝（10.2%）。枝条上不同部位的芽修剪反应不同，可用以调节营养生长与生殖生长的关系。

3. 枝条特性

油用牡丹枝条直立性较强，其上位芽一般直立向上，结果后因果实较重而被迫开张角度；若不注意调整，结果部位会迅速外移。

4. 潜伏芽

老枝上的潜伏芽在受到强烈刺激后，仍具有较强的萌发抽枝能力，更新较为容易。实生植株基部的萌蘖芽或潜伏芽，其生长点细胞仍处于阶段发育的幼龄阶段，由这些芽长成的枝条能实现枝条的幼龄化。这符合植物阶段发育的理论，即木本植物的顶端分生组织的幼龄程度，跟它与茎干和地表的接合点到该分生组织的距离成反比。从基部至顶端经历着从幼龄态至成年态的梯度变化（图10-4），即基部的幼龄程度最大，中间为过渡型，顶端的成年程度最大。

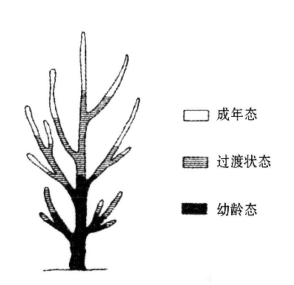

□ 成年态

▨ 过渡状态

■ 幼龄态

● 图10-4 **木本植物发育状态示意图** （Leopold, 1975）

（三）不同发育阶段的操作

根据牡丹不同生育阶段生长结实状况，整形修剪具有不同的操作内容。

1. 结果初期

油用牡丹定植后 2～3 年主要是培养树（株）形，形成由主干和主枝组成的较为牢固的骨架。

油用牡丹树（株）形有两种，即单干形和丛生形。前者基部只有 1 个主干，由主干分生主枝，树冠成半球形；后者直接由平茬后基部萌蘖枝形成 3～5 个主干，并由这些主干上萌生的枝条形成主枝。在实践中多以丛生形为主，单干应用较少。

树（株）形确定后，依次选留 1～2 级主枝，在主枝上逐年形成结果枝。结果初期的植株每年选留 8 个以上结果枝，逐年增加。

2. 结果盛期

凤丹牡丹定植 4～5 年开始进入结果盛期，紫斑牡丹定植 6～7 年进入结果盛期，产量逐渐达到最高。如果管理措施得力，此后 10～20 年或更长时间内，应属于油用牡丹稳产期。这一阶段主要任务是维持丰产树形，调节营养生长和生殖生长的关系，花果枝与营养枝最好有 7∶3 的比例。

一般从 9 月底至 10 月初，根据花芽大小，可以判断成花数量。根据植株长势及土地肥力状况，可以初步判断来年单位面积开花的数量及应选留的花芽数量。通过冬季修剪，剪除枯枝，疏掉过密的枝条，控制每株开花数量，维持植株丰产态势。

部分植株结果部位严重外移，或枝条过于开张时，通过回缩修剪加以调整。回缩修剪激活原有老枝下部的潜伏芽，可使新生枝条重新幼龄化。

3. 衰老期

根据对现有牡丹古树或大龄植株的观察，其主枝很少有超过 40 年的。一般栽植 20～30 年，植株长势渐趋衰弱，需要更新复壮。因而此时的修剪是回缩修剪，促进老枝中下部隐芽萌发，使枝龄幼化，从而恢复树势。也可利用基部萌蘖枝，重新培养主枝。当产量明显大幅下降时，则需全部更新，重新建园。

（四）修剪的时间

一般在入冬后农活较少时安排修剪作业。但需注意，大龄树回缩修剪时间不宜过晚，以利较早激活剪口附近的潜伏芽，使其进入活动状态，恢复生长和分化。北方地区修剪时剪口可离芽较近，而南方地区剪口宜离芽稍远，应有 1~1.5 cm。南方地区雨水多，而凤丹牡丹枝条髓心较大，如不注意，剪口下第一芽易受到伤害。

（五）适时平茬

油用牡丹具有萌蘖能力。当牡丹植株部分枝条受损或被清除后，很容易从植株根颈部的隐芽不断地萌蘖出新枝。这是牡丹自我更新的一种重要方式。

平茬就是利用牡丹的萌蘖能力将牡丹植株地上部分剪掉，让其从植株基部重新发出多条新枝的特殊修剪措施。

平茬一般应在栽植 1~2 年的秋末冬初进行，此时正值牡丹地上部分进入休眠期。应在离地面 3 cm 左右处剪去地上部分。剪后用湿土将留茬部分封好，以利于根颈部萌蘖芽的孕育和生长。南方多雨地区剪口处宜涂抹封口胶加以保护，以免感染病菌。平茬主要用于 2~3 年生实生苗分栽大田后促使发出更多新枝，尽快进入盛果期。特别适宜对单干、伤残枝更新为多股枝条的植株。平茬可以针对单株进行，也可整块地同时进行。

据山东省菏泽市牡丹区及郓城、曹县、单县几个药用植物培植场 1964—1985 年引种铜陵‘凤丹’所作的试验总结（蒋立昶，2017）：对‘凤丹’老桩（指‘凤丹’刨收后将根颈部以下所有根剪去作药用，仅留下根颈部老桩及上部枝条）苗和 2~3 年生实生苗栽种成活，秋后进行平茬。翌年开春，平茬后植株发出 2 条新枝的占 33%，3 条的占 43%，4 条以上的占 21%，仅有 3% 的植株只发 1 股。由于平茬促使牡丹植株从根颈处发出成倍的开花新枝，所以花后结籽量大大提高。水肥充足的地块平茬后比未平茬的结籽量提高 2~3 倍，10 年左右的单干大牡丹平茬后，能从基部发出 6 条以上粗壮新枝，结籽量增加 3 倍以上。由于平茬后新枝皆从根颈部发出，粗壮结实，抗风防折断能力强，籽粒充实饱满。

洛阳等地有定植后连续两次平茬，促进早期产量提高的经验。

需要平茬的牡丹地块，要在平茬前一年及平茬后适量增施肥料，以确保发枝粗壮、花多、籽饱、产量高。平茬后根据长势与发枝的多少，适当选留枝条数，使全株枝条分布均匀、通风透光、树势平衡。

十一、种子采收与储藏

（一）种子采收季节

中原地区管理较好的凤丹牡丹栽种 3 年后每亩可产种子 30～50 kg，5 年可产 150～200 kg。其进入高产稳产的时期因种类和品种的不同，管理水平以及地域不同等而存在差异。一般凤丹牡丹要比紫斑牡丹早 2～3 年。刘政安等在河南沁阳开展了油用牡丹高效栽培试验，2017 年 7 月 28 日，现场测得 2 年生‘凤丹’栽植后，第三年最高亩产籽粒 198 kg，第 4 年平均亩产籽粒 287.7 kg。

在年周期中牡丹开花、授粉受精后，种子有 4 个多月的生长发育期，其间经历了籽粒形成，体积和内含物的快速增长，营养成分的积累与转化，最后经过脱水过程进入成熟期。

据对凤丹牡丹的观察，其花后 60 天是果实中种子快速生长阶段，60 天后种子生长速度明显放缓。与此相应，干重在花后 20～40 天增长缓慢，40～110 天快速增长，花后 110 天达最高，之后略有下降；而含油率则在花后 50 天内一直较低（3.31%），50～100 天迅速积累（由 3.31% 增长到 24.62%），之后略有降低，130 天时为 20.30%。

如果将花后 0～60 天果实种子快速生长作为一个分期，则此后约 70 天果实逐步成熟过程可划分为以下 4 个分期：

1. 绿熟期

花后 60～100 天，干重快速增长，脂肪酸迅速积累，含油率大幅提高。这一时期蓇葖果为绿色，种子为白色，含水率较高。

2. 黄熟期

花后 100～110 天，种子干重、含油率均达最高，果皮变为黄绿色，部分种子转为褐色。

3. 完熟期

花后 110～120 天，果皮逐渐转变为蟹黄色，种皮大部分变为深褐色或黑色，种子变硬。

4. 枯熟期

花后 120~130 天，蓇葖果充分成熟，种子干重及含油率均略有下降，种子完全变为深褐色或黑色，随蓇葖果腹缝线开裂而脱落。

凤丹牡丹种子成熟期因产区不同而存在差异。长江流域以南地区种子成熟一般在 7 月下旬；中原地区为 7 月底至 8 月初；西北地区的紫斑牡丹种子多在 8 月中下旬成熟；长城以北与高海拔地区应在 8 月下旬前后采收种子。此外，即使在同一地区，因品种不同，种子成熟期也有早有晚，因此，应根据成熟早晚分批次采收。具体时间应视牡丹蓇葖果成熟的程度而定。当果实由绿变黄呈蟹黄色，果实进入完熟期，个别果实略有裂缝时是最佳采摘时期。

（二）果实种子的采后处理

凤丹牡丹果实采收后放阴凉处 3~5 天，让其充分后熟，再放太阳下暴晒。晒时每天翻动 1~2 次使果实受热均匀，避免发霉。暴晒后，果皮进一步失水开裂散出种子。未开裂的果实可用脱粒机脱出种子，仍继续放在太阳下暴晒 1~2 天。这样反复多次直到种子含水率降至 12% 以下，除去杂质（低于 1%）和霉变籽粒，然后装入编织袋中入库储存。入库的油用牡丹种子应为饱满、光泽亮丽的黑色颗粒，凤丹牡丹以每千克 3 000 粒者为优。

（三）籽粒储存

用于油用加工的牡丹籽粒采收后应注意储藏，避免发热霉变或褐化现象发生。由于牡丹籽粒有一层较为坚硬的外壳，具有抗潮、抗压性能，通常采用干燥储藏法，要求入库储藏的籽粒含水率保持在 12% 或稍低。利用籽粒的后熟作用，控制籽粒的呼吸作用，防止酶与微生物的破坏作用。储藏条件既需干燥、通风，也需要 10℃以下的低温。除此之外，籽粒储存期间的防虫、防鼠工作也十分重要，仓库一定要具有防虫、防鼠条件。

牡丹籽粒收获晒干后应置入保鲜库冷藏或进行气调储藏。在常温状态下不宜放置过久，应争取在安全期内完成籽油生产和后续精炼过程。常温储藏中发生明显褐变的种仁，应在加工前予以分拣剔除，以确保优质牡丹籽油的生产。

第四节
油用牡丹栽培模式

一、丰产栽培与技术集成

油用牡丹作为新兴的油料作物，其种子生产潜力为人们所关注。其产量的形成首先与其遗传基础有关，同时也与栽培措施和环境条件有关。一个地区在品种选定之后，正确的栽培模式与相应配套的栽培技术的结合，对于油用牡丹的早期获益与持续丰产具有重要意义。前面我们系统地介绍了油用牡丹的栽培技术，这些技术需要从各地具体情况出发，进一步细化、深化，并加以集成、组装，并且通过技术培训加以普及，这样才能转化为现实生产力。

二、豫北平原油用牡丹栽培模式

中科-神农模式。这是中国科学院植物研究所刘政安牡丹研究团队与河南省中科神农牡丹科技有限公司合作，在河南省沁阳市发展油用牡丹，历经多年总结出的一套油用牡丹栽培快速获得高产稳产、优质低成本的科学栽培管理体系和经验，适于同类地区推广应用。

（一）中科-神农模式的核心内涵

中科-神农模式是一种油用牡丹高效栽培模式，其核心内涵可以概括为 12 个字：快速丰产，稳产优质，减耗增益。

（二）快速丰产的技术环节

实现油用牡丹快速丰产，要抓好以下 4 个技术环节：

1. 大苗壮苗

应用 2～3 年生大苗壮苗栽植，可以缩短油用牡丹进入稳产高产期的时间，从而快速取得效益。

2. 适时栽植

按照牡丹秋季发根规律，中原地区在9～10月适时栽植，可以促发大量新根，翌年春季牡丹基本没有缓苗期，很快恢复长势。

3. 合理密植

为了早期获益，可适当增加密度，1～3 年苗建议 3 000 株／亩左右。随植株的生长，对栽植密度进行动态管理。

4. 覆盖栽培

采用牡丹专用薄膜覆盖，既可有效防治杂草危害，又有调温、保墒、补光、防病等多方面的效果，有利于油用牡丹的早期获益。

（三）稳产质优的具体措施

要保障油用牡丹稳产质优，应采取以下 4 项具体措施。

1. 整形修剪

通过平茬、修剪等整形措施，促使植株快速形成较为牢固的丰产树形。

2. 肥水保障

农作物生产中，有"有收无收在于水，收多收少在于肥"的经验之谈。油用牡丹的丰产优质，一定要有肥水保障（干旱、半干旱地区更要有集水、保水措施），在种植面积达到 5 000 亩以上时，应建设配套的牡丹专用有机肥料厂，每个肥料厂应能提供足够的大田用肥。肥料厂可以与养殖场相结合。

3. 防治病虫害

油用牡丹病虫害防治需采取"预防为主"的方针。只要科学栽培油用牡丹，一般病虫害较少。从老牡丹产区调苗时，定植前一定要严格分级、消毒；另外，可以设置黑光灯、黄板或蓝板、性诱剂等诱杀害虫。

4. 辅助授粉

花期采用放蜂及人工辅助授粉，可以大大提高油用牡丹的结实率。

（四）减耗增效的几种方法

实现油用牡丹生产减耗增效，需要实施 4 项科学方法。

1. 免草法

杂草危害是令经营者感到非常棘手的问题，人工除草效率低、成本高，化学除草对土壤环境及产品均有一定的污染。采用牡丹专用地膜覆盖育苗、栽培，可大大减少草害，降低劳动生产成本，综合效益很好。

2. 间作法

这里的间作是指立体种植、间作套种。按照牡丹习性，夏季高温、强光照对其生长发育不利，适度的遮阳（遮光 50% 左右）是可行的，从而为适宜的林、果间作模式提供了可能。另外，油用牡丹从定植到产量形成需要 2 ~ 3 年，为利用牡丹行间育苗提供了一定的空间。

3. 间伐法

牡丹种植园中过密的植株要及时挖除，作苗木出售或另建新园。其他间作物，如 1 ~ 2 年生药材、牡丹种苗、绿化用观赏植物等，要及时收获或挖取出售，以取得早期效益。

4. 培训法

定期组织参与牡丹基地建设的员工或农户参加培训学习，掌握油用牡丹种植的相关知识和技术，从而将整个生产流程纳入科学管理之中。这是实现牡丹种植减耗增效的一个极其重要的措施。

河南沁阳地处豫北平原，生态环境较为适宜油用牡丹的发展。与上述技术配套的还有牡丹专用地膜及牡丹专用肥的研发，以及各种农业机械的运用等，对同类地区油用牡丹的发展具有重要的示范作用。河南省中科神农牡丹科技有限公司在河南省焦作市沁阳市栽培油用牡丹基地，如图 10-5 所示。

三、洛阳南部山地的油用牡丹种植模式

洛阳南部适于油用牡丹种植的丘陵山地面积较大。洛阳春艳牡丹生物科技

有限公司在洛阳南部山区，总结了一系列无灌溉条件下的油用牡丹栽培模式，其要点如下：

根据地形部位不同划分为三个类型，即阳坡、阴坡、沟壑。另外，将有林地单独划分为林下种植模式。

（一）山地阳坡模式

阳坡光线较为充足，坡度较缓，气温较高，在年降水量 500 ~ 600 mm 的情况下，要注重留水保墒。可沿等高线修成 1.5 ~ 2.0 m 的窄型梯地进行栽植，每亩初植密度 2 600 ~ 2 800 株。

（二）山地阴坡模式

阴坡坡度较陡，不宜等高线种植，可采用小丘状种植，每个小丘上种植 3 ~ 5 株。密度稍大，每亩 3 000 ~ 3 300 株。

● 图 10-5　中科－神农油用牡丹示范基地一角

（三）沟壑模式

山沟底部沟道，土层厚，水分足，可以起垄稀植，每亩 2 200 株，以利排水。由于土壤较肥，可修剪较重。如果山坡地 7 叶枝仅剪去 4 叶，则沟壑地可剪去 5 叶。

（四）林下模式

在林地中（核桃、柿、楸、杨等）种植牡丹，不宜起垄，需要平地栽植，且林木不宜太密，郁闭度不能超过 0.4。

上述栽植模式中的其他措施与前述中科－神农模式相同，具体操作需根据具体情况，因地制宜，灵活掌握。叶密接后要逐年间伐。在山地除草可适当养鸡、养鹅或养羊（羊不以牡丹为食），但要移动饲养。注意羊群放养每年 1～2 次为宜，次数过多会损伤枝叶，导致减产。施肥量上密度大的要适当多施，施肥原则：慎用复合化肥，巧用工业有机肥，提倡农家肥。

四、油用牡丹栽培管理全程机械化

随着油用牡丹的快速发展，面积达千亩乃至万亩以上的种植园不断涌现。大面积栽培带来的管理强度提高、工作量增大的问题十分突出，特别是当前农村劳动力紧缺，用工费用提高，迫切需要通过机械化来提高劳动生产率，以降低生产成本，保证油用牡丹产业稳步向前发展。

目前，已有部分企业实现了油用牡丹种植全过程机械化，如中资国业牡丹产业集团有限公司在陕西合阳基地，从深翻整地、播种育苗、苗木栽植、中耕除草、施肥浇水、病虫害防治及种子采收等作业都实现了机械操作。该公司 2018 年被评为陕西省林业产业省级龙头企业。

在平原地区，大型农机具可以充分发挥作用。在山区丘陵地带，则需要发挥小型农机具的作用。大田定植时，株行距一定要考虑便于中耕除草及施肥、病虫害防治等作业的机械操作。

（李嘉珏，刘政安，赵孝庆）

主要参考文献

[1] 韩雪源,张延龙,牛立新,等.不同产地'凤丹'牡丹籽油主要脂肪酸成分分析 [J].食品科学,2014,35(22):181–184.

[2] 姜天华,单佩佩,黄在范,等.施用氮肥对油用牡丹叶片氮素吸收积累与籽粒品质的影响 [J].应用生态学报,2016,27(10):3257–3263.

[3] 罗建让,张延龙,郭丽萍,等.35 个栽培牡丹品种油用特性的评价研究 [J].中国粮油学报,2016,31(10):60–65.

[4] 李育材.中国油用牡丹研究 [M].北京:中国林业出版社,2019.

[5] 杨静萱,吉文丽,刘玲,等.株行距配置对油用牡丹'凤丹'生长发育及产量的影响 [J].干旱区资源与环境,2017,31(6):202–208.

[6] 周琳,王雁.我国油用牡丹开发利用现状及产业化发展对策 [J].世界林业研究,2014,27(1):68–71.

第十一章

牡丹病虫草害防控

  在影响牡丹生长发育的环境因素中，有害生物的防控是非常重要的一环。只有掌握病虫草害的种类及其危害规律，并采取有效措施，才能使牡丹产品的产量和品质得到保障。

  本章较为全面地介绍了牡丹病虫害及田间杂草的主要种类、危害特点、发生规律及其防控措施，介绍了病虫草害综合防治的原理和方法，及牡丹种苗进出境、国内运输检疫程序与相关法规。

第一节

牡丹病害及其防控

综合各地调查及相关文献报道，全国各地危害牡丹的病害种类近 50 种，分属侵染性病害与非侵染性病害两大类。在侵染性病害中，又可区分为真菌病害、病毒病害、植原体病害和根结线虫病害等，其中以真菌病害种类最多，危害最大。各地常见需要重点防治的种类有灰霉病、根腐病、各种叶斑病、病毒病以及根结线虫病等。

由有害生物引起的侵染性病害和由非生物因素引起的非侵染性病害之间有着密切的关系。南北各地夏秋之交牡丹早期落叶现象，往往是两类病害交错发生的结果。

2011 年以来，各地油用牡丹发展迅速。其主要种类如杨山牡丹和紫斑牡丹，在其适生区栽培，只要管理措施到位，一般病害并不严重。但如果土地选择不当，面积较大又疏于管理，植株生长较弱，也有发生严重病害的可能。此外，各地在发展油用牡丹的同时，常常要栽种一些观赏牡丹，或者同时修建观赏园，品种交流频繁，发病情况相对复杂。因而本书在介绍病害种类时力求全面，以供各牡丹产区参考。

● 图 11-1　**牡丹黑斑病危害状**

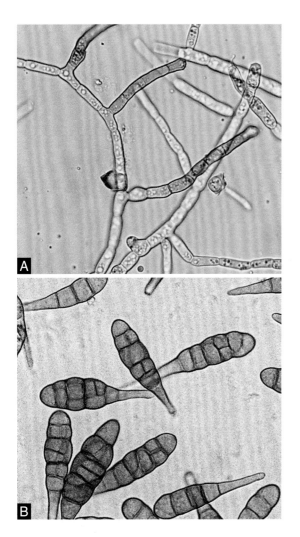

A. 病菌分生孢子梗在菌丝上的着生情况；B. 病菌分生孢子。

● 图 11-2　**牡丹黑斑病病原菌形态特征**

一、主要真菌病害及其防治

（一）牡丹黑斑病

该病也称叶枯病，是对牡丹危害较为严重的真菌病害之一，在牡丹主产区，一般发病率在 40% 以上。

1. 症状

该病主要危害叶片，发病初期在叶片上形成 1~3 mm 圆形小病斑，灰黑色，中央颜色稍浅，后来逐渐扩大到直径 5~20 mm 的圆形或不规则形病斑，黑褐色，空气湿度大时在叶片发病部位出现黑色霉层，手摸病斑有粗糙感（图 11-1）。病斑脱落时常形成穿孔，严重时病斑连接成片，导致叶片枯死，提前落叶。

2. 病原

该病在牡丹生长后期发病，主要由链格孢属 *Alternaria* 部分真菌种类复合侵染引起。以往报道认为：该病害主要由牡丹链格孢 *A. suffruticosae*、牡丹生链格孢 *A. suffruticosicola* 和细极链格孢 *A. tenuissima* 三个种引起。石良红等（2015）从山东泰安牡丹病株上取样，利用分子生物学技术结合形态学方法对病原菌进行鉴定，结果表明该病致病菌为链格孢菌 *A. alternata*。病原菌菌落在 PDA 培养基上生长速度快，气生菌丝发达，呈长绒状，菌落正面初为白色，后渐变为暗褐色，中央为灰绿色，菌落背面呈黑褐色、暗褐色至黑色（图 11-2 A）。分生孢子梗暗褐色，单生或数根丛生，有分枝，直立或弯曲，顶生分生孢子，随着连续产孢作合轴式延伸。分生孢子单生或链状着生，卵形，长椭圆形或倒棍棒形，淡褐色，1~4 个纵、斜隔膜和 3~8 个横膈膜，分隔处略缢缩或不缢缩（图 11-2 B）。

3.发病规律

该病菌为弱致病菌，菌丝体在病残体上越冬，翌年环境条件适宜时，菌丝产生分生孢子。分生孢子借风雨传播，当高温、积水导致苗木生长弱、抵抗力下降时，病菌乘虚而入。一般情况下，雨水多，空气湿度大，可致病害大面积发生。

4.防治方法

该病应以预防为主，大面积发生后难以防治。注意加强田间管理，秋冬彻底清除病残体，减少再侵染源。一般在花后喷 80% 代森锰锌可湿性粉剂 500 倍液 1 次，此后每月喷施 1 次，直至落叶；大面积发生时，喷施 75% 百菌清可湿性粉剂 800 倍液，或 80% 代森锰锌可湿性粉剂 500 倍液，或 25% 嘧菌酯悬浮剂 1 000 倍液，或 70% 甲基硫菌灵可湿性粉剂 800 倍液等，可起到一定的防治效果。

附注：

陈秀虹等（2009）将由链格孢菌 *A. alternata* 引起的牡丹病害命名为牡丹叶枯病，其主要症状为叶面形成圆形或不规则形病斑，病斑红褐色，后期病斑表面有黑色斑点，潮湿时为暗绿色绒状物。症状与牡丹黑斑病症状基本一致，其病原菌相同，应该为同一种病害的不同名称。

（二）牡丹红斑病

该病亦称牡丹叶霉病，是我国各牡丹产区危害较大的真菌病害之一。据调查，在河南洛阳、山东菏泽牡丹栽培区病株率达 50% 左右，染病重的牡丹园可达 90% 以上。在安徽铜陵牡丹产区，该病也是常见病害之一。

1.症状

该病主要危害叶片，也侵染叶柄、幼茎及花萼、花冠等。发病初期，叶片两面出现绿色针头状小点，30 天后可扩展成 10～30 mm 的病斑，近圆形，初期呈紫褐色或紫红色，后期逐渐出现淡褐色同心轮纹，周围颜色较深，呈暗褐色。发病后期，天气潮湿时，叶片两面均出现灰褐色霉状物，此为病原菌的分生孢子梗及分生孢子。叶柄的病斑呈暗紫褐色，并有黑绿色绒毛；茎部的病斑初期长圆形，稍凸起，后期病斑中间开裂并凹陷（图 11–3）。叶片正面及茎上的病斑长期保持暗紫红色是该病的主要症状和特点。连年发病的植株生长矮小，

● 图 11-3　**牡丹红斑病（叶霉病）危害状**

难以开花或导致全株枯死。

2. 病原

该病的病原菌为牡丹枝孢菌 *Cladosporium paeoniae*，国外一些文献将该菌归为二歧枝孢属 *Dichocladosporium* 真菌（Schubert 等，2007）。病原菌在PDA 培养基上分离纯化后，形成墨绿色霉层，菌丝短绒状，生长比较缓慢，菌落背面星裂状；其分生孢子梗黄褐色、线形，有 2~6 个分隔，3~7 根簇生；分生孢子卵形至纺锤形，着生方式为向顶生，形成孢子链；孢子大小不一，大的 7 μm×4.5 μm，小的 6 μm×4 μm（图 11-4）。

3. 发病规律

病菌主要以菌丝体和分生孢子在病残体及病果壳上越冬，还可在不腐烂的病叶上越冬，并能在上年分株后遗留在种质圃的牡丹根上腐生，但会随寄主组织的腐烂而死亡。春季产生分生孢子，借风雨传播，直接侵入或自伤口侵入寄主。山东菏泽地区牡丹嫩茎、叶柄上的病斑自 3 月下旬可见；4 月上旬，新叶刚发生不久即可出现针尖状病斑，此后病斑扩展，逐渐相连成片；6 月中旬至 7月下旬为发病盛期；8 月上旬以后很少再出现新病斑；11 月上旬后，病原菌进

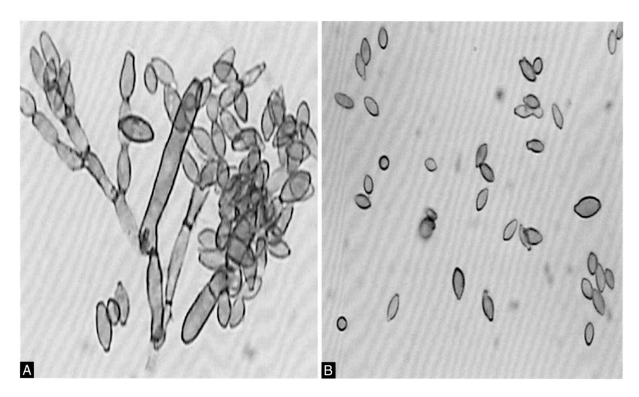

A. 病菌分生孢子梗；B. 病菌分生孢子。

● 图 11-4　**牡丹红斑病（叶霉病）病原菌形态特征**

入越冬期。牡丹生长季节，该病可发生多次再侵染。病害发生严重与否，与牡丹园初侵染病原清除的质量密切相关，清除质量差的牡丹园发病重，清除质量良好的牡丹园则发病较轻。不同品种对此病的抗性表现出明显差异。在菏泽，'大胡红''状元红''姚黄''三变赛玉'等属于高感病品种。在栽培管理条件一致时，土壤 pH 对病害的发生也会有影响，土壤 pH 高时感病较重，反之，感病较轻。种植密度过大、环境潮湿、光照不足、植株长势衰弱时发病重，严重时导致整株叶片萎缩枯萎。

4. 防治方法

（1）农业防治　增施磷钾肥，提高植株抗性，注意及时排水；秋末冬初及时清除枯枝落叶，并集中烧毁病株残体。

（2）药剂防治　种苗消毒，苗木栽植前用 65% 代森锌可湿性粉剂 300 倍液浸泡 20 min，用清水冲淋后沥干水分再栽；春季植株萌动前喷洒倍量式波尔多液，每 10 ~ 15 天喷 1 次；发病初期用 75% 百菌清可湿性粉剂 600 倍液，或 40% 氟硅唑可湿性粉剂 5 000 倍液喷雾防治。

（三）牡丹褐斑病

该病也称轮斑病、轮纹病或白星病，是牡丹和芍药常见的叶部病害，分布较广，是牡丹生长后期造成叶片枯焦的原因之一，在河南洛阳、山东菏泽及陕西西安等地的牡丹园，8 月病株率达 70% ~ 90%。

1. 症状

感病叶片先出现大小不同的苍白色斑点，一般为直径 3 ~ 7 mm 的圆形病斑，中部逐渐变褐色，后期正面病斑上散生十分细小的黑点，放大镜观察呈绒毛状，具有同心轮纹，单片叶少时 1 ~ 2 个斑，多则 20 个以上，相邻病斑愈合时形成不规则的大病斑，严重时整个叶片布满病斑，焦枯死亡，叶背面病斑亦呈暗褐色，轮纹没有正面明显（图 11-5）。

● 图 11-5　**牡丹褐斑病危害状**

2. 病原

国内多数文献将牡丹褐斑病的病原菌记为芍药黑座尾孢或芍药杂色尾孢 *Cercospora variicolor*。2009年鲁作云等报道了湖北民族学院（现湖北民族大学）校园中发生的牡丹轮纹病，病原菌被鉴定为黑座假尾孢 *Pseudocercospora variicolor*。1993年郭兰英和刘锡进已将 *Cercospora variicolor* 移入假尾孢属 *Pseudocercospora*，发表了新组合名称黑座假尾孢，依据的标本采自牡丹和芍药。因此，芍药杂色尾孢是黑座假尾孢的异名。

黑座假尾孢特征如下：子实体叶两面生，子座球形，黑褐色至黑色，直径25～58 μm。分生孢子梗淡褐色至淡黑色，密集，10～25 根簇生，0～2 个隔膜，大小为（10～110）μm×（2～4）μm，产孢细胞合轴生，先端往往较尖，孢痕不明显，罕见膝状节，顶端圆锥形。分生孢子倒棒形至圆筒形，无色至淡橄榄色，明显弯曲，2～8 个隔膜，以 3 个隔膜居多，基部常呈圆锥形，大小为（23～120）μm×（2.0～3.5）μm，如图11-6 所示。

3. 发病规律

病菌以病叶组织内的菌丝体和分生孢子越冬，翌年以分生孢子侵染叶片，一般从 5 月上中旬开始发病，从植株下部叶片产生病斑，随病斑逐渐增大，分生孢子再次侵染并向植株上部蔓延，7月病斑增多。随着雨季的到来，该病进入盛发期，8月下旬病叶开始脱落，分生孢子借风雨传播。秋季高温，7～9月降水偏多，种植过密、通风不良，是该病发生严重的主要原因。

4. 防治方法

（1）农业防治　发病初期，发现病叶及时摘除烧毁，减少侵染源；园地保持通风透光，冬春季节彻底清除落叶，剪除病枝，集中烧毁，降低初侵染源。

（2）化学防治　5月上旬开始，每隔 15 天喷药 1 次，连续喷药 3 次，以后根据天气情况，在 7～8 月再施药 2～3 次。药剂可用 80% 代森锰锌可湿性粉剂 500 倍液，或 75% 百菌清可湿

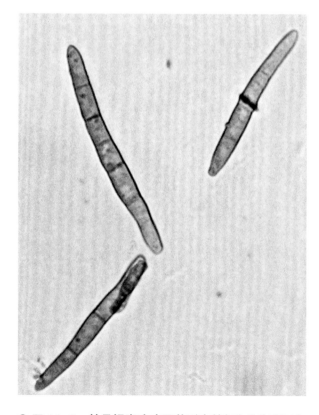

● 图11-6　**牡丹褐斑病病原菌形态特征（分生孢子）**

性粉剂 800 倍液，或 64% 噁霜·锰锌可湿性粉剂 500 倍液，或 50% 多菌灵可湿性粉剂 300 倍液，或 70% 甲基硫菌灵可湿性粉剂 800 倍液等。不同药剂应轮换使用。

（四）牡丹腔孢叶斑病

牡丹腔孢叶斑病又称牡丹瘤点病、瘤点叶斑病、红点病等。该病于 2006—2007 年首次在河南省郑州市、洛阳市被发现，随后山东菏泽、济南、泰安、肥城等地也发现该病害。目前该病广泛发生于河南洛阳、山东菏泽等地的牡丹园，8 ~ 9 月枯死的牡丹叶片上该病病原菌最为常见。该病是造成牡丹叶枯症状的主要侵染性病害。该病除危害牡丹叶片外，还可危害枝干。

1. 症状

叶片发病之初呈水渍状小圆斑，扩展后病斑呈圆形、长圆形或不规则形，边缘较清晰，直径 5 ~ 35 mm，黄褐色至深褐色，常可见黄褐色与深褐色相间的同心轮纹。天气潮湿时，病部可见橙红色或红褐色的小颗粒，老病斑有时破裂或穿孔，但病叶一般不脱落。枝干发病时，形成中部灰白色、边缘黑褐色的不规则形病斑，病部可见稀疏的扁平状黑色子实体，病斑扩展绕茎一周时可致枝干干枯死亡。枝干上的病菌子实体多埋生寄主表皮下，极少有突破寄主表皮而外露者。

2. 病原

该病分离自叶片上的病原菌为绒边胶盘孢 *Hainesia lythri*（zhang 等，2008），而分离自枝干上的病原菌为帽状属真菌 *Pilidium concavum*，二者是同一病原真菌的共无性型，但在牡丹上未发现其有性世代，仅发现了该菌的无性世代。在自然界，绒边胶盘孢比较常见。据报道，此菌可危害牡丹、千屈菜、草莓、桉树幼苗、月见草等几十种植物，形成叶斑、根腐及果实腐烂等症状。

绒边胶盘孢的病原菌子实体呈盘状或杯状，生于简单的子座上，具短柄，黄褐色，壁较薄，直径 260 ~ 550 μm，多存在于牡丹叶片病斑上；帽状属真菌的子实体扁球形或长椭圆形，黑色，壁厚，封闭无开口，直径 280 ~ 1 200 μm，在牡丹枝干上的子实体即属此种。从上述两种子实体分离获得的分离物，在 PDA 培养基上的培养性状相同，菌落白色至肉红色，气生菌丝较发达，绒状或絮状，菌落边缘整齐，后期基质变为红褐色。两种子实体上形成的分生孢子梗、产孢细胞及分生孢子形态相似，其分生孢子梗均为圆柱形，无色透明，分隔，分枝；产孢细胞顶侧生，细长瓶状或圆柱形，无色，至顶端渐细，内壁芽生一瓶梗式孢子，孢子口细小，围领不显著。分生孢子单细胞，无色，纺锤形至镰刀形，直或略弯曲，两端稍尖，大小为（5.5～8.5）μm×（1.5～3）μm。

3. 发病规律

关于该病的发生规律，尚缺乏系统的研究。初步观察，在河南洛阳、山东菏泽等地，5～6月开始发病，8～9月为发病盛期。高温、多雨、多露、株丛郁闭等均为病害发生的原因。病原菌菌丝体在病残体上越冬，翌年环境适宜时越冬的菌丝体产生子实体和分生孢子。分生孢子借风雨传播侵染，在牡丹生长季节，可能有再侵染发生。

4. 防治方法

（1）农业防治　秋冬彻底清除病残体，连同枯枝落叶集中深埋或烧毁，减少翌年初侵染源，牡丹生长季节及时摘除病叶，减少再次侵染源。

（2）化学防治　发病初期喷药防治，可选用50％多菌灵可湿性粉剂 500 倍液，或 50％甲基硫菌灵可湿性粉剂 500 倍液，或 50％多·硫悬浮剂 500 倍液等，或用 75％百菌清可湿性粉剂 1 000 倍液 +70％甲基硫菌灵可湿性粉剂 1 000 倍液混合喷施，间隔 7～8 天喷 1 次，连喷 2～3 次，喷药后遇雨需补喷。

（五）牡丹轮纹斑点病

牡丹轮纹斑点病在各牡丹栽培地区均有发生，但多为零星发生，湿度大时危害较为严重。

1. 症状

主要危害叶片，病斑圆形或近圆形，灰褐色，直径 5～22 mm，具有明显的同心轮纹，湿度大时病斑上出现轮纹状排列的黑色小点，即病原菌的分生孢子盘，后期病斑易穿孔。

2. 病原

牡丹轮纹斑点病的病原菌为多毛黏质拟盘多毛孢 *Pestalotiopsis langloisi*，在 PDA 培养基上病原菌菌落白色，菌丝生长快，后期菌落表面形成黑色小点，即病菌的分生孢子盘。分生孢子盘散生，初期为黄褐色，大小为150～300 μm。分生孢子具 4 个隔膜，由 5 个细胞组成，椭圆状纺锤形或长梭形，分隔处稍缢缩，大小为（16~25）μm×（6.5~7.5）μm；中间 3 个细胞有颜色，其中上部 2 个细胞茶褐色至暗褐色，下部细胞淡褐色，隔膜和胞壁处明显色深；顶细胞圆锥形，色浅，顶端附属丝 2~3 根，多为 3 根，分枝角度大，基部细胞圆锥形，淡色，尾部有小柄。

3. 发病规律

该病的发生规律，尚缺乏系统的研究。初步观察，在河南洛阳、山东菏泽等地 8~10 月为发病盛期。多雨、多露、株丛郁闭等为病害发生的原因。病原菌可能以菌丝体在病残体上越冬，翌年环境适宜时越冬的菌丝产生分生孢子。分生孢子借风雨传播侵染，在牡丹生长季节，可能有再侵染发生。

4. 防治方法

（1）农业防治 发病初期，发现病叶及时摘除烧毁；牡丹植株间保持通风透光，创造不利于病菌发生发展的环境；秋、冬季彻底清除落叶，剪除病枝，集中烧毁，降低初侵染源。

（2）化学防治 可选用的药剂有：75% 百菌清可湿性粉剂 800 倍液，或 50% 代森锰锌可湿性粉剂 500 倍液，或 64% 噁霜·锰锌可湿性粉剂 500 倍液，或 50% 多菌灵可湿性粉剂 800 倍液，或 70% 甲基硫菌灵可湿性粉剂 800 倍液等。从 6 月上旬开始，每隔 15 天喷药 1 次，直至 10 月中旬。为提高防治效果，不同的药剂可轮换使用。

（六）牡丹黄斑病

牡丹黄斑病在牡丹各主要种植区均有发生，一般在嫩弱的叶片上较为常见。

1. 症状

染病叶片上出现的病斑圆形或近圆形，浅黄褐色至黄褐色，有时边缘紫红色，病部比健康叶片稍薄；后期病斑上着生许多小黑点，即病原菌的分生孢子器，病斑多出现于株丛下部受遮阴的嫩弱叶片上（图 11-7）。

A. 叶片正面症状；B. 叶片背面症状。

● 图 11-7 **牡丹黄斑病危害状**

2. 病原

牡丹黄斑病的病原菌为斑点叶点霉 *Phyllosticta commonsi*。在 PDA 培养基上菌落平铺，菌落初期淡黑色，后期变为黑色，培养基上或培养基中埋生许多黑色小点状分生孢子器。分生孢子器球形、凸镜形、扁球形，直径 65~85 μm，器壁膜质，褐色，由 2~3 层细胞组成，孔口圆形，周围胞壁加厚，暗褐色；分生孢子长圆形至近圆形，单胞无色，大小（5~7）μm×（2~3）μm（图 11-8）。

3. 发病规律

关于该病的发生规律，尚缺乏系统的研究。病原菌可能以菌丝体、分生孢子器在病残体上越冬，翌年环境适宜时分生孢子借风雨传播到牡丹叶片上侵染致病，嫩弱的叶片易被侵染，多雨、多露的环境条件为病害发生的原因。田间观察发现：该病原菌分生孢子器产生得较晚，而病斑多出现在嫩弱叶片上，故推测该病害再侵染可能性不大或无。

4. 防治方法

（1）农业防治　秋冬季节彻底清除病残体，连同枯枝落叶集中深埋或烧毁。

（2）化学防治　发病初期可结合防治其他叶斑病喷药防治，可用 50% 多

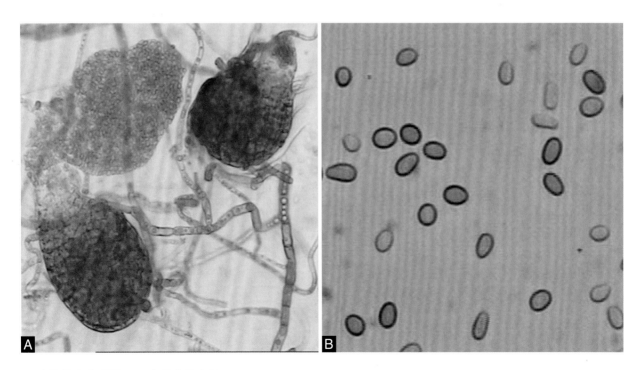

A. 病菌分生孢子器；B. 病菌分生孢子。

● 图 11-8　**牡丹黄斑病病原菌形态特征**

菌灵可湿性粉剂 500 倍液，或 50％甲基硫菌灵可湿性粉剂 500 倍药液，或 50％多·硫悬浮剂 500 倍药液，或 75％百菌清可湿性粉剂 +70％甲基硫菌灵可湿性粉剂各 1 000 倍的混合药液喷施。隔 7~8 天喷 1 次，连喷 2~3 次。喷药后遇雨需补喷。

（七）牡丹柱枝孢叶斑病

牡丹柱枝孢叶斑病是牡丹上危害严重的病害之一。据调查，洛阳牡丹种植区该病发生相当普遍，是造成叶片枯死、早衰的主要原因之一。该病在山东菏泽地区也有报道，在牡丹其他主栽区的发生情况尚不清楚。

1. 症状

染病叶片边缘出现水渍状的小型褪绿病斑，病斑扩大后呈圆形或椭圆形，黄褐色到褐色，病斑扩大过程中受叶脉限制，从而呈不规则形或略呈多边形；后期病斑互相连接可致叶片枯死，但很少导致叶片脱落；湿度大时病斑上产生白色霉层，即病原菌的菌丝、分生孢子梗及分生孢子（赵丹，2012）。

2. 病原

病原菌为加拿大帚梗柱孢霉 *Cylindrocladium canadense*（Li 等，2010），其在 PDA 培养基上菌落赭色，可产生大量红褐色、链状着生的厚垣孢子，气生菌丝浓密，灰白色，最适生长温度 30℃，最高温度 35℃，属于高温物种（Kang 等，2001）。分生孢子梗由柄、帚状分枝、延伸枝和顶端的膨大泡囊组成，柄具隔膜，透明，表面光滑，大小（50~80）μm×（4~6）μm。帚状分枝的初级分枝无隔膜或具 1 个隔膜，大小（20~30）μm×（4~6）μm；次级分枝无隔膜，大小（10~20）μm×（3~5）μm；三级分枝无隔膜，大小（10~15）μm×（3~5）μm。每一末端分枝产生 2~6 个瓶梗，瓶梗瓮形至肾形，透明，无隔膜，大小为（10~15）μm×（3~5）μm，顶部的周缘具极少的加厚和不明显的环痕。延伸枝由次级分枝或三级分枝生出，有隔，直或曲折，长 100~180 μm，最上部的隔膜处宽 3~4 μm，最顶端为泡囊，泡囊梨形或顶部呈球状的花梗形，直径 6~10 μm。分生孢子柱状，直立，两端圆，大小 [(38~)48~55(~65)] μm×（4~5）μm，具 1 个隔膜，无可见的脱落瘢痕。

3. 发病规律

病原菌可以菌丝体在病株残体上越冬，翌年环境适宜时，越冬菌丝体产生分生孢子，分生孢子借风雨传播，在牡丹生长季节，分生孢子可引起再侵染。高温、多雨、多露、株丛郁闭等有利于病害发生。

4.防治方法

（1）农业防治　秋冬彻底清除病残体，连同枯枝落叶集中深埋或烧毁，减少翌年初侵染源；牡丹生长季节及时摘除病叶，减少再侵染源。

（2）化学防治　该病一般于6月上旬开始发生，可喷药防治。常用药剂有50%多菌灵可湿性粉剂500倍液，或50%甲基硫菌灵可湿性粉剂500倍液；也可用75%百菌清可湿性粉剂+70%甲基硫菌灵可湿性粉剂1000倍的混合液喷施，隔7~8天1次，连喷2~3次。

（八）牡丹叶斑病

该病在洛阳等地发病严重，主要侵染牡丹叶片，也可侵染茎干与枝条等。

1.症状

主要危害叶片，茎部及叶柄也会受害。感染时，叶片上可见类圆形褐色斑块，边缘不明显，发病严重时叶片扭曲，甚至干枯、变黑（图11-9）。茎和叶柄上的病斑呈长条形，花瓣感染时会造成边缘枯焦，严重时导致整株叶片萎缩枯凋。

2.病原

该病为真菌病害，病原菌为一种叶点霉属 *Phyllosticta* sp.真菌，其寄生性极强。

3.发病规律

病原以菌丝体在病株残体上越冬。春季产生分生孢子，借风雨传播，直接侵入或从伤口侵入寄主。4月开始发病，多雨潮湿的雨季发病严重，遇高温、通风不良、光照不足时迅速蔓延。人为因素包括施用氮肥过多、植株密度大、病株未时去除等。

4.防治方法

（1）农业防治　及时排除积水，清除并烧毁病株残体；同时可增施磷钾肥，提高抗病力。

（2）化学防治　春季植株萌动前喷洒倍量

● 图 11-9　**牡丹叶斑病危害状**

A. 花蕾症状；B. 叶片症状。

● 图 11-10　**牡丹灰霉病危害状**

式波尔多液，每 10 ~ 15 天喷 1 次；或在发病初期用 70% 代森锰锌可湿性粉剂 500 倍液 + 展着剂喷洒。

（九）牡丹灰霉病

该病是牡丹常见真菌病害之一，长江以北地区春季降水量少，空气干燥，相对湿度低，因而发病轻或不发病；长江下游及其以南地区早春降水多，空气相对湿度高，因而易发病且危害较重，进入秋季如果条件适宜仍可发病，但此时发病较轻，危害不大。设施栽培发病重。

1. 症状

在牡丹生长的各时期均可发生，其叶、茎、花等器官均可受害，其中叶片发病最为严重。早春季节灰霉病多侵染牡丹幼嫩的鳞芽或叶芽，初期表现为暗绿色水渍状，后期变黑干枯，潮湿条件下可看到受侵染部位出现灰色霉层；4月中旬后受害花瓣脱落引起叶片感染，叶部病斑近圆形或不规则形，褐色或紫褐色，具不规则轮纹，多发生在叶尖或叶缘，后扩大为不规则形（图11-10），潮湿条件下，可看到发病部位有灰色霉层，即病菌的分生孢子；后期病斑逐渐扩大，病斑颜色呈紫褐色或深褐色，叶片卷曲，常连接成片，使植株干枯死亡（杨瑞先等，2019）。幼苗发病部位主要在茎基部，病斑水渍状，呈褐色，后期凹陷，腐烂，造成幼苗病株倒伏，潮湿时也可产生灰色霉层。幼嫩植株受侵染后，枝条腐烂，并在腐烂枝条的基部产生菌核。

2. 病原

灰霉病是指由葡萄孢属 *Botrytis* 真菌引起的

一类病害，在许多作物上都有发生。牡丹灰霉病的病原菌主要包括牡丹葡萄孢 *Botrytis paeoniae* 和灰葡萄孢 *B. cinerea*。灰葡萄孢在 PDA 培养基上菌丝生长势较弱，气生菌丝较疏松，菌落初期白色，后变为灰色，平皿边缘处孢子着生密集，其分生孢子梗直立，丛生，淡褐色，具隔膜，顶端有 1~2 次分枝，分枝末端膨大，上密生小梗，聚生大量分生孢子，呈葡萄穗状；分生孢子卵圆形或长卵圆形，少数球形，无色至淡灰褐色，单孢，大小为（6.0~15.0）μm×（6.0~11.0）μm，平均大小为 12.0 μm×9.0 μm（图 11–11）。牡丹葡萄孢的分生孢子梗直立，浅褐色，有隔膜，顶部分枝，大小有变异，一般大小为（250~1 000）μm×（14~17）μm。分生孢子在分生孢子梗分枝的末端聚生成葡萄穗状；分生孢子卵圆形或近短圆形，无色至浅褐色，单胞，大小有变异，一般大小为（8~16）μm×（6~10）μm，菌核黑色，大小 1~1.5 mm。

3. 发病规律

病菌以菌核、菌丝体和分生孢子随病残体或在土壤中越冬。翌年菌核萌发产生分生孢子，孢子靠风雨传播，自伤口或衰老组织侵入，发病后产生大量分生孢子进行再侵染，高温多雨天气发病加重。在长江流域中下游及江南地区，

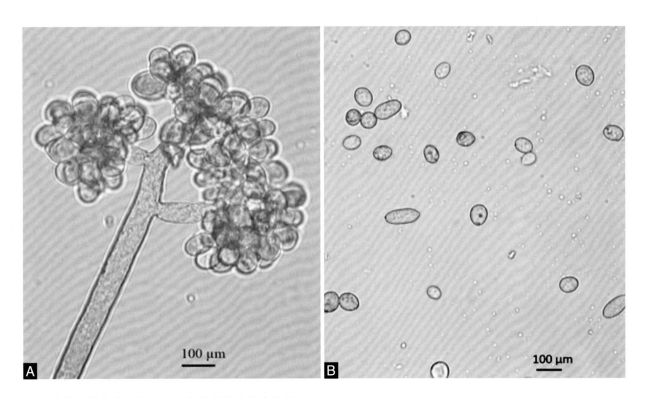

A. 灰葡萄孢的分生孢子梗；B. 灰葡萄孢的分生孢子。

● 图 11-11　**牡丹灰霉病病原菌形态特征**

春天气温回暖早，该病发生也早。每年 2～3 月，气温上升到 13～23℃，植株新枝、叶片及花器正处旺盛生长期，此时多雨，且空气相对湿度 80% 以上时，潜伏在土壤表层的菌核和病原菌产生大量的分生孢子，随风雨传播。新枝、幼叶、花器被侵染后发病。这一带，一年当中有两次发病高峰，一次在 3 月前后，另一次在秋季 9～10 月，3 月发病重，而秋季危害相对较轻。

另据调查，灰葡萄孢可在田间潜伏侵染，并在 0℃ 条件下仍保持致病活力，在低温 4℃ 条件下，比链格孢菌和镰刀菌具有更强的致病力，表明该病原菌具有较强的低温适应性和致病优势。

4. 防治方法

（1）农业防治 秋末冬初，园中脱落的叶片及修剪下的残枝集中烧毁或深埋；合理密植，使植株间通风透光；加强田间管理，及时清除杂草；合理施肥，不要偏施氮肥，而要增施磷钾肥，以增强植株抗病能力；栽植前进行土壤处理，减少侵染源。

（2）化学防治 发病初期可用 50% 腐霉利可湿性粉剂 1 000～1 500 倍液，或 50% 异硫脲可湿性粉剂 1 000 倍液，或 65% 甲霉灵可湿性粉剂 1 000 倍液进行茎叶喷洒，隔 15 天喷药 1 次，连喷 3 次。设施内牡丹染病时可用烟雾法施药，选用 45% 百菌清烟剂、10% 腐霉利烟剂、15% 三乙膦酸铝烟剂等进行熏烟。

（十）牡丹白粉病

● 图 11-12 **牡丹白粉病危害状**

在各地牡丹园牡丹白粉病零星发生，但在洛阳白云山山地牡丹园发生较为严重。

1. 症状

发病初期在叶片表面形成一层粉状斑，严重时危及整个叶片，后期叶片两面和叶柄上形成污白色粉层（图 11-12），并在粉层中散生许多小黑点，为病菌的闭囊壳。

2. 病原

该病病原菌为芍药白粉菌 *Erysiphe paeoniae*，属子囊菌亚门核菌纲白粉菌目白粉菌属。闭囊壳散生，黑褐色，球形或扁圆形，壳壁细胞多角形，壳壁上有附属丝,丝状,偶有分枝;子囊 5~8 个,卵形或椭圆形,有短柄,大小（54.4~61.2）μm×（28.9~34.0）μm;内含子囊孢子 4~5 个,卵圆形,大小（17.0~23.8）μm×（10.2~13.6）μm;分生孢子单生,长椭圆形,表面光滑,无色,大小（25.5~27.2）μm×（10.2~11.9）μm（图 11-13）。

另据观察,芍药白粉菌在致病性和寄主范围上存在生理分化,导致牡丹染病的是其生理变型（段亚冰,2009）。南方地区牡丹白粉病的病原菌与此有差别。

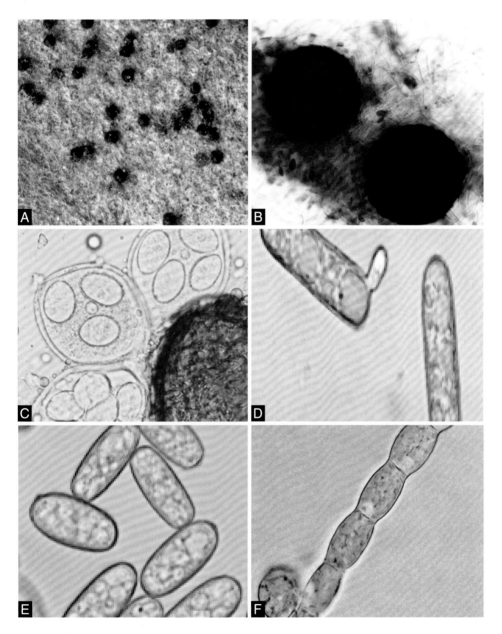

A. 叶片上白粉菌的闭囊壳; B. 白粉菌的闭囊壳; C. 白粉菌的子囊及子囊孢子;
D、E. 白粉菌的分生孢子; F. 白粉菌的分生孢子梗。

● 图 11-13　**牡丹白粉病病原菌形态特征**

3. 发病规律

洛阳一般从 5 月上旬开始发生，逐渐加重，8 月下旬为发病高峰期，后期病叶逐渐枯死脱落。施用氮肥过多时，叶片过于幼嫩，或者遮阴时间过长，都会造成白粉病的大量发生。

4. 防治方法

（1）农业防治　注意秋季清除病株残体，并集中销毁。

（2）化学防治　发病初期，可用 20% 三唑酮乳油 2 000 倍液，或 25% 丙环唑乳油 4 000 倍液等喷雾防治。唑类药剂虽然防治白粉病效果较好，但对花木幼嫩组织具有矮化作用，要严格控制使用浓度，并注意安全间隔期。

（十一）牡丹疫病

牡丹疫病在山东菏泽，贵州遵义、花溪等地及杭州的盆栽牡丹上均有发生；在设施盆栽牡丹上，牡丹疫病发生较为普遍。因该病发病部位常伴有细菌和镰刀菌 *Fusarium* sp.，给牡丹疫病的诊断带来较大的困难，常使该病被忽略。

1. 症状

主要危害牡丹的叶、芽、嫩茎及根颈部。多发生在下部叶片，病部初呈暗绿色水渍状，形状不规则，后呈浅褐色至黑褐色大斑，叶片垂萎。嫩茎染病之初出现条形水渍状溃疡斑，后变为长达数厘米的黑色斑，病斑中央黑色，向边缘颜色渐浅，病斑与正常组织间无明显界限；近地面幼茎染病，则整个枝条变黑枯死；根颈部被侵染时，出现颈腐，严重时可致全株死亡。在幼嫩组织上，该病症状与灰霉病相近，但疫病的病斑以黑褐色为主，略呈皮革状，一般看不到霉层，而灰霉病的病斑一般呈灰褐色，并常有灰色霉层（图 11–14）。

A. 叶片发病症状；B. 茎干发病症状。

● 图 11–14　**牡丹疫病危害状**

2. 病原

该病病原菌为恶疫霉菌 *Phytophthora cactorum*。在固体培养基上气生菌丝少，菌丝粗细较均匀。孢囊梗合轴分枝，直径 2.0 ~ 2.5 μm；孢子囊顶生，近球形或卵形，罕为长卵形，大小（29 ~ 59）μm×（24 ~ 40）μm，基部圆形，顶端具一明显乳突（图 11-15）；成熟后脱落的孢子囊具短柄，柄长的可达4.2 μm，短的几乎无柄；游动孢子肾形，大小（9 ~ 12）μm×（7 ~ 11）μm，鞭毛长 21 ~ 35 μm；休止孢子球形，直径 9 ~ 12 μm，厚垣孢子不常见。同宗配合类型，单菌株培养产生大量的卵孢子，藏卵器球形，直径 23 ~ 35 μm，壁平滑，基部柱状，柄棍棒状；雄器近球形，多侧生，偶有围生的，大小（5.0 ~ 14.5）μm×（6.0 ~ 13.5）μm；卵孢子球形，浅黄褐色，直径 20 ~ 33 μm，壁厚 2.7 ~ 4.6 μm，近满器。

3. 发病规律

病菌以卵孢子、厚垣孢子及菌丝体随病残体在土中越冬。气温 15 ~ 25℃，空气湿度较高时，孢子囊萌发形成游动孢子，也可直接萌发产生芽管侵入寄主引起发病；厚垣孢子一般需经过 9 ~ 12 个月休眠才萌发。牡丹生长季节可由孢子囊传播引起多次再侵染，牡丹生长期若有大雨，就可能出现侵染及发病高峰。连阴雨多、降水量大的年份易发病，雨后高温也易发病。

4. 防治方法

（1）农业防治　选择高燥地块或起垄栽培，雨后注意排水，防止根颈部淹水；增施磷钾肥，提高植株抗病力；田间发现病害时及时摘除病部，秋冬清除病残体，减少侵染菌源。

（2）化学防治　发病初期可选用 25% 甲霜灵可湿性粉剂 400 倍液，或 58% 甲霜灵锰锌可湿性粉剂 600 倍液，或 64% 噁霜·锰锌可湿性粉剂 600 倍液，或 72% 霜脲·锰锌可湿性粉剂 800 倍液，或 69% 烯酰吗啉·锰锌可湿性粉剂 900 ~ 1000 倍液，隔 7 ~ 10 天 1 次，连续喷洒 3 ~ 4 次。

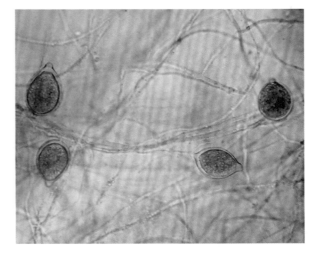

● 图 11-15　**牡丹疫病病原菌孢子囊**

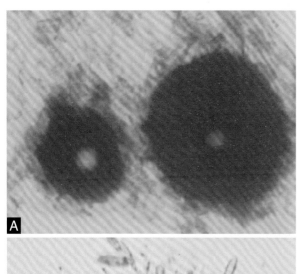

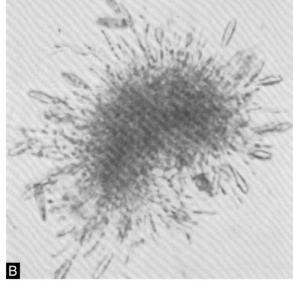

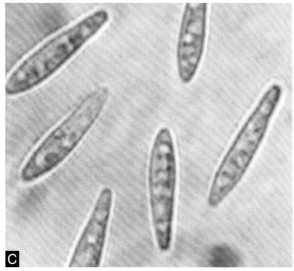

A. 病原菌的子囊座；B. 病原菌的分生孢子器；
C. 病原菌的分生孢子。

● 图 11-16　**牡丹溃疡病病原菌形态特征**

（十二）牡丹溃疡病

该病在洛阳等地发生相对严重，主要危害牡丹茎部，亦能侵染叶片。

1. 症状

发病初期出现褐色小斑点，逐渐扩展呈椭圆形、梭形或不规则病斑；病斑紫褐色或黑色，中间灰白色，凹陷呈溃疡状。空气湿度大时，病斑边缘形成不规则水渍状病斑，呈水泡状。后期在病部皮层下形成许多针状小黑点，埋生或半埋生，此为病原菌的分生孢子器或子囊壳，严重时病斑表皮开裂甚至枝条枯死。发病轻者抽枝较慢，花蕾变小，开花迟缓；发病重的植株鳞芽萎缩不能抽枝或抽枝后不能开花，萎蔫青枯，致使枝条稀疏乃至枯死。

2. 病原

该病病原菌为茶藨子葡萄座腔菌 *Botryosphaeria ribis*，属子囊菌门中葡萄座腔菌属。其分生孢子器或子囊座自皮层下顶出，褐色小点状，散生；分生孢子器黑色，球形，具孔口，平均大小为 159.2 μm × 131.5 μm；分生孢子纺锤形或梭形，单胞，无色，平均大小为 20.0 μm × 5.9 μm；产孢细胞为全壁芽单生式，圆筒形，单胞，无色，子囊座为黑色，具孔口；子囊棍棒形，略弯曲，双层壁，成熟时易消解；子囊孢子长椭圆形或梭形，单胞，无色，内常含油球（图 11-16）。

3. 发病规律

该病在洛阳部分牡丹园发病较重，主要发生

在牡丹多年生枝上，因而植株较矮的品种发病率低，而茎干高的植株发病率相对较高，部分抗病品种枝条受到感染，并在菌株产生分生孢子器后，表皮剥落，分生孢子器亦随表皮脱落而减少了病菌对植株的侵染。

4.防治方法

田间应勤加检查，一旦发现病害，及时剪除病枝集中烧毁，以尽量减少再次浸染的危害。同时，加强管理，结合其他病害的防治，使用药物防治。

（十三）牡丹炭疽病

1.症状

发病初期病斑为褐色小点状，以后逐渐扩大成红褐色近圆形或形状不规则的斑块，病斑直径 4~25 mm，叶缘多为半圆形斑，病斑扩展受主脉及大侧脉限制，病斑多为褐色，有些边缘呈黄褐色，中央灰白色，后期发病严重时叶缘部位成片出现半圆形病斑，中央会出现穿孔症状（图11-17）。病斑上着生小点粒，雨后或露水大时小点粒中出现赭红色黏孢子团，这有别于牡丹的其他叶斑病。幼茎和花梗处发病，产生红褐色长条状凹陷，长度 3~9 cm，后期病斑中央开裂。

● 图 11-17 **牡丹炭疽病危害状**

2. 病原

牡丹炭疽病的病原菌为胶孢炭疽菌 *Colletotrichum gloeosporioides* penz.。该菌属半知菌亚门腔孢纲黑盘孢目，菌落初期为白色，后变为灰白色；气生菌丝绒毛状，前期可产生黑色的分生孢子堆，后期产生橘红色分生孢子团，菌落背面可观察到明显的同心轮纹。菌丝无色，有隔；分生孢子无色，单胞；椭圆形或圆筒形，两端钝圆；浅灰色；其大小为（12.0～16.3）μm×（4.0～5.0）μm，分生孢子内部有 1～2 个油球（图 11–18）。

附注：

陈秀虹等（2009）记载的牡丹炭疽病的病害症状描述与上述基本一致，但病原菌为盘长孢属 *Gloeosporium* spp. 真菌。因此，引起牡丹炭疽病的病原菌种类尚需进一步确定。

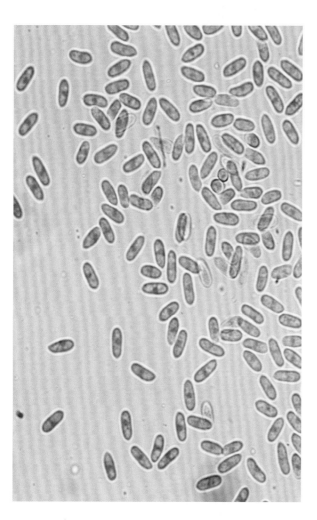

● 图 11–18　**牡丹炭疽病病原菌分生孢子形态**

3. 发病规律

病原菌菌丝、分生孢子等在病部、种子及病残体上越冬，成为翌年的初侵染源，分生孢子借风雨和昆虫传播并侵染寄主。雨水多时发病，高温多雨年份易于流行。

4. 防治方法

（1）农业防治　加强栽培管理，合理施肥灌水，增强植株抗逆性；适时通风透气，雨后及时排水，保持适当温湿度，清理病残物，减少病原；选用抗病品种。

（2）化学防治　发病初期可喷 65% 代森锌可湿性粉剂 500 倍液，以后每隔 10～15 天进行 1 次，连喷 2～3 次，在地面喷洒 3°Bé～5°Bé 石硫合剂，也可收到较好的防治效果。

（十四）牡丹锈病

牡丹锈病在牡丹种植区分布广泛，危害严重时，常使牡丹叶片早枯脱落。

1. 症状

叶片受害初期无明显症状，后呈近圆形或不规则褐绿色病斑，背面有黄褐色颗粒状的夏孢子堆，表皮破裂后散出铁锈状黄褐色粉状物；受害后期在叶背灰褐色病斑上丛生深褐色的刺毛状冬孢子堆，严重时叶片提前枯死，在松属植物上引起枝干肿瘤（图11-19）。

2. 病原

该病病原菌为松芍柱锈菌 Cronartium fla-ccidum，属担子菌纲锈菌目柱锈菌属真菌。夏孢子椭圆形，无色或淡黄色，单胞，有刺（图11-20）；冬孢子椭圆形，黄色至淡黄色，单胞，无柄，相互排列成圆柱形冬孢子堆。

3. 发病规律

病菌为转主寄生菌，转主寄主为松属植物。春天空气湿度大时，在发病的松属植物病部产生

A.叶部症状；B.叶背面的夏孢子堆。

● 图 11-19　**牡丹锈病危害状**

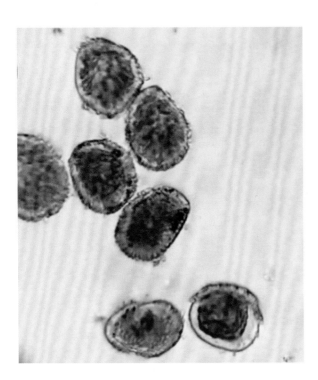

● 图 11-20　**牡丹锈病病原菌的夏孢子形态特征**

性孢子和锈孢子。锈孢子借气流传播侵染叶片，叶片发病后在病斑上产生夏孢子，夏孢子经气流传播可引起再侵染；后期在病部产生冬孢子堆，冬孢子萌发产生担孢子又可侵染松树。温暖、多风雨天气，以及地势低洼、排水不良的田块发病较重，多在4~5月发病，6~8月进入发病高峰期。

4.防治方法

（1）农业防治 牡丹栽植时远离松科植物，防止病菌传播；加强栽培管理，选择地势较高的地块栽培，雨后及时排水，保持适当温湿度，清理病残物，减少病原。

（2）化学防治 发病初期用 20% 三唑酮乳油 1 500~2 000 倍液，或 12.5% 烯唑醇可湿性粉剂 2 000~2 500 倍液，或 25% 丙环唑乳油 1 500 倍液喷雾防治，隔 7~15 天连用 2 次。

注意：

使用唑类药剂防治锈病时，牡丹幼苗一定要注意使用的安全间隔期，不可加量和缩短间隔期使用，以免产生矮化效应。

（十五）牡丹根腐病

牡丹根腐病是牡丹最严重的土传病害之一，特别是栽植时间长的牡丹园，该病发生相当普遍，危害严重，是限制牡丹产业发展的主要病害。

1.症状（图 11-21）

该病主要危害牡丹根部，主根、侧根和须根均可发病，以老根为重。主根染病后，初在根皮上产生不规则黑斑，以后病斑不断扩展，大部分根变黑腐烂，导致植株先萎蔫后枯死；侧根和须

● 图 11-21 **牡丹根腐病危害状**

根染病，病根变黑腐烂，也能扩展到主根。由于根部受害，植株常因失水萎蔫，病株地上部分生长衰弱，叶片变小发黄。发病严重时会导致植株枯死。

2. 病原

牡丹根腐病属于土传病害，引起该病害发生的病原菌较为复杂，主要是茄腐皮镰刀菌 *Fusarium solani*，还包括镰刀菌属的其他种类。茄腐皮镰刀菌在 PDA 培养基上气生菌丝较发达，菌落密厚，灰白色，有的菌株形成蓝绿色菌丝团，后期培养皿反面变为蓝绿色，小型分生孢子产生早而多，假头状生于产孢细胞上，形状多样，卵圆形和肾形的居多，壁较厚，大小（8～16）μm×（2.5～4）μm。大型分生孢子镰刀形和不等边纺锤形，微弯，最宽处在中线上部，两端较钝，顶部稍弯，基部有足跟，整个孢子较短而胖，壁较厚，2～8 个隔膜，以 3～5 个隔膜的占大多数，一般基部 2～3 个细胞最宽，顶端细胞尖，稍呈喙状，具有 1～2 个 隔膜孢子的大小为（10～42）μm×（2.5～5）μm；具有 3～4 个隔膜孢子的大小为（23～58）μm×（3～6）μm；具有 5～6 个隔膜孢子的大小为（31～70）μm×（3.4～6.6）μm；具有 7～8 个隔膜孢子的大小为（43～75）μm×（3.4～7）μm（图 11-22）。厚垣孢子间生或顶生，数量多，球形，褐色，直径 6～10 μm。产孢细胞在气生菌丝上生出筒形的单瓶梗；在分生孢子座上成簇生，多分枝，长短不一，但均呈长筒形。

对于该病的病原菌曾有不同的表述。从现有的研究结果看，各种作物的根腐病往往是由多种病菌混合侵染所致，不同地区或同一地区不同年份因生态条件不同，其优势菌及伴生菌的种类也不尽相同。如在菏泽、铜陵等地对染病牡丹植株根际土壤采样分析时发现，引发根腐病的优势菌种相同，但伴生的其他土壤习居菌种类则差异较大；在云南等地，引起牡丹根腐病的主要病原菌为小蜜环菌 *Armillariella mellea*（陈秀虹等，2009）。表明该病的发生较为复杂，其病原菌的种类可能与牡丹的生长环境密切相关，需做进一

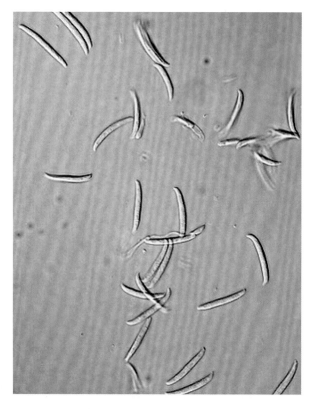

● 图 11-22 **牡丹根腐病病原茄腐皮镰刀菌的大型分生孢子形态特征**

步的调查和研究。

3. 发病规律

该病病原菌为分布广泛的土壤习居菌，典型的弱寄生菌，牡丹长势衰弱时病菌容易侵入。病菌以菌核、厚垣孢子在病根、土壤或肥料中越冬，从伤口（虫伤、机械伤、线虫伤等）侵入，但从接种情况看，无伤口的根系也可染病。移栽时机械伤口多，如不注意苗木消毒时发病重；地下害虫如蛴螬等危害严重时发病也重；施用未腐熟有机肥可诱发地下害虫，也会导致根部加重发病。栽培地土壤湿度大，排水不畅时，易于发病。此外，不同地区发病情况不同，并与品种抗性差异有关。铜陵等地'凤丹'一般在 2 年生植株上开始发病，以后逐年加重。发病初期多在 3 月底牡丹植株展叶后，多数病株表现叶片黄化。菏泽等地 4 月下旬牡丹根部可见病斑，70% 以上的根在 5～7 月发病，10 月上旬后再未见到新的病斑。调查发现，重茬对牡丹受害程度的影响非常明显，同一品种留园时间越长，染病程度越重，反之则轻。此外，土壤 pH 对根腐病发生程度也有影响，土壤 pH 高，牡丹染病重，反之，染病较轻。

4. 防治方法

（1）农业防治　实行轮作避免重茬，旱作地可用草烧地或覆盖塑料薄膜高温灭菌；伏天翻晒地块，消灭虫卵和病菌；加强地下害虫防治，对蛴螬、小地老虎等地下害虫加大防治力度，减少虫源；改善田间环境，精细整地，开挖较深的排水沟，以防田间积水；选用健壮种苗或采用营养钵育苗移栽，减少根部伤口；增强植株抵抗力，多施用三元素复合肥、有机肥、菌肥等，少施氮肥；发现病株要及时清除，同时清除四周带菌土壤，病穴用生石灰消毒。

（2）生物防治　亩用新型微生物制剂康地蕾得细粒剂 500～600 倍液灌根防治；应用 TK1（康宁木霉菌）、BA31（枯草芽孢杆菌）等生物菌剂防治也有较好效果，每株 2～3 g 的用药量防治效果可达 75% 以上。

（3）化学防治　在栽植时对土壤、苗木分别进行如下处理：一是土壤消毒处理，每平方米先用 2.5% 咯菌腈悬乳剂 800～1 000 倍液处理幼苗根部，再用 65% 代森锌可湿性粉剂 5 g 与 12 kg 细土拌成药土施用；二是苗木消毒，移栽苗放入 70% 甲基硫菌灵可湿性粉剂 600～800 倍液中浸泡 2～3 min，晾干后栽植；药物蘸根，移栽时用 70% 甲基硫菌灵可湿性粉剂，或 25% 多菌灵胶悬剂 700 倍液，或晶体硫酸铜 100 倍液，适当加入微肥和肥土调成糊状蘸根后栽植。

（十六）牡丹紫纹羽病

该病在各牡丹主产区都有发生，部分栽植年份多的牡丹园发生较为严重。该菌寄主广泛，除牡丹外，已发现可侵染桑、梨、苹果等 48 科 113 种植物。

1. 症状

该病主要侵染牡丹的根部和茎基部，往往是幼嫩的细根先被侵害，后扩展到较粗的主根上，乃至茎基部。病根上出现散生紫色斑点或突起，然后在被害根表面可见紫褐色丝缕状菌丝，菌丝纠结成菌索，菌索纵横交错呈网状，后期茎干基部及附近地面形成一层紫红色绒状菌膜（子实体）。随着病情发展，病根表面逐渐转变为褐色直至黑色，幼根皮层腐烂剥落，毛细根断裂死亡，不生新根，老根也逐渐腐烂。在朽根附近的土层中和茎基部附近的地面可以观察到淡红褐色的菌核。菌核呈半球形或椭圆形，边缘拟薄壁组织状，内部白色，疏松组织状，直径 0.86 ~ 2.0 mm。病株地上部生长衰弱，展叶缓慢，叶片发黄，无光泽，开花少且晚，花朵小，至 6 ~ 7 月，感病较重的植株逐渐死亡，死亡植株很容易连根拔起（图 11–23）。

2. 病原

病原菌为桑卷担子菌 *Helicobasidium mompa*，子实体毛绒状，扁平，深褐色，厚度为 6 ~ 10 mm，子实层淡紫红色。担子无色，圆筒形或棍棒形，向一方卷曲，由 4 个细胞（三个隔膜）组成，大小为（25 ~ 40）μm×（6 ~ 7）μm，担子的每个细胞长出一小梗，小梗无色，圆锥形，大小为（12 ~ 15）μm×（2.5 ~ 3.5）μm，小梗顶端着生一个担孢子，担孢子无色，单胞，卵圆形或肾脏形，顶部宽圆，基部狭窄，大小为（10 ~ 25）μm×（5 ~ 8）μm。

该菌有两种菌丝，侵入寄主皮层的称营养菌丝，附着在寄主表面的称为生殖菌丝。营养菌丝黄褐色，粗细不一，一般直径 5 ~ 10 μm；生殖菌丝体为紫色。在 PDA 培养基上，初期菌丝淡

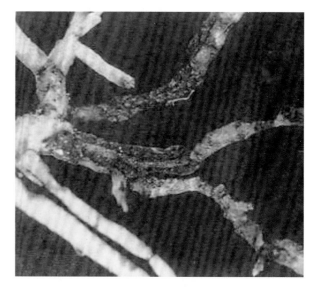

● 图 11–23　**牡丹紫纹羽病危害牡丹根部症状**

● 图 11-24　发病田间病菌在地面上形成的绒毯状菌丝层

褐色，随后变成暗褐色，培养皿底部可见到菌落呈扇形扩展并有黑色素形成。继续培养，可产生白色颗粒状的菌丝块，然后菌丝块逐渐变为褐色。发病田间可见绒毯状菌丝层（图 11-24）。

3. 发病规律

该病病原菌为土壤栖息菌，既可侵害植株营寄生生活，也可利用土壤有机质营腐生生活。病菌以菌丝体、菌索、菌核在病根上或土壤中越冬。翌年条件适宜时根状菌索和菌核产生菌丝体，菌丝体集结形成的菌索在土壤中延伸，接触寄主根部后即可侵入危害，一般先侵染新根的幼嫩组织，后蔓延到主根。初期可见丝缕状紫褐色的菌体，逐步联结成带状或网状菌索，病根表面呈褐色，以至黑色，最后根部布满紫褐色菌丝或菌索，致使幼根皮层腐烂剥落。朽根附近可观察到呈半球形或椭圆形的淡红褐色菌核，直径为 0.86 ~ 2.0 mm。菌索向植株根颈部扩展，形成较厚的紫褐色菌膜，染病较重时植株逐渐死亡，易连根拔起。病菌在土壤中可借病根与健康根接触传播，及通过从病根上掉落到土壤中的菌丝体、菌核、感病土壤、灌溉水、雨水、农具及农事活动传播；带病苗木是远距离传播的主要途径。病菌所产生的担孢子寿命短，在侵染循环中不具有重要作用。低洼潮湿、积水地块发病严重。

据在重庆垫江等地调查，染病地块严重发病时期为 3 月下旬至 5 月下旬，病原菌在土壤中垂直分布为 0 ~ 35 cm，而以 0 ~ 8 cm 表层土壤中较为集中。随土壤温度升高发病率增高，病原菌的生长最适 pH 5.8 左右，最适生长温度为 25 ~ 26℃，最适土壤水分为田间最大持水量的 65% ~ 75%。

4. 防治方法

（1）农业防治　加强检疫，防止病害传入无病区；加强田园管理，改良土壤，增施充分腐熟的有机肥；发现病株及时挖除，连同残根一起烧毁，同时挖 1 条深约 1 m 的隔离沟，阻止菌索的扩展，挖出的带菌土堆在一起，在土堆内外喷洒 40% 福尔马林 100 倍水溶液，使带菌土全部着药后密闭半月杀毒。

（2）化学防治　栽植前对染病或怀疑带菌的苗木用 25% 多菌灵可湿性

粉剂 500 倍液浸泡 30 min；对珍贵牡丹品种的病株，可在 6～7 月用 70% 甲基硫菌灵可湿性粉剂 1 000～1 500 倍液，或 45% 代森铵水剂 1 000 倍液灌根治疗，方法是从植株树冠外围垂直往下开宽 20 cm、深 30 cm 的沟，沟底留 15 cm 虚土，使药液均匀下渗，每株灌药约 10 kg，灌后覆土；对有病的田块，每亩用 50% 多菌灵可湿性粉剂 5 kg 拌土撒匀翻入土中进行土壤处理。

（十七）牡丹白绢病

牡丹白绢病在各牡丹栽植区均有发生，部分栽植地块发病率高达 40% 以上，造成整株、成片死亡。由于发病部位在根部、根颈处，初期不易发现，往往失去早期防治的机会，给牡丹产业造成很大的危害。该菌寄主范围广泛，除牡丹外，可侵染棉花、烟草、西瓜等 60 科 210 多种植物。

1. 症状

主要危害牡丹的根部及根颈处，受害的根部及根颈处皮层腐烂，呈暗褐色，表面长有辐射状白色绢丝状菌丝体，或呈棉絮状菌丝层，并形成许多油菜籽大小的菌核，菌丝和菌核也见于根颈附近的地面上。菌核初为白色，后呈黄色，最后变为褐色，内部浅色，组织紧密。受害植株地上部生长衰弱，叶片发黄，渐渐凋萎、干枯，严重的植株枯萎死亡。

2. 病原

该病病原为齐整小核菌 *Sclerotium rolfsii*，其有性态为罗氏阿太菌 *Athelia rolfsii*，属担子菌门真菌，但自然条件下有性态一般不产生，齐整小核菌为其无性态的名称。

该菌无性阶段不产生孢子，主要以菌丝和菌核状态存在，生长旺盛阶段产生的营养菌丝白色，直径为 5.5～8.5 μm，有明显缔状联结，在产生菌核之前可产生较纤细的白色菌丝，直径为 3.0～5.0 μm，细胞壁薄，无缔状联结，常 3～12 条平行排列成束。根据培养性状，可将白绢病菌分为 A 型和 R 型两大类：A 型菌丝生长较疏，在培养皿边缘处产生较宽的环状菌核带，且菌核数量多；R 型菌丝生长较厚实，在培养皿边缘处菌核数量少。

附注：

陈秀虹等（2009）记载：牡丹白绢病的病原菌为白绢薄膜革菌

Pellicularia rolfsii，无性态为齐整小核菌 *S. rolfsii*，菌丝体白色，疏松或集结成菌丝束贴于基物上。菌核初为白色，后变褐色，大小如油菜籽，有性态少见。

3. 发病规律

病菌以菌丝或菌核在病株残体上、杂草上或土壤中越冬，菌核通过苗木或水流传播，以菌丝体在土壤中蔓延，侵入牡丹根部或根颈部。在河南洛阳、山东菏泽等地，病菌一般于 4～5 月开始侵染牡丹，夏、秋季高温、多湿的环境条件有利于发病，土壤贫瘠、易积水的地方发病严重。白绢病菌成熟的菌核可抵抗恶劣的环境条件，土壤表层 2.5 cm 以内的菌核可正常萌发形成菌丝体，2.5 cm 以下萌发率明显减少，在土中 7 cm 处几乎不萌发。

4. 防治方法

（1）农业防治　加强田间管理，促进牡丹健壮生长，提高抗病力；结合田间管理，经常检查牡丹根部，做到早发现、早治疗；挖除病死株，清出病根及附近带菌土壤；秋季挖开牡丹根颈处土壤，晾晒 1～2 天。

（2）化学防治　发病初期用 50% 多菌灵可湿性粉剂 800～900 倍液，或 50% 甲基硫菌灵可湿性粉剂 500 倍液等灌根，以灌透为止。以后每隔 10～15 天灌 1 次，每年灌 2～3 次。对珍贵品种的发病植株实施手术治疗，方法是将根颈病部彻底刮除，再用 1% 硫酸铜溶液消毒伤口，同时用 50% 代森锌可湿性粉剂 400 倍液浇灌根际土壤。

在该病的防治过程中，也可采用生物制剂预防的方法，即用绿色木霉制剂与培养土混合后，再栽种牡丹。

（十八）牡丹白纹羽病

该病是侵害牡丹根部的主要病害之一。该病原菌寄主范围广泛，除牡丹外，可侵染苹果、梨、杏等仁果类果树，及薯类、豆类等多种农作物。

关于该病的发生危害情况虽有不少报道，但仍缺乏系统的研究。由于发病部位在根部，初期不易发现，且易被误诊为白绢病等，该病一旦发生，很难根除，易造成较大危害。

1. 症状

病害首先发生于须根，然后蔓延至主根，个别可蔓延至根颈部。病部腐烂，皮层易于和木质部剥离，表面有一层白色羽毛状菌丝束。根部挖出的羽毛状菌丝束接触空气后变为灰褐色。菌丝可蔓延至地表，在地表形成蛛网状的菌丝膜，病根腐烂较长时间后皮层内有时可见黑色的小菌核，后期腐烂根的表皮常呈鞘套状套于木质部之外。染病植株地上部生长衰弱，叶片小而黄，染病 2～3 年后，植株枯死。

2. 病原

该病病原菌为褐座坚壳菌 *Rosellinia necatrix*，菌丝常在病根表面交织成羽纹状菌丝束，初期白色或浅灰色，后期表面呈深褐色或黑色绒毛状，子囊壳即生在其中，但子囊壳极少见，仅在早已死亡的病根上产生。菌核在自然条件下也少见，仅在腐朽的木质部上形成，黑色，近球形，直径约 1 mm，大的可达 5 mm。老熟菌丝有时形成厚垣孢子，子囊壳单个或成丛地着生在菌丝膜上，黑色、炭质、球形，直径为 1～2 mm，表面平滑，孔口部呈乳头状突起，内有多个子囊。子囊无色，圆柱形，大小（220～300）μm×（5～9）μm，具长柄，周围有侧丝，内有 8 个子囊孢子；子囊孢子稍弯曲，略呈纺锤形 (椭圆形或梭形)，单细胞，褐色或暗褐色，大小（35～55）μm×（4～7）μm。该病原菌无性世代为白纹羽束丝菌，分生孢子在病根腐烂较长时间后才可产生，分生孢子梗丛生于菌丝体上，淡褐色，有横隔膜，上部有分枝，顶生或侧生 1～3 个分生孢子。分生孢子椭圆形至卵形，无色至淡褐色，单细胞，大小（3～5）μm×（2～2.5）μm。

3. 发病规律

病原菌以菌丝束和菌核随病根在土壤中越冬。环境条件适宜时，菌丝束和菌核长出营养菌丝，接触到寄主的根时，从根表面的皮孔侵入，菌丝可延伸到根部组织深处，并在根表面蔓延扩展。子囊孢子和分生孢子因较少产生，在病害发展中作用不大。病根与健康根接触可传病，远距离传播主要靠带菌苗木调运。在中部地区，病原菌一般从 3 月下旬开始生长蔓延，6～8 月为发病盛期，11 月停止生长。低洼潮湿或排水不良的地块及高温高湿季节有利于病害的发生和发展，管理粗放、杂草丛生的田块病害发生较重。

4. 防治方法

（1）农业防治　苗木调运时严格检疫，剔除病苗；栽植前苗木消毒处理；栽植后加强田间管理，防止田间积水，清除杂草；适当增施钾肥，提高牡丹抗病性。

（2）化学防治　牡丹发病初期用 50% 多菌灵可湿性粉剂 800~900 倍液灌根，灌透为止，以后每隔 10~15 天灌 1 次，每年 2~3 次，其余措施同紫纹羽病的防治方法。

（十九）牡丹立枯病

该病分布于南、北各地，发生于苗期，主要引起牡丹幼苗的立枯或根腐。

1. 症状

种子播种后产生种芽腐烂，表现为缺苗。出苗后未木质化之前，病菌从上表皮侵入幼苗茎的基部，产生褐色病斑，苗子倒地后仍为绿色，称为猝倒病；苗子木质化后，幼苗茎基部产生暗褐色病斑，严重时韧皮部受到破坏，茎基部变黑腐烂，病株叶片发黄，幼苗萎蔫、枯死，但不倒伏，此时称为立枯病（图11-25）。此菌也可侵染幼株近地面的潮湿叶片引起叶枯。初染病部边缘产生不规则、水渍状、黄褐色至黑褐色大斑，很快波及全叶和叶柄，造成死腐，病部有时可见褐色菌丝体和附着的小菌核。

2. 病原

目前普遍认为该病病原菌为立枯丝核菌 *Rhizoctonia solani*，菌丝呈丝网状，围绕基生组织，有横隔，直径为 8~12 μm；初期无色并多油点，呈锐角分枝，分枝处稍缢缩，其上往往有横隔；老化后菌丝为黄色或黄褐色，并呈直角分枝，分枝处不缢缩，壁较厚，常聚合成褐色至黑色的土粒状菌核。立枯丝核菌是一类多核丝核菌。洛阳地区立枯丝核菌经细胞核染色发现：该菌菌丝尖端多为双核，偶见单核或三核。进一步通过形态鉴定和分子生物学鉴定，将该病原菌确定为双核丝核菌 GA-A 融合型 *Rhizoctaonia* GA-A。

附注：

陈秀虹等（2009）记载牡丹立枯病由立枯丝核菌 *R. solani* 和镰刀菌 *Fusarium* sp. 复合侵染引起。

● 图 11-25　**牡丹立枯病危害状**

3. 发病规律

病菌以菌丝体或菌核在残留的病株、土壤中越冬或长期生存，带菌土壤为主要侵染源，病株残体、肥料也可能传病，还可通过流水、农具、人、畜等传播。立枯丝核菌在地温 13～26℃均能发病，以 20～24℃最为适宜，对土壤 pH 适应范围广，在 pH 6.0～6.9 均能发病，空气潮湿适于病害的大发生，天气干燥时病害不发生，多年连作地发病常较重。

4. 防治方法

（1）农业防治　严格控制苗床的浇水量，注意及时排水、通风；夏天对苗圃地遮阴以防地温过高灼伤苗木形成伤口，使病菌易于侵染；注意及时处理病株残余，不使用带病菌的农家肥料；发现病株及时拔除烧毁。

（2）化学防治　对于污染的苗床，在播种前可用 40% 甲醛水剂进行土壤消毒，每平方米用药量为 50 mL，加水 8～12 kg 浇灌，浇灌后密封 1 周以上，方可经翻晾 5～7 天再用于播种或栽苗。田间发病初期可喷洒 75% 百菌清可湿性粉剂 800～1000 倍液，或 65% 代森锌可湿性粉剂 600 倍液，或 64% 噁霜·锰锌可湿性粉剂 500 倍液，或 25% 瑞毒霉 +65% 代森锌按 1∶2 混合后 600 倍液，或 72.2% 霜霉威盐酸盐水剂 400 倍液，或 15% 噁霉灵水剂 450 倍液喷洒植株，隔 10～15 天喷 1 次，连喷 2～3 次。

（二十）牡丹枝枯病

牡丹枝枯病主要危害牡丹的茎干和枝条，是一种常见病害，危害严重，分布较广泛，并且容易和牡丹溃疡病等其他病害发生混合侵染，大大增加了田间病害鉴别与防治的难度。

1. 症状

每年 9～10 月，在牡丹生长后期发病较重，病枝上出现小黑点，是病菌的分生孢子盘或分生孢子器。病原菌埋生或突破表皮。染病严重时，整个枝条枯死，表皮开裂，与牡丹溃疡病症状相似（赵丹等，2015）。

2. 病原

一般认为该病病原菌的无性型为头状茎点霉 *Phomaglomerata*，有性型为球腔菌属 *Mycosphaerella* 真菌。在 PDA 培养基上菌落圆形，粉白色，气生菌丝致密，短绒毛状，菌落中心密集小黑点，外围散生小黑点，埋生或半埋生。

菌落初期褐色，后期黑色。分生孢子器较小，黑色，有孔口，聚生或散生，大小为 145.0 ~ 275.0 μm；分生孢子较小，无色或浅褐色，单胞，圆形至椭圆形，以椭圆形为主，多数内含 1 ~ 2 个油球，油球大小为（3.9 ~ 10.3）μm ×（2.3 ~ 7.0）μm，平均 6.2 μm × 3.2 μm。

附注：

雷增普等（2005）记载牡丹枝枯病的病原菌为伏克盾壳霉 *Coniothyrium fuckelii*，症状表现主要为发病初期牡丹枝条上出现水渍状褐色小斑，后扩展为椭圆形或不规则形病斑，暗褐色，当病斑环枝条一周时，其上部枯死，叶片倒挂于枝条上；发病后期，病部变为浅褐色或灰白色，其上着生许多黑色小点粒。

陈秀虹等（2009）记载牡丹枝枯病的症状与上述描述相似，但引起病害的病原菌为芍药壳蠕孢 *Hendersonia paeoniae* 和接柄霉 *Zygosporium* sp.。表明不同地区牡丹枝枯病的病原菌种类有所不同。

3. 发病规律

病菌在病残体上越冬，主要从伤口侵入，通过风雨传播。植株伤口多、生长衰弱时病害易发生。

4. 防治方法

（1）农业防治　加强栽培管理，合理施肥灌水，提高植株抵抗力；雨后及时排水，保持适当温湿度；农事操作时，避免伤口发生，减少病菌的侵入。

（2）化学防治　发病时喷洒 50% 多菌灵可湿性粉剂 800 ~ 1000 倍液。植株有伤口后应立即喷药，以防病菌自伤口侵入。

（二十一）牡丹穿孔褐斑病

牡丹穿孔褐斑病主要危害牡丹叶片，在牡丹生长的中后期发病。

1. 症状

该病为牡丹中后期叶斑病，初期叶片为紫红色小点，后扩增为黄褐色斑，病斑圆形或近圆形，直径为 2 ~ 5 mm；后期病斑中央灰白色，边缘紫褐色，病斑上着生黑色小点粒。发病严重时一个叶片上有 20 ~ 30 个斑点，使牡丹叶片支离破碎。

2. 病原菌

该病病原菌为斑点叶点霉 *Phyllosticta* sp.，属半知菌亚门叶点霉属真菌，在 PDA 培养基上，病菌菌落圆形平铺，短绒状，初为灰白色，后期转变为灰褐色，菌丝无色，有分隔。分生孢子器散生或聚生，球形或近球形，直径为 60 ~ 80 μm，高 30 ~ 75 μm。器壁膜质，褐色，由数层细胞组成，器壁厚 5 ~ 8 μm，内壁无色，形成产孢细胞。分生孢子胞壁加厚，单胞，无色，暗褐色，居中；大小为（3 ~ 5）μm×（1.5 ~ 2.5）μm。

据记载，斑点叶点霉也可导致西藏大花黄牡丹发生叶斑病。该病原菌主要感染大花黄牡丹的叶片，也可侵染叶柄和茎。叶部发病初期呈现水浸状小斑点，逐渐扩展为近圆形或不规则形的暗褐色病斑，受叶脉所限，直径为 3 ~ 5 mm；后期病斑中央黄褐色，边缘紫红色。植株成叶发病较重，幼嫩新叶发病较轻。

3. 发病规律

病原菌在病残体上越冬，由风雨传播，高温多雨、栽植密度大、通风透光差，利于病害发生，北京地区 7 月发病，8 ~ 9 月发病严重。

4. 防治方法

（1）农业防治　应将牡丹栽种在干燥通风的地块上，雨后及时排水。

（2）化学防治　发病初期用 65% 噻菌酮可湿性粉剂 800 倍液，或 25% 丙环唑乳油 4 000 倍液，或 12% 松脂酸铜乳油 600 倍液，或 80% 代森锌可湿性粉剂 500 倍液等进行喷雾防治，隔 10 天 1 次，连续 2 ~ 3 次。

（二十二）牡丹眼斑病

该病为牡丹中后期病害，对某些品种危害严重，主要侵染牡丹叶片。

1. 症状

发病初期叶片上出现灰褐色小斑，凹陷，扩增后呈圆形或近圆形褐色斑，直径为 5 ~ 14 mm；后期病斑中央褐色，外围为灰色点斑，斑缘为深褐色，犹如眼睛，病斑上着生黑色小点粒。

2. 病原

该病病原菌为壳蠕孢菌 *Hendersonia* sp.，在 PDA 培养基上菌落初为白色，后逐渐变为灰白色；分生孢子器深褐色至黑色，球形或扁球形；分生孢子梗较短，无色，无隔，不分枝。分生孢子深褐色或黄褐色，椭圆形或菱形，具 2 ~ 3 个隔膜，大小为（10～13）μm×（4.5～6.5）μm。

3.发病规律

病原菌在病落叶上越冬，由风雨、水滴滴溅传播，高温多雨利于病害传播。

4.防治方法

防治方法同牡丹褐斑病。

（二十三）其他真菌病害

除上述记录的常见牡丹真菌病害种类之外，还有一些专著如《中国花卉病虫害诊治图谱》《观赏植物病害诊断与治理》等还记载了一些其他牡丹真菌病害，其中陈秀虹报道的病害种类主要见于西南地区的牡丹。其他真菌病害的种类及防治要点见表11-1。

● 表11-1　**牡丹其他真菌病害种类及防治要点**

序号	病害名称	病原菌、危害部位及防治要点
1	牡丹多毛孢叶斑病	病原菌为多毛孢菌 *Pestalotia* sp.。主要侵染牡丹叶片，形成长条状病斑，病斑稀少，单生，大小为（20～25）mm×（8～12）mm；病斑中央褐色，斑缘深褐色，其上着生黑色小点。防治要注意雨后及时排水，及时清除病枯落叶并深埋，也可用 27% 碱式硫酸铜悬浮剂 600 倍液，或 40% 百菌清悬浮剂 500 倍液，或 36% 甲基硫菌灵悬浮剂 600 倍液，或 25% 丙环唑乳油 400 倍液等杀菌剂进行喷施，每隔 10 天左右 1 次
2	牡丹茎腐病	病原菌为核盘菌 *Sclerotinia sclerotiorum*。主要危害牡丹的茎、叶和芽。发病初期茎基部或根颈部呈褐色水渍状，后腐烂，导致整株枯死；空气潮湿时，可见病部产生白色棉絮状菌丝体和大量黑色菌核。嫩枝和芽受害后，萎蔫枯死。陈秀虹等（2009）记载该病的病原菌为多主瘤梗孢 *Phymatotrichum omniverum*，为一种土壤习居菌，主要导致牡丹根腐和茎基腐烂。应注意及时清除病株，严重时进行土壤消毒，雨季注意排水，发病期可喷洒 70% 甲基硫菌灵可湿性粉剂 1000 倍液，或 50% 苯菌灵可湿性粉剂 1000 倍液进行防治，每隔 7～10 天 1 次，连喷 3～5 次
3	牡丹褐枯病	病原菌为芍药盘多毛孢 *Pestalotia paeoniae* 和黏鱼排属的真菌 *Blennoria* sp.。染病叶面病斑多呈椭圆形，中间为黄褐色枯斑，病斑有一圈暗褐色细纹，正面病斑上散生小黑点（盘多毛孢），背面小黑点不明显（黏鱼排孢）。病菌以菌丝体和分生孢子在病叶上越冬，多雨潮湿季节易发病。防治方法同牡丹穿孔褐斑病
4	牡丹萎蔫病	病原菌为黄萎轮枝菌 *Verticillium albo-atrum*。染病植株根颈部溃烂坏死，茎部导管呈现褐色，被菌丝体阻塞，水分和矿物质营养输导受阻致使植物出现萎蔫症状。病菌在根和根颈部越冬，植株衰弱或有伤口时，病菌可乘机入侵。应选无病菌土壤栽植，发现病株应及时拔除烧毁，增施有机肥，注意土壤排水

序号	病害名称	病原菌、危害部位及防治要点
5	牡丹叶枯病	病原菌为芍药叶点霉 *Phyllosticta paeoniae*。主要危害叶片，形成黑色圆形病斑，直径为 0.2～0.4 cm，在叶尖时表现为叶尖枯，叶面有多个小黑斑，病斑中心散生黑色针尖粒状物，病菌以菌丝体、分生孢子器在病株及残体中越冬。翌春温度、水分适宜时，分生孢子大量出现，借风雨传播。从伤口或表皮气孔入侵，温暖多雨季节或年份发病较重。防治方法同牡丹穿孔褐斑病
6	牡丹叶霉病	病原菌为氯头枝孢菌 *Cladosporium chlorocephalum*。主要危害叶片，病斑灰褐色，不规则形，有墨绿色霉层。病菌以菌丝体在落叶上越冬，翌春温度、水分适宜时，产生分生孢子，从植株伤口侵入。注意秋季清除枯枝落叶，并予烧毁。发病严重时，可用 50% 多菌灵可湿性粉剂 500 倍液茎叶喷雾防治
7	牡丹干腐病	病原菌为球腔菌。主要危害枝干，侵染部位呈湿腐状，露出木质部，后期在腐烂皮层中出现黑色颗粒状物，即病原菌子囊壳，病菌在病株上越冬。翌春借风雨传播，温暖多雨季节及年份发病较重。应及时清除病枝并烧毁，修剪后用杀菌剂涂抹，生长期用 50% 多菌灵可湿性粉剂 1 000 倍液喷雾防治
8	牡丹花蕾枯和花腐病	病原菌为赤点霉、曲霉和线孢霉。主要侵染花心和花瓣，发病后产生变色小斑，逐渐扩大并产生小黑点，导致花蕾不能开放，变黑干枯。应及时清除病蕾并烧毁，也可喷 50% 多菌灵可湿性粉剂 1 000 倍液进行保护，使新蕾不再感染
9	牡丹梗枯病	由尾状盘双端毛孢和斑双毛壳孢两种真菌所致。主要危害牡丹枝条和花梗，在嫩枝及花梗上产生黑色小点（病菌的分生孢子器），使其迅速发病枯萎。栽植不宜过密，发病初期注意清除病枝叶，再喷施 50% 多菌灵可湿性粉剂 500 倍液，每隔 7～10 天 1 次，连续喷 2～3 次
10	牡丹枝叶枯病	由盾壳霉和大茎点霉两种真菌引起。主要危害小枝，在幼枝和苞叶上发生黑褐色小点，即病原菌的分生孢子器。此病 6～7 月流行，发病初期清除有病枝叶，50% 多菌灵可湿性粉剂 500 倍液喷雾防治，每隔 7～10 天 1 次，连续喷 2～3 次
11	牡丹穿孔病	病原菌为黑盘孢科明二孢属真菌。发病初期叶面产生紫褐色小斑，继而形成不规则褐色斑，后期病斑坏死脱落形成小洞。6～7 月病害流行，应提前预防，发病初期清除病枝叶后，喷 70% 代森锰锌可湿性粉剂 500 倍液，或 75% 百菌清可湿性粉剂 800 倍液喷雾防治，连喷 3～4 次
12	牡丹软腐病	病原菌为黑根霉。该病主要危害种芽，种芽切口被侵染后，呈水渍状腐烂，由褐色转为黑褐色，后期病变处产生灰白色霉状物，潮湿且通风不良时病害易发生，堆放种芽的场所应注意消毒
13	牡丹褪绿叶斑病	病原菌为牡丹隐点霉。其分生孢子器散生，分生孢子两端有细毛，无子座。病斑从叶尖、叶缘向内部扩展成褪绿圆斑或不规则形，斑面褐色，后期病斑表面有黑色小点。发病时摘除病叶烧毁，并喷 50% 代森锰锌可湿性粉剂 500 倍液，或 75% 百菌清可湿性粉剂 800 倍液喷雾防治，连喷 1～2 次
14	牡丹壳针孢叶斑病	病原菌为壳针孢。主要危害叶片，引起叶枯。病斑淡绿色至黄白色，后期形成不规则淡褐色斑，上有黑色小点，为病菌的分生孢子器。防治方法同牡丹炭疽病

二、牡丹细菌性根癌病及其防治

1. 症状

该病害主要症状表现是在牡丹根颈处长出扁圆形的癌瘤，植株生长不良，叶色发黄，植株较纤细、较小，发病严重时引起地上部分枯萎。

2. 病原

该病主要由根癌土壤杆菌 *Agrobacterium tumefaciens* 引起。该菌为革兰氏阴性菌，无芽孢，短杆状，大小（0.6～1.0）μm×（1.5～3.0）μm。菌落通常为圆形、隆起、光滑、白色至灰白色，半透明。

3. 发病规律

病原菌在癌瘤内、土壤中越冬，可存活 1～2 年，由水流及操作工具传播，从伤口侵入。土壤偏碱性，湿度大，田间肥力不足，人工操作造成伤口等有利于病害的发生。

4. 防治方法

（1）农业防治　发现病株及时挖出并清除病土，用 64% 噁霜·锰锌可湿性粉剂 400 倍液灌穴，重病区实行 2 年以上轮作，雨后及时排水，也可使用硫黄粉或者硫酸亚铁酸化土壤杀菌。

（2）加强检疫　禁止从疫区引进苗木。

（3）生物防治　苗木等均可用放射土壤杆菌 K84 菌液浸泡处理，处理后的种苗栽植前要保持湿润。

（4）化学防治　可疑苗木放在硫酸铜晶体 100 倍液中浸泡 5 min，或使用 72% 农用链霉素可溶性粉剂 500～1 000 倍液浸泡 30 min；田间发病可用 64% 噁霜·锰锌可湿性粉剂 400 倍液，或 45% 代森铵水剂 500 倍液，或 80%"402"抗菌剂乳液 3 000～4 000 倍液浇灌植株，隔 10～15 天 1 次，连续 2～3 次。

三、牡丹根结线虫病及其防治

牡丹根结线虫病是牡丹上危害严重的一种病害，在中原牡丹产区较为常见。调查发现，菏泽市各牡丹栽培区均有根结线虫病的发生，感病轻的地块病株率在 20% 左右，重病地块病株率可达 30% 以上。该病可随苗木调运传播，一旦发生，很难将病原线虫从田间清除。

1. 危害症状

牡丹植株根部受害后，根部细胞内含物被线虫消解吸收，并因线虫注入根内分泌物，而使根细胞分裂、增多。随着虫体发育增大，导致受害植株根部膨大形成根结（虫瘿）。根结上长出许多小须根，小须根上再形成根结。受害严重时，被害苗木根系瘿瘤累累，根结连接成串，后期瘿瘤龟裂、腐烂，根系功能严重受阻。病株地上部分生长衰弱、矮小，新生叶皱缩、变黄，不开花，提前落叶，严重者整株枯死（图 11-26）。根结线虫的危害性，一方面表现在根结线虫的食道腺分泌物刺激寄主细胞，改变寄主植物的生理活动和生化反应，破坏寄主细胞的正常发育，导致根系形成根结，使寄主对水分、肥料吸收率下降，影响植株的生长发育；另一方面，当根结线虫的二龄侵染性幼虫从根尖附近的延伸区侵入寄主时，在根结线虫侵入位点造成伤口，有利于土壤中真菌、细菌等其他病原物侵入，形成复合病害而加重损失。

2. 病原

该病的病原为北方根结线虫 *Meloidogyne hapla*。北方根结线虫是根结线虫属 *Meloidogyne* 中发生比较普遍的种类之一，该属线虫的雌雄成虫显著异形。雌成虫成熟后膨大为梨形，虫体白色，前体部突出如颈，后体部圆球形，体长 440~1300 μm，宽 325~700 μm。雄虫为细长蠕虫形，长 700~1900 μm，宽 30~36 μm。雄虫头部略尖呈圆锥形，尾部钝圆，后体部常向腹面扭曲；二龄侵染幼虫为蠕虫形，尾部长圆锥形，卵为肾脏形至椭圆形，淡褐色。雌成虫产卵时直肠腺分泌物陆续将产出的卵粘在一起形成卵块，黄褐色，每卵块有 300~500 粒卵。

3. 发病规律

牡丹根结线虫多在土壤 5~30 cm 处生存。根结线虫主要以卵、少数以二龄幼虫或雌虫随病残体在土壤和粪肥中越冬。翌年当气温上升

● 图 11-26 **牡丹根结线虫危害状**

至 10℃时，在寄主根分泌物的引诱下，二龄幼虫向根部移动，并从近根冠的部位侵入，在皮层与中柱间寄生危害，刺激根部形成多种形态的根结，同时二龄幼虫在根内发育成三龄幼虫、四龄幼虫、雌成虫和雄成虫。雌成虫成熟产卵于胶质卵囊内，胶质卵囊（卵块）常外露于根结表面，一龄幼虫在卵内发育，从卵孵化出的为二龄幼虫。翌年初侵染牡丹新生根的主要是越冬卵孵化的二龄幼虫。春季随着气温、地温的逐渐升高，4月中下旬越冬卵开始孵化为二龄幼虫。该幼虫在土壤中移动到根尖，由根冠上方侵入并定居在生长锥内，其分泌物刺激导管细胞膨胀，导致根上形成根结。北方根结线虫一年 4 代，重复侵染 4 次，完成其生活史。

4.防治方法

（1）综合措施　对牡丹根结线虫病要实行综合治理：①严格苗木检疫；②种植抗病品种；③重病区实行轮作，或利用夏季高温以薄膜覆盖法闷杀线虫。

（2）化学防治　为防止根结线虫传播，观赏牡丹在定植种苗前，要仔细查看其根系是否有病瘤，一旦发现带有病瘤的病株，应立即进行灭虫消毒。可用 40% 甲基异柳磷乳油 2 000~3 000 倍液，浸泡植株根系 25~30 min，杀死根瘤内的线虫。田园内如果发现线虫危害植株，可用 3% 甲基异柳磷颗粒剂每亩 4~5 kg，或 10% 硫线磷颗粒剂 5 kg，拌细土或细沙 20~40 kg，拌匀后撒于田园内。如果撒药后遇小到中雨，防治效果更好，撒药后无雨而土壤板结干燥，可先中耕松土等待自然降水，如果有条件可用喷灌浇水，5 天后即可见效，每隔 25~30 天撒 1 次，连撒 2~3 次，即可杀灭大部分成虫、幼虫。为彻底杀灭该线虫，可选用上述颗粒剂，在每年 5 月上旬开始防治，连续 2 年，即可控制根结线虫的危害。

附注 1：

据文献记载，南方根结线虫 *Meloidogyne incognita* 可引起牡丹芽枯病，其症状主要为牡丹芽从豌豆大小直到开花前，经常发生芽枯现象。该病害可用 10% 苯线磷颗粒剂 1 000 mg·L^{-1} 浸种苗根茎杀线虫，也可用其 1 000 倍液灌根，每隔 20 天灌 1 次，连续 2~3 次。油用牡丹栽培禁用此法。

附注2：

2002年12月，天津出入境检验检疫局对来自日本的牡丹苗木实施检疫时，截获了进境植物检疫潜在危险性线虫——穿刺短体线虫 *Pratylenchus penetrans*，同时还发现了滑轫线虫 *Caphelenchoides* sp.、丝尾垫刃线虫 *Filenchus* sp.。我国进口日本牡丹苗木甚多，此事需要引起产业界的重视。

四、牡丹病毒病及其防治

牡丹主产区表现病毒病症状的牡丹植株比较普遍，并有逐步蔓延的趋势，但目前关于这类病害的相关研究较少。

1. 症状

牡丹病毒病症状主要表现为以下两种类型（图11-27）：

（1）花叶型　叶片先表现为绿色浓淡不均匀的斑驳，进一步发展为黄绿色相间的花叶，病叶小而稍皱缩，有时叶脉略呈半透明状。

（2）环斑型　叶片上呈现深绿色与浅绿色相间的同心环纹圆斑，有时也出现小的坏死斑点。

发生这两类症状的植株均生长缓慢，矮小，观赏品质下降；染病毒植株的一些花药败育，成熟花药中含有大量异常花粉，有些异常花粉的直径仅为正常花粉的1/2~2/3，有些异常花粉仅有空瘪的外壳，有些异常花粉超额分裂，具有两个以上的营养细胞和生殖细胞。

2. 病原

据报道，世界各地牡丹和芍药上发现的病毒

● 图 11-27　**牡丹病毒病危害状**

主要有以下 5 种：牡丹环斑病毒（Peony ringspot virus，PRV）、翠菊黄化病毒（Aster yellows virus，AYV）、大白菜黑环病毒（Cabbage black ring virus，CBRV）、烟草脆裂病毒（Tobacco rattle virus）和牡丹曲叶病毒（Peony leafcurl virus，PLCV）。在我国，目前仅从呈现系统黄色花叶，且伴有约 25% 花药败育的牡丹植株病叶上分离获得了烟草脆裂病毒。该病毒有两种长度的杆状粒子，大小分别为（35～80）nm×（25～217）nm 和（125～200）nm×25 nm，对牡丹花药进行病理解剖学和血清学研究时，在花粉粒中检测到病毒，被病毒侵染的花粉约有 80% 空瘪。另据国外文献报道，牡丹和芍药被烟草脆裂病毒侵染后，有时会在叶片上出现圈纹症状。

3. 发病规律

关于牡丹病毒病的发生规律尚缺乏研究。根据相关病毒对其他植物危害情况的研究，概述如下：烟草脆裂病毒可通过线虫、种子、无性繁殖材料以及汁液摩擦的方式进行传播，除危害牡丹、芍药外，还可以感染风信子、水仙、郁金香等花卉以及烟草、马铃薯等 300 多种植物；在汁液摩擦接种试验中，该病毒除侵染牡丹外，还可侵染烟草、番茄、豇豆等 7 科 21 种植物（魏宁生和吴云峰，1990）。牡丹环斑病毒可以通过蚜虫传播，除感染牡丹外，还可以感染烟草、黄瓜、菊花、三色堇、百合、水仙等植物；翠菊黄化病毒可以通过农事操作、摩擦接种传播，叶蝉也可传播，除感染牡丹和芍药外，还可感染大麦、马铃薯、烟草、番茄、菊花、香石竹、美人蕉、大丽花等 133 属 220 多种植物；大白菜黑环病毒可以通过农事操作、线虫和蚜虫传播，除危害牡丹和芍药外，还可以感染花生、白菜、甘蓝、菊花、美人蕉、菜豆、蚕豆、黄瓜等 173 属 350 多种植物。此外，上述病毒均可通过带病毒的牡丹苗木传播扩散，管理粗放、杂草和害虫危害严重的牡丹园有利于病毒病的传播扩散。

4. 防治方法

（1）加强检疫　防止病毒病通过带毒苗木的调运而传播扩散。

（2）建立无病毒母本园　以无病毒植株作繁殖材料。

（3）科学清园　清除牡丹园及周围的杂草，减少传染源，注意杀灭传播病毒的介体昆虫，从而控制病毒的传播。

（4）化学防控　在发病前喷洒抗病毒药剂。

五、牡丹植原体黄化病及其防治

牡丹黄化病在牡丹主产区发生很普遍，危害严重，植物上发生的这类黄化病早期曾被当作病毒病。进一步的研究证明，这类病害的病原为植原体（phytoplasma）。

1. 症状

叶片上大片或不均匀地黄化，叶片变小，生长发育受阻，植株矮化，花器畸形、坏死。

2. 病原

由牡丹黄化植原体 Tree peony yellows phytoplasma（TPY）引起（高颖等，2014）。通过透射电子显微镜观察染病植株的组织，在染病嫩茎的韧皮部筛管细胞中发现了典型的植原体，其形状大多为圆形和椭圆形，大小为（174×217）nm ~（478×609）nm，平均 287 nm×402 nm，有明显的单位膜结构。基于 16S rRNA 基因序列分析的研究表明，牡丹黄化病植原体与候选种僵化植原体组 Candidatus phytoplasma solani 相比，牡丹黄化植原体的同源性达到 97.5% 以上。

3. 发生规律

关于牡丹植原体黄化病的发生规律尚缺乏系统研究。在对由植原体引起的其他植物病害研究中发现，植原体专性寄生于植物韧皮部的筛管细胞中，可通过吸食植物韧皮部汁液的昆虫传播，也可以通过菟丝子、人工嫁接、繁殖器官等进行传播。目前发现能传播植原体的昆虫包括叶蝉、飞虱、蚜虫、茶翅蝽等。其传播方式与循回型病毒传播相似，介体昆虫在病株上吸食几小时至几天后才能带毒，经过 10 ~ 45 天的循回期，植原体由消化道经血液进入唾液腺后才开始传染。多数介体昆虫可终身带毒，但不经卵传染。

4. 防治方法

关于牡丹植原体黄化病的防治尚缺乏研究。借鉴由植原体引起的其他植物病害的防治方法，归纳主要防治措施如下：

（1）农业防治 严禁从病株上采集繁殖材料，加强田间管理，促进植株健壮生长，增强抗性，清除田间杂草，杀灭害虫，特别要注意杀灭传播植原体的介体昆虫，从而控制植原体的传播。

（2）抗生素防治　植原体对四环素类抗生素敏感，所以四环素类抗生素，如金霉素、土霉素和脱甲基氯四环素等抗生素，常被应用于植原体病害的治疗当中。使用四环素类抗生素对植物茎干进行注射，能抑制植原体在韧皮部增殖，注射时间最好在 8 月底至 10 月初。同时，定期使用 1% 盐酸溶解四环素粉对易感植株进行浸根或者在根部注射，也可以起到一定的预防作用。

六、牡丹非侵染性病害及防治

非侵染性病害是由于不适宜的环境条件持续作用所引起的，是不具有传染性的生理性病害。非侵染性病害主要由以下几种因素引起：①营养元素缺乏所致的缺素症；②水分不足或过量引起的旱害和涝害；③低温所致的冻害、寒害以及高温所致的日灼病；④肥料、农药使用不当和工厂排出的废水、废气所造成的药害和毒害等。

非侵染性病害的危害性，不仅在于它本身可以导致牡丹植株生长发育不良甚至死亡，而且由于它削弱了植株的生长势和抗病力，因而容易诱发其他侵染性病原的侵害，使牡丹受害情况加重，从而造成更大的损失。

（一）牡丹叶尖枯病

牡丹叶尖枯病是由大气中的氟污染引起的一种非侵染性病害，主要发生在有大气氟污染的地区。

1. 症状

该病的典型症状是植株从叶尖开始枯死，枯死部位逐渐扩大，可达叶片一半以上，严重时全叶枯焦。叶片上发病部位与健康组织之间界限明显，并在交界处呈现出暗褐色条带。有时在叶片枯死部位的背面有黑褐色发亮的胶黏状物出现，为牡丹叶片的溢出物。

2. 发病原因

大气氟污染物是诱发牡丹叶尖枯病的主要原因。一般来说，牡丹叶片对大气中的氟化物有较强的吸收能力。氟化物进入牡丹叶片后，会随着蒸腾作用流向叶片尖端，从而使得叶尖的氟浓度增高并首先出现枯死症状；进一步的调查表明，由于不同品种间叶片组织对氟化物的耐受性不同，因而不同品种对大气氟污染的抗性有着显著差异。牡丹叶尖枯病是随氟化物的吸收与积累而逐渐发病，洛阳等地一般在 9 月后发生。

3. 防治方法

（1）严格控制含氟废气的排放，为治本之策 该病是牡丹吸收较多的大气氟污染物所引起的，而在城市和工业区，氟污染是较为普遍的一个问题。因为不少工厂，如铅厂、磷肥厂、玻璃厂、钢铁厂、窑厂，以及使用氢氟酸的工厂和有机氟合成工厂等，都有排放氟化物污染大气的可能性。

（2）种植抗性品种 调查研究表明，洛阳等地氟污染区 128 个牡丹品种对大气氟污染抗性具有显著差异，其中抗性较差的 7 个品种如'赵紫''山花烂漫''文公红''曹州红''丹皂流金'等不宜在污染区种植；而'瑶池贯月''茄皮紫''朱砂垒''一品朱衣''赛贵妃''御衣黄''紫蓝魁''宏图''豆绿''贵妃插翠''状元红''肉芙蓉''夜光白''藏枝红'等抗性较强的品种则适宜推广种植（林晓民等，1997）。

（二）牡丹日灼病

该病在南北牡丹产区均有发生。

1. 症状

主要表现为叶尖端失绿，变成灰色，边缘向上翻卷，整个叶片逐渐焦枯、脱落。严重时整株叶片全部焦枯、脱落，引起秋发，对牡丹后期长势影响较大。日灼与其他病害的主要区别是：发生日灼的叶片上面开始时无霉层，无病斑，但干枯后，在湿度大的情况下产生霉层。

2. 发病原因

在中原地区夏季若 35℃以上的高温持续 7~10 天，土壤偏旱，吸水量小于蒸腾量，受到阳光直射的牡丹叶片就会受害。沙壤土种植的牡丹苗、带有根部病害的植株、牡丹嫁接苗、一年生大田定植苗甚至牡丹大苗，均易受日灼伤害。

3. 防治方法

（1）做好遮阴工作 可采用间作小乔木，使牡丹得到侧方遮阴。育苗地可于 5 月下旬到 9 月中旬在苗床上方搭设高 1.5 m 的遮阳网，10:00 之后展开，17:00 之后收起来。

●图 11-28　**牡丹缺铁性黄叶病发病症状**

（2）注意天气预报，及时灌水　在土壤干旱及高温期（中原地区为 5 月中下旬）到来之前及早浇水，以补充叶片蒸腾所需要的水分。在出现日灼症状后再浇水，虽可减轻危害，但不能使已受害叶片恢复正常。

（3）实行土壤改良　土壤贫瘠的地块要增施有机肥料，提高其保水能力。

（4）防病治虫　及时防治根部病害及地下害虫。

（三）牡丹缺铁性黄叶病

牡丹在生长发育过程中，需要从土壤和大气中吸收营养元素，如果土壤中有一种或几种元素不足或缺乏，会引起植物失绿、变色、畸形或组织坏死等症状。

1. 症状

该病是发生较为普遍的牡丹生理病害，开始时叶片上叶肉变黄，叶脉仍保持绿色，严重时叶片黄化部分坏死，枝条不充实，不易开花或花小（图 11-28）。

2. 发病原因

铁元素是叶绿素形成的重要物质之一，当土壤缺少能被植物吸收利用的铁离子时，叶绿素形成受到抑制，出现黄叶病。尤其是土壤偏碱或盐碱含量高以及土壤干旱时容易发生，这与碱性土壤中铁元素不易被吸收有关，尤其是刚展开的叶尚为绿色，当新梢进入快速生长期，需铁量大，这时土壤供铁不足，很容易出现缺铁性黄叶病。新梢顶端叶片尤其明显，严重时上部嫩叶全部黄化。

3.防治方法

（1）农业防治　不宜在低洼潮湿地块栽培牡丹，牡丹栽培地宜有侧方遮阴。在有机肥中掺些硫酸亚铁，可增加铁的活性。对碱性土壤应施用过磷酸钙、磷酸二铵等生理酸性肥料，改善土壤理化性质，提高土壤中铁的有效性。

（2）化学防治　发病较轻病株可喷施 0.1%～0.2% 硫酸亚铁水溶液。近年来使用绿色植保素（几丁聚糖）也可达到较好的防治效果。

（四）牡丹卷叶（卷曲、皱缩）病

卷叶病在盆栽催花牡丹上容易发生；秋冬季节移栽的新苗，翌年春季也易发生叶片卷曲现象。

1.症状

卷叶病有以下 2 种症状：一是在温室催花牡丹上，叶片由背面向正面反卷，露出叶背白色绒毛，以植株上部和复叶顶端幼叶较易发生；二是在第一年移栽的新苗上，主要表现为牡丹叶片皱缩，不舒展。这些症状不仅影响光合作用，更影响观赏牡丹的美观和商品牡丹的卖相。

2.发病原因

（1）温室催花牡丹的发病原因　温室通风不良，环境湿度大，导致气孔关闭或堵塞，进而导致叶面卷缩；温度突然降低，冷风直吹植株或设施塑料薄膜上的冷水珠滴落叶面，致使叶片上表皮过快冷缩所致。

（2）大田牡丹发病原因　牡丹秋季移栽时间太晚，未长出足够的新根，而植株春天发芽、长花蕾消耗养分较多，造成水分、营养供应不足致使叶片皱缩；冬季或早春低温导致牡丹根部受冻，影响根系对水分和养分的吸收，也容易引起叶片皱缩；夏季光照太强导致叶子灼伤，或因蒸腾作用失水过多，导致其叶子卷缩。牡丹盆栽时选用花盆较小，根系修剪过多，但枝条却未修剪，春天发芽时，受损根系未得到恢复，水分、养分供应不足，极易造成地上部叶片皱缩。

3.防治方法

（1）加强设施管理　首先，应在不影响植株正常生长和成蕾的前提下，尽量降低设施内空气湿度（空气相对湿度以 40%～60% 为宜），加强通风，保持环境和叶面干燥；其次，放风口应距地面 1.5 m 以上，且不宜留在离植株叶幕较近的地方，最好是设在设施顶部；最后，要购买质量较好的无滴膜，张拉时要正面朝外，必要时应在设施内再加盖一层薄膜。

（2）大田牡丹注意适时移栽 盆栽时，花盆应选择大而深的，尽量少修剪根系，可适当修剪上部枝叶，以减少养分消耗，可增施氮肥，促进根部的快速生长；冬季要及时保温，尽量保持盆土偏干燥，不干就不浇水，以提高牡丹的抗寒性；夏季光照过强，可适当进行遮阴以防日灼；如已受日灼，可将受损牡丹放到阴凉通风的地方，使其逐渐恢复。

（五）牡丹僵蕾病

僵蕾病，俗称"笑花"病。在盆栽催花牡丹上较为多见，在大田牡丹种植园中也有少量发生。

1. 症状

僵蕾病症状有以下 3 种：①温室催花中，当花蕾直径 2 cm 左右时，顶端就过早龇开，露出像鸡冠一样厚实的畸形花瓣，颜色变深，花朵不再继续开放；②在露地栽培中，早春花蕾快速膨大时，突遇冷空气侵袭，导致花蕾停止生长而缩蕾（俗称回蕾），并露出黄色花蕊；③其他因素引起的缩蕾。

2. 发病原因

僵蕾病发病的原因：一是在促成栽培的前期和中期，常因急于求成，持续较长时间的高温低湿管理，或过度使用植物生长激素（如赤霉素），使得花瓣生长过快、水分养分供应不足、整体生长失调所致，有时也与苞片分化不良有关；二是突然低温造成花瓣停止生长，因花蕾的生长发育要比枝叶的生长要求温度较高；三是因枝叶生长过旺而水分、养分供应不足等因素引起缩蕾。

3. 防治方法

对于牡丹僵蕾病，应有针对性地采取以下措施：①根据牡丹生长发育规律，在保证整个促成期不少于 50 天的前提下，前中期的温度以控制在 5～18℃为宜，最好不要超过 20℃。这阶段不宜操之过急，不要过度加温。同时，保证盆内不缺水，环境不太干燥，尤其是现蕾到立蕾期间，盆内应 3～5 天点浇一次水，每盆每次浇水 0.5～1 kg。若温度较高，一直在 15℃以上，盆内基质又较疏松、不太保水时，浇水应多一些，勤一些。②应随时关注天气变化，制定应对突发低温的应急预案，采取搭建防风障、覆盖塑料薄膜、喷洒叶面肥等措施。③科学合理地施肥浇水，防止枝叶生长过旺。

第二节

牡丹害虫及其防控

据各地调查，全国范围内危害牡丹的害虫 50 余种，可分为地上害虫、地下害虫两大类。地上害虫中，又可分为食叶害虫、蛀干害虫、吸汁液害虫等种类。

害虫在各地分布及危害程度不同，其中分布广、危害较重且防治难度较大的害虫是金龟子的幼虫蛴螬、甜菜夜蛾、地老虎、细胸金针虫、华北蝼蛄、白蚁等。

一、地上害虫种类及其防治

（一）甜菜夜蛾

1. 形态特征

甜菜夜蛾 *Spodoptera exigua* 属鳞翅目夜蛾科，别名玉米夜蛾。其形态特征见图 11-29。该虫在我国北起黑龙江，南抵广东、广西及云南，西达陕西、四川，皆有分布。该虫的幼虫是杂食性害虫，能取食 170 多种菜叶、树叶、杂草等植物。虽不取食牡丹叶片，但主要取食牡丹植株夏、秋季发育的鳞芽内的嫩茎、嫩叶及花器等，危害较大。

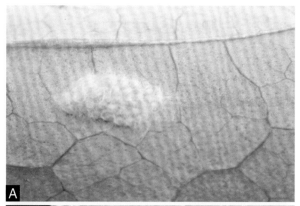

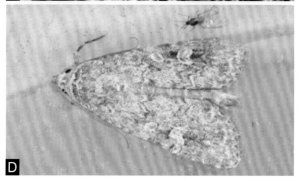

A. 卵；B. 幼虫；C. 蛹；D. 成虫。

● 图 11-29　**甜菜夜蛾各时期的形态特征**

2. 危害特点

该虫危害鳞芽时，先咬破其外部的鳞片，打孔洞钻入其内吃食里面的嫩茎及花器，吃光一个鳞芽后，再钻入另一个鳞芽内取食。一只成虫或幼虫，能危害多个鳞芽。虫口密度大时，可把植株上饱满的鳞芽吃空，仅留下直径 1.5 mm 左右的蛀洞。

3. 发生规律

该虫在中原地区，以蛹在土壤中越冬，1 年内可发生 4~5 代；在长江以南地区，该虫以蛹和老熟幼虫在土壤裂缝中越冬，1 年内可发生 6~7 代。如遇暖冬，春、夏、秋三季少雨，高温、空气干燥，发生更为严重。该虫主要在 6~10 月危害鳞芽，以 8 月下旬至 9 月下旬危害最严重。成虫、幼虫怕光，昼伏夜出，白天隐藏于草丛、土壤裂缝中，或植株稠密的遮光处，夜晚及凌晨是其取食的主要时间。

4. 防治方法

（1）农业防治　秋末冬初浅翻园地土壤，可冻死部分越冬蛹；3~4 月，锄地灭草，可消灭杂草上的初龄幼虫。

（2）化学防治　6 月后，若发现鳞芽有被该虫啃咬钻入的孔洞，应立即喷药防治。可用 50% 辛硫磷乳油 1000 倍液 + 90% 晶体敌百虫 1000 倍混合液，或 20% 氰戊菊酯乳油 2000 倍液，或 50% 氟啶脲乳油 1500 倍液，或 2.5% 氟氯氰菊酯微囊悬浮剂 2000 倍液，或 2% 灭幼脲 1 号胶悬剂 1000 倍液，或 10% 氯氰菊酯乳剂 1500 倍液等杀虫剂喷洒植株，每隔 7~10 天 1 次，连续喷洒 2~3 次，即可收

到良好的防治效果。另外，因该虫白天在地表层草丛与裂缝中潜伏，可用 90%
敌敌畏乳油 600 ~ 800 倍液喷洒植株、地表土壤和草丛，隔 7 ~ 10 天 1 次，连
喷 2 ~ 3 次即可。也可采用生物防治的方法进行防治，如发现害虫危害时用每
克含孢子 100 亿以上的杀螟杆菌，或青虫菌粉 500 ~ 700 倍液喷雾。

（二）金龟甲类

1. 种类及形态特征

金龟甲俗称"金龟子"，属鞘翅目 *Coleoptera* 金龟科 *Scarabacidae* 和丽金
龟科 *Rutelinae*。

金龟甲类害虫的幼虫统称蛴螬，体近圆筒形，常弯曲成"C"字形，乳白色，
密被棕褐色细毛，头橙黄色或黄褐色，有胸足 3 对，无腹足。金龟甲各时期形
态特征见图 11-30。

2. 危害特点

金龟甲成虫危害牡丹芽、叶及花，幼虫取食
牡丹根系，造成大量伤口，又为镰刀菌的侵染创
造了条件，从而导致根腐病的发生。

3. 发生规律

金龟甲类害虫在全国各牡丹产区均有发生，
一般 1 ~ 2 年完成 1 个世代。幼虫、成虫均在土
中越冬。成虫每年4月中旬以后开始活动，5月
中旬至 6 月中旬为其活动高峰，以 20:00 ~ 23:00
活动最盛。如果牡丹园有杂草，则多取食杂草，
无杂草时则取食牡丹叶片。春季当 10 cm 深土
层地温上升至 10℃时，幼虫（蛴螬）上移并集
中寻找地表 5 ~ 20 cm 范围内的根部取食。由于
牡丹根系发达，幼虫很少转移危害，只有当植株
受害死亡或即将死亡时，才转移到邻株危害。

金龟子活动有以下特点：一是其成虫产卵
和幼虫咬食活动对地温反应敏感，地温 25℃
左右，土壤含水量 8% ~ 15% 适宜卵孵化，

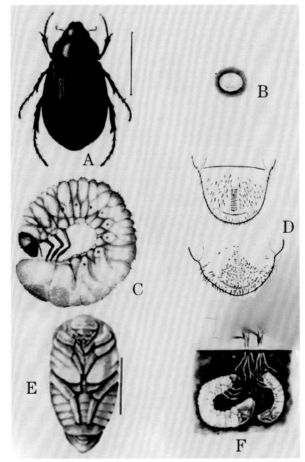

A. 成虫；B. 卵；C. 幼虫；D. 幼虫腹部末端；E. 蛹；
F. 危害状。

● 图 11-30　**金龟甲各时期的形态特征及危害状**

表土 10 cm 地温 23℃左右，土壤含水量 15%~20% 适宜幼虫活动；二是牡丹株龄与虫口密度相关，育苗地高于成龄地块，栽植后 1~2 年生地块高于 3~4 年生地块；三是土壤质地不同，虫口密度也有不同，黏土地高于沙土地。

4. 防治方法

（1）成虫防治 ①金龟甲成虫一般均具有假死性，可用人工振落捕杀，此外，夜行性金龟甲成虫大多有趋光性，可设置黑光灯诱杀；②蓖麻可毒死金龟子，在牡丹地块栽植蓖麻，蓖麻要适当早播，即当金龟子成虫在初发期至盛发期时，蓖麻应能长出三四片叶子为宜，这样不仅可预防金龟子在牡丹地产卵，还可驱赶和毒杀其成虫；③金龟子喜食榆树叶，可在牡丹地四周栽些榆树，诱集金龟子进行人工捕杀；④5 月中旬至 6 月中旬，成虫发生盛期可喷洒 50% 马拉硫磷乳油 1 000~1 500 倍液毒杀，成虫羽化盛发期可在苗木下地面喷洒 50% 辛硫磷乳油 500~800 倍液；地面洒水后喷洒效果最好，成虫取食危害时，可在叶面喷 50% 辛硫磷乳油 1 000 倍液。

（2）幼虫防治 ①注意牡丹地必须使用腐熟有机肥，或用能杀死蛴螬的农药与堆肥混合施用；②苗木移栽前用 5% 吡虫啉颗粒剂，每亩 3~5 kg 拌细土 30~50 kg 均匀撒施，然后耕翻，亦可用 50% 辛硫磷颗粒剂每亩 2.0~2.5 kg 处理土壤；③每亩用白僵菌粉或绿僵菌粉 3~5 kg，混合适量的饼肥和细土，随种苗施入土中，有较好的防效；④苗木栽植前用 50% 辛硫磷乳油 1 000 倍液整株浸泡数分钟后晾 1~2 天栽植，兼治根结线虫病。植株受到危害时，可打洞浇灌 50% 辛硫磷乳油等有机磷杀虫剂 1 000~1 500 倍液。

（三）刺蛾类

1. 种类

危害牡丹常见的刺蛾种类主要有黄刺蛾 *Cnidocampa flavescens*、扁刺蛾 *Thosea sinensis*、桑褐刺蛾 *Setora postornata* 3 种，其中黄刺蛾的形态特征见图 11-31。

2. 危害特点

黄刺蛾分布于全国各地，食性很杂，主要危

● 图 11-31 **黄刺蛾形态特征**

害牡丹、梅花等花木，初孵幼虫先取食叶的下表皮和叶肉，4龄时取食叶片成孔洞，5龄以后可吃光整叶。该虫在辽宁、陕西、河北北部1年发生1代，北京、河北中部1年发生2代，以老熟幼虫在树干缝隙或枝梗上结茧越冬。成虫分别于5月下旬和8月上中旬出现，有趋光性。卵在叶片近末端背面散生或数粒在一起，经5~6天孵化，7月幼虫老熟时先吐丝缠绕枝干，后吐丝和分泌黏液结茧，1代幼虫于8月下旬以后大量出现，秋后在树上结茧越冬。

扁刺蛾分布于东北、华北、华东、中南及四川、陕西等地，危害牡丹、芍药等多种花卉，该虫在河北、陕西等地1年发生1代，长江中下游地区1年发生2~3代，以老熟幼虫在树下土中结茧越冬，翌年5月中旬羽化为第一代成虫，7月中旬至8月底出现第二代成虫，以6月、8月危害最为严重。

桑褐刺蛾主要分布于长江以南，危害牡丹、芍药及多种树木。长江下游地区1年发生3代，第一代5月下旬出现，第二代7月下旬发生，第三代9月上旬发生，10月下旬起老熟幼虫在土中结茧越冬。

3. 防治方法

（1）灯光诱杀　大部分刺蛾成虫具较强的趋光性，可在成虫羽化期于19:00~21:00用灯光诱杀。

（2）人工防治　幼龄幼虫多群集取食，被害叶出现白色或半透明斑块等，甚易发现，此时斑块附近常栖有大量幼虫，及时摘除带虫枝、叶，加以处理，效果明显；冬季，农林作业较空闲，可根据不同刺蛾虫种越冬场所之异同，采用敲、挖、剪除等方法清除虫茧。

（3）化学防治　发病严重时，可选用50%杀螟硫磷乳油，或50%辛硫磷乳油，或25%亚胺硫磷乳油中的一种，稀释1500~2000倍液喷雾防治。

（4）生物防治　刺蛾的寄生性天敌较多，已发现黄刺蛾成虫的寄生性天敌有刺蛾紫姬蜂、刺蛾广肩小蜂、上海青蜂、爪哇刺蛾姬蜂和健壮刺蛾寄蝇等，刺蛾幼虫的天敌有白僵菌、青虫菌、枝型多角体病毒等，均可注意保护利用。在实际生产中可喷洒每克含孢子100亿个青虫菌1000倍液，混入0.3%茶枯或0.2%中性洗衣粉提高防效。此外喷洒白僵菌300倍液，也能起到一定的控制作用。

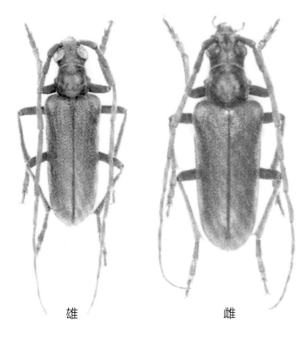

雄　　　　　　　雌

● 图 11-32　**中华锯花天牛成虫的形态特征**

A. 成虫；B. 幼虫。

● 图 11-33　**桑天牛成虫及幼虫危害状**

（四）天牛类

1. 种类

危害牡丹的蛀干害虫主要有中华锯花天牛 *Apatophysis sinica* 和桑天牛 *Apriona germari* 等，其成虫形态特征见图 11-32、图 11-33。

2. 危害特点

中华锯花天牛初孵幼虫先咬食幼嫩根茎表皮，后从近地面断梢伤口腐烂处蛀入，并向根下部蛀害，影响牡丹植株的生长发育，降低牡丹品质，严重时导致植株枯死。

桑天牛成虫危害牡丹嫩枝皮和叶，造成枝叶枯黄，幼虫蛀食枝干木质部，出现孔洞，削弱树势，重者枯死。

3. 发生规律

中华锯花天牛在山东菏泽 3 年完成 1 个世代，以不同龄期的幼虫在牡丹根颈处越冬，世代重叠明显。

桑天牛在北方 2~3 年完成 1 代，以幼虫在枝干内越冬，寄主萌动后开始危害，落叶时休眠、越冬。

4. 防治方法

（1）物理防治　人工捕杀成虫，在 5~6 月成虫发生期，晚间利用其趋光性诱集捕杀；人工杀灭虫卵，在成虫产卵期或产卵后，检查牡丹植株基部，寻找产卵刻槽，用刀将被害处挖开，杀死卵和幼虫。

（2）农业防治　在成虫化蛹期中耕松土有破坏蛹室、压低虫口密度的作用；同时处理受害严重的牡丹植株，清除虫源。

（3）化学防治　在牡丹移栽时，用塑料薄膜密封处理牡丹苗，用 55%
甲基嘧啶磷乳油 25 000～30 000 倍液喷雾，生长期用 55% 甲基嘧啶磷乳油
50 000 倍液喷洒植株。

（五）蚧类

1. 种类

危害牡丹常见的介壳虫包括吹绵蚧 *Icerya purchasi*、柑橘臀纹粉蚧
Planococcus、日本蜡蚧 *Ceroplastes japonicus*、角蜡蚧 *Ceroplastes ceriferus*、长
白盾蚧 *Lopholecaspis japonica*、桑白盾蚧 *Pseudau-lacaspis pentagona* 和牡丹网
盾蚧 *Metropis nigroclypeus* 等，其中以吹绵蚧对牡丹的危害最为严重，其形态特
征及危害状见图 11-34。

2. 危害特点

介壳虫类是危害牡丹较严重的害虫类群之
一，其寄主很广，除牡丹外，在洛阳等地也危害
芍药。以若虫和成虫群集于牡丹的枝、芽和叶上
吸食汁液，并排泄蜜露招引蜂、蝇，诱发煤污病，
使植株生长衰弱，枝叶变黄、枯萎，芽体萎缩，
叶片非正常脱落，甚至全株死亡。

3. 发生规律

吹绵蚧发生代数因地区而异，1 年发生
2～5 代，且世代重叠，洛阳等地 1 年 2 代，
上海 1 年 2～3 代。

4. 防治方法

（1）加强检疫　严禁调运带虫苗木，引进
苗木应注意加强检查。

（2）人工防治　发现个别枝叶有蚧时，可
用软刷轻轻刷除，或剪去虫枝集中烧毁，要求刷
净、剪净，切勿乱扔。

（3）化学防治　应注意抓住卵盛孵期喷药，
刚孵化的虫体表面未被蜡（介壳尚未形成），用

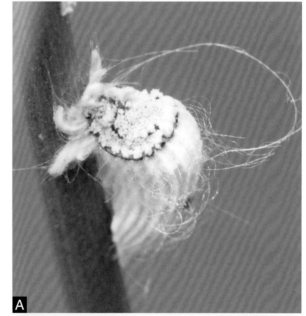

A. 成虫；B. 若虫。

● 图 11-34　**吹绵蚧的形态特征及危害状**

药剂极易杀死。一般喷施 50% 马拉硫磷乳油 800~1 000 倍液，或 50% 辛硫磷乳油 1 000~2 000 倍液，每隔 7~10 天 1 次，连续 2~3 次。喷药要均匀周到。如介壳已形成，则喷药难以生效。或在生长危害期用速扑杀喷施叶面，效果良好。

（4）生物防治　保护或引放大红瓢虫、大洋洲瓢虫等天敌，捕食吹绵蚧，可以达到有效控制吹绵蚧的目的；角蜡蚧的天敌主要有黑色软蚧蚜小蜂和黄金蚜小蜂，田间释放可有效控制角蜡蚧的数量。

（六）山楂叶螨

1. 种类

牡丹上常见的螨类主要为山楂叶螨 *Tetranychus viennensis*，属叶螨科叶螨属。

2. 危害特点

主要以成螨和若螨群集在叶脉两侧吮吸汁液危害，使被害叶片呈现失绿斑点。

3. 发生规律

该虫 1 年发生 6~9 代，以受精雌成螨在树干主枝和侧枝的粗皮缝隙、枝条及树干基部附近土隙中越冬，雄虫入冬前已死亡。翌年 3~4 月，越冬代雌成螨危害牡丹芽，夏季高温、干旱有利于该虫发生，7~8 月为全年繁殖最盛时期。严重时，受害叶片枯黄，甚至早期脱落。若螨性活泼，成螨不活泼，群栖于叶背吐丝结网，卵多产于叶背主脉两侧，卵期春季约 10 日，夏季约 5 日，一般 9 月出现越冬虫态，11 月下旬全部越冬。

4. 防治方法

彻底清除杂草和枯枝落叶；被害植株应于秋季越冬前在树干上束草，诱集越冬雌螨，翌春收集烧毁；人工刮除受害植株上的粗皮、翘皮，并予烧毁；成螨、若螨盛发期，喷 1.8% 阿维菌素乳油 1 500 倍液、15% 噻螨酮乳油 1 500~2 000 倍液，严重时每隔 10~15 天喷 1 次，连续喷施 2~3 次。冬季喷洒 3° Bé 石硫合剂于枝干。

（七）灰巴蜗牛

1. 形态特征

危害牡丹的蜗牛种类主要为灰巴蜗牛 *Bradybaena ravida*。灰巴蜗牛的贝壳中等大小，壳质稍厚，坚固，呈圆球形，壳高 19 mm，宽 21 mm，有 5.5~6 个螺层，顶部几个螺层增大缓慢、略膨胀，体螺层急骤增大、膨大。壳面黄褐色或琥珀色，并具有细致而稠密的生长线和螺纹。壳顶尖，缝合线深，壳口呈椭圆形，口缘完整，略外折，锋利，易碎，轴缘在脐孔处外折，略遮盖脐孔，脐孔狭小，个体大小、颜色变异较大。卵圆球形，白色。

2. 危害特点

蜗牛在阴雨天空气湿度大时大量繁殖，取食牡丹芽和嫩叶，被害植株叶片上有蜗牛吃过的缺痕和排放的黑绿色虫粪，外包一层白色黏液性物质。蜗牛足腺体能分泌黏液，在蜗牛爬过的茎、叶上都留有一条银灰色痕迹。

3. 发生规律

蜗牛以成贝和幼贝在土层和落叶层中越冬。翌年3～4月开始危害，白天藏于牡丹基部杂草、落叶或土层中栖息，夜晚活动危害，若是阴雨天，白天也能产生危害。蜗牛于4月下旬交配，5月在寄主根部疏松土壤中产卵，10多粒卵黏合成块状，每头雌贝产卵近百粒，卵期10余天。幼贝孵出后，多居于土中或落叶下，不久即分散危害。7～8月是幼贝危害盛期，连续阴雨天、土壤湿度大，危害严重；天旱时，蜗牛用白膜封闭螺，潜伏于土层中，11月开始越冬。

4. 防治方法

清晨或阴雨天人工捕捉，集中杀灭；危害期间喷洒80%四聚乙醛可湿性粉剂300倍液，连续喷3～4次；也可于傍晚在蜗牛活动的地方每亩撒8%四聚乙醛颗粒剂500 g，诱杀成贝和幼贝。

二、地下害虫种类及防治

（一）地老虎

1. 危害特点

地老虎 *Agrotis ypsilon* 俗称土蚕，喜温暖及潮湿条件，主要危害根茎。幼虫将幼苗近地面的茎部咬断，导致整株死亡。

2. 发生规律

成虫夜间活动，交配产卵，卵多产于5 cm以下的矮小杂草上，成虫对黑光灯及糖、醋、酒等趋性较强，幼虫夜间出来危害，老熟幼虫有假死习性，受惊缩成环形，地老虎喜温暖及潮湿条件，保水性强的壤土、黏壤土、沙壤土均适于地老虎的发生。

3. 防治方法

（1）农业防治 清除田中杂草，防止成虫产卵是关键一环，可用黑光灯、糖醋液诱杀成虫。

（2）化学防治 把麦麸等饵料炒香，每亩用饵料 5~10 kg，加入 90% 敌百虫晶体 30 倍水溶液 200 mL 左右，拌匀成毒饵，傍晚撒于地面；地老虎 1~3 龄幼虫期抗药性差，可用药剂防治，茎叶喷洒 90% 敌百虫晶体 800 倍液，或 50% 辛硫磷乳油 800 倍液，效果较好。

（二）细胸金针虫

1. 危害特点与形态特征

细胸金针虫 *Agriotes fuscicollis* 主要危害幼苗根部，致植株枯萎死亡，对牡丹生长危害严重。末龄幼虫体长约 32 mm，宽约 1.5 mm，细长圆筒形，淡黄色，光亮，头部扁平，口器深褐色，第一胸节较第二节、第三节稍短，4~8 腹节略等长，尾节圆锥形，近基部两侧各有 1 个褐色圆斑和 4 条褐色纵纹，顶端具有 1 个圆形突起，其幼虫形态特征见图 11-35。

2. 发生规律

幼虫喜潮湿及微偏酸性的土壤，一般在 10 cm 地温 7~13℃时，危害严重；7 月中旬地温升至 17℃时逐渐停止危害。

3. 防治方法

每亩用 3% 辛硫磷颗粒剂 5~10 kg，施入土中，出苗后可把药沟施在行间。

● 图 11-35 **细胸金针虫幼虫的形态特征**

● 图 11-36 **华北蝼蛄成虫的形态特征**

（三）华北蝼蛄

1. 危害特点与形态特征

华北蝼蛄 *Gryllotalpa unispina* 成虫、若虫均在土中活动，取食幼芽或将幼苗咬断致死，受害的根部呈乱麻状。蝼蛄在表土层窜行，形成许多隧道，使幼苗根系脱离土壤，造成幼苗失水枯死。其成虫形态特征见图 11-36。

2. 发生规律

3 年左右完成 1 代，以若虫或成虫越冬，翌春 3～4 月地温达 8℃时开始活动，交配后在土中 15～30 cm 处做土室，雌虫把卵产在土室中，成虫夜间活动，有趋光性。

3. 防治方法

施用充分腐熟的有机肥；利用黑光灯诱杀；施用毒饵；生长期被害，可用 50% 辛硫磷乳油 2 000 倍液浇灌。

（四）白蚁

1. 种类与危害特点

危害牡丹的白蚁主要有家白蚁 *Coptotermes formosanus*（图 11-37）、黄胸散白蚁 *Reticulitermes speratus*、黑胸散白蚁 *R. chiensis*（图 11-38）、黑翅土白蚁 *Odontotermes formosanus*（图 11-39）和黄翅大白蚁 *Macrotermes barneyi*（图 11-40）。如何根据白蚁危害的外显特征来识别危害的白蚁种类，是生产上有效

● 图 11-37　**家白蚁的有翅成虫和兵蚁**

● 图 11-38　**黑胸散白蚁的有翅成虫和兵蚁**

● 图 11-39　**黑翅土白蚁的有翅成虫和兵蚁**

● 图 11-40　**黄翅大白蚁的兵蚁**

地解决白蚁危害问题的关键。一般来说，在牡丹的枝、干内部危害的主要是家白蚁、黄胸散白蚁和黑胸散白蚁等种类，而在树皮表面危害的主要是黑翅土白蚁和黄翅大白蚁等种类。

家白蚁、黄胸散白蚁和黑胸散白蚁将巢筑于牡丹茎干基部或土中，以植株的木质部为食，危害主干及枝条，造成植株枯心、死亡（图11–41）。

2. 发生规律

每年4～6月是白蚁群体的繁殖季节，繁殖蚁从原群体蚁巢中迁飞出去，脱翅后的成虫雌雄个体结成配偶，遇到适宜的地方生存下来，1周后开始产卵，蚁卵20天左右孵化为幼蚁；幼蚁经过几次蜕皮，约1个月即可变为成年的工蚁和兵蚁。

● 图11–41 **黑胸散白蚁和黄胸散白蚁的危害症状**

3. 防治方法

（1）苗木检疫 苗木调运过程，往往无意中把白蚁携带过去，使之蔓延危害，因此，不要选用已被白蚁危害或带有白蚁的苗木，以免蚁害扩散。

（2）栽植前药泥浆浸根 牡丹根系易受到黑翅土白蚁和黄翅大白蚁的危害。为了保证苗木的存活，可用泥浆对苗木根系进行保护性处理，方法是将20%氰戊菊酯乳油混入泥浆（泥土30%＋水70%）中，使泥浆中氰戊菊酯的含量达到0.02%，混匀后，将苗木根部浸入泥浆中，使所有的根系均沾上泥浆。

（3）喷粉或喷雾灭治 ①喷粉灭治。是目前普遍采用的白蚁灭治方法，常用的灭蚁粉为六氯环戊二烯系列杀虫剂产品灭蚁灵（慢性）。危害林木的家白蚁、黑翅土白蚁和黄翅大白蚁可用这一方法进行灭治。散白蚁由于在枝干内部危害，喷粉灭治时，只有极少数个体能被喷到粉，灭治效果通常较差。为了保证灭治效果，对在树干内危害的散白蚁一般不采用直接喷粉的方式进行灭治。②喷雾灭治。是用水将灭白蚁乳油稀释 50~100 倍，然后用螺丝刀挑开家白蚁的排泄物或黑翅土白蚁和黄翅大白蚁的泥被、泥线，将药液喷在白蚁身上，接触了药剂的白蚁回到巢中死去后，其他白蚁吞食尸体，可被全部毒死。

（4）毒饵灭治　①用毒饵包和浸饵木灭治家白蚁时，先用纸盒或塑料盒盛住毒饵包或浸饵木，然后将其绑在林木表面的蚁路上或塞入分飞孔和排泄物内。一般施 20~30 天，树干内的家白蚁会全部死亡；②用毒饵包灭治黑翅土白蚁和黄翅大白蚁时，先在白蚁活动处挖一个深约 20 mm 的浅坑，将一些枯枝和干草放入坑内，再将毒饵包夹入枯枝和干草内，最后用土将坑盖住呈圆锥形，毒饵盒由毒饵包或浸饵木与底部和四壁有缝隙的小木盒构成，使用时，将毒饵盒埋入牡丹园土壤中，毒饵盒表面需用塑料薄膜和少量土盖住。一般 30~50 天，危害牡丹的白蚁会全部死亡。此法限用于观赏园及绿化地使用。

（5）诱集灭治　①用诱集箱进行诱集灭治黄胸散白蚁和黑胸散白蚁等种类，将诱集箱埋在牡丹园内土壤中，检查诱集箱内的白蚁，在雨水多的季节，在埋设 3~4 个月后进行；雨水少的季节则在埋设 1 个月左右进行。发现诱集箱内白蚁多时，用克蚁星粉剂进行喷粉处理；白蚁少时，用毒饵包或浸木片进行处理。②诱杀有翅成虫，防止新群体产生。群体内的有翅成虫是新群体的创造者，每年 4~7 月繁殖，分飞盛期在 23:00 至翌日 6:00。这期间可利用白蚁有翅成虫的趋光性，设置黑光灯、白炽灯诱杀。

第三节

杂草危害及其治理

我国幅员辽阔，各个地区自然条件差异很大。作为农田生态系统的重要组成部分，杂草种类繁多，危害严重。据全国农田杂草考查组调查，共发现杂草种类有 77 科 580 种。其中，一年生杂草所占比例最大，共计 278 种，占杂草总数的 48%；其次是多年生杂草 243 种，占 42%；一二年生杂草 59 种，占 10%。仅从出现频率考虑，全国范围分布的常见杂草有 120 种，地区性分布的常见杂草有 135 种，总计 55 科 255 种。

一、大田杂草的主要种类及其危害

（一）主要种类

1. 按杂草危害程度区分

根据杂草危害程度和防治上的重要性，可以把全国牡丹田杂草种类分为四大类：

（1）重要杂草　指全国或多数省、自治区、直辖市范围内普遍危害，其中对旱地作物危害严重的杂草 11 种，包括野燕麦、看麦娘、马唐、牛筋草、绿狗尾草、香附子、藜、酸模叶蓼、反枝苋、牛繁缕和白茅。

（2）主要杂草　指危害范围较广、对牡丹危害程度较为严重的杂草 14 种，包括狗牙根、猪殃殃、繁缕、小藜、凹头苋、马齿苋、小蓟、大蓟、扁蓄、播娘蒿、苣荬菜、田旋花、打碗花和荠菜。

（3）地域性主要杂草 指在局部地区对牡丹危害较为严重的杂草种类，共计 24 种。

（4）次要杂草 指一般不对牡丹造成严重危害的常见杂草，共计 183 种。

杂草在各牡丹产区分布存在差异。据程伟霞等（2008）在河南洛阳各牡丹观赏园区的调查，共发现各类杂草 85 种，隶属于 23 科 65 属，其中单子叶植物 3 科 12 属 15 种；双子叶植物 20 科 53 属 70 种；这些种类中，以菊科（19 种）和禾本科（11 种）最多，共占杂草总数的 35.29%，次为十字花科（9 种）、石竹科（6 种）和藜科（6 种），共占 24.7%。

2. 按杂草花期区分

牡丹育苗地和栽培地常见的杂草，如以花期粗略划分，则大体可分为以下几类：

（1）春季开花类 多为 2 年生或多年生杂草，开花较早。常见种类主要有：荠菜，为十字花科一年生或两年生杂草；繁缕和雀舌草，均为石竹科 2 年生杂草；婆婆纳和阿拉伯婆婆纳，玄参科 1~2 年生或一年生草本；紫花地丁，为多年生杂草。

（2）夏季开花类 种类多而危害较大，且多为顽固性杂草。常见种类主要有：莎草，莎草科多年生杂草，多以块茎繁殖，较耐热而不耐寒；狗尾草，禾本科一年生草本，为秋熟旱田主要杂草之一，既是某些病原菌的寄主，也是地老虎的传播媒介；扁蓄，蓼科一年生草本；藜，藜科一年生草本，是地老虎、棉铃虫、棉蚜的寄主；同属小藜（小灰条）也常见；马齿苋，马齿苋科肉质草本；刺儿菜，菊科多年生草本；泥胡菜，菊科一年生或两年生草本，是发生量大、危害重的恶性杂草；苣荬菜，菊科多年生草本，全国广泛分布，北方局部发生量大，危害重；白茅，禾本科多年生，丘陵、岗地恶性杂草；菟丝子，旋花科一年生茎寄生杂草，茎处有吸盘（寄生根），侵入寄主体内吸收水分和养料；牵牛花，一年生草本，有缠绕茎；打碗花，旋花科多年生蔓性草本，危害较重，常为恶性杂草。

（3）秋季开花类 多为繁殖快的杂草，危害也较大。常见种类主要有：马唐，禾本科一年生草本，其分生能力极强，繁殖快，在秋熟旱作物恶性杂草中居于首位；雀稗，禾本科多年生草本，与马唐危害情况类似；狗牙根，禾本科多年生草本，以匍匐茎繁殖为主，适应范围很广，分布于黄河流域以南，由于植株匍匐茎着土即又生根复活，难以防除；蓼类，蓼科马蓼、辣蓼等，多为一年生草本；蒿类，如艾蒿，禾本科多年生草本，为发生量大、危害重的常见杂草之一。

（二）杂草的危害特点

危害牡丹的田间杂草种类相对较多，主要具有以下特点：①杂草适应性强。不少 1~2 年生杂草几乎遍布全国，从春到秋，不同种类杂草相继出现，可以说是一茬接一茬，大部分种类对生境都有极广的适应幅度；②生长快，繁殖能力极强；③一些杂草种类为病原菌或昆虫寄主，或为某些害虫的传播者。

牡丹园圃如果管理不善，杂草丛生，不仅直接与牡丹争夺水分和养分，导致牡丹苗木或植株长势衰弱、品质下降或者产量降低，病虫害的严重发生，甚至造成植株成片死亡。

二、杂草的防除

（一）采用栽培措施防除杂草

杂草治理是油用与药用牡丹栽培中非常重要的环节。如果面积大，管理又不及时，则雨季来临后，田间杂草疯长，有可能造成严重损失。因此，在栽植前，就要注意采取措施，坚决把草害压住。此后，生长季节中，只要有杂草生长，就要及早清除。清除杂草主要有以下几种方法：

1. 人工中耕除草

这是传统的栽培技术。人工中耕除草，既防治了草害，又疏松了土壤，有利于保墒。缺点是劳动效率低，劳务成本高。

2. 小型农用机械除草

在株行距适合的地块应尽量采用小型农用除草机械除草，每个工人每日可除草 5~30 亩，效率高，效果也较好。

3. 生草法

即在牡丹行间种植草种，通过田间管理减少杂草生长。种下的草可以作绿肥，增加土壤肥力，改善土壤结构，但要求土壤水肥条件较好，一般年降水量 500 mm 以下无灌溉条件时不宜采用。适用的草种有毛苕子、多变小冠花等。陕西宏法牡丹产业开发有限公司在油用牡丹中套种毛苕子，每亩产鲜草 1 250～1 500 kg，既防治了草害，又提高了油用牡丹的产量。一般 8 月下旬至 9 月中旬播种，行株距 1.2 m×0.4 m，每亩 1 300 穴，用种量 1 kg/ 亩。翌年毛苕子开花前把草刈割堆放于牡丹行间，晒蔫后翻入土中，然后将割掉苕蔓的根茬深翻入土。

4. 生物除草

近年来有些种植园采用林下养殖家禽法除草，取得一定成效，并且积累了一些经验。如山东济宁某公司在女贞树下种植牡丹，然后在园中养鹅、芦花鸡等。据观察，鹅等家禽不危害牡丹，但啄食林下杂草，而排出的粪便能够肥地。但养殖数量要加以控制，一般每亩能容纳 10 只鹅，每只鹅每日需 1.5～2.0 kg 杂草。最好采用圈养，分地块轮流放养效果较好。

（二）覆盖栽培

地面覆盖不仅能够抑制杂草滋生，而且兼有保水、保肥、保土的功能。根据地面覆盖物的不同，有铺草覆盖和地膜覆盖两种。

1. 铺草覆盖

幼龄牡丹种植园在行间铺草是一项简单易行、效果显著的园地土壤管理作业手段。所用材料可以因地制宜，稻草、麦秸、豆秸、油菜秆、绿肥的秆和其他的山地野草均可。不过使用山野草时，需注意在野草未结籽前刈割，以免将杂草种子带入园中。各种覆盖物，特别是粗大的玉米秆、果木修剪后的枝干等宜粉碎后使用。覆盖厚度以不见土面为原则。铺草覆盖可以实现秸秆还田，增加土壤有机质，变废为宝，应大力提倡。

2. 地膜覆盖

地膜覆盖既可用于育苗，也可用于大田。若使用得当，除具有灭草效果外，同时具有低温时保温、高温时降温、干旱时保湿、雨大时防涝的多重效果。

近年来，除普通白色地膜外，有色地膜及特殊功能地膜在作物栽培中得到应用和推广，并逐步应用于油用牡丹栽培。利用这类地膜科学控制特定波段的太阳光，对作物进行特别的光照，可以加快作物生长速度，改变营养成分，或调节控制环境，避免杂草和病虫害发生，从而有针对性地优化栽培环境，克服不利因素的影响，取得增产增收的效果。有色地膜种类很多，有黑、绿、银灰、蓝、紫等单色单面地膜，也有黑白、银黑双色双面地膜。此外，还有除草地膜、有孔地膜、银色反光地膜等。不同有色地膜特点介绍如下：

（1）黑色地膜　厚度为 0.01～0.03 mm，用量 0.4～1.3 kg/ 亩，透光率很低。在四川绵阳、甘肃漳县等地山地牡丹种植园中使用，效果较好。据观察，覆膜土壤土温日变化幅度小，有机质处于正常循环状态，土壤营养值指标有所提高。此外，其保水效果较好，覆膜后第二天到第十五天，地下 5 cm 含水量均较透明膜高 4%～10%，而且抑制杂草能力强。据测定，透光率 5% 的农用黑膜覆盖 1 个月后土壤表面不见杂草，10% 透光率的虽有杂草长出，但长势很弱，不会成灾。

（2）绿色地膜　利用绿色光可使植物光合作用下降的原理，让地膜透过较多的绿色光，使膜下杂草光合作用降低，以控制其生长。该膜厚度为 0.01～0.015 mm，增温效果较差，使用寿命较短。

（3）银灰色地膜　厚度为 0.015～0.02 mm，可反射紫外光，能驱避蚜虫和白粉虱，抑制病毒病发生，也具有抑制杂草生长、保持土壤湿度等作用。

（4）黑白双面地膜　由黑色、乳白色两种地膜两层复合而成，厚度为 0.02～0.025 mm，用量 0.7 kg/ 亩，具有降低地温、保湿、灭草、护根等功能。

（5）银黑双面地膜　由银灰和黑色地膜复合而成，厚度 0.02～0.025 mm，用量 0.7 kg/ 亩，具有反光、避蚜、防病毒病、降低地温，以及除草、保湿、护根等作用。

针对牡丹栽培，要求地膜不但具有除草、防病、保湿等功能，还要有适当透气等特点。目前已研制了牡丹系列专用地膜，分别用于牡丹育苗与栽培，取得良好成效。

（三）使用化学除草剂

在油用牡丹栽培中，除草剂使用已日渐普遍，但目前仍缺乏较为系统的总结。

除草剂有迅速消灭杂草的功能，但使用不当时也会对牡丹的生长发育造成危害，引起代谢功能紊乱，造成茎枝畸形、叶片卷曲、花蕾败育等。有时症状当年不明显，需到第二年才显现。

除草剂种类一是根据防除对象来选择，二是根据使用方式来选择。除在撂荒地、田间地埂可以使用广谱性除草剂外，其他地方一般不宜采用。目前认为较为安全的除草剂有：

1. 二甲四氯钠

为选择性激素型除草剂，可以防除多种阔叶杂草，如荠菜、藜、蓼、苋、小蓟、田旋花、马齿苋等，对婆婆纳等也有抑制作用。此外，对莎草的效果也较好。

2. 精喹禾灵

为选择性内吸传导型茎叶处理除草剂，可有效防除一年生禾本科杂草；提高剂量则可防除狗牙根、白茅、芦苇等多年生禾本科杂草，而对莎草、阔叶杂草无效。类似的除草剂还有精禾草克等。

使用除草剂应在晴朗无风天气，喷头带罩，贴着地面喷洒，避免药液喷到牡丹叶面上。一般情况下，内吸性除草剂在傍晚用药效果好，触杀性除草剂在晴天上午用药较好。

根据杂草发生的时期选择用药，特别是在杂草萌芽高峰期使用除草剂，非常有效。

药用牡丹栽培，严禁采用化学物质除草。

（四）综合防治措施

对于牡丹地里的杂草，一定要在充分掌握其主要种类及发生规律的基础上，采用综合防治措施，即农业措施、生物防治、化学除草与人工机械除草相结合，才能取得应有的成效。这里强调以下几点：

1. 合理密植

使牡丹栽植后 1~2 年内基本郁闭，不给杂草留下生长空间。

2. 重视牡丹园行间覆盖

覆盖物可以多样化，除塑料薄膜外，农作物收获后的残体如麦秆、稻草、豆秆、杂草等，均可作覆盖物。覆盖物腐烂后，自然成为肥料。

3. 适当使用化学除草技术

化学除草只要使用得当，也可以取得很好的效果，但要注意使用次数不宜过多。化学除草剂会对生态环境造成污染，而喷药又受天气的影响，长期使用时，杂草也可能产生抗药性等。

4. 采用生物防治方法

应用对牡丹不构成危害的昆虫、杂食性动物，或者真菌、细菌等生物，将杂草控制在一定密度而不对牡丹造成危害的范围之内。

第四节

牡丹病虫草害的综合治理

一、牡丹病虫草害综合治理的概念和原则

（一）牡丹病虫草害综合治理的概念

随着科技水平的提高，人们对牡丹病虫草害的防治从"预防为主，综合治理"发展为"有害生物综合治理（IPM）"，以强化生态意识、无公害控制和遵循可持续发展为准则。2006 年全国植保工作会议，根据"预防为主、综合防治"的植保方针，结合我国现阶段植物保护的现实需要和可利用的技术措施，进一步提出了"公共植保、绿色植保"理念，其内涵就是按照"绿色植保"理念，采取农业防治、物理防治、生物防治、生态调控，以及科学、合理、安全地使用农药，达到有效控制作物病虫草害，确保作物生产安全、产品质量安全和农业生态环境安全，以达到农业增产、增收的目的。

（二）牡丹病虫草害综合治理的原则

1. 从生态学观念出发

综合防治强调从农业生态系统的总体出发，创造和发展农业生态系统中各种有利因素，形成一个适于牡丹生长发育和有益生物生存繁殖、不利于有害生物发展的生态系统。

植物、病原（害虫）、天敌三者之间相互依存，相互制约，它们同在一个生态环境中，又是生态系统的组成部分，它们的消长又与共同生活的环境状态密切相关。综合治理就是在植物播种、育苗、移栽和管理的过程中，有针对性地调节生态系统中某些组成部分，创造有利于植物及天敌生存，不利于病虫发生发展的环境条件，从而预防或减少病虫的发生与危害。

2. 从安全观念出发

综合防治要求一切防治措施必须对人、畜、牡丹和有益生物安全，符合环境保护的原则。牡丹病虫草害的综合治理要从病虫草害、植物、天敌、环境之间的自然关系出发，科学地选择及合理地使用农药，特别要选择高效、无毒或低毒、污染轻、有选择性的农药，防止对人、畜造成毒害，减少对环境的污染，保护和利用天敌，不断增强自然控制力。

3. 从经济效益观念出发

综合防治只要求将有害生物的种群数量控制在经济受害允许的范围之内，而不是彻底消灭。防治病虫草害的目的是为了控制病虫草的危害，使其危害程度不足以造成经济损失，即经济允许水平（经济阈值）。根据经济允许水平确定防治指标，危害程度低于防治指标，可不防治；否则，要及时防治。

4. 从综合协调观念出发

防治方法多种多样，但没有一种方法是万能的，必须综合应用。综合防治不是各种防治手段的简单拼凑，而是各种防治措施有机结合和综合运用。必须根据具体的农业生态系统，同时针对不同的病虫草害，采取不同对策，要注意各项措施协调运用，取长补短，相辅相成，并注意实施的时间和方法，以达到最好的效果，将对农业生态系统的不利影响降到最低限度。

二、牡丹病虫草害的综合治理措施

（一）植物检疫

植物检疫也称法规防治，指一个国家或地区由专门机构依据有关法律法规，应用现代科学技术，禁止或限制危险性病、虫、杂草等人为的传入或传出，或者传入后为限制其继续扩展，所采取的一系列措施。植物检疫的对象主要包含四类：一是国内或当地尚未发现或局部已发生而正在消灭的；二是一旦传入对植物危害性大，经济损失严重，目前尚无高效、简易控制方法的；三是繁殖力强、适应性广、难以根除的；四是可人为随种子、苗木、农产品、园艺产品及包装物等运输，作远距离传播的危险性有害生物。

植物检疫分对内检疫和对外检疫。对内检疫的主要任务是防止和消灭通过地区间的物资交换、调运种子、苗木及其他农产品、园艺产品贸易等而使危险性有害生物扩散蔓延，故又称国内检疫。对外检疫是国家在港口、机场、车站和邮局等国际交通要道，设立植物检疫机构，对进出口和过境应当检疫的植物及其产品实施检疫和处理，防止危险性有害生物的传入和输出。

（二）农业防治

农业防治是通过适宜的农业栽培措施来压低有害生物的数量，提高植物生长势和抗性，有目的地创造有利于牡丹生长发育而不利于有害生物发生的田园生态环境，直接或间接地消灭或抑制有害生物发生与危害的方法。其优点是贯穿在整个牡丹生产环节中进行，不需要过多的额外投入就能达到目的，且与其他各种控制措施相结合，易于推广。但也有局限性，如控制效果慢，对暴发性病虫害的控制效果不大，具有较强的地域性和季节性，常受自然条件的限制等。

农业防治主要从以下三个方面入手：一是选育抗病虫草害的品种；二是使用无病虫草害的繁殖材料；三是加强田间的栽培管理措施。

（三）化学防治

化学防治就是利用各种有毒的化学药剂来防治病虫草害等有害生物的方法。其优点是快速高效，方法简便，不受地域限制和季节限制，便于大面积机械化作业等，但使用不当容易引起人、畜中毒，污染环境，杀伤天敌，引起次要害虫再猖獗；长期使用同一种农药，可使某些病虫草产生不同程度的抗药性等。采用化学防治时，应注意加强病虫草害发生动态的预测预报，掌握目标病、虫种群密度的经济阈值，适时喷药，保证施药质量，同时应注意选用低毒、高效的农药，减少农药的施用量，注意农药的合理混用和轮换使用，减少对环境的污染和危害。切记，药用牡丹栽培不能使用化学防治。

牡丹病虫草害具体化学防治方法如下：

1. 11 月中旬及翌年早春（牡丹休眠期）

牡丹休眠后至萌动前喷 3° Bé ~ 5° Bé 石硫合剂，刮去枝条上的蚧壳虫体，用石硫合剂涂干，毒杀蚧壳虫体和越冬的病菌及虫卵。

2. 3 月上中旬（牡丹立蕾期）

喷洒异菌脲、嘧霉胺，防治灰霉病和茎腐病。喷洒时注意茎干和叶背面要喷洒均匀。也可使用四霉素，四霉素适用于各种作物多种真菌和细菌病害的防治，可杀灭鞭毛菌、子囊菌和半知菌亚门真菌等 3 大门类 26 种已知病原真菌，对茎腐病、根腐病、黑斑病和灰霉病等真菌性病害具有特效。

3. 3 月下旬至 4 月上旬（牡丹开花前）

喷一遍 1：1：100 等量式波尔多液，或 12% 松脂酸铜乳油 1 800 倍液（20% 松脂酸铜乳油 3 000 倍液），保护茎叶不受病菌侵害。

4. 4 月底至 5 月初（牡丹花后）

喷洒 50% 腐霉利可湿性粉剂 600 ~ 800 倍液防治灰霉病，上年发生白粉病的地块，可喷 20% 三唑酮乳油 2 000 倍液防治；4 ~ 5 月田间撒一次 3% 辛硫磷颗粒剂，每亩 5 ~ 8 kg，防治以蛴螬为主的地下害虫。

5. 5 月上中旬至 8 月底

用 20% 松脂酸铜乳油 3 000 倍液，或 70% 甲基硫菌灵可湿性粉剂 800 倍液，或 20% 多菌灵可湿性粉剂 500 倍液，7 ~ 10 天 1 次，交替使用，可防治炭疽病、柱格孢叶枯病、褐斑病、灰斑病、红斑病等叶部病害。6 ~ 8 月间每月喷一遍广谱性杀虫剂，常用药剂为 50% 辛硫磷乳油 1 000 ~ 1 500 倍液，或 2.5% 高效氯氰菊酯乳油 3 000 ~ 5 000 倍液，或高效氟氯氰菊酯乳油 1 800 ~ 3 600 倍液，几种农药交替使用，可防治叶蝉、鳞翅目幼虫、部分鞘翅目和螨类（红蜘蛛）害虫。若蜗牛危害严重可撒施 6% 聚醛·甲萘威颗粒剂 200 倍毒土；若发现红蜘蛛及螨类的成虫和若虫危害，可喷洒 1.8% 阿维菌素乳剂 2 000 倍液。

6. 10 月份（牡丹落叶后）

可撒施一遍辛硫磷颗粒剂，结合深中耕防治地下害虫。

7. 牡丹病毒病发生严重的地块

可采用 20% 病毒 A 可湿性粉剂 500 倍液，或 10% NS–83 增抗剂 100 倍液，或 5% 菌毒清水剂 200 倍液进行病毒病的防治，以种子传播病毒为主的地区可用 10% 漂白粉浸泡种子 20 min。

8. 杂草危害严重的地块

可采用精喹禾灵等除草剂，其有效成分含量为 10.8%。该产品可有效防治禾本科杂草，适用于大型种植基地及专业种植机构，特别适合种植密度大、人工除草困难的大面积田地，可有效防除一年生小禾本科杂草、阔叶类杂草和莎草科杂草。

（四）生物防治

生物防治是以有益生物及其代谢产物控制有害生物种群数量的方法，主要包含以虫治虫、以菌治虫、以菌治菌、性信息素治虫、转基因抗虫抗病抗药、植物性杀虫杀菌等技术。它利用了生物物种间的相互关系，以一种或一类生物抑制另一种或另一类生物，从而降低有害生物种群密度的方法。生物防治关注的并不是消灭有害生物本身，而是限制其增殖。有害生物的潜在增殖率很大，但由于其死亡率很高，从而保持了数量的稳定。然而只要死亡压力稍微减小，其数量就可能迅速增长。通过采取各类办法，如选择特定时间播种、选用抗性品种、设计特殊的作物轮作制度来压低有害生物数量，同时增加生态系统多样性以提高各种生物种群之间的自然平衡能力。因此，生物防治具有不污染环境、对人和其他生物安全、防治作用持久、易于同其他植物保护措施协调、节约能源等优点，已成为植物病虫草害综合治理中的一项重要措施。采取生物防治，不仅可以减少农药使用，生产绿色农产品，保护人类健康，还可以减少有毒物质的排放，有效保护环境。

牡丹作为经济作物，无论是观赏栽培、药用栽培还是油用栽培，利用牡丹花瓣、花粉、叶片为原材料生产化妆品、食品、饮料和保健品等都是关系到人民群众身体健康的大事。因此，在防治牡丹病虫草害的过程中，应多采用生物防治的方法，少用化学农药，以生产出无公害产品。生物防治的方式很多，在生产实践中常用种类为微生物农药和微生物肥料。

微生物农药的品种很多，杀菌剂有春雷霉素、多氧霉素、井冈霉素、链霉素等；杀虫剂有阿维菌素和杀螨素等；除草剂有双丙氨膦和植物生长调节剂等。此外，不断有一些新型的杀菌素和杀虫素问世，如磷氮霉素、白肽霉素、金核霉素、戒台霉素和梅岭霉素。

微生物肥料通常称为菌肥，主要利用土壤中一些有特定功能的细菌制成，菌肥具有改良土壤、保护生态环境等明显的生态效益。一般认为生物肥料是菌而不是肥，因为它本身并不含有植物生长发育需要的营养元素，只含有大量的微生物，在土壤中通过微生物的生命活动，改善作物的营养条件。目前，市场上各种生物肥料，即为含有大量微生物的培养物，主要为粉剂或颗粒，部分为液态，将其施入土壤中，微生物在适宜的条件下进一步生长、繁殖。一方面可以将土壤中某些难于被植物吸收的营养物质转换成易于吸收的形式；另一方面可以通过自身的一系列生命活动，分泌一些有利于植物生长的代谢产物，刺激植物生长。微生物肥料是活制剂，所以其肥效与活菌数量、强度及周围环境条件密切相关。环境因素包括温度、水分、酸碱度、营养条件及原土壤中土著（原生态）微生物排斥作用等，在应用时，要注意各种外界因素对其效果的影响。

微生物菌肥在应用过程中要注意以下要点：一是土壤墒情适宜，土壤太干或太湿都不利于菌肥肥效的发挥，适宜的土壤相对湿度为 60% 左右，即见干见湿的土壤湿度最为适宜；二是不能与杀菌剂混用，杀菌剂容易杀灭菌肥中的活性菌，降低菌肥的肥效；三是与化肥混用时，注意化肥用量不能过大，高浓度的化学物质对菌肥里的微生物有毒害作用，尤其注意不能与碳酸氢铵等碱性肥料和硝酸钠等生理碱性肥料混用；四是不同种类的菌肥也不宜混用，市场上的菌肥种类各自所含的活性菌种不同，它们之间是否有相互抑制作用还不是很清楚，若互相抑制，则会降低肥效。

三、牡丹病虫草害综合治理的注意事项

在牡丹病虫草害综合治理时，有以下几个注意事项：

1. 预防为主防治为辅

无论哪种病虫草害，都应以预防为主、防治为辅，若平时不重视防治，仅依赖发生后或严重时再喷药防治或灭除，那就很难达到目的。特别是设施栽培易发生的病害，如灰霉病等，如果苗期预防不到位，病害发生后才进行防治，结果很难控制住，这类教训很多。近些年，不少牡丹产区为图省事或过分考虑成本，都存在对预防重视不够的现象，必须引起注意。

2. 科学用药

（1）选药　化学防治要使用正规厂家生产的农药，一般按说明使用，但个别难防治的种类，用量或使用浓度应比厂家产品说明适当增加一些。

（2）交替使用　要注意多种农药交替使用，以减小病菌和虫害的抗药性，提高药效；同时，要治早治小，即在病虫害发生前或刚发生时就要防治。观察发现，3 龄期蛴螬要比 1~2 龄期的蛴螬耐药性增加 1 倍以上。

（3）对症下药　牡丹病害种类较多，且有一些症状十分相似，病原菌种类往往很难判断，一般生产者很难识别，因此病害防治时应尽量在牡丹植保专业人员和经验丰富的技术人员指导下进行，以免适得其反。

【参加本章编写工作者有林晓民（牡丹病害及其防控），赵孝知（牡丹病虫草害防控），侯伯鑫（南方牡丹病虫害防控），康仲英（西北牡丹病虫害防控），陈根强和胡镇杰（牡丹害虫及其防控），张淑玲和陈磊（牡丹病虫害的综合防控），吴敬需（牡丹生理性病害）。林晓民教授提供了大部分病害病原菌显微照片；全章由杨瑞先、李嘉珏定稿。】

主要参考文献

[1]　陈秀虹 . 观赏植物病害诊断与治理 [M]. 北京：中国建筑工业出版社，2009.

[2]　程伟霞，许水晶 . 洛阳市牡丹观赏园地杂草种类及发生特点研究 [J]. 植物医生，2008，21（4）：43–46.

[3]　段春燕，郑跃进，薛娴 . 牡丹主要病害的识别 [J]. 中国植保导刊，2007，8：29–31.

[4]　高颖 . 四种观赏植物植原体病害的分子检测与鉴定 [D]. 泰安：山东农业大学，2014.

[5]　林晓民，陈根强，胡公洛，等 . 不同牡丹品种对大气氟污染的抗性测定 [J]. 河南农业大学学报，1997，31（3）：255–259，267.

[6]　雷增普 . 中国花卉病虫害诊治图谱 [M]. 北京：中国城市出版社，2005.

[7]　鲁作云，戴应金，周启中 . 牡丹轮纹病病原的初步研究 [J]. 湖北林业科技，2009，1：35–37.

[8]　潘永，代伐，郭党，等 . 牡丹害虫的发生及防治技术研究 [J]. 华中昆虫研究，2002，1：93–96.

[9]　石良红，赵兰勇，吴迪，等 . 山东牡丹黑斑病的病原菌鉴定与 ITS 序列分析 [J]. 园艺学报，2015，42（3）：585–590.

[10]　魏宁生，吴云峰 . 烟草脆裂病毒（Tobacco rattle virus）牡丹分离物：TRV–Pa 的研究 [J]. 植物病理学报，1990，20（4）：247–251.

[11]　吴玉柱，季延平，刘殿，等 . 牡丹根结线虫的鉴定 [J]. 中国森林病虫，2000，19（6）：6–7.

[12]　杨瑞先，刘萍，汪玉婷，等 . 洛阳地区牡丹根腐病病原菌的分离与鉴定 [J]. 北方园艺，2021，1：59–66.

[13]　杨瑞先，刘萍，王祖华，等 . 洛阳地区牡丹灰霉病病原菌的鉴定 [J]. 植物保护学报，2017，44（4）：623–629.

[14]　于梅娥，徐敬杰，吕金刚，等 . 牡丹病虫害种类的研究 [J]. 检验检疫科学，2002，12（6）：44–46.

[15]　赵丹，成玉梅，康业斌 . 头状茎点霉引起的牡丹枝枯病 [J]. 北京农业，2015，（24）：131.

[16]　赵丹，康业斌 . 洛阳牡丹新病害：柱枝孢叶斑病 [J]. 植物保护，2012，38（1）：177–179.

[17]　赵丹，康业斌 . 牡丹溃疡病：葡萄座腔菌引起的新病害 [J]. 植物病理学报，2012，42（5）：528–531.

[18] ZHANG M，LI HL，ZHAO AL，et al.First report of *Hainesia lythri* causing leaf spots of *Paeonia suffruticosa* in China[J].Plant Disease，2008，92（3）：486.

[19] Ji-chuan kang，Pedro W. Crous，Conrad L.Soho ch.Species concepts in the *Cylindrocladium floridanum* and *Cy.spathiphylli* complexes（Hypocreaceae）based on multi-allelic sequence data，sexual compatibility and morphology[J].Systematic and Applied Microbiology，2001，24（2）：206–217.

[20] LI N，ZHAO X L，LIU A X，et al.Brown spot disease of tree peony caused by *Cylindrocladium canadense* in China[J].Journal of General Plant Pathology，2010，76（4）：295–298.

[21] Schubert，K.，Braun U.，Groenewald，J.Z.，et al.Cladosporium leaf–blotch and stem rot of *Paeonia* spp.caused by *Dichocladosporium chlorocephalum* gen.nov.[J].Studies in Mycology，2007，58：95–104.

[22] M. Zhang，Z.-S. Chen，T.-Y. Zhang.Taxonomic studies of Alternaria from China 12. Three taxa on *Paeonia suffruticosa*[J].Mycotaxon，2008，103：269–272.

附录 1

牡丹进出境及国内运输检疫

种苗花卉是植物检疫风险极高的农产品,受到世界各国政府的高度重视,并制定相关的法律法规,设立专门的官方检疫机构,防止危险性植物病虫害及其他有害生物的传入和传出。目前,我国已建立较为完善的植物检疫体系,在各口岸设立了出入境检验检疫机构,同时在各地设立了各个层级的植物检疫实验室,具备了较强的检疫检测能力。通过检验检疫机构的有效工作,有效阻止了危险性病虫害的传入和传出,保护了国家的生态安全,维护了正常的贸易秩序。我国牡丹进出境贸易开始于 20 世纪 80 年代中期。目前中国牡丹已出口世界 20 多个国家,苗木、种子、鲜花出口量也不断增加,其中苗木年出口量达数百万株。同时,国外的好品种和种质资源也不断被引入国内,有力地促进了我国牡丹产业的发展。牡丹贸易中的植物检疫,也确保了进出境牡丹种苗及相关产品的质量和安全。

一、牡丹出境检疫

根据《中华人民共和国进出境动植物检疫法》《植物检疫条例》、国家质量监督及检验检疫有关规定以及国际植物检疫有关规定,牡丹出境检疫要求如下:

（一）注册登记

根据中华人民共和国国家质量监督检验检疫总局（简称国家质检总局，根据 2018 年 3 月国务院机构改革方案，此职能划入海关总署）《关于加强进出境种苗花卉检验检疫工作的通知》（国质检动函〔2007〕831 号）文件要求，国家质检总局对出境种苗花卉生产经营企业实施注册登记管理，推行"公司 + 基地 + 标准化"的管理模式。

从事出境种苗花卉生产经营企业，应向所在地检验检疫机构申请注册登记，填写出境种苗花卉生产经营企业注册登记申请表，并提交相关证明材料。经检验检疫机构审核，并按照第四条所列要求组织考核，考核合格的，颁发出境种苗花卉生产经营企业检疫注册登记证书，有效期为 3 年。出境生产经营相关种苗花卉企业注册登记合格后，名单将报国家质检总局（现中华人民共和国海关总署）备案，并在网站上公布。

从事出境种苗花卉生产经营企业要了解国家对出境种苗花卉检疫的相关要求，要建立种苗花卉种植、加工、包装、储运、出口等全过程质量安全保障体系。具体要求包含以下几点：

1. 对出境种苗花卉种植基地的要求

应符合我国和输入国家或地区规定的植物卫生防疫要求；近两年未发生重大植物疫情，未出现重大质量安全事故；应建立完善的质量管理体系，包括组织机构、人员培训、有害生物监测与控制、农用化学品使用管理、良好农业操作规范、溯源体系等；建立种植档案，对种苗花卉来源、流向，种植、收获时间，有害生物监测、防治措施等日常管理情况进行详细记录；应配备专职或者兼职植保员，负责基地有害生物监测、报告、防治等工作。

2. 对出境种苗花卉加工包装厂及储存库的要求

厂区整洁卫生，有满足种苗花卉储存要求的原料场、成品库；存放、加工、处理、储藏等功能区相对独立、布局合理，且与生活区采取隔离措施并有适当的距离；具有符合检疫要求的清洗、加工、防虫防病及必要的除害处理设施；加工种苗花卉所使用的水源及使用的农用化学品均须符合我国和输入国家或地区有关卫生环保要求；建立完善的质量管理体系，包括对种苗花卉加工、包装、储运等相关环节疫情防控措施，应急处置措施，人员培训等内容；建立产品进货和销售台账，至少保存 2 年。进货台账主要包括货物名称、规格、数量、来源国家或地区、供货商及其联系方式、进货或进口时间等；销售台账包括货物名称、规格、数量、输入国家或地区、收货人及其联系方式、出口时间等，以确保种苗花卉各个环节均有详细记录；出境种苗花卉包装材料应干净卫生，不得二次使用，在包装表面标明货物名称、数量、生产经营企业注册登记号、生产批号等信息；配备专职或者兼职植保员，负责种苗花卉验收、加工、包装、存放等环节防疫措施的落实、质量安全控制、成品自检等工作；有与其加工能力相适应的种苗花卉货源的种植基地，或与经注册登记的种植基地建有固定的供货关系。

（二）检疫程序

国家对出境种苗花卉实施产地检疫、口岸查验放行制度，对伪造单证、逃避检验检疫、弄虚作假的企业、报检人或代理人，当地检验检疫机构将取消其注册登记资格和报检资格，并按有关规定予以处罚，出境种苗花卉生产经营企业应对产品质量安全负责。其具体检疫程序如下：

1. 报检

出境种苗花卉必须来自已通过注册登记的生产经营企业，企业应如实、完整地填写出境货物报检单，并提供相关合同或协议。有特殊检验检疫要求的，要在报检单上注明；要求出具熏蒸 / 消毒证书的，需提供熏蒸单位的熏蒸结果记录；同时应提供其他报检所需要的材料。

2. 检验检疫

（1）证单审核　要求报检人应具备报检资格，提供的报检资料齐全、完整、清晰，并具备有效性，检疫人员核查货证是否相符。

（2）现场检验检疫　检疫工作人员应依据以下内容实施检验检疫：查看与输入国或地区政府签订的双边检验检疫协议、议定书、备忘录等规定的检验检疫要求提供的文书；核验国家有关法律、行政法规和国家质检总局规定的检验检疫要求；对照合同、信用证中的植物检疫条款。除按条款要求作针对性检疫外，并要遵守输入国家或地区官方的有关检疫规定，合同或信用证未定明具体的检疫条款时，应参照输入国家或地区的进境植物检疫危险性病、虫、草名单和检疫禁止进境物名单等有关规定实施检疫。

（3）实验室检疫　对现场检疫中截获的害虫、杂草籽粒等有害生物交送实验室进行检疫鉴定。

（4）检验检疫处理要求　经检疫发现的有害生物，具备有效除害处理方法的，由检验检疫机构监督进行除害处理，合格后予以放行；经检疫发现的有害生物，无法进行有效除害处理的，作不予以放行处理。

（5）出具植物检疫证书和其他单据和凭证　实施检疫处理的苗木，出入境检验检疫机构按照货主或其代理的申请提出处理意见，并依据有关规程对检疫处理实施监督，经认可的检疫处理合格后出具出境货物通关单或出境货物换证凭单，并按协议或要求出具熏蒸/消毒证书或植物检疫证书。

除了出境检验检疫外，检验检疫机构有责任对管辖区内出境种苗花卉的生产、加工、装卸、运输、储存等方面进行监督管理，并做好记录。检验检疫机构对从事出境种苗花卉生产经营的注册登记企业实施管理，并对植物生长期中的病虫草害进行监测性调查。每年3~9月，应定期到牡丹种植基地或种植园，采用抽样调查和访问花农的方法，进行病虫草害的调查，掌握病虫草害的发生危害情况和分布范围，以便出口及国内调运检疫做到心中有数。同时应指导企业或花农规范田间管理和病虫草害防治，以确保苗木出圃时满足检疫要求。

（三）苗木准备

1. 提前了解苗木输入国的检验要求

提前了解输入国对苗木的检疫要求，对于出口成败至关重要。国别不同，其要求差异较大。如荷兰、芬兰、法国、德国、意大利、丹麦、瑞士、瑞典等一些欧洲国家及新西兰，对进口苗木要求较为宽松，只要苗木不带土或少带土，并进行简单的冲洗和消毒灭菌即可；但美国、加拿大、日本、英国等要求较为严格，尤其是澳大利亚要求最为严格。这些国家不仅要求苗木要冲洗干净，无检疫性（即本国尚无、必须严格禁止传入的）病虫，而且常常出于政治考虑人为增设贸易壁垒，对于非检疫性病虫也有限制，一旦发现，则要求必须按照本国规定进行高温熏蒸或者销毁。同时入境后该国的动植物检疫机构要抽检高比例样品（一般为 5% 左右），放入实验室内培养观察 7~15 天，确认没有有害生物后才准予放行，有时对无害的生物（菌、虫）也严格检查。澳大利亚甚至要求入境植物需在隔离室内培养观察 3~6 个月才决定是否放行。因此，出口时应严格做好苗木消毒杀菌和加工处理工作，以免造成不必要的损失。

2. 出境牡丹苗木的技术处理

在检验检疫前，对出境苗木应按下述技术要求进行处理：

（1）清洗泥土 把种苗放在操作台（长 3~5 m，宽 1 m，高 1.2 m）上，用高压喷水枪反复冲刷附着在牡丹种苗枝条、根系上的泥土，直到"一尘不染"（注意调整水枪压力，勿喷伤根系）。喷冲掉的泥水应尽快流出加工场所。

（2）修剪、洗刷 种苗晾干后，逐株检查，进一步剪除病、断、残、缩的枝条和根系，包括老根、根系和根毛。枝条和根系上较轻微的病斑可用刀片刮除，病虫害严重的植株要及时销毁。检查时，发现用喷水枪没有冲刷掉的泥土，要手工彻底洗刷干净。

（3）熏蒸处理 若输入国要求出具熏蒸除害处理证书，或有除害处理要求，应将修剪后的种苗置于完好的塑料薄膜筒内，每平方米放入磷化铝片 3~5 片，密闭后熏蒸 48~72 h，然后打开薄膜筒通风 12~24 h。

（4）药剂处理 将熏蒸过的种苗放置于 50% 辛硫磷乳油 1 000 倍液 +50% 多菌灵可湿性粉剂 800 倍液制成的混合液中浸泡 15~20 min，捞出后在清水中将药液洗掉，晾干。一般情况下每 100 L 混合液可浸泡 800~1 000 株种苗。

（5）复查 包装前应重新检查种苗，若发现有个别轻微病斑，可用刀片将病斑刮除，有活虫、活卵可挑出弄死。若发现病斑、活虫、活卵较多，则说明上述处理操作不当，应重复进行处理。

（6）包装场地 包装场所应干净、卫生、通风，门、窗应用防虫网隔离，包装前要用杀虫剂消灭蚊、蝇等飞虫。

（7）储藏和运输 种苗加工处理后要立即包装、运输、销售、栽植，不宜长时间储存。短时（7~10 天）储存时，应放置于温度 1~3℃、空气相对湿度 70%~80% 的冷库中，避免种苗在高温环境中变质、发霉。储藏中包装箱可不封箱，以便于运输前再次作检查。长距离运输时，宜采用温度 1~3℃、空气相对湿度 70%~80% 的低温运输。

二、国内进境检疫

随着我国经济的快速发展和人们对国外牡丹花卉需求的增长，近年来从国外引种或商业进口牡丹苗木愈来愈多，因而熟悉了解其进口检疫要求和程序也是必要的。需要注意的是：我国规定牡丹苗木的进口不属于一般贸易，国内在第一次进口伊藤杂交品种时，采用了许可证制度。因此，需从国外购买牡丹苗木时，要提前 3～6 个月办理进口许可证，办理完成后，方可签订购买协议或进口合同。另外，一些国家如加拿大等，需核查进口许可证后才办理出口检疫手续。同时，苗木到达我国口岸后，检疫人员也需核查随货携带的许可证后，才能按照程序进行入境检疫，尤其是对于首次入境的产品，还需要具有一定资质的单位，按照要求将入境苗木隔离栽种于特定地点，种植观察 2～3 年，再次检验后，确认未携带检疫性有害生物，方可扩繁和推广。

牡丹苗木国内进境检疫的具体程序如下：

（一）检疫审批

1. 检疫审批申请

根据《中华人民共和国进出境动植物检疫法》要求，所有进境植物苗木必须进行检疫审批。牡丹种苗进境前，货主或者其代理人必须事先提出申请，按照有关规定办理检疫审批手续，经审批同意后，方可对外签订贸易合同或者协议，并将检疫要求列入有关条款中。

携带、邮寄的牡丹种苗，因特殊情况无法事先办理检疫审批手续的，携带人或者收件人应当在口岸补办检疫审批手续，经审批同意并检疫合格后方可进境。

2. 申请时限

引种单位或个人应当在对外签订贸易合同或协议 30 天前，申请办理国外引种检疫审批手续。

3. 申请必备条件

填写引进林木种子、苗木检疫审批申请书，并附有引进种苗的理由；制定并安排引进种苗隔离试种或集中种植计划；上 1 年或上 1 次引进同种种苗的疫情监测报告；具有农业行政管理部门出具的进出口农作物种子（苗）审批表、批件。

4. 国外引进种苗等繁殖材料的检疫要求

引进牡丹种子、苗木和其他繁殖材料的单位或者代理单位，必须在对外贸易合同或者协议中明确中国法定的检疫要求，并要求输出国家或地区政府植物检疫机关出具检疫证书，证明其符合中国的检疫要求；引进单位在申请引种前，应当安排好试种计划，引进后须在指定的地点集中进行隔离试种。

（二）进关报检

进境牡丹种苗应从国家质量监督检验检疫总局指定的入境口岸进境，货主或者其代理人应当在牡丹进境前或者进境时，向进境口岸植物检疫机关报检。报检时，应当填写报检单，并附上检疫审批单，提交输出国家或地区官方出具的植物检疫证书、贸易合同等单据与证书。

牡丹种苗进境时应符合下列条件：不得带有我国规定的进境植物检疫性有害生物；不得带有土壤；符合中国与输出国家或地区签订的有关双边植物检疫协定、备忘录、议定书、工作计划等；原产地标记明确；随牡丹种苗进境的营养介质，也应符合国家植物检疫的有关规定。

（三）现场检疫与隔离种植

1. 现场检疫

检疫部门通过核查货证，检查运输工具、集装箱及包装，对进境牡丹种苗实施现场检疫，必要时还需进行抽样，配送实验室检测鉴定。

根据现场和室内检疫结果，在进境牡丹种苗中发现植物检疫性有害生物的，作除害处理，无有效除害处理方法的，作销毁或者退回处理；发现有刺吸性传毒昆虫的，作灭虫处理；在营养介质中发现寄生性线虫的，作杀灭线虫处理。在隔离检疫期间，发现植物检疫性有害生物的，对隔离检疫的所有牡丹种苗作销毁处理，并做好疫情监测工作。

检疫合格，签发《入境货物检验检疫证明》，货物予以放行；检疫不合格，出具检验检疫处理通知书，并在检验检疫部门监督下进行杀虫、灭菌处理，经重检后出具入境货物检验检疫证明。

2. 隔离种植

进境牡丹苗木在后续监管流程中，要求引种单位根据检疫要求开展隔离种植。一般需隔离种植 2~3 年。隔离试种或集中种植期间，如发现疫情，引进单位必须在植物检疫部门的指导和监督下，及时采取封锁、控制和消灭措施，并承担相关费用。

在隔离试种期间，当地植物检疫机关检疫确认牡丹种苗不存在检疫对象后，方可分散种植。

在进境牡丹种苗种植过程中，应对有害生物发生情况进行疫情调查，引种单位应建立台账，如实完整地记录牡丹苗木隔离种植期间的情况，隔离种植结束后，将隔离种植情况报告于检验检疫部门，并且所有台账至少保存 3 年。

（1）隔离种植需具备的要求 ①属资源性引种须在国家级检疫隔离圃隔离种植；②属生产性引种须在口岸动植物检疫机关认可的隔离场所进行隔离种植。隔离种植期间，种植地口岸动植物检疫机关应进行定期的检疫和监管。

（2）检疫隔离场所应具备的条件 ①具有防虫能力的网室、温室或者具有自然隔离条件；②能够与同科其他植物共同隔离；③配备植保专业技术人员；④具有防止隔离植物流失和病、虫扩散的管理措施。

（四）在中国举办展览用进境牡丹的检疫要求

展览前，举办单位或代理人应向当地口岸检验检疫机关提出申请，详细提供展览用的牡丹数量、产地等有关信息，并报国家检验检疫局批准后，方可对外签订展览合同或协议；入境时，接受口岸检验检疫机关的检疫；展览期间，接受口岸检验检疫机关的检疫监督管理；展览结束后，对带有土壤的牡丹种苗，如需销售或转赠的，需进行换土。换下的土壤作无害化处理，遗弃的牡丹种苗须在口岸检验检疫机关的监督下进行销毁处理。

三、出口盆栽牡丹的检疫

除个别要求较为宽松的国家或经特别许可外，一般情况下，基质为土壤的盆栽牡丹是不允许进出口的，除非是完全意义的无土栽培或无毒、无菌产品，如采用基质为苔藓、蛭石、高质草炭、腐熟锯末、陶粒的盆栽。目前我国除兰花外，其他花卉很难达到出口条件，今后有待在这方面进一步努力。下面先从理论上对其检疫程序作一论述,以做到有备无患。

(一)报检

货主或委托外贸公司在预计出口日期前 10 天左右,向当地口岸检验检疫部门报检,报检时需交有关贸易合同、对方国家进口许可证、销售确认书或出口货物明细单等有关单据与凭证的副本或复印件,填写报检单并注明输入国的有关检疫要求。检疫机关接到报检后,认真审阅合同中有关检疫条款,如无具体检疫条款,则查阅进口国植物检疫法规,或依据国际惯例明确检疫要求。出口牡丹盆景一般不允许带有病虫及其他有害生物,除出口欧洲有关国家可以带少量土壤(盆土需经处理)外,大部分国家均禁止带土入境。检疫人员应根据检疫要求、出口数量与品种,与货主或报检人约定检疫日期,做好检疫准备。

(二)现场检疫

在出口前 1 周左右,检疫人员到相关公司或货物存放地实施现场检疫。常规检疫采用抽样检查,但对疫情复杂的牡丹盆景,则需采取逐盆(株)检查的方法。

(1)根上部分检疫 主要通过目视或借助放大镜观察植株茎干、叶片上有无病虫害,发现个别害虫便随手去除,并剔除病情较为严重的植株。

(2)根下部分检疫 分为两类,一类为可以带土的,对根上部分检疫合格的盆栽牡丹进行土壤消毒,一般每盆(株)穴施 6~20 g 克线磷颗粒剂,以杀死土壤里的线虫和其他病虫;另一类为不允许带土的,则进行脱盆洗根处理,要求冲洗后根部不带有任何土粒,洗净后根部用指定药剂浸泡,并用保湿材料包装好。

(三)药剂处理

由于牡丹盆景上的害虫除蚧类害虫外大多能活动,易交叉感染,因此,在全部盆栽牡丹检疫完毕后集中进行喷药处理,一般喷洒 50% 敌敌畏乳油 1 000 倍液 + 2.5% 溴氰菊酯乳油 1 500 倍液的混配液。

(四)监督装箱

全部检疫工作完毕后,在检疫人员监督下,将合格盆栽牡丹浇足水装入恒温集装箱。未经检疫、处理的盆栽牡丹不允许装箱。装箱完毕后，将箱内温度控制在 7～10℃，空气相对湿度控制在 75%～85%，封箱出运。

（五）出证放行

根据合同和货主要求，出具植物检疫证书，货主凭证书办理通关、结汇等手续。

四、邮寄牡丹苗木的检疫

（一）我国进境邮寄物的检疫要求

通过邮局寄递进境的动植物、动植物产品必须实施检疫。

通过邮局寄递的下列物品禁止进境：《中华人民共和国禁止携带、寄递进境的动植物及其产品和其他检疫物名录》所列物品；动植物疫情流行的国家或地区的有关动植物生命体、动植物产品和其他检疫物。

（二）进境邮寄物检疫流程

因科研、教学等特殊需要，需邮寄《中华人民共和国禁止携带、寄递进境的动植物及其产品和其他检疫物名录》所列禁止物的，收件人须事先按有关规定向中华人民共和国海关总署申请办理特许检疫审批手续。需邮寄种子、种苗及其他植物繁殖材料的，收件人须事先按规定向当地农业或林业主管部门办理检疫审批手续。因特殊情况无法事先办理的，收件人可向当地出入境检验检疫局申请补办检验检疫手续。

五、出入境人员携带牡丹苗木、种子、鲜花的检疫

（一）我国出入境人员携带物品的检疫要求

1. 根据《中华人民共和国进出境动植物检疫法》及其条例和国家质检总局《出入境人员携带物检疫管理办法》规定，出入境人员携带下列物品，应当申报并接受检验检疫机构检疫

入境动植物、动植物产品和其他检疫物；出入境生物物种资源、濒危野生

动植物及其产品；出境的国家重点保护的野生动植物及其产品；出入境的微生物、人体组织、生物制品、血液及血液制品等特殊物品；出入境的尸体、骸骨等；来自疫区、被传染病污染或者可能传播传染病的出入境的行李和物品；国家质检总局规定的其他应当向检验检疫机构申报并接受检疫的携带物。

2. 出境人员禁止携带下列物品进境

动植物病原体（包括菌种、毒种等）、害虫及其他有害生物；动植物疫情流行的国家或地区的有关动植物、动植物产品和其他检疫物；动物尸体；土壤；《中华人民共和国禁止携带、寄递进境的动植物及其产品和其他检疫物名录》所列各物；国家规定禁止进境的废旧物品、放射性物质以及其他禁止进境物。

（二）我国出入境人员携带物品的检疫程序

1. 检疫审批

携带动植物、动植物产品出入境需要办理检疫审批手续的，应当事先向国家质检总局申请办理动植物检疫审批手续；携带植物种子、种苗及其他繁殖材料出入境，因特殊情况无法事先办理检疫审批的，应当按照相关规定申请补办。

2. 申报与现场检疫

携带牡丹苗木及其种子等出入境人员应当按照有关规定申报，接受检验检疫机构检疫；检验检疫机构可在交通工具、人员出入境通道、行李提取或托运处等现场，对出入境人员携带物进行现场检查，现场检查可以使用 X 线机、检疫犬及其他方式进行；对出入境人员可能携带按规定应当申报的携带物而未申报的，检验检疫机构可以进行查询并抽检其物品，必要时可以开箱（包）检查；享有外交、领事特权与豁免权的外国机构和人员携带公用或自用动植物、动植物产品和其他检疫物入境，应当接受检验检疫机构检疫，检验检疫机构查验时，须有外交代表或其授权人员在场；携带植物种子、种苗及其他繁殖材料出入境的，携带人应当向检验检疫机构提供引进种子、苗木检疫审批单、引进林木种子、苗木和其他繁殖材料检疫审批单，检验检疫机构按照引进种子、苗木检疫审批单、引进林木种子、苗木和其他繁殖材料检疫审批单、检疫许可证和其他相关单据与凭证的要求，及有关规定实施现场检疫；携带动植物、动植物产品和其他检疫物出境，依法需要申报的，携带人应当按照规定申报并提供有关证明；

输入国家或地区对携带人携带的出境动植物、动植物产品和其他检疫物有检疫要求的，由携带人提出申请，检验检疫机构依法实施检疫并出具有关单据与凭证；携带的苗木发现带有规定病虫害的，按照有关规定实施除害处理或者卫生处理。

六、国内牡丹苗木的调运检疫与产地检疫

（一）调运检疫

根据《植物检疫条例》相关规定，省际调运检疫的植物、植物产品时，按照下列程序实施检疫：①调入单位或个人必须事先征得所在地的省、自治区、直辖市植物检疫机构或其授权的地(市)、县级植物检疫机构同意，并取得检疫要求书；②调出地的省、自治区、直辖市植物检疫机构或其授权的当地植物检疫机构，凭调出单位或个人提供的调入地检疫要求书受理报检，并实施检疫；③邮寄、承运单位一律凭有效的植物检疫证书正本收寄、承运应施检疫的植物或植物产品；④调出单位所在地的省、自治区、直辖市植物检疫机构或其授权的地(市)、县级植物检疫机构，按下列不同情况签发植物检疫证书。

1. 直接发证

在无植物检疫对象发生地区调运植物或植物产品，经核实后签发植物检疫证书；在零星发生植物检疫对象的地区调运种子、苗木等繁殖材料时，应凭产地检疫合格证签发植物检疫证书。

2. 先检后发

对产地植物检疫对象发生情况不清楚的植物或植物产品，必须按照《调运检疫操作规程》进行检疫，证明不带植物检疫对象后，签发植物检疫证书。

在上述调运检疫过程中，发现有检疫对象时，必须严格进行除害处理，合格后，签发植物检疫证书；未经除害处理或处理不合格的，不准发证。

3. 复检

调入地植物检疫机构，对来自发生疫情的县级行政区域的应检植物或植物产品，或其他可能带有检疫对象的应检植物或植物产品必须进行复检。复检中发现问题的，应当与原签证植物检疫机构共同查清事实，分清责任，由复检的植物检疫机构按照《植物检疫条例》的规定予以处理。

（二）产地检疫

各级植物检疫机构对本辖区的原种场、良种场、苗圃以及其他繁育基地，按照国家和地方制定的《植物检疫操作规程》实施产地检疫，有关单位或个人应给予必要的配合和协助。

种苗繁育单位或个人，必须有计划地在无植物检疫对象分布的地区，建立种苗繁育基地。新建的原种场、良种场和苗圃等，在选址以前，应征求当地植物检疫机构的意见；植物检疫机构应帮助种苗繁育单位选择符合检疫要求的地方建立繁育基地。

已发现检疫对象的原种场、良种场和苗圃等，应立即采取有效措施封锁并消灭检疫对象。在检疫对象未消灭以前，所繁育的材料不准调入无疫区。经过严格除害处理并经植物检疫机构检疫合格的，可以调运。

试验、示范、推广用的种子、苗木和其他繁殖材料，必须事先经过植物检疫机构检疫，查明确实不带植物检疫对象的，发给植物检疫证书后，方可进行试验、示范和扩种。

主要参考文献

[1] 《中华人民共和国进出境动植物检疫法》（2019 版）.

[2] 中华人民共和国国务院令 206 号《中华人民共和国进出境动植物检疫法实施条例》.

[3] 国家质量监督检验检疫总局第 170 号令《进境动植物检疫审批管理办法》.

[4] 中华人民共和国海关总署第 240 令《进境植物繁殖材料检疫管理办法》.

[5] 中华人民共和国海关总署第 243 令《进境栽培介质检疫管理办法》.

[6] 国质检动函〔 2007 〕 831 号《关于加强进出境种苗花卉检验检疫工作的通知》.

附录 2

英汉名词对照表

英文全称	英文缩略词	中文名称
1,1-diphenyl-2-picrylhydrazyl	DPPH	1,1- 二苯基 -2- 三硝基苯肼
6-benzylaminopurine	6-BA	6- 苄基腺嘌呤
8-hydroxyquinoline	8-HQ	8- 羟基喹啉
8-hydroxyquinoline citrate	8-HQC	8- 羟基喹啉柠檬酸盐
9-cis-epoxycarotenoid dioxygenase	NCED	9- 顺式 - 环氧类胡萝卜素加双氧酶
α- linolenic acid	ALA	α- 亚麻酸
abscisic acid	ABA	脱落酸
ACC synthase	ACS	ACC 合成酶
ACC oxidase	ACO	ACC 氧化酶
acetyl-CoA carboxylase	ACCase/ACC	乙酰辅酶 A 羧化酶
acid invertase	AI	酸性转化酶
activated carbon	AC	活性炭
actual photochemical efficiency of PS Ⅱ	ΦPS Ⅱ	PS Ⅱ实际光化学效率

英文全称	英文缩略词	中文名称
acyl carrier protein	ACP	酰基载体蛋白
alcohol dehydrogenase	ADH	乙醇脱氢酶
American Peony Society	APS	美国牡丹芍药协会
apparent quantum yield	AQY	表观量子效率
arbuscular mycorrhiza	AM	丛枝菌根
arbuscular mycorrhizal fungi	AMF	丛枝菌根真菌
ascorbate peroxidase	APX	抗坏血酸过氧化物酶
biotransfulation fulvic acid	BFA	生物腐殖酸
brassinolide	BR	芸薹素内酯
carboxylation efficiency	CE	羧化效率
casein hydrolyzed	CH	水解酪蛋白
catalase	CAT	过氧化氢酶
chilling hours	ch 或 h	冷温小时数
chilling unit	c.u	冷温单位
citri caid	CA	柠檬酸
cytokinin	CTK	细胞分裂素
dehydration responsive element binding protein	DREB	DREB 转录因子
delta-9 desaturase	Δ9D	delta-9 去饱和酶
diacylglycerol	DAG	二酰甘油
diacylglycerol acyltransferase	DGAT	二酰甘油酰基转移酶
dihydroxyacetone phosphate	DHAP	磷酸二羟丙酮
docosahexaenoic acid	DHA	二十二碳六烯酸
eicosapentaenoic acid	EPA	二十碳五烯酸
electric conductivity	EC	电导率

英文全称	英文缩略词	中文名称
electron transport rate	ETR	光合电子传递速率
enteroblastic-phialidic	eb-ph	内壁芽生—瓶体式
ethylene	ETH	乙烯
ethylene vinyl acetate	EVA	乙烯 –乙酸乙烯酯共聚物
fatty acid desaturase 2/3/6/7/8	FAD2/3/6/7/8	脂肪酸去饱和酶 2/3/6/7/8
fatty acyl-ACP thioesterase A/B	FATA/FATB	脂酰 - 酰基载体蛋白硫酯酶 A/B
free proline	FP	游离脯氨酸
fulvic acid	FA	黄腐酸
glutathione peroxidase	GSH-PX	谷胱甘肽过氧化物酶
glutathione reductase	GR	谷胱甘肽还原酶
glycerol-3-phosphate	G3P	3- 磷酸甘油
glycerol-3-phosphate acyltransferase	GPAT	甘油 -3- 磷酸酰基转移酶
glycerol-3-phosphate dehydrogenase	GPDH	甘油 -3- 磷酸脱氢酶
gibberellin	GA_3	赤霉素
gibberellin pathway	GA pathway	赤霉素途径
high pressure low density polyethylene	LDPE	高压低密度聚乙烯
index of unsaturated fatty acid	IUFA	不饱和脂肪酸指数
indole-3-acetic acid	IAA	吲哚乙酸
indole-3-butyric acid	IBA	吲哚丁酸
ketoacyl-ACP reductase	KAR	酮脂酰载体蛋白还原酶
ketoacyl-ACP-synthase Ⅱ	KAS Ⅱ	酮脂酰 ACP 合成酶Ⅱ
kinetin	KT	激动素
leaf water content	LWC	叶片含水量
light compensation point	LCP	光补偿点

英文全称	英文缩略词	中文名称
light saturation point	LSP	光饱和点
linear low density polyethylene	LLDPE	线性低密度聚乙烯
linoleic acid	LA	亚油酸
lipoxygenase	LOX	脂氧合酶
lysophosphatidic acid	LPA	溶血磷脂酸
lysophosphatidic acid acyltransferase	LPAAT	溶血磷脂酸酰基转移酶
lysophosphatidylcholine	LPC	溶血磷脂酰胆碱
malondialdehyde	MDA	丙二醛
maximum entropy model	Max Ent	最大熵模型
maximal fluorescence	Fm	最大荧光
maximal photochemical efficiency	Fv/Fm	最大光化学效率
naphthylacetic acid	NAA	萘乙酸
neutral invertase	NI	中性转化酶
non-photochemical quenching	NPQ	非光化学猝灭
oleic acid	OA	油酸
paclobutrazol	PC333	多效唑
palmitic acid	PA	棕榈酸
peroxidase	POD	过氧化物酶
phosphatidic acid	PA	磷脂酸
phosphatidic acid phosphatase	PAP	磷脂酰磷酸酯酶
phosphatidylcholine	PC	磷脂酰胆碱
phospholipid diacylglycerol acyltransferase	PDAT	磷脂二酰甘油酰基转移酶
photosynthetically active radiation	PAR	光合有效辐射
photosystem Ⅱ	PS Ⅱ	光系统Ⅱ

英文全称	英文缩略词	中文名称
poly unsaturated fatty acids	PUFA	多不饱和脂肪酸
polycarbonate	PC	聚碳酸酯
polyethylene	PE	聚乙烯
polyethylene glycol	PEG	聚乙二醇
polyvinyl chloride	PVC	聚氯乙烯
polyvinyl pyrrolidone	PVP	聚乙烯吡咯烷酮
potato dextrose agar	PDA	马铃薯葡萄糖琼脂
programmed cell death	PCD	程序性细胞死亡
proline	Pro	脯氨酸
pyruvate decarboxylase	PDC	丙酮酸脱羧酶
reactive oxygen species	ROS	活性氧（物种）
redox potential	Eh	氧化还原电位
relative electrical conductivity	REC	相对电导率
salicylicacid	SA	水杨酸
semi-lethal temperature	LT	半致死温度
silver thiosulfate	STS	硫代硫酸银
sodium benzoate	SB	苯甲酸钠
soluble sugar	SS	可溶性糖
soluble protein	SP	可溶性蛋白
stearic acid	SA	硬脂酸
stearoyl-ACP-desaturase	SAD	硬脂酰 ACP 去饱和酶
sucrose phosphate synthase	SPS	蔗糖磷酸合成酶
sucrose synthetase	SS	蔗糖合成酶
superoxide dismutase	SOD	超氧化物歧化酶

续表

英文全称	英文缩略词	中文名称
thidiazuron	TDZ	噻二唑苯基脲
triacylglycerols	TAG	三酰甘油
unsaturated fatty acids	UFA	不饱和脂肪酸
water use effifiency	WUE	水分利用率
zeatin	ZT	玉米素
zeatin riboside	ZR	玉米素核苷